国家科学技术学术著作出版基金资助出版
中国科学院中国孢子植物志编辑委员会　编辑

中 国 真 菌 志

第五十五卷

棒孢属及其相关属

张修国　主编

中国科学院知识创新工程重大项目
国家自然科学基金重大项目
(国家自然科学基金委员会　中国科学院　科学技术部　资助)

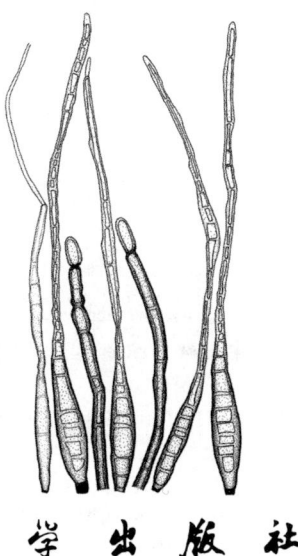

科学出版社
北　京

内 容 简 介

本卷系统研究了我国凋落枯枝上的棒孢属等暗色丝孢真菌，描述了45属207种，提供了每个种的形态描述、图示和必要的讨论；其中包括对《中国真菌志》第三十一卷和第三十七卷的补遗，并提供参考文献和真菌汉名及学名索引。

本书可供真菌学、植物病理学、微生物学和植物保护学等学科的研究工作者和有关高等院校师生参考，也可作为农林生产单位真菌诊断和鉴定的工具书。

图书在版编目(CIP)数据

中国真菌志. 第五十五卷，棒孢属及其相关属/张修国主编. —北京：科学出版社，2018.11

(中国孢子植物志)

ISBN 978-7-03-059114-2

Ⅰ.①中… Ⅱ.①张… Ⅲ.①真菌志-中国 ②棒孢属及其相关属-真菌志-中国 Ⅳ.①Q949.32

中国版本图书馆CIP数据核字(2018)第240123号

责任编辑：韩学哲 孙 青/责任校对：郑金红
责任印制：肖 兴/封面设计：刘新新

科 学 出 版 社 出版
北京东黄城根北街16号
邮政编码：100717
http://www.sciencep.com

中国科学院印刷厂 印刷

科学出版社发行 各地新华书店经销

*

2018年11月第 一 版 开本：787×1092 1/16
2018年11月第一次印刷 印张：23 1/2
字数：545 000

定价：198.00元

(如有印装质量问题，我社负责调换)

Supported by the National Fund for Academic Publication in Science and Technology
CONSILIO FLORARUM CRYPTOGAMARUM SINICARUM
ACADEMIAE SINICAE EDITA

FLORA FUNGORUM SINICORUM

VOL. 55

CORYNESPORA ET GENERA COGNATA

REDACTOR PRINCIPALIS

Zhang Xiu-Guo

A Major Project of the Knowledge Innovation Program of the Chinese Academy of Sciences
A Major Project of the National Natural Science Foundation of China

(Supported by the National Natural Science Foundation of China,
the Chinese Academy of Sciences, and the Ministry of Science and Technology of China)

Science Press
Beijing

棒孢属及其相关属

本 卷 著 者

张修国　夏吉文　张仪东　任守才
（山东农业大学）

马建
（江西农业大学）

张凯
（山东英才学院）

马立国
（山东省农业科学院）

AUCTORES

Zhang Xiuguo　Xia Jiwen　Zhang Yidong　Ren Shoucai
（*Universitas Agriculturae Shandongica*）

Ma Jian
（*Universitas Agriculturae Jiangxiica*）

Zhang Kai
（*Universitas Yingcaiica Shandongica*）

Ma Liguo
（*Academiae Scientiae Agriculturae Shandongica*）

中国孢子植物志第五届编委名单

(2007 年 5 月)

主　　编　魏江春

副 主 编　庄文颖　夏邦美　吴鹏程　胡征宇

　　　　　阿不都拉·阿巴斯

委　　员　(以姓氏笔划为序)

　　　　　丁兰平　王全喜　王幼芳　王旭雷　吕国忠

　　　　　庄剑云　刘小勇　刘国祥　李仁辉　李增智

　　　　　杨祝良　张天宇　陈健斌　胡鸿钧　姚一建

　　　　　贾　渝　高亚辉　郭　林　谢树莲　蔡　磊

　　　　　戴玉成　魏印心

序

　　中国孢子植物志是非维管束孢子植物志，分《中国海藻志》、《中国淡水藻志》、《中国真菌志》、《中国地衣志》及《中国苔藓志》五部分。中国孢子植物志是在系统生物学原理与方法的指导下对中国孢子植物进行考察、收集和分类的研究成果；是生物物种多样性研究的主要内容；是物种保护的重要依据，对人类活动与环境甚至全球变化都有不可分割的联系。

　　中国孢子植物志是我国孢子植物物种数量、形态特征、生理生化性状、地理分布及其与人类关系等方面的综合信息库；是我国生物资源开发利用、科学研究与教学的重要参考文献。

　　我国气候条件复杂，山河纵横，湖泊星布，海域辽阔，陆生和水生孢子植物资源极其丰富。中国孢子植物分类工作的发展和中国孢子植物志的陆续出版，必将为我国开发利用孢子植物资源和促进学科发展发挥积极作用。

　　随着科学技术的进步，我国孢子植物分类工作在广度和深度方面将有更大的发展，对于这部著作也将不断补充、修订和提高。

中国科学院中国孢子植物志编辑委员会
1984 年 10 月 · 北京

中国孢子植物志总序

　　中国孢子植物志是由《中国海藻志》、《中国淡水藻志》、《中国真菌志》、《中国地衣志》及《中国苔藓志》所组成。至于维管束孢子植物蕨类未被包括在中国孢子植物志之内，是因为它早先已被纳入《中国植物志》计划之内。为了将上述未被纳入《中国植物志》计划之内的藻类、真菌、地衣及苔藓植物纳入中国生物志计划之内，出席1972年中国科学院计划工作会议的孢子植物学工作者提出筹建"中国孢子植物志编辑委员会"的倡议。该倡议经中国科学院领导批准后，"中国孢子植物志编辑委员会"的筹建工作随之启动，并于1973年在广州召开的《中国植物志》、《中国动物志》和中国孢子植物志工作会议上正式成立。自那时起，中国孢子植物志一直在"中国孢子植物志编辑委员会"统一主持下编辑出版。

　　孢子植物在系统演化上虽然并非单一的自然类群，但是，这并不妨碍在全国统一组织和协调下进行孢子植物志的编写和出版。

　　随着科学技术的飞速发展，人们关于真菌的知识日益深入的今天，黏菌与卵菌已被从真菌界中分出，分别归隶于原生动物界和管毛生物界。但是，长期以来，由于它们一直被当作真菌由国内外真菌学家进行研究；而且，在"中国孢子植物志编辑委员会"成立时已将黏菌与卵菌纳入中国孢子植物志之一的《中国真菌志》计划之内并陆续出版，因此，沿用包括黏菌与卵菌在内的《中国真菌志》广义名称是必要的。

　　自"中国孢子植物志编辑委员会"于1973年成立以后，作为"三志"的组成部分，中国孢子植物志的编研工作由中国科学院资助；自1982年起，国家自然科学基金委员会参与部分资助；自1993年以来，作为国家自然科学基金委员会重大项目，在国家基金委资助下，中国科学院及科技部参与部分资助，中国孢子植物志的编辑出版工作不断取得重要进展。

　　中国孢子植物志是记述我国孢子植物物种的形态、解剖、生态、地理分布及其与人类关系等方面的大型系列著作，是我国孢子植物物种多样性的重要研究成果，是我国孢子植物资源的综合信息库，是我国生物资源开发利用、科学研究与教学的重要参考文献。

　　我国气候条件复杂，山河纵横，湖泊星布，海域辽阔，陆生与水生孢子植物物种多样性极其丰富。中国孢子植物志的陆续出版，必将为我国孢子植物资源的开发利用，为我国孢子植物科学的发展发挥积极作用。

中国科学院中国孢子植物志编辑委员会
主编　曾呈奎
2000年3月　北京

Foreword of the Cryptogamic Flora of China

Cryptogamic Flora of China is composed of *Flora Algarum Marinarum Sinicarum*, *Flora Algarum Sinicarum Aquae Dulcis*, *Flora Fungorum Sinicorum*, *Flora Lichenum Sinicorum*, and *Flora Bryophytorum Sinicorum*, edited and published under the direction of the Editorial Committee of the Cryptogamic Flora of China, Chinese Academy of Sciences(CAS). It also serves as a comprehensive information bank of Chinese cryptogamic resources.

Cryptogams are not a single natural group from a phylogenetic point of view which, however, does not present an obstacle to the editing and publication of the Cryptogamic Flora of China by a coordinated, nationwide organization. The Cryptogamic Flora of China is restricted to non-vascular cryptogams including the bryophytes, algae, fungi, and lichens. The ferns, a group of vascular cryptogams, were earlier included in the plan of *Flora of China*, and are not taken into consideration here. In order to bring the above groups into the plan of Fauna and Flora of China, some leading scientists on cryptogams, who were attending a working meeting of CAS in Beijing in July 1972, proposed to establish the Editorial Committee of the Cryptogamic Flora of China. The proposal was approved later by the CAS. The committee was formally established in the working conference of Fauna and Flora of China, including cryptogams, held by CAS in Guangzhou in March 1973.

Although myxomycetes and oomycetes do not belong to the Kingdom of Fungi in modern treatments, they have long been studied by mycologists. *Flora Fungorum Sinicorum* volumes including myxomycetes and oomycetes have been published, retaining for *Flora Fungorum Sinicorum* the traditional meaning of the term fungi.

Since the establishment of the editorial committee in 1973, compilation of Cryptogamic Flora of China and related studies have been supported financially by the CAS. The National Natural Science Foundation of China has taken an important part of the financial support since 1982. Under the direction of the committee, progress has been made in compilation and study of Cryptogamic Flora of China by organizing and coordinating the main research institutions and universities all over the country. Since 1993, study and compilation of the Chinese fauna, flora, and cryptogamic flora have become one of the key state projects of the National Natural Science Foundation with the combined support of the CAS and the National Science and Technology Ministry.

Cryptogamic Flora of China derives its results from the investigations, collections, and classification of Chinese cryptogams by using theories and methods of systematic and evolutionary biology as its guide. It is the summary of study on species diversity of cryptogams and provides important data for species protection. It is closely connected with human activities, environmental changes and even global changes. Cryptogamic Flora of

China is a comprehensive information bank concerning morphology, anatomy, physiology, biochemistry, ecology, and phytogeographical distribution. It includes a series of special monographs for using the biological resources in China, for scientific research, and for teaching.

China has complicated weather conditions, with a crisscross network of mountains and rivers, lakes of all sizes, and an extensive sea area. China is rich in terrestrial and aquatic cryptogamic resources. The development of taxonomic studies of cryptogams and the publication of Cryptogamic Flora of China in concert will play an active role in exploration and utilization of the cryptogamic resources of China and in promoting the development of cryptogamic studies in China.

C.K. Tseng
Editor-in-Chief
The Editorial Committee of the Cryptogamic Flora of China
Chinese Academy of Sciences
March, 2000 in Beijing

《中国真菌志》序

《中国真菌志》是在系统生物学原理和方法指导下，对中国真菌，即真菌界的子囊菌、担子菌、壶菌及接合菌四个门以及不属于真菌界的卵菌等三个门和黏菌及其类似的菌类生物进行搜集、考察和研究的成果。本志所谓"真菌"系广义概念，涵盖上述三大菌类生物(地衣型真菌除外)，即当今所称"菌物"。

中国先民认识并利用真菌作为生活、生产资料，历史悠久，经验丰富，诸如酒、醋、酱、红曲、豆豉、豆腐乳、豆瓣酱等的酿制，蘑菇、木耳、茭白作食用，茯苓、虫草、灵芝等作药用，在制革、纺织、造纸工业中应用真菌进行发酵，以及利用具有抗癌作用和促进碳素循环的真菌，充分显示其经济价值和生态效益。此外，真菌又是多种植物和人畜病害的病原菌，危害甚大。因此，对真菌物种的形态特征、多样性、生理生化、亲缘关系、区系组成、地理分布、生态环境以及经济价值等进行研究和描述，非常必要。这是一项重要的基础科学研究，也是利用益菌、控制害菌、化害为利、变废为宝的应用科学的源泉和先导。

中国是具有悠久历史的文明古国，从远古到明代的4500年间，科学技术一直处于世界前沿，真菌学也不例外。酒是真菌的代谢产物，中国酒文化博大精深、源远流长，有六七千年历史。约在公元300年的晋代，江统在其《酒诰》诗中说："酒之所兴，肇自上皇。或云仪狄，又曰杜康。有饭不尽，委之空桑。郁结成味，久蓄气芳。本出于此，不由奇方。"作者精辟地总结了我国酿酒历史和自然发酵方法，比之意大利学者雷蒂(Radi, 1860)提出微生物自然发酵法的学说约早1500年。在仰韶文化时期(5000~3000 B.C.)，我国先民已懂得采食蘑菇。中国历代古籍中均有食用菇蕈的记载，如宋代陈仁玉在其《菌谱》(1245年)中记述浙江台州产鹅膏菌、松蕈等11种，并对其形态、生态、品级和食用方法等作了论述和分类，是中国第一部地方性食用蕈菌志。先民用真菌作药材也是一大创造，中国最早的药典《神农本草经》(成书于102~200 A.D.)所载365种药物中，有茯苓、雷丸、桑耳等10余种药用真菌的形态、色泽、性味和疗效的叙述。明代李时珍在《本草纲目》(1578)中，记载"三菌"、"五蕈"、"六芝"、"七耳"以及羊肚菜、桑黄、鸡㙡、雪蚕等30多种药用真菌。李氏将菌、蕈、芝、耳集为一类论述，在当时尚无显微镜帮助的情况下，其认识颇为精深。该籍的真菌学知识，足可代表中国古代真菌学水平，堪与同时代欧洲人(如C. Clusius, 1529~1609)的水平比拟而无逊色。

15世纪以后，居世界领先地位的中国科学技术，逐渐落后。从18世纪中叶到20世纪40年代，外国传教士、旅行家、科学工作者、外交官、军官、教师以及负有特殊任务者，纷纷来华考察，搜集资料，采集标本，研究鉴定，发表论文或专辑。如法国传教士西博特(P.M. Cibot)1759年首先来到中国，一住就是25年，对中国的植物(含真菌)写过不少文章，1775年他发表的五棱散尾菌(*Lysurus mokusin*)，是用现代科学方法研究发表的第一个中国真菌。继而，俄国的波塔宁(G.N. Potanin, 1876)、意大利的吉拉迪(P. Giraldii, 1890)、奥地利的汉德尔-马泽蒂(H. Handel Mazzetti, 1913)、美国的梅里尔(E.D. Merrill, 1916)、瑞典的史密斯(H. Smith, 1921)等共27人次来我国采集标本。

研究发表中国真菌论著114篇册，作者多达60余人次，报道中国真菌2040种，其中含10新属、361新种。东邻日本自1894年以来，特别是1937年以后，大批人员涌到中国，调查真菌资源及植物病害，采集标本，鉴定发表。据初步统计，发表论著172篇册，作者67人次以上，共报道中国真菌约6000种(有重复)，其中含17新属、1130新种。其代表人物在华北有三宅市郎(1908)，东北有三浦道哉(1918)，台湾有泽田兼吉(1912)；此外，还有斋藤贤道、伊藤诚哉、平冢直秀、山本和太郎、逸见武雄等数十人。

  国人用现代科学方法研究中国真菌始于20世纪初，最初工作多侧重于植物病害和工业发酵，纯真菌学研究较少。在一二十年代便有不少研究报告和学术论文发表在中外各种刊物上，如胡先骕1915年的"菌类鉴别法"，章祖纯1916年的"北京附近发生最盛之植物病害调查表"以及钱穟孙(1918)、邹钟琳(1919)、戴芳澜(1920)、李寅恭(1921)、朱凤美(1924)、孙豫寿(1925)、俞大绂(1926)、魏喦寿(1928)等的论文。三四十年代有陈鸿康、邓叔群、魏景超、凌立、周宗璜、欧世璜、方心芳、王云章、裘维蕃等发表的论文，为数甚多。他们中有的人终生或大半生都从事中国真菌学的科教工作，如戴芳澜(1893~1973)著"江苏真菌名录"(1927)、"中国真菌杂记"(1932~1946)、《中国已知真菌名录》(1936，1937)、《中国真菌总汇》(1979)和《真菌的形态和分类》(1987)等，他发表的"三角枫上白粉菌一新种"(1930)，是国人用现代科学方法研究、发表的第一个中国真菌新种。邓叔群(1902~1970)著"南京真菌记载"(1932~1933)、"中国真菌续志"(1936~1938)、《中国高等真菌志》(1939)和《中国的真菌》(1963，1996)等，堪称《中国真菌志》的先导。上述学者以及其他许多真菌学工作者，为《中国真菌志》研编的起步奠定了基础。

  在20世纪后半叶，特别是改革开放以来的20多年，中国真菌学有了迅猛的发展，如各类真菌学课程的开设，各级学位研究生的招收和培养，专业机构和学会的建立，专业刊物的创办和出版，地区真菌志的问世等，使真菌学人才辈出，为《中国真菌志》的研编输送了新鲜血液。1973年中国科学院广州"三志"会议决定，《中国真菌志》的研编正式启动，1987年由郑儒永、余永年等编辑出版了《中国真菌志》第1卷《白粉菌目》，至2000年已出版14卷。自第2卷开始实行主编负责制，2.《银耳目和花耳目》(刘波主编，1992)；3.《多孔菌科》(赵继鼎，1998)；4.《小煤炱目Ⅰ》(胡炎兴，1996)；5.《曲霉属及其相关有性型》(齐祖同，1997)；6.《霜霉目》(余永年，1998)；7.《层腹菌目》(刘波，1998)；8.《核盘菌科和地舌菌科》(庄文颖，1998)；9.《假尾孢属》(刘锡琎、郭英兰，1998)；10.《锈菌目Ⅰ》(王云章、庄剑云，1998)；11.《小煤炱目Ⅱ》(胡炎兴，1999)；12.《黑粉菌科》(郭林，2000)；13.《虫霉目》(李增智，2000)；14.《灵芝科》(赵继鼎、张小青，2000)。盛世出巨著，在国家"科教兴国"英明政策的指引下，《中国真菌志》的研编和出版，定将为中华灿烂文化做出新贡献。

余永年 谨识
庄文颖
中国科学院微生物研究所
中国·北京·中关村
公元2002年09月15日

Foreword of Flora Fungorum Sinicorum

Flora Fungorum Sinicorum summarizes the achievements of Chinese mycologists based on principles and methods of systematic biology in intensive studies on the organisms studied by mycologists, which include non-lichenized fungi of the Kingdom Fungi, some organisms of the Chromista, such as oomycetes etc., and some of the Protozoa, such as slime molds.In this series of volumes, results from extensive collections, field investigations, and taxonomic treatments reveal the fungal diversity of China.

Our Chinese ancestors were very experienced in the application of fungi in their daily life and production.Fungi have long been used in China as food, such as edible mushrooms, including jelly fungi, and the hypertrophic stems of water bamboo infected with *Ustilago esculenta*; as medicines, like *Cordyceps sinensis* (caterpillar fungus), *Poria cocos* (China root), and *Ganoderma* spp. (lingzhi); and in the fermentation industry, for example, manufacturing liquors, vinegar, soy-sauce, *Monascus*, fermented soya beans, fermented bean curd, and thick broad-bean sauce.Fungal fermentation is also applied in the tannery, paperma-king, and textile industries.The anti-cancer compounds produced by fungi and functions of saprophytic fungi in accelerating the carbon-cycle in nature are of economic value and ecological benefits to human beings.On the other hand, fungal pathogens of plants, animals and human cause a huge amount of damage each year. In order to utilize the beneficial fungi and to control the harmful ones, to turn the harmfulness into advantage, and to convert wastes into valuables, it is necessary to understand the morphology, diversity, physiology, biochemistry, relationship, geographical distribution, ecological environment, and economic value of different groups of fungi. *Flora Fungorum Sinicorum* plays an important role from precursor to fountainhead for the applied sciences.

China is a country with an ancient civilization of long standing.In the 4500 years from remote antiquity to the Ming Dynasty, her science and technology as well as knowledge of fungi stood in the leading position of the world.Wine is a metabolite of fungi.The Wine Culture history in China goes back 6000 to 7000 years ago, which has a distant source and a long stream of extensive knowledge and profound scholarship.In the Jin Dynasty (*ca.* 300 A.D.), JIANG Tong, the famous writer, gave a vivid account of the Chinese fermentation history and methods of wine processing in one of his poems entitled *Drinking Games* (Jiu Gao), 1500 years earlier than the theory of microbial fermentation in natural conditions raised by the Italian scholar, Radi (1860). During the period of the Yangshao Culture (5000—3000 B. C.), our Chinese ancestors knew how to eat mushrooms. There were a great number of records of edible mushrooms in Chinese ancient books. For example, back to the Song Dynasty, CHEN Ren-Yu (1245) published the *Mushroom Menu* (Jun Pu) in which he listed 11 species of edible fungi including *Amanita* sp.and *Tricholoma matsutake* from

Taizhou, Zhejiang Province, and described in detail their morphology, habitats, taxonomy, taste, and way of cooking. This was the first local flora of the Chinese edible mushrooms.Fungi used as medicines originated in ancient China. The earliest Chinese pharmacopocia, *Shen-Nong Materia Medica* (Shen Nong Ben Cao Jing), was published in 102—200 A. D. Among the 365 medicines recorded, more than 10 fungi, such as *Poria cocos* and *Polyporus mylittae*, were included. Their fruitbody shape, color, taste, and medical functions were provided.The great pharmacist of Ming Dynasty, LI Shi-Zhen (1578) published his eminent work *Compendium Materia Medica* (Ben Cao Gang Mu) in which more than thirty fungal species were accepted as medicines, including *Aecidium mori*, *Cordyceps sinensis*, *Morchella* spp., *Termitomyces* sp., etc.Before the invention of microscope, he managed to bring fungi of different classes together, which demonstrated his intelligence and profound knowledge of biology.

After the 15th century, development of science and technology in China slowed down. From middle of the 18th century to the 1940's, foreign missionaries, tourists, scientists, diplomats, officers, and other professional workers visited China. They collected specimens of plants and fungi, carried out taxonomic studies, and published papers, exsi ccatae, and monographs based on Chinese materials.The French missionary, P.M. Cibot, came to China in 1759 and stayed for 25 years to investigate plants including fungi in different regions of China.Many papers were written by him. *Lysurus mokusin*, identified with modern techniques and published in 1775, was probably the first Chinese fungal record by these visitors. Subsequently, around 27 man-times of foreigners attended field excursions in China, such as G.N. Potanin from Russia in 1876, P. Giraldii from Italy in 1890, H. Handel-Mazzetti from Austria in 1913, E.D. Merrill from the United States in 1916, and H. Smith from Sweden in 1921. Based on examinations of the Chinese collections obtained, 2040 species including 10 new genera and 361 new species were reported or described in 114 papers and books.Since 1894, especially after 1937, many Japanese entered China.They investigated the fungal resources and plant diseases, collected specimens, and published their identification results.According to incomplete information, some 6000 fungal names (with synonyms) including 17 new genera and 1130 new species appeared in 172 publications.The main workers were I. Miyake in the Northern China, M. Miura in the Northeast, K. Sawada in Taiwan, as well as K. Saito, S. Ito, N. Hiratsuka, W. Yamamoto, T. Hemmi, etc.

Research by Chinese mycologists started at the turn of the 20th century when plant diseases and fungal fermentation were emphasized with very little systematic work. Scientific papers or experimental reports were published in domestic and international journals during the 1910's to 1920's. The best-known are "Identification of the fungi" by H.H. Hu in 1915, "Plant disease report from Peking and the adjacent regions" by C.S. Chang in 1916, and papers by S.S. Chian (1918), C.L. Chou (1919), F.L. Tai (1920), Y.G. Li (1921), V.M. Chu (1924), Y.S. Sun (1925), T.F. Yu (1926), and N.S. Wei (1928). Mycologists who were active at the 1930's to 1940's are H.K. Chen, S.C. Teng, C.T. Wei, L. Ling, C.H. Chow,

S.H. Ou, S.F. Fang, Y.C. Wang, W.F. Chiu, and others. Some of them dedicated their lifetime to research and teaching in mycology. Prof. F.L. Tai (1893—1973) is one of them, whose representative works were "List of fungi from Jiangsu"(1927), "Notes on Chinese fungi"(1932—1946), *A List of Fungi Hitherto Known from China* (1936, 1937), *Sylloge Fungorum Sinicorum* (1979), *Morphology and Taxonomy of the Fungi* (1987), etc. His paper entitled "A new species of *Uncinula* on *Acer trifidum* Hook.& Arn." was the first new species described by a Chinese mycologist. Prof. S.C. Teng (1902—1970) is also an eminent teacher. He published "Notes on fungi from Nanking" in 1932—1933, "Notes on Chinese fungi" in 1936—1938, *A Contribution to Our Knowledge of the Higher Fungi of China* in 1939, and *Fungi of China* in 1963 and 1996. Work done by the above-mentioned scholars lays a foundation for our current project on *Flora Fungorum Sinicorum*.

In 1973, an important meeting organized by the Chinese Academy of Sciences was held in Guangzhou (Canton) and a decision was made, uniting the related scientists from all over China to initiate the long term project "Fauna, Flora, and Cryptogamic Flora of China". Work on *Flora Fungorum Sinicorum* thus started. Significant progress has been made in development of Chinese mycology since 1978. Many mycological institutions were founded in different areas of the country. The Mycological Society of China was established, the journals *Acta Mycological Sinica* and *Mycosystema* were published as well as local floras of the economically important fungi. A young generation in field of mycology grew up through post-graduate training programs in the graduate schools. The first volume of Chinese Mycoflora on the Erysiphales (edited by R.Y. Zheng & Y.N. Yu, 1987) appeared. Up to now, 14 volumes have been published: Tremellales and Dacrymycetales edited by B. Liu (1992), Polyporaceae by J.D. Zhao (1998), Meliolales Part I (Y.X. Hu, 1996), *Aspergillus* and its related teleomorphs (Z.T. Qi, 1997), Peronosporales (Y.N. Yu, 1998), Sclerotiniaceae and Geoglossaceae (W.Y. Zhuang, 1998), *Pseudocercospora* (X.J. Liu & Y.L. Guo, 1998), Uredinales Part I (Y.C. Wang & J. Y. Zhuang, 1998), Meliolales Part II (Y.X. Hu, 1999), Ustilaginaceae (L. Guo, 2000), Entomophthorales (Z.Z. Li, 2000), and Ganodermataceae (J.D. Zhao & X.Q. Zhang, 2000). We eagerly await the coming volumes and expect the completion of Flora *Fungorum Sinicorum* which will reflect the flourishing of Chinese culture.

Y.N. Yu and W.Y. Zhuang
Institute of Microbiology, CAS, Beijing
September 15, 2002

致 谢

衷心感谢国家自然科学基金委员会、中国科学院、科学技术部、中国科学院中国孢子植物志编辑委员会、中国科学院微生物研究所真菌地衣系统学开放实验室、山东农业大学为我们提供研究经费和工作条件。

中国科学院微生物研究所庄剑云、郭英兰、郭林、张小青、刘宏伟、刘小勇等，北京林业大学戴玉成，海南大学吴兴亮，广西大学韦继光，泰山医学院孙立彦，大连民族大学赵志慧等，为我们采集标本提供方便或给予大力协助，谨此向他们表示衷心感谢。

加拿大农业与农业食品部 S.J. Hughes 博士、加拿大滑铁卢大学 Bryce Kendrick 博士、古巴热带农业基础研究所 R.F. Castañeda-Ruíz 博士、新西兰菌物标本馆 Eric H.C. McKenzie 博士、美国农业部农业研究中心 Nichole R. O'Neill 博士、Gary J. Samuels 博士、印度果阿大学 D. J. Bhat 博士等赠送我们大量文献资料，协助鉴定疑难菌种或审阅发表新种的有关文稿，我们表示非常感谢。

中国科学院微生物研究所图书馆、中国科学院文献情报中心、中国农业科学院图书馆、中国国家图书馆对我们查阅文献资料提供了很大便利，中国科学院微生物研究所菌物标本馆吕红梅等在我们入藏、借用标本时提供很大帮助和便利，我们表示衷心的感谢。

最后，我们感谢中国科学院微生物研究所郭英兰研究员和大连民族大学吕国忠教授对本卷的初稿进行了认真的审阅并提出了许多宝贵的意见，特致谢意。

说　明

1. 本研究所描述物种均为作者自我国野外采集获得，所有标本均保存于山东农业大学植物病理学标本室（HSAUP）或中国科学院微生物研究所菌物标本馆（HMAS）。

2. 本书是关于我国凋落枯枝基质上的暗色丝孢真菌分类研究的初步总结。全书共包括绪论、专论、附录、参考文献和索引五大部分。

3. 绪论部分概述了凋落枯枝基质上的暗色丝孢真菌属、种分类研究现状、分类研究存在的问题、分类研究的科学性及该类群真菌属、种分类标准。

4. 专论部分描述了凋落枯枝基质上的暗色丝孢真菌45属207种，其中绝大多数为研究过程中发表的新种或中国新记录种。专论按真菌属名的拉丁字母排序，属下分类单位按真菌种名的拉丁字母排序。同一属内含我国已知种三种或以上者，均编制了分类检索表。对从我国报道，但作者未能观察的标本材料且鉴定可靠的物种，则依据文献记载或权威材料的描述予以承认，在涉及属的后面以"作者未观察的种"的形式列出，同样包括在我国已知种的分类检索表中。

5. 专论部分多数属的分类研究历史涉及文献资料截至2012年，少数属涉及文献资料因本研究个别新种正式发表时间滞后而延至2015年。

6. 附录部分包括了《中国真菌志》第三十一卷和第三十七卷补遗。

7. 参考文献按作者姓名字母排序。我国作者按汉语拼音字母排序。文献按发表时的语种引用。

8. 索引包括：①寄主或基质汉名索引；②真菌汉名索引；③寄主学名索引；④真菌学名索引。寄主或基质汉名索引和真菌汉名索引均按汉语拼音字母排序。

9. 真菌汉名主要根据科学出版社1990年出版的《孢子植物名词及名称》及《中国真菌志》。新拟汉名主要依据属名、种名的词源译定。

10. 寄主汉名根据科学出版社1979年出版的《中国高等植物科属检索表》，1972~1976年出版的《中国高等植物图鉴》，航空工业出版社1996年出版的《新编拉汉英植物名称》及地方植物志，未记载的本研究未予译定。

11. 世界分布根据文献资料整理而成，按国家英文名称的字母排序。国内分布以省（直辖市、自治区）为单位，省及省内地名均按汉语拼音字母排序。

目 录

序
中国孢子植物志总序
《中国真菌志》序
致谢
说明
绪论 ··· 1
　属、种分类研究现状 ··· 1
　属、种分类研究存在问题 ·· 2
　　(一)属级分类研究存在问题 ··· 2
　　(二)种级分类研究存在问题 ··· 3
　　(三)菌种分离培养存在问题 ··· 3
　属、种分类研究的科学性 ·· 5
　属、种分类划分标准 ··· 5
专论 ··· 7
　顶生孢属 *Acrogenospora* M.B. Ellis ··· 9
　　巨孢顶生孢 *Acrogenospora gigantospora* S. Hughes ······································· 10
　　海南顶生孢 *Acrogenospora hainanensis* Jian Ma & X.G. Zhang ························· 10
　　顶生孢 *Acrogenospora sphaerocephala* (Berk. & Broome) M.B. Ellis ·················· 12
　　作者未观察的种 ·· 13
　　椭圆顶生孢 *Acrogenospora ellipsoidea* D.M. Hu, L. Cai & K.D. Hyde ················ 13
　　卵孢顶生孢 *Acrogenospora ovalis* Goh, K.D. Hyde & K.M. Tsui ····················· 13
　　近圆球顶生孢 *Acrogenospora subprolata* Goh, K.D. Hyde & K.M. Tsui ············· 14
　　糙孢顶生孢 *Acrogenospora verrucispora* Hong Zhu, L. Cai & K.Q. Zhang ··········· 14
　拟小枝孢属 *Brachysporiopsis* Yanna ··· 14
　　拟小枝孢 *Brachysporiopsis chinensis* Yanna, W.H. Ho & K.D. Hyde ·················· 15
　拟枝孢属 *Cladosporiopsis* S.C. Ren & X.G. Zhang ··· 16
　　拟枝孢 *Cladosporiopsis ovata* S.C. Ren & X.G. Zhang ·································· 17
　暗双孢属 *Cordana* Preuss ··· 18
　　立陶宛暗双孢 *Cordana lithuanica* Markovsk. ··· 19
　　香蕉暗双孢 *Cordana musae* (Zimm.) Höhn. ·· 20
　　暗双孢 *Cordana pauciseptata* Preuss ··· 21
　　作者未观察的种 ·· 22
　　单隔暗双孢 *Cordana uniseptata* L. Cai, McKenzie & K.D. Hyde ····················· 22
　棒孢属 *Corynespora* Güssow ··· 23
　　楠木棒孢 *Corynespora beilschmiediae* K. Zhang & X.G. Zhang ························ 27
　　决明棒孢 *Corynespora cassiae* K. Zhang & X.G. Zhang ································ 28
　　来檬生棒孢 *Corynespora citricola* M.B. Ellis ··· 29
　　竹叶蕉棒孢 *Corynespora donacis* X.G. Zhang & J.J. Xu ································· 30

· xvii ·

火桐棒孢 *Corynespora erythropsidis* X. Mei Wang & X.G. Zhang ········· 30
异侧柃棒孢 *Corynespora euryae* Jian Ma & X.G. Zhang ········· 32
高山榕棒孢 *Corynespora fici-altissimae* X.G. Zhang & J.J. Xu ········· 33
垂榕棒孢 *Corynespora fici-benjaminae* H.B. Fu & X.G. Zhang ········· 34
鞭顶棒孢 *Corynespora flagellata* (S. Hughes) X.G. Zhang & M. Ji ········· 35
福建棒孢 *Corynespora fujianensis* L.G. Ma & X.G. Zhang ········· 36
肥皂荚棒孢 *Corynespora gymnocladi* Jian Ma & X.G. Zhang ········· 38
天料木棒孢 *Corynespora homaliicola* Deighton & M.B. Ellis ········· 39
厚皮树生棒孢 *Corynespora lanneicola* Deighton & M.B. Ellis ········· 40
粗叶木棒孢 *Corynespora lasianthi* H.B. Fu & X.G. Zhang ········· 41
木姜子棒孢 *Corynespora litseae* Jian Ma & X.G. Zhang ········· 42
常春木棒孢 *Corynespora merrilliopanacis* Z.Q. Shang & X.G. Zhang ········· 43
含笑棒孢 *Corynespora micheliae* Z.Q. Shang & X.G. Zhang ········· 44
密脉木棒孢 *Corynespora myrioneuronis* Jian Ma & X.G. Zhang ········· 44
拟核果茶棒孢 *Corynespora parapyrenariae* Jian Ma & X.G. Zhang ········· 46
金竹棒孢 *Corynespora phylloshureae* X.G. Zhang & J.J. Xu ········· 48
矮棕竹棒孢 *Corynespora rhapidis-humilis* X.G. Zhang & M. Ji ········· 49
杜鹃花棒孢 *Corynespora rhododendri* K. Zhang & X.G. Zhang ········· 50
竹蔗棒孢 *Corynespora sacchari* X.G. Zhang & Ch.K. Shi ········· 51
刺柊棒孢 *Corynespora scolopiae* Guang M. Zhang & X.G. Zhang ········· 52
相思棒孢 *Corynespora sed-acaciae* K. Zhang & X.G. Zhang ········· 53
锡瓦利克棒孢 *Corynespora siwalika* (Subram.) M.B. Ellis ········· 53
菊蒿棒孢 *Corynespora tanaceti* Guang M. Zhang & X.G. Zhang ········· 55
柚木棒孢 *Corynespora tectonae* X.G. Zhang & Ch.K. Shi ········· 56
香椿棒孢 *Corynespora toonae* X.G. Zhang & Ch. K. Shi ········· 58
作者未观察的种 ········· 59
棒孢 *Corynespora cassiicola* (Berk. & M.A. Curtis) C.T. Wei ········· 59
风车子棒孢 *Corynespora combreti* M.B. Ellis ········· 60
女贞棒孢 *Corynespora ligustri* Y.L. Guo ········· 60
茉栾藤棒孢 *Corynespora merremiae* Y.L. Guo ········· 60
鸡血藤棒孢 *Corynespora millettiae* Y.L. Guo ········· 61
斯密氏棒孢 *Corynespora smithii* (Berk. & Broome) M.B. Ellis ········· 61
蔓荆子棒孢 *Corynespora viticus* Y.L. Guo ········· 61
长春花棒孢 *Corynespora catharanthicola* Z.D. Jiang & P.K. Chi ········· 62
小棒孢属 *Corynesporella* Munjal & H.S. Gill ········· 62
版纳小棒孢 *Corynesporella bannaense* J.W. Xia & X.G. Zhang ········· 63
樟生小棒孢 *Corynesporella cinnamomi* Y.D. Zhang & X.G. Zhang ········· 64
轴榈小棒孢 *Corynesporella licualae* Y.D. Zhang & X.G. Zhang ········· 65
倒棍棒小棒孢 *Corynesporella obclavata* L.G. Ma & X.G. Zhang ········· 66
拟棒孢属 *Corynesporopsis* P.M. Kirk ········· 67
类弯拟棒孢 *Corynesporopsis curvularioides* J.W. Xia & X.G. Zhang ········· 68
柱形拟棒孢 *Corynesporopsis cylindrica* B. Sutton ········· 68
印度拟棒孢 *Corynesporopsis indica* P.M. Kirk ········· 70
伊莎贝利卡拟棒孢 *Corynesporopsis isabelicae* Hol.-Jech. ········· 71

枫香拟棒孢 *Corynesporopsis liquidambaris* Jian Ma & X.G. Zhang ·················· 72
拟棒孢 *Corynesporopsis quercicola* (Borowska) P.M. Kirk ·················· 74
单隔拟棒孢 *Corynesporopsis uniseptata* P.M. Kirk ·················· 75
隐瓶梗孢属 *Cryptophiale* Piroz. ·················· 76
瓜达卡纳尔隐瓶梗孢 *Cryptophiale guadalcanalensis* Matsush. ·················· 77
西表隐瓶梗孢 *Cryptophiale iriomoteanum* Matsush. ·················· 78
宇田川隐瓶梗孢 *Cryptophiale udagawae* Piroz. & Ichinoe ·················· 79
作者未观察的种 ·················· 80
具芒隐瓶梗孢 *Cryptophiale aristata* Kuthub. & B. Sutton ·················· 80
球形孢隐瓶梗孢 *Cryptophiale sphaerospora* Umali & D.Q. Zhou ·················· 80
树状霉属 *Dendryphiopsis* S. Hughes ·················· 81
小乔木树状霉 *Dendryphiopsis arbuscula* (Berk. & M.A. Curtis) S. Hughes ·················· 81
树状霉 *Dendryphiopsis atra* (Corda) S. Hughes ·················· 82
指孢属 *Digitoramispora* R.F. Castañeda & W.B. Kendr. ·················· 83
指孢 *Digitoramispora caribensis* R.F. Castañeda & W.B. Kendr. ·················· 84
偏心指孢 *Digitoramispora excentrica* (B. Sutton) R.F. Castañeda & W.B. Kendr. ·················· 85
葫芦指孢 *Digitoramispora lageniformis* Somrith. & E.B.G. Jones ·················· 86
坦氏指孢 *Digitoramispora tambdisurlensis* Pratibha, Raghuk. & Bhat ·················· 87
双球霉属 *Diplococcium* Grove ·················· 88
蒲葵双球霉 *Diplococcium livistonae* L.G. Ma & X.G. Zhang ·················· 89
普尔尼双球霉 *Diplococcium pulneyense* Subram. & Sekar ·················· 90
蕉斑双球霉 *Diplococcium stoveri* (M.B. Ellis) R.C. Sinclair, Eicker & Bhat ·················· 92
雅致孢属 *Elegantimyces* Goh, K.M. Tsui & K.D. Hyde ·················· 93
雅致孢 *Elegantimyces sporidesmiopsis* Goh, K.M. Tsui & K.D. Hyde ·················· 93
棒梗孢属 *Exserticlava* S. Hughes ·················· 94
木莲棒梗孢 *Exserticlava manglietiae* S.C. Ren & X.G. Zhang ·················· 95
三隔棒梗孢 *Exserticlava triseptata* (Matsush.) S. Hughes ·················· 96
单隔棒梗孢 *Exserticlava uniseptata* Bhat & B. Sutton ·················· 97
棒梗孢 *Exserticlava vasiformis* (Matsush.) S. Hughes ·················· 98
作者未观察的种 ·················· 100
云南棒梗孢 *Exserticlava yunnanensis* L. Cai & K.D. Hyde ·················· 100
球孢棒梗孢 *Exserticlava globosa* V. Rao & de Hoog ·················· 100
古氏霉属 *Guedea* Rambelli & Bartoli ·················· 100
新西兰古氏霉 *Guedea novae-zelandiae* S. Hughes ·················· 101
卵形古氏霉 *Guedea ovata* Morgan-Jones, R.C. Sinclair & Eicker ·················· 102
半棒孢属 *Hemicorynespora* M.B. Ellis ·················· 103
棍棒半棒孢 *Hemicorynespora clavata* G. Delgado, Mercado & J. Mena ·················· 104
龙眼生半棒孢 *Hemicorynespora dimocarpi* Jian Ma & X.G. Zhang ·················· 105
异参孢属 *Heteroconium* Petr. ·················· 106
红楣异参孢 *Heteroconium annesleae* S.C. Ren & X.G. Zhang ·················· 107
青篱竹异参孢 *Heteroconium arundicum* Chowdhry ·················· 108
版纳异参孢 *Heteroconium bannaense* J.W. Xia & X.G. Zhang ·················· 109
美丽异参孢 *Heteroconium decorosum* R.F. Castañeda, Saikawa & Guarro ·················· 111
榕异参孢 *Heteroconium fici* L.G. Ma & X.G. Zhang ·················· 112

印度异参孢 *Heteroconium indicum* Varghese & V.G. Rao	113
新木姜子异参孢 *Heteroconium neolitseae* S.C. Ren & X.G. Zhang	113
黄檗异参孢 *Heteroconium phellodendri* Jian Ma & X.G. Zhang	115
波纳佩异参孢 *Heteroconium ponapense* Matsush.	116
木荷异参孢 *Heteroconium schimae* Y.D. Zhang & X.G. Zhang	117
观光木异参孢 *Heteroconium tsoongiodendronis* L.G. Ma & X.G. Zhang	119
柱形孢属 *Kylindria* DiCosmo, S.M. Berch & W.B. Kendr.	120
酸藤子柱形孢 *Kylindria embeliae* Y.D. Zhang & X.G. Zhang	121
离心柱形孢 *Kylindria excentrica* Bhat & B. Sutton	121
崖豆藤柱形孢 *Kylindria millettiae* Y.D. Zhang & X.G. Zhang	123
肥孢柱形孢 *Kylindria obesispora* R.F. Castañeda	124
作者未观察的种	126
爱丽斯柱形孢 *Kylindria ellisii* (Morgan-Jones) DiCosmo, S.M. Berch & W.B. Kendr.	126
柱形孢 *Kylindria triseptata* (Matsush.) DiCosmo, S.M. Berch & W.B. Kendr.	126
李氏霉属 *Listeromyces* Penz. & Sacc.	127
李氏霉 *Listeromyces insignis* Penz. & Sacc.	128
小黑孢属 *Minimelanolocus* R.F. Castañeda & Heredia	128
双色小黑孢 *Minimelanolocus bicolorata* J.W. Xia & X.G. Zhang	129
山茶小黑孢 *Minimelanolocus camelliae* H.B. Fu & X.G. Zhang	130
腊梅小黑孢 *Minimelanolocus chimonanthi* Y.D. Zhang & X.G. Zhang	132
黄桐小黑孢 *Minimelanolocus endospermi* Jian Ma & X.G. Zhang	133
休氏小黑孢 *Minimelanolocus hughesii* (M.B. Ellis) R.F.Castañeda & Heredia	134
香叶小黑孢 *Minimelanolocus linderae* Jian Ma & X.G. Zhang	135
木兰小黑孢 *Minimelanolocus magnoliae* K. Zhang & X.G. Zhang	136
芒生小黑孢 *Minimelanolocus miscanthi* (Matsush.) R.F. Castañeda & Heredia	136
橄榄色小黑孢 *Minimelanolocus olivaceus* R.F.Castañeda & Guarro	138
紫檀小黑孢 *Minimelanolocus pterocarpi* Jian Ma & X.G. Zhang	140
鲁塞尔小黑孢 *Minimelanolocus rousselianus* (Mont.) R.F. Castañeda & Heredia	141
作者未观察的种	142
灌丛小黑孢 *Minimelanolocus dumeti* (Lunghini & Pinzari) R.F. Castañeda & Heredia	142
双曲孢属 *Nakataea* Hara	142
梭孢双曲孢 *Nakataea fusispora* (Matsush.) Matsush.	144
刺毛双曲孢 *Nakataea setulosa* Jian Ma & X.G. Zhang	145
作者未观察的种	146
双曲孢 *Nakataea oryzae* (Catt.) J. Luo & N. Zhang	146
近芽串孢属 *Parablastocatena* Y.D. Zhang & X.G. Zhang	147
近芽串孢 *Parablastocatena tetracerae* Y.D. Zhang & X.G. Zhang	147
拟树状霉属 *Paradendryphiopsis* M.B. Ellis	148
拟树状霉 *Paradendryphiopsis cambrensis* M.B. Ellis	149
美丽拟树状霉 *Paradendryphiopsis elegans* J.W. Xia & X.G. Zhang	150
小近轴霉属 *Parasympodiella* Ponnappa	151
桉树小近轴霉 *Parasympodiella eucalypti* Cheew. & Crous	152
小近轴霉 *Parasympodiella laxa* (Subram. & Vittal) Ponnappa	154
拟侧耳霉属 *Pleurotheciopsis* B. Sutton	155

  布拉姆利拟侧耳霉 *Pleurotheciopsis bramleyi* B. Sutton ······ 156
  韦氏拟侧耳霉 *Pleurotheciopsis websteri* Cazau, Aramb. & Cabello ······ 157
 假密格孢属 *Pseudoacrodictys* W.A. Baker & Morgan-Jones ······ 158
  水生假密格孢 *Pseudoacrodictys aquatica* R.F. Castañeda, R.M. Arias & Heredia ······ 159
  榕假密格孢 *Pseudoacrodictys fici* Y.D. Zhang & X.G. Zhang ······ 160
  作者未观察的种 ······ 161
  附着假密格孢 *Pseudoacrodictys appendiculata* (M.B. Ellis) W.A. Baker & Morgan-Jones ······ 161
  戴顿假密格孢 *Pseudoacrodictys deightonii* (M.B. Ellis) W.A. Baker & Morgan-Jones ······ 162
  丹尼斯假密格孢 *Pseudoacrodictys dennisii* (M.B. Ellis) W.A. Baker & Morgan-Jones ······ 162
 假绒落菌属 *Pseudospiropes* M.B. Ellis ······ 162
  哥斯达黎加假绒落菌 *Pseudospiropes costaricensis* (E.F. Morris) de Hoog & Arx ······ 164
  八丈岛假绒落菌 *Pseudospiropes hachijoensis* Matsush. ······ 165
  山胡椒假绒落菌 *Pseudospiropes linderae* Jian Ma, X.G. Zhang & R.F. Castañeda ······ 166
  楠藤假绒落菌 *Pseudospiropes mussaendae* Z.Q. Shang & X.G. Zhang ······ 167
  假绒落菌 *Pseudospiropes nodosus* (Wallr.) Ellis ······ 168
  海檀木假绒落菌 *Pseudospiropes ximeniae* Z.Q. Shang & X.G. Zhang ······ 169
  作者未观察的种 ······ 170
  简单假绒落菌 *Pseudospiropes simplex* (Nees) M.B. Ellis ······ 170
  棕榈假绒落菌 *Pseudospiropes arecacensis* J. Fröhl., K.D. Hyde & D.I. Guest ······ 170
 蒜孢属 *Sativumoides* S.C. Ren, Jian Ma & X.G. Zhang ······ 171
  蒜孢 *Sativumoides punicae* S.C. Ren, Jian Ma & X.G. Zhang ······ 171
 角凸孢属 *Shrungabeeja* V.G. Rao & K.A. Reddy ······ 173
  海棠角凸孢 *Shrungabeeja begoniae* K. Zhang & X.G. Zhang ······ 173
  蜜茱萸角凸孢 *Shrungabeeja melicopes* K. Zhang & X.G. Zhang ······ 175
  角凸孢 *Shrungabeeja vadirajensis* V.G. Rao & K.A. Reddy ······ 176
 异棒孢属 *Solicorynespora* R.F. Castañeda & W.B. Kendr. ······ 177
  厚壳桂异棒孢 *Solicorynespora cryptocaryae* Jian Ma & X.G. Zhang ······ 178
  榕异棒孢 *Solicorynespora fici* Jian Ma & X.G. Zhang ······ 179
  蜂巢异棒孢 *Solicorynespora foveolata* (Pat.) Shirouzu & Y. Harada ······ 181
  粗叶木异棒孢 *Solicorynespora lasianthi* L.G. Ma & X.G. Zhang ······ 182
  女贞异棒孢 *Solicorynespora ligustri* Jian Ma & X.G. Zhang ······ 183
  香叶异棒孢 *Solicorynespora linderae* Jian Ma & X.G. Zhang ······ 184
  润楠异棒孢 *Solicorynespora machili* Jian Ma & X.G. Zhang ······ 185
  蜜茱萸异棒孢 *Solicorynespora melicopes* Jian Ma & X.G. Zhang ······ 186
  姆兰杰异棒孢 *Solicorynespora mulanjeensis* (B. Sutton) R.F. Castañeda, M. Stadler & Guarro ······ 187
  倒卵形异棒孢 *Solicorynespora obovoidea* Jian Ma & X.G. Zhang ······ 189
  多变异棒孢 *Solicorynespora pseudolmediae* (R.F. Castañeda) R.F. Castañeda & W.B. Kendr. ······ 190
  林木异棒孢 *Solicorynespora sylvatica* R.F. Castañeda, Heredia, R.M. Arias & Guarro ······ 191
 栗色孢属 *Spadicoides* S. Hughes ······ 193
  澳大利亚栗色孢 *Spadicoides australiensis* Whitton, K.D. Hyde & McKenzie ······ 195
  杆状栗色孢 *Spadicoides bacilliformis* L.G. Ma & X.G. Zhang ······ 196
  竹生栗色孢 *Spadicoides bambusicola* D.Q. Zhou, Goh & K.D. Hyde ······ 197

霸王岭栗色孢 *Spadicoides bawanglingensis* J.W. Xia & G.X. Zhang ··········· 198
山茶栗色孢 *Spadicoides camelliae* L.G. Ma & X.G. Zhang ··········· 198
克洛奇栗色孢 *Spadicoides klotzschii* S. Hughes ··········· 200
龙池栗色孢 *Spadicoides longchiensis* J.W. Xia & X.G. Zhang ··········· 201
异隔栗色孢 *Spadicoides versiseptatis* M.K.M. Wong, Goh & K.D. Hyde ··········· 203
云南栗色孢 *Spadicoides yunnanensis* L.G. Ma & X.G. Zhang ··········· 204
作者未观察的种 ··········· 205
黑栗色孢 *Spadicoides atra* (Corda) S. Hughes ··········· 205
霍德基斯栗色孢 *Spadicoides hodgkissii* W.H. Ho, Yanna & K.D. Hyde ··········· 205
小栗色孢 *Spadicoides minuta* L. Cai, McKenzie & K.D. Hyde ··········· 206
倒卵形栗色孢 *Spadicoides obovata* (Cook & Ellis) S. Hughes ··········· 206
五峰栗色孢 *Spadicoides wufengensis* D.W. Li & Jing Y. Chen ··········· 206
布氏霉属 *Stephembruneria* R.F. Castañeda ··········· 207
布氏霉 *Stephembruneria elegans* R.F. Castañeda ··········· 208
束梗密格孢属 *Synnemacrodictys* W.A. Baker & Morgan-Jones ··········· 208
束梗密格孢 *Synnemacrodictys stilboidea* (J. Mena & Mercado) W.A. Baker & Morgan-Jones ··········· 210
带孢霉属 *Taeniolina* M.B. Ellis ··········· 210
柃带孢霉 *Taeniolina euryae* Y.D. Zhang & X.G. Zhang ··········· 211
木荷带孢霉 *Taeniolina schimae* Y.D. Zhang & X.G. Zhang ··········· 212
孔出旋孢属 *Tretospeira* Piroz. ··········· 213
孔出旋孢 *Tretospeira ugandensis* (Hansf.) Piroz. ··········· 213
鸟形孢属 *Weufia* Bhat & B. Sutton ··········· 214
鸟形孢 *Weufia tewoldei* Bhat & B. Sutton ··········· 215
张氏霉属 *Xiuguozhangia* K. Zhang, R.F. Castañeda, Jian Ma & L.G. Ma ··········· 216
石榴张氏霉 *Xiuguozhangia punicae* (K. Zhang & X.G. Zhang) K. Zhang & R.F. Castañeda ··········· 217
崖角藤张氏霉 *Xiuguozhangia rhaphidophorae* (K. Zhang & X.G. Zhang) K. Zhang & R.F. Castañeda ··········· 218
张氏霉 *Xiuguozhangia rosae* (K. Zhang & X.G. Zhang) K. Zhang & R.F. Castañeda ··········· 219

附录 I 《中国真菌志》(第三十一卷　暗色砖格分生孢子真菌 26 属　链格孢属除外) 补遗 ··········· 221
小双枝孢属 *Diplocladiella* G. Arnaud ex M.B. Ellis ··········· 221
阔孢小双枝孢 *Diplocladiella alta* R. Kirschner & Chee J. Chen ··········· 221
小双枝孢 *Diplocladiella scalaroides* G. Arnaud ex M.B. Ellis ··········· 222

附录 II 《中国真菌志》(第三十七卷　葚孢属及其相关属) 补遗 ··········· 224
爱氏霉属 *Ellisembia* Subram. ··········· 224
波罗蜜爱氏霉 *Ellisembia artocarpi* Jian Ma & X.G. Zhang ··········· 226
霸王岭爱氏霉 *Ellisembia bawanglingensis* S.C. Ren & X.G. Zhang ··········· 227
茶条木爱氏霉 *Ellisembia delavayae* (Ch.K. Shi & X.G. Zhang) T.S. Santa Izabel, A.C. Cruz & Gusmão ··········· 228

花梣爱氏霉 *Ellisembia fraxini-orni* (Jian Ma & X.G. Zhang) Jian Ma & X.G. Zhang ·········· 228

秦岭白蜡树爱氏霉 *Ellisembia fraxini-paxianae* (Jian Ma & X.G. Zhang) Jian Ma & X.G. Zhang ·· 230

银叶树爱氏霉 *Ellisembia heritierae* S.C. Ren & X.G. Zhang ······································ 232

冬青爱氏霉 *Ellisembia ilicis* (Jian Ma & X.G. Zhang) T.S. Santa Izabel, A.C. Cruz & Gusmão ·· 233

蜜茱萸爱氏霉 *Ellisembia melicopes* (K. Zhang & X.G. Zhang) K. Zhang & X.G. Zhang ····· 234

金莲木爱氏霉 *Ellisembia ochnae* (Ch.K. Shi & X.G. Zhang) T.S. Santa Izabel, A.C. Cruz & Gusmão ·· 234

近多变爱氏霉 *Ellisembia paravaginata* McKenzie ··· 236

楠木爱氏霉 *Ellisembia phoebes* (Ch.K. Shi & X.G. Zhang) T.S. Santa Izabel, A.C. Cruz & Gusmão ·· 237

石楠爱氏霉 *Ellisembia photiniae* Jian Ma & X.G. Zhang·· 239

黄连木爱氏霉 *Ellisembia pistaciae* S.C. Ren & X.G. Zhang ······································ 240

罗汉松爱氏霉 *Ellisembia podocarpi* Jian Ma & X.G. Zhang ······································ 241

李爱氏霉 *Ellisembia pruni* (Jian Ma & X.G. Zhang) T.S. Santa Izabel, A.C. Cruz & Gusmão ··· ·· 242

乌桕爱氏霉 *Ellisembia sapii* Jian Ma & X.G. Zhang ·· 242

木荷爱氏霉 *Ellisembia schimae* Jian Ma & X.G. Zhang ··· 244

乌口树爱氏霉 *Ellisembia tarennae* (Ch.K. Shi & X.G. Zhang) T.S. Santa Izabel, A.C. Cruz & Gusmão ·· 246

长窄爱氏霉 *Ellisembia vaga* (Nees & T. Nees) Subram. ··· 247

内隔孢属 *Endophragmiella* B. Sutton ·· 248

黄皮内隔孢 *Endophragmiella clausenae* L.G. Ma & X.G. Zhang ······························· 250

树皮生内隔孢 *Endophragmiella corticola* P.M. Kirk ··· 252

弯曲内隔孢 *Endophragmiella curvata* (Corda) S. Hughes ··· 253

圆柱内隔孢 *Endophragmiella eboracensis* B. Sutton ··· 254

栀子内隔孢 *Endophragmiella gardeniae* Jian Ma & X.G. Zhang································ 255

枫香内隔孢 *Endophragmiella liquidambaris* Jian Ma & X.G. Zhang ························· 256

润楠内隔孢 *Endophragmiella machili* Jian Ma & X.G. Zhang ··································· 257

南岭内隔孢 *Endophragmiella nanlingensis* S.C. Ren & X.G. Zhang························· 258

五列木内隔孢 *Endophragmiella pentaphylacis* L.G. Ma & X.G. Zhang······················ 260

美丽内隔孢 *Endophragmiella pulchra* (B. Sutton & Hodges) P.M. Kirk ····················· 261

树脂内隔孢 *Endophragmiella resinae* P.M. Kirk ··· 261

直立内隔孢 *Endophragmiella rigidiuscula* R.F. Castañeda ·· 263

具喙内隔孢 *Endophragmiella rostrata* P.M. Kirk ··· 264

水松内隔孢 *Endophragmiella taxi* (M.B. Ellis) S. Hughes·· 266

可可内隔孢 *Endophragmiella theobromae* M.B. Ellis··· 267

三隔内隔孢 *Endophragmiella triseptata* K.M. Tsui, Goh, K.D. Hyde & Hodgkiss ········ 268

林氏霉属 *Linkosia* A. Hern. Gut. & B. Sutton ·· 269
　　　梭孢林氏霉 *Linkosia fusiformis* W.P. Wu ··· 270
　　　木槿林氏霉 *Linkosia hibisci* Jian Ma & X.G. Zhang ··· 271
　　　桑林氏霉 *Linkosia mori* K. Zhang & X.G. Zhang ·· 272
　　卢曼霉属 *Lomaantha* Subram. ·· 272
　　　芦苇卢曼霉 *Lomaantha phragmitis* Jian Ma & X.G. Zhang ································ 273
　　新葚孢属 *Neosporidesmium* Mercado & J. Mena ·· 274
　　　五月茶新葚孢 *Neosporidesmium antidesmatis* Jian Ma & X.G. Zhang ··················· 276
　　　桐新葚孢 *Neosporidesmium malloti* Jian Ma & X.G. Zhang ································ 277
　　　含笑新葚孢 *Neosporidesmium micheliae* Y.D. Zhang & X.G. Zhang ····················· 278
　　　黄叶树新葚孢 *Neosporidesmium xanthophylli* Jian Ma & X.G. Zhang ··················· 280
　　类葚孢属 *Sporidesmiella* P.M. Kirk ··· 280
　　　猴耳环类葚孢 *Sporidesmiella archidendri* Jian Ma & X.G. Zhang ························ 281
　　　霸王岭类葚孢 *Sporidesmiella bawanglingense* Jian Ma & X.G. Zhang ··················· 282
　　　润楠类葚孢 *Sporidesmiella machili* Jian Ma & X.G. Zhang ································· 284
　　　南岭类葚孢 *Sporidesmiella nanlingensis* Jian Ma & X.G.Zhang ··························· 285
　　　蔷薇类葚孢 *Sporidesmiella rosae* Jian Ma & X.G. Zhang ··································· 286
　　拟葚孢属 *Sporidesmiopsis* Subram. & Bhat ·· 287
　　　丹尼斯拟葚孢 *Sporidesmiopsis dennisii* (J.L. Crane & Dumont) Bhat, W.B. Kendr. &
　　　　Nag Raj ·· 288
　　　广西拟葚孢 *Sporidesmiopsis guangxiensis* J.W. Xia & X.G. Zhang ······················ 289
　　葚孢属 *Sporidesmium* Link ·· 291
　　　尖顶孢葚孢 *Sporidesmium acutisporum* M.B. Ellis ··· 293
　　　五月茶葚孢 *Sporidesmium antidesmatis* Jian Ma & X.G. Zhang ·························· 294
　　　粪生葚孢 *Sporidesmium coprophilum* Matsush. ··· 295
　　　枫香葚孢 *Sporidesmium liquidambaris* Jian Ma & X.G. Zhang ··························· 297
　　　润楠葚孢 *Sporidesmium machili* Jian Ma & X.G. Zhang ···································· 298
　　　崖角藤葚孢 *Sporidesmium rhaphidophorae* K. Zhang & X.G. Zhang ···················· 299
　　　联合葚孢 *Sporidesmium socium* M.B. Ellis ·· 300
　　　冈村隆史葚孢 *Sporidesmium takashii* Subram. ··· 301

参考文献 ··· 303
索引 ··· 322
　寄主或基质汉名索引 ·· 322
　真菌汉名索引 ·· 325
　寄主学名索引 ·· 333
　真菌学名索引 ·· 336

绪 论

  暗色丝孢真菌(dematiaceous hyphomycetes)是无性丝孢真菌(hyphomycetes)一重要类群,在半知菌分类中居重要地位。该类真菌的分生孢子梗或分生孢子具色泽,分生孢子梗散生、束生或着生在分生孢子座上,梗上产生分生孢子。该类真菌种类繁多,分布广泛,环境适用性强,主要以腐生、共生或寄生方式生存繁衍,其中少数种是重要的植物病原菌,常引起植物病害,但相当数量的暗色丝孢真菌更适宜在枯枝落叶基质上生存繁衍,对维持生态平衡和环境稳定具有重要的生态学意义。

  长期以来,人们对凋落枯枝基质上的暗色丝孢真菌认识和挖掘较为贫乏,缺乏系统性调查和分类研究,且该类群真菌因不同学者所持分类观点不同,属、种分类标准和分类框架难以统一,分类体系亦多变化,分类研究一直处于被动状态。结合我国复杂多样的生态地理环境和资源丰富的植被类型,系统挖掘凋落枯枝基质上的暗色丝孢真菌属、种资源,对丰富物种多样性,评价属、种分类标准与分类框架,探讨属、种分类问题,完善属、种分类理论具有重要的分类学意义。

属、种分类研究现状

  18 世纪初,人类已开展了植物叶片、枯枝、土壤及粪便等基质上的无性丝孢真菌分类研究,描述鉴定了若干属、种分类单位,相继出版了多部真菌专著,如 Barron(1968)、Ellis(1971a,1976)、Matsushima(1975,1985,1996)、Subramanian(1971)、Carmichael 等(1980)、Castañeda-Ruíz(1988)、Castañeda-Ruíz 和 Kendrick(1990a,1990b,1991)、Zhuang(2001,2005)、郭英兰和刘锡琎(2003)、张中义(2006)、张天宇(2003,2009,2010)、吴文平(2009)、Seifert 等(2011)及张修国(2012)等,相关专著主要依据无性丝孢真菌属、种形态学分类的研究结果。无性丝孢真菌分类研究主要集中于北温带地区,对热带和亚热带地区研究较少,其他地区几乎未涉及(Seifert *et al.*,2011)。

  目前,全世界已承认无性丝孢真菌 1500 余属 3 万余种,其中暗色丝孢真菌 800 余属 1.8 万余种(Seifert and Gams,2011;Seifert *et al.*,2011;http://www.indexfungorum.org)。数据统计发现 25%～35%的暗色丝孢真菌属、种来源于凋落枯枝基质,其中内隔孢属(*Endophragmiella* B. Sutton)、爱氏霉属(*Ellisembia* Subram.)、类葚孢属(*Sporidesmiella* P.M. Kirk)、砖格孢属(*Dictyosporium* Corda)、棒梗孢属(*Exserticlava* S. Hughes)、艾氏孢属(*Iyengarina* Subram.)等百余个暗色丝孢真菌属的多数种直接来源于凋落枯枝基质。Ellis(1971a,1976)在其专著中汇集暗色丝孢真菌 370 余属 2270 余种,其中 660 余种的模式(权威)标本直接来源于凋落枯枝基质。另外,文献资料整理发现 Castañeda-Ruíz(1985～2012 年)与 Bhat(1977～2012 年)先后创建的 80 余个暗色丝孢真菌属中 30 余属的模式种来源于凋落枯枝基质。因此,凋落枯枝基质上的暗色丝孢真菌在无性丝孢真菌分类研究中居重要地位。

近年来，对习生于凋落枯枝基质上的暗色丝孢真菌分类研究取得了突出进展，先后合格描述了若干分类单位，创建了多个新属，如 *Elotespora* R.F. Castañeda & Heredia(Castañeda-Ruíz *et al.*，2010a)、*Pyrigemmula* D. Magyar & R. Shoemaker(Magyar *et al.*，2011)、*Sativumoides* Sh.C. Ren，Jian Ma & X.G. Zhang、*Cladosporiopsis* Sh.C. Ren & X.G. Zhang(Ren *et al.*，2012a)、*Parablastocatena* Y.D. Zhang & X.G. Zhang(Zhang *et al.*，2012b)、*Ticosynnema* R.F. Castañeda，Granados & Mardones(Castañeda-Ruíz *et al.*，2012)、*Atrokylindriopsis* Y.R. Ma & X.G. Zhang(Ma *et al.*，2015b)、*Anacacumisporium* Y.R. Ma & X.G. Zhang(Ma *et al.*，2016a)、*Dictyoceratosporella* Y.R. Ma & X.G. Zhang(Ma *et al.*，2016b)、*Sympodiosynnema* J.W. Xia & X.G. Zhang(Xia *et al.*，2016)。因此，系统开展凋落枯枝基质上的暗色丝孢真菌分类研究具有重要的分类学意义。

属、种分类研究存在问题

(一)属级分类研究存在问题

资料表明暗色丝孢真菌属间易发生分类混乱，如棒孢属 *Corynespora* 模式种 *C. cassiicola* 曾被 Berkeley(1869)、Olive 等(1945)和 Liu(1948)等误归入长蠕孢属 *Helminthosporium* Link，也曾被 Cooke(1896)、Kawamura(1931)、Tai(1936)和 Teng(1939)等误归入尾孢属 *Cercospora* Fresen.，直至 Wei(1950)研究该菌大量标本后，才澄清了 *Corynespora* 与 *Helminthosporium* 和 *Cercospora* 的区别。其次，部分暗色丝孢真菌属仅区别于单个分类性状，其他多个分类性状明显相似，也易造成属级分类的混乱，如葚孢属 *Sporidesmium* Link 与其分化出来的 *Ellisembia*、*Repetophragma*、*Stanjehughesia*、*Sporidesmiella*、*Linkosia*、*Imimyces* 和 *Sporidesmina* 7 个近似属的许多分类性状难以区分(Subramanian，1992；Wu and Zhuang，2005)，曾一度被误归入 *Sporidesmium*；属级界定标准不一致，也易造成属级分类性状的交错与重叠，如 *Spadicoides* 与 *Diplococcium*、*Solicorynespora* 与 *Corynesporopsis* 等近似属主要区别于分生孢子单生或链生，但 *Corynespora*、*Alternaria* 等少数属包括分生孢子单生或链生的种；*Corynesporella* 与 *Dendryphiopsis*、*Sporidesmium* 与 *Ellisembia* 等近似属唯一区别于分生孢子的隔膜类型(真/假)；*Hemicorynespora* 与 *Solicorynespora* 两属主要区别于分生孢子隔膜数，但 *Spadicoides* 则包括分生孢子无隔膜、真隔膜或同时具真隔膜、假隔膜的种。此外，部分疑难种的描述易扩大属级概念而使其颇受争议，如类葚孢属 *Sporidesmiella* 的 *S. hyalosperma* var. *novae-zelandiae* 等 5 个种因其多芽生合轴式延伸的产孢细胞不同于模式种产孢细胞延伸方式(内壁芽生层出式延伸)，而使该属受到质疑(Braun and Heuchert，2010)。

总之，属级界定因子单一，或界定标准不一致，易于导致属间分类性状的交错与重叠。另外，暗色丝孢真菌个体发育与分化程度易受基质营养富瘠程度、环境因素、植被结构类型及海拔等因素的影响，而且材料征集易受季节性、随机性和人为主观因素的制约，分类学者所持分类观点和界定标准难免存在分歧与争议，必然干扰或制约着属的正确界定与命名，造成属的误定和属名的混乱。

(二)种级分类研究存在问题

暗色丝孢真菌属级分类的混乱，易造成种的错误归属与误定，如棒孢属 *Corynespora* 的 *C. pseudolmediae* 等 8 个种被归入 *Solicorynespora*(Castañeda-Ruíz and Kendrick, 1990b; Delgado-Rodríguez *et al.*, 2002; Castañeda-Ruíz *et al.*, 2004; Shirouzu and Harada, 2008), *C. biseptata* 和 *C. quercicola* 2 个种被归入 *Corynesporopsis*(Kirk, 1981c; Morgan-Jones, 1988a), 而 *C. alternarioides* 则被归入 *Briansuttonia*(Castañeda-Ruíz *et al.*, 2004)。其次，若干暗色丝孢真菌属内种的错误划分与同物异名现象普遍存在，如 *Pleurophragmium* 属内 29 个种中的 16 个具同物异名，其中 *P. nodosum* 和 *P. capense* 具 10 个以上同物异名，*Repetophragma* 属内 32 个种中的 27 个具同物异名，其中 *R. dennisii* 等多个种具 2 个以上同物异名(Hughes, 1958; Castañeda-Ruíz *et al.*, 2011; http://www.indexfungorum.org)。另外，由于暗色丝孢真菌菌株资源积累缺少，限制了人们利用分子系统学验证或评价原有属、种的形态学划分标准与分类框架，给后续研究带来一定困难。

鉴于对若干暗色丝孢真菌属下种的错误理解，统一的种级分类标准很难建立，易造成种级分类的混乱与误定。其次，人工培养的菌种分生孢子形态、色泽及孢壁结构等易受培养基质和培养条件的影响，其形态特征与自然基质上的存在差别，很难真实地反映种自然演化的本质特征。因此，对暗色丝孢真菌的分类研究，难免出现种的误定、种名混乱与同物异名现象。

(三)菌种分离培养存在问题

培养真菌的目的主要是观察它的性状、研究环境条件对它的影响，或者大量繁殖后用于开展后续研究。培养性状是真菌分类鉴定的重要依据，获取真菌培养物对开展真菌分子系统学研究，从分子水平上揭示真菌分类的遗传本质具有重要意义。尽管自 19 世纪初，众多真菌学者已相继开展了凋落枯枝基质上的暗色丝孢真菌分类研究，但绝大多数属、种在人工条件下难以纯培养，或者成活后难以产生分生孢子，严重制约着该类群真菌分类研究的发展。Matsushima(1980, 1981, 1983, 1985, 1987, 1993, 1996) 曾成功培养了甚孢属 *Sporidesmium* 及爱氏霉属 *Ellisembia* 的一些种。但 Wu 和 Zhuang(2005) 基于大量新鲜标本对甚孢属及其相关类群进行分离培养研究时，发现只有少数种能纯培养，且纯培养的多数种的分生孢子在不同培养基上不萌发或萌发产生短的芽管后又停止生长。作者在对该类群真菌分离培养时也遇到此类问题，且研究发现一些种经人工培养产生的分生孢子与自然基质上的分生孢子形态特征差别较大，影响物种的正确界定。因此，该类群真菌的分类研究目前仍基于自然基质上的形态特征，培养性状有时仅用作辅助鉴定，对于获取纯培养的种可借助分子生物学技术验证近似属的形态学划分标准。

凋落枯枝基质上的暗色丝孢真菌主要依靠枯枝降解后生成的营养物质进行生长，枯枝中糖和纤维缓慢而连续的分解能够长期为其提供持续的营养，确保真菌个体充分发育与繁殖。而人工培养基质难以达到自然基质成分要求，且培养条件(培养基成分、光照、温度、湿度、pH 及紫外线照射等)都能影响菌丝生长、孢子萌发及孢子形态特征。因此，以自然基质上的形态特征为基础研究该类真菌，进行分类研究更为可靠，也更能反映真菌在自然界中的分类地位。张天宇(2003)在研究链格孢属(*Alternaria*)分类时就曾指出：从自然条件下采到的菌种，是在适合自己的条件下生长发育起来的，一般能充分表现自身的物种特性，并提倡依据自然基质上的菌种进行形态分类研究。此外，张天宇(2009)曾探讨了砖格生分生孢子真菌的培养问题，在其研究中发现一些在枯枝基质上腐生性较强的属（如 *Acrodictys* M.B. Ellis、*Monodictys* S. Hughes、*Berkleasmium* Zobel 及 *Mycoenterolobium* Goos）在人工培养基上生长非常缓慢，且在 PDA 培养基(营养丰富)和 PCA 培养基(营养贫瘠)上生长差异显著。另外，作者在其研究中发现该类群真菌长期腐生于自然基质上，所采集的孢子大多发育成熟且孢子表面极易黏附青霉 *Penicillium* sp.及其他杂菌的微小孢子，使该类真菌的单孢分离培养极易受到污染，增加了该类真菌分离培养的难度。

凋落枯枝基质上的暗色丝孢真菌分类鉴定主要依据分生孢子梗的延伸方式、分生孢子的发育方式及分生孢子的形态特征。但自然基质上有时很难观察到分生孢子的发育动态，无法翔实了解其产孢方式，甚至对一些近似或疑难属、种无法从分子系统发育水平上揭示其分类地位。尽管 Hawksworth(1991)推测仅有 17%左右的真菌可以培养，但众多真菌学者都在试图探索并寻求适宜该类真菌的培养基质及培养条件，筛选并积累菌种资源，以期在传统分类的基础上运用分子手段来验证形态分类的划分标准，解决或澄清部分疑难属、种的分类地位，并对一些有利菌种开展资源利用研究。其中 E.G. Simmons(Simmons，1992；Simmons and Roberts，1993)基于长期的工作实践总结出了暗色丝孢真菌代表属链格孢属小孢子种的常规培养条件，极大地促进了该属及相关属的分类研究，且对凋落枯枝暗色丝孢真菌的分离培养提供了良好的借鉴。

研究表明培养不同的微生物，就要根据它们的需求配制适宜的培养基，但对微生物营养要求的滞后研究使真菌和其他微生物不能或者很难在人工培养基上培养。针对凋落枯枝基质上的暗色丝孢真菌单孢分离培养，作者在总结前人研究经验的基础上，结合自己研究体会提出如下观点：①由于该类群真菌主要腐生于凋落枯枝基质上，依靠枯枝腐烂降解转化的营养物质维持正常生长与繁育，人工培养基的成分应尽可能贴近自然基质，如培养基中加入腐烂的木屑或粉碎的枯枝作为培养源，用阴暗潮湿处枯枝落叶底层土壤浸渍液或浸泡腐烂木屑的水粗滤后做培养基；②基于该类真菌的生长特性，尽可能选用富含木质素及纤维素多，并利于菌丝生长的培养基，如 PDA、CMA、土壤浸渍液培养基及燕麦片琼胶培养液，并可考虑使用液体培养基进行分离培养；③鉴于该类群真菌分离培养易受青霉、曲霉及根霉等广布性真菌及本身孢子黏附杂菌的污染，单孢分离过程中应注意去除菌种表面黏附的杂菌，并选用适宜的抗生素抑制非目的菌的污染；④大多数真菌(尤其霉菌)喜欢偏酸性基质，且有些真菌因生长环境、培养条件的改变或其他原因丧失自身合成所需要的生长物质而不能生长或不能正常生长发育，因此需要供给适量的生长物质或维生素，如环己六醇、叶酸、维生素 B_1 等促进其生长发育；⑤针对单孢分离培养纯化成功的某些菌种，作者研究发现有些菌种于 PDA 培养基上培养 7~10 天便可产孢，但培养时间越长，菌丝生长越旺盛，反而变得不易产孢。

总之，凋落枯枝基质上的暗色丝孢真菌分离培养在当前阶段进展缓慢，传统形态学仍是该类真菌分类研究的基础。对于那些已获得纯培养的菌种，在其属内也很难开展属内分子系统学研究，只能观察其培养性状、利用扫描电镜技术等研究分生孢子发育动态，或测定相关片段基因序列，用以开展该属所在的科内属间系统发育学研究，利用基因片段从遗传角度验证属间形态学划分标准，揭示不同属在自然界演化历程中的亲缘关系。

属、种分类研究的科学性

人类已对地上植物枯枝（未凋落）、叶片上的无性丝孢真菌属、种资源开展了较深入的分类研究，发现描述了若干分类单元，积累了一定数量的真菌资源，并出版了多部真菌专著，如Ellis（1971a，1976）、Subramanian（1971）、Matsusshima（1971，1975，1980，1981，1983，1985，1987，1989，1993，1995，1996）、Carmichael等（1980）、郭英兰和刘锡琎（2003）、张天宇（2003，2010）和Seifert等（2011），这些专著性成果已成为世界真菌分类研究的重要资料。研究表明地上植物枯枝、叶片上的暗色丝孢真菌主要以兼性寄生或腐生方式生存繁衍，其种类、数量常与寄主植物类型、长势、营养供给、环境因素及其危害程度密切相关，且材料征集常受采集时空、生态环境及采集者经验的影响。因此，目前已发现和描述的该基质类型上的暗色丝孢真菌种类、数量几乎很难涵盖自然界中的绝大多数属、种。

人类同步开展了土壤丝孢真菌类群的分类研究，也出版了几部土壤丝孢真菌专著，如Gillman（1957）、Barron（1968）、Domsch等（1980）等，这为深入开展土壤丝孢真菌分类和积累有利菌种资源奠定了基础。研究发现土壤丝孢真菌的生长发育较地表凋落物基质上的丝孢真菌具有更多的限制因素，多数丝孢真菌的生存繁衍遵循糖真菌演替为纤维真菌的规律，而由土壤植物根系分泌和地表凋落物分解渗透于土壤中的糖源，远少于地表凋落物分解产生的糖源，且土壤中能被分解产生纤维乃至糖类的基质远比地表凋落物贫瘠，因而土壤很难为糖真菌和纤维真菌提供持续不断的营养，致使土壤中的多数丝孢真菌的生长发育受到限制，如多数适宜于凋落物上生存繁衍的暗色丝孢真菌很少能从土壤中分离获得，相反多数土壤暗色丝孢真菌几乎均可从凋落物中获得。另外，耕作田土壤中的丝孢真菌多为常见属、种，而未被人类干预的土壤中的丝孢真菌常很难进行人工培养和诱发。因此，人类能够认识和发掘的土壤暗色丝孢真菌种类、数量必然受到限制。

凋落枯枝是地表植物性凋落物的重要组分，是地上植物与土壤间的重要真菌传播介质。绝大多数凋落枯枝长期处于适宜的温度、湿度等环境条件下，其糖和纤维分解缓慢而连续，可持续为真菌生长发育提供营养，弥补土壤及地上植物枯枝及叶片养分供给不足的缺陷，保证了凋落枯枝基质上的真菌个体的正常发育及种类的多样性。凋落枯枝基质蕴涵着极为丰富的真菌资源，系统开展我国凋落枯枝基质上的暗色丝孢真菌属、种多样性研究，充分挖掘其属、种资源，评价属、种分类标准与分类框架，澄清属、种分类混乱，完善属、种分类理论，拓宽认识和挖掘丝孢真菌资源范围，在真菌分类学及真菌资源学方面具有重要的科学意义。

属、种分类划分标准

半知菌分类研究主要依据其无性阶段的形态特征，在其整个演化历程中，因不同真菌学者所持分类观点不同，曾先后出现多个分类系统，分类界定标准权重存在差别，如

Costantin(1888)主张以分生孢子在产孢梗上的着生特点为丝孢菌分类依据；Vuillemin(1910, 1911)注意到分生孢子产生方式的动态特点，并据此将分生孢子区分为若干类型；Höhnel(1924)依据丝孢真菌孢子形成方式不同将其分为内生孢子(endosporae)和外生孢子(exosporae)；Mason(1937)则以孢子表面有无黏质将其分为黏孢子类(gloiosporae)和干孢子类(xerosporae)。Hughes(1953b)研究大量丝孢真菌标本及培养物后，提出以分生孢子的形成方式和产孢梗(产孢细胞)延伸方式为丝孢菌分类的稳定依据。基于Hughes的观点，许多真菌学者，如G.L. Barron、C.V. Subramanian、B. Kendrick等曾对丝孢真菌分类提出新的看法，使丝孢真菌的分类标准变得更加细化和明确。

Holubová-Jechová(1990)在前人研究基础上概括讨论了暗色丝孢真菌的分类标准，强调：①丝孢真菌分生孢子形成方式、分生孢子发育特征及分生孢子脱落方式是属级分类的基本标准；②与分生孢子形成相关的产孢梗的分枝类型(如帚状或轮状)、产孢细胞形状及其在产孢梗上的着生部位对属级分类也具有重要意义；③与分生孢子形成方式相关的其他特征，如孢梗束的形成、不育刚毛的出现及子座的有无可作为属级分类的必要补充；④分生孢子的形态特征通常被作为属下种级分类标准。但此分类标准过于广义，使许多属内种级分类单位呈现不同的类群，以致后来一些真菌学者对部分属的概念进行简化，并划分出多个新属，如Subramanian(1992)依据分生孢子梗有无、产孢细胞延伸方式及分生孢子真/假隔膜对葚孢属*Sporidesmium*研究后简化了原来的属级概念，划分出7个属；Castañeda-Ruíz等(2001b)根据产孢位点特征、分生孢子脱落方式及其隔膜类型(真/假隔膜)简化了假绒落菌属*Pseudospiropes* M.B. Ellis的属级概念，并分化出3个属。另外，Holubová-Jechová(1990)将分生孢子的真假隔膜视为种级分类标准，但分生孢子的真假隔膜已成为许多近似属区分的唯一标准，如*Sporidesmiun*与*Ellisembia*、*Corynespora*与*Solicorynespora*、*Corynesporella*与*Dendryphiopsis*、*Dipllocollium*与*Helminthosporium*、*Heteroconium*与*Lylea*等。Cole和Samson(1979)阐述了分生孢子真假隔膜的形成机制及分生孢子成长过程中隔膜形成的顺序。我国著名真菌分类学家张天宇教授曾在《中国真菌志》第三十一卷中指出"分生孢子成长过程中，隔膜形成的顺序和位置，在不同种间，有时甚至在不同属间有稳定的差异，如是，也被作为分种(属)的标准之一。"

作者在总结前人研究基础上，结合多年研究积累认为凋落枯枝基质上的暗色丝孢真菌属、种分类标准主要有如下几个。

(1) 对腐生于凋落枯枝基质上的暗色丝孢真菌，应以自然基质上的形态特征为主要鉴别依据；对于单孢分离可培养的，其培养条件下的特征和产孢表型可作为必要补充。

(2) 载孢体类型、产孢细胞产孢方式、产孢梗(产孢细胞)延伸方式和分生孢子脱落方式(裂解式/破生式)可作为属级分类的主要依据；产孢位点特征和分生孢子共同的、突出的形态特征，如真/假隔膜、单生/链生等不同属间有稳定差异的特征，有时易作为属级鉴别标准；产孢梗的分枝类型(帚状或轮状)、产孢细胞形状、刚毛及子座有无等特征有时对少数属的划分具有一定参考价值。

(3) 分生孢子形状、色泽、大小、隔膜、孢壁纹饰及附属部件特征等是分种的主要依据。通常种级分类标准中，分生孢子形状视为一级标准，分生孢子大小及隔膜视为二级标准，而分生孢子附属物及色素沉积等则视为三级标准。

专　论

中国暗色丝孢真菌分属检索表

1. 产孢细胞以全壁体生式(holothallic)产生分生孢子 ················· 小近轴霉属 *Parasympodiella*
1. 产孢细胞以芽生式(blastic)产生分生孢子 ··· 2
　　2. 产孢细胞以全壁芽生式(holoblastic)产生分生孢子 ··································· 3
　　2. 产孢细胞以内壁芽生式(enteroblastic)产生分生孢子 ································ 31
3. 分生孢子梗聚集形成孢梗束 ··· 4
3. 分生孢子梗单生或少数聚生，但不形成孢梗束 ·· 6
　　4. 分生孢子砖格状，具纵、横隔膜，自孢梗束顶端产生 ········· 束梗密格孢属 *Synnemacrodictys*
　　4. 分生孢子仅具横隔膜，自孢梗束顶端或侧面产生 ····································· 5
5. 产孢细胞无层出，分生孢子单生或短链生 ························· 近芽串孢属 *Parablastocatena*
5. 产孢细胞无或具桶形或安瓿形层出，分生孢子单生 ······················ 新葚孢属 *Neosporidesmium*
　　6. 分生孢子梗无，产孢细胞直接从菌丝产生 ·································· 林氏霉属 *Linkosia*
　　6. 分生孢子梗分化明显 ··· 7
7. 分生孢子梗短小，较细 ··· 8
7. 分生孢子梗直立，较粗大 ··· 9
　　8. 分生孢子单生或串生，胞壁平滑 ·· 带孢霉属 *Taeniolina*
　　8. 分生孢子单生，胞壁粗糙 ··· 李氏霉属 *Listeromyces*
9. 产孢细胞单芽生式 ··· 10
9. 产孢细胞多芽生式 ··· 26
　　10. 分生孢子砖格状，具横隔膜和纵(或斜)隔膜 ··· 11
　　10. 分生孢子仅具横隔膜 ·· 14
11. 产孢细胞顶生和间生，分生孢子由几列细胞自隆起的基部细胞向外连续呈叉状分枝延伸 ··············
 ·· 张氏霉属 *Xiuguozhangia*
11. 产孢细胞顶生，分生孢子内部细胞不呈叉状分枝延伸 ····································· 12
　　12. 分生孢子蒜头状，主要具纵隔膜且贯穿孢子顶基部，基部偶具1个横隔膜 ··············
 ··· 蒜孢属 *Sativumoides*
　　12. 分生孢子不作蒜头状，多具横、斜隔膜 ·· 13
13. 分生孢子近球形、阔梨形、陀螺状或不规则形，外围细胞排列平滑，常具菌丝状附属物 ··············
 ··· 假密格孢属 *Pseudoacrodictys*
13. 分生孢子指状或不规则形，外围细胞突出 ························· 指孢属 *Digitoramispora*
　　14. 分生孢子以破生式脱落 ·· 15
　　14. 分生孢子以裂解式脱落 ·· 16
15. 产孢细胞有限生长，顶部破损细胞下方再生分枝 ····················· 雅致孢属 *Elegantimyces*
15. 产孢细胞有限生长或具及顶层出现象，顶部破损细胞下方无分枝 ······ 内隔孢属 *Endophragmiella*
　　16. 分生孢子无隔膜 ··· 17
　　16. 分生孢子具隔膜 ··· 18
17. 产孢细胞有限生长或具葫芦形或桶形及顶层出，分生孢子具角状或丝状附属物 ·····················
 ·· 角凸孢属 *Shrungabeeja*

17. 产孢细胞有限生长或具环痕形层出，分生孢子无附属物·················顶生孢属 *Acrogenospora*
　　18. 分生孢子梗顶端球形膨大具轮状分枝·················拟小枝孢属 *Brachysporiopsis*
　　18. 分生孢子梗不分枝或分枝分散，不呈轮状·················19
19. 分生孢子单生·················20
19. 分生孢子向顶链生·················25
　　20. 分生孢子具真隔膜·················21
　　20. 分生孢子具假隔膜·················23
21. 产孢细胞间生、齿状，侧生于隔膜下方·················古氏霉属 *Guedea*
21. 产孢细胞顶生·················22
　　22. 产孢细胞无层出，分生孢子梗顶端分枝分散，产生于梗顶部多个细胞，偶再生分枝·················拟葚孢属 *Sporidesmiopsis*
　　22. 产孢细胞无层出或具桶形、安瓿形层出，分生孢子梗一般不分枝·················葚孢属 *Sporidesmium*
23. 产孢细胞向上层出形成环痕，偶具合轴式延伸·················类葚孢属 *Sporidesmiella*
23. 产孢细胞无层出或具桶形、安瓿形或不规则形层出·················24
　　24. 分生孢子顶端具分枝状附属物·················卢曼霉属 *Lomaantha*
　　24. 分生孢子顶端无分枝状附属物·················爱氏霉属 *Ellisembia*
25. 分生孢子向顶生或侧生形成不分枝短链·················拟枝孢属 *Cladosporiopsis*
25. 分生孢子仅向顶生形成不分枝短链·················26
　　26. 分生孢子梗近顶端隔膜下具单生或成对的产孢细胞，或具1个细胞的分枝·················拟树状霉属 *Paradendryphiopsis*
　　26. 分生孢子梗不分枝或偶具次生分枝，且分枝形成于孢子脱落后或近及顶层出处·················异参孢属 *Heteroconium*
27. 分生孢子以破生式脱落·················双曲孢属 *Nakataea*
27. 分生孢子以裂解式脱落·················28
　　28. 分生孢子具真隔膜·················29
　　28. 分生孢子假隔膜·················32
29. 分生孢子向顶式链生·················拟侧耳霉属 *Pleurotheciopsis*
29. 分生孢子单生·················30
　　30. 分生孢子三角形，基部细胞对称分裂形成2个具横隔的角状臂·················小双枝孢属 *Diplocladiella*
　　30. 分生孢子不分裂，形成叉状分枝·················31
31. 产孢细胞膨大呈球形、近球形，顶生和间生，合轴式产孢，产孢位点具圆柱形小齿·················暗双孢属 *Cordana*
31. 产孢细胞不膨大，顶生渐变间生，合轴式延伸，产孢位点不明显或略突出·················小黑孢属 *Minimelanolocus*
　　32. 产孢细胞顶生和间生，作合轴式延伸·················假绒落菌属 *Pseudospiropes*
　　32. 产孢细胞顶生，为绝顶式·················棒梗孢属 *Exserticlava*
33. 产孢细胞以内壁芽生瓶梗式产孢·················34
33. 产孢细胞以内壁芽生孔生式产孢·················36
　　34. 分生孢子梗顶端呈刚毛状，不分枝或具叉状分枝，不能产孢·················隐瓶梗孢属 *Cryptophiale*
　　34. 分生孢子梗顶端不分枝，顶生产孢·················35
35. 产孢细胞围领无或不明显，分生孢子基部突出的脐常偏心·················柱形孢属 *Kylindria*
35. 产孢细胞顶端围领明显，分生孢子基部突出的脐不偏心·················布氏霉属 *Stephembruneria*
　　36. 产孢细胞单孔生式·················37
　　36. 产孢细胞多孔生式·················44
37. 分生孢子砖格状，具纵横隔膜·················孔出旋孢属 *Tretospeira*

· 8 ·

37. 分生孢子仅具横隔膜·· 38
38. 分生孢子具真隔膜·· 39
38. 分生孢子具假隔膜·· 42
39. 分生孢子链生···拟棒孢属 *Corynesporopsis*
39. 分生孢子单生·· 40
40. 分生孢子梗近顶端分枝，具多个产孢细胞···树状霉属 *Dendryphiopsis*
40. 分生孢子梗不分枝，仅具 1 个产孢细胞·· 41
41. 分生孢子钻石形、柠檬形、倒卵形或椭圆形，具 0～1 个真隔膜·················半棒孢属 *Hemicorynespora*
41. 分生孢子倒棍棒形、梨形、圆柱形、倒梨形，具 2 个至多个真隔膜···········异棒孢属 *Solicorynespora*
42. 分生孢子梗近顶部呈帚状分枝，具多个产孢细胞···小棒孢属 *Corynesporella*
42. 分生孢子梗不分枝，仅具 1 个产孢细胞··棒孢属 *Corynespora*
43. 分生孢子链生···双球霉属 *Diplococcium*
43. 分生孢子单生·· 44
44. 分生孢子"V"形，具 2 个分开的臂，具假隔膜···鸟形孢属 *Weufia*
44. 分生孢子椭圆形、倒棍棒形、圆柱形、倒卵形或卵形，具真隔膜··············栗色孢属 *Spadicoides*

顶生孢属 Acrogenospora M.B. Ellis

Dematiaceous Hyphomycetes: 114, 1971.

属级特征：菌落疏展，暗黑褐色至黑色。菌丝体部分表生，部分埋生，由分枝、具隔、平滑、近无色至淡褐色的菌丝组成。分生孢子梗粗大，单生或少数簇生，具隔，不分枝，光滑，直或弯曲，褐色至暗褐色，向顶颜色渐浅。产孢细胞单芽生式，合生，顶生，圆柱形，及顶层出延伸。分生孢子以裂解式脱落。分生孢子全壁芽生式产生，单生，顶生，干性，球形，近球形，倒卵形或椭圆形，褐色、暗褐色或黑色，表面光亮，光滑或具疣突，无隔膜，基部平截。

模式种：顶生孢 *Acrogenospora sphaerocephala* (Berk. & Broome) M.B. Ellis。

讨论：该属最初由 Ellis(1971a)建立，当时仅包括模式种顶生孢 *A. sphaerocephala* 和子囊菌缝裂菌科真菌 *Farlowiella carmichaeliana* (Berk.) Sacc. 的无性型(*Acrogenospora* state)。Ellis(1972)描述了毛状顶生孢 *A. setiformis* (Wallr.) M.B. Ellis 和 *F. australis* Dennis 的无性型(*Acrogenospora* state)。Hughes(1978i)从枯死树皮和腐木上发现 2 个新种：巨孢顶生孢 *A. gigantospora* S. Hughes 和新西兰顶生孢 *A. novae-zelandiae* S. Hughes，并结合已知种 *A. sphaerocephala* 和 *F. carmichaeliana* (Berk.) Sacc.的无性型(*Acrogenospora* state)评价了该属的种级分类标准：分生孢子的形状、宽度及长度。Goh 等(1998a) 系统研究了该属真菌，将 *F. australis* 和 *F. carmichaeliana* 的无性型(*Acrogenospora* state)分别描述为新组合种：高山顶生孢 *A. altissima* (Goid.) Goh，K.D. Hyde & K.M. Tsui 和厚壳桂顶生孢 *A. megalospora* (Berk. & Broome) Goh，K.D. Hyde & K.M. Tsui，同时描述 2 个新种：卵孢顶生孢 *A. ovalis* Goh, K.D. Hyde & K.M. Tsui 和近圆球顶生孢 *A. subprolata* Goh，K.D. Hyde & K.M. Tsui。此外，Goh 等(1998a)概括归纳了该属 8 个已知种的形态特征，编制了种级分类检索表。随后糙孢顶生孢 *A. verrucispora* Hong Zhu, L. Cai & K.Q. Zhang、椭圆顶生孢 *A. ellipsoidea* D.M. Hu, L. Cai & K.D. Hyde 和海南顶生孢 *A. hainanensis* Jian Ma & X.G. Zhang 3 个新种被添加至该属(Zhu *et al.*,

2005；Hu et al.，2010；Ma et al.，2012d）。Goh 等（1998a）和 Hu 等（2010）曾对该属报道种编制分类检索表。

截至目前，该属已报道 11 个种，其中中国已知种 7 个（Goh et al.，1998a；Zhu et al.，2005；Hu et al.，2010；Ma et al.，2012d）。该属所有种均发现于枯枝、腐木或沉水竹子、木材上，尚未见其他基物的报道。

中国顶生孢属 Acrogenospora 分种检索表

1. 分生孢子表面粗糙，球形或近球形，直径 19～21.5µm ············· 糙孢顶生孢 A. verrucispora
1. 分生孢子表面光滑 ·· 2
   2. 分生孢子较小，7.5～9.5 × 7～8.5µm ·························· 海南顶生孢 A. hainanensis
   2. 分生孢子较大，≥23.5 × 17µm ·· 3
3. 分生孢子大多卵形至长方形，24～33 × 18～22µm ························ 卵孢顶生孢 A. ovalis
3. 分生孢子大多椭圆形、阔倒卵形或近球形 ·· 4
   4. 分生孢子 23.5～28 × 22.5～28µm ································· 顶生孢 A. sphaerocephala
   4. 分生孢子长≥32µm ·· 5
5. 分生孢子椭圆形，32～41 × 17～24µm ·································· 椭圆顶生孢 A. ellipsoidea
5. 分生孢子宽 24～30µm 或 30～39µm ··· 6
   6. 分生孢子近圆球形至阔椭圆形，39～46 × 30～39µm ············ 近圆球顶生孢 A. subprolata
   6. 分生孢子阔倒卵形至近球形，37～42 × 24～30µm ·············· 巨孢顶生孢 A. gigantospora

巨孢顶生孢 图 1

Acrogenospora gigantospora S. Hughes, New Zealand J. Bot. 16: 314, 1978.

    菌落疏展，黑色，闪亮。菌丝体多埋生，由分枝、具隔、平滑、淡褐色的菌丝组成。分生孢子梗粗大，单生或 2～4 根簇生，不分枝，直或稍弯曲，具隔，平滑，褐色至暗褐色，长达 265µm，宽 5.5～8.5µm。产孢细胞单芽生式，合生，顶生，圆柱形，平滑，淡褐色，及顶层出延伸。分生孢子以裂解式脱落。分生孢子单生，顶生，干性，阔倒卵形至近球形，平滑，暗褐色至黑色，无隔，37～42 × 24～30µm，基部平截，宽 5～7.5µm。

    植物枯枝，广东：始兴（车八岭），HSAUP H5402（=HMAS 243419）。

    世界分布：中国、英国、新西兰。

    讨论：该种最初发现于新西兰 Weinmannia racemosa L.f.枯死树皮和苏格兰针叶木上（Hughes，1978i），其分生孢子形态与卵孢顶生孢 A. ovalis Goh, K.D. Hyde & K.M. Tsui（Goh et al.，1998a）较为相似，但后者中度黄褐色分生孢子较小（24～33 × 18～22µm），基部较窄（3.5～4.5µm）。作者观察标本分生孢子比 Hughes（1978i）的原始描述略小，其他特征基本一致。

海南顶生孢 图 2

Acrogenospora hainanensis Jian Ma & X.G. Zhang, Mycotaxon 120: 59, 2012.

    菌落疏展，黑色，闪亮。菌丝体多埋生，由分枝、具隔、平滑、近无色至淡褐色的菌丝组成。分生孢子梗粗大，单生，不分枝，直或稍弯曲，具隔，平滑，褐色至暗褐色，向顶颜色渐浅，60～80 × 2～3.5µm。产孢细胞单芽生式，合生，顶生，圆柱状，平滑，淡褐色，具及顶层出延伸。分生孢子以裂解式脱落。分生孢子单生，顶生，干性，球形

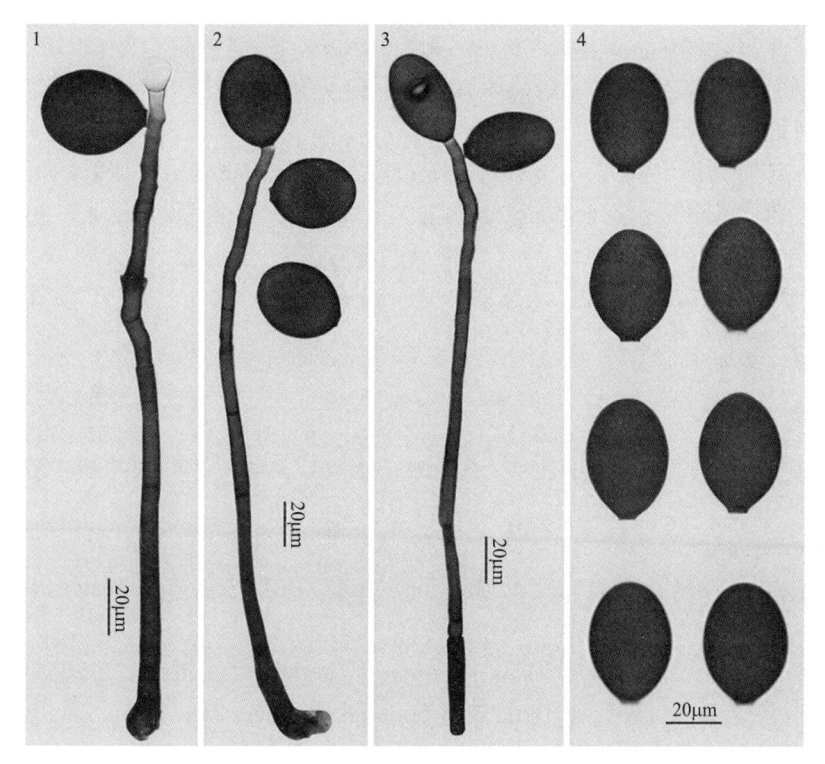

图 1　巨孢顶生孢 *Acrogenospora gigantospora* S. Hughes
1～3. 分生孢子梗、产孢细胞和分生孢子；4. 分生孢子。（HSAUP H5402）

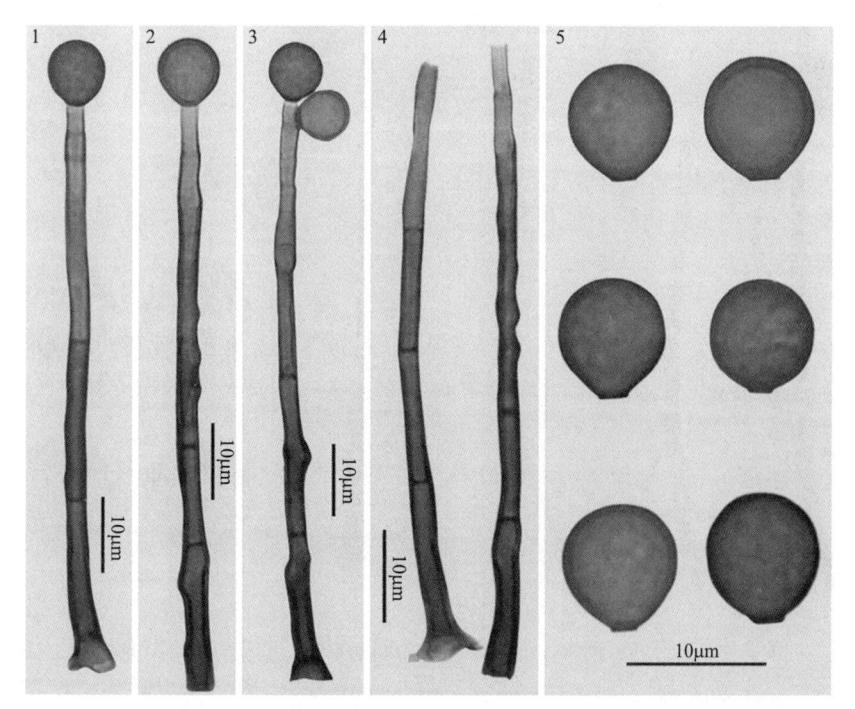

图 2　海南顶生孢 *Acrogenospora hainanensis* Jian Ma & X.G. Zhang
1～3. 分生孢子梗、产孢细胞和分生孢子；4. 分生孢子梗；5. 分生孢子。（HSAUP H5509）

或近球形，平滑，褐色，无隔，7.5～9.5×7～8.5μm，基部平截，宽1.5～2μm。

植物枯枝，海南：屯昌，HSAUP H5509(=HMAS 146167)。

世界分布：中国。

讨论：该种与顶生孢 *A. sphaerocephala* (Berk. & Broome) M.B. Ellis (Ellis, 1971a) 和糙孢顶生孢 *A. verrucispora* Hong Zhu, L. Cai & K.Q. Zhang (Zhu *et al.*, 2005) 十分相似，均产生球形或近球形的分生孢子，但后两者分生孢子较大，分别为15～33×14～33μm 和 19～21.5μm(直径)。其次，*A. verrucispora* 的分生孢子表面粗糙，*A. sphaerocephala* 的分生孢子基部较宽(5～7μm)。

顶生孢 图3

Acrogenospora sphaerocephala (Berk. & Broome) M.B. Ellis, Dematiaceous hyphomycetes: 114, 1971.

Monotospora sphaerocephala Berk. & Broome, Ann. Mag. Nat. Hist., III, 3: 361, 1859.

Halysium sphaerocephalum (Berk. & Broome) Vuill., Bull. Soc. Sci. Nancy, III, 11: 167, 1911.

Monosporella sphaerocephala (Berk. & Broome) S. Hughes, Can. J. Bot. 31: 654, 1953.

Monotosporella sphaerocephala (Berk. & Broome) S. Hughes, Can. J. Bot. 36: 787, 1958.

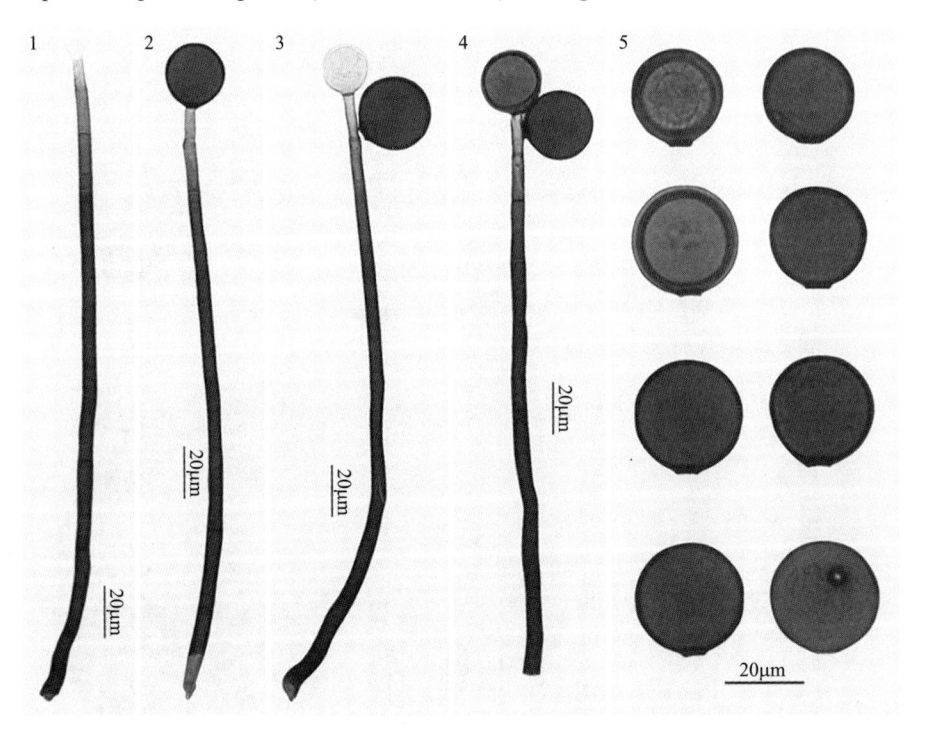

图3 顶生孢 *Acrogenospora sphaerocephala* (Berk. & Broome) M.B. Ellis
1～4. 分生孢子梗、产孢细胞和分生孢子；5. 分生孢子。(HSAUP VIImj-204)

菌落疏展，黑色，闪亮。菌丝体多埋生，由分枝、具隔、平滑、淡褐色的菌丝组成。分生孢子梗粗大，单生或少数簇生，不分枝，直或稍弯曲，具隔，平滑，褐色至暗褐色，向顶颜色渐浅，长达 250μm，宽 4.5～8μm。产孢细胞单芽生式，合生，顶生，圆柱状，平滑，淡褐色，及顶层出延伸。分生孢子以裂解式脱落。分生孢子单生，顶生，干性，球形或近球形，平滑，淡褐色至暗褐色，无隔，23.5～28 × 22.5～28μm，基部平截，宽 5～6.5μm。

植物枯枝，广东：肇庆(鼎湖山)，HSAUP H3270；海南：乐东(尖峰岭)，HSAUP VIImj-204。

世界分布：澳大利亚、加拿大、中国、英国、日本、墨西哥、新西兰、波兰、塞舌尔、南非、泰国、委内瑞拉、越南。

讨论：该种为世界性分布种。Goh 等(1998a)指出该种分生孢子梗大小变化较大，隔膜通常可见。作者研究该菌标本分生孢子梗比 Ellis(1971a)的原始描述小。该种分生孢子形态近似于海南顶生孢 *A. hainanensis* Jian Ma & X.G. Zhang(Ma *et al.*, 2012f)和糙孢顶生孢 *A. verrucispora* Hong Zhu，L. Cai & K.Q. Zhang(Zhu *et al.*, 2005)，但后两者分生孢子明显较小，分别为 7.5～9.5 × 7～8.5μm 和 19～21.5μm(直径)。其次，*A. verrucispora* 的分生孢子粗糙，*A. hainanensis* 的分生孢子基部明显变窄(1.5～2μm)。

作者未观察的种

椭圆顶生孢

Acrogenospora ellipsoidea D.M. Hu, L. Cai & K.D. Hyde, Sydowia 62(2): 194, 2010.

菌落稀疏，散生，闪亮。菌丝体多埋生，由具隔、平滑、黄褐色、宽 2～4μm 的菌丝组成。分生孢子梗粗大，单生，不分枝，直或稍弯曲，平滑，浅橘褐色至中度褐色，向顶颜色渐浅，分隔较少，87.5～162.5 × 4.5～8μm。产孢细胞单芽生式，合生，顶生，圆柱状，具多次及顶层出延伸。分生孢子以裂解式脱落。分生孢子单生，顶生，干性，椭圆形，暗褐色，平滑，无隔，32～41 × 17～24μm，基部平截，宽 4.5～5.5μm。

沉水腐木，云南：景洪(西双版纳)，IFRDC 8883。

世界分布：中国。

(据 Hu *et al.*, 2010)。

卵孢顶生孢

Acrogenospora ovalis Goh, K.D. Hyde & K.M. Tsui, Mycol. Res. 102(11): 1312, 1998.

菌落疏展，黑色，闪亮。菌丝体多埋生，由具隔、平滑、近无色至淡褐色、宽 1.5～3μm 的菌丝组成。分生孢子梗粗大，单生或 2～4 根簇生，不分枝，直或稍弯曲，具隔，平滑，淡褐色至中度褐色，顶部颜色有时略浅，长达 240μm，宽 4～4.5μm，顶部有时略窄，宽 3～4μm。产孢细胞单芽生式，合生，顶生，圆柱状，平滑，具多次及顶层出延伸。分生孢子以裂解式脱落。分生孢子单生，顶生，干性，大多卵形至椭圆形，少数倒卵形，平滑，中度黄褐色，无隔，24～33 × 18～22μm，基部平截，宽 3.5～4.5μm。

沉水腐木，香港：新界，HKU(M) 4743。

世界分布：中国。

(据 Goh *et al.*, 1998a)。

近圆球顶生孢

Acrogenospora subprolata Goh, K.D. Hyde & K.M. Tsui, Mycol. Res. 102(11): 1314, 1998.

菌落疏展，黑色，闪亮。菌丝体多埋生，由具隔、平滑、黄棕色、宽 2～4μm 的菌丝组成。分生孢子梗粗大，单生或 2～4 根簇生，不分枝，多弯曲，平滑，多隔，浅橘褐色至中度褐色，向顶颜色渐浅，长 150～300μm，基部宽 9～12μm，近顶端渐窄，宽 5～8μm。产孢细胞单芽生式，合生，顶生，圆柱状，平滑，具多次及顶层出延伸。分生孢子以裂解式脱落。分生孢子单生，顶生，干性，近长球形至阔椭圆形，浅橘褐色至橄榄褐色，平滑，无隔，39～46×30～39μm，基部平截，宽 4.5～6μm。

沉水腐木，香港：新界，HKU(M) 4627。

世界分布：中国。

（据 Goh *et al.*，1998a）。

糙孢顶生孢

Acrogenospora verrucispora Hong Zhu, L. Cai & K.Q. Zhang, Mycotaxon 92: 384, 2005.

菌落疏展，黑色，闪亮。菌丝体多埋生，由具隔、平滑、近无色至淡褐色的菌丝组成。分生孢子梗粗大，单生或 2～4 根簇生，不分枝，直或稍弯曲，具隔，圆柱形，平滑，褐色至暗褐色，向顶颜色渐浅，100～230×5～6μm。产孢细胞单芽生式，合生，顶生，圆柱状，淡褐色，具及顶层出延伸。分生孢子以裂解式脱落。分生孢子单生，顶生，干性，球形或近球形，直径 19～21.5μm，无隔，粗糙，中度褐色至暗褐色。

沉水腐木，云南：汤池，HKU(M) 17494。

世界分布：中国。

（据 Zhu *et al.*，2005）。

拟小枝孢属 Brachysporiopsis Yanna, W.H. Ho & K.D. Hyde

Cryptog. Mycol. 25(2): 130, 2004.

属级特征：菌落稀疏，褐色至黑褐色，发状。菌丝体部分表生，部分埋生；菌丝分枝、具隔、平滑、淡褐色至褐色。分生孢子梗粗大，单生，直或弯曲，具隔，平滑，暗褐色，圆柱状，顶端球形膨大具轮状分枝；分枝短小，圆柱状，暗褐色，具隔。产孢细胞单芽生式，合生，顶生，褐色，圆柱状，有限生长，顶端平截。分生孢子以裂解式脱落。分生孢子全壁芽生式产生，单生，顶生，干性，倒棍棒形，顶部具喙，基部平截，暗褐色，端部细胞颜色较浅，壁平滑，具真隔膜。

模式种：拟小枝孢 *Brachysporiopsis chinensis* Yanna, W.H. Ho & K.D. Hyde。

讨论：拟小枝孢属 *Brachysporiopsis* 由 Yanna 等（2004）原报道于中国蒲葵 *Livistona chinensis* R.Br.枯死叶柄上。该属迄今仍为单种属，与小枝孢属 *Brachysporiella* Bat.和拟葚孢属 *Sporidesmiopsis* Subram. & Bhat 十分相似，均产生分枝的分生孢子梗和全壁芽生、真隔膜的分生孢子，但该属分生孢子梗的顶端球形膨大具轮状分枝，明显不同于后两属。此外，*Brachysporiopsis* 有限生长的产孢细胞产生倒棍棒形的分生孢子，也不同

于 *Brachysporiella*。

拟小枝孢　图 4

Brachysporiopsis chinensis Yanna, W.H. Ho & K.D. Hyde, Cryptog. Mycol. 25(2): 132, 2004.

图 4　拟小枝孢 *Brachysporiopsis chinensis* Yanna, W.H. Ho & K.D. Hyde
分生孢子梗和分生孢子。(HSAUP H8362)

菌落稀疏，发状，褐色至黑褐色。菌丝体部分表生，部分埋生；菌丝分枝、具隔、平滑、淡褐色至褐色，宽 2～4μm。分生孢子梗粗大，单生，直或稍弯曲，圆柱状，平滑，3～5 个隔膜，暗褐色，180～260 × 8.5～10.5μm，顶端球形膨大，宽 20～25μm，具轮状分枝；分枝圆柱形，暗褐色，具 1～2 个隔膜，13.5～23 × 4.5～5.5μm。产孢细胞单芽生式，合生，顶生，有限生长，圆柱状，光滑，淡褐色，4.5～6 × 3.5～4.5μm，顶端平截。分生孢子以裂解式脱落。分生孢子全壁芽生式产生，单生，顶生，干性，倒棍棒形，具喙，4~5个真隔膜，平滑，暗褐色，基部及喙颜色较浅，长60~140μm（含喙），33~55μm（不含喙），宽8~10μm。

植物枯枝，广东：乳源（南岭），HSAUP H8362。

世界分布：中国。

讨论：该种仅知分布于我国香港和广东。原标本分生孢子梗大小为40~90×8~9μm，分生孢子大小为44~60×8~10μm（含喙）。作者采自广东的标本分生孢子梗和分生孢子大小与原始描述略有差异，但其他特征几无区别，应视为同种。

拟枝孢属 Cladosporiopsis S.C. Ren & X.G. Zhang

Mycol. Progress 11: 444, 2012.

属级特征：菌落疏展，暗褐色至黑色，发状。菌丝体大多埋生，由分枝、具隔、淡褐色、平滑的菌丝组成。分生孢子梗粗大，单生或少数簇生，直或稍弯曲，不分枝，平滑，壁厚，褐色至暗褐色。产孢细胞单芽生式，合生，顶生，圆柱状，平滑，淡褐色至褐色，有限生长。分枝分生孢子圆柱形、桶形或纺锤形，具1个真隔膜，壁平滑，顶部细胞圆锥形或顶部分生孢子脱落后圆锥形平截。分生孢子全壁芽生式产生，顶生，单生或向顶生或侧生形成不分枝短链，卵圆形或近球形，壁平滑，具1个真隔膜，淡褐色至褐色。

模式种：拟枝孢 Cladosporiopsis ovata S.C. Ren & X.G. Zhang。

讨论：在枝孢属及其近似属主要类群中，该属真菌形态和个体发育特征与枝孢属 Cladosporium Link、Ochrocladosporium Crous & U. Braun、Rachicladosporium Crous & U. Braun、Rhizocladosporium Crous & U. Braun 和 Toxicocladosporium Crous & U. Braun (Link, 1816; Crous et al., 2007a)较为相似，但 Cladosporium 的产孢细胞多芽生式，顶生和间生，有时散生，合轴式延伸，分生孢子顶侧生，形状多变，具0~3个或更多隔膜；Rhizocladosporium 的分生孢子梗基部膨大、浅裂或形成假根，分生孢子无隔膜；Toxicocladosporium 的分生孢子梗具细微疣突，分生孢子椭圆形或卵圆形，隔膜处加厚色深；Rachicladosporium 和 Ochrocladosporium 的产孢细胞均顶生和间生，分枝分生孢子光滑或具疣突，分生孢子多无隔，偶具1个隔膜。

此外，Cladosporiopsis 与柱隔孢属 Ramularia Unger (Unger, 1833)、双胞属 Bispora Corda (Corda, 1837)、Lylea Morgan-Jones (Morgan-Jones, 1975) 和 Devriesia Seifert & N.L. Nick (Seifert et al., 2004) 真菌也略微相似，均产生向顶、链生的分生孢子，但 Lylea 的分生孢子形成单链且具假隔膜；Bispora 的分生孢子也形成单链，桶形，隔膜处具黑褐色至黑色的宽带；Ramularia 产生分枝、链生的孢子，但分生孢子梗和分生孢子均无色，产孢细胞合轴式延伸；Devriesia 的产孢细胞单芽生式或多芽生式，顶生和间生，分生孢子具0~1个隔膜，孢子链多不分枝。

Cladosporiopsis 区别于这些属的主要特征是产孢细胞单芽生式，合生，顶生，其产生光滑、具1个真隔膜的分生孢子；分生孢子顶生，单生或向顶端生或侧生，形成不分枝短链。

拟枝孢 图 5

Cladosporiopsis ovata S.C. Ren & X.G. Zhang, Mycol. Progress 11: 445, 2012.

菌落疏展，暗褐色至黑色，发状。菌丝体大多埋生，由分枝、具隔、淡褐色、光滑、宽 2～4μm 的菌丝组成。分生孢子梗粗大，单生或少数簇生，不分枝，直立或稍弯曲，褐色至暗褐色，壁厚，光滑，长 280～370μm，基部宽 11～16μm，顶部宽 5.5～8.5μm，具 6～10 个隔膜。产孢细胞合生，顶生，单芽生式，圆柱状，褐色至暗褐色，有限生长，长 27～54μm，宽 6.5～7.5μm，顶部宽 4μm。分生孢子全壁芽生式产生，顶生，单生或向顶生或侧生，形成不分枝短链，干性，壁平滑，卵形或近球形，基部细胞淡褐色至褐色，顶部细胞近无色，基脐明显突起，15～23 × 11～13μm。分枝分生孢子圆柱形、桶形或纺锤形，具 1 个真隔膜，基部细胞褐色至暗褐色，顶部细胞近无色至淡褐色，长 27～33μm，宽 12～15μm，分生孢子脱落后顶部平截。

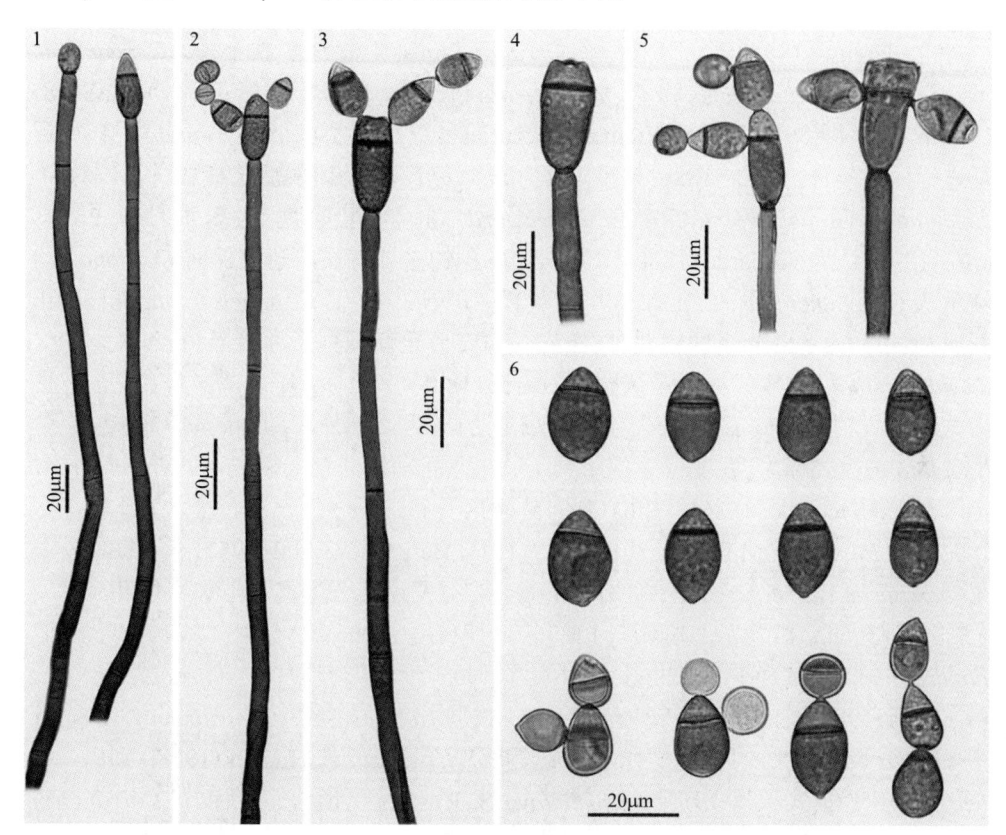

图 5 拟枝孢 *Cladosporiopsis ovata* S.C. Ren & X.G. Zhang
1. 分生孢子梗；2～5. 产孢细胞和分枝分生孢子；6. 分生孢子。（HSAUP H8175-2）

赤楠 *Syzygium buxifolium* Hook. & Arn.凋落枯枝，海南：昌江（霸王岭），HSAUP H8175-2(=HMAS 146101)（Ren *et al.*, 2012a）。

世界分布：中国。

暗双孢属 Cordana Preuss

Linnaea 24: 129, 1851.

Preussiaster Kuntze, Revis. Gen. Pl. 2: 867, 1891.

属级特征：菌落疏展，褐色、灰褐色或黑色。菌丝体大多埋生。分生孢子梗粗大，单生，直或弯曲，不分枝，具隔，圆柱状，有限生长或具及顶层出现象。产孢细胞膨大呈球形、近球形，顶生和间生，合生，多芽生式，合轴式产孢，具圆柱形小齿。分生孢子全壁芽生式产生，单生，顶侧生，浅褐色至暗褐色，光滑，卵形、倒卵形、椭圆形、梨形或倒梨形，具0~1个真隔膜，隔膜有时加厚，基部常具明显的脐。分生孢子以裂解式脱落。

后选模式种：暗双孢 Cordana pauciseptata Preuss。

讨论：Preuss(1851)建立暗双孢属 Cordana Preuss 时报道了3个种：*C. pedunculata* Preuss、*C. polyseptata* Preuss 和 *C. pauciseptata* Preuss，但未指定模式种。Preuss(1852)描述了第4个种 *C. parvispora* Preuss。Saccardo(1877)基于 *C. pauciseptata* 对该属属级特征进行简要修订，并于1886年指定 *C. pauciseptata* 为该属后选模式种，同时将 *C. pedunculata*、*C. polyseptata* 和 *C. parvispora* 划入顶套霉属 *Acrothecium* Preuss。Kuntze(1891)认为 Saccardo(1886)对 *Cordana* 种的修订有误，建议保留 *Cordana* 属名，继续承认 *C. pedunculata*、*C. polyseptata* 和 *C. parvispora*，而 *C. pauciseptata* 应被划出作为新属 *Preussiaster* Kuntze 的模式种。Hughes(1955)重新观察了存放于 Preuss 标本馆(B)中 *C. pauciseptata* 的模式标本，认同 Saccardo(1886)视 *C. pauciseptata* 为 *Cordana* 的后选模式种，同时视 *Preussiaster* 为 *Cordana* 的异名。此外，Hughes(1955)观察了 *C. polyseptata* 的模式标本，发现分生孢子具4~5个隔膜，将其划入短蠕孢属 *Brachysporium* (Sacc.) Sacc.(Saccardo, 1886)。Ellis(1971a)概括了 *Cordana* 的一般特征，并于同年报道1个新种 *C. johnstonii* M.B. Ellis(Ellis, 1971b)。Batista 和 Vital(1957)从菲律宾群岛报道 *C. bambusae* Bat. & Nascim.，但 de Hoog(1973)发现其分生孢子形态特征和个体发育与 *Endophragmiopsis pirozynskii* M.B. Ellis(Ellis, 1966)十分相似，遂将其转至 *Endophragmiopsis* M.B. Ellis(Ellis, 1966)，同时描述了1个新种 *C. ellipsoidea* de Hoog。Matsushima(1975)描述了3个新种：*C. oblongispora* Matsush.、*C. vasiformis* Matsush. 和 *C. triseptata* Matsush.，其中 *C. vasiformis* 和 *C. triseptata* 被 Hughes(1978i)划出，并以 *C. vasiformis* 为模式种建立新属 *Exserticlava* S. Hughes 包括这2个种。*C. oblongispora* 则被 Matsushima(1989)作为 *C. ellipsoidea* 的异名。Tóth(1975)和 Ellis(1976)先后报道了 *C. crassa* Tóth 和 *C. boothi* M.B. Ellis，但 Ellis 和 Ellis(1985)研究发现 *C. boothi* 是 *C. crassa* 的异名。Srivastava(1983)从印度描述的 *C. indica* S.K. Srivast. 和先前 Subramoniam 和 Rao(1976)描述的 *C. indica* Subramon. & V.G. Rao 是同种(Castañeda-Ruíz *et al.*, 1999a)。此外，*C. parasitica* Togashi & Onuma(Togashi and Onuma, 1934)的模式标本丢失，但其原始文献表明应为该属真菌(Markovskaja, 2003)。*C. gilibertiae* Togashi & Katsuki(Katsuki, 1950)因缺失模式标本和原始资料其分类地位受到质疑。*C. quercina* Arnuad 和 *C. reticulata* Arnuad(Arnaud, 1954)因缺失模式标本被视为无效种。*C. martinii*

Sarwar(Sarwar and Parameswaran，1981)当时缺少拉丁文描述也被视为无效种。*C. reticulata* Arnaud 则被 Kirk(1986)订正为 *Ityorhoptrum verruculosum* (M.B. Ellis)P.M. Kirk 的异名。de Hoog 等(1983)系统研究 *Cordana*，承认了 8 个种，并编制了分种检索表。同年，Hughes(1983)、Seman 和 Davydkina(1983)分别报道了 *C. inaequalis* Hughes 和 *C. abramovii* Seman & Davydkina。

长期以来，该属真菌分生孢子一直被认为具 1 个隔膜，但 Rao 和 de Hoog(1986)报道自印度的 *C. solitaria* V. Rao & de Hoog，其分生孢子无隔而备受争议。Matsushima (1995) 将该种作为 *Arthrobotrys foliicola* Matsushima 的异名，但 Davydkina 和 Melnik(1989)、Castañeda-Ruíz 等(1999a) 及 Markovskaja(2003)等分类学者仍认同 *C. solitaria* 的分类地位，且 Davydkina 和 Melnik(1989)也描述了一个分生孢子无隔膜的种，*C. semaniae* Davydkina, Melnik & Novozh.。Castañeda-Ruíz 等(1999a)描述的新种 *C. miniumbonata* R.F. Castañeda, Iturr. & Guarro 的分生孢子倒卵形、梨形至阔棍棒形，具 2~3 个隔膜。Markovskaja(2003)系统研究该属真菌认为该种的形状、隔膜不同于 *Cordana* 已知种，应将其划入 *Brachysporium* Sacc.、*Pyriculariopsis* Ellis 或 *Pleurophragmium* Costantin，但作者未作进一步研究。此外，Markovskaja(2003)系统概括了该属特征，承认 13 个种，并编制了分种检索表。至此，该属种级分类的混乱状况得到彻底澄清。

目前，该属包括 15 个种(Markovskaja，2003；Cai *et al.*，2004；Soares *et al.*，2005)，且大多数种生于腐木、枯枝及植物叶片上。戴芳澜(1979)最早从我国记载该属真菌 *C. musae* (Zimm.) Höhn.。Cai 等(2004)报道了我国云南沉水桂竹上的 *C. uniseptata* Cai, McKenzie & Hyde。作者近年又从我国各地采到此属真菌 2 个种。至此，我国报道种类已达 4 个。

中国暗双孢属 *Cordana* 分种检索表

1. 分生孢子倒卵形或梨形，褐色，12~15 × 7.5~9μm ················香蕉暗双孢 *C. musae*
1. 分生孢子卵形、倒梨形或阔椭圆形 ···2
   2. 分生孢子顶细胞淡褐色，基细胞中度褐色，13.5~23 × 8.5~11.5μm ···············
     ···单隔暗双孢 *C. uniseptata*
   2. 分生孢子各细胞色泽基本一致，大小 ≤ 11 × 7μm ·······································3
3. 分生孢子卵形或倒梨形，隔膜不加厚，8.5~11 × 5~7μm ·······立陶宛暗双孢 *C. lithuanica*
3. 分生孢子阔椭圆形或卵形，隔膜加厚色深，8.5~11 × 4.5~6.5μm ··········暗双孢 *C. pauciseptata*

立陶宛暗双孢　图 6

Cordana lithuanica Markovsk., Mycotaxon 87: 181, 2003.

菌落平展，灰褐色，发状。菌丝体大多埋生，少数表生，由分枝、具隔、近无色至淡褐色的菌丝组成。分生孢子梗单生，粗大，不分枝，直或稍弯曲，圆柱状，平滑，淡褐色至褐色，偶具层出，长达 200 μm，宽 4.5~7μm，顶部或局部膨大，直径 6~9 μm，有时结节状。产孢细胞顶生和间生，合生，多芽生式，合轴式产孢，略膨大，具圆柱状小齿。分生孢子以裂解式脱落。分生孢子全壁芽生式产生，单生，顶侧生，卵形或倒梨形，1 个真隔膜，隔膜处有时稍缢缩，淡褐色至褐色，平滑，8.5~11 × 5~7 μm，基脐突出。

植物枯枝，海南：琼中（黎母山），HSAUP H1874。
世界分布：中国、立陶宛。

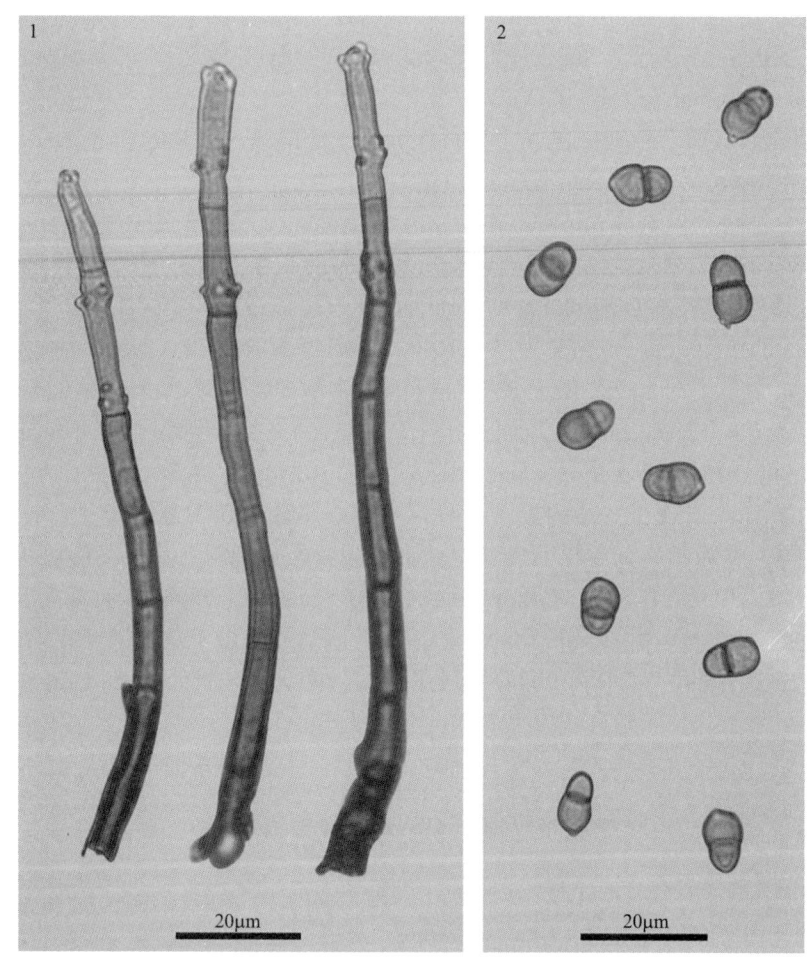

图6 立陶宛暗双孢 *Cordana lithuanica* Markovsk.
1. 分生孢子梗；2. 分生孢子。（HSAUP H1874）

讨论：Markovskaja(2003)最初从立陶宛的欧洲白蜡树 *Fraxinus excelsior* L.和欧洲云杉 *Picea abies* (L.) H.Karst.腐木上发现该种，其分生孢子形态与阔暗双孢 *C. crassa* Tóth(Tóth，1975)较为相似，均产生倒梨形的分生孢子，但后者分生孢子较大，18.5～27×9.5～15µm，各细胞色泽不一致。作者研究该种标本分生孢子比原始描述(13～17.5×8～10µm)略小，这可能与生境、基质不同有关。

香蕉暗双孢 图7

Cordana musae (Zimm.) Höhn., Zentbl. Bakt. ParasitKde, Abt. II, 60: 7, 1924.
Scolicotrichum musae Zimm., Centbl. Bakteriol. Parasitenk. 8: 220, 1902.

菌落疏展，灰褐色，发状。菌丝体大多埋生，由分枝、具隔、平滑、淡褐色至褐色的菌丝组成。分生孢子梗粗大，单生，直或弯曲，圆柱状、结节状，平滑，淡褐色至中度褐色，长达170μm，宽4～6μm。产孢细胞顶生和间生，多芽生式，合生，合轴式延伸，略膨大。分生孢子以裂解式脱落。分生孢子全壁芽生式产生，单生，顶侧生，倒卵形或梨形，褐色，平滑，1个真隔膜，隔膜处有时缢缩，12～15×7.5～9μm，基脐突出。

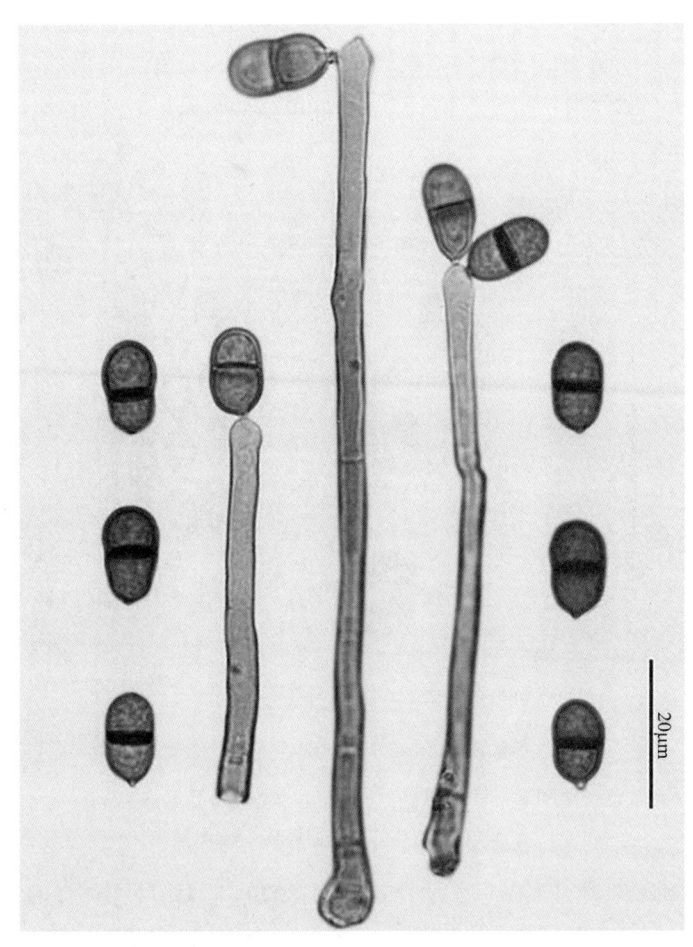

图7　香蕉暗双孢　*Cordana musae* (Zimm.) Höhn.
分生孢子梗、产孢细胞和分生孢子。（HSAUP H8398）

植物枯枝，广东：乳源（南岭），HSAUP H8398；四川：绵阳（富乐山），HSAUP V₀ 0242-2。

世界分布：美国、澳大利亚、巴西、文莱、中国、哥斯达黎加、古巴、多米尼加、斐济、加纳、海地、印度、牙买加、日本、墨西哥、毛里求斯、马来群岛、缅甸、新喀里多尼亚、巴拿马、巴布亚新几内亚、波多黎各、萨尔瓦多、萨摩亚、塞拉利昂、南非、索马里、坦桑尼亚、泰国、委内瑞拉、维尔京群岛、津巴布韦。

讨论：该种为世界性分布种。Zimmermann（1902）曾将原标本误定为 *Scolicotrichum musae* Zimm.，后 Höhnel（1924）将其订正为 *C. musae* (Zimm.) Höhn.。戴芳澜（1979）在《中国真菌总汇》中记载该种。作者观察的分生孢子形态与原始描述基本一致。

暗双孢　图8

Cordana pauciseptata Preuss, Linnaea 24: 129, 1851.

菌落疏展，黑褐色，发状。菌丝体大部分埋生，菌丝分枝、具隔、平滑、褐色，宽2～4μm。分生孢子梗粗大，单生，直立，圆柱状，褐色至暗褐色，向顶颜色渐浅，淡褐色，光滑，长达168μm，宽3～5μm，基部膨大，宽6～11.5μm。产孢细胞顶生和间生，合生，多芽生式，合轴式延伸，略膨大。分生孢子以裂解式脱落。分生孢子全壁芽生式产生，单生，顶侧生，常聚集，阔椭圆形或卵形，褐色至暗褐色，具1个真隔膜，隔膜加厚，色深，壁光滑，8.5～11×4.5～6.5μm，基脐突出。

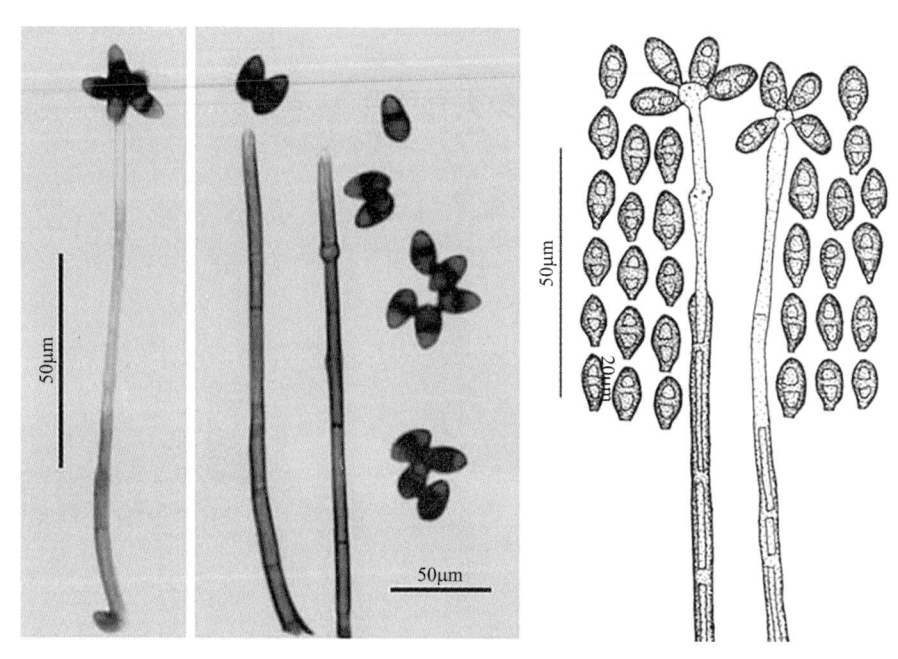

图8 暗双孢 *Cordana pauciseptata* Preuss
分生孢子梗和分生孢子。(HSAUP VI₀ 0431)

植物枯枝，海南：昌江（霸王岭），HSAUP H8079；吉林：长白山，HSAUP VI₀ 0431。
世界分布：美国、澳大利亚、加拿大、捷克、中国、秘鲁、波兰、俄罗斯。
讨论：该菌为属的后选模式种，主要广布于欧洲。Preuss(1851)首次从枯枝上报道。该种分生孢子形态近似于椭孢暗双孢 *C. ellipsoidea* de Hoog(de Hoog, 1973)。de Hoog(1973)详细讨论了两者的区别特征。作者观察的分生孢子形态比原始描述(8～12×5～7μm)略小，其他特征基本一致。

作者未观察的种

单隔暗双孢

Cordana uniseptata L. Cai, McKenzie & K.D. Hyde, Sydowia 56(2): 223, 2004.
菌落疏展，暗褐色，发状。菌丝体部分表生，部分埋生，由分枝、具隔、平滑、近无色至淡褐色的菌丝组成。分生孢子梗单生，粗大，不分枝，直或弯曲，具隔，通常平滑，基部褐色至暗褐色，向顶颜色渐浅，顶端近无色，长75～250μm，宽4.5～6μm，顶部或基部偶膨大，具及顶层出现象。产孢细胞多芽生式，合生，顶生，渐变为间生，合轴式，具齿。分生孢子以裂解式脱落。分生孢子全壁芽生式产生，顶侧生，单生，平滑，13.5～23×8.5～11.5μm，1个真隔膜，隔膜处有时稍缢缩，多阔椭圆形；顶部细胞半球形，淡褐色，顶端钝圆，基部细胞略呈倒圆锥形，中度褐色，长度为顶部细胞的1.5～2.5倍；基脐突出，暗褐色。

桂竹 *Phyllostachys bambusoides* Siebold & Zucc.沉水腐烂茎秆，云南：宜良，HKU(M) 17163（主模式）、HKU(M) 17164（副模式）。

桂竹陆地腐烂茎秆，云南：宜良，HKU(M) 17162。

世界分布：中国。

（据 Cai *et al.*，2004）。

棒孢属 Corynespora Güssow

Z. Pflkrankh. 16: 10, 1906.

属级特征：菌落疏展，灰色、褐色、暗黑褐色至黑色，常呈毛发状或绒毛状。菌丝体表生或埋生。子座常无。分生孢子梗粗大，单生或少数簇生，直立，一般不分枝，直或弯曲，褐色或橄榄褐色，平滑，具隔。产孢细胞单孔生式，合生，顶生，圆柱形或桶形，有限生长或具及顶层出现象。分生孢子单生，偶链生，干性，顶生，倒棍棒形、圆柱形、梨形或椭圆形，偶具喙，近无色、淡褐色至暗褐色，具假隔膜，光滑或具疣突。

模式种：棒孢 *Corynespora cassiicola* (Berk. & M.A. Curtis) Wei = *C. mazei* Güssow。

讨论：Cooke（1896）在研究甜瓜病害时发现一种病原真菌并将其命名为 *Cercospora melonis* Cooke，且于1901年在黄瓜上又发现该菌。Güssow（1906）在研究黄瓜病害时也发现该菌，其分生孢子链生，产孢梗与分生孢子之间具一无色的峡，但 Cooke 早期对该菌的研究未引起 Güssow 的注意，致使 Güssow（1906）将其鉴定为 *Corynespora mazei* Güssow，并以此为模式种建立棒孢属 *Corynespora* Güssow。Lindau（1910）研究认为 *Cercospora melonis* 和 *Corynespora mazei* 为同种，并依据真菌命名法规将其命名为 *Corynespora melonis* (Cooke) Lindau。此后相当长一段时间内，该属分类研究未引起重视，其模式种的分类地位仍处于混乱状态。

资料记载，早期在我国长江流域种植的豇豆上常发生此病害，其病原菌产生大而细长、淡橄榄褐色、具厚壁的分生孢子，且孢子颜色随时间逐渐变为褐色。Kawamura（1931）在日本豇豆上也发现该菌，并将其命名为 *Cercospora vignicola* E. Kawam.。后来该菌在我国大豆上被发现，且被 Tai（1936）和 Teng（1939）定为 *Cercospora vignicola*。Olive 等（1945）在美国豇豆与大豆上发现该种真菌，但将其定为 *Helminthosporium vignae* L.S. Olive。Liu（1948）将 Kawamura（1931）的标本划至长蠕孢属 *Helminthosporium* Link，并定为 *H. vignae*。

Wei（1950）基于对上述原始资料及 *Corynespora melonis* 权威标本（Cooke 采集于1901年）的仔细观察，发现豇豆上生的真菌和 Kawamura（1931）、Tai（1936）、Teng（1939）、Olive 等（1945）描述的真菌与 Cooke、Güssow 及 Lindau 对 *Corynespora melonis* 的描述一致，遂将 *Cercospora vignicola* E. Kawam.和 *Helminthosporium vignae* L.S. Olive 视为 *Corynespora melonis* 的同物异名。Wei（1950）将保存于英国国际真菌研究所（IMI）中

Helminthosporium cassiicola Berk. & M.A. Curtis 的 16 份标本归入棒孢属,同时对存放于英国皇家植物园(R.B.G. Kew)*Helminthosporium cassiicola* 的模式标本及 Brit. Mus.(Nat. Hist)标本馆中 *H. cassiicola* 的另一份标本(Berkeley 可能观察过)进行研究,确定 *H. cassiicola* 的分生孢子和产孢梗形态特征符合棒孢属的一般特征,且与 *Corynespora melonis* 的形态特征几无区别,应视为同种。再者,Wei(1950)研究发现棒孢属的模式种曾先后出现 6 个不同的异名,即 *H. cassiicola*(Berkeley,1869)、*Cercospora melonis*(Cooke,1896)、*Corynespora mazei*(Güssow,1906)、*H. papayae*(Sydow,1923)、*Cercospora vignicola*(Kawamura,1931)和 *H. vignae*(Olive et al.,1945),严重制约着该属的正确界定。鉴于此,Wei(1950)依据《国际植物命名法规》对该种进行了新的命名组合,*Corynespora cassiicola* (Berk. & M.A. Curtis) C.T. Wei,从而澄清了该种分类的混乱。同时,Wei(1950)还明确了棒孢属与长蠕孢属和尾孢属的区别特征,修订了棒孢属的属级特征,使其分类地位得到认可。

Ellis(1957)描述了棒孢属 7 个分类单位,其中新种 4 个,新组合种 3 个(均来自 *Helminthosporium*),同时对属名下承认的 8 个已知种进行描述和编制检索表。Ellis(1960,1961a,1961b,1963a,1963b)和 Hughes(1958)将 *Helminthosporium*、外孢霉属 *Exosporium* Link 和匙孢霉属 *Mystrosporium* Corda 等属内的 12 个种划入棒孢属,Ellis(1960,1963b)同时描述了 7 个新种。Ellis(1971a)系统概括棒孢属的一般特征,并对属下 25 个种进行图示组合。Morgan-Jones(1988b)讨论了该属一些已知种的分类地位,建议将红厚壳棒孢 *Corynespora calophylli* Hol.-Jech. & R.F. Castañeda 和荔枝生棒孢 *C. litchii* (Matsush.) Hol.-Jech. & R.F. Castañeda 从该属中划出,并对深黑棒孢 *C. aterrima* (Berk. & M.A. Curtis ex Cooke) M.B. Ellis 的分类地位提出质疑,Castañeda-Ruíz 和 Kendrick(1990b)建立新属异棒孢属 *Solicorynespora* R.F. Castañeda & W.B. Kendr.容纳了这 3 个种。此外,棒孢属内的倒棍棒形棒孢 *C. obclavata* Dyko & B. Sutton、多变棒孢 *C. pseudolmediae* (R.F. Castañeda) Hol.-Jech.、藤黄棒孢 *C. garciniae* (Petch) M.B. Ellis、姆兰杰棒孢 *C. mulanjeensis* B. Sutton 和蜂巢棒孢 *C. foveolata* (Pat.) Shirouzu & Y. Harada 5 个种也先后被归入异棒孢属 *Solicorynespora*(Castañeda-Ruíz and Kendrick,1990b;Delgado-Rodríguez et al.,2002;Castañeda-Ruíz et al.,2004;Shirouzu and Harada,2008);栎生棒孢 *C. quercicola* Borowska 和双隔棒孢 *C. biseptata* M.B. Ellis 2 个种则被归入拟棒孢属 *Corynesporopsis* P.M. Kirk(Kirk,1981b;Morgan-Jones,1988a);似链格孢棒孢 *Corynespora alternarioides* B. Sutton & Pascoe 则被归入 *Briansuttonia* R.F. Castañeda,Minter & Saikawa(Castañeda-Ruíz et al.,2004)。Siboe 等(1999)指出该属内大多数种作为寄生菌与植物叶斑病有关,早期种的界定有时依赖寄主,据此对该属内种的分类地位提出质疑,接受承认已报道种中的 50 个,并对其主要形态特征进行列表汇总,但作者未意识到倒棍棒形棒孢 *C. obclavata* 已从该属排除,且遗漏了所描述的新种肯尼亚棒孢 *C. kenyensis* Siboe,P.M. Kirk & P.F. Cannon。McKenzie(2010)列表汇总了该属自 1999 年以来报道的 61 个分类单位的主要形态特征。

该属为世界广布性,绝大多数种为寄生菌,寄生于植物叶片并引起病害,但也有相当数量腐生于植物凋落枯枝、叶片及竹子上。截至目前,该属名下已承认分类单位 122 个(Siboe *et al.*,1999;McKenzie,2010;Ma *et al.*,2011d;Singh and Kamal,2011;

Kumar *et al.*, 2012a, 2012b, 2013；Singh *et al.*, 2012, 2013；Crous *et al.*, 2013；Quaedvlieg *et al.*, 2013），其中我国已知种类达 37 个。该属内种的主要划分标准为：分生孢子的形状、大小、隔膜、胞壁纹饰和色素沉积（Ellis, 1957, 1971a, 1976；Siboe *et al.*, 1999；Wulandari, 2006）。

Siqueira 等（2008）系统论述了棒孢属、异棒孢属、拟棒孢属、小棒孢属 *Corynesporella* Munjal & H.S. Gill（Munjal and Gill, 1961）和半棒孢属 *Hemicorynespora* M.B. Ellis（Ellis, 1972）5 属的形态划分标准，并对棒孢属及其 10 个相关近似属编制了分类检索表，同时指出棒孢属及其近似属的属级区分标准不太可靠，应基于形态学与分子系统学对其分类地位作进一步研究，但在缺乏分子系统证据的情况下，其形态分类标准可暂时被认可。该属区别于其余近似属的主要特征是其分生孢子单生，偶链生，具假隔膜，产孢细胞单孔生式，合生，顶生，有限生长或具及顶层出延伸现象。

中国棒孢属 *Corynespora* 分种检索表

1. 分生孢子圆柱形、椭圆形、桶形或阔棍棒形 ·· 2
1. 分生孢子倒棍棒形或倒棍棒形至圆柱形 ·· 5
   2. 分生孢子椭圆形、桶形或阔棍棒形，具 4 个隔膜，25～31 × 9～12μm ··· 火桐棒孢 *C. erythropsidis*
   2. 分生孢子圆柱形，具 4 个以上隔膜，长度≥63μm ··· 3
3. 分生孢子具 7～45 个隔膜，70～410 × 12～19μm ··· 斯密氏棒孢 *C. smithii*
3. 分生孢子具 25 个以下隔膜，宽度≤11μm ··· 4
   4. 分生孢子 63～201 × 7.5～10μm ··· 来檬生棒孢 *C. citricola*
   4. 分生孢子 140～310 × 5.5～11μm ·· 长春花棒孢 *C. catharanthicola*
5. 分生孢子顶端具喙 ·· 6
5. 分生孢子顶端无喙 ·· 17
   6. 分生孢子胞壁平滑 ··· 7
   6. 分生孢子胞壁粗糙 ··· 14
7. 分生孢子除从分生孢子梗或层出梗顶端产生外，还从成熟孢子内部长出 ··· 高山榕棒孢 *C. fici-altissimae*
7. 分生孢子仅从分生孢子梗或层出梗顶端产生 ··· 8
   8. 分生孢子具 0～4 个假隔膜，4～14 个真隔膜 ···························· 香椿棒孢 *C. toonae*
   8. 分生孢子无真隔膜 ··· 9
9. 分生孢子具 11 个以下隔膜 ·· 10
9. 分生孢子具 12 个以上隔膜 ·· 11
   10. 分生孢子具 4～8 个隔膜，50～103.5 × 8.5～10μm ················ 粗叶木棒孢 *C. lasianthi*
   10. 分生孢子具 8～11 个隔膜，90～150 × 10～13μm ···················· 刺柊棒孢 *C. scolopiae*
11. 分生孢子宽度≤11μm ·· 12
11. 分生孢子宽度≥15μm ·· 13
   12. 分生孢子具 12～16 个隔膜，90～130 × 6～8μm ············ 矮棕竹棒孢 *C. rhapidis-humilis*
   12. 分生孢子具 19～36 个隔膜，180～400 × 7.5～11μm ·············· 杜鹃花棒孢 *C. rhododendri*
13. 分生孢子 130～260 × 17～21μm ·· 常春木棒孢 *C. merrilliopanacis*
13. 分生孢子 333～360 × 15～19μm ·· 含笑棒孢 *C. micheliae*
   14. 分生孢子宽 8～9μm ·· 竹蔗棒孢 *C. sacchari*
   14. 分生孢子宽 9～11μm 或≥10μm ··· 15

15. 分生孢子具 12～18 个隔膜，110～160 × 10～12μm	柚木棒孢 *C. tectonae*
15. 分生孢子具 12 个以下隔膜，长≤104μm	16
16. 分生孢子具 5～10 个隔膜，50～100 × 9～11μm	鞭顶棒孢 *C. flagellata*
16. 分生孢子具 7～12 个隔膜，60～104 × 12～16μm	菊蒿棒孢 *C. tanaceti*
17. 分生孢子中间细胞色深，两端细胞色淡，或基部细胞色深，顶部 2/3 色淡	18
17. 分生孢子各细胞色泽基本一致	19
18. 分生孢子中间细胞色深，两端细胞色淡，2～6 个隔膜，15～40 × 7～10.5μm 肥皂荚棒孢 *C. gymnocladi*	
18. 分生孢子基部细胞色深，顶部 2/3 色淡，8～12 个隔膜，40～70 × 11～13.5μm 相思棒孢 *C. sed-acuciae*	
19. 分生孢子顶端具黏性附属物	20
19. 分生孢子顶端无附属物	21
20. 分生孢子 5～6 个隔膜，38.5～55.5 × 11～13.5μm	厚皮树生棒孢 *C. lanneicola*
20. 分生孢子具 5～9 个隔膜，70～100 × 11～14μm	拟核果茶棒孢 *C. parapyrenariae*
21. 分生孢子长度≤90μm	22
21. 分生孢子长度超过 120μm	27
22. 分生孢子具 3～4 个隔膜，顶部细胞壁有时消解	密脉木棒孢 *C. myrioneuronis*
22. 分生孢子具 4 个以上隔膜，顶部细胞壁不消解	23
23. 分生孢子具 10～14 个隔膜	竹叶蕉棒孢 *C. donacis*
23. 分生孢子具 10 个以下隔膜	24
24. 分生孢子梗分枝，多达 7 个层出梗，31～90 × 6.5～10μm	福建棒孢 *C. fujianensis*
24. 分生孢子梗不分枝，多达 3 个或 4 个层出梗，长度≤71μm	25
25. 分生孢子长 51.5～71μm，基部宽 3～4.5μm	垂榕棒孢 *C. fici-benjaminae*
25. 分生孢子长 36～67μm 或 30～50μm，基部宽 2～3μm	26
26. 分生孢子具 5～9 个隔膜，36～67 × 6～9μm	异侧柃棒孢 *C. euryae*
26. 分生孢子具 6～10 个隔膜，30～50 × 8～10μm	金竹棒孢 *C. phylloshureae*
27. 分生孢子 80～383.8 × 6.3～8.8μm	蔓荆子棒孢 *C. viticus*
27. 分生孢子长度≤260μm	28
28. 分生孢子单生或链生，倒棍棒形至圆柱形，4～220 × 9～22μm	棒孢 *C. cassiicola*
28. 分生孢子单生，倒棍棒形	29
29. 分生孢子长度≤182.5μm	30
29. 分生孢子长度超过 210μm	34
30. 分生孢子宽 18～23μm	锡瓦利克棒孢 *C. siwalika*
30. 分生孢子宽≤16.3μm	31
31. 分生孢子具 4～10 个隔膜	风车子棒孢 *C. combreti*
31. 分生孢子具 10 个以上隔膜	32
32. 分生孢子梗多达 18 个层出梗，分生孢子具 2～15 个隔膜	鸡血藤棒孢 *C. millettiae*
32. 分生孢子梗多达 2 个或 3 个层出梗，分生孢子具 15 个以上隔膜	33
33. 分生孢子具 7～19 个隔膜，52～144.5 × 8.5～11μm	楠木棒孢 *C. beilschmiediae*
33. 分生孢子具 4～22 个隔膜，37.5～150 × 6.3～12.5μm	茉栾藤棒孢 *C. merremiae*
34. 分生孢子梗多达 16 个层出梗，分生孢子宽 7.5～30μm	女贞棒孢 *C. ligustri*
34. 分生孢子梗多达 5 个层出梗，分生孢子宽≤19μm	35
35. 分生孢子宽 16～19μm	天料木棒孢 *C. homaliicola*
35. 分生孢子宽≤14μm	36
36. 分生孢子具 10～21 个隔膜，107.5～214 × 11～14μm	决明棒孢 *C. cassiae*

36. 分生孢子具 14～34 个隔膜，105～235×10～12μm ·· 木姜子棒孢 *C. litseae*

楠木棒孢　图 9

Corynespora beilschmiediae K. Zhang & X.G. Zhang, Mycotaxon 109: 86, 2009.

菌落疏展，黑褐色。菌丝体大多表生，由分枝、具隔、平滑、近无色至褐色、宽 2～8μm 的菌丝组成。分生孢子梗分化明显，自菌丝端部或侧面产生，单生或少数簇生，直或弯曲，不分枝，圆柱形，具隔，平滑，淡褐色至褐色，具 0～2 个圆柱形层出延伸，33.5～81.5×3.5～5.5μm。分生孢子单生，先在分生孢子梗顶端生出，后在层出梗上产生，直立或弯曲，倒棍棒形，平滑，干性，淡褐色至褐色，7～19 个假隔膜，52～144.5×8.5～11μm，顶部宽 3～5μm，基部平截，宽 2～3μm。

植物枯枝，广东：始兴(车八岭)，HSAUP H5410；海南：昌江(霸王岭)，HSAUP H5190-2。

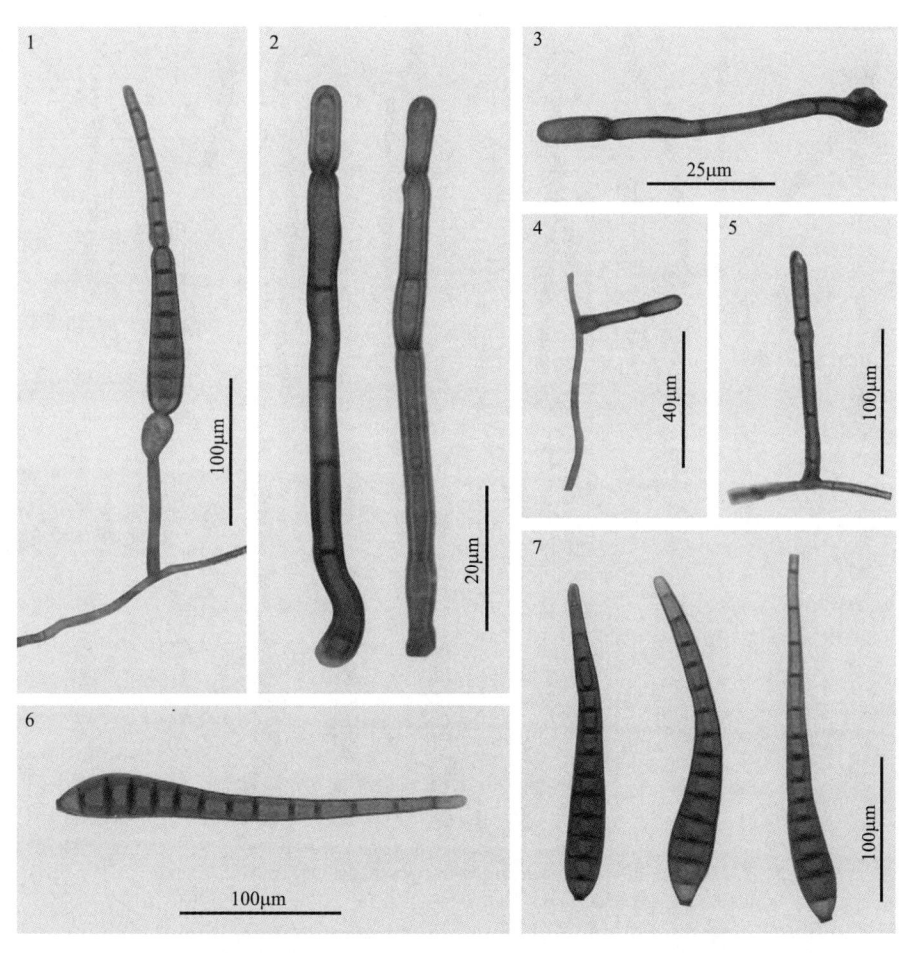

图 9　楠木棒孢 *Corynespora beilschmiediae* K. Zhang & X.G. Zhang
1. 分生孢子梗和分生孢子；2～5. 分生孢子梗；6、7. 分生孢子。(HSAUP VII₀ ZK 0241)

琼楠 *Beilschmiedia intermedia* C.K.Allen 凋落枯枝，海南：乐东(尖峰岭)，HSAUP VII₀ ZK 0241(=HMAS 189370)。

世界分布：中国。

讨论：该种分生孢子形态近似于风车子棒孢 *C. combreti* M.B. Ellis (Ellis, 1963b)，但后者分生孢子隔膜较少 (4~10 个)，顶端略窄 (2.5~4μm)，且有时具喙。

决明棒孢 图 10

Corynespora cassiae K. Zhang & X.G. Zhang, Mycotaxon 109: 87, 2009.

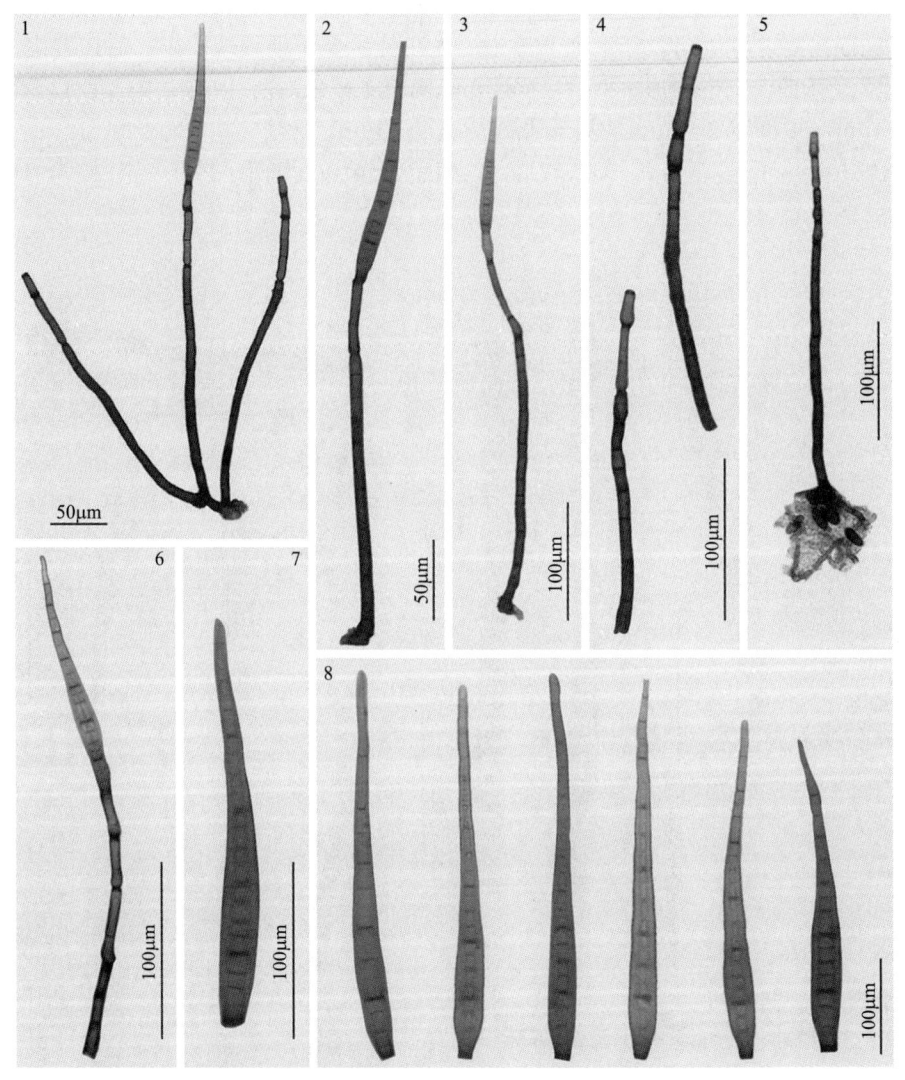

图 10 决明棒孢 *Corynespora cassiae* K. Zhang & X.G. Zhang
1~3、6. 分生孢子梗和分生孢子；4、5. 分生孢子梗；7、8. 分生孢子。(HSAUP VII₀ MJ 0039-1)

菌落疏展，灰色至黑褐色。菌丝体大多表生，少数埋生，由分枝、具隔、平滑、近无色至淡褐色、宽 2~8μm 的菌丝组成。分生孢子梗自菌丝端部或侧面产生，单生或少数簇生，直或弯曲，不分枝，圆柱形，平滑，褐色，具隔，常在其顶端分生孢子脱落后遗留的孢痕处层生出圆柱形层出梗 0~5 个，133.5~217.5 × 6~10μm。分生孢子单生，先在分生孢子梗顶端生出，后在层出梗上产生，直或稍弯曲，倒棍棒形，淡褐色至橄榄褐色，平滑，10～21个假隔膜，107.5～214×11～14μm，顶部渐窄，宽3～4.5μm，基部平截，宽5～6.5μm。

黄槐 *Cassia surattensis* Burm.f.凋落枯枝，海南：儋州，HSAUP VII₀ ₘⱼ 0039-1（=HMAS 189371）。

世界分布：中国。

讨论：该种分生孢子形态与类粉衣棒孢 *C. calicioidea* (Berk. & Broome) M.B. Ellis(Ellis，1957)和多隔棒孢 *C. polyphragmia* (Syd.) M.B. Ellis(Ellis，1961b)十分相似，但 *C. calicioidea* 的分生孢子略短，50～170 μm；*C. polyphragmia* 的分生孢子较大，110～280×14～17μm。另外，*C. calicioidea* 和 *C. polyphragmia* 具子座，分生孢子基脐加厚色深，不同于该种。

来檬生棒孢　图 11

Corynespora citricola M.B. Ellis, Mycol. Pap. 65: 2, 1957.

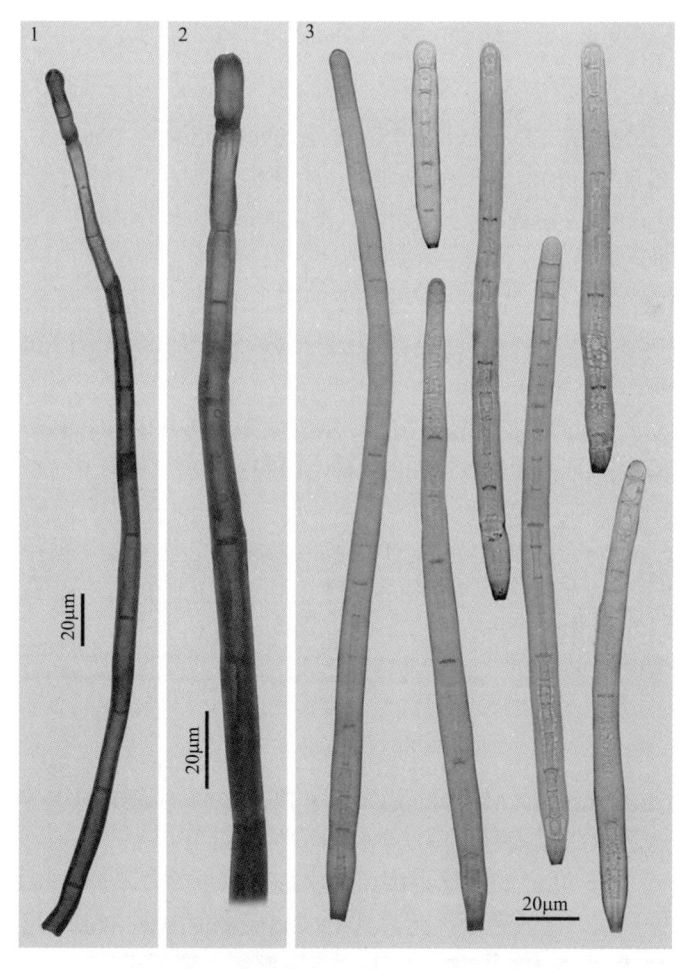

图 11　来檬生棒孢 *Corynespora citricola* M.B. Ellis
1、2. 分生孢子梗；3. 分生孢子。（HSAUP H5053-1）

菌落疏展，褐色，毛发状。菌丝体部分表生，部分埋生，由分枝、具隔、平滑、近无色至淡褐色、宽2～7μm的菌丝组成。分生孢子梗分化明显，自菌丝端部或侧面产生，单生或少数簇生，直或弯曲，不分枝，圆柱形，具隔，平滑，褐色至暗褐色，常在其顶端分生孢子脱落后遗留的孢痕处层生出圆柱形层出梗0～4个，长达316μm，宽4～9.5μm。分生孢子单生，先在分生孢子梗顶端生出，后在层出梗上产生，直立或弯曲，圆柱形，平滑，近无色至淡褐色，7～24个假隔膜，63～201×7.5～10μm，基部平截，色深，宽3～5μm。

植物枯枝，福建：武夷山，HSAUP H5053-1。

世界分布：澳大利亚、中国、日本、墨西哥、新西兰。

讨论：Ellis(1957)最初从澳大利亚来檬 *Citrus aurantiifolia* (Christm.) Swingle 叶片上发现该菌，其形态近似于棒孢 *Corynespora cassiicola* (Berk. & M.A. Curtis) Wei，但后者分生孢子为典型的倒棍棒形或圆柱形，较宽，9～22μm。陈杰等(2004)从我国土壤分离到该菌。作者观察的分生孢子比原始描述略宽(7.5～10μm vs. 4.5～8μm)，其他特征基本一致。

竹叶蕉棒孢　图12

Corynespora donacis X.G. Zhang & J.J. Xu, Mycotaxon, 92: 433, 2005.

菌落平展，黑褐色。菌丝体表生或埋生，由分枝、具隔、平滑、淡褐色至褐色、宽2～5μm的菌丝组成。分生孢子梗分化明显，自菌丝端部或侧面产生，单生或少数簇生，不分枝，直或弯曲，圆柱形，具隔，平滑，暗褐色，常具圆柱形及顶层出延伸，70～90×4～5μm。分生孢子单生，先在分生孢子梗顶端生出，后在层出梗上产生，直立或弯曲，倒棍棒形，平滑，橄榄褐色，10～14个假隔膜，45～70×8～12μm，近顶端渐窄，宽3～5μm，基部平截，宽2～3μm。

竹叶蕉属 *Donax* Lour.植物枯枝，广西：南宁，HSAUP III₀ 0493。

植物枯枝，海南：五指山，HSAUP VII₀ ₘⱼ 0123。

世界分布：中国。

讨论：该种分生孢子形态与巨型棒孢 *C. gigaspora* (Berk. & Broome) M.B. Ellis(Ellis, 1957)和锡瓦利克棒孢 *C. siwalika* (Subram.) M.B. Ellis(Ellis, 1961b)较为相似，但后两者分生孢子较大，分别为100～270×19～28μm和88～140×15～20μm，隔膜较多，分别为9～52个和9～19个。

火桐棒孢　图13

Corynespora erythropsidis X. Mei Wang & X.G. Zhang, Mycotaxon 101: 77, 2007.

菌落疏展，灰色至暗黑褐色。菌丝体部分表生，部分埋生，由分枝、具隔、平滑、近无色至褐色、宽3.5～4μm的菌丝组成。分生孢子梗单生，不分枝，直或弯曲，圆柱形，平滑，1～3个隔膜，淡褐色至褐色，具1～2个连续的圆柱形及顶层出，145～206×5～7μm。产孢细胞单孔生式，合生，顶生，圆柱形，及顶层出，15～20×4～6μm。分生孢子单生，先在分生孢子梗顶端生出，后在层出梗上产生，淡褐色至橄榄褐色，椭圆形、桶形或阔棍棒形，两端钝圆，直立或弯曲，光滑，4个假隔膜，25～31×9～12μm。

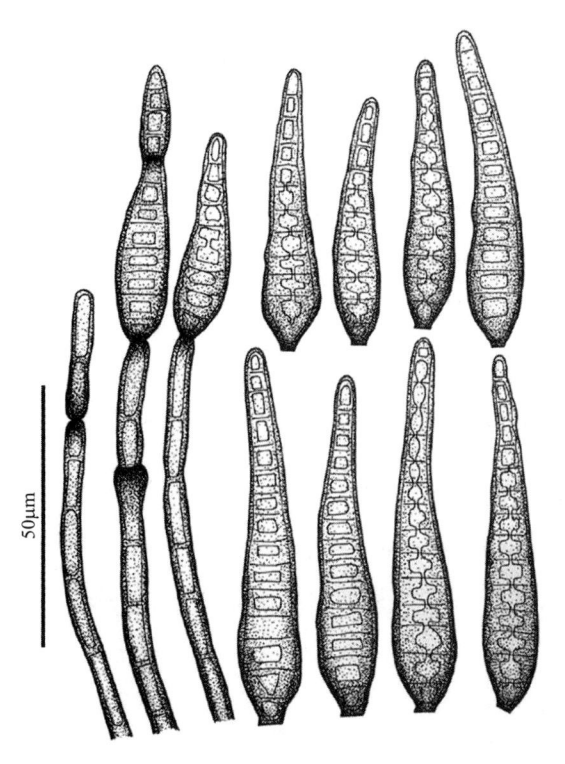

图 12 竹叶蕉棒孢 *Corynespora donacis* X.G. Zhang & J.J. Xu
分生孢子梗和分生孢子。（HSAUP III₀ 0493）

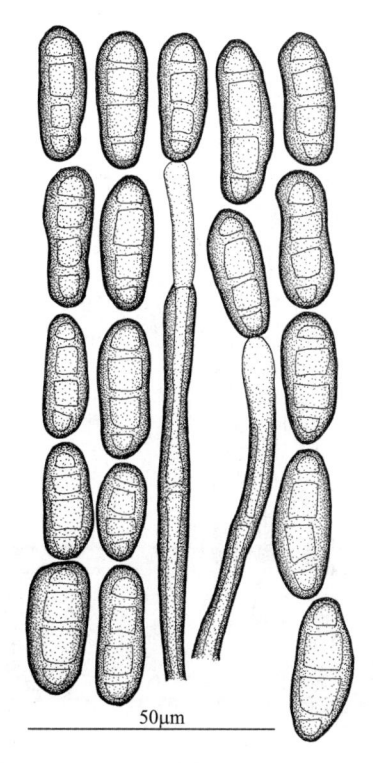

图 13 火桐棒孢 *Corynespora erythropsidis* X.Mei Wang & X.G. Zhang
分生孢子梗和分生孢子。（HSAUP IV₀ zxg 0596）

火桐 *Erythropsis colorata* (Roxb.) Burkill 凋落枯枝，云南：河口，HSAUP IV$_{0\ zxg}$ 0596(=HMAS 143716)。

世界分布：中国。

讨论：该种分生孢子形态与西域棒孢 *C. occidentalis* R.F. Castañeda(Castañeda-Ruíz, 1988)和萨拉斯棒孢 *C. salasiae* R.F. Castañeda, Guarro & Cano(Castañeda-Ruíz *et al.*, 1995a)十分相似，但 *C. occidentalis* 分生孢子大小为 30～54 × 15～19μm，具 3～6 个隔膜；*C. salasiae* 分生孢子大小为 17～20 × 8～12μm，具 0～2 个隔膜，均不同于该种。

异侧枬棒孢 图 14

Corynespora euryae Jian Ma & X.G. Zhang, Mycotaxon 99: 358, 2007.

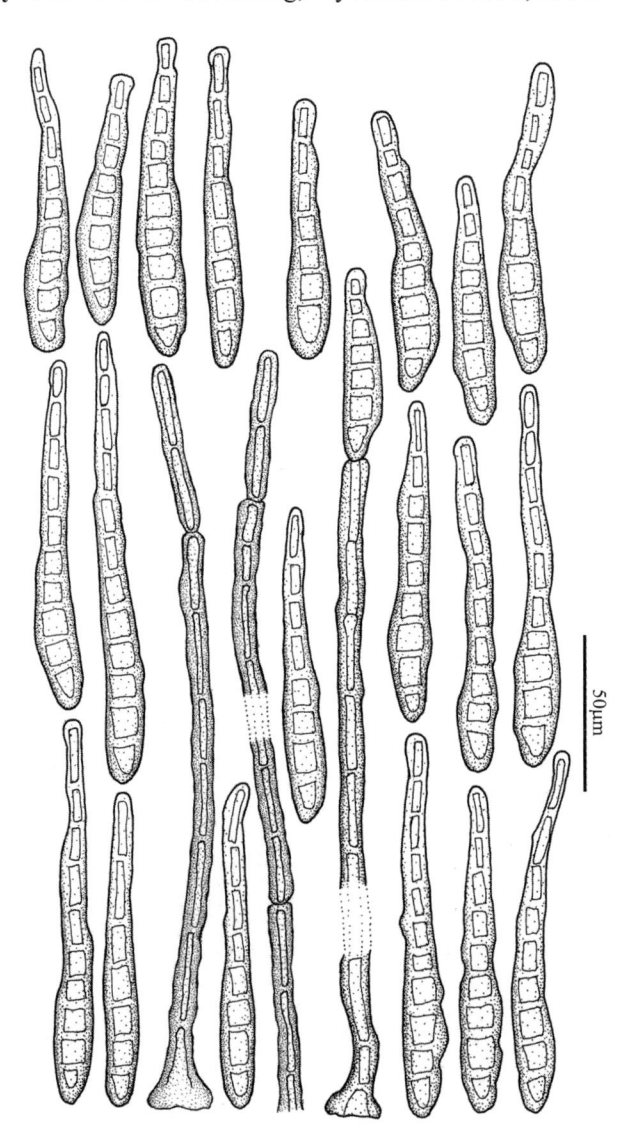

图 14 异侧枬棒孢 *Corynespora euryae* Jian Ma & X.G. Zhang
分生孢子梗和分生孢子。(HSAUP IV$_{0\ MJ}$ 0144)

菌落疏展，黑褐色。菌丝体表生或埋生，由分枝、具隔、平滑、淡褐色至褐色、宽 2～6μm 的菌丝组成。分生孢子梗分化明显，自菌丝端部或侧面产生，单生或少数簇生，直或弯曲，不分枝，圆柱形，具隔，平滑，淡褐色至褐色，常在其顶端分生孢子脱落后遗留的孢痕处层生出圆柱形层出梗 0～4 个，76～114 × 3.5～5.5μm。分生孢子单生，先在分生孢子梗顶端生出，后在层出梗上产生，直立或稍弯曲，倒棍棒形，平滑，淡褐色至褐色，5～9 个假隔膜，36～67 × 6～9μm，近顶端渐窄，宽 2.5～4μm，基部平截，宽 2～3μm。

异侧柃 *Eurya inaequalis* P.S.Hsu 枯枝，云南：河口，HSAUP IV$_{0\,MJ}$ 0144。

植物枯枝，广东：从化，HSAUP H5337；海南：乐东（尖峰岭），HSAUP VII$_{0\,MJ}$ 0313，五指山，HSAUP VII$_{0\,MJ}$ 0465。

世界分布：中国。

讨论：该种分生孢子形态与风车子棒孢 *C. combreti* M.B. Ellis（Ellis，1963b）和顶孢棒孢 *C. hansfordii* M.B. Ellis (Ellis，1960) 有些相似，但后两者分生孢子基部痕明显，分生孢子较大，分别为 40～122 × 8～11μm 和 70～100 × 9～13μm。

高山榕棒孢 图 15

Corynespora fici-altissimae X.G. Zhang & J.J. Xu, Mycotaxon 92: 431, 2005.

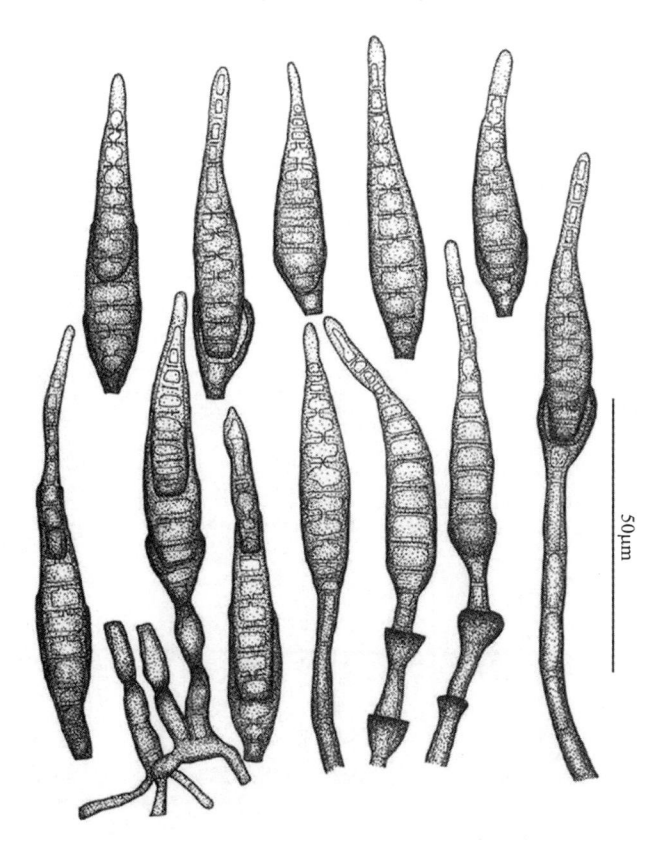

图 15 高山榕棒孢 *Corynespora fici-altissimae* X.G. Zhang & J.J. Xu
分生孢子梗和分生孢子。(HSAUP III$_0$ 0424)

菌落疏展，黑褐色。菌丝体表生或埋生，由分枝、具隔、平滑、淡褐色至褐色、宽2～4μm的菌丝组成。分生孢子梗分化明显，自菌丝端部或侧面产生，单生或簇生，不分枝，直或弯曲，圆柱形，具隔，平滑，褐色至暗褐色，具0～3个层出梗，30～65×5～6μm。分生孢子单生，从分生孢子梗顶端产孢孔或杯状结构生出，有时从成熟孢子内生出，直立或弯曲，倒棍棒形，具喙，光滑，暗褐色至黑褐色，11～18个假隔膜，55～85×9～12μm，近顶端渐窄，宽3～4μm，基部平截，宽2～3μm。

高山榕 *Ficus altissima* Blume 凋落枯枝，广西：南宁，HSAUP III₀ 0424。

世界分布：中国。

讨论：该种分生孢子形态与巨型棒孢 *C. gigaspora* (Berk. & Broome) M.B. Ellis (Ellis, 1957) 和锡瓦利克棒孢 *C. siwalika* (Subram.) M.B. Ellis (Ellis, 1961b) 有些相似，但后两者分生孢子较大，分别为 100～270×19～28μm 和 88～140×15～20μm。其次，*C. gigaspora* 的分生孢子隔膜较多，为9～52个。该种分生孢子有时从成熟孢子内部生出，明显不同于近似种。

垂榕棒孢 图16

Corynespora fici-benjaminae H.B. Fu & X.G. Zhang, Mycotaxon 109: 89, 2009.

菌落疏展，黑褐色至黑色，发状。菌丝体大多埋生，少数表生，由分枝、具隔、平

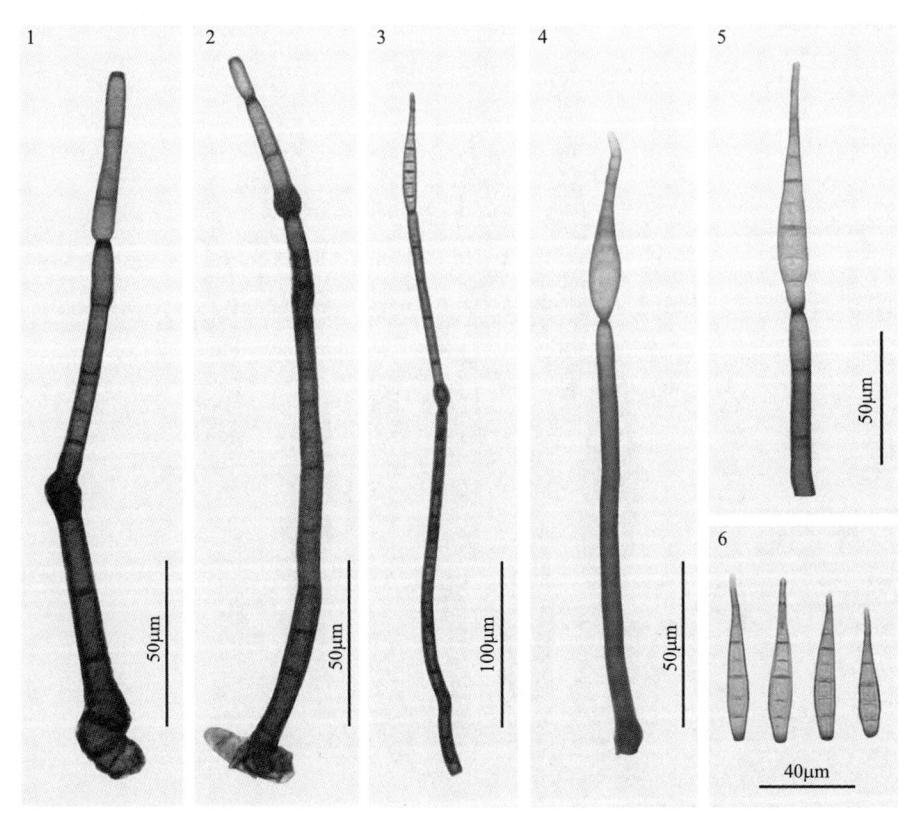

图16 垂榕棒孢 *Corynespora fici-benjaminae* H.B. Fu & X.G. Zhang
1、2. 分生孢子梗；3～5. 分生孢子梗和分生孢子；6. 分生孢子。(HSAUP VII₀ FU 0454)

滑、近无色至淡褐色、宽 2~5μm 的菌丝组成。分生孢子梗从菌丝端部或侧面长出，单生或少数簇生，不分枝，直或弯曲，圆柱形，具隔，平滑，褐色至暗褐色，常在其顶端分生孢子脱落后遗留的孢痕处层生出圆柱形层出梗 0~3 个，152~467 × 5.5~11μm。分生孢子单生，先在分生孢子梗顶端生出，后在层出梗上产生，直立或稍弯曲，倒棍棒形，平滑，淡橄榄褐色，5~10 个假隔膜，51.5~71 × 8~11μm，顶部渐窄，宽 2~3.5μm，基部平截，宽 3~4.5μm。

垂叶榕 *Ficus benjamina* L.凋落枯枝，海南：五指山，HSAUP VII$_{0\,FU}$ 0454（=HMAS 189372）。

世界分布：中国。

讨论：该种分生孢子形态与类粉衣棒孢 *C. calicioidea* (Berk. & Broome) M.B. Ellis（Ellis，1957）、巨型棒孢 *C. gigaspora* (Berk. & Broome) M.B. Ellis（Ellis，1957）和高山榕棒孢 *C. fici-altissimae* X.G. Zhang & J.J. Xu（Zhang & Xu，2005）有些相似，但 *C. calicioidea* 和 *C. gigaspora* 分生孢子较大，分别为 50~170 × 10~15μm 和 100~270 × 19~28μm，隔膜较多，分别为 6~21 个和 9~52 个。其次，*C. fici-altissimae* 分生孢子有时从成熟孢子内部长出，且具较多隔膜（11~18 个）。

鞭顶棒孢 图 17

Corynespora flagellata (S. Hughes) X.G. Zhang & M. Ji, Mycotaxon 92: 426, 2005.
Podoconis flagellata S. Hughes, Mycol. Pap. 50: 57, 1953.
Sporidesmium flagellatum (S. Hughes) M.B. Ellis, Mycol. Pap. 70: 54, 1958.
Penzigomyces flagellatus (S. Hughes) Subram., Proc. Indian natn. Sci. Acad. B 58: 186, 1992.

菌落疏展，黑褐色。菌丝体表生或埋生，由分枝、具隔、平滑、近无色至淡褐色、宽 2~4μm 的菌丝组成。分生孢子梗单生或少数簇生，直立，不分枝，直或弯曲，褐色至暗褐色，向顶颜色渐浅，具隔，平滑，具 0~3 个连续的圆柱形及顶层出，55~290 × 4~7μm。分生孢子单生，先在分生孢子梗顶端生出，后在层出梗上产生，直或稍弯曲，倒棍棒形，具喙，5~10 个假隔膜，50~100 × 9~11μm，近顶端渐窄，宽 2~3μm，基部圆锥形，平截，宽 4~5μm，基部细胞粗糙，暗褐色，顶部细胞光滑，颜色较浅。

白栎 *Quercus alba* L.腐木，云南：河口，HSAUP III$_0$ 0418。

世界分布：中国、加纳、新西兰。

讨论：Hughes（1953a）最初将该种命名为 *Podoconis flagellata* S. Hughes。Ellis（1958）将 *Podoconis* Boedijn 作为葚孢属 *Sporidesmium* Link 的异名，并将该种定为 *S. flagellatum* (S. Hughes) M.B. Ellis。Subramanian（1992）对 *Sporidesmium* 的范围作了重大调整，建立 *Penzigomyces* Subram.，同时将该种定为 *P. flagellatus* (S. Hughes) Subram.。Wu 和 Zhuang（2005）发现 *Penzigomyces* 与 *Sporidesmium* 的属级特征十分相近，难以准确界定，遂将 *Penzigomyces* 降为 *Sporidesmium* 的异名。作者观察发现该菌产孢方式为单孔生式，与 *Sporidesmium* 的一般特征不符，但与 *Corynespora* 一致，且不同于该属已知种，遂将其定为新组合种。

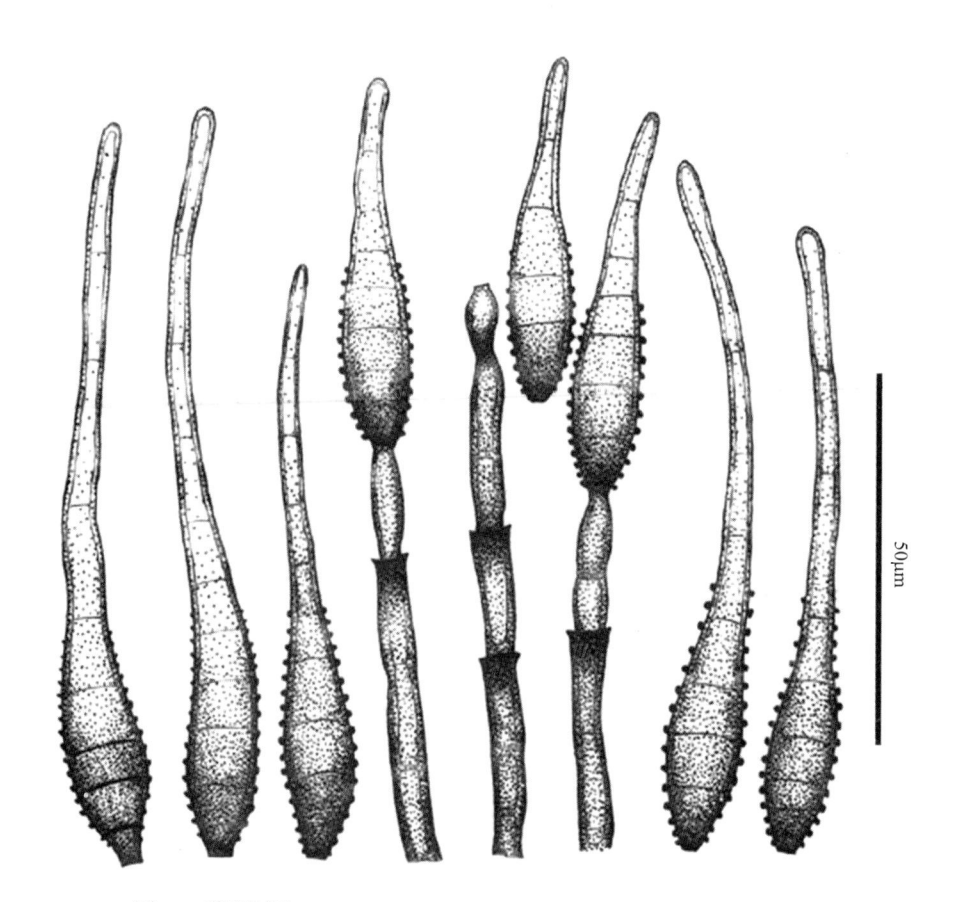

图17 鞭顶棒孢 *Corynespora flagellata* (S. Hughes) X.G. Zhang & M. Ji
分生孢子梗和分生孢子。（HSAUP III₀ 0418）

福建棒孢 图18

Corynespora fujianensis L.G. Ma & X.G. Zhang, Mycotaxon 117: 355, 2011.

菌落疏展，黑褐色。菌丝体大多表生，由分枝、具隔、平滑、淡褐色至褐色、宽2～5μm的菌丝组成。分生孢子梗单生或少数簇生，偶分枝，直或弯曲，圆柱形，具隔，粗糙，淡褐色至暗褐色，具0～7个层出梗，700～1300 × 4～5.5μm。产孢细胞单孔生式，合生，顶生，褐色，厚壁，圆柱形，9.5～14 × 6.5～9μm。分生孢子单生，顶生，直或稍弯曲，倒棍棒形，顶端渐窄，平滑，褐色，厚壁，4～10个假隔膜，31～90 × 6.5～10μm。

植物枯枝，福建：武夷山，HSAUP H1006-2(=HMAS 146094)。

世界分布：中国。

讨论：该种近似于茉莉棒孢 *C. jasminicola* Meenu, Kharwar & Bhartiya (Meenu *et al.*, 1998) 和风车子棒孢 *C. combreti* M.B. Ellis (Ellis, 1963b)，均产生倒棍棒形的分生孢子和分枝的分生孢子梗，但后两者分生孢子和分生孢子梗平滑。其次，*C. jasminicola* 分生孢子较大，39.5～176 × 10～12μm，隔膜较多，2～18个；*C. combreti* 分生孢子具喙，均不同于该种。

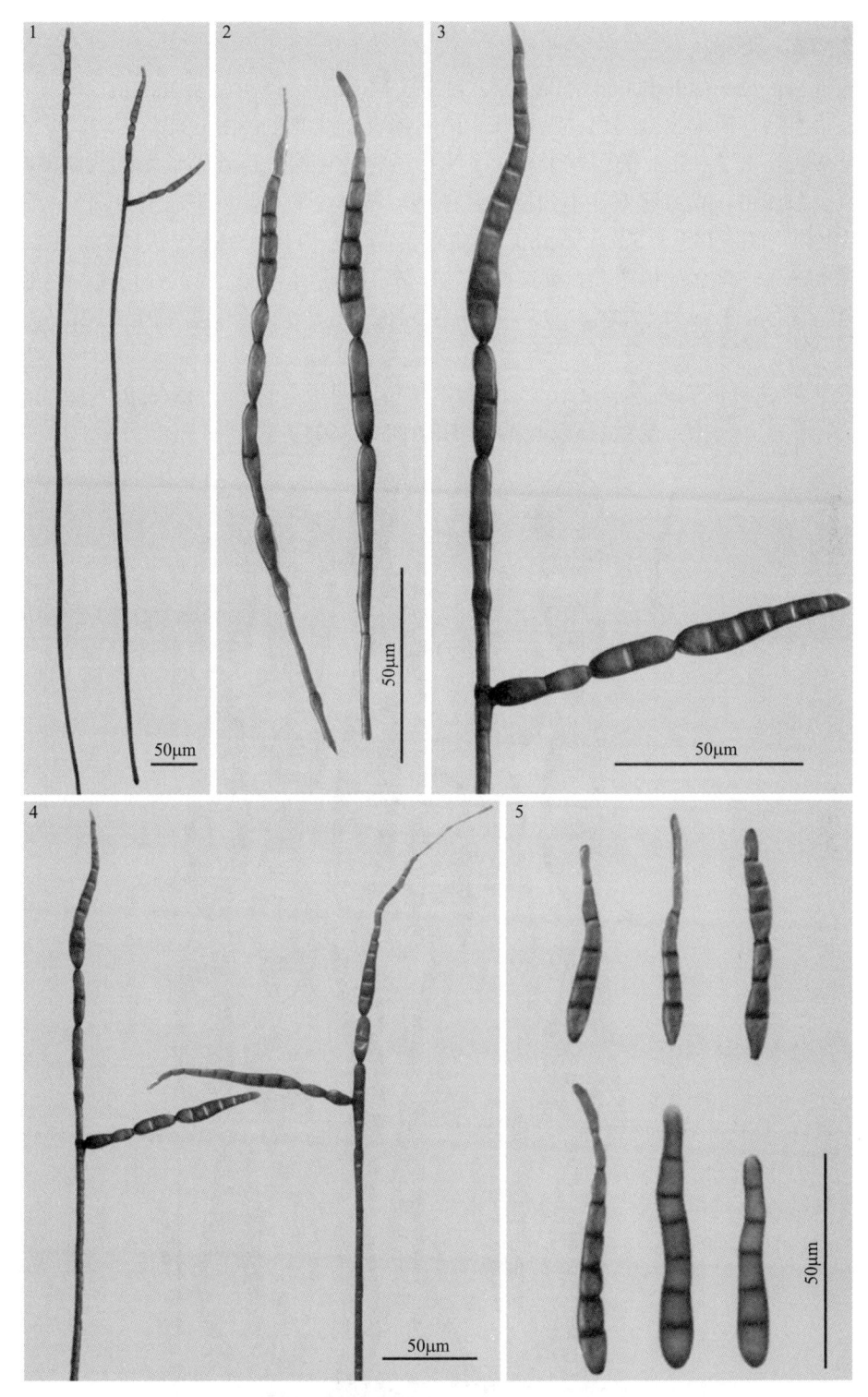

图 18 福建棒孢 *Corynespora fujianensis* L.G. Ma & X.G. Zhang
1~4. 分生孢子梗和分生孢子；5. 分生孢子。（HSAUP H1006-2）

肥皂荚棒孢 图 19

Corynespora gymnocladi Jian Ma & X.G. Zhang, Mycotaxon 99: 353, 2007.

菌落平展，黑褐色至黑色，毛发状。菌丝体表生或埋生，由分枝、具隔、平滑、淡褐色至褐色、宽 2～5μm 的菌丝组成。分生孢子梗分化明显，自菌丝端部或侧面产生，单生或少数簇生，直或弯曲，不分枝，圆柱形，具隔，平滑，淡褐色至暗褐色，具 0～2 个层出梗，60～145 × 3.8～5.7μm。分生孢子单生，先在分生孢子梗顶端生出，后在层出梗上产生，直立或稍弯曲，倒棍棒形，平滑，两端细胞近无色或淡褐色，中部细胞褐色至暗褐色，2～6 个假隔膜，15～40 × 7～10.5μm，基部平截，宽 1.5～3μm，顶端钝圆。

肥皂荚 *Gymnocladus chinensis* Baill.凋落枯枝，四川：雅安，HSAUP V$_{0\,MJ}$ 0369。

植物枯枝，云南：景洪（西双版纳），HSAUP H8603。

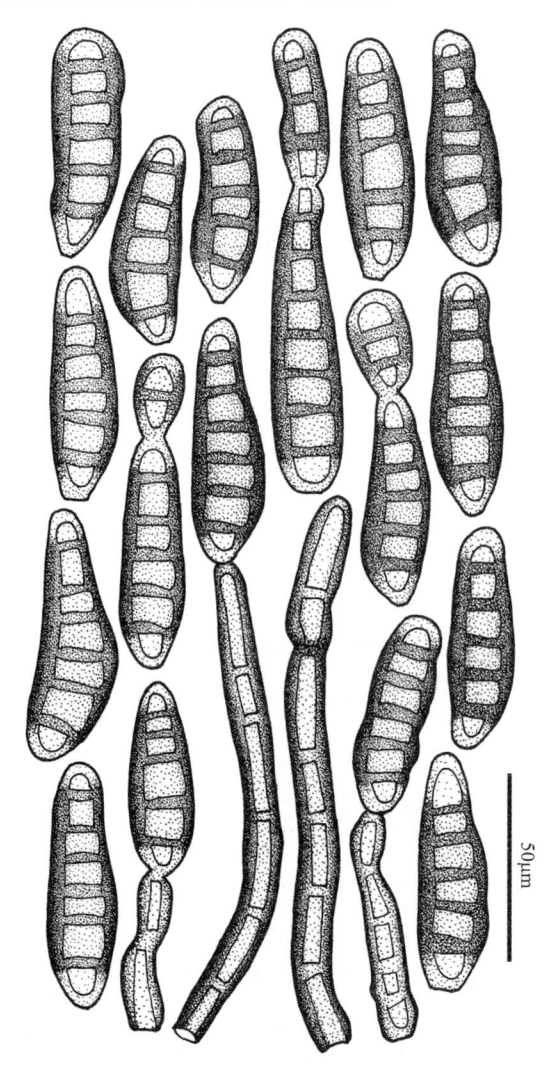

图 19　肥皂荚棒孢 *Corynespora gymnocladi* Jian Ma & X.G. Zhang
分生孢子梗和分生孢子。（HSAUP V$_{0\,MJ}$ 0369）

世界分布：中国。

讨论：该种近似于厚皮树生棒孢 *C. lanneicola* Deighton & M.B. Ellis（Ellis，1957），但后者分生孢子较大，40～58×10～15μm，各细胞色泽基本一致，且基部平截，基脐明显。

天料木棒孢　图 20

Corynespora homaliicola Deighton & M.B. Ellis, Mycol. Pap. 65: 14, 1957.

菌落稀疏，灰色至暗黑褐色，发状。菌丝体部分表生，部分埋生，由分枝、具隔、平滑、淡褐色至褐色、宽 2～5μm 的菌丝组成。分生孢子梗自菌丝端部或侧面产生，单生，粗大，直立，不分枝，直或弯曲，圆柱形，具隔，平滑，褐色，长 230～400μm，宽 8～10.5μm。产孢细胞单孔生式，合生，顶生，圆柱形，褐色，平滑，具 0～3 个层出梗。分生孢子单生，先在分生孢子梗顶端生出，后在层出梗上产生，倒棍棒形，直或弯曲，具 10～23 个假隔膜，淡褐色，160～260 × 16～19μm，顶部渐窄，宽 2.5～3.5μm，基部平截，宽 3.5～5μm。

植物枯枝，云南：景洪（西双版纳），HSAUP H8612。

世界分布：中国、塞拉利昂。

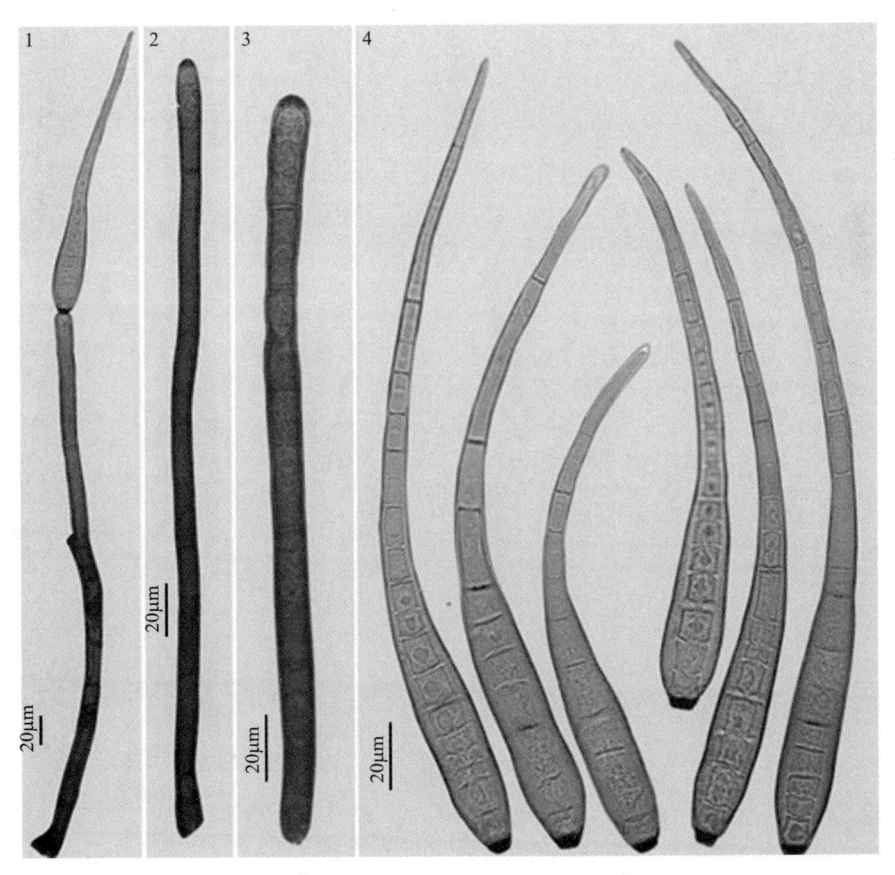

图 20　天料木棒孢 *Corynespora homaliicola* Deighton & M.B. Ellis
1～4. 分生孢子梗和分生孢子。（HSAUP H8612）

讨论：该种最初由 Ellis(1957)发现于塞拉利昂 *Homalium aylmeri* Hutch. & Dalziel 枯枝，其分生孢子主要为倒棍棒形，110～220×15～22μm，13～28 个假隔膜，偶为圆柱形，160～220×11～15μm，18～28 个假隔膜。我国标本上分生孢子为倒棍棒形，未见圆柱形，其余形态特征与原始描述基本一致。

厚皮树生棒孢　图 21

Corynespora lanneicola Deighton & M.B. Ellis, Mycol. Pap. 65: 11, 1957.

菌落疏展，灰色至黑色。菌丝体大多埋生，少数表生，由分枝、具隔、平滑、近无色至褐色、宽 1.5～5μm 的菌丝组成。分生孢子梗分化明显，自菌丝端部或侧面产生，单生或少数成簇，直或弯曲，不分枝，圆柱形，具隔，平滑，褐色至暗褐色，具 0～3 个层出梗，133～245×5.5～9.5μm。分生孢子单生，先在分生孢子梗顶端生出，后在层出梗上产生，直立或稍弯曲，倒棍棒形，平滑，干性，淡褐色至褐色，5～6 个假隔膜，长 38.5～55.5μm，宽 11～13.5μm，基部平截，宽 2.5～3.5μm，顶端细胞壁有时消解且顶端具一黏状泡囊，宽 12～21μm。

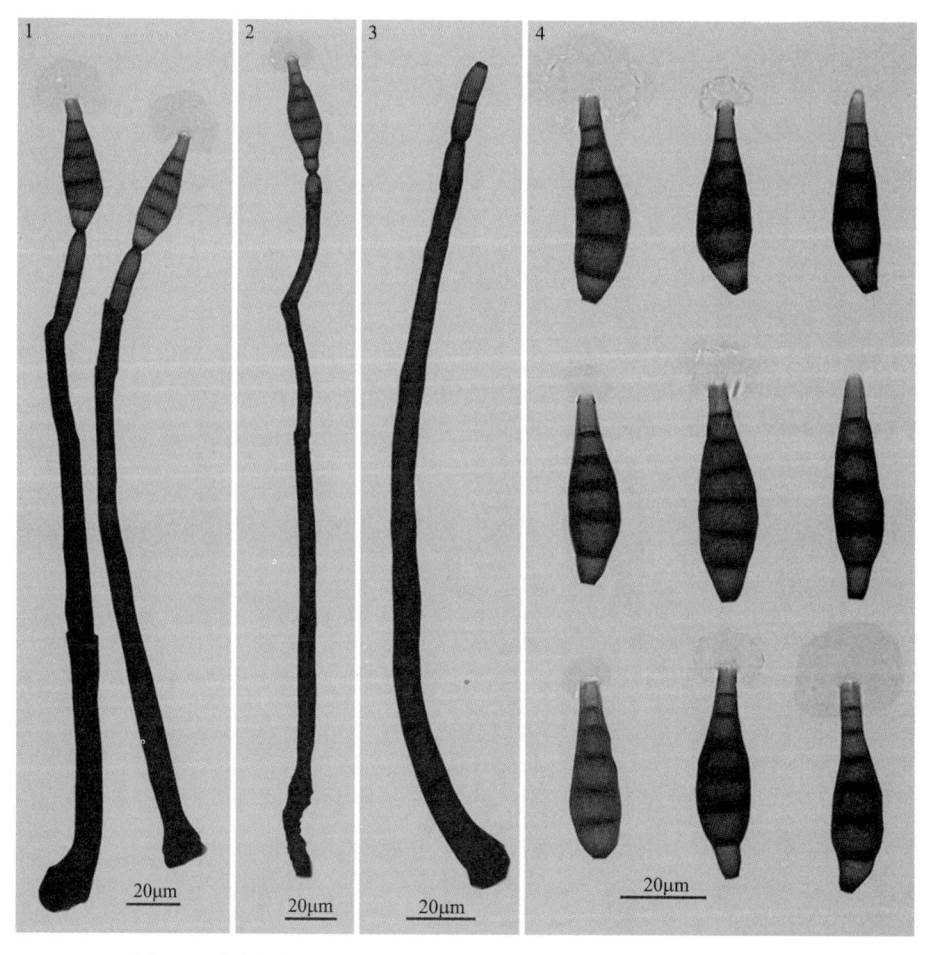

图 21　厚皮树生棒孢 *Corynespora lanneicola* Deighton & M.B. Ellis
1、2. 分生孢子梗和分生孢子；3. 分生孢子梗；4. 分生孢子。(HSAUP H5085)

植物枯枝，福建：武夷山，HSAUP H5085、HSAUP H5010；海南：昌江（霸王岭），HSAUP H5166。

菱叶钓樟 *Lindera supracostata* Lecomte 腐烂枝条，云南：河口，HSAUP III$_0$ 0510。

世界分布：中国、塞拉利昂。

讨论：该种最初由 Ellis（1957）发现于塞拉利昂 *Lannea afzelii* Engl.枯枝上，其分生孢子形态与肥皂荚棒孢 *C. gymnocladi* Jian Ma & X.G. Zhang（Ma and Zhang，2007）较为相似，但后者分生孢子明显小，15～40 × 7～10.5μm，端部和中间细胞色泽不一致。我国标本与原标本的不同之处是分生孢子顶部具一黏液状泡囊，基部略窄，其他特征几无区别，两者应视为同种。

粗叶木棒孢　图 22

Corynespora lasianthi H.B. Fu & X.G. Zhang, Mycotaxon 109: 90, 2009.

菌落疏展，黑褐色。菌丝体部分表生，部分埋生，由分枝、具隔、平滑、近无色至淡褐色、宽 2～6μm 的菌丝组成。分生孢子梗自菌丝端部或侧面产生，单生或少数簇生，不分枝，直或弯曲，圆柱形，具隔，平滑，褐色至暗褐色，常在其顶端分生孢子脱落后遗留的孢痕处层生出 0～3 个层出梗，119～159 × 4.5～7.5μm。分生孢子单生，先在分生孢子梗顶端生出，后在层出梗上产生，直立或稍弯曲，倒棍棒形，平滑，有时具喙，淡褐色至暗褐色，向顶颜色渐浅，4～8 个假隔膜，50～103.5 × 8.5～10μm，近顶部渐窄，宽 3～4μm，基部平截，宽 3～4.5μm。

粗叶木 *Lasianthus chinensis* Benth.凋落枯枝，海南：五指山，HSAUP VII$_0$ FU 0157（=HMAS 189373）。

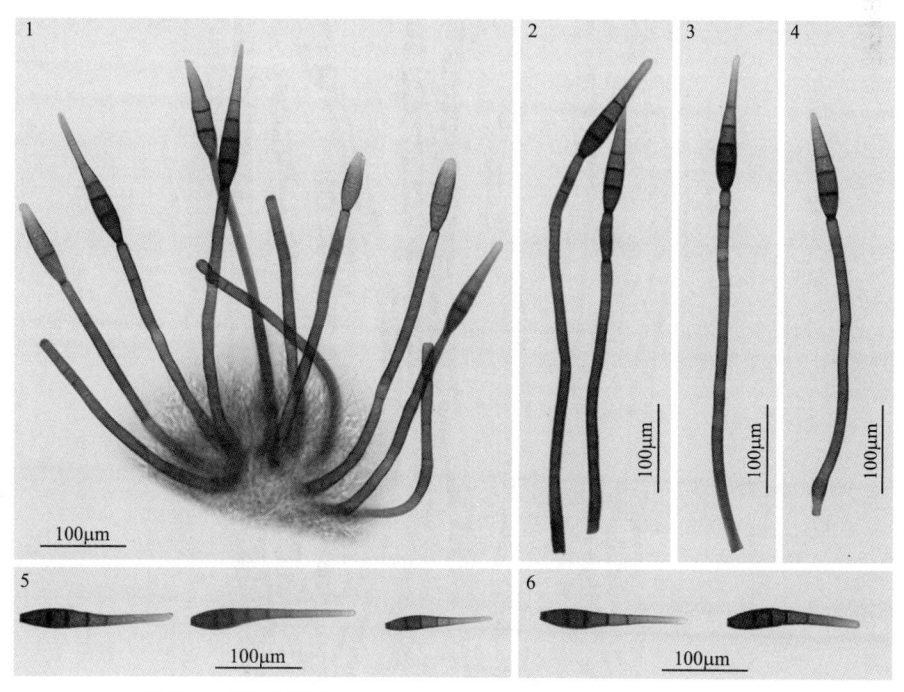

图 22　粗叶木棒孢 *Corynespora lasianthi* H.B. Fu & X.G. Zhang

1～4. 分生孢子梗和分生孢子；5、6. 分生孢子。（HSAUP VII$_0$ FU 0157）

世界分布：中国。

讨论：该种近似于鞭顶棒孢 C. flagellata (S. Hughes) X.G. Zhang & M. Ji（Zhang and Ji，2005）和菊蒿棒孢 C. tanaceti Guang M. Zhang & X.G. Zhang（Zhang and Zhang，2007），但后两者分生孢子壁粗糙，且 C. flagellata 分生孢子宽 9～11μm，具 5～10 个隔膜；C. tanaceti 分生孢子宽 12～16μm，具 7～12 个隔膜。另外，C. flagellata 和 C. tanaceti 分生孢子基部较宽，分别为 4～5μm 和 4～6.5μm，顶部较窄，均为 2～3μm。

木姜子棒孢 图 23

Corynespora litseae Jian Ma & X.G. Zhang, Mycotaxon 104: 153, 2008.

菌落疏展，暗褐色至黑褐色。菌丝体大多表生，由分枝、具隔、平滑、淡褐色、宽 1.5～4.5μm 的菌丝组成。分生孢子梗分化明显，自菌丝端部或侧面产生，单生或少数簇生，直或弯曲，不分枝，圆柱形，具隔，平滑，褐色，具 0～4 个层出梗，130～310×

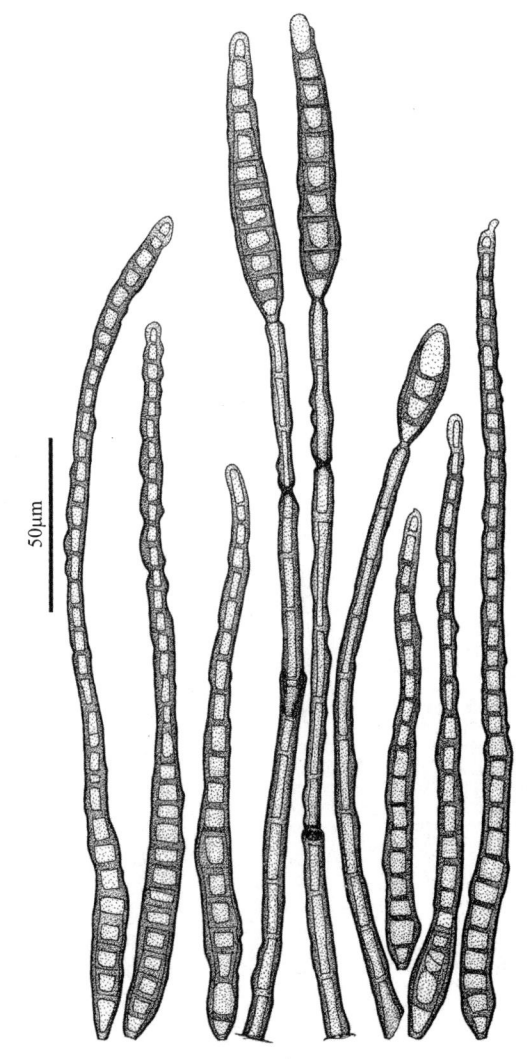

图 23　木姜子棒孢 *Corynespora litseae* Jian Ma & X.G. Zhang
分生孢子梗和分生孢子。（HSAUP VII₀ MJ 0246-1）

4.5～7μm。分生孢子单生，先在分生孢子梗顶端生出，后在层出梗上产生，直立或稍弯曲，倒棍棒形，平滑，淡褐色至橄榄褐色，14～34个假隔膜，105～235×10～12μm，近顶部渐窄，宽3～5.5μm，基部平截，宽3～4.5μm。

黄丹木姜子 *Litsea elongata* (Nees ex Wall.) Benth. & Hook.f.凋落枯枝，海南：乐东（尖峰岭），HSAUP VII₀ ₘⱼ 0246-1。

世界分布：中国。

讨论：该种与葫芦棒孢 *C. cucurbiticola* Meenu, Kharwar & Bhartiya 和毛样棒孢 *C. trichoides* Meenu, Kharwar & Bhartiya(Meenu *et al.*, 1998)极为相似，但后两者寄生于植物叶片，分生孢子较宽，分别为6.5～20μm 和10～15μm，隔膜较少，分别为6～22个和3～14个。其次，*C. trichoides* 分生孢子基脐加厚。

常春木棒孢　图24

Corynespora merrilliopanacis Z.Q. Shang & X.G. Zhang, Mycotaxon 100: 155, 2007.

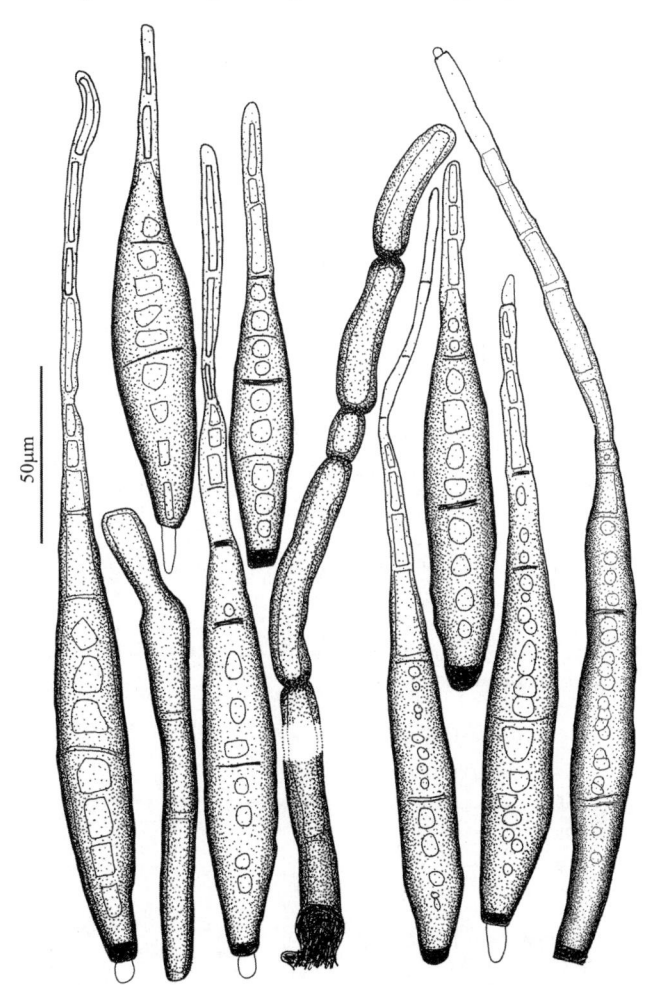

图24　常春木棒孢 *Corynespora merrilliopanacis* Z.Q. Shang & X.G. Zhang
分生孢子梗和分生孢子。(HSAUP III₀ 0946)

菌落疏展，暗黑褐色，绒毛状。菌丝体部分表生，部分埋生，由分枝、具隔、平滑、近无色至淡褐色、宽 3.5～4μm 的菌丝组成。分生孢子梗分化明显，簇生，直立，直或弯曲，圆柱形，具隔，平滑，淡褐色至褐色，常在其顶端分生孢子脱落后遗留的孢痕处层生出圆柱形层出梗 0～5 个，260～1200 × 12～17μm。分生孢子单生，先在分生孢子梗顶端生出，后在层出梗上产生，直立或弯曲，倒棍棒形，具喙，近顶部渐窄，平滑，淡黄色至褐色，12～25 个假隔膜，130～260 × 17～21μm，基部平截，宽 5～7.5μm，基部细胞色深，向顶颜色渐浅。

植物枯枝，海南：昌江（霸王岭），HSAUP H5232；湖南：张家界，HSAUP H5327。

长梗常春木 *Merrilliopanax listeri* (King) H.L.Li 凋落枯枝，江苏：南京，HSAUP III$_0$ 0946(=HMAS 143713)。

世界分布：中国。

讨论：该种分生孢子形态与含笑棒孢 *C. micheliae* Z.Q. Shang & X.G. Zhang(Shang and Zhang, 2007b)和薄鱼藤生棒孢 *C. leptoderridicola* Deighton & M.B. Ellis(Ellis, 1957)较为相似，但 *C. micheliae* 分生孢子明显长，333～360μm，且隔膜处无黑带；*C. leptoderridicola* 的分生孢子较小，70～120 × 14～17μm，隔膜较少，6～16 个。

含笑棒孢 图 25

Corynespora micheliae Z.Q. Shang & X.G. Zhang, Mycotaxon 100: 157, 2007.

菌落疏展，灰色至暗黑褐色，绒毛状。菌丝体部分表生，部分埋生，由分枝、具隔、平滑、近无色至褐色、宽 3～3.5μm 的菌丝组成。分生孢子梗单生或少数簇生，不分枝，直或弯曲，圆柱形，褐色，具隔，具 0～3 个层出梗，190～210 × 9～19μm。分生孢子单生，先在分生孢子梗顶端生出，后在层出梗上产生，平滑，近无色至褐色，倒棍棒形，具喙，近顶部较窄，直或弯曲，12～28 个假隔膜，333～360 × 15～19μm，基部平截，宽 6～7μm。基部细胞色深，向顶颜色渐浅。

黄兰 *Michelia champaca* L.凋落枯枝，江苏：南京，HSAUP III$_0$ 0928-2(=HMAS 143714)。

植物枯枝，四川：都江堰，HSAUP V$_{0\,MJ}$0196。

世界分布：中国。

讨论：该种分生孢子形态与薄鱼藤生棒孢 *C. leptoderridicola* Deighton & M.B. Ellis(Ellis, 1957)和常春木棒孢 *C. merrilliopanacis* Z.Q. Shang & X.G. Zhang(Shang and Zhang, 2007b)较为相似，但后两者分生孢子明显短，分别为 70～120μm 和 130～260μm。其次，*C. leptoderridicola* 隔膜较少，6～16 个，*C. merrilliopanacis* 隔膜之间无黑带，彼此之间较易区分。

密脉木棒孢 图 26

Corynespora myrioneuronis Jian Ma & X.G. Zhang, Mycotaxon 99: 355, 2007.

菌落疏展，黑褐色。菌丝体埋生或表生，由分枝、具隔、平滑、淡褐色至褐色、宽 2～4μm 的菌丝组成。分生孢子梗分化明显，单生或少数簇生，直或弯曲，不分枝，圆柱形，具隔，平滑，淡褐色至褐色，具 0～3 个层出梗，92～120 × 3.5～5μm。分生孢子单生，先在分生孢子梗顶端生出，后在层出梗上产生，直立或稍弯曲，倒棍棒形，平滑，淡褐色至褐色，3～4个假隔膜，长30～46μm，宽6.5～8μm，近顶端渐窄，宽2～3.5μm，基部平截，宽2～3μm，顶端细胞壁消解。

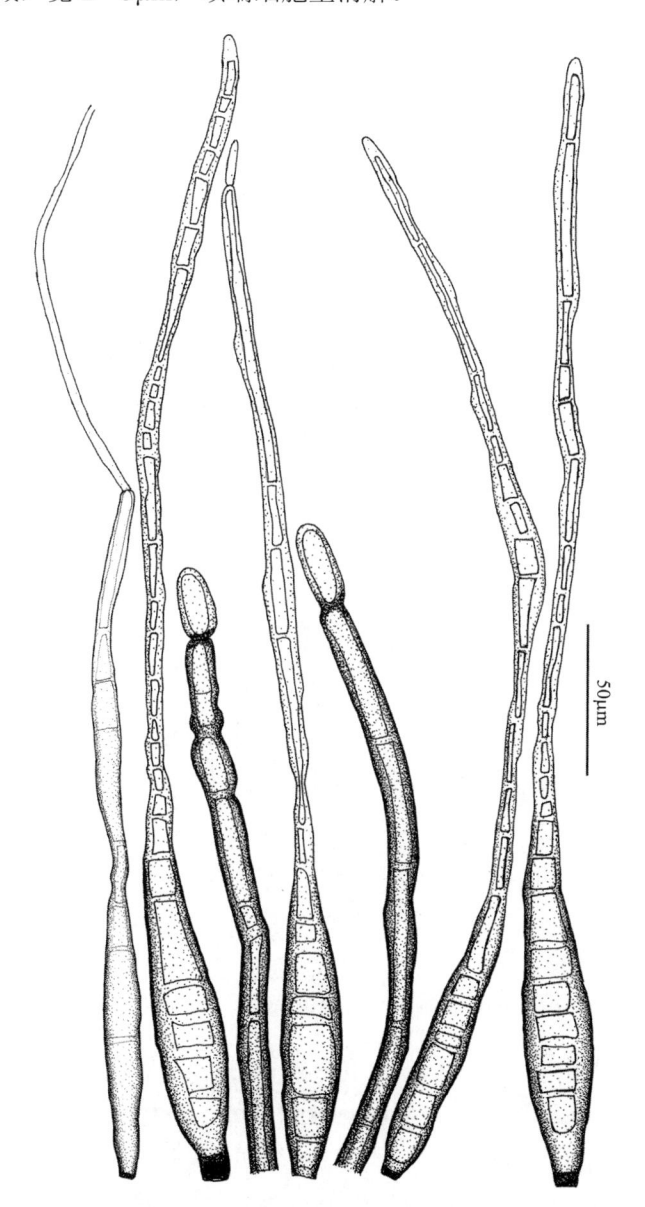

图25 含笑棒孢 *Corynespora micheliae* Z.Q. Shang & X.G. Zhang
分生孢子梗和分生孢子。(HSAUP III₀ 0928-2)

植物枯枝，福建：武夷山，HSAUP H5037-2、HSAUP H5060-1；海南：万宁，HSAUP H5207；湖南：张家界，HSAUP H5323；云南：景洪(西双版纳)，HSAUP H8521。

密脉木 *Myrioneuron faberi* Hemsl. ex F.B.Forbes & Hemsl.凋落枯枝，贵州：贵阳，HSAUP V₀ ₘⱼ 0451。

世界分布：中国。

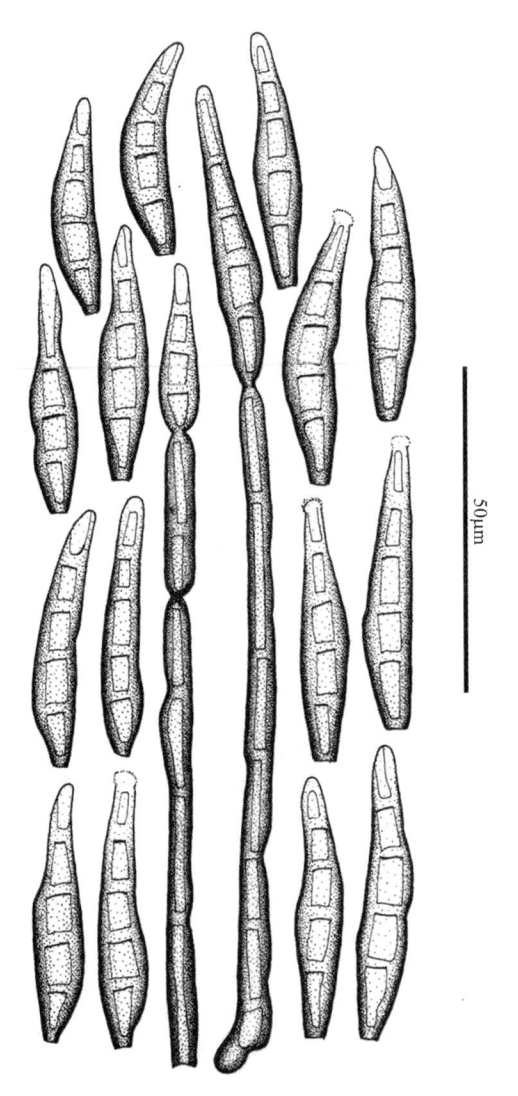

图 26　密脉木棒孢 *Corynespora myrioneuronis* Jian Ma & X.G. Zhang
分生孢子梗和分生孢子。(HSAUP V₀MJ 0451)

讨论：该种分生孢子形态近似于女贞棒孢 *C. ligustri* Y.L. Guo（郭英兰，1984）和喜花草棒孢 *C. eranthemi* J.M. Yen & Lim（Yen and Lim，1980），但后两者分生孢子较大，分别为 25～225 × 7.5～30μm 和 35～210 × 7～9μm，隔膜较多，分别为 24～20 个和 5～25 个。另外，*C. ligustri* 和 *C. eranthemi* 分生孢子梗具较多层出梗，分别多达 16 个和 8 个。

拟核果茶棒孢　图 27

Corynespora parapyrenariae Jian Ma & X.G. Zhang, Mycotaxon 104: 155, 2008.

菌落疏展，黑褐色。菌丝体大多埋生，少数表生，由分枝、具隔、平滑、近无色至淡褐色、宽 2～5μm 的菌丝组成。分生孢子梗分化明显，自菌丝端部或侧面产生，单生或少数簇生，直或弯曲，不分枝，圆柱形，具隔，平滑，褐色至黑褐色，常在其顶端分生孢子脱落后遗留的孢痕处层生出圆柱形层出梗 0～4 个，140～390 × 6.5～10μm。分生孢子单生，先在分生孢子梗顶端生出，后在层出梗上产生，直立或弯曲，倒棍棒形，平滑，淡褐色至褐色，5～9 个假隔膜，70～100 × 11～14μm，顶部渐窄，宽 2.5～3.5μm，基部平截，宽 4～5μm，顶部有时具一黏性球形附属物，直径 8.5～12.5μm。

多瓣核果茶 *Parapyrenaria multisepala* (Merr. & Chun) Hung T.Chang 凋落枯枝，海南：乐东(尖峰岭)，HSAUP VII₀ ₘ ₗ 0415。

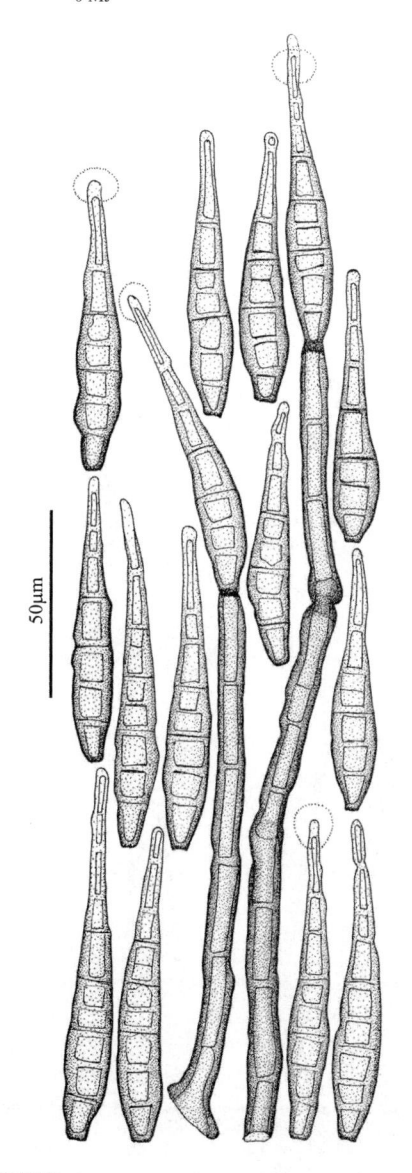

图 27 拟核果茶棒孢 *Corynespora parapyrenariae* Jian Ma & X.G. Zhang
分生孢子梗和分生孢子。(HSAUP VII₀ ₘ ₗ 0415)

植物枯枝，四川：都江堰，HSAUP VII₀ ₘ ₗ 0135；云南：景洪(西双版纳)，HSAUP VII₀ ₓₕₖ 1104。

世界分布：中国。

讨论：该种分生孢子形态与巨型棒孢 *C. gigaspora* (Berk. & Broome) M.B. Ellis(Ellis, 1957)和锡瓦利克棒孢 *C. siwalika* (Subram.) M.B. Ellis(Ellis, 1961b)十分相似，但后两者分生孢子较大，分别为100～270×19～28μm 和88～140×15～20μm，隔膜较多，分别为9～52个和9～19个。另外，*C. gigaspora* 和 *C. siwalika* 分生孢子顶端无黏性附属物。

金竹棒孢 图28

Corynespora phylloshureae X.G. Zhang & J.J. Xu, Mycotaxon 92: 433, 2005.

菌落疏展，黑褐色至黑色。菌丝休表生或埋生，由分枝、具隔、平滑、淡褐色至褐色、宽2～4μm 的菌丝组成。分生孢子梗分化明显，自菌丝端部或侧面产生，单生或少数簇生，直或弯曲，不分枝，圆柱形，具隔，平滑，褐色至黑褐色，具0～3个层出梗，45～75×4～5μm。分生孢子单生，先在分生孢子梗顶端生出，后在层出梗上产生，直立或弯曲，倒棍棒形，平滑，淡褐色至暗褐色，6～10个假隔膜，30～50×8～10μm，近顶部渐窄，宽3～4μm，基部平截，宽2～3μm。

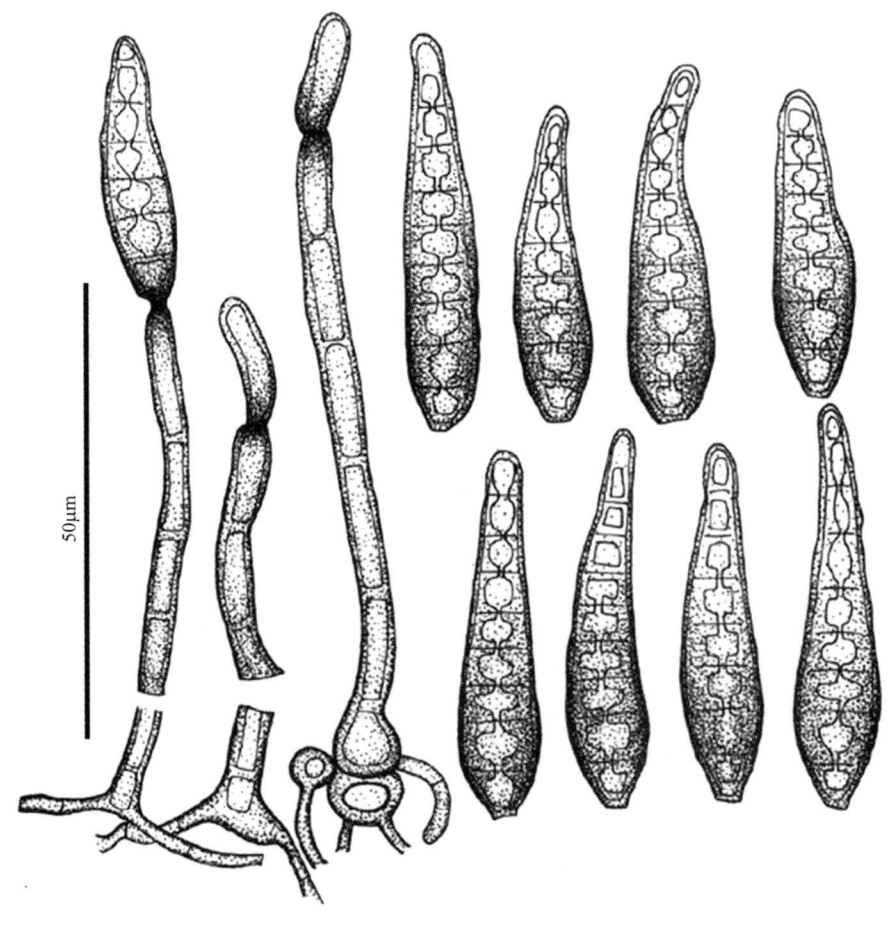

图28 金竹棒孢 *Corynespora phylloshureae* X.G. Zhang & J.J. Xu
分生孢子梗和分生孢子。(HSAUP III₀ 0496)

植物枯枝，福建：武夷山，HSAUP H5054-2、HSAUP H5057-2。

金竹 *Phyllostachys sulphurea* (Carrière) Rivière & C.Rivière 凋落枯枝，广西：桂林，HSAUP III$_0$ 0496。

世界分布：中国。

讨论：该种与近似种巨型棒孢 *C. gigaspora* (Berk. & Broome) M.B. Ellis (Ellis, 1957) 和锡瓦利克棒孢 *C. siwalika* (Subram.) M.B. Ellis (Ellis, 1961b) 的主要不同是后两者分生孢子较大，分别为 100～270×19～28μm 和 88～140×15～20μm，隔膜较多，分别为 9～52 个和 9～19 个。另外，*C. gigaspora* 和 *C. siwalika* 分生孢子基部平截，基脐加厚色深，不同于该种。

矮棕竹棒孢 图 29

Corynespora rhapidis-humilis X.G. Zhang & M. Ji, Mycotaxon 92: 425, 2005.

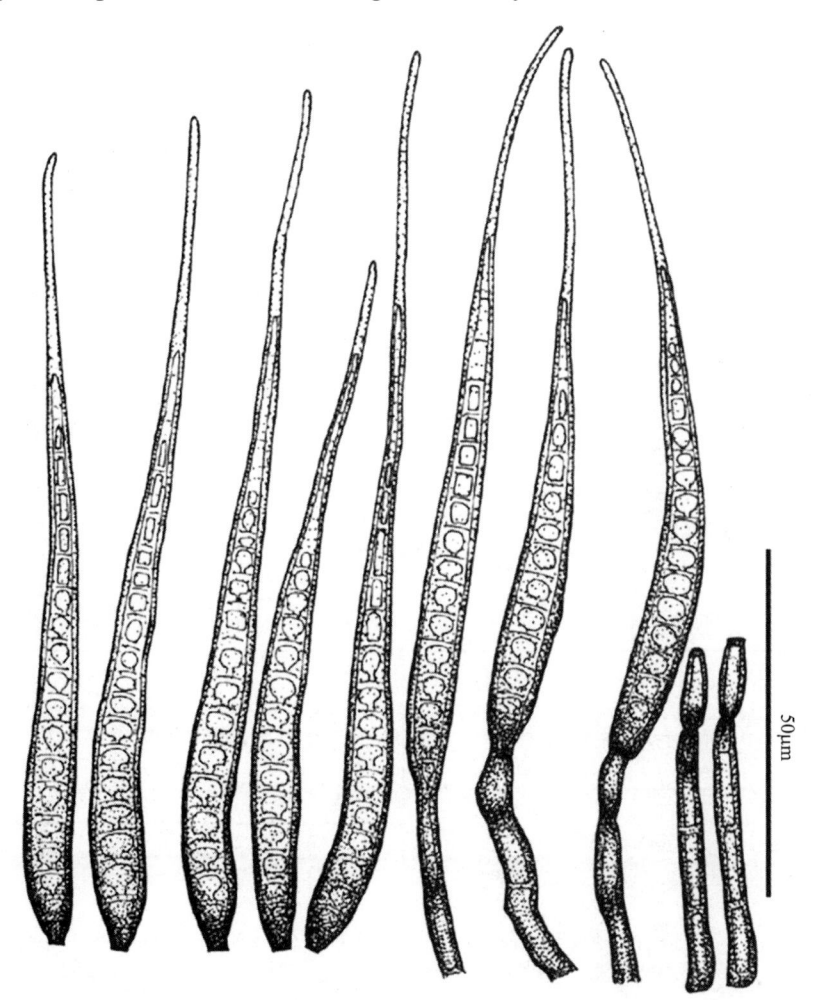

图 29 矮棕竹棒孢 *Corynespora rhapidis-humilis* X.G. Zhang & M. Ji
分生孢子梗和分生孢子。(HSAUP III$_0$ 0573)

菌落疏展，黑褐色。菌丝体表生或埋生，由分枝、具隔、平滑、淡褐色至褐色、宽

2～3μm 的菌丝组成。分生孢子梗分化明显，自菌丝端部或侧面产生，单生或少数簇生，不分枝，直或弯曲，圆柱形，具隔，平滑，褐色，具 0～2 个层出梗，30～45×3～4μm。分生孢子单生，先在分生孢子梗顶端生出，后在层出梗上产生，直立或弯曲，倒棍棒形，渐狭或具喙，光滑，淡橄榄褐色至橄榄褐色，12～16 个假隔膜，90～130×6～8μm，近顶部渐窄，宽 1μm，基部平截，宽 2～3μm。

矮棕竹 *Rhapis humilis* Blume 凋落枯枝，云南：河口，HSAUP III$_0$ 0573。

世界分布：中国。

讨论：该种分生孢子形态近似于竹蔗棒孢 *Corynespora sacchari* X.G. Zhang & Ch.K. Shi 和柚木棒孢 *C. tectonae* X.G. Zhang & Ch.K. Shi（Zhang and Shi, 2005），但后两者分生孢子壁粗糙。其次，*Corynespora sacchari* 和 *C. tectonae* 分生孢子较宽，分别为 8～9μm 和 10～12μm，顶端较宽，均为 2～3μm。

杜鹃花棒孢 图 30

Corynespora rhododendri K. Zhang & X.G. Zhang, Mycotaxon 104: 161, 2008.

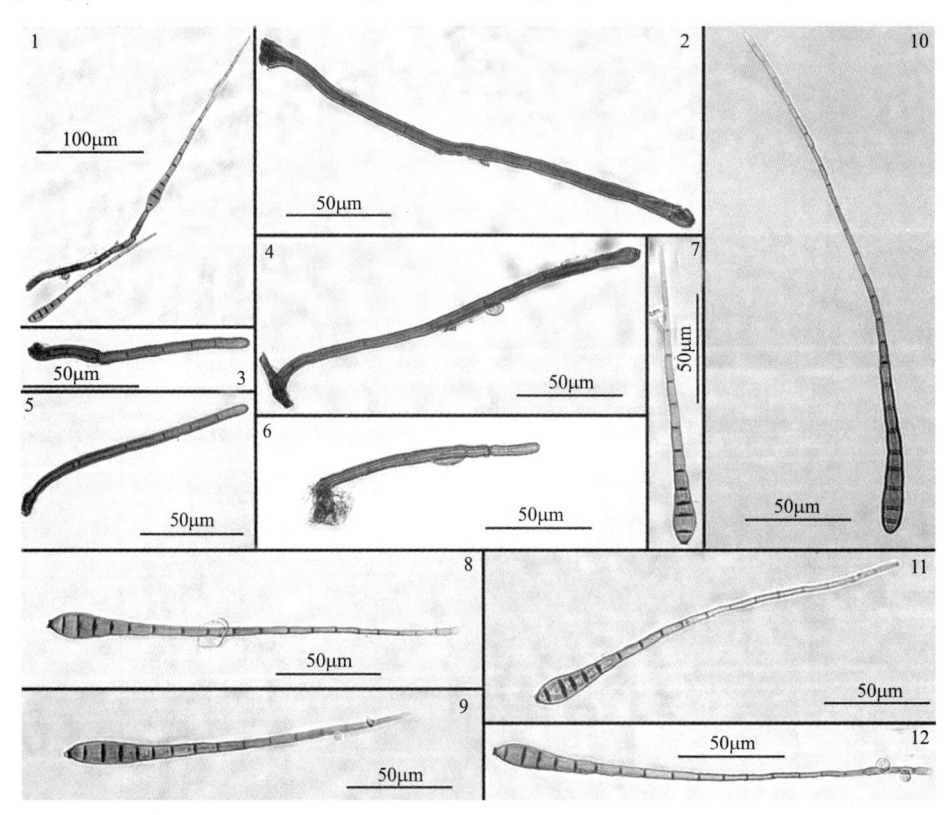

图 30 杜鹃花棒孢 *Corynespora rhododendri* K. Zhang & X.G. Zhang
1. 分生孢子梗和分生孢子；2～6. 分生孢子梗；7～12. 分生孢子。（HSAUP VII$_{0\,ZK}$ 0392）

菌落疏展，灰色至暗黑褐色。菌丝体部分表生，部分埋生，由分枝、具隔、平滑、近无色至淡褐色、宽 1.5～2.5μm 的菌丝组成。分生孢子梗单生，不分枝，直或弯曲，圆柱形，平滑，5～10 个隔膜，淡褐色至褐色，常在其顶端分生孢子脱落后遗留的孢痕处层生出1~2个层出梗，85~140×4.5~6μm。产孢细胞单孔生式，合生，顶生，圆柱形，及顶层出。分生孢子单生，先在分生孢子梗顶端生出，后在层出梗上产生，直立或弯曲，倒棍棒形，具喙，平滑，淡褐色至橄榄褐色，19~36个假隔膜，180~400×7.5~11μm，基部平截，宽3~4μm。

海南杜鹃花 *Rhododendron hainanense* Merr.凋落枯枝，海南：五指山，HSAUP VII₀ ZK 0392(=HMAS189374)。

世界分布：中国。

讨论：该种分生孢子形态与含笑棒孢 *C. micheliae* Z.Q. Shang & X.G. Zhang(Shang and Zhang, 2007b)有些相似，但后者分生孢子明显宽，15~19μm，基部细胞宽，6~7μm，且基脐加厚色深。

竹蔗棒孢 图31

Corynespora sacchari X.G. Zhang & Ch.K. Shi, Mycotaxon 92: 418, 2005.

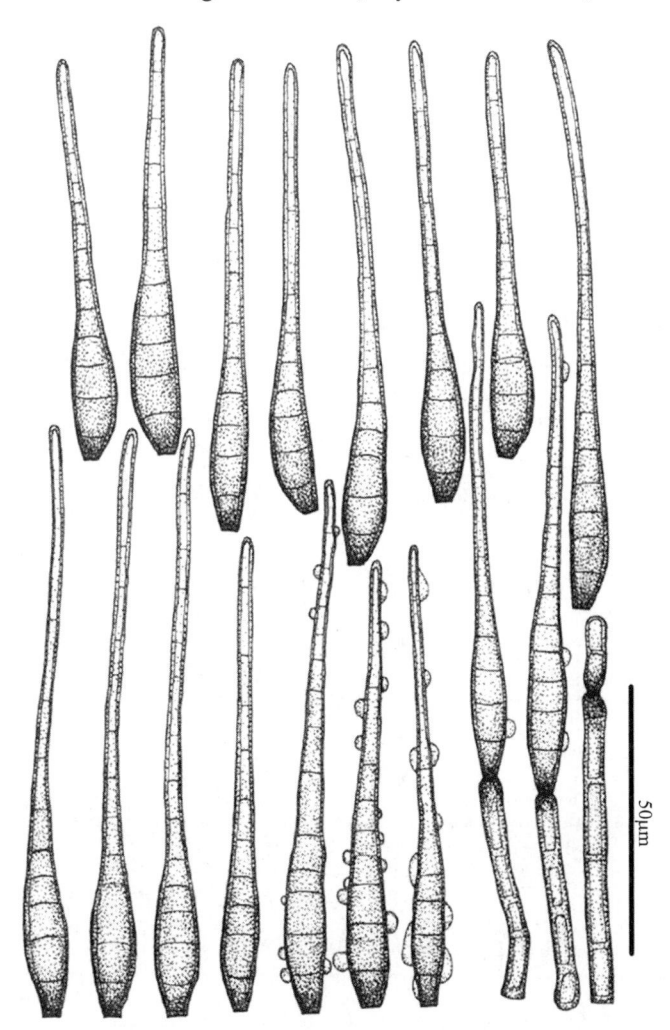

图31 竹蔗棒孢 *Corynespora sacchari* X.G. Zhang & Ch.K. Shi
分生孢子梗和分生孢子。(HSAUP III₀ 0495)

菌落疏展，黑褐色。菌丝体表生或埋生，由分枝、具隔、平滑、淡褐色至褐色、宽 2～7μm 的菌丝组成。分生孢子梗分化明显，自菌丝端部或侧面产生，单生或少数簇生，不分枝，直或弯曲，圆柱形，具隔，平滑，淡褐色至褐色，具 0～2 个层出梗，70～110×4～5μm。分生孢子单生，先在分生孢子梗顶端生出，后在层出梗上产生，直立或弯曲，倒棍棒形，具喙，光滑或具疣突，淡褐色至橄榄褐色，10～14 个假隔膜，80～120×8～9μm，顶部渐窄，宽 2～3μm。

竹蔗 *Saccharum sinense* Roxb.枯死茎秆，广西：桂林，HSAUP III₀ 0495。

世界分布：中国。

讨论：该种分生孢子形态近似于 *Solicorynespora foveolata* (Pat.) Shirouzu & Y. Harada(Shirouzu and Harada, 2008)，但后者分生孢子略短，28～100μm，隔膜较少，4～11 个，且为真隔膜。另外，该种分生孢子形态与柚木棒孢 *C. tectonae* X.G. Zhang & Ch.K. Shi(Zhang and Shi, 2005)有些相似，但后者分生孢子大，110～160×10～12μm，隔膜较多，12～18 个。

刺柊棒孢 图 32

Corynespora scolopiae Guang M. Zhang & X.G. Zhang, Mycotaxon 99: 348, 2007.

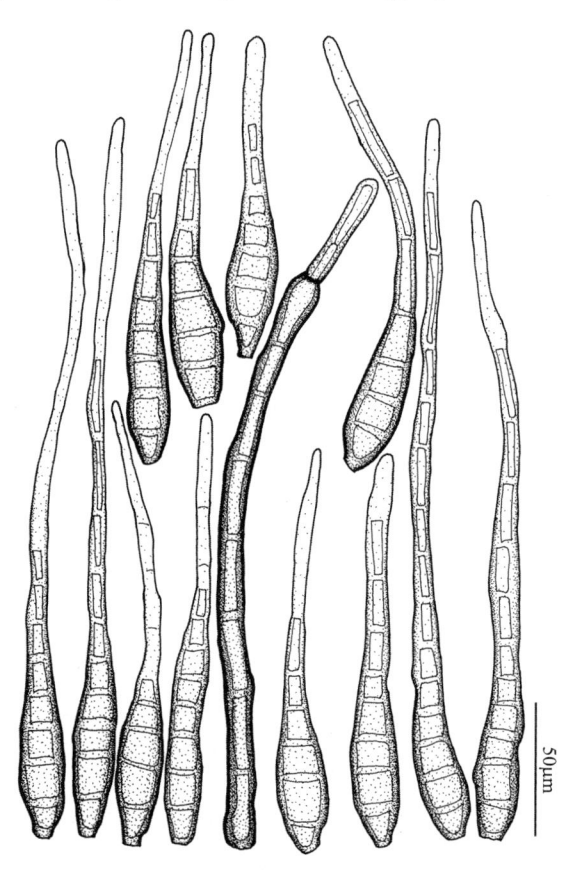

图 32 刺柊棒孢 *Corynespora scolopiae* Guang M. Zhang & X.G. Zhang
分生孢子梗和分生孢子。(HSAUP IV₀ 0084-2)

菌落疏展,黑褐色。菌丝体表生或埋生,由分枝、具隔、平滑、近无色至淡褐色、宽 2～6μm 的菌丝组成。分生孢子梗单生或簇生,不分枝,直或弯曲,圆柱形,具 3～10 个隔膜,平滑,淡褐色至褐色,具 0～2 个层出梗,125～130 × 4～6μm。分生孢子单生,先在分生孢子梗顶端生出,后在层出梗上产生,直或弯曲,倒棍棒形,具喙,光滑,淡褐色至褐色,8～11 个假隔膜,90～150 × 10～13μm,近顶端渐窄,宽 2～3μm,基部平截。

刺柊 *Scolopia chinensis* Clos 凋落枯枝,广东:广州,HSAUP IV$_0$ 0084-2(=HMAS 143712)。

世界分布:中国。

讨论:该种分生孢子形态与柚木棒孢 *C. tectonae* X.G. Zhang & Ch.K. Shi 和竹蔗棒孢 *C. sacchari* X.G. Zhang & Ch.K. Shi(Zhang and Shi, 2005)较为相似,但后两者分生孢子壁粗糙,隔膜较多,分别为 12～18 个和 10～14 个。另外,*C. sacchari* 的分生孢子较窄,8～9μm。

相思棒孢 图 33

Corynespora sed-acaciae K. Zhang & X.G. Zhang, Mycotaxon 104: 159, 2008.

菌落平展,暗黑褐色。菌丝体部分表生,部分埋生,由分枝、具隔、平滑、近无色至淡褐色、宽 2.5～3.5μm 的菌丝组成。分生孢子梗单生,不分枝,直或弯曲,圆柱形,平滑,8～12 个隔膜,淡褐色至褐色,常在其顶端分生孢子脱落后遗留的孢痕处层生出 1～2 个层出梗,80～140 × 5～6.5μm。产孢细胞单孔生式,合生,顶生,圆柱形,及顶层出。分生孢子单生,先在分生孢子梗顶端生出,后在层出梗上产生,直立或稍弯曲,倒棍棒形,平滑,基部细胞褐色,顶部 4～8 个细胞近无色至淡褐色,具 8～12 个假隔膜,40～70 × 11～13.5μm,顶端钝圆,基部平截。

台湾相思 *Acacia confusa* Merr. 凋落枯枝,海南:五指山,HSAUP VII$_0$ ZK 0322 (=HMAS 189375)。

世界分布:中国。

讨论:该种分生孢子形态与簇生棒孢 *C. cespitosa* (Ellis & Barthol.) M.B. Ellis(Ellis, 1963a)有些相似,但后者分生孢子大,55～85 × 18～29μm,隔膜少,3～9 个,胞壁粗糙。另外,该种分生孢子色泽不一致,基部褐色,顶部 2/3 为近无色至淡褐色,彼此容易区分。

锡瓦利克棒孢 图 34

Corynespora siwalika (Subram.) M.B. Ellis, Mycol. Pap. 82: 53, 1961.

Helminthosporium obclavatum Massee, Bull. Misc. Inf., Kew: 166, 1899.

Helminthosporium siwalikum Subram., J. Indian bot. Soc. 35: 457, 1956.

菌落稀疏,黑褐色至黑色,发状。菌丝体表生或埋生,由分枝、具隔、平滑、淡褐色至褐色、宽 2～6μm 的菌丝组成。分生孢子梗粗大,单生或少数簇生,不分枝,直或弯曲,圆柱形,具隔,平滑,暗褐色,向顶颜色渐浅,长 160～240μm,宽 9～11μm。产孢细胞单孔生式,合生,顶生,圆柱形,褐色,平滑,具 0～3 个层出梗。分生孢子单生，先在分生孢子梗顶端生出，后在层出梗上产生，倒棍棒形，具 14～19 个假隔膜，淡褐色至中等褐色，120～160×18～23μm，顶端渐窄，宽 3.5～4.5μm，基部平截，宽 6～7.5μm。

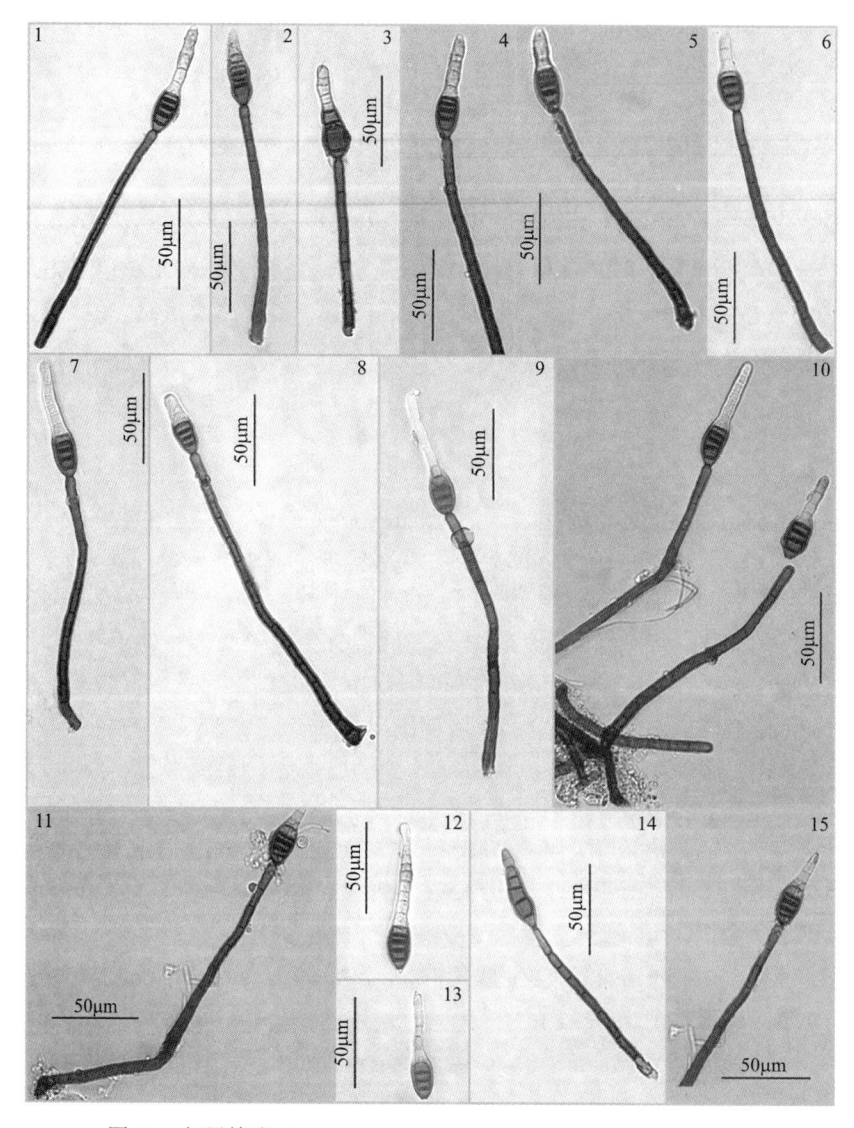

图 33　相思棒孢 *Corynespora sed-acaciae* K. Zhang & X.G. Zhang
分生孢子梗及分生孢子。(HSAUP VII₀ ZK 0322)

植物枯枝，云南：景洪（西双版纳），HSAUP H8526。

世界分布：中国、印度、墨西哥。

讨论：该种分生孢子形态与巨型棒孢 *C. gigaspora* (Berk. & Broome) M.B. Ellis (Ellis, 1957) 和薄鱼藤生棒孢 *C. leptoderridicola* Deighton & M.B. Ellis (Ellis, 1957) 较为相似，但 *C. gigaspora* 分生孢子大，100～270×19～28μm，隔膜多，9～52 个；*C. leptoderridicola* 分生孢子小，70～120×14～17μm，隔膜略少，6～16 个。作者观察的分生孢子形态特征与原始描述基本一致。

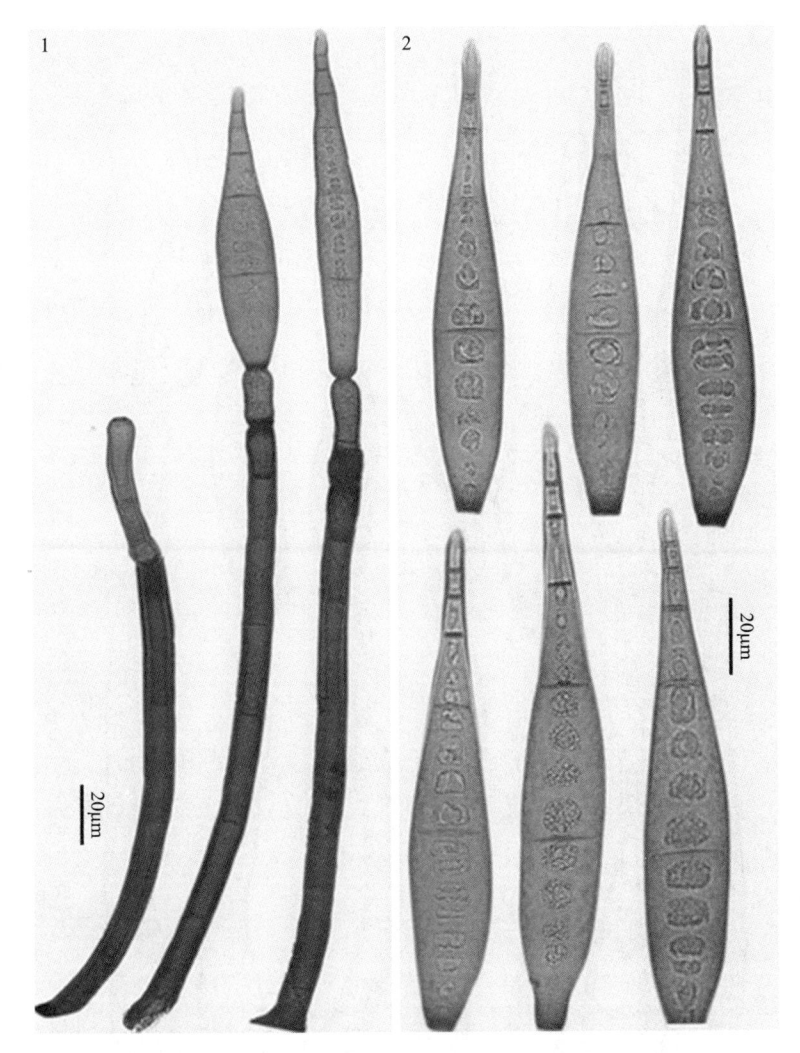

图 34　锡瓦利克棒孢 *Corynespora siwalika* (Subram.) M.B. Ellis
1、2. 分生孢子梗和分生孢子。（HSAUP H8526）

菊蒿棒孢　图 35

Corynespora tanaceti Guang M. Zhang & X.G. Zhang, Mycotaxon 99: 347, 2007.

菌落疏展，灰色至暗黑褐色。菌丝体部分表生，部分埋生，由分枝、具隔、平滑、近无色至褐色、宽 2～7μm 的菌丝组成。分生孢子梗单生，不分枝，直或弯曲，圆柱形，具隔，平滑，淡褐色至褐色，具 0～3 个层出梗，145～206 × 5～6μm。产孢细胞单孔生式，合生，顶生，圆柱形，及顶层出。分生孢子单生，先在分生孢子梗顶端生出，后在层出梗上产生，光滑或具疣突，淡褐色至橄榄褐色，倒棍棒形，具喙，直或稍弯曲，7～12 个假隔膜，60～104 × 12～16μm，近顶部渐窄，宽 2～3μm，基部平截，宽 4～6.5μm。

普通菊蒿 *Tanacetum vulgare* L.枯死茎秆，广东：广州，HSAUP IV$_0$ 0022（=HMAS 143711）。

世界分布：中国。

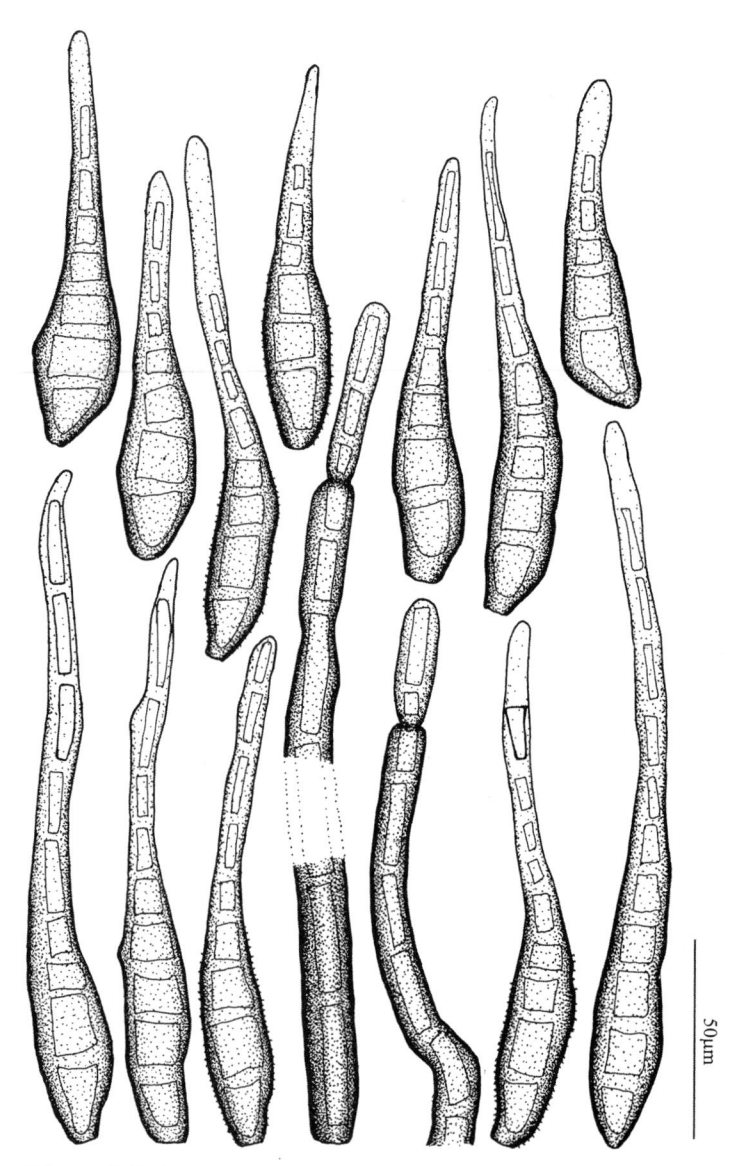

图 35 菊蒿棒孢 *Corynespora tanaceti* Guang M. Zhang & X.G. Zhang
分生孢子梗和分生孢子。(HSAUP IV₀ 0022)

讨论：该种分生孢子形态与蜂巢异棒孢 *Solicorynespora foveolata* (Pat.) Shirouzu & Y. Harada (Shirouzu and Harada, 2008) 十分相似，但后者分生孢子较窄，7~9μm，具4~11个真隔膜，分生孢子梗层出数多达7个。此外，该种与刺柊棒孢 *C. scolopiae* Guang M. Zhang & X.G. Zhang (Zhang and Zhang, 2007) 也十分相似，但后者分生孢子长而窄，90~150 × 10~13μm，壁平滑。

柚木棒孢 图 36

Corynespora tectonae X.G. Zhang & Ch.K. Shi, Mycotaxon 92: 418, 2005.

菌落疏展，黑褐色。菌丝体表生或埋生，由分枝、具隔、平滑、淡褐色至褐色、宽2~5μm 的菌丝组成。分生孢子梗分化明显，自菌丝端部或侧面产生，单生或少数簇生，不分枝，直或弯曲，圆柱形，具隔，平滑，淡褐色至褐色，具0~3个层出梗，50~80×4~5μm。分生孢子单生，先在分生孢子梗顶端生出，后在层出梗上产生，直立或弯曲，倒棍棒形，具喙，光滑或具疣突，淡褐色至橄榄褐色，12~18个假隔膜，110~160×10~12μm，顶部渐窄，宽2~3μm。

柚木 *Tectona grandis* L.f.凋落枯枝，广东：广州，HSAUP III₀ 0584。

植物枯枝，广东：从化，HSAUP H5355-1，肇庆（鼎湖山），HSAUP H5437-1；湖南：张家界，HSAUP H5305；云南：景洪（西双版纳），HSAUP H5621。

世界分布：中国。

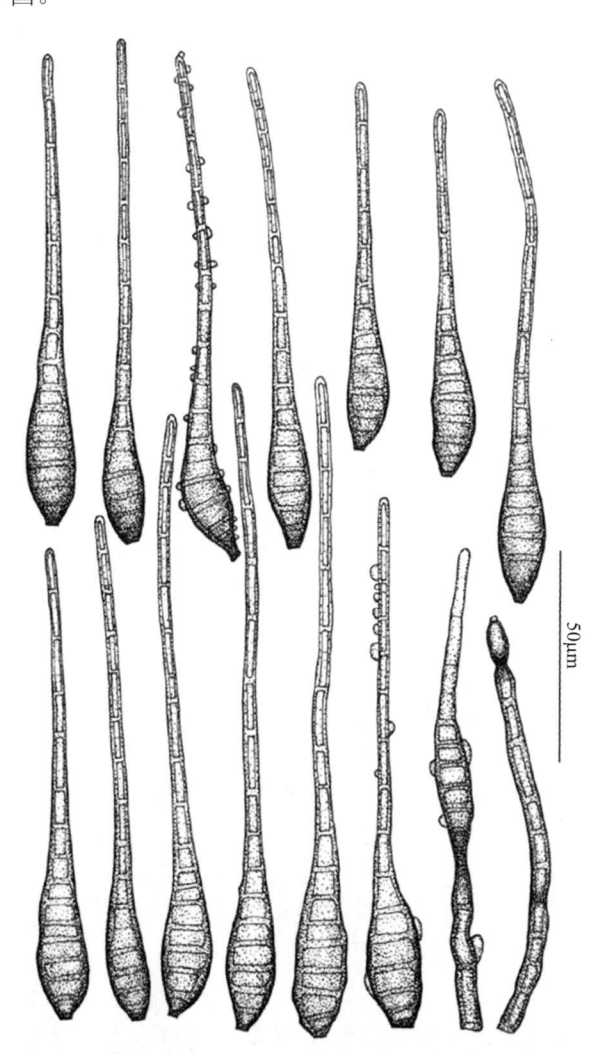

图36 柚木棒孢 *Corynespora tectonae* X.G. Zhang & Ch.K. Shi
分生孢子梗和分生孢子。(HSAUP III₀ 0584)

讨论：该种分生孢子形态近似于倒棍棒形异棒孢 *Solicorynespora obclavata* (Dyko & B. Sutton) R.F. Castañeda & W.B. Kendr.(Castañeda-Ruíz and Kendrick，1990b)和蜂巢异棒孢 *S. foveolata* (Pat.) Shirouzu & Y. Harada(Shirouzu and Harada，2008)，但其分生孢子较长，而后两者分生孢子具真隔膜。此外，该种分生孢子形态与竹蔗棒孢 *C. sacchari*

X.G. Zhang & Ch.K. Shi（Zhang and Shi，2005）也有些相似，但后者分生孢子小，80～120×8～9μm，隔膜少，10～14个。

香椿棒孢　图 37

Corynespora toonae X.G. Zhang & Ch. K. Shi, Mycotaxon, 92: 421, 2005.

菌落疏展，黑褐色。菌丝体表生或埋生，由分枝、具隔、平滑、淡橄榄褐色至橄榄褐色、宽 2～6μm 的菌丝组成。分生孢子梗分化明显，自菌丝端部或侧面产生，单生或簇生，直立，不分枝，直或弯曲，圆柱形，具隔，平滑，淡褐色至褐色，常在其顶端分生孢子脱落后遗留的孢痕处层生出 0～4 个层出梗，40～112×4～5μm。分生孢子单生，顶生，先在分生孢子梗顶端生出，后在层出梗上产生，直或弯曲，倒棍棒形，具喙，淡褐色至暗褐色，0～4 个假隔膜，4～14 个真隔膜，65～144×7～9μm，顶端渐窄，宽 2～4μm。

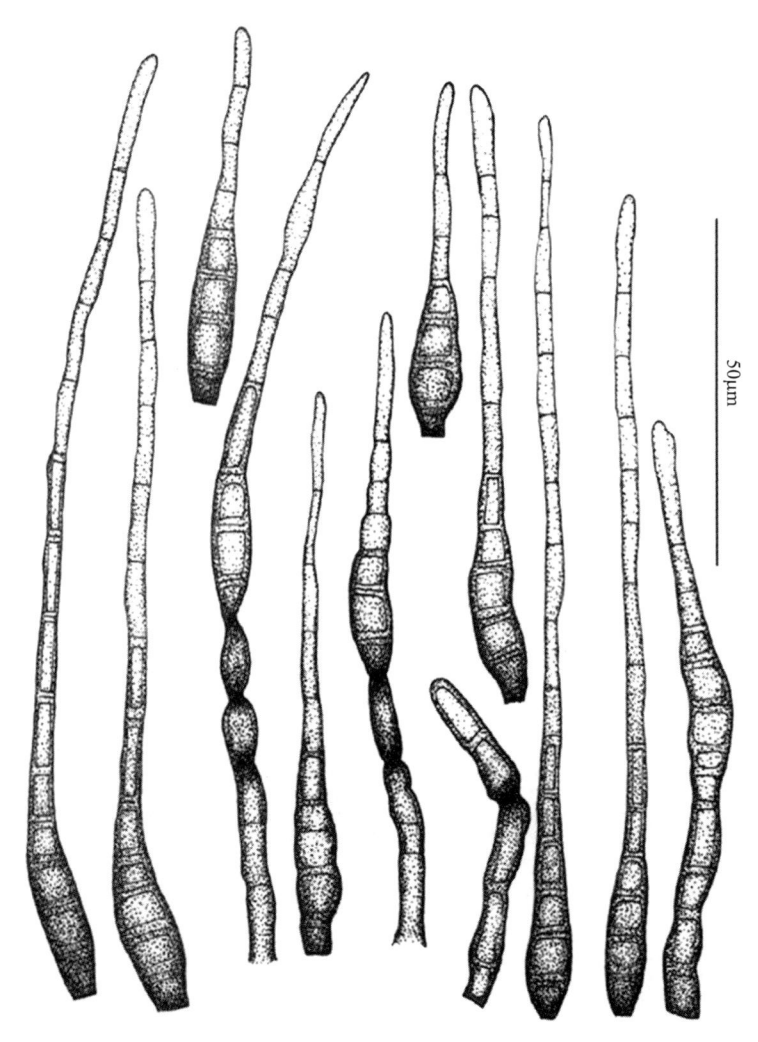

图 37　香椿棒孢 *Corynespora toonae* X.G. Zhang & Ch. K. Shi
分生孢子梗和分生孢子。（HSAUP III₀ 0402）

香椿 *Toona sinensis* (Juss.) M.Roem.凋落枯枝，广西：南宁，HSAUP III$_0$ 0402。
植物枯枝，广西：武鸣，HSAUP VII$_0$ 0241-3；海南：儋州，HSAUP VII$_0$ 0075-1。
世界分布：中国。

讨论：该种分生孢子形态近似于倒棍棒形异棒孢 *Solicorynespora obclavata* (Dyko & B. Sutton) R.F. Castañeda & W.B. Kendr.（Castañeda-Ruíz and Kendrick, 1990b），但后者分生孢子较短，28～100μm，壁粗糙，无假隔膜。此外，该种分生孢子形态也近似于竹蔗棒孢 *Corynespora sacchari* X.G. Zhang & Ch.K. Shi 和柚木棒孢 *C. tectonae* X.G. Zhang & Ch.K. Shi（Zhang and Shi, 2005），但后两者分生孢子壁粗糙，隔膜较多，分别为 10～14 个和 12～18 个，且无真隔膜。

作者未观察的种

棒孢

Corynespora cassiicola (Berk. & M.A. Curtis) C.T. Wei, Mycol. Pap. 34: 5, 1950.

Helminthosporium cassiicola Berk. & M.A. Curtis [as '*cassiaecola*'], J. Linn. Soc., Bot. 10(46): 361, 1869.

Cercospora melonis Cooke, Gard. Chron., Ser. 3, 20: 271, 1896.

Corynespora mazei Güssow, Z. Pflkrankh. 16: 13, 1906.

Helminthosporium papayae Syd., Annls mycol. 21(1/2): 105, 1923.

Cercospora vignicola E. Kawam., Fungi 1(2): 20, 1931.

Helminthosporium vignae L.S. Olive, Phytopathology 35: 830, 1945.

分生孢子梗粗大，直或稍弯曲，不分枝或偶分枝，淡褐色至中度褐色，具隔，多达 9 个连续的圆柱形层出梗，110～850 × 4～11μm。产孢细胞单孔生式，合生，顶生，圆柱形。分生孢子单生或 2～6 个链生，直或弯曲，倒棍棒形或圆柱形，平滑，近无色或淡橄榄褐色，具 4～20 个假隔膜，40～220 × 9～22μm，基部平截，宽 4～8μm。

梢瓜 *Cucumis melo* L. var. *conomon* (Thunb.) Makino，广西。

黄瓜 *Cucumis sativus* L.，吉林、江西。

豇豆 *Vigna sinensis* (L.) Savi ex Hassk.，广东、广西、湖南、江苏、江西、四川、浙江。

甜瓜 *Cucumis melo* L.，辽宁、四川。

番木瓜 *Carica papaya* L.，台湾。

番茄 *Lycopersicum esculentum* Mill.，浙江。

（以上据戴芳澜，1979）。

苎麻 *Boehmeria nivea* (L.) Gaudich.、碗花草 *Thunbergia fragrans* Roxb.，广东：鼎湖山。

番木瓜 *Carica papaya* L.，广东：广州。

白花地胆草 *Elephantopus tomentosa* L.，广东：惠东。

大驳骨 *Justicia ventricosa* Wall.，海南：儋州。

老鼠簕 *Acanthus ilicifolius* L.、簕竹属 *Bambusa* sp.、牡竹属 *Dendrocalamus* sp.、绣

球属 *Hydrangea* sp.、长豇豆 *Vigna sesquipedalis* (L.) Fruw.，香港。

（以上据 Zhuang，2001）。

橄榄 *Canarium album* Raeusch.腐烂枝条，云南：河口，HSAUP III$_0$ 0515（据 Zhang and Ji，2005）。

世界分布：美国、澳大利亚、中国、加纳、印度、日本、斯里兰卡等。

讨论：该种为属的模式种，主要寄生于植物叶片上引起病害，也能腐生于植物枯枝上。戴芳澜（1979）、Zhuang（2001）、Zhang 和 Ji（2005）曾从我国记载该种，但未作任何描述，以上描述引自 Ellis（1957）的报道。

风车子棒孢

Corynespora combreti M.B. Ellis, Mycol. Pap. 93: 30, 1963.

子座埋生，橄榄褐色至暗黑褐色，形状多变，其上产生单生或簇生的分生孢子梗。分生孢子梗粗大，直或弯曲，不分枝或偶分枝，圆柱形，具隔，光滑，暗褐色，80～250×6～8μm，多达 2 个圆柱形层出梗。产孢细胞单孔生式，合生，顶生，圆柱形。分生孢子单生，直或弯曲，倒棍棒形，有时具喙，淡橄榄褐色至橄榄褐色，4～10 个假隔膜，40～122×8～11μm，近顶端渐细，宽 2.5～4μm。

白栎 *Quercus alba* L.腐木，云南：河口，HSAUP III$_0$ 0418（据 Zhang and Ji，2005）。

世界分布：中国、津巴布韦。

讨论：Ellis（1963b）最初从津巴布韦植物 *Combretum zeyheri* Sond.枯枝上发现该种。Zhang 和 Ji（2005）曾从我国记载该种，但未作任何描述，以上引自 Ellis（1963b）的原始描述。

女贞棒孢

Corynespora ligustri Y.L. Guo, Acta Mycol. Sin. 3(3): 161, 1984.

分生孢子梗单生或 2～13 根簇生，直立或弯曲，不分枝，圆柱形，平滑，淡褐色至暗褐色，偶尔局部细胞膨大，1～8 个隔膜，1～16 个层出梗，圆柱形，40～477.5×6.3～10（～12.5）μm，基部细胞膨大呈球形。分生孢子单生或链生，平滑，淡黄褐色至褐色，倒棍棒形或圆柱形，直立或弯曲，顶部钝圆，基部倒圆锥形平截，4～20 个假隔膜，25～225×7.5～30μm，基部平截，宽 3.8～8.8μm。

女贞 *Ligustrum lucidum* W.T. Aiton、小蜡 *L. sinense* Lour.，安徽：滁县（琅琊山），HMAS 44364；广东：肇庆（鼎湖山），HMAS 44365；四川：成都，HMAS 44367、HMAS 44368；浙江：常山，HMAS 44361，杭州，HMAS 44362、HMAS 44363。

世界分布：中国。

（据郭英兰，1984）。

茉栾藤棒孢

Corynespora merremiae Y.L. Guo, Acta Mycol. Sin. 3(3): 163, 1984.

分生孢子梗单生，直或弯曲，不分枝或偶极少分枝，圆柱形，平滑，浅褐色至暗褐色，隔膜多，1～3 个层出梗，圆柱形，115～462.5×5～10μm，基部细胞膨大呈球形。

分生孢子单生或链生，先在分生孢子梗顶端生出，后在层出梗上产生，平滑，淡青褐色至淡褐色，倒棍棒形，直立或弯曲，顶部渐狭窄或钝圆，基部倒圆锥形，平截，4～22个假隔膜，37.5～150×6.3～12.5μm，基部平截，宽 2.0～5.0μm。

毛茉栾藤 *Merremia hirta* Merr.，云南：勐仑，HMAS 44369。

世界分布：中国。

（据郭英兰，1984）。

鸡血藤棒孢

Corynespora millettiae Y.L. Guo, Acta Mycol. Sin. 3(3): 165, 1984.

分生孢子梗单生，偶尔 2～3 根簇生，或从脱落的分生孢子萌发形成的菌丝上生出，偶尔也从未脱落的分生孢子顶端萌发生出，多达 18 个层出梗，圆柱形，平滑，不分枝或偶尔少数分枝，直立或稍弯曲，中度褐色至浅褐色，顶部色稍淡，隔膜多，77.5～492.5×5～8.8μm，通常基部细胞膨大呈球形。分生孢子单生或链生，平滑，青褐色至中度褐色，倒棍棒形，少数圆柱形，直立或稍弯曲，顶部钝圆，基部倒圆锥形，平截，2～15个假隔膜，干缩孢子隔膜不明显，30～182.5×7.5～13.8(～16.3)μm，基部平截，宽 3.8～6.3μm。

鸡血藤属 *Millettia* sp.，云南：孟连，HMAS 44370。

世界分布：中国。

（据郭英兰，1984）。

斯密氏棒孢

Corynespora smithii (Berk. & Broome) M.B. Ellis, Mycol. Pap. 65: 3, 1957.

Helminthosporium smithii Berk. & Broome, Ann. Mag. nat. Hist., Ser. 2, 7: 97, 1851.

子座部分表生，部分埋生，褐色，不规则形，较大，其上产生单生或簇生的分生孢子梗。分生孢子梗粗大，直或弯曲，不分枝，淡褐色至暗褐色，具隔，多达 4 个圆柱形层出梗，90～480×6～12μm。产孢细胞单孔生式，合生，顶生，圆柱形。分生孢子单生或短链生，直或稍弯曲，圆柱形，近顶端常略渐窄，近基部急剧变窄，光滑，近无色至金棕色，7～45 个假隔膜，70～410×12～19μm，基部平截，宽 6～9μm，基脐暗褐色。

滇南木姜子 *Litsea garrettii* Gamble 腐烂枝条，云南：河口，HSAUP III₀ 0506（据 Zhang and Ji, 2005）。

世界分布：中国、英国。

讨论：该菌最初被鉴定为 *Helminthosporium smithii*，后 Ellis(1957)将其鉴定为 *Corynespora smithii*。Zhang 和 Ji(2005)曾从我国记载该种，但未作任何描述，以上引自 Ellis(1957) 的原始描述。

蔓荆子棒孢

Corynespora viticus Y.L. Guo, Acta Mycol. Sin. 3(3): 167, 1984.

分生孢子梗单生或 2～6 根簇生，平滑，不分枝，褐色，偶尔局部细胞稍膨大，直立或稍弯曲，1~7个隔膜，0~2个层出梗，圆柱形，172.5~568.5×6.3~8.8μm，基部细胞膨大呈球形。分生孢子单生或2~3个链生，平滑，浅褐色，圆柱形，直立或稍弯曲，顶部钝圆至圆锥形，基部倒圆锥形，平截，假隔膜多，有时不明显，80~383.8×6.3~8.8μm，基部平截，宽3.8~5μm。

单叶蔓荆 *Vitex rotundifolia* L.f.，四川：峨眉，HMAS 44371。

世界分布：中国。

（据郭英兰，1984）。

长春花棒孢

Corynespora catharanthicola Z.D. Jiang & P.K. Chi, J. South China Agr. Univ. 15(3): 19, 1994.

分生孢子梗自内生菌丝生出，单生或2根簇生，偶尔极少分枝，褐色、暗褐色，圆柱形，具隔，基部膨大，3~10个层出梗，78~1350×5~8.5μm。分生孢子单生或链生，圆柱形，褐色，平滑，4~25个假隔膜，140~310×5.5~11μm，顶端钝圆，基部倒圆锥形，基脐色深，宽3~6 5μm。

长春花 *Catharanthus roseus* (L.) G.Don，广东：广州，1036（据戚佩坤和姜子德，1994）。

世界分布：中国。

小棒孢属 Corynesporella Munjal & H.S. Gill

Indian Phytopath. 14(1): 7, 1961.

属级特征：菌落疏展，褐色至暗褐色。菌丝体表生或埋生，由分枝、具隔、平滑、淡褐色至褐色的菌丝组成。分生孢子梗单生或簇生，粗大，直或弯曲，圆柱形，具隔，褐色至暗褐色，近顶部呈帚状分枝。产孢细胞单孔生式，顶生，合生或离生，圆柱形或桶形，有限生长或及顶层出。分生孢子单生，偶链生，顶生，不分枝，光滑，圆柱形或倒棍棒形，淡褐色至暗褐色，具假隔膜。

模式种：小棒孢 *Corynesporella urticae* Munjal & H.S. Gill。

讨论：Munjal和Gill(1961)在印度异株荨麻 *Urtica dioica* L.茎秆上发现一种丝孢真菌，其特征：产孢梗顶端帚状分枝，产孢细胞多个，单孔生式，顶生，合生或离生；分生孢子单生或链生，具假隔膜，该菌形态与棒孢属 *Corynespora* Güssow、树状霉属 *Dendryphiopsis* S. Hughes、小枝孢属 *Brachysporiella* Bat.和 *Sterigmatobotrys* Oudem.等相似，但 *Brachysporiella* 和 *Sterigmatobotrys* 产孢细胞全壁芽生式，分生孢子具真隔膜；*Dendryphiopsis* 分生孢子单生而不链生，具真隔膜；*Corynespora* 产孢梗不具帚状分枝，且只有一个产孢细胞，该菌形态特征与上述近似属明显不符。因此，Munjal和Gill(1961)以该菌为模式种建立小棒孢属 *Corynesporella*。

Castañeda-Ruíz(1985)自古巴报道该属第二个种，比那尔小棒孢 *Corynesporella pinarensis* R.F. Castañeda，其典型特征是分生孢子梗不分枝，产孢细胞单孔生式，顶生，间生。Siqueira等(2008)称该种形态特征易与 *Corynespora* 混淆，其分类地位应作进一步研究。随后，又有 8 个新种被报道，即蠕孢小棒孢 *Corynesporella helminthosporioides* Hol.-Jech.(Holubová-Jechová，1987b)、简单小棒孢 *C. simpliphora* Matsush.(Matsushima，1993)、分枝小棒孢 *C. superioramifera* Matsush.(Matsushima，1993)、波瓦利小棒孢 *C. bhowaliensis* Subram. & V. Srivast.(Subramanian and Srivastava，1994)、倒棍棒小棒孢 *C. obclavata* L.G. Ma & X.G. Zhang(Ma *et al*.，2012j)、樟生小棒孢 *C. cinnamomi* Y.D. Zhang & X.G. Zhang(Zhang *et al*.，2012a)、轴榈小棒孢 *C. licualae* Y.D. Zhang & X.G. Zhang(Zhang *et al*.，2012b)和版纳小棒孢 *C. bannaense* J.W. Xia & X.G. Zhang(Xia *et al*.，2014a)。Ma 等(2012j)列表比较了该属 7 个种的主要形态特征。Zhang 等(2012b)和 Xia 等(2014a)为该属已知种作了分类检索表。作者仔细研究发现 *Corynesporella simpliphora* 产孢梗不分枝，产孢细胞多孔生式，分生孢子链生分枝；*C. superioramifera* 产孢梗分枝但其产孢细胞多孔生式，分生孢子链生分枝，具真隔膜，这两个种的形态特征与该属的一般特征不符，其分类地位有待进一步研究。

该属真菌主要腐生于植物枯枝、落叶和茎秆，先后在印度(Munjal and Gill，1961；Subramanian and Srivastava，1994)、古巴(Castañeda-Ruíz，1985；Holubová-Jechová，1987b)、厄瓜多尔(Matsushima，1993)和中国(Ma *et al*.，2012j；Zhang *et al*.，2012a，2012b；Xia *et al*.，2014a)被报道。中国已知种 4 个。

中国小棒孢属 *Corynesporella* 分种检索表

1. 分生孢子顶端具一纤丝状附属物 ·· 轴榈小棒孢 *C. licualae*
1. 分生孢子顶端无附属物 ·· 2
   2. 分生孢子 100～140 × 10～14μm，具 12～16 个隔膜 ················ 版纳小棒孢 *C. bannaense*
   2. 分生孢子长度≤55μm，具 7 个以下隔膜 ··· 3
3. 分生孢子 33～55 × 6.5～11μm，具 5～7 个隔膜 ······················ 倒棍棒小棒孢 *C. obclavata*
3. 分生孢子 31.5～52 × 4.5～10μm，具 3～5 个隔膜 ····················· 樟生小棒孢 *C. cinnamomi*

版纳小棒孢　图 38

Corynesporella bannaense J.W. Xia & X.G. Zhang, Mycoscience 55(4): 305, 2014.

菌落疏展，暗褐色，发状。菌丝体部分表生，部分埋生，由分枝、具隔、淡褐色、光滑、宽 1.5～3μm 的菌丝组成。分生孢子梗粗大，单生，直立，分枝，直或弯曲，圆柱状，光滑，9～12 个隔膜，淡褐色至褐色，350～500 × 8～10μm。产孢细胞单孔生式，顶生，合生或离生，自产孢梗顶部或侧面产生，有时再次分枝生出 1～2 个产孢细胞，圆柱状，淡褐色至褐色，光滑，20～26.5 × 5～6.5μm。分生孢子单生，顶生，12～16 个假隔膜，光滑，倒棍棒形，淡褐色，100～140 × 10～14μm，基部平截，顶部钝圆。

植物枯枝，云南：景洪(西双版纳)，HSAUP H6018(=HMAS 243455)。

世界分布：中国。

讨论：该种分生孢子形态与樟生小棒孢 *C. cinnamomi*(Zhang *et al*.，2012a)、蠕孢小棒孢 *C. helminthosporioides* Hol.-Jech.(Holubová-Jechová，1987b)、轴榈小棒孢 *C. licualae* Y.D. Zhang & X.G. Zhang(Zhang *et al*.，2012b)、倒棍棒小棒孢 *C. obclavata* L.G. Ma & X.G. Zhang(Ma *et al*.，2012j)、简单小棒孢 *C. simpliphora* Matsush.(Matsushima，1993)、比那尔小棒孢 *C. pinarensis* R.F. Castañeda(Castañeda-Ruíz，1985)和小棒孢 *C.*

urticae Munjal & H.S. Gill（Munjal and Gill，1961）较为相似，但该种分生孢子大，100～140×10～14μm，隔膜多，12～16个，明显不同于近似种。

图38 版纳小棒孢 *Corynesporella bannaense* J.W. Xia & X.G. Zhang
1. 自然基质上的菌落；2、3. 分生孢子梗、产孢细胞和分生孢子；4. 分生孢子。（HSAUP H6018）

樟生小棒孢 图39

Corynesporella cinnamomi Y.D. Zhang & X.G. Zhang, Cryptog. Mycol. 33(1): 100, 2011.

菌落疏展，暗褐色，发状。菌丝体部分表生，部分埋生，由分枝、具隔、淡褐色、光滑、宽2～3μm的菌丝组成。分生孢子梗粗大，单生，长达500μm，宽7～10.5μm，直或稍弯曲，褐色至暗褐色，基部常膨大，宽8～12μm，顶端分枝，且分枝再产生二级或三级分枝。产孢细胞单孔生式，顶生，合生或离生，光滑，褐色，圆柱状或近圆柱状，7～18×3～7μm。分生孢子单生，顶生，倒棍棒形，3～5个假隔膜，光滑，褐色，顶部细胞淡褐色，长31.5～52μm，宽4.5～10μm，近顶端渐窄，宽2～3μm。

八角樟 *Cinnamomum ilicioides* A.Chev.凋落枯枝，海南：昌江（霸王岭），HSAUP H3347(=HMAS 146145)。

世界分布：中国。

图 39 樟生小棒孢 *Corynesporella cinnamomi* Y.D. Zhang & X.G. Zhang
1. 自然基质上的菌落；2、3. 分生孢子梗和分生孢子；4. 分生孢子梗和产孢细胞；5. 分生孢子。(HSAUP H3347)

讨论：该种分生孢子形态与蠕孢小棒孢 *C. helminthosporioides* Hol.-Jech.（Holubová-Jechová，1987b）和波瓦利小棒孢 *C. bhowaliensis* Subram. & V. Srivast.（Subramanian and Srivastava，1994）较为相似，但后两者分生孢子大，分别为 50～75 × 8.8～12.8μm 和 70～192 × 8～10μm，隔膜多，分别为 9～13 个和 15～32 个。

轴榈小棒孢 图 40

Corynesporella licualae Y.D. Zhang & X.G. Zhang, Mycoscience 53: 383, 2012.

菌落疏展，暗褐色，发状。菌丝体部分表生，部分埋生。分生孢子梗粗大，单生，直或稍弯曲，185～300 × 5～8.5μm，基部常膨大，宽 7～10μm，顶端分枝，颜色较浅，且分枝再产生更多的二级或三级分枝。产孢细胞单孔生式，顶生，合生或离生，光滑，褐色，圆柱状或近圆柱状，5.5～11 × 2～4.5μm。分生孢子单生，顶生，倒棍棒形，3～5 个假隔膜，光滑，褐色，顶部细胞淡褐色，长 27～48μm，宽 6.5～8.5μm，基部平截，宽 3～4.5μm，顶部有时延伸形成一无色至近无色、无隔、光滑、纤丝状的附属物，11～32 × 0.5～1.5μm。

穗花轴榈 *Licuala fordiana* Becc.凋落枯枝，海南：昌江（霸王岭），HSAUP H3196（=HMAS 146137）。

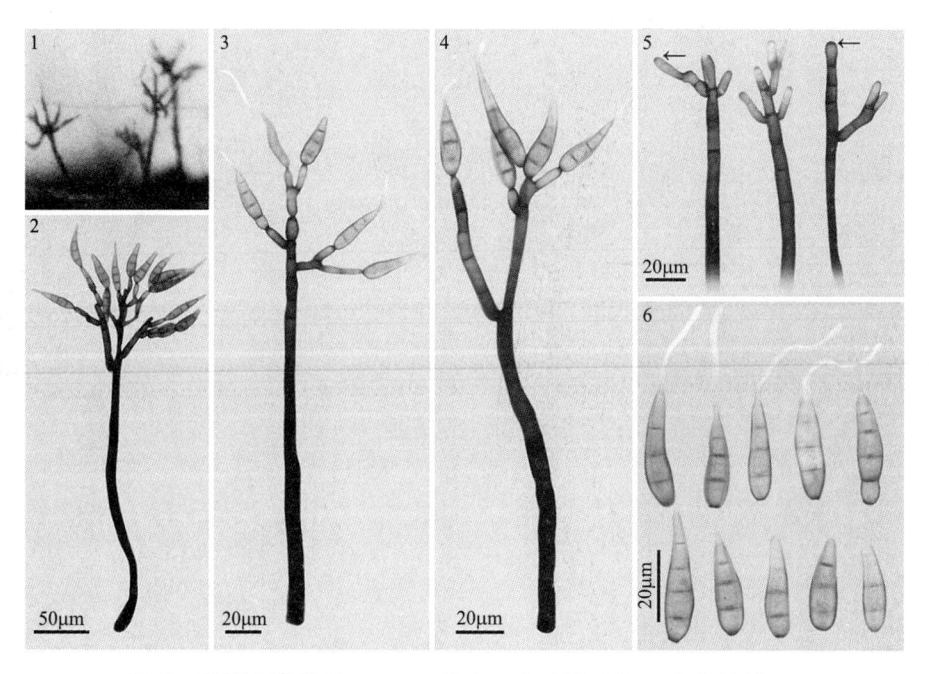

图40 轴榈小棒孢 *Corynesporella licualae* Y.D. Zhang & X.G. Zhang
1. 自然基质上的菌落；2~4. 分生孢子梗和分生孢子；5. 分生孢子梗和产孢细胞；6. 分生孢子。（HSAUP H3196）

世界分布：中国。

讨论：该种分生孢子形态与波瓦利小棒孢 *C. bhowaliensis* Subram. & V. Srivast.（Subramanian and Srivastava, 1994）有些相似，但后者分生孢子大，70~192×8~10μm，隔膜多，15~32个，且顶部钝圆，无附属物，易与该种区分。

倒棍棒小棒孢 图41

Corynesporella obclavata L.G. Ma & X.G. Zhang, Mycotaxon 119: 83, 2012.

菌落平展，稀疏，褐色至暗褐色。菌丝体部分埋生，部分表生，由分枝、具隔、淡褐色、光滑、宽2~4μm的菌丝组成。分生孢子梗粗大，单生或少数簇生，分枝，直或弯曲，圆柱形，褐色，具隔，光滑，长230~635μm，顶部宽3.5~6.5μm，基部宽8.5~15μm。产孢细胞单孔生式，合生，顶生，圆柱形，光滑，褐色，7.5~16×3.5~7.5μm。分生孢子单生，顶生，倒棍棒形，褐色，顶部细胞淡褐色，光滑，5~7个假隔膜，33~55×6.5~11μm。

植物枯枝，海南：昌江（霸王岭），HSAUP H5201；云南：景洪（西双版纳），HSAUP H5634。

黄连木 *Pistacia chinensis* Bunge 凋落枯枝，云南：景洪（西双版纳），HSAUP H0033（=HMAS146152）。

世界分布：中国。

讨论：该种分生孢子形态近似于蠕孢小棒孢 *Corynesporella helminthosporioides* Hol.-Jech.（Holubová-Jechová, 1987b），但后者分生孢子大，50~75×8.8~12.8μm，隔膜多，9~13个，且颜色较浅，近无色。

图 41　倒棍棒小棒孢 *Corynesporella obclavata* L.G. Ma & X.G. Zhang
1～3. 分生孢子梗、产孢细胞和分生孢子；4. 自然基质上的菌落；5. 分生孢子。(HSAUP H0033)

拟棒孢属 Corynesporopsis P.M. Kirk

Trans. Brit. Mycol. Soc. 77: 283, 1981.

属级特征：菌落平展，稀疏，暗褐色至黑色。菌丝体表生或埋生，由分枝、具隔、淡褐色、光滑的菌丝组成。分生孢子梗自菌丝顶端或侧面产生，粗大，单生或簇生，直或弯曲，具隔，褐色，基部有时膨大。产孢细胞单孔生式，合生，顶生，有限生长或具及顶层出现象。分生孢子顶生，链生，光滑，椭圆形至圆柱形，具真隔膜。

模式种：拟棒孢 *Corynesporopsis quercicola* (Borowska) P.M. Kirk。

讨论：Borowska(1975) 将 *Corynespora quercicola* Borowska 界定为棒孢属 *Corynespora* Güssow 一新种。Kirk(1981b)研究发现该菌分生孢子链生，具真隔膜，与棒孢属模式种 *C. cassiicola* (Berk. & M. A. Curtis) Wei 的一般特征不符,遂将其划出并以此为模式种建立拟棒孢属 *Corynesporopsis*。目前为止，该属已报道 12 个种。除模式种外，另 11 个种：拉美红拟棒孢 *C. antillana* R.F. Castañeda & W.B. Kendr.(Castañeda-Ruíz and Kendrick, 1990b)、双隔拟棒孢 *C. biseptata* (M.B. Ellis) Morgan-Jones(Morgan-Jones，1988a)、柱形拟棒孢 *C. cylindrica* B. Sutton(Sutton, 1989)、伊比利亚拟棒孢 *C. iberica* R.F. Castañeda，Silvera，Gené & Guarro(Castañeda-Ruíz *et al.*，2010d)、不等隔拟棒孢 *C. inaequiseptata* Matsush.(Matsushima，1993)、印度拟棒孢 *C. indica* P.M. Kirk(Kirk，1983b)、伊莎贝利卡拟棒孢 *C. isabelicae* Hol.-Jech.(Holubová-Jechová，1987b)、里奥拟棒孢 *C. rionensis* Hol.-Jech.(Holubová-Jechová and Mercado-Sierra，1986)、单隔拟棒孢 *C. uniseptata* P.M. Kirk(Kirk，1981c)、枫香拟棒孢 *C. liquidambaris* Jian Ma & X.G.

Zhang(Ma *et al.*，2012b)和类弯拟棒孢 *C. curvularioides* J.W. Xia & X.G. Zhang(Xia *et al.*，2013a)。Castañeda-Ruíz 等(2010d)为该属 10 个种编制了分类检索表。

该属真菌多数发现于枯枝或腐烂植物叶片上。中国已报道 7 个种(Lu *et al.*，2000；Ma *et al.*，2010a，2012b；Xia *et al.*，2013a)。

中国拟棒孢属 *Corynesporopsis* 分种检索表

1. 分生孢子具 1 个隔膜 ··· 2
1. 分生孢子多具 2 个或以上隔膜 ·· 6
　2. 分生孢子纺锤形、舟形或椭圆形，宽<6μm ·· 3
　2. 分生孢子圆柱形、椭圆形至圆柱形或椭圆形至阔倒卵形，宽>6μm ································· 4
3. 分生孢子纺锤形或长舟形，23～33 × 5～6μm ·················· 伊莎贝利卡拟棒孢 *C. isabelicae*
3. 分生孢子舟形或椭圆形，10～16.5 × 3.5～5.5μm ················ 枫香拟棒孢 *C. liquidambaris*
　4. 分生孢子椭圆形至阔倒卵形，偶呈双锥形，16～27 × 8～13.5μm ····· 印度拟棒孢 *C. indica*
　4. 分生孢子圆柱形或椭圆形至圆柱形，宽 6～8μm ·· 5
5. 分生孢子圆柱状，具滴状斑点，隔膜处不缢缩 ·························· 柱形拟棒孢 *C. cylindrica*
5. 分生孢子椭圆形至圆柱形，无滴状斑点，隔膜处缢缩明显 ········ 单隔拟棒孢 *C. uniseptata*
　6. 分生孢子 15～35 × 7～11μm，具 1～5 个隔膜，各细胞色泽基本一致 ·······························
　　·· 类弯拟棒孢 *C. curvularioides*
　6. 分生孢子 13～21 × 6～7μm，具(1～)2 个隔膜，两端细胞色浅，中间细胞色深 ···············
　　·· 拟棒孢 *C. quercicola*

类弯拟棒孢　图 42

Corynesporopsis curvularioides J.W. Xia & X.G. Zhang, Cryptog., Mycol. 34: 282, 2013.

菌落稀疏，暗褐色，毛发状。菌丝体部分表生，部分埋生，由分枝、具隔、淡褐色、光滑、宽 1～2μm 的菌丝组成。分生孢子梗粗大，单生或少数簇生，不分枝，直或稍弯曲，圆柱状，光滑，褐色，8～12 个隔膜，145～200 × 6.5～8μm。产孢细胞单孔生式，合生，顶生，有限生长，淡褐色至褐色，11.5～16.5 × 6.5～7.5μm。分生孢子以裂瓣式脱落。分生孢子顶生，链生，倒棍棒形至椭圆形，光滑，淡褐色至褐色，1～5 个真隔膜，15～35 × 7～11μm，端部稍平截或钝圆。

植物枯枝，广西：金秀(大瑶山)，HSAUP H6342(=HMAS 243434)。

世界分布：中国。

讨论：本种近似于拉美红拟棒孢 *C. antillana* R.F. Castañeda & W.B. Kendr. (Castañeda-Ruíz and Kendrick, 1990b)和里奥拟棒孢 *C. rionensis* Hol.-Jech.(Holubová-Jechová and Mercado-Sierra, 1986)，但 *C. antillana* 分生孢子椭圆形，端部细胞近无色，隔膜处缢缩明显；*C. rionensis* 分生孢子纺锤形至椭圆形，顶部细胞近无色。

柱形拟棒孢　图 43

Corynesporopsis cylindrica B. Sutton, Sydowia 41: 332, 1989

菌落稀疏，暗褐色至黑色，发状。菌丝体部分表生，部分埋生，由分枝、具隔、光滑、淡褐色至褐色、宽 2～4μm 的菌丝组成。分生孢子梗自菌丝端部或侧面产生，单生，粗大，圆柱形，不分枝，直或弯曲，3～7 个隔膜，壁厚，平滑，暗褐色，长 70～95μm，宽 3.5~6μm。产孢细胞单孔生式，合生，顶生，圆柱形，有限生长，褐色，平滑，13~18 × 4~5μm。分生孢子以裂解式脱落。分生孢子顶生，干性，链生，圆柱形，光滑，具 1 个真隔膜，褐色，具滴状斑点，14~24 × 6~8μm。

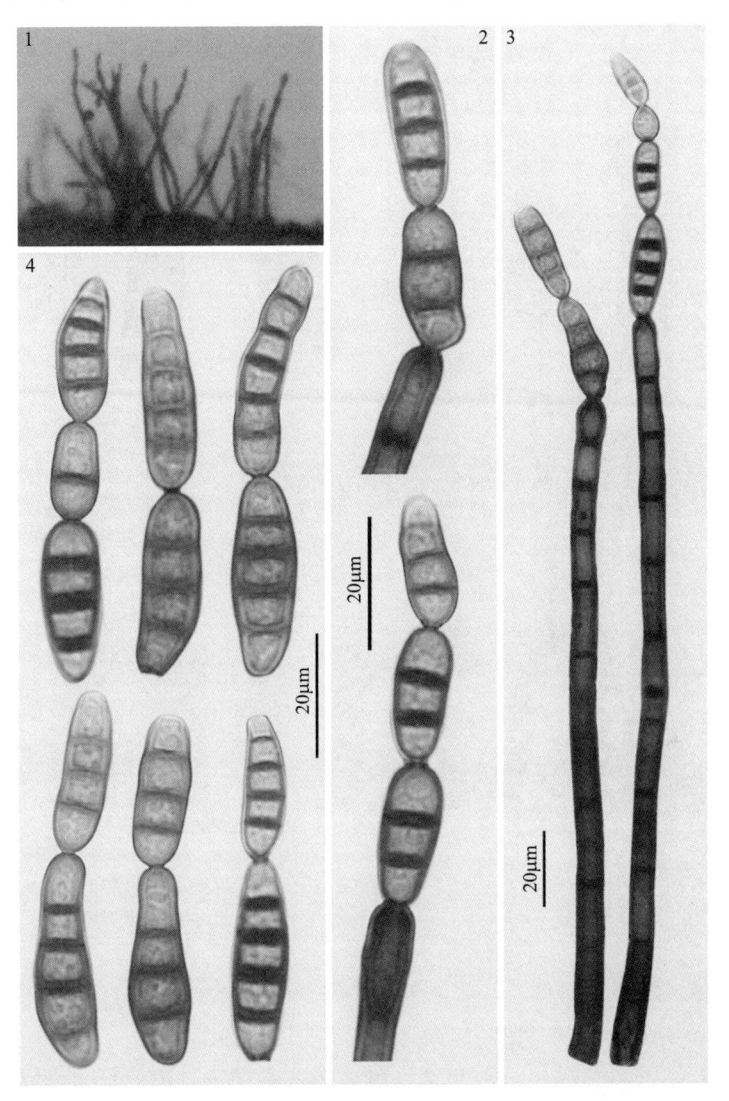

图 42 类弯拟棒孢 *Corynesporopsis curvularioides* J.W. Xia & X.G. Zhang
1. 自然基质上的菌落；2、3. 分生孢子梗、产孢细胞和分生孢子；4. 分生孢子。(HSAUP H6342)

植物枯枝，广东：从化，HSAUP H1789(=HMAS146125)；云南：景洪(西双版纳)，HSAUP H8711。

世界分布：澳大利亚、中国。

讨论：该种最初发现于澳大利亚昆士兰岛的桉树枯木上，其分生孢子形态与单隔拟棒孢 *C. uniseptata* P.M. Kirk(Kirk, 1981c)十分近似，但后者分生孢子椭圆形，无滴状斑点，且隔膜处缢缩明显。作者观察的分生孢子与原始描述形态特征无区别。

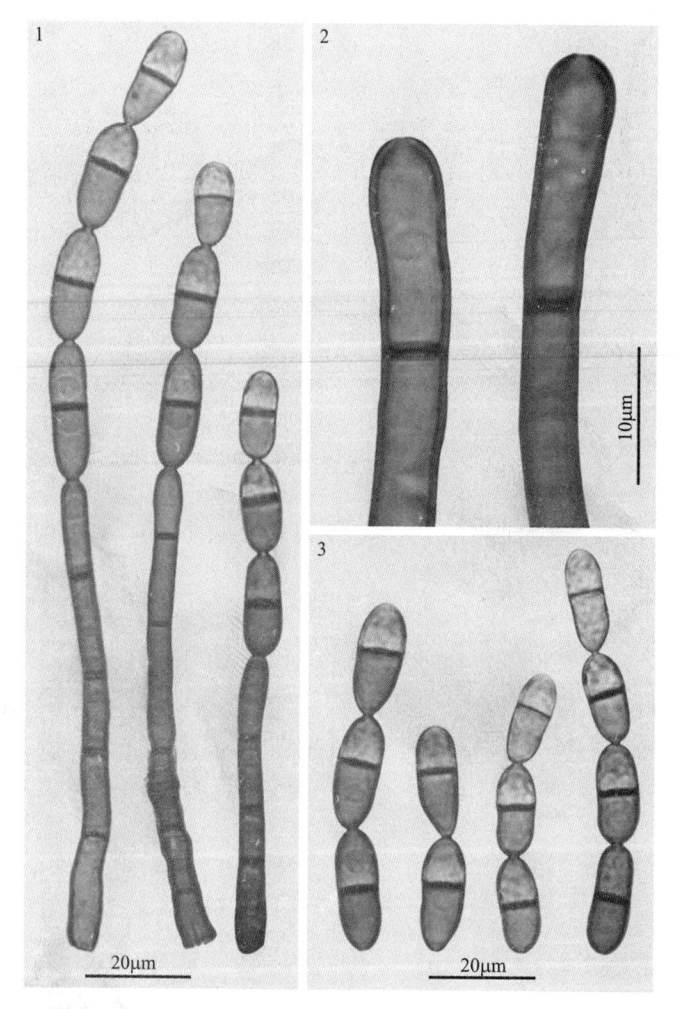

图43 柱形拟棒孢 *Corynesporopsis cylindrica* B. Sutton
1. 分生孢子梗和分生孢子；2. 产孢细胞；3. 分生孢子。（HSAUP H1789）

印度拟棒孢 图44

Corynesporopsis indica P.M. Kirk, Mycotaxon 17: 405, 1983.

菌落稀疏，黑褐色至黑色，毛发状。菌丝体大多埋生，由分枝、具隔、淡褐色至褐色、光滑、宽 1.5～3μm 的菌丝组成。分生孢子梗粗大，单生或少数簇生，直或稍弯曲，不分枝，褐色至暗褐色，光滑，具隔，基部有时膨大，67～172×3～5.5μm。产孢细胞单孔生式，合生，顶生，圆柱形，褐色，光滑，有限生长或具及顶层出现象。分生孢子以裂解式脱落。分生孢子顶生，干性，2个或3个孢子向顶式链生，椭圆形至阔倒卵形，偶呈双锥形，具 1 个真隔膜，隔膜处加厚色深呈暗带，光滑，暗褐色至黑褐色，16～27×8～13.5μm。

植物枯枝，广东：从化，HSAUP H7019，肇庆（鼎湖山），HSAUP H5453；海南：昌江（霸王岭），HSAUP H5274-1（=HMAS 146084）；云南：景洪（西双版纳），HSAUP H8719。

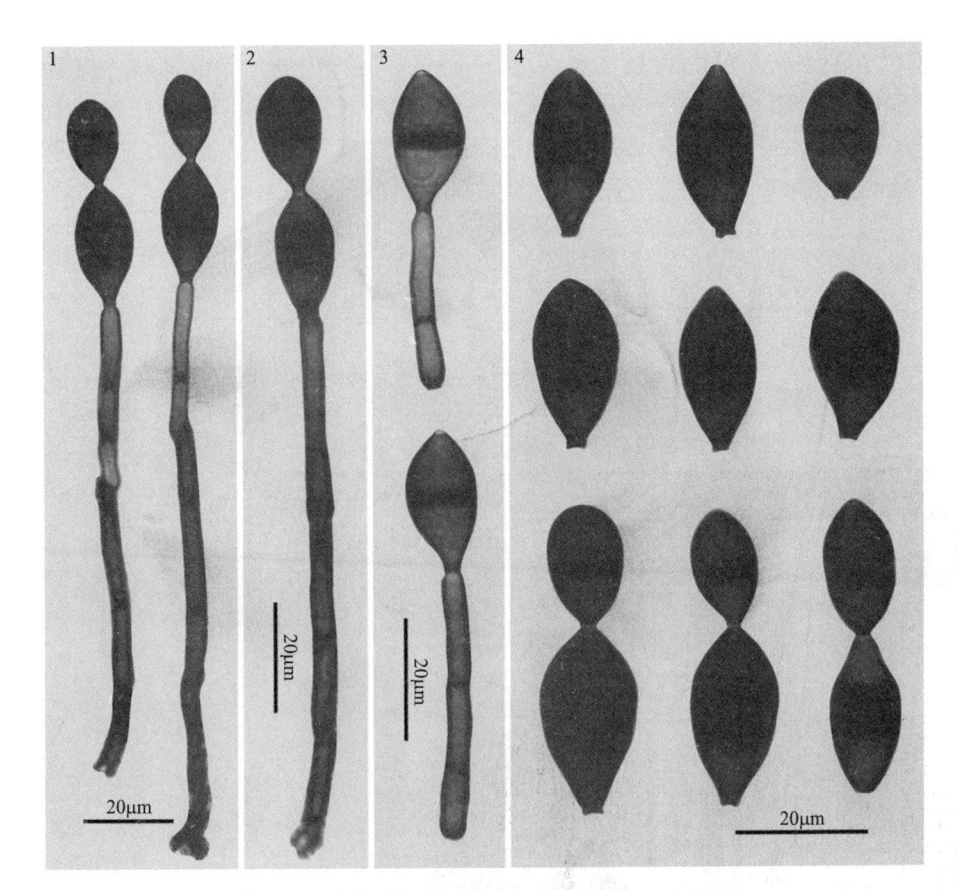

图44　印度拟棒孢 *Corynesporopsis indica* P.M. Kirk
1~3. 分生孢子梗和分生孢子；4. 分生孢子。（HSAUP H5274-1）

世界分布：中国、印度。

讨论：该种最初发现于印度苹婆属 *Sterculia* sp.植物枯枝上，其分生孢子椭圆形至阔倒卵形，偶呈双锥形，褐色至暗褐色，具1个隔膜，且隔膜处具黑色加厚宽带，明显不同于其他种(Kirk, 1983b)。作者观察的分生孢子形态特征与原始描述基本一致。

伊莎贝利卡拟棒孢　图45

Corynesporopsis isabelicae Hol.-Jech., Česká Mykol. 41(2): 109, 1987.

菌落稀疏，暗褐色，发状。菌丝体部分表生，部分埋生，由分枝、具隔、平滑、淡褐色、宽 1.5~2.5μm 的菌丝组成。分生孢子梗单生，圆柱形，不分枝，直或稍弯曲，4~7个隔膜，壁厚，平滑，暗褐色，长 75~135μm，宽 4~5.5μm。产孢细胞单孔生式，合生，顶生，圆柱形，具 0~2 个及顶层出，褐色，平滑。分生孢子以裂解式脱落。分生孢子顶生，链生，纺锤形或长舟形，顶部细胞比基细胞稍窄，壁厚，光滑，褐色，具 1 个真隔膜，隔膜处加厚色深，23~33 × 5~6μm，基部宽 2~4μm。

植物枯枝，海南：万宁，HSAUP H8480；云南：景洪(西双版纳)，HSAUP H2066。

世界分布：中国、古巴。

讨论：该种最初由 Holubová-Jechová(1987b)发现于古巴棕树枯死叶柄和花轴上，其分生孢子形态近似于不等隔拟棒孢 *C. inaequiseptata* Matsush.(Matsushima, 1993)和枫香拟棒孢 C. liquidambaris Jian Ma & X.G. Zhang(Ma et al., 2012b)，但 C. inaequiseptata 分生孢子狭倒棍棒形，较短(17～25μm)，具1个隔膜，且位于孢子中心以上；C. liquidambaris 分生孢子舟形至椭圆形，较短(10～16.5μm)，具1个隔膜，且顶部细胞比基部细胞略宽。作者观察的分生孢子比原始描述(24～43.5μm)略短，其他特征基本一致。

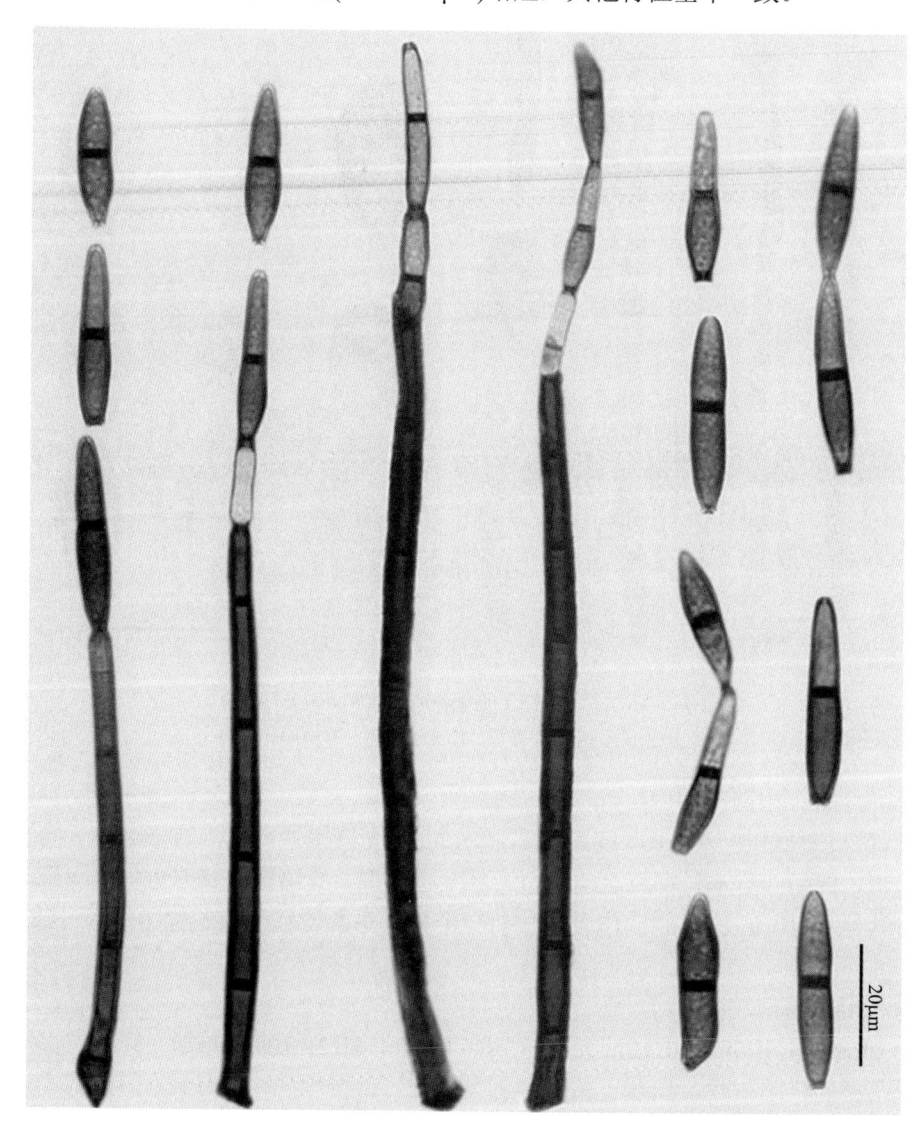

图45　伊莎贝利卡拟棒孢 *Corynesporopsis isabelicae* Hol.-Jech.
分生孢子梗、产孢细胞和分生孢子。（HSAUP H8480）

枫香拟棒孢　图46

Corynesporopsis liquidambaris Jian Ma & X.G. Zhang, Nova Hedwigia 95(1-2):234, 2012.

菌落疏展，黑褐色至黑色，毛发状。菌丝体部分表生，部分埋生，由分枝、具隔、淡褐色至褐色、光滑、宽1～2.5μm 的菌丝组成。分生孢子梗粗大，单生，不分枝，直或稍弯曲，圆柱形，褐色至暗褐色，光滑，具隔，20～47×3.5～4.5μm。产孢细胞单孔生式，合生，顶生，有限生长，圆柱形，褐色至暗褐色，光滑，10～14×2.5～3.5μm。

分生孢子以裂解式脱落。分生孢子顶生，短链生，干性，舟形或椭圆形，光滑，褐色至暗褐色，具1个真隔膜且加厚色深，分生孢子10～16.5×3.5～5.5μm，基部断痕宽1.5～2.5μm。

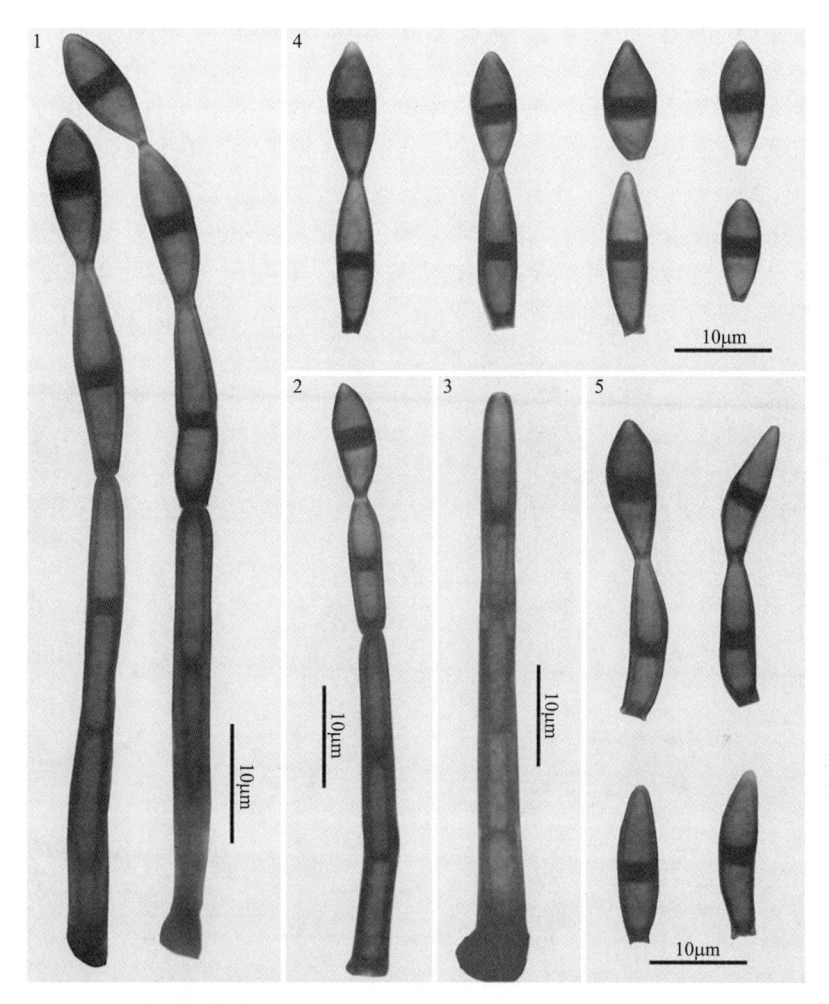

图46 枫香拟棒孢 *Corynesporopsis liquidambaris* Jian Ma & X.G.Zhang
1、2. 分生孢子梗和分生孢子；3. 分生孢子梗；4、5. 分生孢子。（HSAUP H5395）

枫香树 *Liquidambar formosana* Hance 凋落枯枝，广东：从化，HSAUP H5395（=HMAS 146153）。

植物枯枝，云南：景洪（西双版纳），HSAUP H5615。

世界分布：中国。

讨论：该种近似于不等拟棒孢 *C. inaequiseptata* Matsush.（Matsushima, 1993）、印度拟棒孢 *C. indica* P.M. Kirk（Kirk，1983b）和伊莎贝利卡拟棒孢 *C. isabelicae* Hol.-Jech.（Holubová-Jechová, 1987b），但 *C. indica* 分生孢子椭圆形至阔倒卵形，呈双锥形，较大，(14～)17～24(～27)×8～12(～14)μm，具1个隔膜，且隔膜处黑色加厚呈宽带；*C. isabelicae* 分生孢子长纺锤形或长舟形，较大，(24～)27～43.5×4～6.4μm，具1个隔膜，且顶部细胞比基部细胞略窄；*C. inaequiseptata* 分生孢子窄倒棍棒形，较长，17～25μm，

具1个隔膜，且位于中心偏上。

拟棒孢 图47

Corynesporopsis quercicola (Borowska) P.M. Kirk, Trans. Br. Mycol. Soc. 77(2): 284, 1981.

菌落稀疏，黑褐色至黑色，毛发状。菌丝体部分表生，部分埋生，由分枝、具隔、淡褐色、光滑、宽2～4.5μm的菌丝组成。分生孢子梗粗大，单生或簇生，直或弯曲，不分枝，褐色至暗褐色，光滑，具隔，有限生长或偶具及顶层出现象，45～114×3～4μm。产孢细胞单孔生式，合生，顶生，圆柱形，褐色，光滑。分生孢子以裂解式脱落。分生孢子顶生，干性，向顶短链生，宽椭圆形至长方形，1～2个真隔膜(主要2个)，隔膜处有时稍缢缩，光滑，端部细胞淡褐色，中部细胞褐色至暗褐色，13～21×6～7μm。

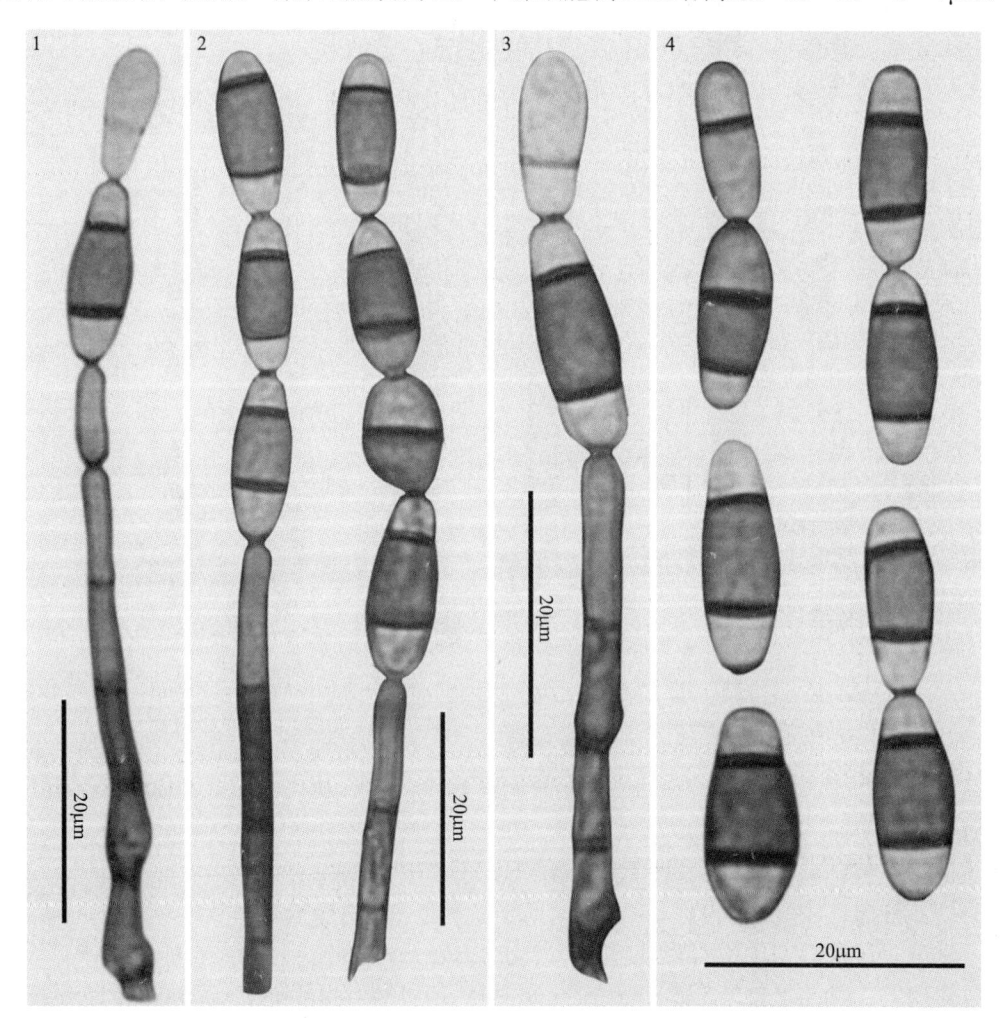

图47 拟棒孢 *Corynesporopsis quercicola* (Borowska) P.M. Kirk
1～3. 分生孢子梗和分生孢子；4. 分生孢子。(HSAUP H5082)

植物枯枝，广东：从化，HSAUP H5334-2、HSAUP H7085，韶关(丹霞山)，HSAUP H3209；海南：昌江(霸王岭)，HSAUP H5082(=HMAS 146083)；湖南：张家界，HSAUP

H8201。

世界分布：中国、古巴、英国、波兰、俄罗斯。

讨论：该种为属的模式种，其分生孢子形态与之后报道的双隔拟棒孢 *C. biseptata* (M.B. Ellis) Morgan-Jones (Morgan-Jones, 1988a) 十分相似，但后者分生孢子大，18～33 × 7～9μm，各细胞色泽基本一致。作者观察的分生孢子比原始描述（12～18μm）略长，其他特征基本一致。

单隔拟棒孢　图 48

Corynesporopsis uniseptata P.M. Kirk, Trans. Br. Mycol. Soc. 77(3): 463, 1981.

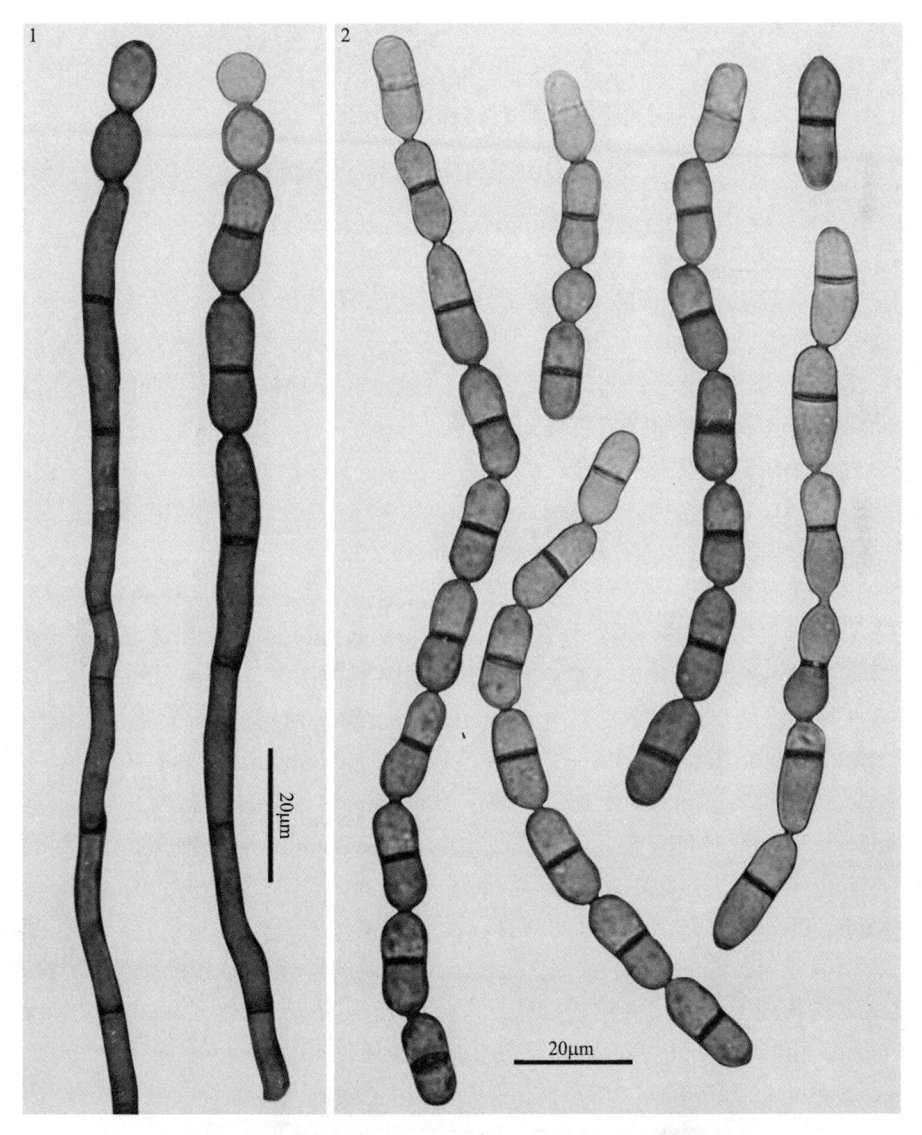

图 48　单隔拟棒孢 *Corynesporopsis uniseptata* P.M. Kirk
1. 分生孢子梗和分生孢子；2. 分生孢子。（HSAUP H5137）

菌落稀疏，黑褐色至黑色，毛发状。菌丝体大多表生，少数埋生，由分枝、具隔、淡褐色至褐色、光滑、宽 2~4.5μm 的菌丝组成。分生孢子梗粗大，单生或少数簇生，不分枝，直或弯曲，褐色，光滑，具隔，长达 160μm，宽 3.5~5μm。产孢细胞单孔生式，合生，顶生，有限生长，圆柱形，褐色，光滑，16~35 × 4.5~6μm。分生孢子以裂解式脱落。分生孢子顶生，干性，多达 10 个孢子向顶链生，椭圆形至圆柱形，光滑，褐色，具 1 个真隔膜，隔膜处常缢缩，14~21 × 6~8μm。

植物枯枝，海南：昌江（霸王岭），HSAUP H5137（=HMAS 146082）。

世界分布：中国、英国。

讨论：该种近似于柱形拟棒孢 *C. cylindrica* B. Sutton（Sutton, 1989），但该种分生孢子仅具 1 个隔膜，而后者分生孢子具滴状斑点，偶具 2 个隔膜且细胞色泽不一致。作者观察的分生孢子比原始描述（12~16 × 5~7μm）略大，其他特征基本一致。

隐瓶梗孢属 Cryptophiale Piroz.

Can. J. Bot. 46(9): 1123, 1968.

Ellis, Dematiaceous Hyphomycetes: 539, 1971.

属级特征：菌落平展，暗褐色至黑色，绒毛状。菌丝体表生。分生孢子梗粗大，单生，直或弯曲，锥形，暗褐色，光滑，厚壁，顶端刚毛状，不分枝或具叉状分枝，不产孢；中部至近顶端分化成可育的、两侧各具 1 排瓶梗的产孢结构，窄椭圆形、盾形，外缘被不育细胞遮盖。产孢细胞单瓶梗式，散生，有限生长，近球形或葫芦形。分生孢子聚集成黏性孢子团，半内生，无色，光滑，多具 0~1(~2) 个隔膜，偶具多隔膜，镰刀形、棍棒形、圆柱状、丝状、圆柱形。

模式种：隐瓶梗孢 *Cryptophiale kakombensis* Piroz.。

讨论：Pirozynski 于 1968 年建立该属，当时包括 2 个种：隐瓶梗孢 *C. kakombensis* Piroz.(模式种)和宇田川隐瓶梗孢 *C. udagawae* Piroz. & Ichinoe，分别采集自坦桑尼亚和日本植物凋落叶片。Ellis(1971a)详细描述了该属的形态特征。Matsushima(1971)描述了该属第 3 个种，瓜达卡纳尔隐瓶梗孢 *C. guadalcanalensis* Matsush.。后来又报道 19 个分类单位(Sutton and Hodges，1976；Farr，1980；Kuthubutheen and Sutton，1985；Kuthubutheen，1987；Sutton *et al.*，1989；Bhat and Kendrick，1993；McKenzie and Kuthubutheen，1993；McKenzie，1993a，1993b；Goh and Hyde，1996a；Umali *et al.*，1999；Whitton *et al.*，2012)。但赛肯达隐瓶梗孢 *C. secunda* Kuthub. and B. Sutton(Kuthubutheen and Sutton，1985)刚毛状分生孢子梗仅一侧具一排瓶梗，且瓶梗外缘无不育细胞遮盖。Kuthubutheen 和 Nawawi(1987)发现该种形态特征与 *Cryptophiale* 不一致，遂将其划出并以此为模式种建立新属 *Cryptophialoidea* Kuthub. & Nawawi。Kuthubutheen 和 Nawawi(1994b)研究发现显性隐瓶梗孢 *Cryptophiale manifesta* B. Sutton & Hodges(Sutton and Hodges，1976)刚毛状分生孢子梗可产孢部位的瓶梗外缘没有全部被不育细胞遮盖，且葫芦状瓶梗末端形成漏斗形围领，主要为多瓶梗式产孢，该种形态也与 *Cryptophiale* 不一致，遂将其划入 *Cryptophialoidea*。Whitton 等(2012)报道的 *Cryptophiale fruticetum* Whitton, K.D. Hyde & McKenzie 和 *C. hamulata* Whitton, K.D.

Hyde & McKenzie 的产孢细胞均为多瓶梗式，且两者描述中未指明可育部位的瓶梗外缘是否被不育细胞遮盖，鉴于作者未能观察这 2 个种的原始标本，故在此研究中暂时将其视为疑问种。Farr(1980)、Kuthubutheen(1987)、Sutton 等(1989)、Goh 和 Hyde(1996a)、Marques 等(2008)曾对 *Cryptophiale* 种类编制分类检索表。分生孢子形态(大小、形状、隔膜数、有无附属物)、分生孢子梗有无叉状分枝和可育部位特征等被作为该属分种的主要依据。

Cryptophiale 与拟隐瓶梗孢属 *Paracryptophiale* Kuthub. & Nawawi (Kuthubutheen and Nawawi, 1994a)和 *Cryptophialoidea* 较为相似，均具刚毛状分生孢子梗和侧生瓶梗式产孢细胞，但 *Paracryptophiale* 分生孢子砖格状，具附属丝，*Cryptophialoidea* 刚毛状分生孢子梗仅一侧具一排瓶梗，且瓶梗外缘无不育细胞遮盖。此外，Goh 和 Hyde(1996a)认为分生孢子梗上侧生瓶梗的排列方式可作为上述三属的区别特征，但有待进一步研究。

该属种类中，除球形孢隐瓶梗孢 *C. sphaerospora* Umali & D.Q. Zhou(Umali *et al.*, 1999)寄生于 *Janetia synnematosa* Sivan. & Hsieh 的孢梗束上外，多数种生于腐烂叶片上，少数发现于枯枝、死根和沉木上。目前，该属中国已报道 6 个种(Umali *et al.*, 1999; Lu *et al.*, 2000; Ma *et al.*, 2010c; Whitton *et al.*, 2012)，但 *C. fruticetum* 因被作者视为疑问种，故未包括在我国种分类检索表中。

中国隐瓶梗孢属 *Cryptophiale* 分种检索表

1. 分生孢子梗顶端二叉状分枝 ·· 2
1. 分生孢子梗顶端通常不分枝 ··· 3
  2. 分生孢子锥形，17.0～25.0 × 0.5～2.5μm，分生孢子梗可育部位包含顶端刚毛状侧生分枝······
    ·· 瓜达卡纳尔隐瓶梗孢 *C. guadalcanalensis*
  2. 分生孢子镰刀形，20.5～28.5 × 1.0～3.0μm，分生孢子梗可育部位不包含顶端刚毛状侧生分枝·
    ·· 宇田川隐瓶梗孢 *C. udagawae*
3. 分生孢子无隔膜，球形或近球形 ··· 球形孢隐瓶梗孢 *C. sphaerospora*
3. 分生孢子具 1 个隔膜，窄倒棍棒形或纺锤形 ··· 5
  4. 分生孢子窄倒棍棒形，顶端无附属物 ·· 西表隐瓶梗孢 *C. iriomoteanum*
  4. 分生孢子纺锤形，顶端具弯曲附属物 ·· 具芒隐瓶梗孢 *C. aristata*

瓜达卡纳尔隐瓶梗孢　图 49

Cryptophiale guadalcanalensis Matsush., Microfungi Solomon Isl. Papua-New Guinea: 15, 1971.

菌落疏展，褐色至黑色。分生孢子梗粗大，单生，直或弯曲，暗褐色，平滑，具隔，厚壁，刚毛状，顶端可育，可育部位 60～75.5 × 14～15.5μm，具 2 排瓶梗，且瓶梗外缘被不育细胞遮盖，185.5～211.5 × 7.5～9.0μm，顶端宽 7μm，9～13 个隔膜，顶端 1～4 次二叉状分枝。产孢细胞单瓶梗式，散生，成排排列，主要为近球形或圆柱形。分生孢子无色，单生，光滑，1 个隔膜，锥形，渐细成尖头，聚集成黏性孢子团，17～25 × 0.5～2.5μm。

植物枯枝，海南：儋州，HSAUP VII$_{0\,MJ}$ 0023-3。

世界分布：中国、日本、所罗门群岛。

讨论：Matsushima(1971)最初从所罗门群岛番龙眼 *Pometia pinnata* J.R.Forst. &

G.Forst.腐烂叶片上报道该菌。Tubaki(1975)和 Matsushima(1975, 1993)从日本也发现该种。该种近似于宇田川隐瓶梗孢 *C. udagawae* Piroz. & Ichinoe(Pirozynski, 1968)和僧帽隐瓶梗孢 *C. cucullata* Kuthub.(Kuthubutheen, 1987)，均产生刚毛状、顶端二叉状分枝的分生孢子梗，但 *C. udagawae* 分生孢子梗可育部位不包含顶端刚毛状侧生分枝，*C. cucullata* 分生孢子尖端具附属物。作者观察真菌形态与原始描述基本一致。

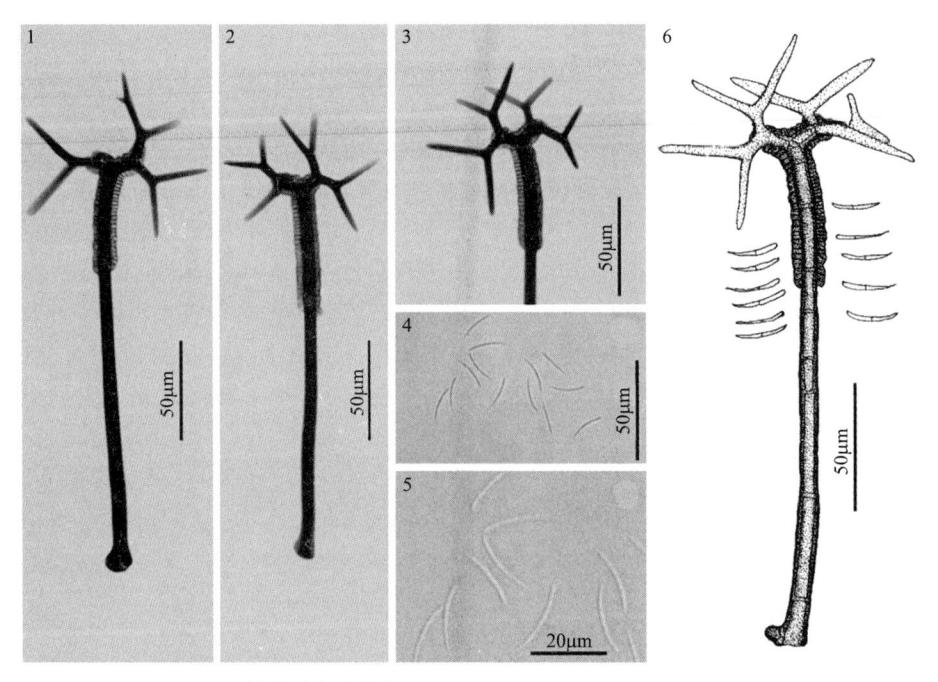

图49 瓜达卡纳尔隐瓶梗孢 *Cryptophiale guadalcanalensis* Matsush.
1～3. 分生孢子梗；4、5. 分生孢子；6. 分生孢子梗和分生孢子。（HSAUP VII₀ MJ 0023-3）

西表隐瓶梗孢 图50

Cryptophiale iriomoteanum Matsush., Icon. Microfung. Matsush. Lect.: 41, 1975.

菌落疏展，褐色至黑色。分生孢子梗粗大，单生，直或弯曲，锥形，平滑，暗褐色，具隔，厚壁，不分枝，顶端不育，近中部具一圆柱形可育部位，可育部位 40～90 × 13～16.5μm，具2排瓶梗，且瓶梗外缘被不育细胞遮盖，130～185 × 4.5～7.5μm，顶端宽 3.5μm，9～12 个隔膜，顶端不分枝。产孢细胞单瓶梗式，散生，成排排列，主要为近球形或圆柱形。分生孢子无色，光滑，1 个隔膜，窄倒棍棒形，顶端呈钩状，聚集成黏性的孢子团，9.5～22.0 × 1～3.5μm。

植物枯枝，海南：儋州，HSAUP VII₀ MJ 0023-5。

世界分布：中国、日本。

讨论：Matsushima(1975)曾从日本植物枯枝上报道该种。Lu 等(2000)从香港沉水腐木上也发现该菌。该种近似于 *C. minor* M.L. Farr(Farr，1980)、*C. kakombensis* Piroz.(Pirozynski，1968)、*C. pusilla* McKenzie(McKenzie，1993b)和 *C. orthospora* McKenzie(McKenzie，1993b)，但该种窄倒棍棒形的分生孢子顶端呈钩状，不同于近似种。另外，*C. pusilla* 分生孢子小，5.5～12 × c. 0.25μm。作者观察的该菌形态特征与原

始描述基本一致。

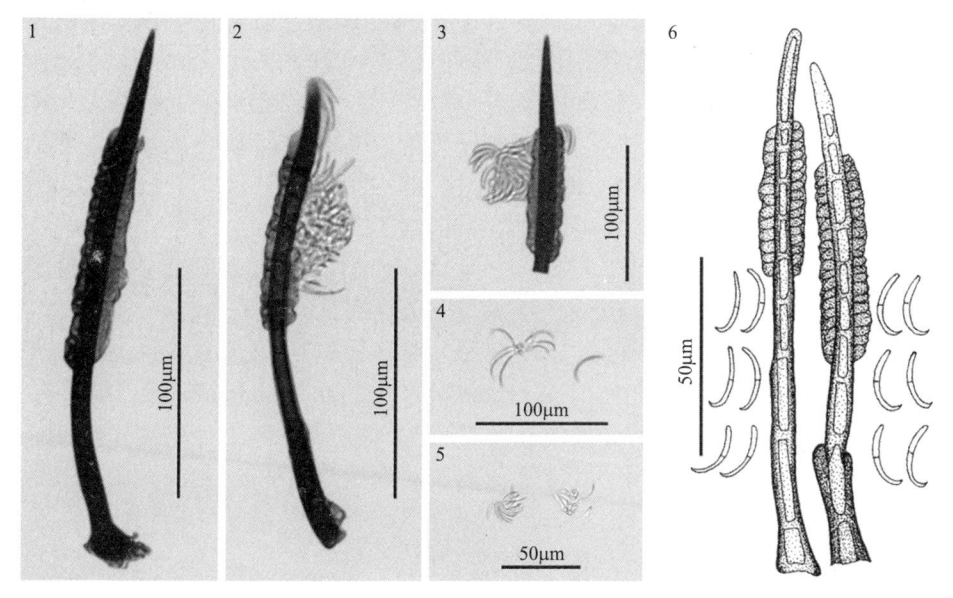

图50 西表隐瓶梗孢 *Cryptophiale iriomoteanum* Matsush.
1～3、6. 分生孢子梗和分生孢子；4、5. 分生孢子。（HSAUP VII₀ MJ 0023-5）

宇田川隐瓶梗孢　图51

Cryptophiale udagawae Piroz. & Ichinoe, Can. J. Bot. 46: 1126, 1968.

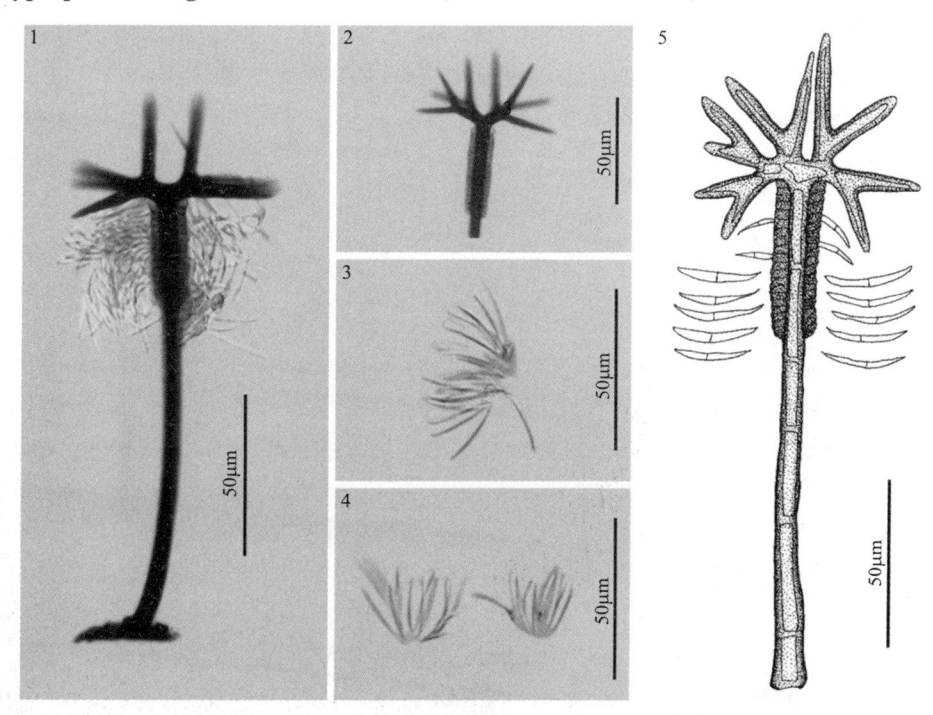

图51 宇田川隐瓶梗孢 *Cryptophiale udagawae* Piroz. & Ichinoe
1、2、5. 分生孢子梗和分生孢子；3、4. 分生孢子。（HSAUP VII₀ MJ 0023-1）

菌落疏展，淡褐色至暗褐色。分生孢子梗粗大，单生，直或弯曲，暗褐色，平滑，具隔，厚壁，刚毛状，120～165×6.5～10μm，6～8个隔膜，顶端1～4次二叉状分枝，分枝近顶端渐窄，可育部位生于分生孢子梗中部至顶端首次分叉处，圆柱形，35.5～66×12～18.5μm，具2排瓶梗，且瓶梗外缘被不育细胞遮盖。产孢细胞单瓶梗式，散生，成排排列，主要为近球形或圆柱形。分生孢子无色，单生，光滑，1个隔膜，镰刀形，渐细成尖头，聚集成黏性孢子团，20.5～28.5×1.0～3.0μm。

植物枯枝，海南：儋州，HSAUP VII$_{0\,MJ}$ 0023-1。

世界分布：美国、澳大利亚、巴西、中国、科特迪瓦、古巴、厄瓜多尔、印度、日本、马来西亚、墨西哥、新几内亚岛、新西兰、委内瑞拉。

讨论：该种为世界性分布种，与瓜达卡纳尔隐瓶梗孢 *C. guadalcanalensis* Matsush. (Matsushima, 1971)和僧帽隐瓶梗孢 *C. cucullata* Kuthub.(Kuthubutheen, 1987)有些相似，均产生刚毛状、顶端二叉状分枝的分生孢子梗，但后两者分生孢子梗可育部位包含顶端刚毛状侧生分枝。作者观察的真菌形态特征与原始描述基本一致。

作者未观察的种

具芒隐瓶梗孢

Cryptophiale aristata Kuthub. & B. Sutton, Trans. Br. Mycol. Soc. 84(2): 303, 1985.

分生孢子梗粗大，锥形，不分枝或顶端偶呈二叉状分枝，长260～390μm，近基部宽8～10μm，近顶部宽6.5～8μm，可育部位长55～93μm，6～9个隔膜，具2排瓶梗，且瓶梗外缘被不育细胞遮盖。产孢细胞单瓶梗式，散生，成排排列，近球形或葫芦形。分生孢子无色，光滑，1个隔膜，略呈纺锤形，顶端具附属丝，18～24×1.2～1.5μm。

分叉露兜树 *Pandanus furcatus* Roxb.腐烂叶片，香港：新界，HKU(M)12907 (IFRD216-001)。

世界分布：澳大利亚、中国、马来西亚。

（据 Whitton *et al.*, 2012）。

球形孢隐瓶梗孢

Cryptophiale sphaerospora Umali & D.Q. Zhou, Mycoscience 40(2): 189, 1999.

菌落生于 *Janetia synnematosa* 的孢梗束上。分生孢子梗粗大，单生，直或稍弯曲，不分枝，暗褐色，向顶颜色渐浅至淡褐色至无色，光滑，具隔，长69～100μm，基部宽7.5～10μm，顶部宽2.5～3μm，近顶端具一脑形的可育部位；可育部位20～44×10～15μm，具2排瓶梗，且瓶梗外缘被不育细胞遮盖。产孢细胞单瓶梗式，散生，宽约2.5μm，成排排列。分生孢子无色，光滑，无隔膜，球形或近球形，聚集成黏性孢子团，直径1.5～2μm。

寄生于苗竹仔 *Schizostachyum dumetorum* Munro 枯死茎秆上的丝孢菌 *Janetia synnematosa* Sivan. & Hsieh 的孢梗束上，香港：新界，HKU(M) 9103。

世界分布：中国。

（据 Umali *et al.*, 1999）。

树状霉属 Dendryphiopsis S. Hughes
Can. J. Bot. 31(5): 655, 1953.

属级特征：菌落平展，稀疏，褐色至黑色，毛发状。菌丝体大多埋生，少数表生，由分枝、具隔、平滑、淡褐色至褐色的菌丝组成。分生孢子梗粗大，具隔，光滑，单生或簇生，圆柱形，近顶端分枝；柄直立，直或弯曲，褐色至暗褐色，分枝淡褐色至褐色。产孢细胞单孔生式，合生或离生，顶生于分生孢子梗及其分枝顶端，或极少多孔生式，侧生和顶生于分生孢子梗及其分枝，圆柱形，有限生长或具及顶层出现象。分生孢子单生，顶生，光滑，圆柱形或倒棍棒形，淡褐色至暗褐色，具 2 个至多个真隔膜。

模式种：树状霉 *Dendryphiopsis atra* (Corda) S. Hughes。

讨论：Hughes(1953b)将 *Dendryphion atrum* Corda 从枝链孢属 *Dendryphion* Wallr. 划出，并以此为模式种建立树状霉属 *Dendryphiopsis* S. Hughes。Hughes(1958)在该属名下报道 2 个新组合种：小乔木树状霉 *D. arbuscula* (Berk. & M.A. Curtis) S. Hughes 和丛生树状霉 *D. fascicularis* (Berk. & Ravenel) S. Hughes，并通过观察标本（DAOM 44956）认为树状霉 *D. atra* 是双囊壁子囊菌 *Amphisphaeria incrustans* Ellis & Everh.的无性型。Hughes(1978i)记载 Corlett 曾发现标本（DAOM 44956）上的子囊座为格孢腔菌属（*Pleospora* Rabenh. ex Ces. & De Not.）子囊腔类型，而 *Amphisphaeria* Ces. & De Not.应为单囊壁子囊菌中的一个属。因此，Corlett 和 Hughes 将其划入小疣核衣属 *Microthelia* Körb.，并将 *Dendryphion atrum* 的有性型命名为 *Microthelia incrustans* (Ellis & Everh.) Corlett & S. Hughes(Hughes, 1978i)。

Dendryphiopsis arbuscula 和 *D. fascicularis* 早期缺少详细描述和图示，给后人准确界定这两个种带来不便。Morgan-Jones(1974)重新研究这两个种的原始标本，并对其进行绘图和详细描述。随后，该属名下又报道 3 个新种，即双隔树状霉 *D. biseptata* Morgan-Jones, R.C. Sinclair & Eicker(Morgan-Jones *et al.*, 1983)、宾萨尔树状霉 *D. binsarensis* Subram. & V. Srivast.(Subramanian and Srivastava, 1994)和果阿树状霉 *D. goanensis* Pratibha, Raghuk. & Bhat(Pratibha *et al.*, 2010)，其中 *D. binsarensis* 与 *D. arbuscula* 分生孢子形态极其相似，两者仅孢子大小有明显差别，且 Subramanian 和 Srivastava(1994)发表 *D. binsarensis* 时没有与近似种进行比较讨论。*D. goanensis* 产孢细胞单孔生式或多孔生式，该种描述扩展了 *Dendryphiopsis* 属的概念。Pratibha 等(2010)列表汇总了该属 6 个已知种的主要形态特征。

该属形态特征与小棒孢属 *Corynesporella* Munjal & H.S. Gill 和拟葚孢属 *Sporidesmiopsis* Subram. & Bhat 十分相似，但 *Corynesporella* 分生孢子单生，偶链生，具假隔膜，*Sporidesmiopsis* 产孢细胞单芽生式。

该属名下已报道 6 个种，主要腐生于植物枯枝、落叶及树干上。戴芳澜(1979)记载陈庆涛于 1965 年曾从云南野鼠粪上分离到 *D. atra*。刘云龙等(2005)从云南植物枯枝上发现 *D. arbuscula*。至此，该属在我国已报道 2 个种。

小乔木树状霉　图 52

Dendryphiopsis arbuscula (Berk. & M.A. Curtis) S. Hughes, Can. J. Bot. 36: 762, 1958.

Helminthosporium arbuscula Berk. & M.A. Curtis, Grevillea 3: 103, 1875.

菌落稀疏，黑色，毛发状。菌丝体部分表生，部分埋生，由分枝、具隔、淡褐色至褐色、光滑的菌丝组成。分生孢子梗粗大，单生，直或弯曲，具隔，光滑，褐色至暗褐色，近顶端分枝，长达400μm，宽6～8μm。产孢细胞单孔生式，合生或离生，顶生，圆柱形，有限生长或偶具及顶层出现象，8～14.5×4～5.5μm。分生孢子单生，顶生，倒棍棒形，5～7个真隔膜（多为5个），光滑，褐色，43～66.5×7～12μm，顶部具一黏性球形附属物，直径10.5～16μm。

植物枯枝，福建：武夷山，HSAUP H5087。

世界分布：美国、中国、新西兰。

讨论：该种分生孢子形态与宾萨尔树状霉 *D. binsarensis* Subram. & V. Srivast.(Subramanian and Srivastava, 1994)极为相似，两者仅分生孢子大小有明显差别，作者推测两者应为同种，但未能观察两者原始标本。刘云龙等(2005)首次在我国报道该种，所采标本来自云南植物枯枝上。作者自福建发现的该菌标本与原标本的区别是分生孢子略窄，顶部具一黏性球形附属物，但其他特征无区别，因此认为两者为同种。

图52 小乔木树状霉 *Dendryphiopsis arbuscula* (Berk. & M.A. Curtis) S. Hughes
1、2.分生孢子梗、产孢细胞和分生孢子；3、4. 分生孢子。(HSAUP H5087)

树状霉 图53

Dendryphiopsis atra (Corda) S. Hughes, Can. J. Bot. 31: 655, 1953.

Dendryphion atrum Corda Icon. Fung. (Prague) 4: 33, 1840.

菌落稀疏，黑色，毛发状。菌丝体大多埋生，由分枝、具隔、淡褐色至褐色、光滑的菌丝组成。分生孢子梗粗大，单生，直或弯曲，具隔，光滑，褐色至暗褐色，近顶端分枝，80～170μm，宽 6～7μm。产孢细胞单孔生式，合生或离生，顶生，圆柱形，有限生长或具及顶层出现象，18～28.5×5～6.5μm。分生孢子单生，顶生，圆柱形，2～3个真隔膜（多为3个），光滑，褐色至暗褐色，25～51.5×13.5～20μm。

植物枯枝，福建：武夷山，HSAUP H5012、HSAUP H3026；海南：万宁，HSAUP H5222；云南：景洪（西双版纳），HSAUP H0086。

世界分布：美国、比利时、加拿大、中国、古巴、英国、法国、德国、肯尼亚、墨西哥、新西兰、俄罗斯、瑞典等。

讨论：该种为属的模式种，广布全球，其分生孢子形态与之后报道的双隔树状霉 *D. biseptata* Morgan-Jones, R.C. Sinclair & Eicker（Morgan-Jones *et al.*, 1983）较为相似，但后者分生孢子椭圆形或倒卵形，具2个隔膜。作者观察标本均采自我国植物枯枝上。

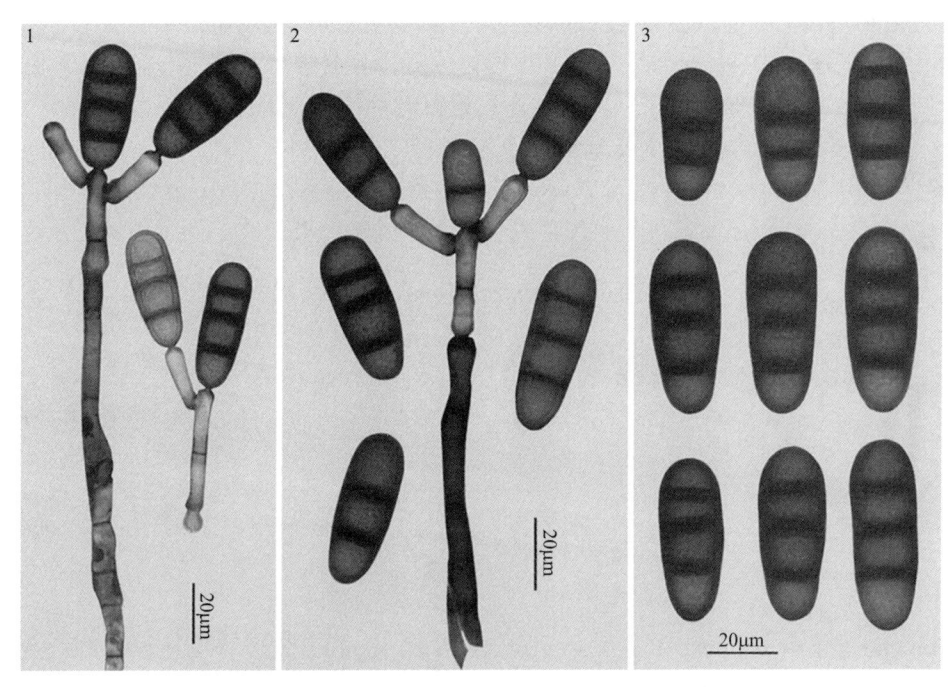

图53 树状霉 *Dendryphiopsis atra* (Corda) S. Hughes
1、2. 分生孢子梗、产孢细胞和分生孢子；3. 分生孢子。（HSAUP H5222）

指孢属 **Digitoramispora** R.F. Castañeda & W.B. Kendr.
Univ. Waterloo Biol. Ser. 33: 18, 1990.

属级特征：菌落疏展，发状，暗褐色至黑色。菌丝体大多埋生，少数表生。分生孢子梗粗大，单生或少数簇生，不分枝，直或弯曲，基部暗褐色，顶部褐色。产孢细胞单芽生式，合生，顶生，圆柱形或桶形，褐色，有限生长或具及顶层出延伸。分生孢子全壁芽生式产生，单生，顶生，干性，砖格状、指状或不规则形，光滑，暗褐色至黑色，基部和中部细胞颜色深，端部细胞颜色浅，基部平截。分生孢子以裂解式脱落。

模式种：指孢 *Digitoramispora caribensis* R.F. Castañeda & W.B. Kendr.。

讨论：Castañeda-Ruíz 和 Kendrick 于 1990 年建立该属，当时仅包括 2 个种：指孢 *D. caribensis* R.F. Castañeda & W.B. Kendr.(模式种)和偏心指孢 *D. excentrica* (B. Sutton) R.F. Castañeda & W.B. Kendr.。Sutton(1969)最初将 *D. excentrica* 鉴定为 *Acrodictys excentrica* B. Sutton。Hughes(1979)观察该菌模式标本发现其分生孢子以破生式脱落，遂将其鉴定为 *Arachnophora excentrica* (B. Sutton) S. Hughes，但未引起 Castañeda-Ruíz 和 Kendrick(1990b)的注意。另外，Castañeda-Ruíz 和 Kendrick(1990b)建立指孢属 *Digitoramispora* 时未阐明分生孢子的脱落方式和产孢梗的延伸方式，但从模式种图示上可以确定分生孢子梗具环痕式层出延伸，分生孢子以裂解式脱落。因此，*D. excentrica* 分类地位受到质疑，待作进一步的研究。Somrithipol 和 Jones(2003a)从泰国枯草茎秆上报道该属第 3 个种，葫芦指孢 *D. lageniformis* Somrithipol & E.B.G. Jones，也对 *D. excentrica* 的分类地位提出质疑，认同 Hughes(1979)对其作的订正。Pratibha 等(2009)从印度植物枯枝上报道该属第 4 个种，坦氏指孢 *D. tambdisurlensis* Pratibha, Raghuk. & Bhat，但他们承认 *D. excentrica* 的分类地位，并概括了上述 4 个种的形态特征。鉴于作者未能观察上述种的原始标本，故在此研究中暂时承认 *D. excentrica*。

该属形态特征近似于 *Acrodictyopsis* P.M. Kirk(Kirk, 1983c)和 *Cryptocoryneopsis* B. Sutton(Sutton, 1980)，但 *Acrodictyopsis* 分生孢子呈卷旋状，顶端无分枝，短小，近无色；*Cryptocoryneopsis* 分生孢子伞形，直接向下，叉状分枝，均不同于该属。

中国指孢属 *Digitoramispora* 分种检索表

1. 产孢细胞无层出现象 ·· 2
1. 产孢细胞具葫芦形或桶形层出现象 ··· 3
　　2. 分生孢子 15~20 × 10~15μm ··· 指孢 *D. caribensis*
　　2. 分生孢子 50~90 × 40~75μm ·· 坦氏指孢 *D. tambdisurlensis*
3. 分生孢子 13~18 × 12~17μm ·· 偏心指孢 *D. excentrica*
3. 分生孢子 37~45 × 28~32μm ·· 葫芦指孢 *D. lageniformis*

指孢　图 54

Digitoramispora caribensis R.F. Castañeda & W.B. Kendr., Univ. Waterloo Biol. Ser. 33: 20, 1990.

菌落平展，黑色。菌丝体部分表生，部分埋生，由分枝、具隔、平滑、褐色、宽 1~2μm 的菌丝组成。分生孢子梗单生，粗大，直立或稍弯曲，不分枝，基部膨大，长达 110μm，宽 3~5μm。产孢细胞单芽生式，合生，顶生，圆柱形至葫芦形，6~12 × 2~2.5μm。分生孢子全壁芽生式产生，单生，顶生，砖格状、掌状，顶部浅裂，17~21 × 14~20μm，基部和中部细胞暗褐色，顶部细胞淡褐色至近无色，形成短小分枝。

植物枯枝，广东：韶关(丹霞山)，HSAUP H7104(=HMAS 146118)；海南：万宁，HSAUP H5216-1、HSAUP H5244，屯昌，HSAUP H5511。

世界分布：中国、古巴。

讨论：该种为属的模式种，最初发现于古巴杂草枯死茎秆上。原始绘图表明该菌分生孢子梗具环痕式层出延伸。作者观察的分生孢子梗为有限生长，未见环痕式层出延伸，分生孢子比原始描述(15~20 × 10~15μm)略大。

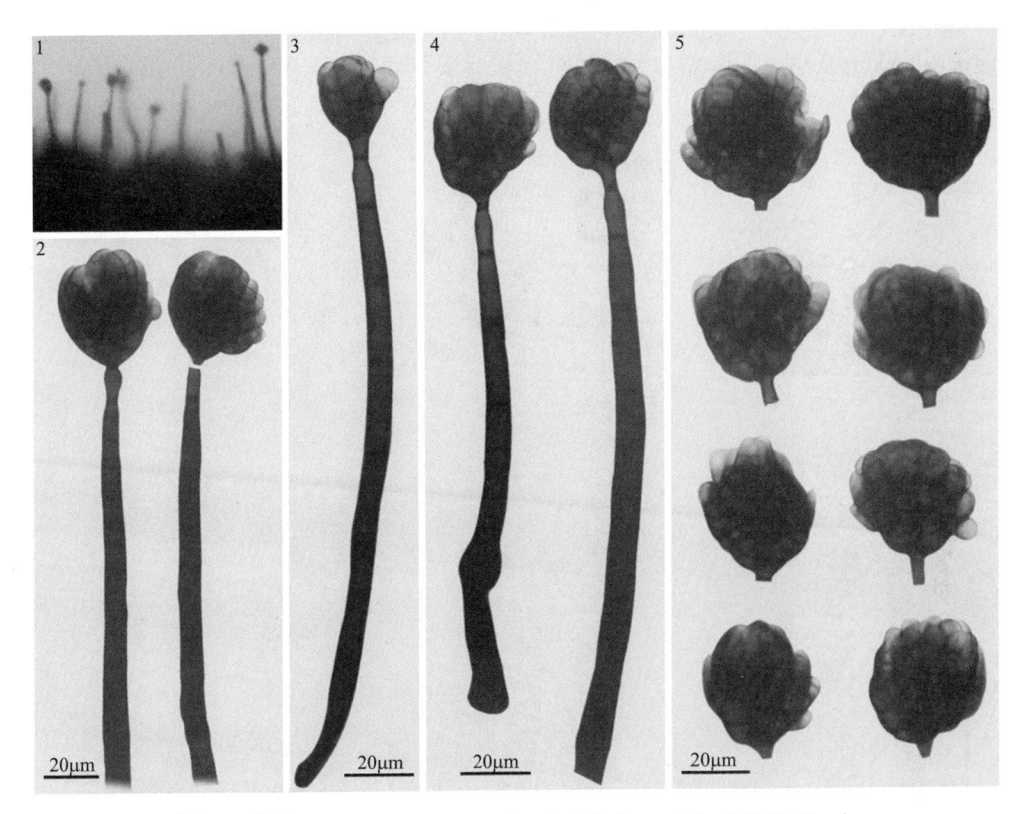

图 54　指孢 *Digitoramispora caribensis* R.F. Castañeda & W.B. Kendr.
1. 自然基质上的菌落；2～4. 分生孢子梗和分生孢子；5. 分生孢子。（HSAUP H7104）

偏心指孢　图 55

Digitoramispora excentrica (B. Sutton) R.F. Castañeda & W.B. Kendr., Univ. Waterloo Biol. Ser. 33: 20, 1990.

Acrodictys excentrica B. Sutton, Can. J. Bot. 47: 856, 1969.

菌落平展，黑色。菌丝体部分表生，部分埋生，由分枝、具隔、光滑、褐色、宽 1～2μm 的菌丝组成。分生孢子梗粗大，单生，直立或稍弯曲，不分枝，暗褐色，基部常膨大，长达 140μm，宽 3～4μm，多达 5 个葫芦形或桶形及顶层出延伸。产孢细胞单芽生式，合生，顶生，圆柱形至葫芦形，7～10 × 2～2.5μm。分生孢子全壁芽生式产生，单生，顶生，砖格状、掌状或不规则形，16.5～21 × 11.5～14μm，具 1～2 个横隔膜和 1～3 个纵隔膜，隔膜处加厚色深，顶部浅裂，指状分枝顶部细胞近无色。

植物枯枝，广东：韶关(丹霞山)，HSAUP H3273 (=HMAS 146120)，肇庆(鼎湖山)，HSAUP H5422-1、HSAUP H5437-3。

世界分布：加拿大、中国、古巴。

讨论：Sutton (1969) 最初将该菌鉴定为 *Acrodictys excentrica* B. Sutton。Hughes (1979) 观察该菌原始标本后将其鉴定为 *Arachnophora excentrica* (B. Sutton) S. Hughes。Castañeda-Ruíz 和 Kendrick (1990b) 基于该菌原始文献将其订正为 *Digitoramispora excentrica* (B. Sutton) R.F. Castañeda & W.B. Kendr.，但忽视了 Hughes(1979)对该菌的研究，因此该种的分类地位受到质疑。作者观察的分生孢子顶端未见类似 *Selenosporella* 的产孢结构，其他特征与 Sutton(1969)的描述基本一致。

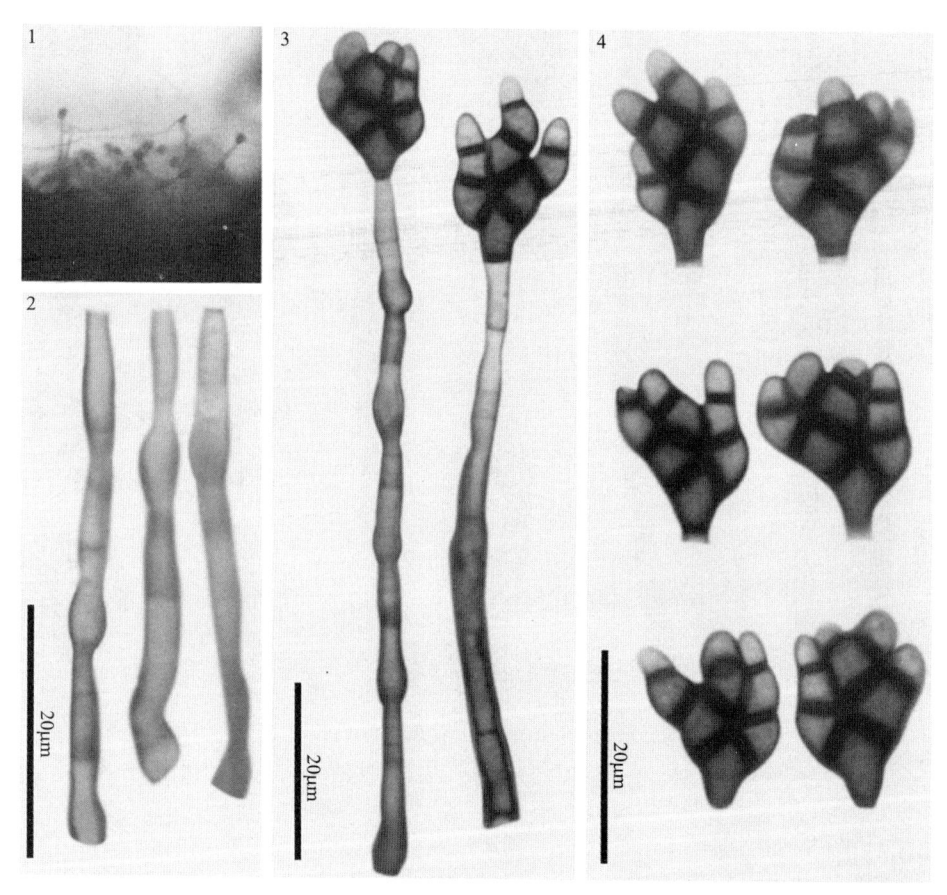

图 55　偏心指孢 *Digitoramispora excentrica* (B. Sutton) R.F. Castañeda & W.B. Kendr.
1. 自然基质上的菌落；2. 分生孢子梗；3. 分生孢子梗和分生孢子；4. 分生孢子。(HSAUP H3273)

葫芦指孢　图 56

Digitoramispora lageniformis Somrith. & E.B.G. Jones, Nova Hedwigia 77: 374, 2003.

　　菌落平展，黑色。菌丝体部分表生，部分埋生，由分枝、具隔、平滑、褐色、宽 1.5~3μm 的菌丝组成。分生孢子梗粗大，单生，直立或稍弯曲，不分枝，暗褐色，基部常膨大，长达 260μm，宽 6~10.5μm，多达 3 个葫芦形或桶形及顶层出延伸。产孢细胞单芽生式，合生，顶生，圆柱形至葫芦形，12~17 × 4~6μm。分生孢子全壁芽生式产生，单生，顶生，砖格状、掌状或不规则形，38~57 × 40~51μm，具许多短小、1~3 个隔膜、密集的分枝，分生孢子基部和中间细胞褐色至暗褐色，分枝顶端细胞近无色。

　　植物枯枝，广东：韶关（丹霞山），HSAUP H7034（=HMAS 146121）；海南：昌江（霸王岭），HSAUP H5143、HSAUP H5178、HSAUP H5230-1。

　　世界分布：中国、泰国。

讨论：该种最初由 Somrithipol 和 Jones(2003a)发现于泰国枯草茎秆上，与该属其他种的区别是分生孢子梗具葫芦形或桶形及顶层出延伸，分生孢子具许多短小分枝。作者观察的分生孢子比原始描述(37～45×28～32μm)略大，其他特征基本一致。

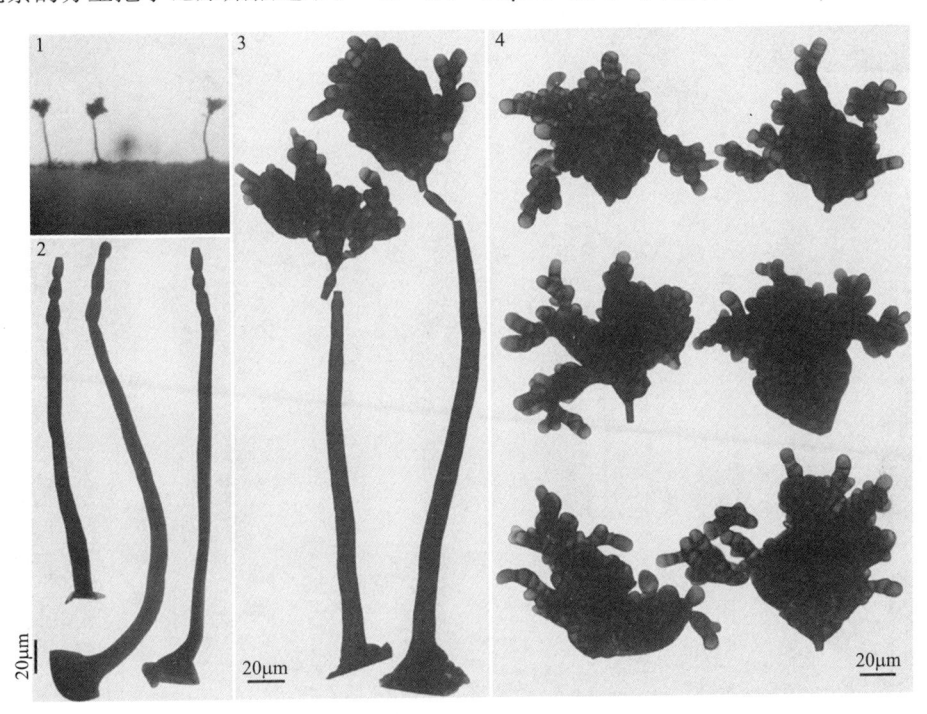

图 56 葫芦指孢 *Digitoramispora lageniformis* Somrith. & E.B.G. Jones
1. 自然基质上的菌落；2. 分生孢子梗；3. 分生孢子梗和分生孢子；4. 分生孢子。(HSAUP H7034)

坦氏指孢　图 57

Digitoramispora tambdisurlensis Pratibha, Raghuk. & Bhat, Mycotaxon 107: 383, 2009.

菌落稀疏，暗褐色。菌丝体大多埋生，少数表生，由分枝、具隔、光滑、褐色、宽 2～3μm 的菌丝组成。分生孢子梗单生，粗大，直立或稍弯曲，不分枝，暗褐色，基部膨大，200～230×5.5～11μm。产孢细胞单芽生式，合生，顶生，圆柱形，9～12.5×4.5～6μm。分生孢子全壁芽生式产生，单生，顶生，砖格状、掌状或不规则形，64.5～80×38.5～55.5μm，基部和中间细胞暗褐色，外围细胞或短小分枝浅褐色。

植物枯枝，福建：武夷山，HSAUP H1019-2；广东：从化，HSAUP H5341、HSAUP H5372-2、HSAUP H7074；湖南：张家界，HSAUP H3168(=HMAS 146119)、HSAUP H5314-1，HSAUP H5317。

世界分布：中国、印度。

讨论：Pratibha 等(2009)从印度植物枯枝上报道该种，该菌与其他 3 个种的主要区别是其分生孢子和分生孢子梗明显大。作者观察的分生孢子比原始描述(50～90×40～75μm)略小，但差异不明显，应视为同种。

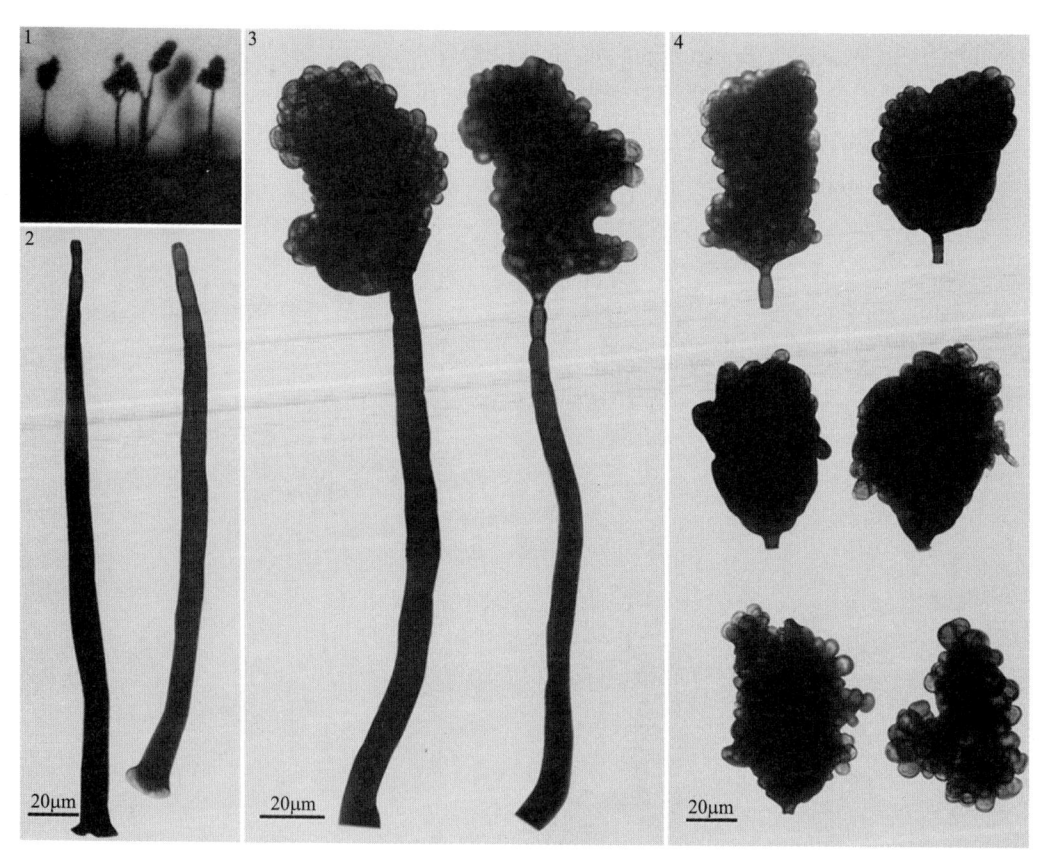

图57　坦氏指孢 *Digitoramispora tambdisurlensis* Pratibha, Raghuk. & Bhat
1. 自然基质上的菌落；2. 分生孢子梗；3. 分生孢子梗和分生孢子；4. 分生孢子。（HSAUP H3168）

双球霉属 **Diplococcium** Grove

J. Bot., Lond. 23: 167, 1885.

属级特征：菌落疏展，暗橄榄褐色、黑褐色至褐色，发状或绒毛状。菌丝体表生或埋生。分生孢子梗粗大，单生，直或弯曲，具隔，淡褐色至暗褐色或橄榄褐色，常光滑。产孢细胞多孔生式，合生，顶生和间生，有限生长，圆柱状。分生孢子链生，干性，顶侧生，通过产孢细胞的微小孔生出，椭圆形、圆柱形或倒卵形、卵形，淡褐色至暗褐色或红褐色，光滑或粗糙，具真隔膜。

模式种：双球霉 *Diplococcium spicatum* Grove。

讨论：Grove（1885）以双球霉 *D. spicatum* Grove 为模式种建立该属。Saccardo（1886, 1892）将来自毛枝孢属 *Cladotrichum* Corda、枝链孢属 *Dendryphion* Wallr.、丛梗孢属 *Monilia* Bonord. 和无孢霉属 *Racodium* Pers. 内的 5 个种组合至该属中。Holubová-Jechová（1982）在该属名下报道 3 个新种和 1 个来自栗色孢属 *Spadicoides* 的新组合种。Sinclair 等（1985）指出 *Diplococcium* 和 *Spadicoides* 两属分类单位易于混淆，分生孢子是否链生比分生孢子梗是否分枝对属级划分意义更大，将分生孢子链生作为 *Diplococcium* 区别于 *Spadicoides* 的唯一特征。此外，Sinclair 等（1985）澄清了两属内种分类的混乱现象，将 *S. catenulata* C.J.K. Wang & B. Sutton、*S. constricta* C.J.K. Wang & B. Sutton、*S. grovei* M.B. Ellis 和 *S. stoveri* M.B. Ellis 组合至 *Diplococcium*，并将 Wang 和 Sutton（1982）误划入 *Spadicoides* 的 *S. aspera* (Piroz.) C.J.K. Wang & B. Sutton 重新定为 *D. asperum* Piroz.。Goh 和 Hyde（1998a）采纳 Sinclair 等（1985）的分类观点，系统研究了该属内的 31 个种，承认 20 个种，描述 1 个新种，变隔双球霉 *D. varieseptatum* Goh & K.D. Hyde，同时概括了这 21 个种的主要形态特征，并编制了分种检索表，而另 11 个种则被排除出该属或视为疑问种，且 *D. atrovelutinum* U. Braun, Hosag. & T.K. Abraham（Braun *et al.*, 1996）被遗漏。随后，又有 6 个种被报道：*D. hughesii* C.J.K. Wang & B. Sutton（Wang and Sutton, 1998）、*D. verruculosum* A.C. Cruz, Gusmão & R.F. Castañeda（Cruz *et al.*, 2007）、*D. livistonae* L.G. Ma & X.G. Zhang（Ma *et al.*, 2012k）、*D. dimorphosporum* Hern.-Restr., J. Mena, Gené & Guarro（Hernández-Restrepo *et al.*, 2012b）、*D. racemosum* Silvera, Mercado, Gené & Guarro（Hernández-Restrepo *et al.*, 2012b）和 *D. singulare* Hern.-Restr., J. Mena, Gené & Guarro（Hernández-Restrepo *et al.*, 2012b）。其中 *D. hugesii* 具 *Selenosporella* 的共无性型（Wang and Sutton, 1998），*D. stoveri* 的活体培养物上则有时具瓶梗式共无性型（Shirouzu and Harada, 2008）。截至目前，该属名下承认 28 个种（Hernández-Restrepo *et al.*, 2012b; Ma *et al.*, 2012k），我国已知种 3 个。

目前，有关双球霉属无性型和有性型关联的报道较少。Subramanian（1983）推测双球霉属可能的有性型与格孢腔菌科（Pleosporaceae）和 *Helminthosphaeria* 的成员有关，且 *D. pulneyense* 与其有性型 *Otthia pulneyensis* Subram. & Sekar 的关联已在单孢培养下被证实（Subramanian and Sekar, 1989），但双球霉属与 *Helminthosphaeria* 成员的关联还没被明确证实（Goh and Hyde, 1998a）。Shenoy 等（2007, 2010）研究证实双球霉属是多源的，其成员与座囊菌纲（Dothideomycetes）和锤舌菌纲（Leotiomycetes）亲缘关系较近。

中国双球霉属 *Diplococcium* 分种检索表

1. 分生孢子椭圆形或近圆柱形，主要具 1 个隔膜 ·················· 普尔尼双球霉 *D. pulneyense*
1. 分生孢子圆柱形或短圆柱形至倒棒形，主要具 2 个或以上隔膜 ························ 2
　　2. 分生孢子具 2～(3)个真隔膜，分生孢子 15～28 × 5～7μm ············ 蒲葵双球霉 *D. livistonae*
　　2. 分生孢子具(1～)2～5(～7)个真隔膜，(12～)14.5～20(～30) × 4.5～7.5μm ··················
　　　　　　　　　　　　　　　　　　　　　　　　　　　　　　　　　　 蕉斑双球霉 *D. stoveri*

蒲葵双球霉　图 58

Diplococcium livistonae L.G. Ma & X.G. Zhang, Mycoscience 53: 27, 2012.

菌落疏展，暗褐色。菌丝体部分表生，部分埋生；菌丝分枝，具隔，淡褐色，光滑。分生孢子梗粗大，单生，圆柱形，不分枝，直或稍弯曲，光滑，金黄色，4～13 个隔膜，160～250 × 4～7μm。产孢细胞多孔生式，合生，顶生和间生，圆柱状，褐色，光滑，分生孢子脱落后产孢孔易见。分生孢子顶侧生，多达 6～7 个短链生，偶分枝，圆柱形，两端钝圆，光滑，金黄色，2～(3)个真隔膜，隔膜处常加厚色深，2 个隔膜的分生孢子 15～23 × 5～6.5μm，3 个隔膜的分生孢子 23～28 × 5～7μm。

蒲葵 *Livistona chinensis* R.Br.凋落枯枝，福建：武夷山，HSAUP H1030（=HMAS 146074）。

植物枯枝，广东：鼎湖山，HSAUP H8331。

世界分布：中国。

讨论：该种在形态上近似于牡竹双球霉 *D. dendrocalami* Goh, K.D. Hyde & Umali(Goh *et al*., 1998b)和秘鲁亚马逊双球霉 *D. peruamazonicum* Matsush.(Matsushima, 1993)，但其分生孢子圆柱形，2～(3)个真隔膜，15～28×5～7μm，而 *D. dendrocalami* 分生孢子长椭圆形或椭圆形，多具 1 个隔膜，12～17×6～9μm；*D. peruamazonicum* 分生孢子阔梭形至卵形，多具 1 个隔膜，12～34×7～10.5μm。

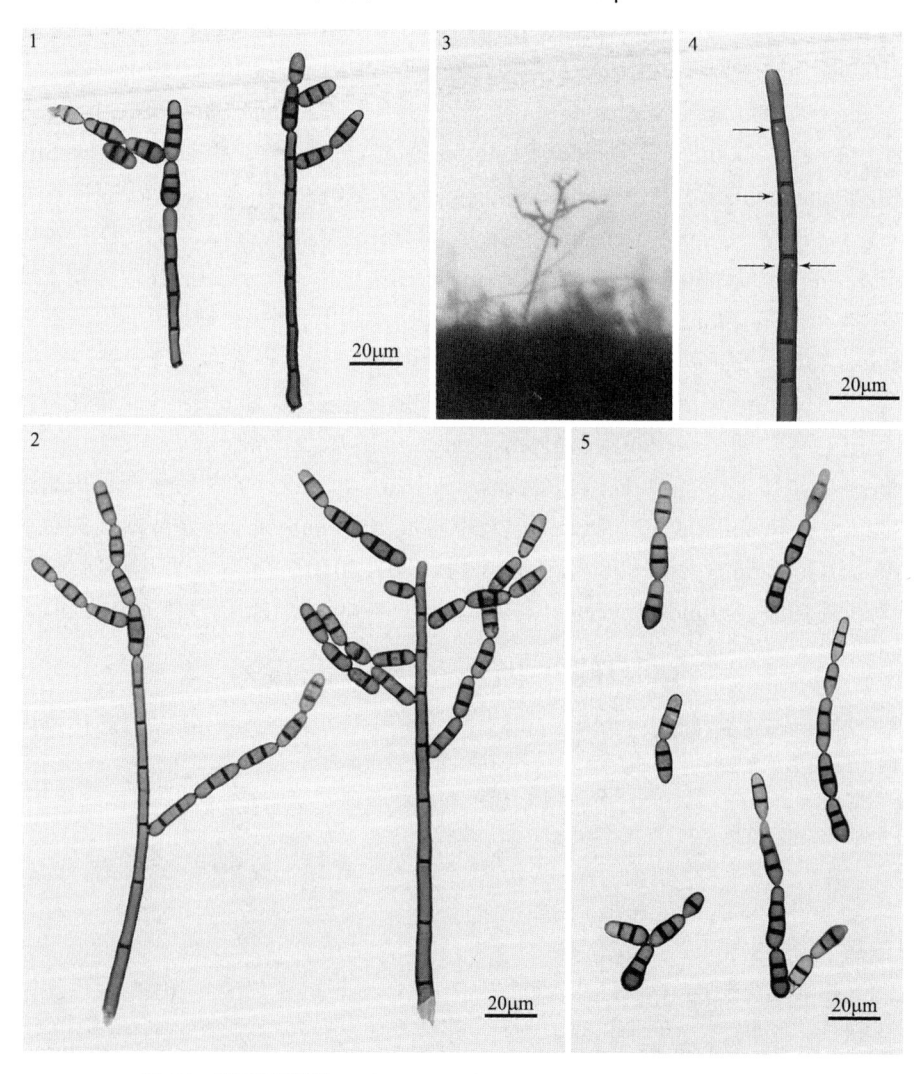

图 58 蒲葵双球霉 *Diplococcium livistonae* L.G. Ma & X.G. Zhang

1、2. 分生孢子梗、产孢细胞和分生孢子；3. 自然基质上的菌落；4. 产孢细胞上的产孢孔(箭头示)；5. 分生孢子。(HSAUP H1030)

普尔尼双球霉　图 59

Diplococcium pulneyense Subram. & Sekar, Kavaka 15: 91, 1989.

菌落疏展，暗褐色，发状。菌丝体部分表生，部分埋生，由分枝、具隔、淡褐色至褐色、光滑、宽 2~3μm 的菌丝组成。分生孢子梗粗大，单生，分枝较短，圆柱形，直或稍弯曲，光滑，褐色，壁厚，6~12 个隔膜，长 110~265μm，基部宽 8.5~10μm，顶部宽 5~7.5μm。产孢细胞多孔生式，合生，顶生和间生，圆柱形，褐色，光滑，壁厚。分生孢子顶侧生，链生并具分枝的链，椭圆形或近圆柱形，1(~2)个真隔膜，端部钝圆，褐色，光滑，壁厚，10~18.5×6~7.5μm。

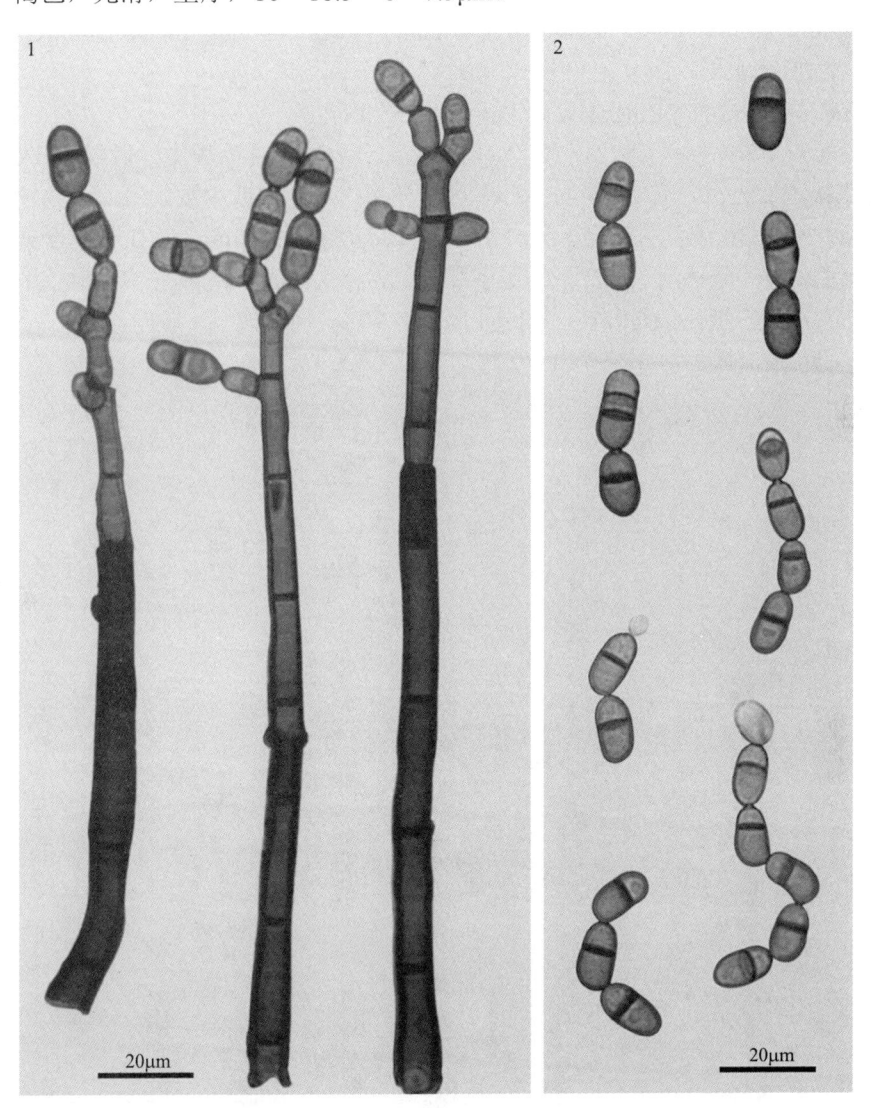

图 59　普尔尼双球霉 Diplococcium pulneyense Subram. & Sekar
1. 分生孢子梗和分生孢子；2. 分生孢子。（HSAUP H1787）

洋紫荆 *Bauhinia blakeana* Dunn 凋落枯枝，广东：从化，HSAUP H1787（=HMAS 146150）。

植物枯枝，海南：昌江（霸王岭），HSAUP H8422、HSAUP H8458。

世界分布：中国、印度。

讨论：该种与双球霉 *D. spicatum* Grove（Grove, 1885）形态相似，两者均产生分枝的分生孢子梗，近球形或椭圆形、具1个隔膜的分生孢子，但后者分生孢子小，6~9×3~4μm，颜色较浅，隔膜处不加厚色深。作者观察的分生孢子比原始描述（12~30μm）略短，但差异不明显，应视为同种。

蕉斑双球霉 图60

Diplococcium stoveri (M.B. Ellis) R.C. Sinclair, Eicker & Bhat, Trans. Br. Mycol. Soc. 85(4): 736, 1985.

Spadicoides stoveri M.B. Ellis, Mycol. Pap. 131: 22, 1972.

菌落平展，褐色至暗褐色，发状。菌丝体部分表生，部分埋生。菌丝分枝、具隔、淡褐色至褐色、光滑，宽2~4μm。分生孢子梗粗大，单生或少数簇生，不分枝，直或弯曲，长210~330μm，基部宽7.5~12.5μm，顶部宽5~7.5μm，具21~28个隔膜，光滑，暗褐色，向顶颜色渐浅。产孢细胞多孔生式，合生，顶生和间生，短圆柱状，褐色，光滑。分生孢子短链生，偶分枝，短圆柱形至倒棒形，两端阔圆，壁厚，光滑，(1~)2~5(~7)个真隔膜，褐色，(12~) 14.5~20 (~30) × 4.5~7.5μm。

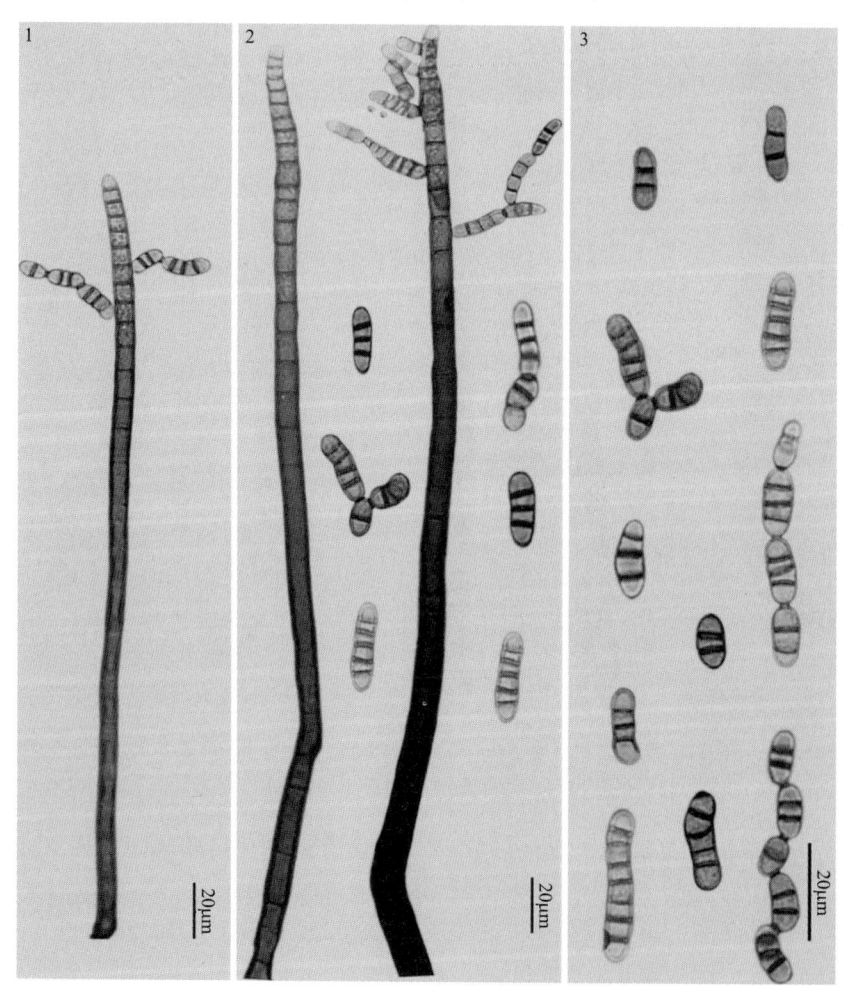

图60 蕉斑双球霉 *Diplococcium stoveri* (M.B. Ellis) R.C. Sinclair, Eicker & Bhat
1、2. 分生孢子梗、产孢细胞和分生孢子；3. 分生孢子。(HSAUP H8014)

植物枯枝，海南：三亚，HSAUP H8014。

世界分布：澳大利亚、中国、洪都拉斯、日本、南非。

讨论：该种最初由 Ellis(1972)发现于洪都拉斯油棕 *Elaeis guineensis* Jacq.叶片上，并被误定为 *Spadicoides stoveri* M.B. Ellis。Sinclair 等(1985)将其定为 *D. stoveri* (M.B. Ellis) R.C. Sinclair, Eicker & Bhat。原始描述分生孢子为 14~33×6~9μm，我国标本分生孢子略窄，其他特征基本一致。

雅致孢属 Elegantimyces Goh, K.M. Tsui & K.D. Hyde
Mycol. Res. 102 (2): 239, 1998.

属级特征：菌落稀疏，暗褐色至黑色，毛状。菌丝体大多埋生，少数表生。分生孢子梗粗大，单生，直或弯曲，圆柱形，平滑，具隔，褐色，不分枝或顶部破损细胞下方再生分枝。产孢细胞单芽生式，合生，顶生，有限生长，圆柱状。分生孢子以破生式脱落。分生孢子全壁芽生式产生，单生，顶生，干性，倒棍棒状，褐色，壁厚，光滑，具真隔膜。

共无性型：*Idriella*-like。

模式种：雅致孢 *Elegantimyces sporidesmiopsis* Goh, K.M. Tsui & K.D. Hyde。

讨论：Goh 等(1998c)以雅致孢 *E. sporidesmiopsis* Goh, K.M. Tsui & K.D. Hyde 为模式种建立该属，迄今仍为单种属。*E. sporidesmiopsis* 最初发现于香港沉水腐木上，其形态特征与艾氏孢属 *Iyengarina* Subram.(Subramanian, 1958) 和 *Physalidiopsis* R.F. Castañeda & W.B. Kendr.(Castañeda-Ruíz and Kendrick, 1990a)十分相似，分生孢子顶端存在共无性型，但 *Iyengarina* 产孢细胞具层出，分生孢子"Y"形；*Physalidiopsis* 分生孢子梗轮状分枝，分生孢子星状。此外，该属与近似属葚孢属 *Sporidesmium* Link(Link, 1809)的区别是分生孢子以破生式脱落，与内隔孢属 *Endophragmiella* B. Sutton(Sutton, 1973a)的区别是其分生孢子梗有限生长，顶部破损细胞下方再生分枝。

雅致孢 图 61

Elegantimyces sporidesmiopsis Goh, K.M. Tsui & K.D. Hyde, Mycol. Res. 102 (2): 239, 1998.

菌落稀疏，黑色，发状。菌丝体埋生，由分枝、具隔、光滑、浅褐色的菌丝组成。分生孢子梗单生，粗大，直立，圆柱形，平滑，具隔，不分枝或顶部破损细胞下方再生分枝，褐色，向顶颜色渐浅，长 70~110μm，宽 4~5.5μm。产孢细胞单芽生式，合生，顶生，圆柱形，有限生长。分生孢子以破生式脱落。分生孢子全壁芽生式产生，单生，顶生，干性，纺锤形，光滑，3~5 个(多为 4 个)真隔膜，基部细胞淡褐色至中度褐色，中部细胞暗褐色，顶部细胞近无色至淡褐色，长 30~38μm，宽 11~13μm，基部宽 2.5~3μm，近顶部渐窄，宽 4~4.5μm，顶端产生与"*Idriella*"近似的产孢细胞和分生孢子。

共无性型：与"*Idriella*"近似，次生分生孢子合轴式产生于初生孢子顶部，圆柱形至镰刀形，略弯曲，无色，无隔，5.5~10×1~2μm，顶部钝圆，基部平截，具破生式脱落后残留下的微小围领。

植物枯枝，海南：昌江（霸王岭），HSAUP H 8185-1。

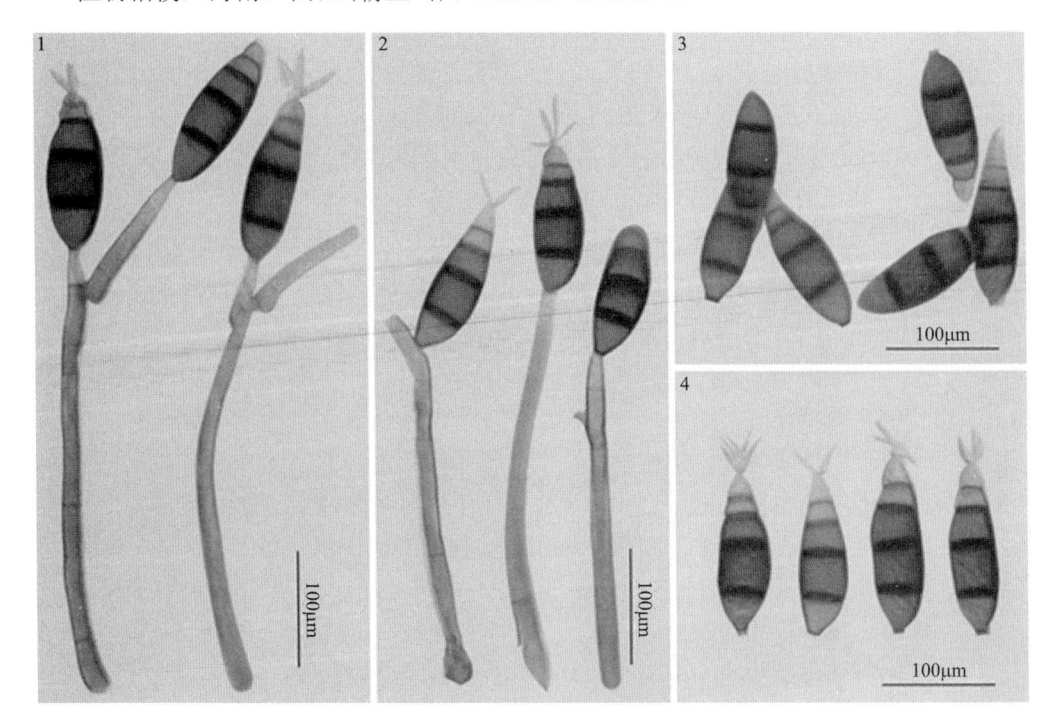

图61 雅致孢 *Elegantimyces sporidesmiopsis* Goh, K.M. Tsui & K.D. Hyde
1、2. 分生孢子梗、产孢细胞和分生孢子；3、4. 分生孢子。（HSAUP H 8185-1）

世界分布：中国。

讨论：Goh等（1998c）最初报道该种于香港沉水腐木上。原始描述分生孢子为30～45×9～11μm，隔膜为2～4个。作者观察的分生孢子比原始描述略宽，隔膜略多，但考虑到不同生境对真菌形态的影响，两者应视为同种。

棒梗孢属 Exserticlava S. Hughes

New Zealand J. Bot. 16(3): 332, 1978.

属级特征：菌落疏展，褐色至暗褐色。菌丝体部分表生，部分埋生，由分枝、具隔、光滑、暗褐色的菌丝组成。分生孢子梗粗大，单生，不分枝，直或稍弯曲，圆柱状，具及顶层出延伸，顶端具产孢细胞。产孢细胞多芽生式，合生，顶生，膨大，呈漏斗形。分生孢子全壁芽生式产生，单生，顶生，球形至椭圆形，淡褐色至褐色，具1～3个假隔膜，厚壁，光滑或具疣突。分生孢子以裂解式脱落。

模式种：棒梗孢 *Exserticlava vasiformis* (Matsush.) S. Hughes。

讨论：Hughes（1978i）建立棒梗孢属 *Exserticlava* S. Hughes，当时包括了来自暗双孢属 *Cordana* Preuss 的2个新组合种，即棒梗孢 *E. vasiformis* (Matsush.) S. Hughes 和三隔棒梗孢 *E. triseptata* (Matsush.) S. Hughes。此后，又报道5个分类单位，即单隔棒梗孢 *E. uniseptata* Bhat & B. Sutton（Bhat and Sutton，1985b）、球孢棒梗孢 *E. globosa* V. Rao &

de Hoog(Rao and de Hoog, 1986)、肯尼亚棒梗孢 *E. keniensis* K.M. Tsui, Goh & K.D. Hyde(Tsui *et al.*, 2001a)、云南棒梗孢 *E. yunnanensis* L. Cai & K.D. Hyde(Cai and Hyde, 2007)和木莲棒梗孢 *E. manglietiae* S.C. Ren & X.G. Zhang(Ren *et al.*, 2011b)。Tsui 等(2001a)对该属当时包括的 5 个种进行了系统研究，明确了该属的产孢机制：分生孢子萌发引起分生孢子梗顶端外壁破裂后形成产孢部位，破裂的外壁发育成围领结构；分生孢子从产孢梗顶端的产孢部位连续产生(Bhat and Sutton, 1985b; Nakagiri and Ito, 1995)。另外，Tsui 等(2001a)指出该属产孢方式与极孢属 *Cacumisporium* Preuss 和氯霉属 *Chloridium* Link 十分相似，但该属漏斗形的产孢细胞产生淡褐色至褐色、具 1~3 个假隔膜的分生孢子，而 *Cacumisporium* 圆柱形的产孢细胞产生真隔膜的分生孢子(Tsui *et al.*, 2001b); *Chloridium* 分生孢子无色，无隔膜(Gams and Holubová-Jechová, 1976)。

截至目前，该属已报道 7 个种，均发现于热带及亚热带地区植物枯枝、落叶及竹子上，除球孢棒梗孢 *E. globosa* 外，另外 6 个种的分生孢子壁均平滑。该属分种的主要依据为分生孢子形状、大小、隔膜及孢壁纹饰。我国已报道 6 个种。

中国棒梗孢属 *Exserticlava* 分种检索表

1. 分生孢子具 1 个隔膜 ··· 2
1. 分生孢子具 3 个隔膜 ··· 5
　2. 分生孢子球形，胞壁粗糙，16~25 × 16~20μm ······················ 球孢棒梗孢 *E. globosa*
　2. 分生孢子卵形、椭圆形、倒卵形或阔棍棒形，胞壁平滑，宽度≤13μm ······················· 3
3. 分生孢子卵形，基部细胞褐色至暗褐色，顶部细胞淡褐色至近无色 ··· 云南棒梗孢 *E. yunnanensis*
3. 分生孢子椭圆形、倒卵形或阔棍棒形，各细胞色泽基本一致 ··· 4
　4. 分生孢子椭圆形，14~16 × 9~11μm ···································· 木莲棒梗孢 *E. manglietiae*
　4. 分生孢子倒卵形或阔棍棒形，12.5~17.5 × 8~12.5μm ············ 单隔棒梗孢 *E. uniseptata*
5. 分生孢子梗顶端具一锥形、无色结构，分生孢子 22~25.5 × 11~13.5μm ······ 棒梗孢 *E. vasiformis*
5. 分生孢子梗顶端无锥形、无色结构，分生孢子 25.5~32.5 × 13.5~15.5μm ·· 三隔棒梗孢 *E. triseptata*

木莲棒梗孢　图 62

Exserticlava manglietiae S.C. Ren & X.G. Zhang, Mycotxon 118: 350, 2011.

菌落疏展，褐色。菌丝体部分表生，部分埋生，由具隔、光滑、褐色、分枝的菌丝组成。分生孢子梗粗大，单生或少数簇生，不分枝，直或稍弯曲，光滑，壁厚，暗褐色，向顶颜色渐浅，6~11 个隔膜，360~490 × 5~8.5μm，顶部膨大，宽 7.5~11μm。产孢细胞多芽生式，合生，顶生，棍棒形，合轴式延伸。分生孢子裂解式脱离。分生孢子全壁芽生式产生，单生，顶生，干性，光滑，椭圆形，壁厚，具 1 个假隔膜，浅淡褐色，14~16 × 9~11μm，基部平截，常聚生。

万山木莲 *Manglietia chingii* Dandy 凋落枯枝，广东：乳源（南岭），HSAUP H8363(=HMAS 146154)。

世界分布：中国。

讨论：该种分生孢子形态与球形棒梗孢 *E. globosa* V. Rao & de Hoog(Rao and de Hoog, 1986)、单隔棒梗孢 *E. uniseptata* Bhat & B. Sutton(Bhat and Sutton, 1985b)和云南棒梗孢 *E. yunnanensis* L. Cai & K.D. Hyde(Cai and Hyde, 2007)十分相似，但 *E. globosa*

分生孢子球形，胞壁粗糙，较大，16～22×16～20μm；*E. uniseptata* 分生孢子阔倒卵形，较大，15～20×11～14μm；*E. yunnanensis* 分生孢子卵形，较大，16～22×10～13μm。

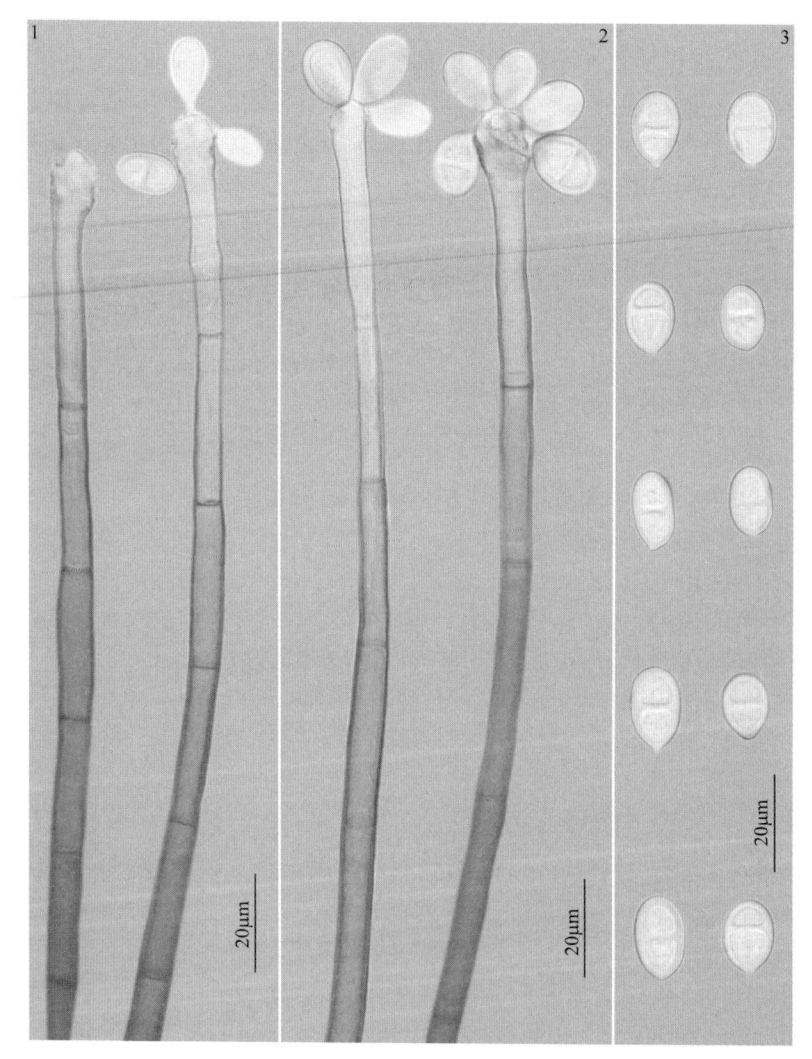

图62 木莲棒梗孢 *Exserticlava manglietiae* S.C. Ren & X.G. Zhang
1、2. 分生孢子梗、产孢细胞和分生孢子；3. 分生孢子。（HSAUP H8363）

三隔棒梗孢 图63

Exserticlava triseptata (Matsush.) S. Hughes, New Zealand J. Bot. 16(3): 333, 1978.
Cordana triseptata Matsush., Icon. Microfung. Matsush. Lect. (Kobe): 39, 1975.

菌落疏展，灰褐色。菌丝体大多埋生，少数表生。分生孢子梗粗大，单生，直或弯曲，不分枝，圆柱形，具隔，长达300μm，宽6.5～9μm，褐色至暗褐色，向顶颜色渐浅。产孢细胞多芽生式，合生，顶生，淡褐色至褐色，连续产孢。分生孢子以裂解方式脱离。分生孢子全壁芽生式产生，单生，顶生，椭圆形，淡褐色至褐色，厚壁，平滑，3个假隔膜，25.5～32.5×13.5～15.5μm，常聚生。

植物枯枝，广东：始兴（车八岭），HSAUP H5409；海南：昌江（霸王岭），HSAUP

H0519-3，万宁，HSAUP H5219，儋州，HSAUP VII₀ ZK 0472（=HMAS 144863）；云南：景洪（西双版纳），HSAUP H5622、HSAUP H5625。

世界分布：中国、日本、肯尼亚、马来西亚、墨西哥、密克罗尼西亚、塞舌尔、泰国、越南等。

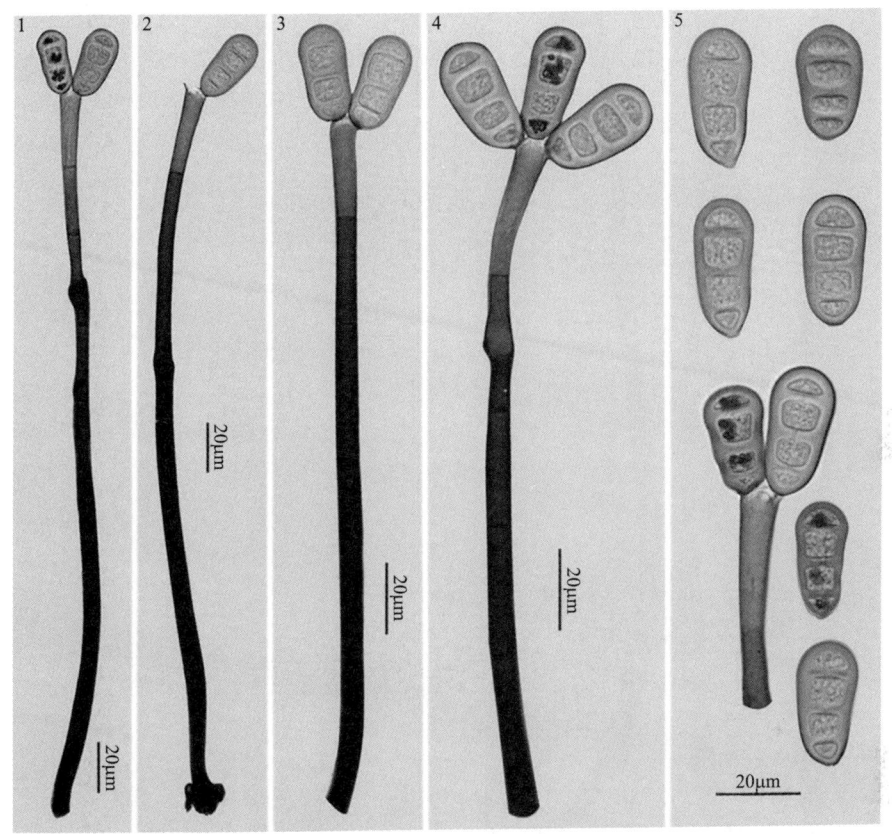

图 63 三隔棒梗孢 *Exserticlava triseptata* (Matsush.) S. Hughes
1～4. 分生孢子梗、产孢细胞和分生孢子；5. 产孢细胞和分生孢子。（HSAUP H5409）

讨论：Matsushima（1975）曾将该种误鉴定为 *Cordana triseptata* Matsush.（Matsushima, 1975）。Hughes（1978i）观察该种模式标本将其鉴定为 *E. triseptata*。该种分生孢子形状、隔膜及色泽与棒梗孢 *E. vasiformis* 十分相似，但后者分生孢子较小，18～26 × 10～13μm，分生孢子梗顶端具一锥形、无色结构，彼此易区分。作者观察的该菌形态特征与 Matsushima（1975）的描述基本一致。

单隔棒梗孢　图 64

Exserticlava uniseptata Bhat & B. Sutton, Trans. Br. Mycol. Soc. 85(1): 116, 1985.

菌落疏展，灰褐色。菌丝体大多埋生，少数表生。分生孢子梗粗大，单生，直或弯曲，不分枝，有限生长，圆柱形，3～10 个隔膜，200～250 × 5～7.5μm，褐色至暗褐色。产孢细胞多芽生式，合生，顶生，淡褐色至褐色，漏斗形，光滑，顶端膨大，钝圆，30.5～60 × 10.5～15.5μm。分生孢子以裂解方式脱离。分生孢子全壁芽生式产生，单生，顶生，倒卵形或阔棍棒形，淡褐色至褐色，厚壁，平滑，1 个假隔膜，12.5～17.5 × 8～12.5μm，

• 97 •

常聚生。

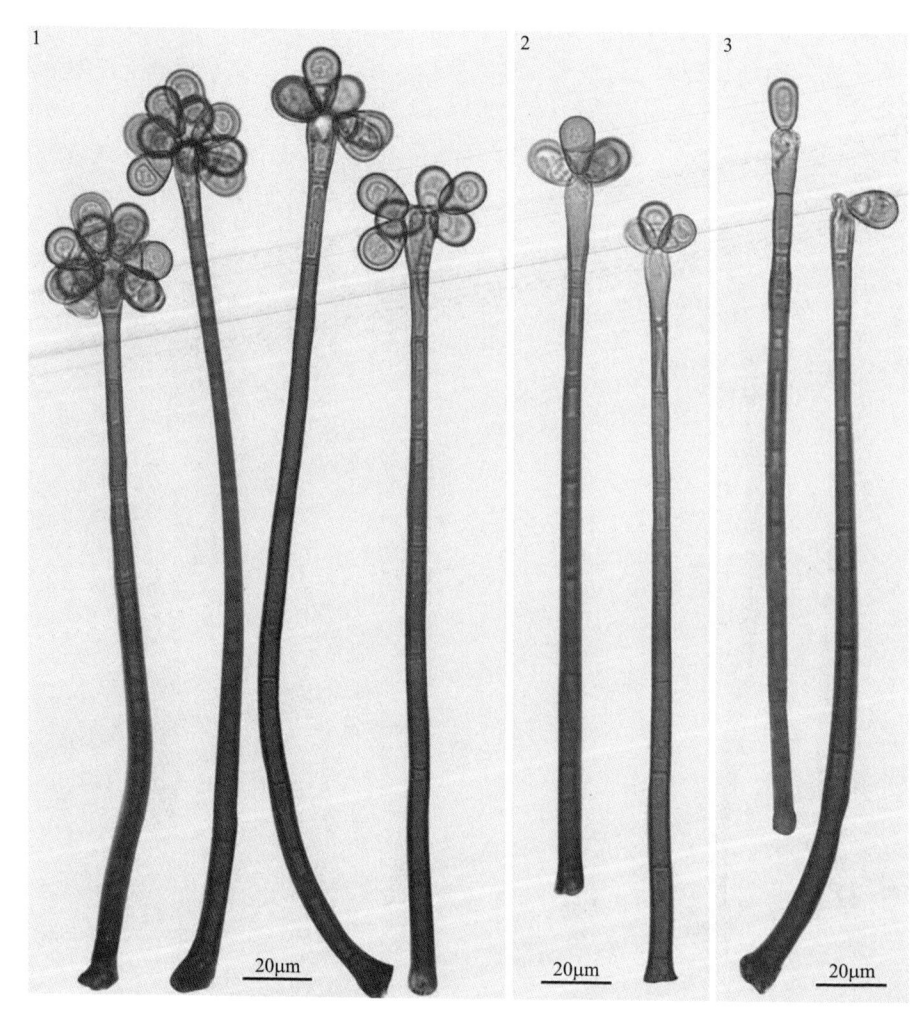

图 64 单隔棒梗孢 *Exserticlava uniseptata* Bhat & B. Sutton
1~3. 分生孢子梗和分生孢子。(HSAUP H2216)

植物枯枝，四川：成都(青城山)，HSAUP H2216。

世界分布：中国、埃塞俄比亚。

讨论：Bhat 和 Sutton(1985b)最初于埃塞俄比亚植物枯枝上报道该种，并与近似种棒梗孢 *E. vasiformis* (Matsush.) S. Hughes 和三隔棒梗孢 *E. triseptata* (Matsush.) S. Hughes(Hughes，1978i)进行比较。该种分生孢子形态与肯尼亚棒梗孢 *E. keniensis* K.M. Tsui, Goh & K.D. Hyde(Tsui *et al.*，2001a)十分相似，但后者分生孢子较大，23~30 × 19~22 μm，具 2~3 个假隔膜。作者发现的该种形态特征与原始描述基本一致。

棒梗孢 图 65

Exserticlava vasiformis (Matsush.) S. Hughes, New Zealand J. Bot. 16: 332, 1978.

Cordana vasiformis Matsush., Icon. Microfung. Matsush. Lect. (Kobe): 40, 1975.

菌落疏展，灰褐色。菌丝体大多埋生，少数表生。分生孢子梗粗大，单生，直或弯曲，不分枝，有限生长，圆柱形，3~4个隔膜，139~172.5 × 7~9.5μm，褐色至暗褐色。产孢细胞多芽生式，合生，顶生，淡褐色至褐色，漏斗形，最初顶端钝圆，后产孢细胞外壁破裂留下一个可育部位并不断延伸形成一个锥形、无色、4~8个隔膜且顶端钝圆的结构，66.5~90 × 15.5~22.5μm。分生孢子以裂解式脱离。分生孢子全壁芽生式产生，单生，顶生，椭圆形，淡褐色至褐色，厚壁，平滑，3个假隔膜，22~25.5 × 11~13.5μm，常聚生。

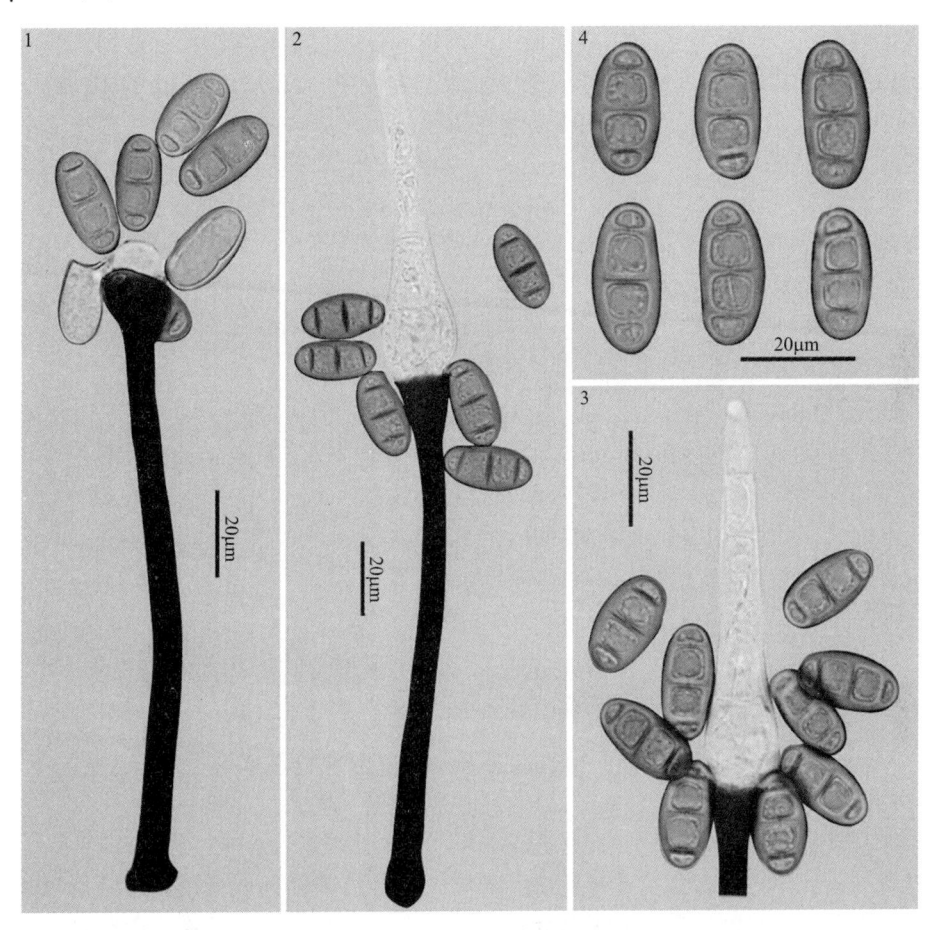

图 65 棒梗孢 *Exserticlava vasiformis* (Matsush.) S. Hughes
1~3. 分生孢子梗、产孢细胞和分生孢子；4. 分生孢子。（HSAUP H5017-2）

植物枯枝，福建：武夷山，HSAUP H5017-2；湖南：长沙（岳麓山），HSAUP V$_0$0617，张家界，HSAUP H8220；云南：景洪（西双版纳），HSAUP H5644。

世界分布：澳大利亚、中国、古巴、格鲁吉亚、印度、日本、马来群岛、新西兰、南非、泰国。

讨论：该种为属的模式种，主要腐生于木材上，广布于热带和亚热带。Matsushima (1975)最初将其误鉴定为 *Cordana vasiformis* Matsush.(Matsushima, 1975)。Hughes (1978i)观察该种模式和权威标本后，将其鉴定为 *E. vasiformis*。该种与其他种的区别是其分生孢子梗顶端具一锥形、无色结构，分生孢子椭圆形，具3个假隔膜。作者观察的该菌形态特征与 Hughes(1978i)的描述基本一致。

作者未观察的种

云南棒梗孢

Exserticlava yunnanensis L. Cai & K.D. Hyde, Mycoscience 48(5): 292, 2007.

分生孢子梗粗大，单生，112.5～175×5～8μm，基部和端部膨大，宽 7.5～10μm，褐色至暗褐色，向顶颜色渐浅，光滑，4～6 个隔膜，不分枝，圆柱形，直或弯曲，具及顶层出现象。产孢细胞多芽生式，合生，顶生，有限生长，圆柱形，合轴式产孢。分生孢子以裂解方式脱离。分生孢子全壁芽生式产生，16～22×10～13μm，干性，平滑，1 个假隔膜，顶部细胞小，淡褐色至近无色，半球形；基部细胞大，褐色至暗褐色，球形或近球形，基部平截。

沉水腐木，云南：景洪（西双版纳），CAI 7FB30[=HKU(M)10858]。

世界分布：中国。

（据 Cai and Hyde，2007）。

球孢棒梗孢

Exserticlava globosa V. Rao & de Hoog, Stud. Mycol. 28: 51, 1986.

分生孢子梗 90～150×6～8μm，顶部产孢细胞膨大，宽约 10μm。分生孢子 16～22×16～20μm，球形，淡褐色，1 个假隔膜，壁稍粗糙。

沉水腐木，香港，KM 230[=HKU(M) 8051]。

世界分布：中国、印度。

（据 Tsui *et al.*，2001a）。

古氏霉属 Guedea Rambelli & Bartoli

Trans. Brit. Mycol. Soc. 71 (2): 342, 1978.

属级特征：菌落稀疏，褐色至黑色，发状。菌丝体大多埋生，由分枝、具隔、淡褐色、光滑的菌丝组成。分生孢子梗粗大，单生，不分枝或基部偶分枝，直或稍弯曲，圆柱状，顶端钝圆，光滑，具隔，顶部增长，无限生长，淡褐色至褐色。产孢细胞单芽生式，合生，间生，褐色。产孢位点具齿，侧生于隔膜下方。分生孢子全壁芽生式产生，单生，干性，卵形、倒卵形，具隔，光滑，淡褐色至暗褐色，基部常具小齿。

模式种：古氏霉 *Guedea sacra* Rambelli & Bartoli。

讨论：Rambelli 和 Bartoli(1978)从科特迪瓦发现一种丝孢菌，其形态特征与短蠕孢属 *Brachysporium* (Sacc.) Sacc.(Saccardo, 1886) 和栗色孢属 *Spadicoides* S. Hughes(Hughes, 1958)十分相似，但该菌产孢细胞单芽生式，间生，具齿，且产孢位点侧生于隔膜下方，而 *Spadicoides* 产孢细胞多孔生式，顶生和间生，无小齿；*Brachysporium* 产孢细胞多芽生式，顶生，明显不同于该种。因此，Rambelli 和 Bartoli(1978)以该菌为模式种建立了古氏霉属 *Guedea*。

截至目前，该属已报道 3 个种，除模式种 *G. sacra* Rambelli & Bartoli 外，另外 2

个种为新西兰古氏霉 *G. novae-zelandiae* S. Hughes(Hughes, 1980)和卵形古氏霉 *G. ovata* Morgan-Jones, R.C. Sinclair & Eicker(Morgan-Jones *et al.*, 1983)，均发现于腐木、树皮上。该属我国已报道 2 个种。

新西兰古氏霉　图 66

Guedea novae-zelandiae S. Hughes, New Zealand J. Bot. 18 (1): 65, 1980.

菌落疏展，褐色至黑色。菌丝体部分表生，部分埋生，由分枝、具隔、淡褐色至褐色、平滑、宽 2～3μm 的菌丝组成。分生孢子梗粗大，单生或少数簇生，直或弯曲，不分枝或基部偶分枝，近圆柱形，光滑，具隔，顶部增长，无限生长，淡褐色至褐色，长达 320μm，宽 4～6.5μm。产孢细胞单芽生式，合生，间生，褐色。产孢位点具齿，侧生于隔膜下方。分生孢子全壁芽生式产生，单生，干性，相继形成于短的小齿上，卵形至近圆柱形，平滑，2 个隔膜，底部 2 个细胞褐色，顶部细胞色淡，隔膜处加厚色深，似暗带，11.5～15 × 6.5～8.5μm。

植物枯枝，广东：从化，HSAUP H1795；广西：十万大山，HSAUP H6312(=HMAS 243433)；海南：儋州，HSAUP VII₀ 0025-1、HSAUP VII₀ 0023-3。

世界分布：美国、中国、新西兰。

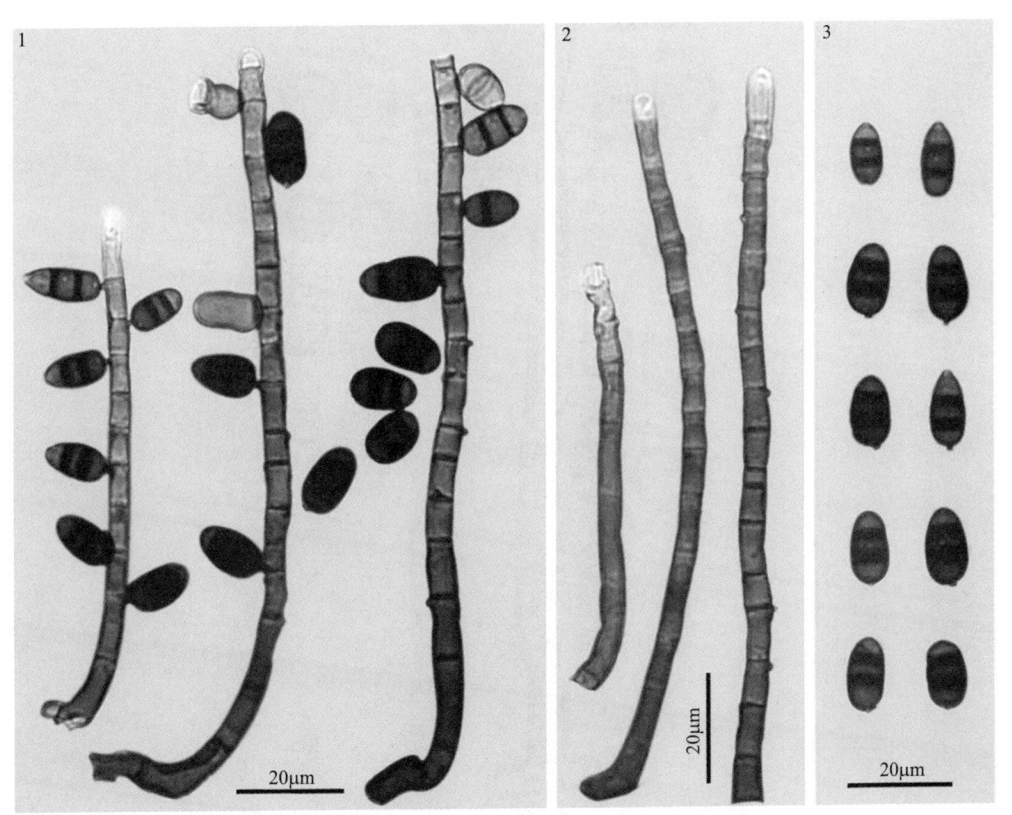

图 66　新西兰古氏霉 *Guedea novae-zelandiae* S. Hughes
1. 分生孢子梗和分生孢子；2. 分生孢子梗；3. 分生孢子。(HSAUP H1795)

讨论：Hughes(1980)认为该种与古氏霉 *G. sacra* Rmbelli & Bartoli(Rambelli and

Bartoli，1978）的区别是后者分生孢子主要为近圆形，两端钝圆，中部通常略窄，且分生孢子较大，15～21 × 9～10μm。Wang 和 Sutton（1982）自美国植物枯枝上报道该种。作者观察的该菌分生孢子比原始描述（13.5～16.2 × 7.2～9μm）略小，其他特征基本一致。

卵形古氏霉　图 67

Guedea ovata Morgan-Jones, R.C. Sinclair & Eicker, Mycotaxon 17: 306, 1983.

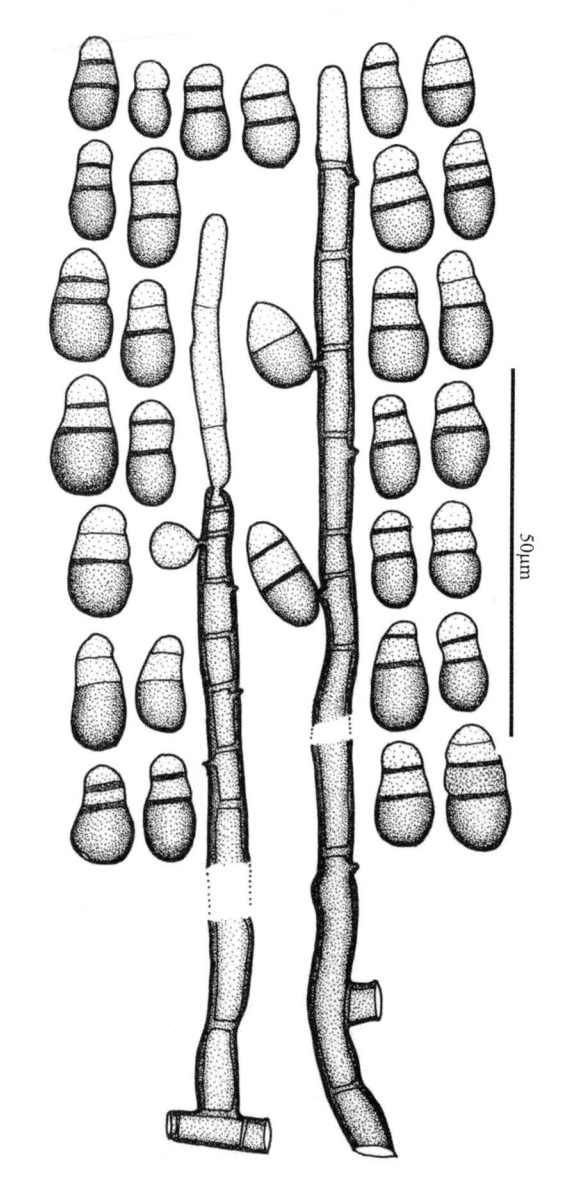

图 67　卵形古氏霉 *Guedea ovata* Morgan-Jones, R.C. Sinclair & Eicker
分生孢子梗和分生孢子。（HSAUP V$_0$ 0371）

菌落疏展，褐色至黑色。菌丝体大多埋生，少数表生，由淡褐色、具隔、光滑、分枝、宽 2~3μm 的菌丝组成。分生孢子梗粗大，单生或少数簇生，不分枝或基部偶分枝，直或弯曲，圆柱形，平滑，具隔，顶部增长，无限生长，淡褐色至褐色，长达 410μm，宽 4~5.5μm，基部细胞长 6.5~12μm，近顶部细胞渐短，顶部细胞长 2.5~6.5μm。产孢细胞单芽生式，合生，间生。产孢位点具齿，侧生于隔膜下方。分生孢子全壁芽生式产生，单生，干性，相继形成于短的小齿上，卵形，平滑，基部细胞褐色，其余细胞淡褐色，具 2 个隔膜，隔膜处略缢缩，13~17.5 ×7.5~9.5μm。

植物枯枝，海南：乐东（尖峰岭），HSAUP H0447。

黄刺玫 *Rosa xanthina* Lindl.凋落枯枝，四川：雅安，HSAUP V$_0$ 0371。

世界分布：中国、南非。

讨论：Morgan-Jones 等（1983）认为该种与古氏霉 *G. sacra* Rmbelli & Bartoli (Rambelli and Bartoli, 1978) 和 *G. novae-zelandiae* S. Hughes（Hughes，1980）的主要区别是分生孢子色淡，阔卵形，隔膜处稍缢缩，无暗色横带，基部痕不明显。作者观察的该菌形态特征与原始描述基本一致。

半棒孢属 Hemicorynespora M.B. Ellis

Mycol. Pap. 131: 19, 1972.

属级特征：菌落疏展，暗褐色至黑褐色，绒毛状。菌丝体部分表生，部分埋生。分生孢子梗单生或簇生，自菌丝顶端或侧面生，粗大，不分枝，直或弯曲，圆柱形，具隔，光滑，褐色或暗褐色。产孢细胞单孔生式，合生，顶生，有限生长或具及顶层出延伸。分生孢子单生，顶生，干性，钻石形、柠檬形、倒卵形或椭圆形，具 0~1 个真隔膜，壁光滑，褐色或暗褐色。

模式种：半棒孢 *Hemicorynespora deightonii* M.B. Ellis。

讨论：Ellis 于 1972 年建立半棒孢属 *Hemicorynespora* M.B. Ellis，当时包括了 2 个种，即模式种半棒孢 *H. deightonii* M.B. Ellis 和新组合种僧帽半棒孢 *H. mitrata* (Penz. & Sacc.) M.B. Ellis。后该属又报道 10 个种（Matsushima，1981；Holubová-Jechová，1987b；Subramanian，1995；Mercado-Sierra *et al.*，1997a；Sivanesan and Chang，1997；Delgado-Rodríguez *et al.*，2007；Ma *et al.*，2012b）。其中倒棍棒半棒孢 *H. obclavata* Subram.(Subramanian，1995) 和多隔半棒孢 *H. multiseptata* Sivan. & H.S. Chang (Sivanesan and Chang，1997) 的分生孢子隔膜分别为 2 个和 4~5 个，与 Ellis（1972）建属时的属级标准不符。Delgado-Rodríguez 等（2007）系统讨论了该属分生孢子的形态特征，但未对 *H. obclavata* 和 *H. multiseptata* 的分类地位提出质疑。Siqueira 等（2008）系统论述了该属与近似属异棒孢属 *Solicorynespora* R.F. Castañeda & W.B. Kendr.、棒孢属 *Corynespora* Güssow、小棒孢属 *Corynesporella* Munjal & H.S. Gill 和拟棒孢属 *Corynesporopsis* P.M. Kirk 的区别，指出该属和 *Solicorynespora* 的分生孢子隔膜数目具连续性，即该属分生孢子隔膜为 0~1 个，而 *Solicorynespora* 分生孢子隔膜为 2 个至多个，两属特征极其相近，但目前尚缺分子系统学证据，其形态分类地位暂时仍被认可。为避免再度引起此两属分类混乱，作者在前期研究中将 *H. obclavata* 和 *H. multiseptata* 从 *Hemicorynespora* 移出，报道组合至 *Solicorynespora*。

目前，该属已报道 10 个种，我国已知 2 个种(Ma et al., 2012b)。该属真菌均采自热带地区，且大多数发现于枯枝、落叶及植物叶柄上，少数种发现于其他真菌上。该属分种的主要依据为分生孢子形状、大小、隔膜有无及其位置。

棍棒半棒孢　图 68

Hemicorynespora clavata G. Delgado, Mercado & J. Mena, Crypt. Mycol. 28(1): 66, 2007.

菌落疏展，黑褐色至黑色，毛发状。菌丝体部分表生，部分埋生，由分枝、具隔、淡褐色、光滑、宽 2～4μm 的菌丝组成。分生孢子梗粗大，单生或少数簇生，不分枝，直或稍弯曲，光滑，具隔，褐色至暗褐色，有限生长或具及顶层出，46.5～106 × 4～5.5μm。产孢细胞单孔生式，合生，顶生，圆柱形或葫芦形，褐色，光滑，15～25 × 3～4μm。分生孢子以裂解式脱落。分生孢子单生，顶生，干性，绝大多数棍棒形，少数椭圆形，光滑，褐色至红褐色，中心具 1 个真隔膜，隔膜处有时稍缢缩，11.5～15 × 4.5～6.5μm，基部平截，宽 1.5～2.5μm。

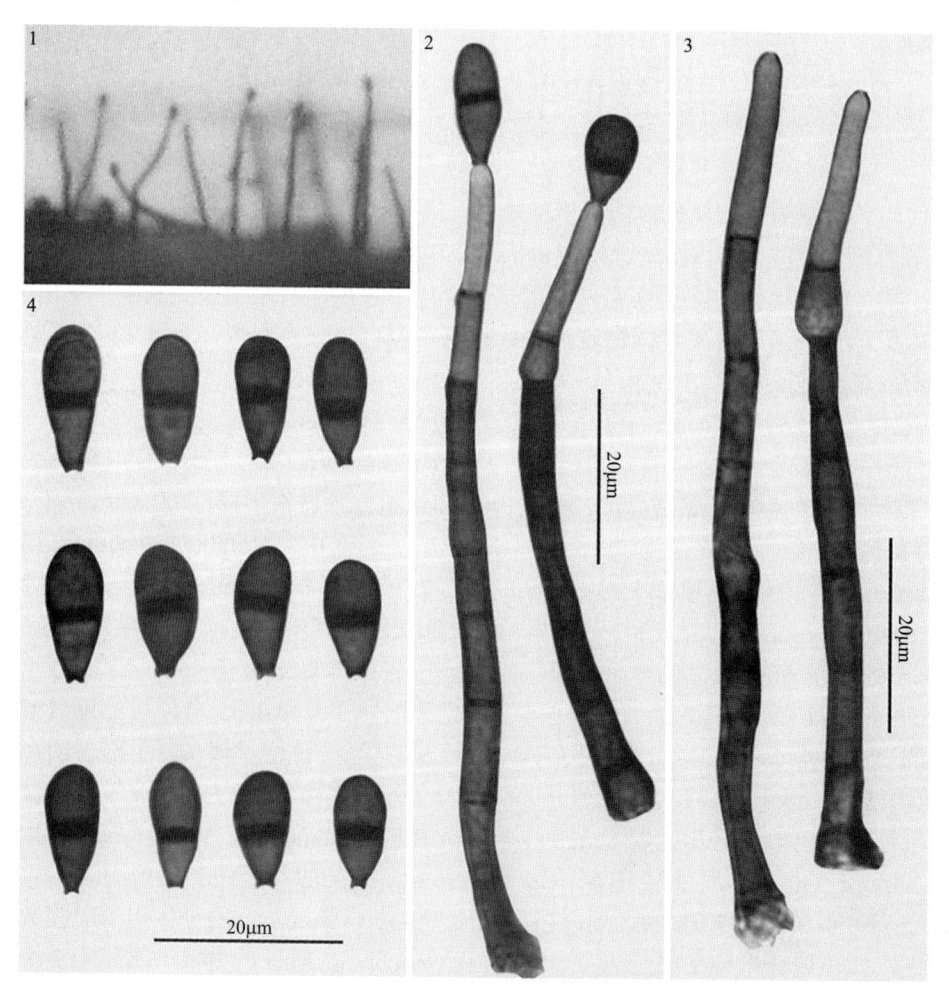

图 68　棍棒半棒孢 *Hemicorynespora clavata* G. Delgado, Mercado & J. Mena
1. 自然基质上的菌落；2. 分生孢子梗和分生孢子；3. 分生孢子梗；4. 分生孢子。(HSAUP H5226)

植物枯枝，海南：昌江（霸王岭），HSAUP H5226（=HMAS 146086）。

世界分布：中国、古巴。

讨论：Delgado-Rodríguez 等（2007）称该种与其他种的主要区别是分生孢子主要为棍棒形至椭圆形。作者观察该种分生孢子与原始描述（12～20×4～6μm）大小略有差异，其他特征无显著差别。

龙眼生半棒孢　图 69

Hemicorynespora dimocarpi Jian Ma & X.G. Zhang, Nova Hedwigia, 95: 236, 2012.

菌落疏展，暗褐色至暗黑褐色，毛发状。菌丝体部分表生，部分埋生，由分枝、具隔、淡褐色至褐色、光滑、宽 1～3μm 的菌丝组成。分生孢子梗粗大，单生或少数簇生，不分枝，直或稍弯曲，光滑，具隔，褐色至暗褐色，圆柱形，长达 375μm，宽 3.5～7.5μm。产孢细胞单孔生式，合生，顶生，圆柱形或葫芦形，褐色，光滑，偶具 1 个及顶层出，12.5～27×3.5～4.5μm。分生孢子以裂解式脱落。分生孢子单生，顶生，干性，钻石形至长卵形，褐色至暗褐色，中部具 1 个真隔膜，22.5～29.5×10.5～13μm，基部细胞平截，具明显的乳头状突起。

龙眼 *Dimocarpus longan* Lour.凋落枯枝，海南：乐东（尖峰岭），HSAUP H5287（=HMAS 146085）。

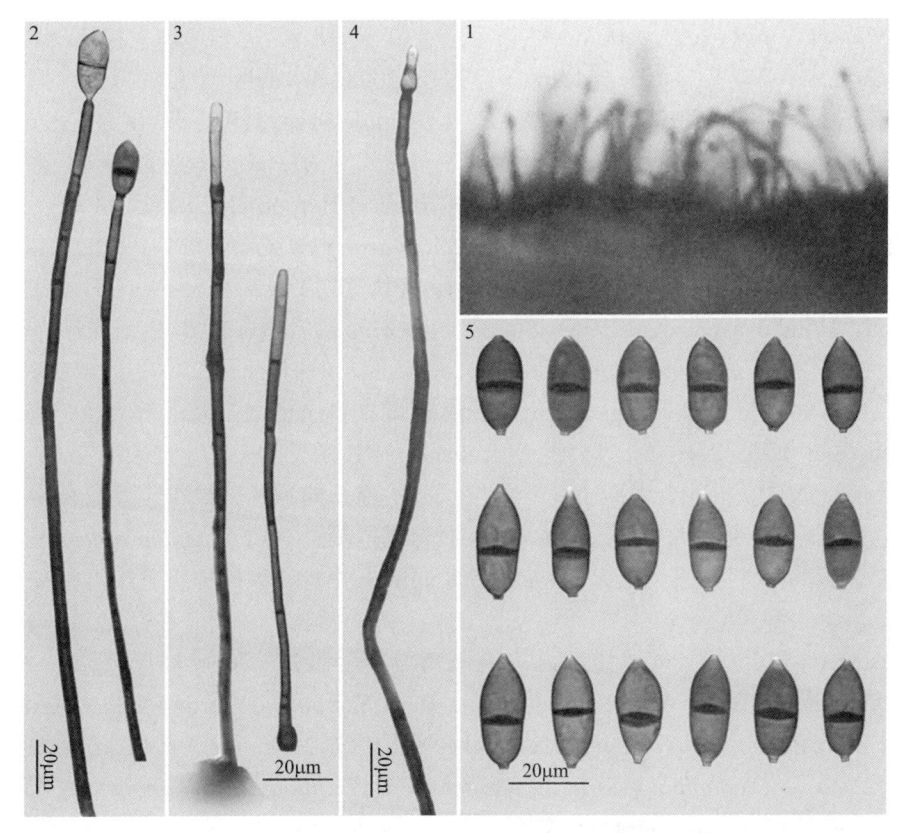

图 69　龙眼生半棒孢 *Hemicorynespora dimocarpi* Jian Ma & X.G.Zhang
1. 自然基质上的菌落；2. 分生孢子梗和分生孢子；3、4. 分生孢子梗；5. 分生孢子。（HSAUP H5287）

世界分布：中国。

讨论：该种分生孢子形态与半棒孢 *H. deightonii* M.B. Ellis 和僧帽半棒孢 *H. mitrata* (Penz. & Sacc.) M.B. Ellis(Ellis, 1972) 有些相似，但 *H. deightonii* 分生孢子无隔膜；*H. mitrata* 分生孢子稍短一些，18～25μm，具 1 个隔膜且位于孢子中心以下。另外，该种不同于其他种的特征是钻石形至长卵形分生孢子基部细胞底部具明显的乳头状突起。

异参孢属 Heteroconium Petr.

Sydowia 3: 264, 1949.

属级特征：菌落疏展，褐色至黑色。菌丝体表生或埋生，由分枝、具隔、平滑、淡褐色至褐色的菌丝组成。分生孢子梗粗大，单生或少数簇生，不分枝或偶具次生分枝，且分枝形成于孢子脱落后或近及顶层出处，平滑，直或弯曲，圆柱形，褐色至暗褐色。产孢细胞单芽生式，合生，顶生，圆柱形，有限生长或及顶层出。分生孢子全壁芽生式产生，顶生，向顶式链生，不分枝，光滑，具真隔膜，纺锤形、圆柱形至长方形。分生孢子以裂解式脱落。

模式种：异参孢 *Heteroconium citharexyli* Petr.。

讨论：Petrak(1949)从厄瓜多尔 *Citharexylum ilicifolium* Kunth 叶片上发现异参孢 *Heteroconium citharexyli* Petr.，并以此为模式种建立该属。Ellis(1971a)、Morgan-Jones(1976)、Castañeda-Ruíz 等(1999b, 2008)和 Taylor 等(2001)详细描述了该属的形态特征。Hughes(2007)研究发现 *H. solaninum* (Sacc. & P. Syd.) M.B. Ellis(Ellis, 1976)专性寄生于星盾菌上，其隔膜形成顺序与模式种 *H. citharexyli* 的不同，遂以此建立新属 *Pirozynskiella* S. Hughes。Crous 等(2007b)在对 Herpotrichiellaceae 和 Venturiaceae 两科进行分子系统学研究时发现 *Heteroconium chaetospira* (Grove) M.B. Ellis(Ellis, 1976) 具有 *Cladophialophora* Borelli 的典型特征，遂将其定为 *C. chaetospira* (Grove) Crous & Arzanlou。Holubová-Jechová(1978)发现 *H. tetracoilum* (Corda) M.B. Ellis 分生孢子具假隔膜，并将其定为 *Lylea tetracoila* (Corda) Hol.-Jech.，但 Hughes(2007)指出该种为菌寄生菌，对其划入 *Lylea* Morgan-Jones 提出质疑。Castañeda-Ruíz 等(2008)指出 *H. nigroseptatum* V.G. Rao 虽已注册 Mycobank 号(MB122942)，但未有效发表；*H. queenslandicum* Matsush. 分生孢子发育类型、分生孢子向顶式分枝链生及分枝孢子裂解式脱落等特征不符合 *Heteroconium* 的特征，而与近拟侧耳霉属 *Parapleurotheciopsis* P.M. Kirk 的一致，建议将其组合至 *Parapleurotheciopsis*。至此，该属种级分类混乱局面得到澄清。

Castañeda-Ruíz 等(2008)详细讨论了该属与其近似属 *Cladophialophora*、*Lylea*、*Xenoheteroconium* Bhat, W.B. Kendr. & Nag Raj、*Septonema* Corda、*Phaeoblastophora* Partr. & Morgan-Jones 和 *Taeniolella* S. Hughes 等的区别特征。Ma 等(2012h)则编制了该属与 *Lylea*、*Cladophialophora*、*Septonema*、*Taeniolella*、*Xenoheteroconium*、*Parapleurotheciopsis*、*Bispora* Corda、*Ampullifera* Deighton、*Xylohypha* (Fr.) E.W. Mason、*Pirozynskiella* S. Hughes 和 *Pleurotheciopsis* B. Sutton 11 个近似属的分类检索表，澄清了该属与近似属的区别，明确了该属的分类地位。截至目前，该属包括 20 个种，我国已

知 11 个种。

中国异参孢属 *Heteroconium* 分种检索表

1. 分生孢子具 1 个隔膜 ··· 2
1. 分生孢子主要具 2 个或以上隔膜 ··· 3
    2. 分生孢子纺锤形至圆柱形，24.5～38.5 × 4.5～6μm ············· 印度异参孢 *H. indicum*
    2. 分生孢子椭圆形至卵形，10～14 × 4.5～6.5μm ············· 波纳佩异参孢 *H. ponapense*
3. 分生孢子椭圆形，主要具 2 个隔膜，20～25 × 7～10μm ····· 观光木异参孢 *H. tsoongiodendronis*
3. 分生孢子倒棍棒形、圆柱形或纺锤形 ·· 4
    4. 分生孢子同时具隔膜、假隔膜 ··································· 版纳异参孢 *H. bannaense*
    4. 分生孢子无假隔膜 ·· 5
5. 分生孢子具 8～18 个或 9～16(～24)个隔膜 ·· 6
5. 分生孢子具 8 个以下隔膜 ··· 8
    6. 分生孢子圆柱形或纺锤形，50～85 × 4～6μm ········· 新木姜子异参孢 *H. neolitseae*
    6. 分生孢子倒棍棒形，宽≥8μm ··· 7
7. 分生孢子 8～18 个隔膜，45～110 × 8～12μm ····································· 榕异参孢 *H. fici*
7. 分生孢子具 9～24 个隔膜，95～300 × 9.5～15μm ·························· 红楣异参孢 *H. annesleae*
    8. 分生孢子长 56～110μm ···································· 青篱竹异参孢 *H. arundicum*
    8. 分生孢子长≤54.5μm ·· 9
9. 分生孢子宽 10～16.5μm ·· 黄檗异参孢 *H. phellodendri*
9. 分生孢子宽(5.5～)7～10μm ··· 10
    10. 分生孢子具 0～6 个隔膜，13～44 × 5.5～10μm，次生孢子偶从分生孢子侧面产生 ·······
         ··· 木荷异参孢 *H. schimae*
    10. 分生孢子具 4～8 个隔膜，21.5～50 × 7～10μm，新的分生孢子仅从分生孢子顶端产生 ·······
         ··· 美丽异参孢 *H. decorosum*

红楣异参孢   图 70

Heteroconium annesleae S.C. Ren & X.G. Zhang, Mycotaxon 119: 363, 2012.

菌落疏展，暗褐色，发状。菌丝体部分表生，部分埋生，由分枝、具隔、光滑、淡褐色、宽 2～5μm 的菌丝组成。分生孢子梗粗大，单生，不分枝，圆柱状，直或稍弯曲，光滑，褐色，3～5 个隔膜，55～65 × 4.5～8.5μm。产孢细胞单芽生式，合生，顶生，圆柱形，平滑，褐色，有限生长，顶部平截。分生孢子以裂解式脱落。分生孢子全壁芽生式产生，顶生，链生，倒棍棒形，近顶端渐窄，平滑，褐色，顶部细胞淡褐色，9～24 个真隔膜，95～300 × 9.5～15μm，基部平截。

海南红楣 *Annuslea hainanensis* (Kobuski) Hu 凋落枯枝，海南：昌江(霸王岭)，HSAUP H8492(=HMAS 146160)。

世界分布：中国。

讨论：该种分生孢子形态与美丽异参孢 *H. decorosum* R.F. Castañeda, Saikawa & Guarro (Castañeda-Ruíz *et al.*, 1999b) 有些相似，但后者分生孢子较小，20～30 × 3～5μm，隔膜较少，3～6 个，为不同种。

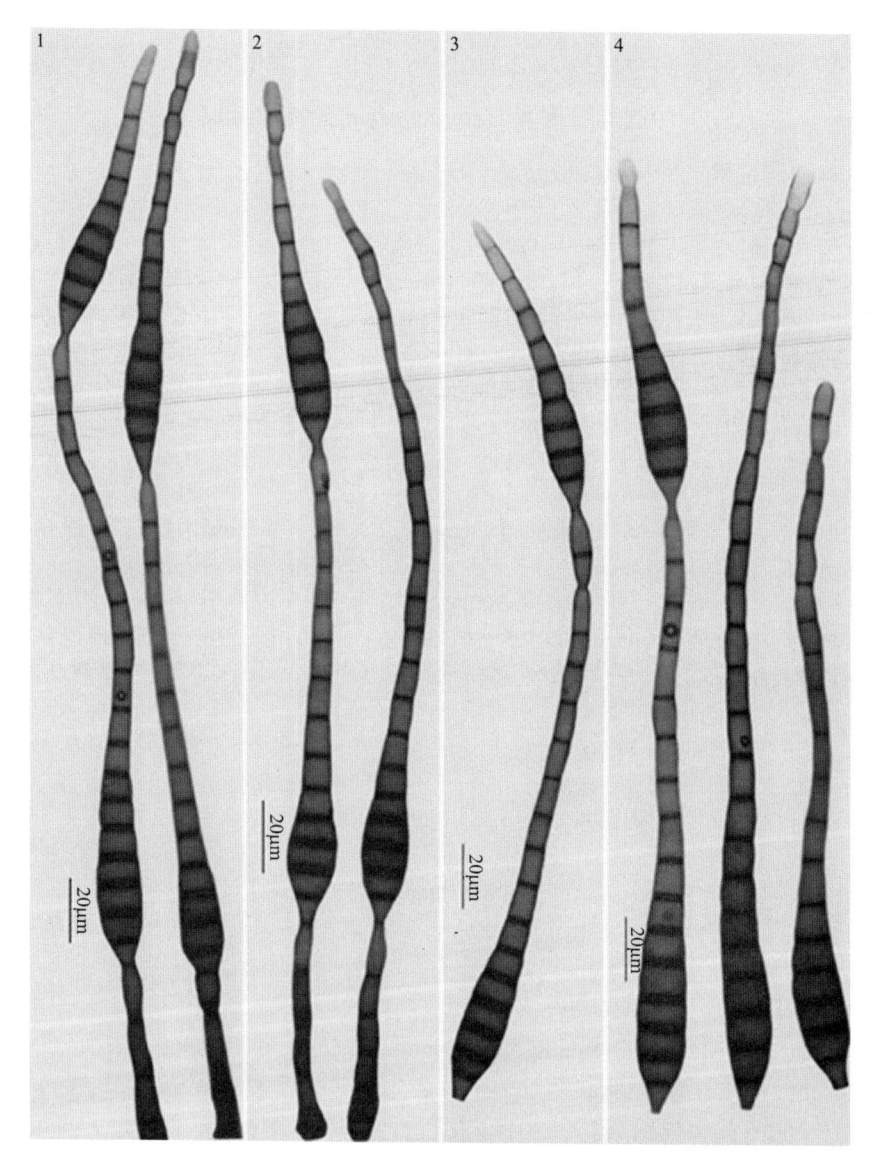

图 70 红楣异参孢 *Heteroconium annesleae* S.C. Ren & X.G. Zhang
1、2. 分生孢子梗和分生孢子；3、4. 分生孢子。(HSAUP H8492)

青篱竹异参孢 图 71

Heteroconium arundicum Chowdhry, Indian Phytopath. 33(2): 361, 1980.

菌落平展，褐色至黑褐色。菌丝体大多埋生，由分枝、具隔、淡褐色、光滑的菌丝组成。分生孢子梗粗大，单生或少数簇生，偶分枝，直或弯曲，光滑，褐色，具隔，56～180 × 5.5～7.5µm。产孢细胞单芽生式，合生，顶生，圆柱形，褐色，光滑，14.5～20 × 5.5～7.5µm。分生孢子以裂解式脱落。分生孢子全壁芽生式产生，顶生，链生，光滑，圆柱形至纺锤形，直或稍弯曲，褐色，具(3～)5～6(～8)个真隔膜，56～110 × 7.5～11µm，基部平截，宽 1.5～2µm。

植物枯枝，海南：昌江（霸王岭），HSAUP H5204，临高，HSAUP H5493-2 (=HMAS

243412)。

世界分布：中国、印度。

讨论：该种最初由Chowdhry(1980)发现于印度青篱竹属 *Arundinaria* sp.植物枯死茎秆上，近似于异参孢 *H. citharexyli* Petr.(Petrak, 1949)，但后者分生孢子明显小，10～40 × 4～7μm。作者观察的分生孢子梗偶分枝，与原始描述略有差别，其他特征基本一致。

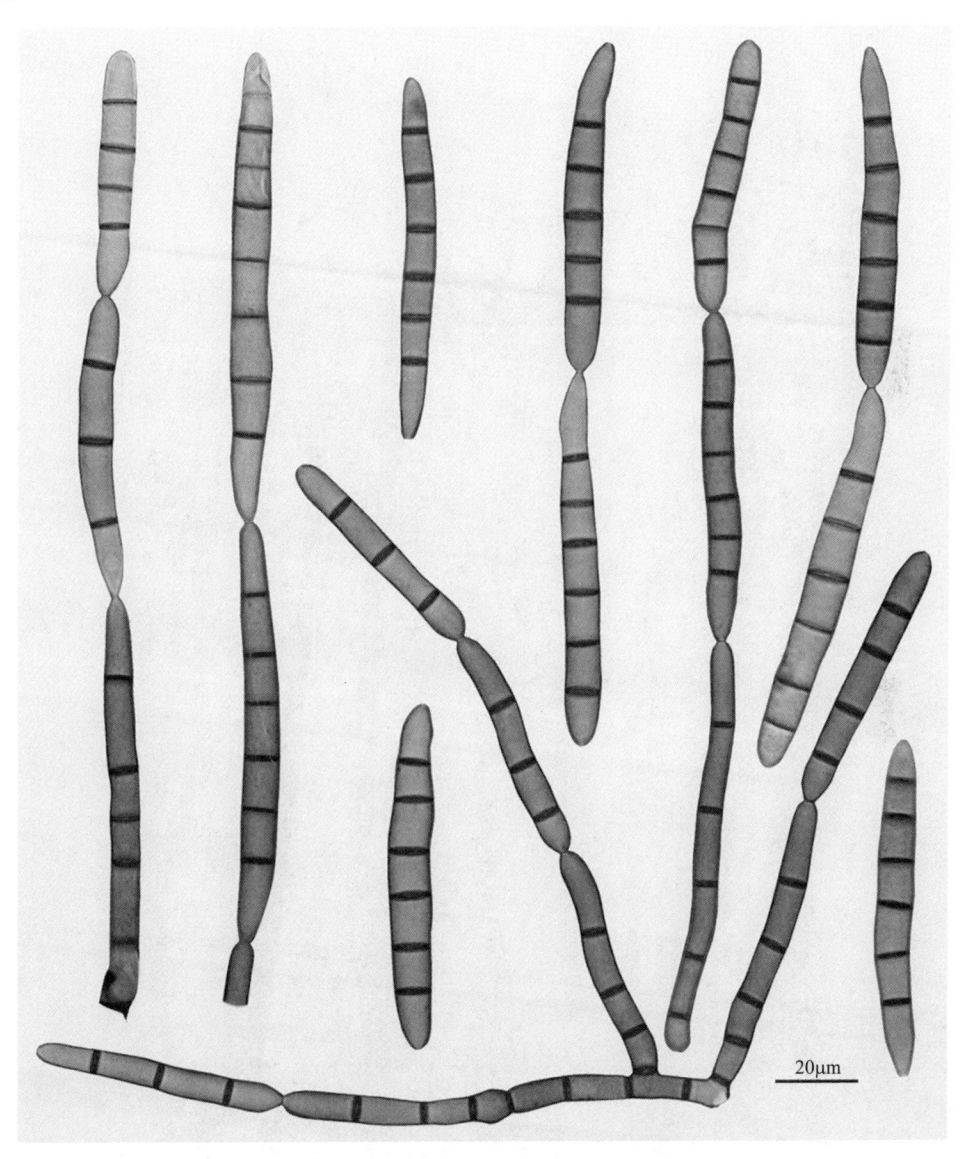

图71 青篱竹异参孢 *Heteroconium arundicum* Chowdhry
分生孢子梗和分生孢子。(HSAUP H5493-2)

版纳异参孢 图72

Heteroconium bannaense J.W. Xia & X.G. Zhang, Mycotaxon 121: 415, 2012.

菌落平展，暗褐色，毛发状。菌丝体部分表生，部分埋生，由分枝、具隔、淡褐色、光滑、宽1~2μm的菌丝组成。分生孢子梗粗大，单生，不分枝，直或稍弯曲，圆柱形，光滑，褐色，6~11个隔膜，76.5~197×3~7μm。产孢细胞单芽生式，合生，顶生，圆柱形，有限生长或及顶层出，褐色，光滑，6.5~8×2.5~3.5μm，顶端平截。分生孢子以裂解式脱落。分生孢子全壁芽生式产生，顶生，多达9个孢子链生，倒棍棒形，直或稍弯曲，褐色，光滑，14~22个隔膜（真隔膜6~8个，假隔膜8~14个），58~93.5×5~8μm，基部平截。

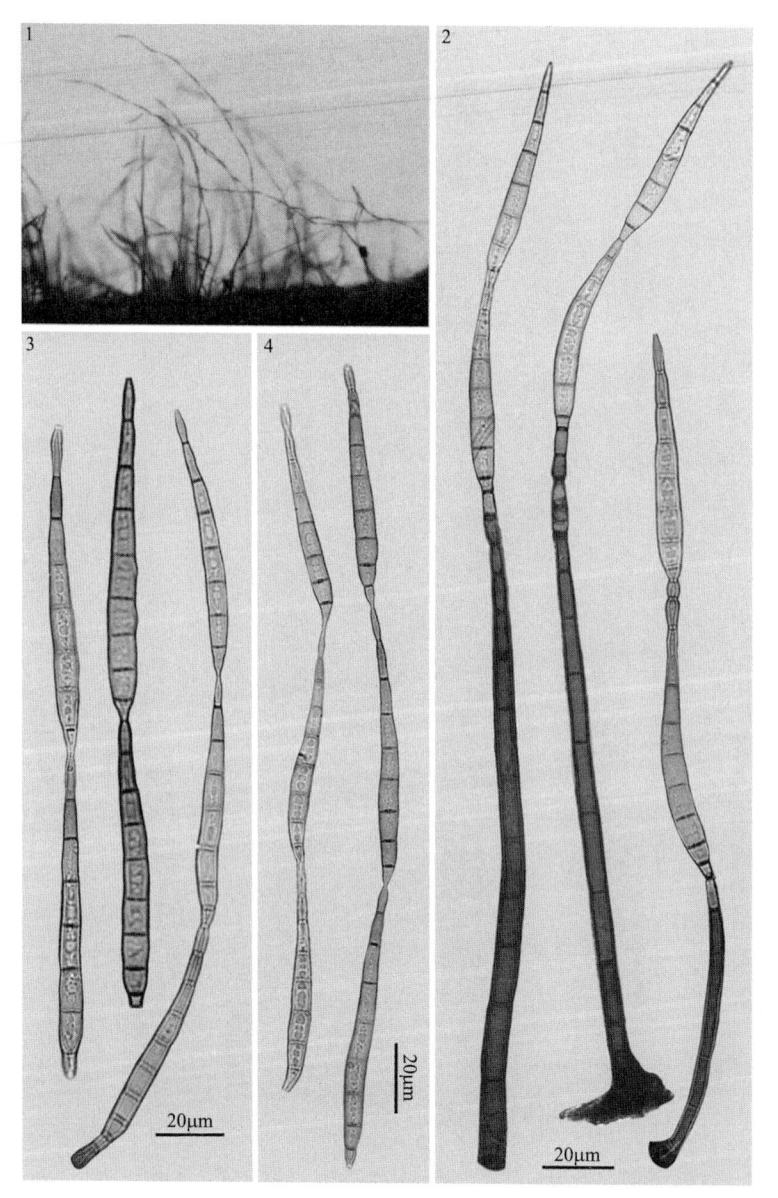

图72 版纳异参孢 *Heteroconium bannaense* J.W. Xia & X.G. Zhang
1. 自然基质上的菌落；2. 分生孢子梗和分生孢子；3、4. 分生孢子。（HSAUP H6035）

芦苇 *Phragmites communis* Trin.枯死茎秆，云南：景洪（西双版纳），HSAUP H6035（=HMAS 243411）。

世界分布：中国。

讨论：该种分生孢子形态与热带异参孢 *H. tropicale* R.F. Castañeda & W.B. Kendr.(Castañeda-Ruíz and Kendrick，1990b)有些相似，但后者分生孢子小，26~52×4~6μm，隔膜少，3~6个。另外，该种与其他种的区别是其倒棍棒形的分生孢子，同时具真隔膜、假隔膜。

美丽异参孢 图73

Heteroconium decorosum R.F. Castañeda, Saikawa & Guarro, Mycotaxon 71: 297, 1999.

菌落疏展，暗褐色。菌丝体部分表生，部分埋生，由分枝、具隔、淡褐色至褐色、光滑的菌丝组成。分生孢子梗粗大，单生，不分枝，直或稍弯曲，圆柱形，光滑，3~6个隔膜，褐色至暗褐色，30~65×5~8μm。产孢细胞单芽生式，合生，顶生，圆柱形，有限生长，淡褐色至褐色，光滑，顶端平截。分生孢子以裂解式脱落。分生孢子全壁芽生式产生，顶生，链生，光滑，阔纺锤形至倒棍棒形，褐色至暗褐色，两端淡褐色，4~8个真隔膜，21.5~50×7~10μm。

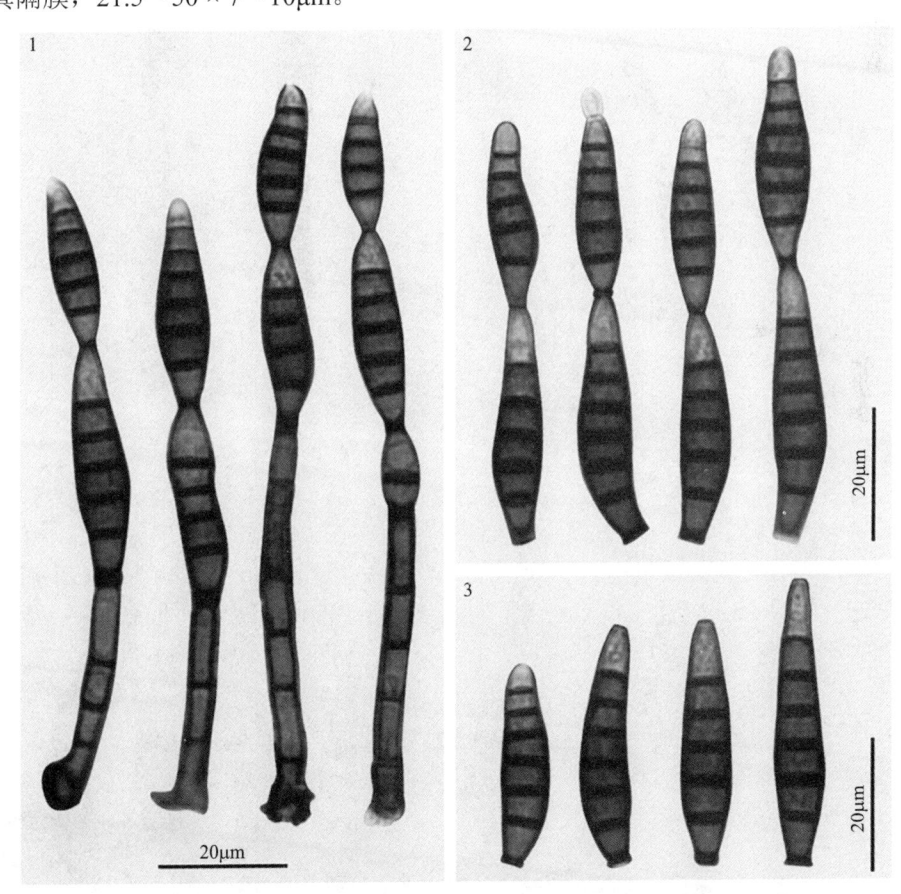

图73 美丽异参孢 *Heteroconium decorosum* R.F. Castañeda, Saikawa & Guarro
1. 分生孢子梗和分生孢子；2、3. 分生孢子。(HSAUP H0087)

海南暗罗 *Polyalthia laui* Merr.凋落枯枝，海南：乐东(尖峰岭)，HSAUP H0577-1 (=HMAS 146099)。

黄樟 Cinnamomum porrectum (Roxb.) Kosterm.凋落枯枝，云南：景洪（西双版纳），HSAUP H0087（=HMAS 146098）。

世界分布：中国、古巴。

讨论：该种最初报道于古巴 Samanea saman (Jacq.) Merr.腐烂豆荚上，其分生孢子形态与阿维拉异参孢 H. avilae R.F. Castañeda, Iturr., Heredia & Minter（Castañeda-Ruíz et al., 2008）较为相似，但后者分生孢子较短，23～33μm，隔膜较少，1～3 个。作者观察的分生孢子梗比原始描述（45～110μm）略短，其他特征基本一致。

榕异参孢 图 74

Heteroconium fici L.G. Ma & X.G. Zhang, Mycoscience 53: 467, 2012.

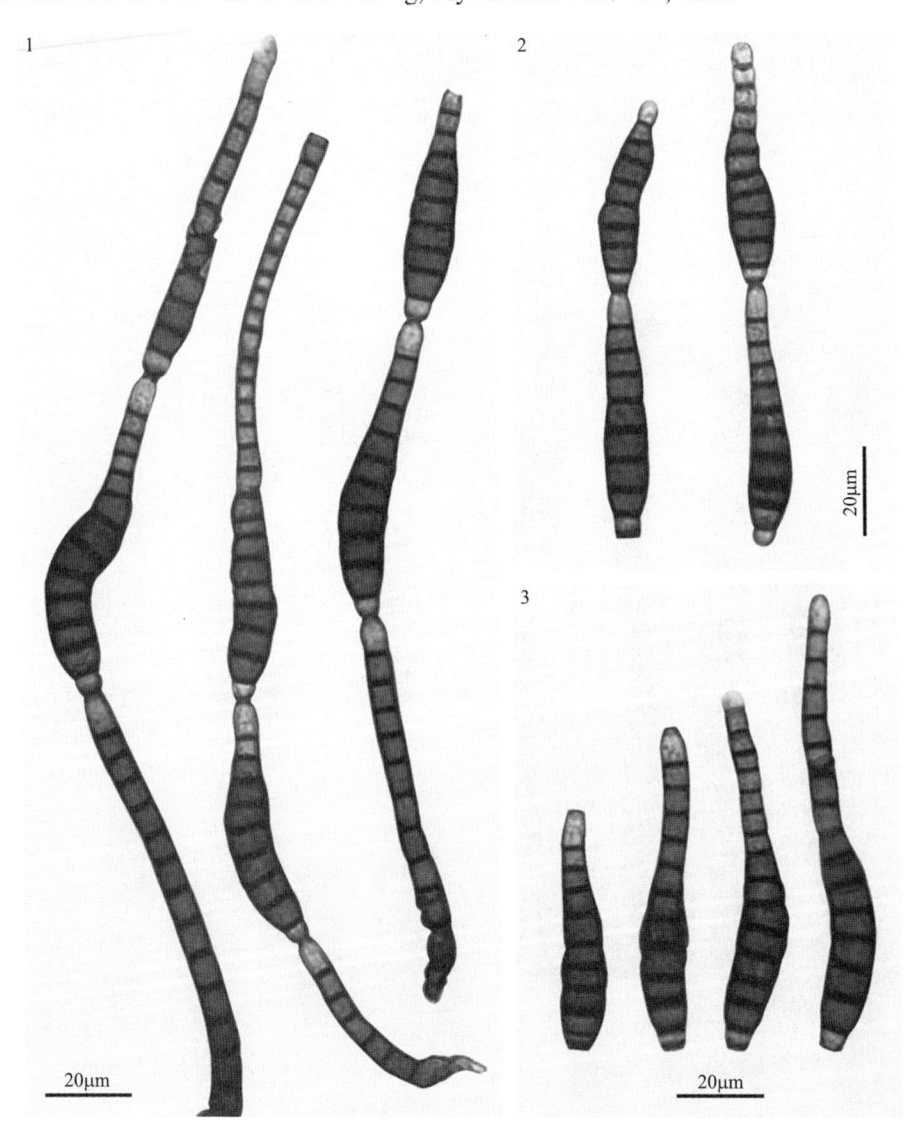

图 74 榕异参孢 Heteroconium fici L.G. Ma & X.G. Zhang
1. 分生孢子梗和分生孢子；2、3. 分生孢子。（HSAUP H0326）

菌落疏展，暗褐色，毛发状。菌丝体部分表生，部分埋生，由分枝、具隔、淡褐色至褐色、光滑的菌丝组成。分生孢子梗粗大，单生，不分枝，直或稍弯曲，圆柱形，光滑，具10~14个隔膜，暗褐色，59~140 × 6~7.5μm。产孢细胞单芽生式，合生，顶生，圆柱形，褐色至暗褐色，有限生长，顶端平截，8.5~10.5 × 6~7μm。分生孢子以裂解式脱落。分生孢子全壁芽生式产生，顶生，2个孢子链生，光滑，倒棍棒形，褐色，向顶颜色渐浅，8~18个真隔膜，45~110 × 8~12μm，基部平截，宽2.5~3.5μm。

斜叶榕 *Ficus gibbosa* Blume 凋落枯枝，云南：景洪（西双版纳），HSAUP H0326 (=HMAS 146097)。

植物枯枝，海南：昌江（霸王岭），HSAUP H3346，屯昌，HSAUP H5507；湖南：张家界，HSAUP H3174、HSAUP H8208。

世界分布：中国。

讨论：该种与其他种的区别是其产生倒棍棒形、暗褐色、光滑的分生孢子。该种分生孢子大小与青篱竹异参孢 *H. arundicum* Chowdhry (Chowdhry, 1980) 较为相似，但后者分生孢子呈圆柱形至纺锤形，具1~10个隔膜。

印度异参孢 图75

Heteroconium indicum Varghese & V.G. Rao, Curr. Sci. 49(9): 359, 1980.

菌落疏展，褐色至黑褐色，发状。菌丝体部分表生，部分埋生，由分枝、具隔、淡褐色至褐色、平滑、宽2~4μm的菌丝组成。分生孢子梗粗大，单生或少数簇生，圆柱状，不分枝，直或稍弯曲，光滑，4~6个隔膜，褐色至暗褐色，70~85 × 4.5~6μm。产孢细胞单芽生式，顶生，合生，近圆柱形，有限生长，褐色至暗褐色，平滑，顶端平截。分生孢子以裂解式脱落。分生孢子全壁芽生式产生，顶生，多2~4个链生，纺锤形至圆柱形，平滑，基部平截，顶部钝圆，褐色至暗褐色，具1个真隔膜，24.5~38.5 × 4.5~6μm。

植物枯枝，云南：景洪（西双版纳），HSAUP H8542。

世界分布：中国、印度。

讨论：该种最初发现于印度腊肠树 *Cassia fistula* L. 植物枯枝上，分生孢子呈纺锤形至圆柱形，具1个隔膜。该种近似于波纳佩异参孢 *H. ponapense* Matsush. (Matsushima, 1983)，但后者分生孢子呈倒棍棒形至椭圆形，较小，12~24 × 4~6μm。作者发现的该菌分生孢子比原始描述(8.5~10.5μm)略窄。

新木姜子异参孢 图76

Heteroconium neolitseae S.C. Ren & X.G. Zhang, Mycotaxon 119: 363, 2012.

菌落稀疏，暗褐色，发状。菌丝体部分表生，部分埋生，由分枝、具隔、淡褐色、平滑、宽2~4μm的菌丝组成。分生孢子梗粗大，单生，圆柱状，不分枝，直或稍弯曲，光滑，褐色，9~13个隔膜，80~95 × 4.5~6.5μm。产孢细胞单芽生式，顶生，合生，圆柱形，平滑，褐色，有限生长，顶部平截。分生孢子以裂解式脱落。分生孢子全壁芽生式产生，顶生，链生，圆柱形或纺锤形，基部平截，平滑，9~16个真隔膜，且隔膜处加厚色深，褐色，两端淡褐色，50~85 × 4~6μm。

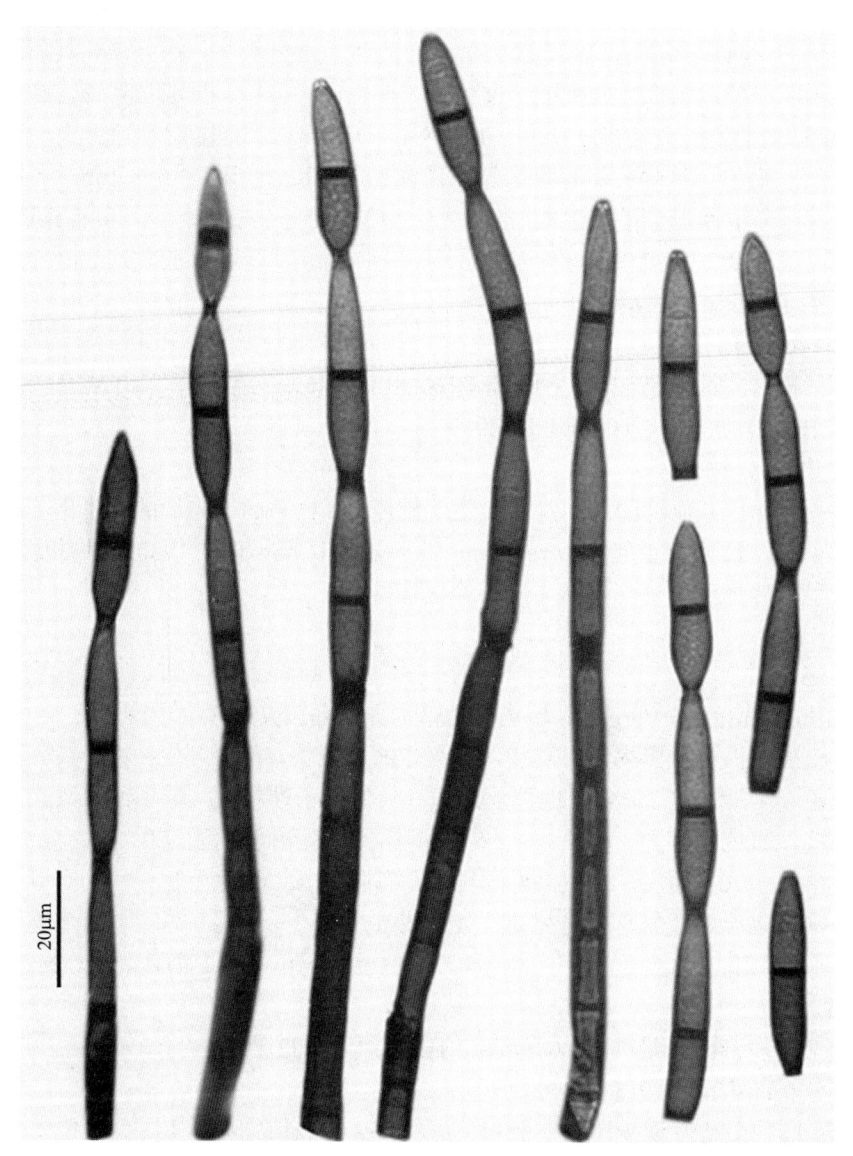

图 75　印度异参孢 *Heteroconium indicum* Varghese & V.G. Rao
分生孢子梗、产孢细胞和分生孢子。(HSAUP H8542)

植物枯枝，广东：韶关(丹霞山)，HSAUP H3207；海南：昌江(霸王岭)，HSAUP H3341。

钝叶新木姜子 *Neolitsea obtusifolia* Merr.凋落枯枝，海南：昌江(霸王岭)，HSAUP H8375(=HMAS 146161)。

世界分布：中国。

讨论：该种近似于热带异参孢 *H. tropicale* R.F. Castañeda & W.B. Kendr. (Castañeda-Ruíz and Kendrick，1990b)和青篱竹异参孢 *H. arundicum* Chowdhry (Chowdhry，1980)，均产生光滑、圆柱形至纺锤形的分生孢子，但 *H. tropicale* 分生孢子短，26～52μm，隔膜少，3～6个；*H. arundicum* 分生孢子宽，8～12μm，隔膜少，1～10个。另外，该种分生孢子隔膜处加厚色深，而两近似种则无此特征。

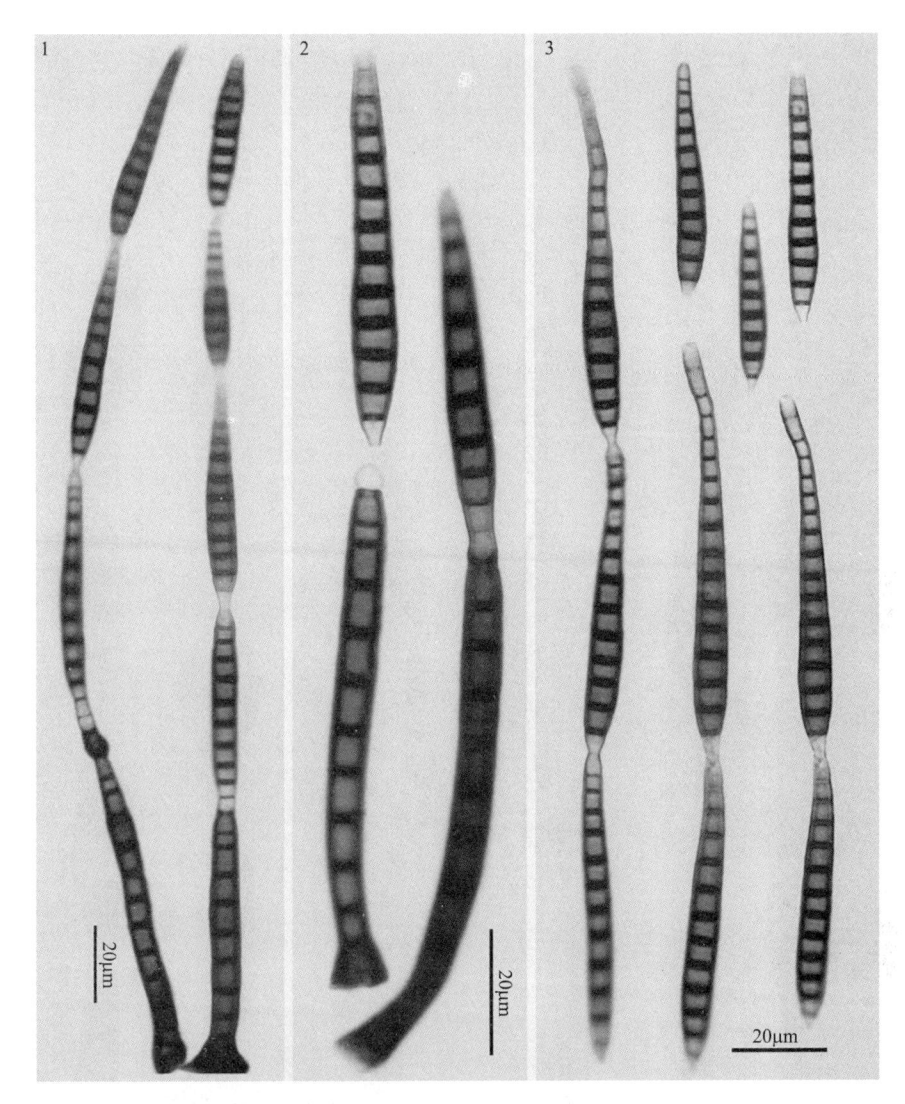

图76　新木姜子异参孢 *Heteroconium neolitseae* S.C. Ren & X.G. Zhang
1、2. 分生孢子梗、产孢细胞和分生孢子；3. 分生孢子。（HSAUP H8375）

黄檗异参孢　图77

Heteroconium phellodendri Jian Ma & X.G. Zhang, Crypt. Mycol. 33(2): 132, 2012.

菌落平展，暗褐色。菌丝体部分表生，部分埋生，由分枝、具隔、淡褐色、光滑、宽1～2μm的菌丝组成。分生孢子梗粗大，单生，不分枝，直或弯曲，光滑，褐色至暗褐色，具隔，54.5～118 × 6.5～9μm。产孢细胞单芽生式，合生，顶生，圆柱形，有限生长，褐色，光滑，7～13 × 4.5～6μm。分生孢子以裂解式脱落。分生孢子全壁芽生式产生，顶生，2个孢子链生，光滑，倒棍棒形至纺锤形，褐色，6～7个真隔膜，30～54.5 × 10～16.5μm，基部平截，宽3.5～5.5μm。

黄皮树 *Phellodendron chinense* C.K.Schneid.凋落枯枝，广东：始兴（车八岭），HSAUP H5408（=HMAS 146172）。

世界分布：中国。

讨论：该种近似于美丽异参孢 *H. decorosum* R.F. Castañeda，Saikawa & Guarro（Castañeda-Ruíz *et al.*，1999b），但该种分生孢子壁光滑，顶端尖，而后者分生孢子壁有时粗糙，顶部钝圆。另外，*H. decorosum* 初生孢子舟形、宽纺锤形至倒棍棒形，偶呈"C"形或弧形，32～40（～50）×8～10μm，次生孢子倒棍棒形、"C"形或弧形，20～30×3～5μm，不同于该种。

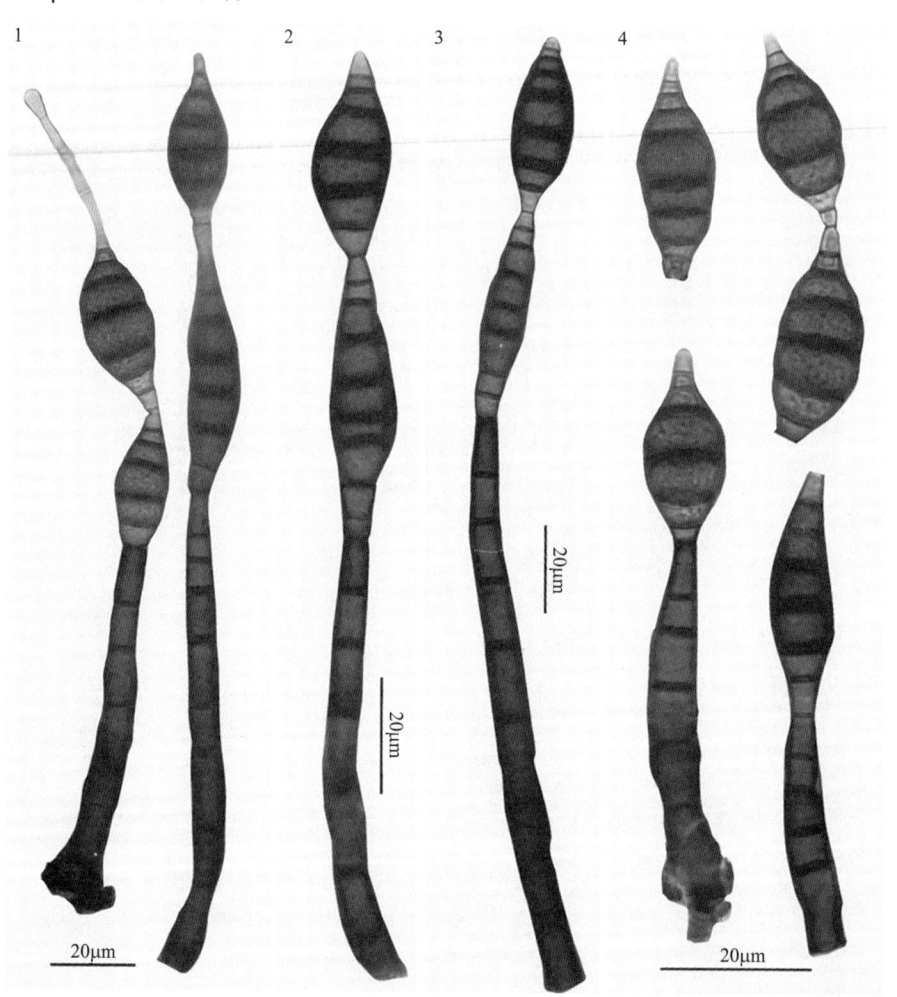

图77　黄檗异参孢 *Heteroconium phellodendri* Jian Ma & X.G. Zhang
1～4. 分生孢子梗和分生孢子。（HSAUP H5408）

波纳佩异参孢　图78

Heteroconium ponapense Matsush., Matsush. Mycol. Mem. 3: 11, 1983.

菌落疏展，暗褐色。菌丝体部分表生，部分埋生，由分枝、具隔、淡褐色、光滑、宽1～2μm的菌丝组成。分生孢子梗粗大，单生，不分枝，直或稍弯曲，光滑，褐色，4～8个隔膜，95～110×4.5～5.5μm。产孢细胞单芽生式，合生，顶生，圆柱形，褐色，光滑，多具3个及顶层出延伸，5.5～10×4.5～5.5μm。分生孢子以裂解式脱落。分生孢子全壁芽生式产生，顶生，多达7个孢子链生，光滑，椭圆形至卵形，褐色，1个真隔膜，10～14×4.5～6.5μm，基部平截。

琼楠 *Beilschmiedia intermedia* C.K.Allen 凋落枯枝，海南：昌江（霸王岭），HSAUP H1835（=HMAS 146129）。

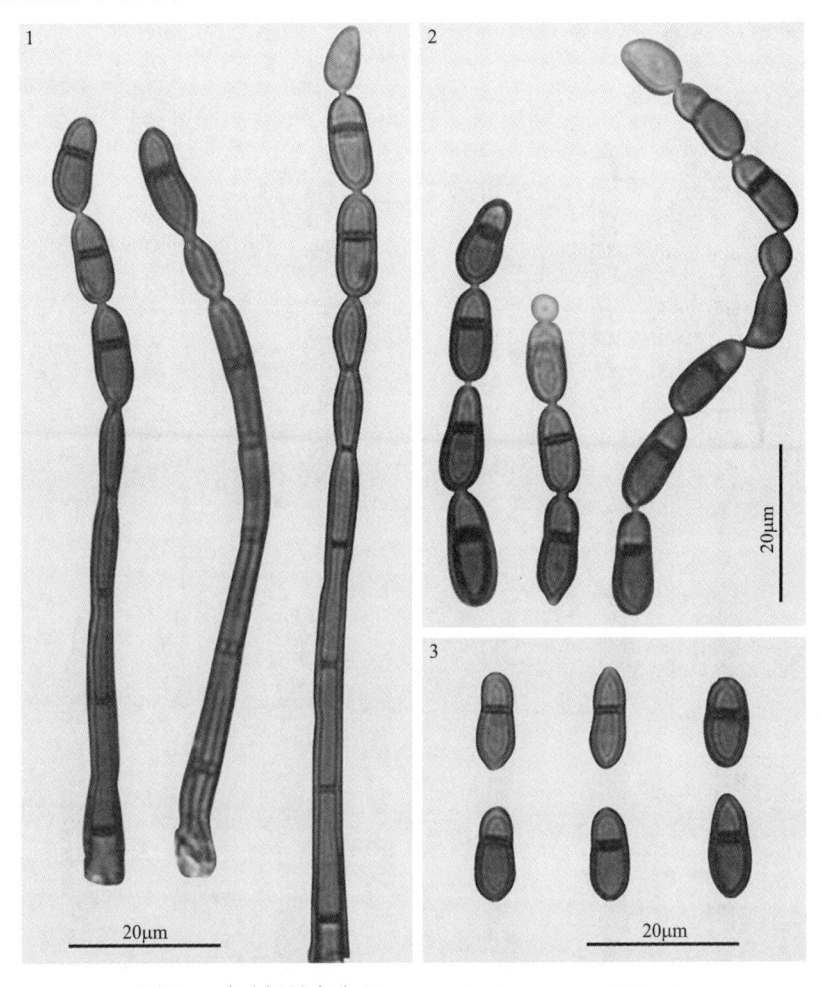

图 78　波纳佩异参孢 *Heteroconium ponapense* Matsush.
1. 分生孢子梗和分生孢子；2、3. 分生孢子。（HSAUP H1835）

世界分布：中国、密克罗尼西亚。

讨论：该种与印度异参孢 *H. indicum* Varghese & V.G. Rao（Varghese and Rao，1980）有些相似，均产生 1 个隔膜的分生孢子，但该种分生孢子呈椭圆形至倒棍棒形，而后者分生孢子呈纺锤形至圆柱形。作者观察的分生孢子比原始描述（12～24μm）略短，可能与生境有关。

木荷异参孢　图 79

Heteroconium schimae Y.D. Zhang & X.G. Zhang, Mycotaxon 114: 316, 2010.

菌落稀疏，暗褐色。菌丝体部分表生，部分埋生，由分枝、具隔、淡褐色、光滑、宽 1～2μm 的菌丝组成。分生孢子梗粗大，不分枝，圆柱状，直或稍弯曲，光滑，暗褐色，4～10 个隔膜，59～127 × 4～5.5μm。产孢细胞单芽生式，合生，顶生，褐色，光滑，9～16.5 × 4～5.5μm。分生孢子以裂解式脱落。分生孢子全壁芽生式产生，顶生，多达4个孢子链生，圆柱形、阔纺锤形至倒棍棒形，新的次生孢子偶从分生孢子侧面产生，淡褐色，光滑，0～6个真隔膜，13～44×5.5～10μm。

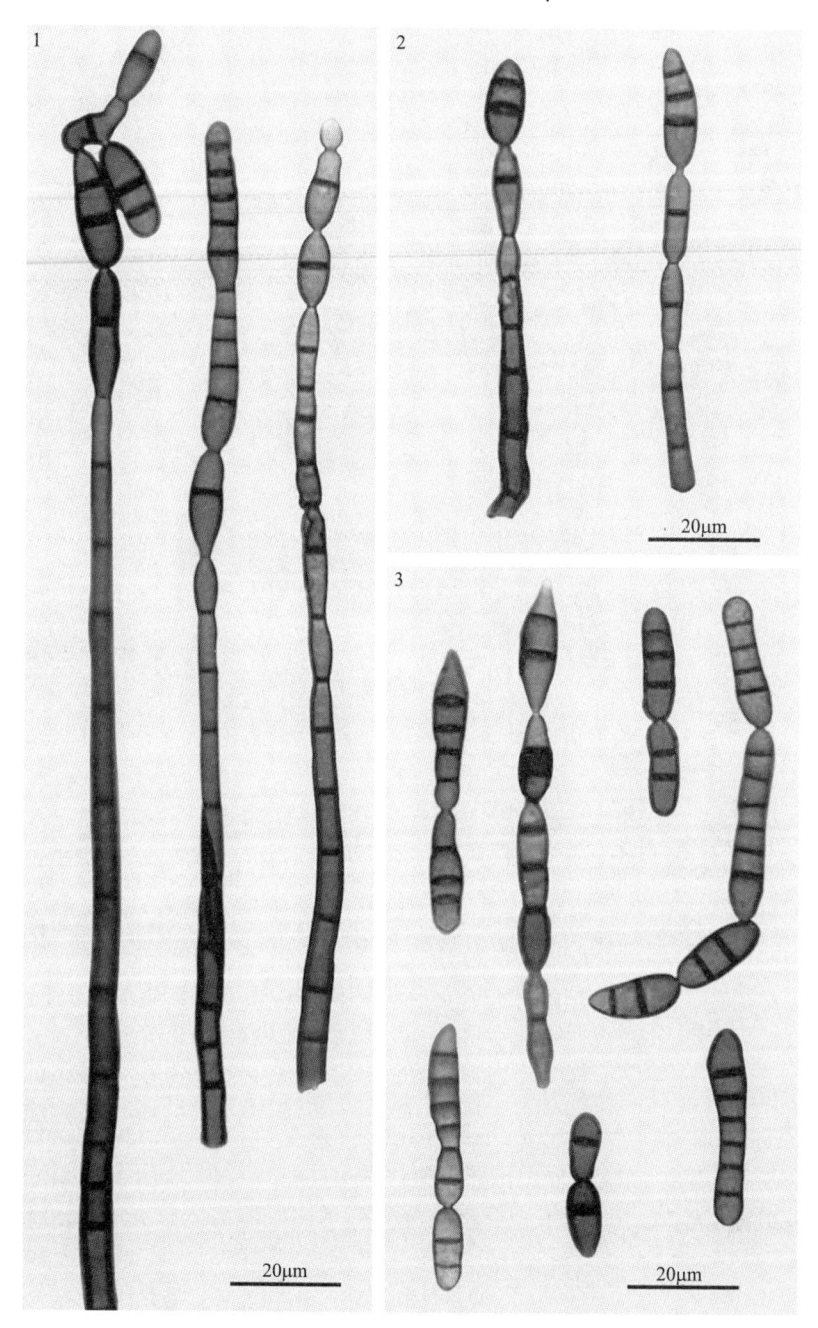

图79 木荷异参孢 *Heteroconium schimae* Y.D. Zhang & X.G. Zhang
1、2. 分生孢子梗和分生孢子；3. 分生孢子。(HSAUP H3100)

木荷 *Schima superba* Gardner & Champ.凋落枯枝，福建：武夷山，HSAUP H3100(=HMAS 144866)。

植物枯枝，广东：从化，HSAUP H5349、HSAUP H5351、HSAUP H5378，韶关(丹

霞山），HSAUP H8314，肇庆（鼎湖山），HSAUP H3279；海南：昌江（霸王岭），HSAUP H3300、HSAUP H3311、HSAUP H3317、HSAUP H3319，临高，HSAUP H5490；湖南：张家界，HSAUP H3178。

世界分布：中国。

讨论：该种分生孢子形态与青篱竹异参孢 *H. arundicum* Chowdhry (Chowdhry, 1980) 和异参孢 *H. citharexyli* Petr. (Petrak, 1949) 有些相似，但 *H. arundicum* 分生孢子较大，35～95×8～12μm；*H. citharexyli* 分生孢子略窄，4～7μm，隔膜较多，0～10 个。另外，该种分生孢子多达 4 个孢子链生，且偶从侧面产生次生孢子，与近似种较易区分。

观光木异参孢 图 80

Heteroconium tsoongiodendronis L.G. Ma & X.G. Zhang, Mycoscience 53: 467, 2012.

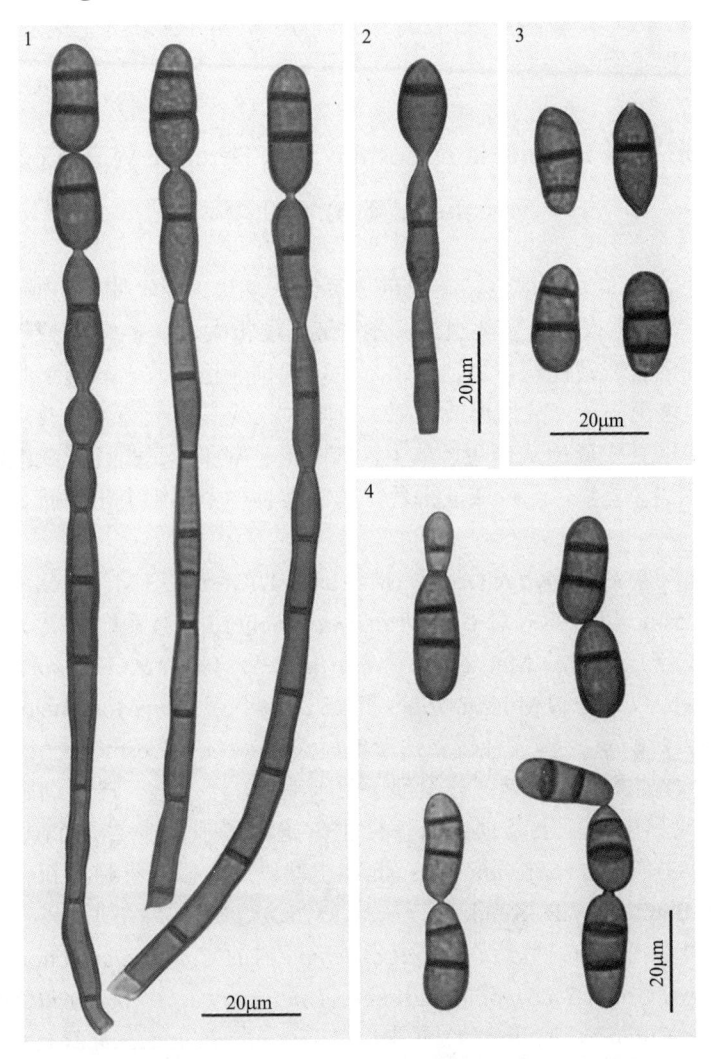

图 80 观光木异参孢 *Heteroconium tsoongiodendronis* L.G. Ma & X.G. Zhang
1、2. 分生孢子梗和分生孢子；3、4. 分生孢子。(HSAUP H1025)

菌落稀疏，暗褐色，发状。菌丝体大多埋生，少数表生，由分枝、具隔、淡褐色至褐色、光滑、宽1～2μm的菌丝组成。分生孢子梗粗大，单生，不分枝，直或稍弯曲，圆柱形，光滑，壁厚，褐色，7～10个隔膜，140～180×4.5～7.5μm。产孢细胞单芽生式，顶生，合生，圆柱形，具1～4个圆柱形及顶层出，7～12.5×6.5～8μm。分生孢子以裂解式脱落。分生孢子全壁芽生式产生，顶生，多达3个孢子链生，光滑，椭圆形，褐色，20～25×7～10μm，(1～)2个隔膜。

观光木 *Tsoongiodendron odorum* Chun 凋落枯枝，福建：武夷山，HSAUP H1025(=HMAS 146096)。

植物枯枝，海南：昌江(霸王岭)，HSAUP H8515。

世界分布：中国。

讨论：该种分生孢子形态与波纳佩异参孢 *H. ponapense* Matsush.(Matsushima,1983)和木生异参孢 *H. lignicola* Panwar & Chauhan(Panwar and Chouhan,1977)有些相似，但 *H. ponapense* 分生孢子较窄，4～6μm，具1个隔膜；*H. lignicola* 分生孢子圆柱形，具1～4个隔膜，端部较平截。

柱形孢属 **Kylindria** DiCosmo, S.M. Berch & W.B. Kendr.
Mycologia 75(6): 970, 1983.

属级特征：菌落疏展，褐色、暗褐色至黑色，发状。菌丝体表生或埋生，由分枝、具隔、光滑、淡褐色至褐色的菌丝组成。分生孢子梗粗大，单生或少数簇生，直或弯曲，光滑，具隔，刚毛状或圆柱状，褐色至暗褐色，向顶颜色渐浅。产孢细胞单瓶梗式，合生，顶生，淡褐色至褐色，圆柱形或锥形，有限生长或具内壁芽生式及顶层出，顶端较窄。分生孢子内壁芽生瓶梗式产生，单生，椭圆形、倒卵形、圆柱形或棍棒形，无隔或具少数几个真隔膜，光滑，无色或淡褐色，基部常具一个偏心突出的脐。分生孢子以裂解式脱落。

模式种：柱形孢 *Kylindria triseptata* (Matsush.) DiCosmo, S.M. Berch & W.B. Kendr.。

讨论：DiCosmo 等(1983)对 *Cylindrotrichum* Bonord.进行系统分类研究，做了重大修订，将其中 *C. triseptatum* Matsush.、*C. clavatum* W. Gams、*C. zignoëllae* (Höhn.) W. Gams & Hol.-Jech.、*C. ellisii* Morgan-Jones 和 *C. oblongisporum* Morgan-Jones 5个种归为一类，以 *C. triseptatum* 为模式种建立柱形孢属 *Kylindria* DiCosmo, S.M. Berch & W.B. Kendr.。这5个种的共同特征是：分生孢子梗刚毛状，不分枝，产孢细胞单瓶梗式，狭窄，有限生长或具内壁芽生及顶层出，分生孢子无隔或具少数几个真隔膜。同时，DiCosmo 等(1983)将 *C. proliferum* Matsush.移出并以此为模式种建立新属 *Xenokylindria* DiCosmo, S.M. Berch & W.B. Kendr.，该属与 *Kylindria* 的主要区别是其产孢细胞具连续的内壁芽生式层出式延伸。另外，*Cylindrotrichum* 内的 *C. inflatum* Bonord.等10个种被组合至 *Chaetopsis* Grev.、*Sarcopodium* Ehrenb.、*Uncigera* Sacc.、*Chalara* (Corda) Rabenh.、*Heliscus* Sacc.和 *Codinaea* Maire 6个属中，*Cylindrotrichum album* Bonord.和 *C. repens* Bonord.则被视为疑问种(DiCosmo *et al.*, 1983)。

Kylindria 建立之初仅包括5个种，之后 Bhat 和 Sutton(1985a)、Castañeda-Ruíz(1987, 1988)、Rambelli 和 Onofri(1987)、Castañeda-Ruíz 和 Kendrick(1990b)、Matsushima

(1993)、Mercado-Sierra 等(1997b)和 Zhang 等(2010a)等报道该属 10 个分类单位。Rambelli 和 Onofri(1987)修订了 *Kylindria* 的属级特征，认为该属产孢细胞无层出延伸现象，但 Castañeda-Ruíz 等(2002)指出该属除模式种外种类的产孢细胞有时具内壁芽生式及顶层出现象，且分生孢子基部常具一个偏心突出的脐。

Lu 等(2000)最早从我国香港报道该属真菌 2 个种。作者近年从我国各地采到该属真菌 4 个种，至此，我国已报道 6 个种。

中国柱形孢属 *Kylindria* 分种检索表

1. 分生孢子无隔膜 ··· 2
1. 分生孢子具 3 个隔膜 ·· 3
  2. 分生孢子 17.5～23 × 6～7.5μm，基部细胞具突出、不偏心的脐 ········· **酸藤子柱形孢 *K. embeliae***
  2. 分生孢子 20～28 × 9～12.5μm，基部细胞具突出、偏心的脐 ············ **肥孢柱形孢 *K. obesispora***
3. 分生孢子近基部第 2 个细胞具脱落痕 ··· **崖豆藤柱形孢 *K. millettiae***
3. 分生孢子基部细胞具脱落痕 ··· 4
  4. 分生孢子 14～19 × 3～5μm ··· **爱丽斯柱形孢 *K. ellisii***
  4. 分生孢子宽≥6μm ··· 5
5. 分生孢子 21.5～40 × 7.5～10μm ·· **离心柱形孢 *K. excentrica***
5. 分生孢子 (16～)18～24 × 6～7.5μm ··· **柱形孢 *K. triseptata***

酸藤子柱形孢 图 81

Kylindria embeliae Y.D. Zhang & X.G. Zhang, Mycotaxon 114: 369, 2010.

菌落疏展，橄榄褐色至黑褐色，发状。菌丝体部分表生，部分埋生，由分枝、具隔、平滑、淡褐色至褐色、宽 1.5～2.5μm 的菌丝组成。分生孢子梗粗大，单生或少数簇生，不分枝，直或弯曲，光滑，暗褐色，向顶颜色渐浅，5～7 个隔膜，130～150 × 5.5～6.5μm。产孢细胞单瓶梗式，合生，顶生，圆柱形，近顶端膨大，15～19.5 × 6.5～7.5μm，顶端偶狭窄形成围领。分生孢子内壁芽生瓶梗式产生，单生，常在产孢细胞顶端聚集成黏性孢子团，椭圆形或圆柱状，无色，光滑，无隔，17.5～23 × 6～7.5μm，顶部钝圆，基部平截，具突出的脐。

网脉叶酸藤果 *Embelia rudis* Hand.-Mazz.凋落枯枝，福建：武夷山，HSAUP H3007(=HMAS 146115)。

世界分布：中国。

讨论：该种与黏聚柱形孢 *K. conglutinata* Matsush.(Matsushima, 1993)、肥孢柱形孢 *K. obesispora* R.F. Castañeda(Castañeda-Ruíz，1988)、凯塔柱形孢 *K. keitae* Rambelli & Onofri(Rambelli and Onofri, 1987)十分相似，均产生无隔膜的分生孢子，但 *K. obesispora* 分生孢子较短，7～15μm，基部细胞具偏心、突出的脐；*K. conglutinata* 分生孢子椭圆形、镰刀形，较窄，3～4μm；*K. keitae* 分生孢子较小，12.5～16.5 × 4.5～5.5μm，基部无明显突出的脐。另外，该种产孢细胞近顶端处膨大，顶端偶狭窄形成围领。

离心柱形孢 图 82

Kylindria excentrica Bhat & B. Sutton, Trans. Br. Mycol. Soc. 84: 728. 1985.

菌落疏展，褐色至黑色，发状。菌丝体部分表生，部分埋生，由分枝、具隔、光滑、淡褐色的菌丝组成。分生孢子梗粗大，不分枝，直或弯曲，圆柱形，光滑，暗褐色，向顶颜色渐浅，具7～12个隔膜，200～350×7～10μm。产孢细胞单瓶梗式，合生，顶生，淡褐色，48.5～60×9～12μm，近顶端膨大，至顶端1/4处开始变窄，无围领。分生孢子内壁芽生瓶梗式产生，单生，常在产孢细胞顶端聚集成黏性孢子团，圆柱状，顶部钝圆，无色，光滑，具3个隔膜，无斑点，21.5～40×7.5～10μm，基部细胞具1个偏心、突出的脐。

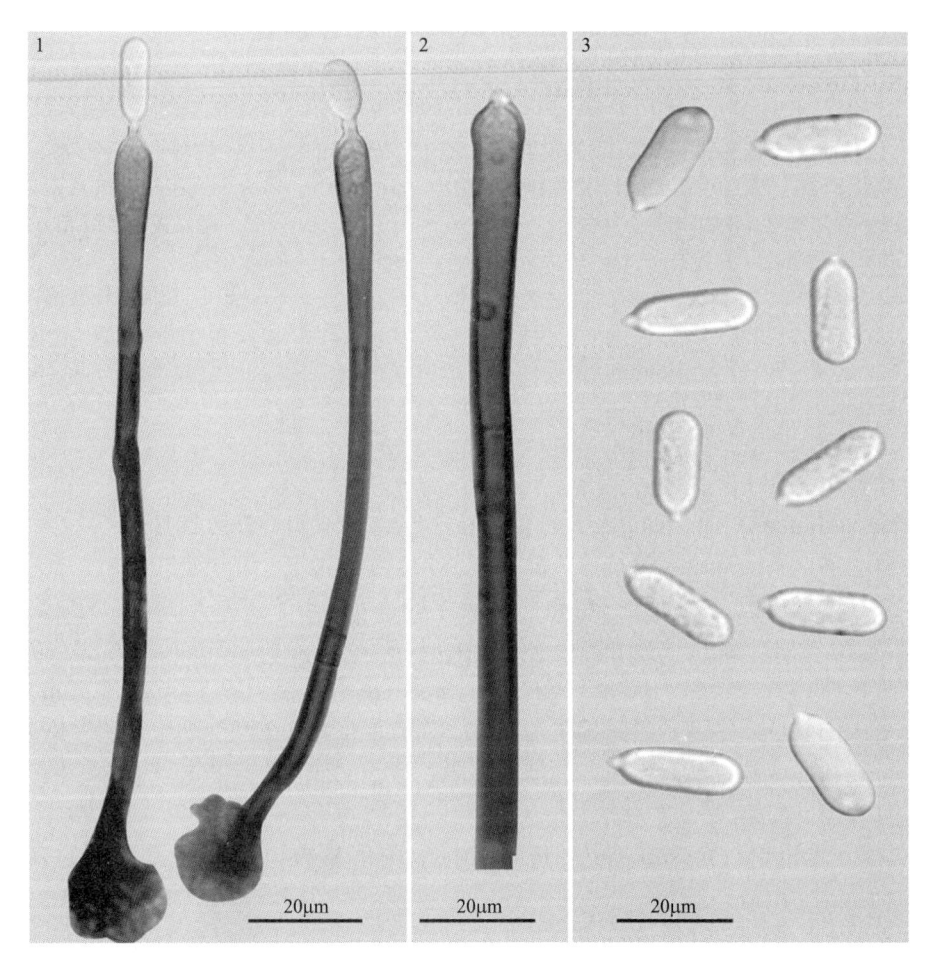

图81 酸藤子柱形孢 *Kylindria embeliae* Y.D. Zhang & X.G. Zhang
1. 分生孢子梗和分生孢子；2. 分生孢子梗；3. 分生孢子。（HSAUP H3007）

植物枯枝，四川：都江堰，HSAUP H6239（=HMAS 243437）、HSAUP H2251。

世界分布：中国、埃塞俄比亚。

讨论：Bhat 和 Sutton(1985a)最初从埃塞俄比亚植物枯枝上报道该种，并称该种与柱形孢 *K. triseptata* (Matsush.) DiCosmo, S.M. Berch & W.B. Kendr.（DiCosmo *et al.*, 1983）的区别是后者分生孢子明显小，18～24×6～7.5μm。作者观察的该菌分生孢子比原始描述（27.5～35×7.5～8.5 μm）稍大，其他特征基本一致。

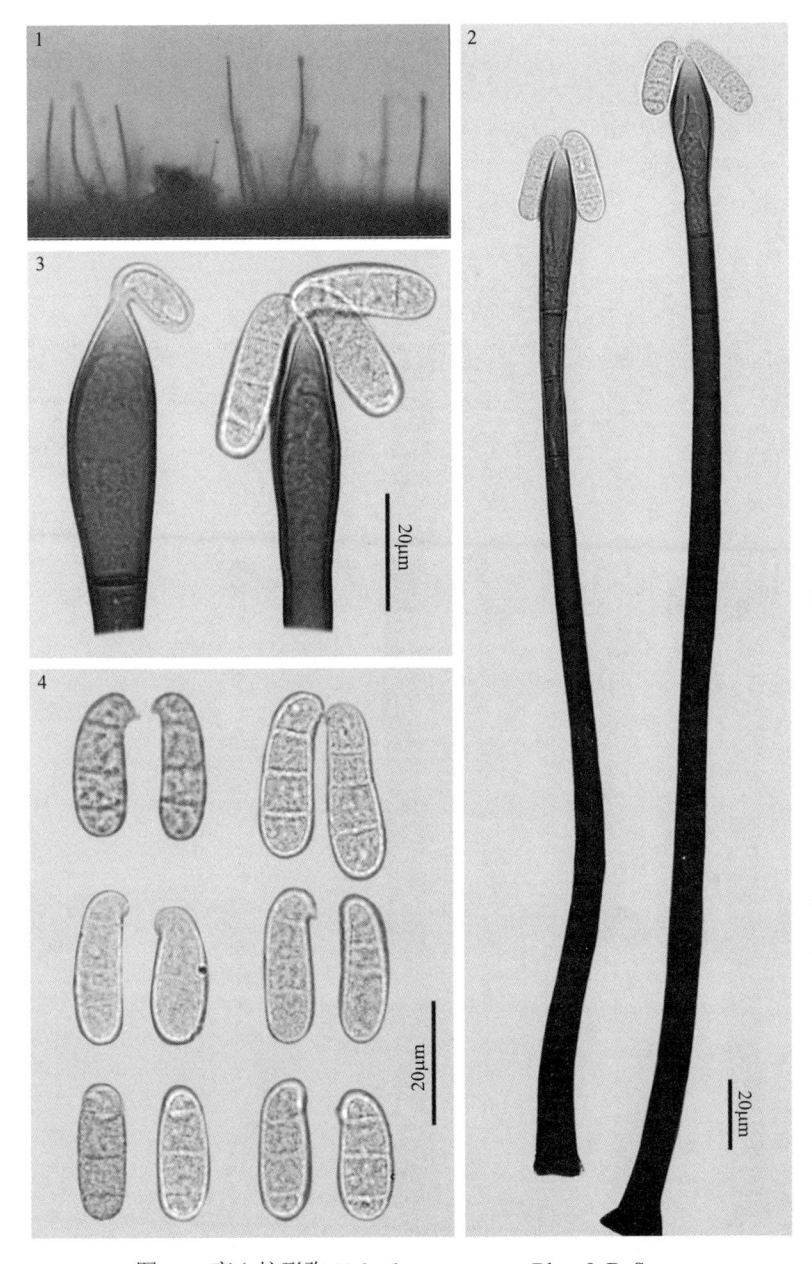

图 82　离心柱形孢 *Kylindria excentrica* Bhat & B. Sutton
1. 自然基质上的菌落；2. 分生孢子梗和分生孢子；3. 产孢细胞和分生孢子；4. 分生孢子。（HSAUP H6239）

崖豆藤柱形孢　图 83

Kylindria millettiae Y.D. Zhang & X.G. Zhang, Mycotaxon 114: 368, 2010.

　　菌落疏展，褐色，发状。菌丝体部分表生，部分埋生，由分枝、具隔、光滑、淡褐色、宽 2.5～3μm 的菌丝组成。分生孢子梗粗大，单生或少数簇生，不分枝，直或弯曲，光滑，暗褐色，圆柱形，向顶颜色渐浅，具 7～10 个隔膜，220～265 × 5.5～7.5μm。产孢细胞单瓶梗式，圆柱形或锥形，合生，顶生，淡褐色，10.5～17 × 4.5～5.5μm，顶端较窄。分生孢子内壁芽生瓶梗式产生，单生，常在产孢细胞顶端聚集成黏性孢子团，圆柱状，无色，光滑，具3个隔膜，19.5～24×6.5～9μm，顶部钝圆，近基部第2个细胞具1个偏心、侧生、突出的脐。

绿花崖豆藤 *Millettia championii* Benth.凋落枯枝，福建：武夷山，HSAUP H3023(=HMAS 146114)。

世界分布：中国。

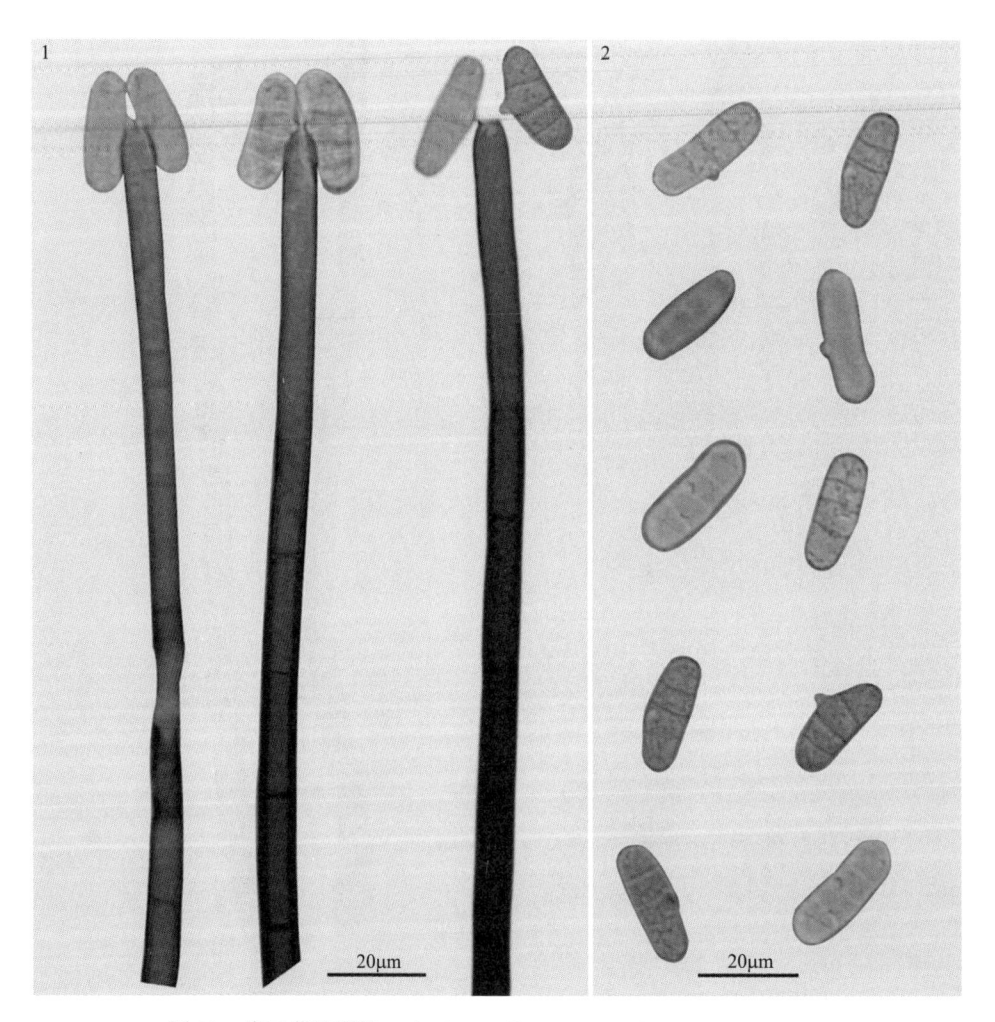

图83 崖豆藤柱形孢 *Kylindria millettiae* Y.D. Zhang & X.G. Zhang
1. 分生孢子梗和分生孢子；2. 分生孢子。(HSAUP H3023)

讨论：该种近似于离心柱形孢 *K. excentrica* Bhat & B. Sutton(Bhat and Sutton, 1985a)，但该种分生孢子近基部第2个细胞具偏心、侧生、突出的脐，而后者分生孢子较大，27.5～35×7.5～8.5μm，基部细胞具1个偏心、突出的脐。

肥孢柱形孢　图84

Kylindria obesispora R.F. Castañeda, Fungi Cubenses III (La Habana): 10, 1988.

菌落稀疏，橄榄褐色至黑褐色，毛状。菌丝体大多表生，少数埋生，由分枝、具隔、平滑、淡褐色至褐色、宽1.5～2.5μm的菌丝组成。分生孢子梗单生或少数簇生，粗大，圆柱形，褐色，向顶颜色渐浅，具5～7个隔膜，130～250×6.5～8.5μm。产孢细胞单瓶梗式，合生，顶生，细圆柱状至棍棒形，淡褐色，45～69.5×6.5～7.5μm。分生孢子内壁芽生瓶梗式产生，单生，常在产孢细胞顶端聚集成黏性孢子团，椭圆形至卵形，无色，光滑，无隔，20～28×9～12.5μm，顶部钝圆，基部细胞具1个偏心、侧生、突出的脐。

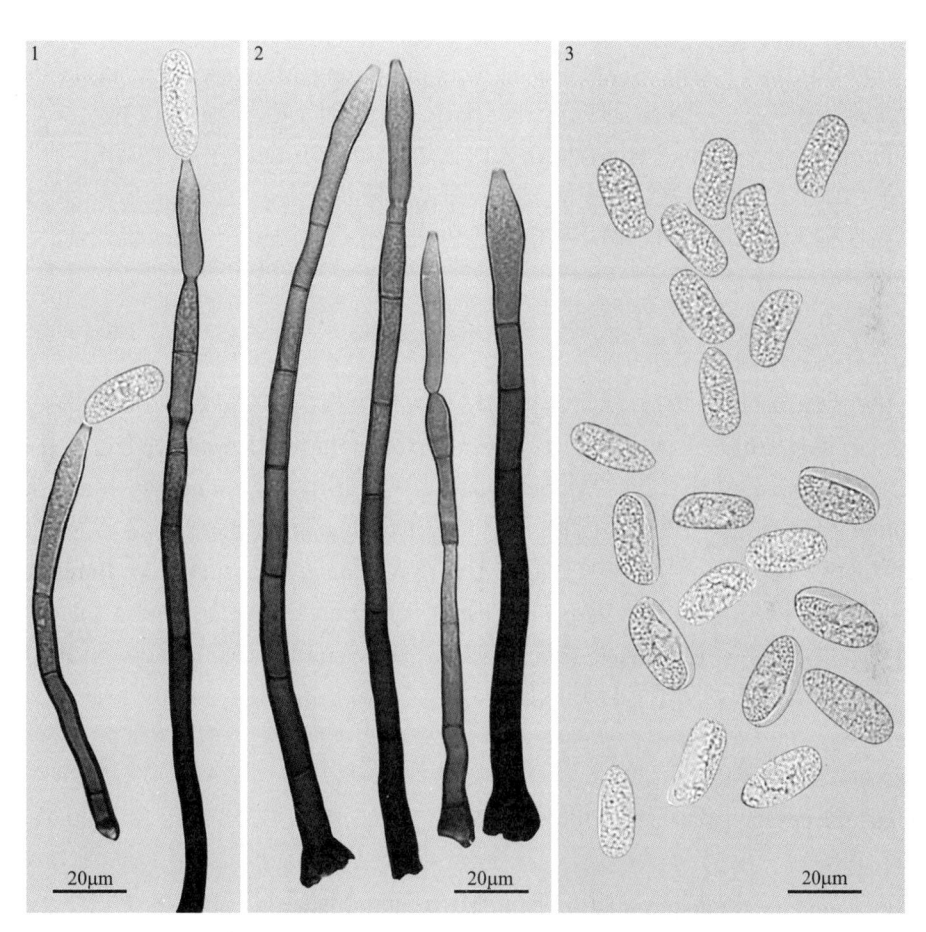

图84 肥孢柱形孢 *Kylindria obesispora* R.F. Castañeda
1. 分生孢子梗和分生孢子；2. 分生孢子梗；3. 分生孢子。（HSAUP H1624）

植物枯枝，广东：肇庆（鼎湖山），HSAUP H1624。

世界分布：中国、古巴。

讨论：该种最初报道于古巴，近似于凯塔柱形孢 *K. keitae* Rambelli & Onofri（Rambelli and Onofri, 1987），但后者分生孢子圆柱形至舟形，12.5～16.5×4.5～5.5μm，基部无明显突出的脐。作者观察的该菌分生孢子比原始描述（7～15×5～7μm）大一些，但差异不显著，应视为同种。

作者未观察的种

爱丽斯柱形孢

Kylindria ellisii (Morgan-Jones) DiCosmo, S.M. Berch & W.B. Kendr., Mycologia 75(6): 970, 1983.

Cylindrotrichum ellisii Morgan-Jones, Mycotaxon 5(2): 490, 1977.

Cylindrotrichum triseptatum M.B. Ellis, More Dematiaceous Hyphomycetes: 470, 1976; non *Cylindrotrichum triseptatum* Matsush., Icon. Microfung. Matsush. Lect.: 48, 1975.

分生孢子梗单生或簇生，直或弯曲，具隔，褐色至暗褐色，向顶颜色渐浅，光滑，长达200μm，宽5～8μm，基部有时膨大，宽达15μm。产孢细胞单瓶梗式，合生，顶生，圆柱形或桶形，无围领。分生孢子内壁芽生瓶梗式产生，单生，常在产孢细胞顶端聚集成黏性孢子团，圆柱形，两端钝圆，无色，光滑，3个隔膜，具滴状斑点，14～19×3～5μm。

沉水腐木，香港(Lu *et al.*, 2000)。

世界分布：中国、英国。

讨论：Matsushima(1975)从日本植物枯死树皮上报道 *Cylindrotrichum triseptatum* Matsush.。Ellis(1976)从英国水甜茅 *Glyceria maxima* (Hartm.) Holmb.枯死叶片上报道同名种 *C. triseptatum* M.B. Ellis。Morgan-Jones(1977)指出 *C. triseptatum* Matsush.和 *C. triseptatum* M.B. Ellis 同属但不同种，遂将 *C. triseptatum* M.B. Ellis 定名为 *C. ellisii* Morgan-Jones。DiCosmo等(1983)建立柱形孢属 *Kylindria* DiCosmo, S.M. Berch & W.B. Kendr.，并将 *C. ellisii* 鉴定为 *K. ellisii* DiCosmo, S.M. Berch & W.B. Kendr.。Lu等(2000)从我国香港报道该菌，但Morgan-Jones(1977)、DiCosmo等(1983)及Lu等(2000)未对该菌作任何描述，以上描述引自Ellis(1976)对该菌的原始描述。

柱形孢

Kylindria triseptata (Matsush.) DiCosmo, S.M. Berch & W.B. Kendr., Mycologia 75(6): 971, 1983.

Cylindrotrichum triseptatum Matsush., Icon. Microfung. Matsush. Lect.: 48, 1975.

分生孢子梗单生，直立，刚毛状，具隔，长200～260μm，基部膨大，基部以上宽7～10μm，近顶部渐窄，宽5～6.5μm，基部暗褐色，近顶颜色渐浅，淡褐色。产孢细胞单瓶梗式，合生，顶生，圆柱形或桶形，光滑，膨大，宽5.5～7μm，顶端窄，宽2～2.5μm，无围领。分生孢子内壁芽生瓶梗式产生，单生，常在产孢细胞顶端聚集成黏性孢子团，圆柱形或椭圆形，无色，(2～)3个隔膜，(16～)18～24×6～7.5μm，基脐突出、平截，宽1.5～2μm。

沉水腐木，香港(Lu *et al.*, 2000)。

世界分布：中国、日本。

讨论：Matsushima(1975)最初从日本植物枯死树皮上报道该菌，并鉴定为 *Cylindrotrichum triseptatum* Matsush.。DiCosmo等(1983)建立柱形孢属 *Kylindria* DiCosmo, S.M. Berch & W.B. Kendr.，并将其鉴定为 *K. triseptata* DiCosmo, S.M. Berch

& W.B. Kendr., 但未作任何描述。以上描述引自 Matsushima(1975)对该菌的原始描述。

李氏霉属 Listeromyces Penz. & Sacc.
Malpighia 15: 259, 1901.

属级特征：分生孢子座散生，常呈棍棒形，暗黑褐色至黑色。菌丝体大多埋生。有子座。刚毛和附属丝无。分生孢子梗自子座上部或侧面生，极短，不分枝，单生或簇生，淡褐色，光滑。产孢细胞单芽生式，合生，顶生，有限生长，圆柱状。分生孢子全壁芽生式产生，单生，干性，顶生，椭圆形，具隔，暗褐色或橄榄褐色，具疣突。分生孢子以裂解式脱落。

模式种：李氏霉 Listeromyces insignis Penz. & Sacc.。

讨论：Penzig 于 1897 年从印度尼西亚爪哇腐木上发现一种具分生孢子座和暗色多隔孢子的丝孢菌。Penzig 和 Saccardo(1901)将其命名为 Listeromyces insignis Penz. & Sacc.，并以此为模式种建立李氏霉属 Listeromyces。该属迄今仍为单种属。Goos(1971) 观察了该属的模式标本及其活体培养物，并将 1969 年采自美国的真菌标本与模式标本作了比较。Tubaki(1973) 和 Matsushima(1975)在日本报道该种。Lu 等(2000)首次从我国报道该种，其标本采自香港沉水腐木。作者近年在我国植物枯枝上发现该种。

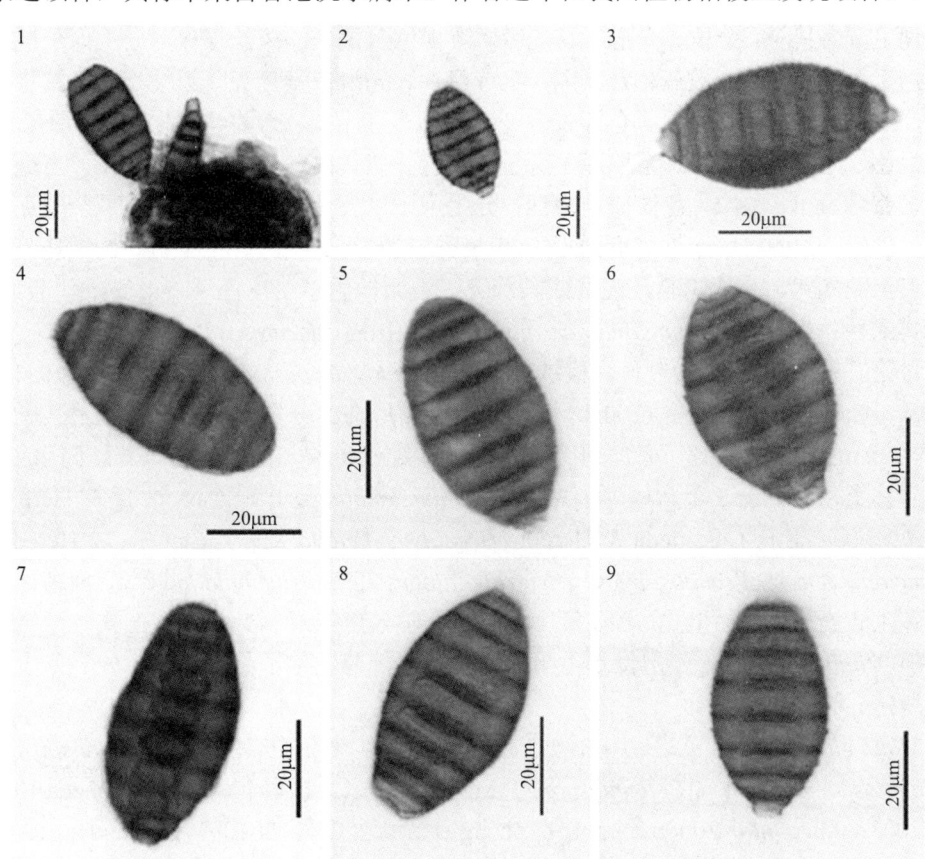

图 85 李氏霉 Listeromyces insignis Penz. & Sacc.
1～9. 分生孢子梗和分生孢子。(HSAUP V₀ MJ 0624-1)

李氏霉 图 85

Listeromyces insignis Penz. & Sacc., Malpighia 15: 259, 1901.

分生孢子座散生，常呈棍棒形，暗黑褐色至黑色，高约 1mm。菌丝体大多埋生。子座存在。分生孢子梗自子座上部或侧面产生，极短，不分枝，单生或少数簇生，淡褐色，光滑。分生孢子以裂解式脱落。产孢细胞单芽生式，合生，顶生，有限生长，圆柱状。分生孢子全壁芽生式产生，单生，干性，顶生，椭圆形，暗褐色或橄榄褐色，具疣突，37～56.5×19.5～28.5μm，多具 6～10 个隔膜。

植物枯枝，湖南：岳麓山，HSAUP V$_{0\,MJ}$ 0624-1。

世界分布：美国、中国、印度尼西亚、日本。

讨论：该种为属模式种，最初报道于印度尼西亚爪哇。Lu 等(2000)首次从我国香港沉水腐木报道该种。作者观察的分生孢子比 Goos(1971)的描述 [(40～)47～65(～80)×(20～)23～27(～30)μm] 略小，其他特征基本一致。

小黑孢属 **Minimelanolocus** R.F. Castañeda & Heredia

Cryptog. Mycol. 22(1): 7, 2001.

属级特征：菌落疏展，毛发状，橄榄色，褐色、暗褐色至黑色。菌丝体部分表生，部分埋生，由具隔、分枝、光滑或具疣突、淡褐色至褐色的菌丝组成。分生孢子梗分化明显，粗大，单生或少数簇生，具隔，直或弯曲，光滑或具疣突，圆柱状，呈波状或曲膝状，褐色至黑褐色，向顶颜色渐浅。产孢细胞多芽生式，合生，顶生渐变间生，淡褐色至褐色，无限生长，均具全壁芽生合轴式延伸，偶具内壁芽生式及顶层出。产孢位点不明显或略突出，狭窄，色淡或稍晦涩。分生孢子以裂解式脱落。分生孢子全壁芽生式产生，单生，顶侧生，干性，椭圆形、倒卵形、圆柱形、舟形、棍棒形、倒棍棒形、宽纺锤形至陀螺状，具真隔膜，光滑或具疣突，淡橄榄色、淡褐色至暗褐色，基部平截。

模式种：小黑孢 *Minimelanolocus navicularis* (R.F. Castañeda) R.F. Castañeda。

讨论：Sinclair 等(1997)认为假绒落菌属 *Pseudospiropes* M.B. Ellis(Ellis, 1971a)分类混乱。Castañeda-Ruíz 等(2001b)依据产孢位点形态、分生孢子隔膜类型及其脱落方式对 *Pseudospiropes* 进行了系统研究，将与模式种 *P. nodosus* (Wallr.) Ellis 不同的一些种重新归类，划分出 3 个新属，小黑孢属 *Minimelanolocus* R.F. Castañeda & Heredia、*Nigrolentilocus* R.F. Castañeda & Heredia 和 *Matsushimiella* R.F. Castañeda & Heredia。*Minimelanolocus* 与 *Pseudospiropes*、*Nigrolentilocus* 和 *Matsushimiella* 3 属产孢细胞均为全壁芽生式产孢，多芽生式，顶生渐变间生，合轴式延伸或偶具内壁芽生式及顶层出现象，但 *Minimelanolocus* 产孢位点不明显或略突出，分生孢子具真隔膜，分生孢子以裂解式脱落。

Minimelanolocus 建立之初包括 12 个种，其中 11 个新组合种源自 *Pseudospiropes*、*Helminthosporium* Link 和 *Belemnospora* P.M. Kirk。后来又报道 12 个种(Castañeda-Ruíz *et al.*, 2003；Ma *et al.*, 2008b, 2011g；Zhang *et al.*, 2009a, 2010b, Hernández-Restrepo *et al.*, 2012a；Heredia-Abarca *et al.*, 2014；Xia *et al.*, 2014a)。该属大多数种腐生于植物凋落枯枝、腐烂叶片上，主要分布于欧洲、南非、美国、意大利及中国。迄今我国已

报道12个种。

中国小黑孢属 *Minimelanolocus* 分种检索表

1. 分生孢子两端各具一刚毛状附属物，胞壁粗糙 ·· 双色小黑孢 *M. bicolorata*
1. 分生孢子两端无刚毛状附属物，胞壁平滑 ·· 2
    2. 分生孢子倒卵形，15～18×8.5～10μm，具2个隔膜 ·· 紫檀小黑孢 *M. pterocarpi*
    2. 分生孢子倒梨形、倒棍棒形、阔纺锤形、椭圆形或圆柱形 ··· 3
3. 分生孢子顶端具短喙 ·· 腊梅小黑孢 *M. chimonanthi*
3. 分生孢子顶端无喙 ·· 4
    4. 分生孢子宽2.5～3.5μm ·· 橄榄色小黑孢 *M. olivaceus*
    4. 分生孢子宽≥4μm ··· 5
5. 分生孢子多具2个隔膜 ··· 6
5. 分生孢子多具3个或以上隔膜 ·· 7
    6. 分生孢子倒梨形，15～26×5.5～7.5μm ·· 灌丛小黑孢 *M. dumeti*
    6. 分生孢子椭圆形或圆柱状，20～30×9～12μm ·· 黄桐小黑孢 *M. endospermi*
7. 分生孢子倒棍棒形 ·· 山茶小黑孢 *M. camelliae*
7. 分生孢子阔纺锤形、椭圆形或圆柱状 ··· 8
    8. 分生孢子宽10～11μm ··· 木兰小黑孢 *M. magnoliae*
    8. 分生孢子宽≤9μm ··· 9
9. 分生孢子多具3个或4个隔膜 ·· 10
9. 分生孢子具3～6个或3～7个隔膜 ··· 11
    10. 分生孢子多具3个隔膜，10.5～16.5×4～6μm ·· 休氏小黑孢 *M. hughesii*
    10. 分生孢子多具4个隔膜，26～35×7～9μm ·· 香叶小黑孢 *M. linderae*
11. 分生孢子15～40×4～7μm ·· 芒生小黑孢 *M. miscanthi*
11. 分生孢子20～35×6～8μm ··· 鲁塞尔小黑孢 *M. rousselianus*

双色小黑孢　图86

Minimelanolocus bicolorata J.W. Xia & X.G. Zhang, Mycoscience 55(4): 301, 2014.

    菌落平展，褐色，发状。菌丝体部分表生，部分埋生，由分枝、具隔、淡褐色至褐色、平滑、宽1～2μm的菌丝组成。分生孢子梗粗大，单生，不分枝，具隔，直或稍弯曲，圆柱形，平滑，具隔，褐色，长达400μm，宽4～6μm。产孢细胞多芽生式，合轴式延伸，顶生和间生，合生，65～100×5～6μm。分生孢子以裂解式脱落。分生孢子全壁芽生式产生，单生，顶侧生，椭圆形，具3个真隔膜，30～35×7.5～9.5μm，具疣突，淡褐色，两端各具一刚毛状附属物。

    植物枯枝，云南：景洪（西双版纳），HSAUP H6172（=HMAS 243453）。

    世界分布：中国。

    讨论：该种近似于竹小黑孢 *M. bambusae* (N.D. Sharma) R.F. Castañeda & Heredia、休氏小黑孢 *M. hughesii* (M.B. Ellis) R.F. Castañeda & Heredia、窄小黑孢 *M. leptotrichus* (Cooke & Ellis) R.F. Castañeda & Heredia（Castañeda-Ruíz *et al.*，2001b）和木兰小黑孢 *M. magnoliae* K. Zhang & X.G. Zhang（Zhang *et al.*，2009a），均产生椭圆形或圆柱形、3个隔膜的分生孢子，但该种分生孢子壁粗糙，比 *M. bambusae*（15～28μm）、*M. hughesii*（12～18μm）和 *M. leptotrichus*（16～22μm）的长，比 *M. magnoliae*（10～11μm）的

窄。另外，该种分生孢子两端各具一刚毛状附属物，明显不同于其他种。

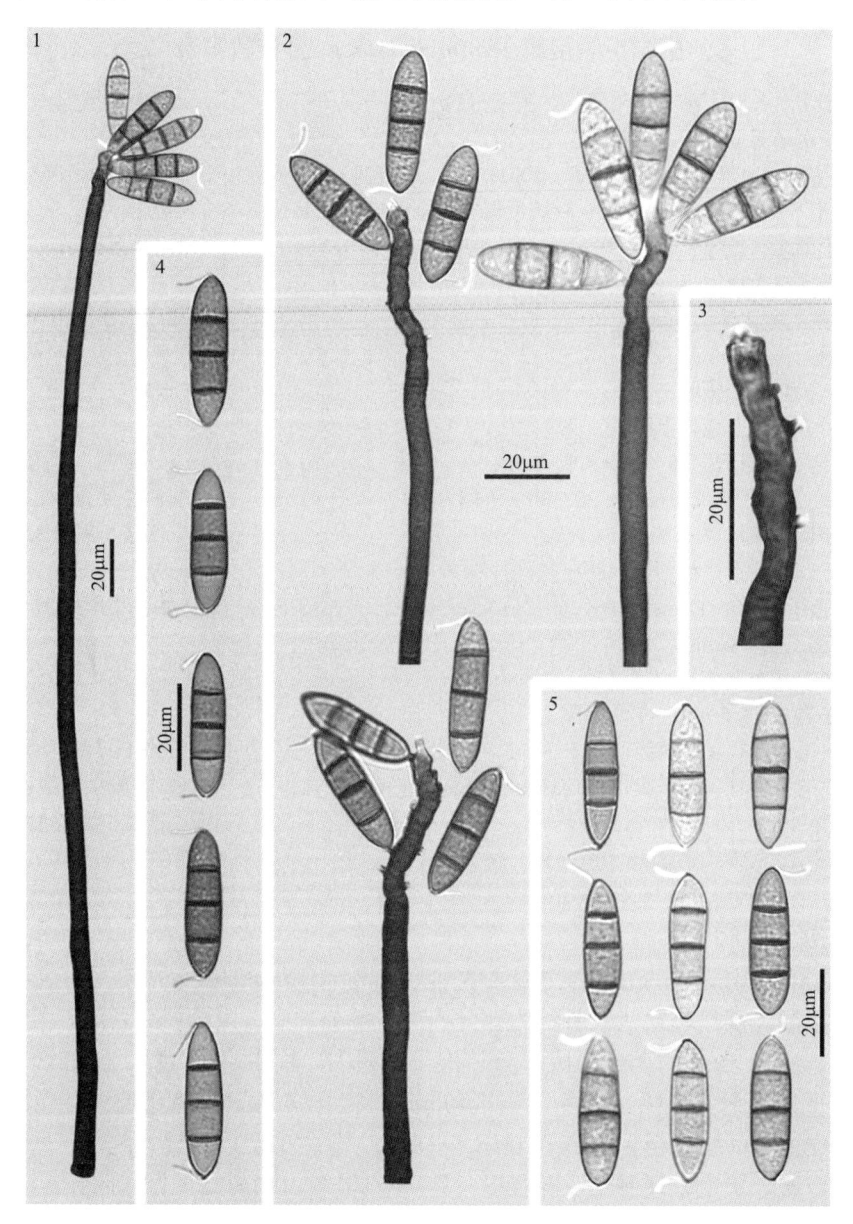

图 86 双色小黑孢 *Minimelanolocus bicolorata* J.W. Xia & X.G. Zhang
1、2. 分生孢子梗、产孢细胞和分生孢子；3. 产孢细胞；4、5. 分生孢子。（HSAUP H6172）

山茶小黑孢 图 87

Minimelanolocus camelliae H.B. Fu & X.G. Zhang, Mycotaxon 109: 99, 2009.

菌落疏展，暗褐色，毛发状。菌丝体部分表生，部分埋生，由分枝、具隔、淡褐色、平滑、宽 1.5～2μm 的菌丝组成。分生孢子梗分化明显，粗大，单生，不分枝，直或弯曲，平滑，暗褐色，向顶颜色渐浅，6～13 个隔膜，190～365×5.5～7.5μm。产孢细胞多芽生式，顶生和间生，合生，合轴式延伸，褐色。产孢位点不明显或略突出，稍模糊。

分生孢子以裂解式脱落。分生孢子全壁芽生式产生，单生，顶侧生，倒棍棒形，褐色，端部细胞颜色较浅，淡褐色至近无色，平滑，具3个真隔膜，23～33×4.5～5.5μm，基部平截，宽1～2μm。

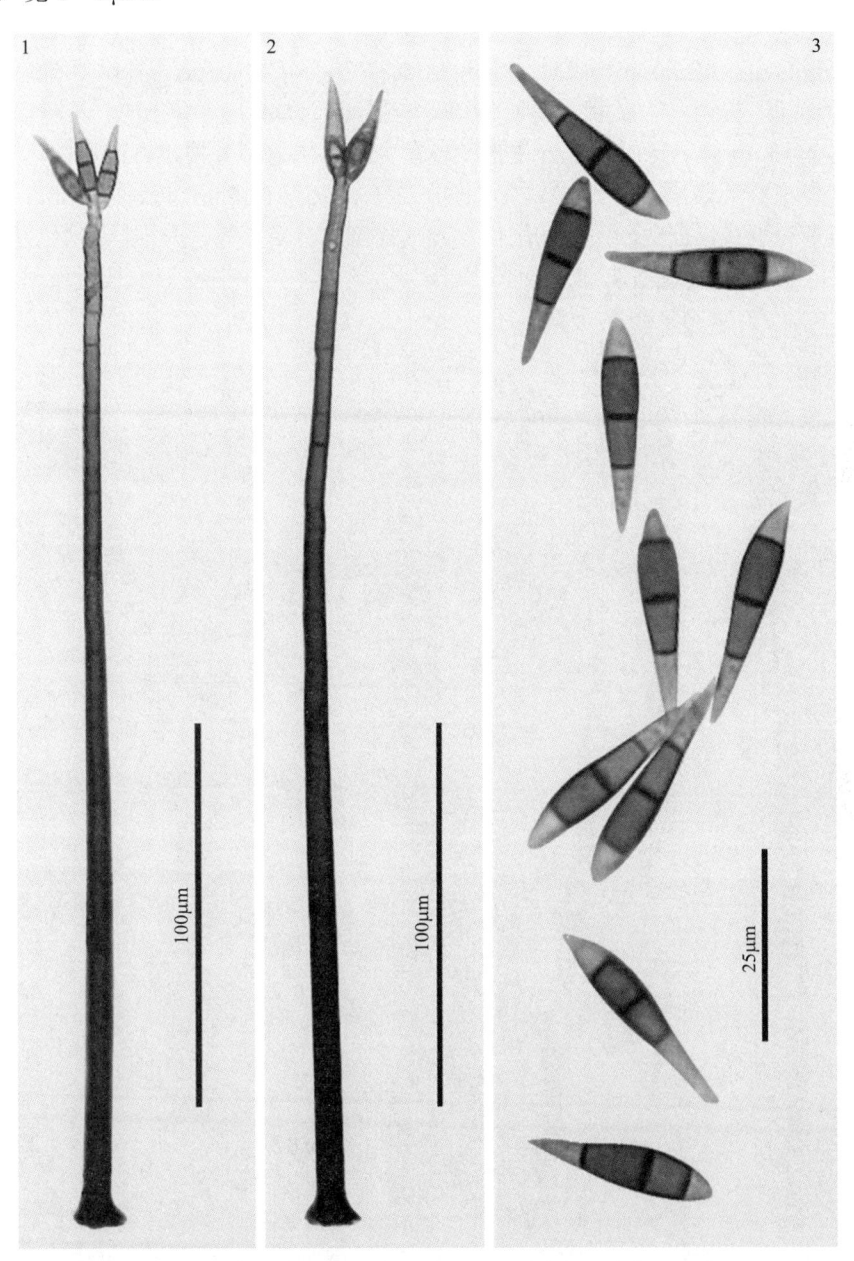

图87 山茶小黑孢 Minimelanolocus camelliae H.B. Fu & X.G. Zhang
1、2. 分生孢子梗和分生孢子；3. 分生孢子。（HSAUP VII₀ ZK 1097-1）

山茶 Camellia japonica L.凋落枯枝，云南：景洪（西双版纳），HSAUP VII₀ ZK 1097-1（HMAS 196887）。

世界分布：中国。

讨论：该种分生孢子形态与灌丛小黑孢 M. dumeti (Lunghini & Pinzari) R.F.

Castañeda & Heredia(Castañeda-Ruíz *et al.*, 2001b)十分相似，但后者分生孢子短而宽，15～26×5.5～7.5μm，主要具2个真隔膜。

腊梅小黑孢 图88

Minimelanolocus chimonanthi Y.D. Zhang & X.G. Zhang, Mycotaxon 114: 375, 2010.

菌落稀疏，褐色，毛发状。菌丝体部分表生，部分埋生，由分枝、具隔、淡褐色、平滑、宽2～3μm的菌丝组成。分生孢子梗粗大，单生，不分枝，直或弯曲，平滑，暗褐色，向顶颜色渐浅，具5～10个隔膜，160～250×6.5～10.5μm，近顶端宽5.5～6.5μm。产孢细胞多芽生式，合生，顶生和间生，合轴式延伸，淡褐色。产孢位点不明显或略突出。分生孢子以裂解式脱落。分生孢子全壁芽生式产生，阔纺锤形，具短喙，无色，单生，顶侧生，光滑，具5～7个真隔膜，26～35×6.5～10μm。

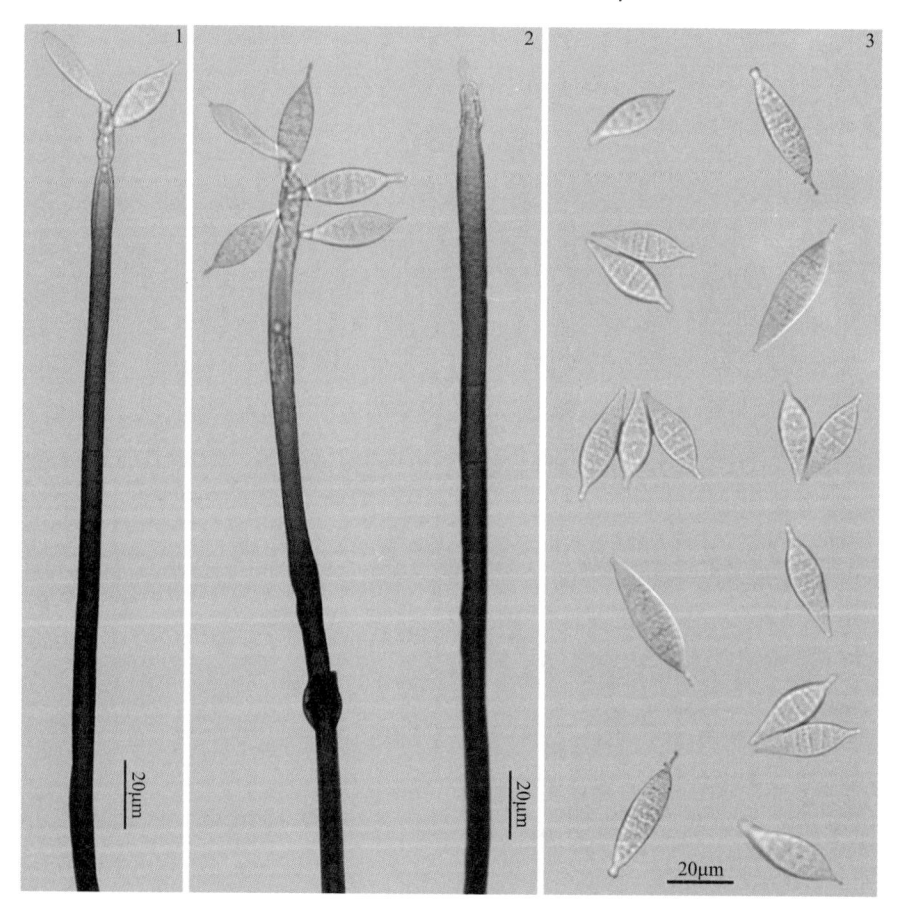

图88 腊梅小黑孢 *Minimelanolocus chimonanthi* Y.D. Zhang & X.G. Zhang
1、2. 分生孢子梗和分生孢子；3. 分生孢子。(HSAUP H3051)

山腊梅 *Chimonanthus nitens* Oliv.凋落枯枝，福建：武夷山，HSAUP H3051(=HMAS 146111)、HSAUP H5017-3。

植物枯枝，广西：贺州(姑婆山)，HSAUP H2377。

世界分布：中国。

讨论：该种分生孢子形态与小黑孢 *M. navicularis* (R.F. Castañeda) R.F. Castañeda(Castañeda-Ruíz *et al.*, 2001b)有些相似，但该种分生孢子无色，而后者分生孢子中部细胞暗褐色，端部细胞近无色。另外，*M. navicularis* 分生孢子短而略窄，20～25×6～8μm，具3个真隔膜。

黄桐小黑孢　图89

Minimelanolocus endospermi Jian Ma & X.G. Zhang, Mycotaxon 104: 149, 2008.

菌落疏展，橄榄褐色至黑褐色，毛发状。菌丝体部分表生，部分埋生，由分枝、具隔、淡褐色至褐色、平滑、宽1.5～2.5μm的菌丝组成。分生孢子梗分化明显，粗大，单生或少数簇生，不分枝，直或弯曲，平滑，褐色，向顶颜色渐浅，7～11个隔膜，160～260×3.5～6μm。产孢细胞多芽生式，顶生和间生，合生，合轴式延伸，淡褐色。产孢位点不明显或略突出。分生孢子以裂解式脱落。分生孢子全壁芽生式产生，单生，顶侧生，椭圆形或圆柱状，淡褐色至褐色，平滑，2(～3)个真隔膜，20～30×9～12μm，基部平截，宽2～3μm。

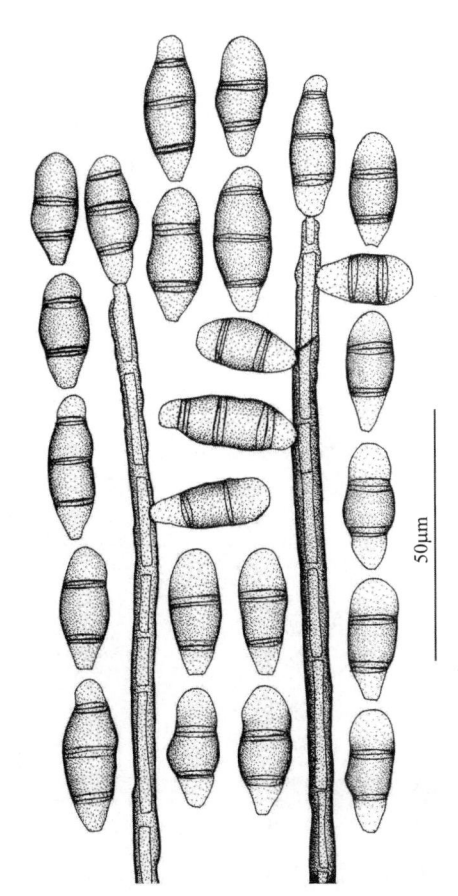

图89　黄桐小黑孢 *Minimelanolocus endospermi* Jian Ma & X.G. Zhang
分生孢子梗和分生孢子。(HSAUP VII₀ ₘⱼ 0115-1)

黄桐 *Endospermum chinense* Benth.凋落枯枝，海南：乐东(尖峰岭)，HSAUP VII₀ ₘⱼ

0115-1。

世界分布：中国。

讨论：该种分生孢子形态与竹小黑孢 *M. bambusae* (N.D. Sharma) R.F. Castañeda & Heredia、休氏小黑孢 *M. hughesii* (M.B. Ellis) R.F. Castañeda & Heredia 和窄小黑孢 *M. leptotrichus* (Cooke & Ellis) R.F. Castañeda & Heredia（Castañeda-Ruíz et al., 2001b）有些相似，但后三者分生孢子主要具3个隔膜，分生孢子较小，分别为15～19×6～7μm、12～18×4.5～6μm 和 16～22×7～10μm。

休氏小黑孢　图 90

Minimelanolocus hughesii (M.B. Ellis) R.F.Castañeda & Heredia, Cryptog. Mycol. 22(1): 9, 2001.

Pseudospiropes hughesii M.B. Ellis, More Dematiaceous Hyphomycetes: 222, 1976.

图 90　休氏小黑孢 *Minimelanolocus hughesii* (M.B. Ellis) R.F.Castañeda & Heredia
1. 自然基质上的菌落；2、3. 分生孢子梗和分生孢子；4. 分生孢子。（HSAUP H5147）

菌落平展，褐色至黑褐色，稀疏，毛发状。菌丝体部分表生，部分埋生，由分枝、具隔、淡褐色至褐色、平滑、宽1～2μm 的菌丝组成。分生孢子梗粗大，单生或少数簇

· 134 ·

生，不分枝，直或弯曲，平滑，具隔，暗褐色，向顶颜色渐浅，114～217.5×4～6.5μm。产孢细胞多芽生式，合生，顶生和间生，淡褐色，合轴式延伸。产孢位点不明显或稍具折。分生孢子以裂解式脱落。分生孢子全壁芽生式产生，单生，顶侧生，干性，椭圆形，淡褐色至褐色，光滑，多具3个真隔膜，10.5～16.5×4～6μm，顶部钝圆，基部平截，宽0.5～1.5μm。

植物枯枝，海南：昌江（霸王岭），HSAUP H5147(=HMAS 146092)。

世界分布：中国、捷克、英国。

讨论：Ellis(1976)最初将该种鉴定为 *Pseudospiropes hughesii* M.B. Ellis。Castañeda-Ruíz 等(2001b)建立 *Minimelanolocus* R.F. Castañeda & Heredia，并将其定为 *M. hughesii* (M.B. Ellis) R.F.Castañeda & Heredia。该种分生孢子形态与窄小黑孢 *M. leptotrichus* (Cook & Ellis) R.F.Castañeda & Heredia (Castañeda-Ruíz *et al.*, 2001b) 较为相似，但该种分生孢子淡褐色至暗褐色，而后者分生孢子近无色，较大，16～22×7～10μm。作者观察的分生孢子比 Ellis(1976) 描述(12～18μm)略短，其他特征基本一致。

香叶小黑孢 图91

Minimelanolocus linderae Jian Ma & X.G. Zhang, Mycotaxon 117: 131, 2011.

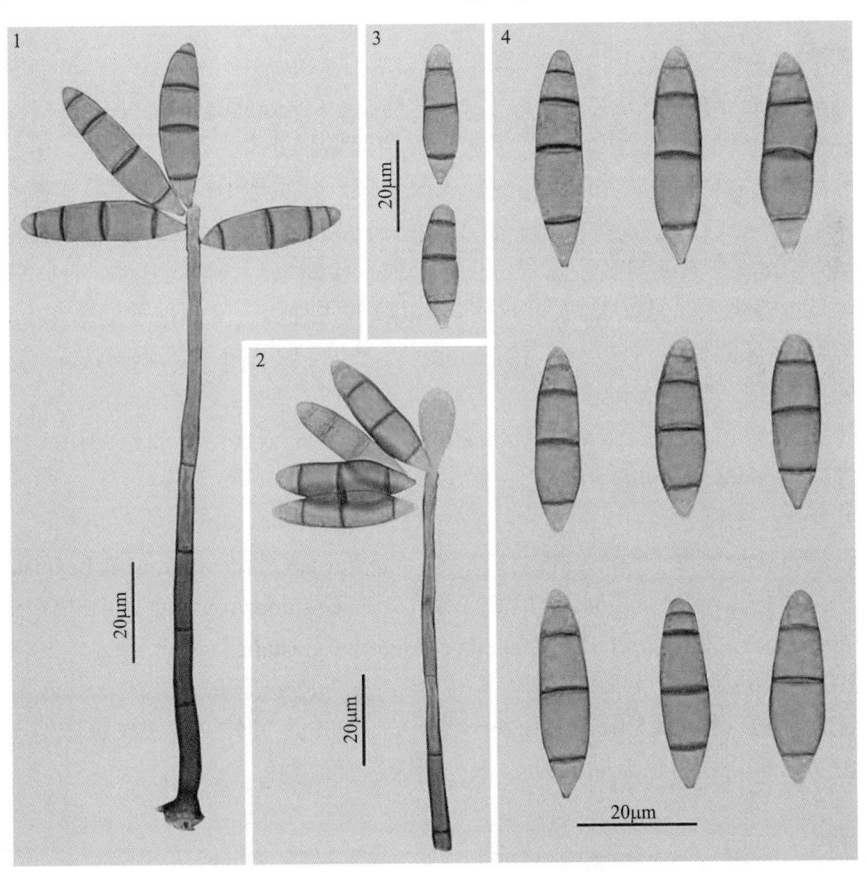

图91 香叶小黑孢 *Minimelanolocus linderae* Jian Ma & X.G. Zhang
1、2. 分生孢子梗和分生孢子；3、4. 分生孢子。(HSAUP H5113)

菌落平展，褐色至暗褐色，稀疏，毛发状。菌丝体部分表生，部分埋生，由分枝、具隔、淡褐色至褐色、平滑、宽1.5～2.5μm的菌丝组成。分生孢子梗分化明显，粗大，单生，偶簇生，不分枝，直或弯曲，具隔，平滑，褐色，向顶颜色渐浅，83～133×2～4.5μm。产孢细胞多芽生式，合生，顶生和间生，合轴式延伸，淡褐色。产孢位点不明显或稍具折。分生孢子以裂解式脱落。分生孢子全壁芽生式产生，单生，顶侧生，干性，椭圆形或圆柱形，中部淡褐色，端部近无色，光滑，(3～)4个真隔膜，26～35×7～9μm，基部平截，宽1～1.5μm。

香叶树 *Lindera communis* Hemsl.凋落枯枝，福建：武夷山，HSAUP H5113(=HMAS 146122)。

世界分布：中国。

讨论：该种分生孢子形态与木兰小黑孢 *M. magnoliae* K. Zhang & X.G. Zhang (Zhang *et al.*, 2009a)、竹小黑孢 *M. bambusae* (N.D. Sharma) R.F. Castañeda & Heredia 和锥形小黑孢 *M. subulifer* (Corda) R.F. Castañeda & Heredia (Castañeda-Ruíz *et al.*, 2001b) 较为相似，但 *M. magnoliae* 分生孢子较宽，10～11μm；*M. bambusae* 和 *M. subulifer* 分生孢子较小，分别为15～19×6～7μm和12～29×3.5～5.5μm。另外，该种分生孢子隔膜数、色泽也明显不同于其他种。

木兰小黑孢 图92

Minimelanolocus magnoliae K. Zhang & X.G. Zhang, Mycotaxon 109: 96, 2009.

菌落平展，橄榄褐色至黑褐色，毛发状。菌丝体部分表生，部分埋生，由分枝、具隔、平滑、淡褐色至褐色、宽1～2μm的菌丝组成。分生孢子梗分化明显，粗大，单生或少数簇生，不分枝，直或弯曲，平滑，褐色，向顶颜色渐浅，12～17个隔膜，220～500×5～7.5μm。产孢细胞多芽生式，合生，顶生和间生，合轴式延伸，淡褐色。产孢位点不明显或略突出，呈波浪式。分生孢子以裂解式脱落。分生孢子全壁芽生式产生，单生，顶侧生，椭圆形或圆柱形，淡褐色至褐色，平滑，(2～)3个真隔膜，29～38×10～11μm，基部平截，宽1～2μm。

长叶木兰 *Magnolia paenetalauma* Dandy 凋落枯枝，云南：屏边(大围山)，HSAUP VII$_0$ ZK 1277-1 (=HMAS 196885)。

世界分布：中国。

讨论：该种分生孢子形态与竹小黑孢 *M. bambusae* (N.D. Sharma) R.F. Castañeda & Heredia、休氏小黑孢 *M. hughesii* (M.B. Ellis) R.F. Castañeda & Heredia 和窄小黑孢 *M. leptotrichus* (Cooke & Ellis) R.F. Castañeda & Heredia (Castañeda-Ruíz *et al.*, 2001b) 有些相似，但 *M. bambusae* 分生孢子较窄，6～7μm；*M. hughesii* 和 *M. leptotrichus* 分生孢子较小，分别为12～18×4.5～6μm和16～22×7～10μm。另外，该种成熟分生孢子为褐色，而 *M. bambusae* 和 *M. leptotrichus* 则为近无色至淡褐色。

芒生小黑孢 图93

Minimelanolocus miscanthi (Matsush.) R.F. Castañeda & Heredia, Cryptog. Mycol. 22: 10. 2001.

图 92 木兰小黑孢 *Minimelanolocus magnoliae* K. Zhang & X.G. Zhang
1~5. 分生孢子梗和分生孢子；6. 分生孢子。（HSAUP VII₀ ZK 1277-1）

Pseudospiropes miscanthi Matsush., Matsush. Mycol. Mem. 5: 26, 1987.

菌落疏展，褐色至暗褐色，毛发状。菌丝体部分表生，部分埋生，由分枝、具隔、平滑、淡褐色至褐色、宽 2.5~3μm 的菌丝组成。分生孢子梗粗大，单生，不分枝，直或弯曲，平滑，暗褐色，向顶颜色渐浅，7~10 个隔膜，110~220 × 3~4μm。产孢细胞多芽生式，合生，顶生和间生，合轴式延伸，褐色。产孢位点不明显或略突出。分生孢子以裂解式脱落。分生孢子全壁芽生式产生，单生，顶侧生，椭圆形或圆柱状，15~40 × 4~7μm，具 3~7 个真隔膜，光滑，褐色，基部细胞近无色至淡褐色，顶部钝圆，基部平截，宽 1~2μm。

植物枯枝，云南：屏边（大围山），HSAUP VII₀ ZK 1423（=HMAS 196888）。

世界分布：中国。

讨论：Matsushima（1987）将生于台湾芒 *Miscanthus sinensis* Andersson 枯叶上的该菌

鉴定为 *Pseudospiropes miscanthi* Matsush.。Castañeda-Ruíz 等(2001b)建立 *Minimelanolocus* R.F. Castañeda & Heredia，将其鉴定为 *M. miscanthi* (Matsush.) R.F. Castañeda & Heredia。作者观察的该菌分生孢子比 Matsushima(1987)描述(6～9μm)略窄，其他特征基本一致。

图 93 芒生小黑孢 *Minimelanolocus miscanthi* (Matsush.) R.F. Castañeda & Heredia
1～5. 分生孢子梗和分生孢子；6. 分生孢子梗；7、8. 分生孢子。(HSAUP VII₀ ZK 1423)

橄榄色小黑孢 图 94

Minimelanolocus olivaceus R.F.Castañeda & Guarro, Mycotaxon 85: 232, 2003.

　　菌落疏展，褐色至黑褐色，毛发状。菌丝体部分表生，部分埋生，由分枝、具隔、淡褐色至褐色、平滑、宽 1～1.5μm 的菌丝组成。分生孢子梗粗大，单生或少数簇生，不分枝，直或弯曲，平滑，具隔，褐色，向顶颜色渐浅，92.5～157.5×2.5～5.5μm。产孢细胞多芽生式，合生，顶生和间生，合轴式延伸，淡褐色。产孢位点不明显或稍具折。分生孢子以裂解式脱落。分生孢子全壁芽生式产生，单生，顶侧生，干性，倒棍棒形至圆柱形，淡橄榄色，光滑，2～4个真隔膜，16.5～30.5 × 2.5～3.5μm，顶部钝圆，基部平截，宽0.5～1μm。

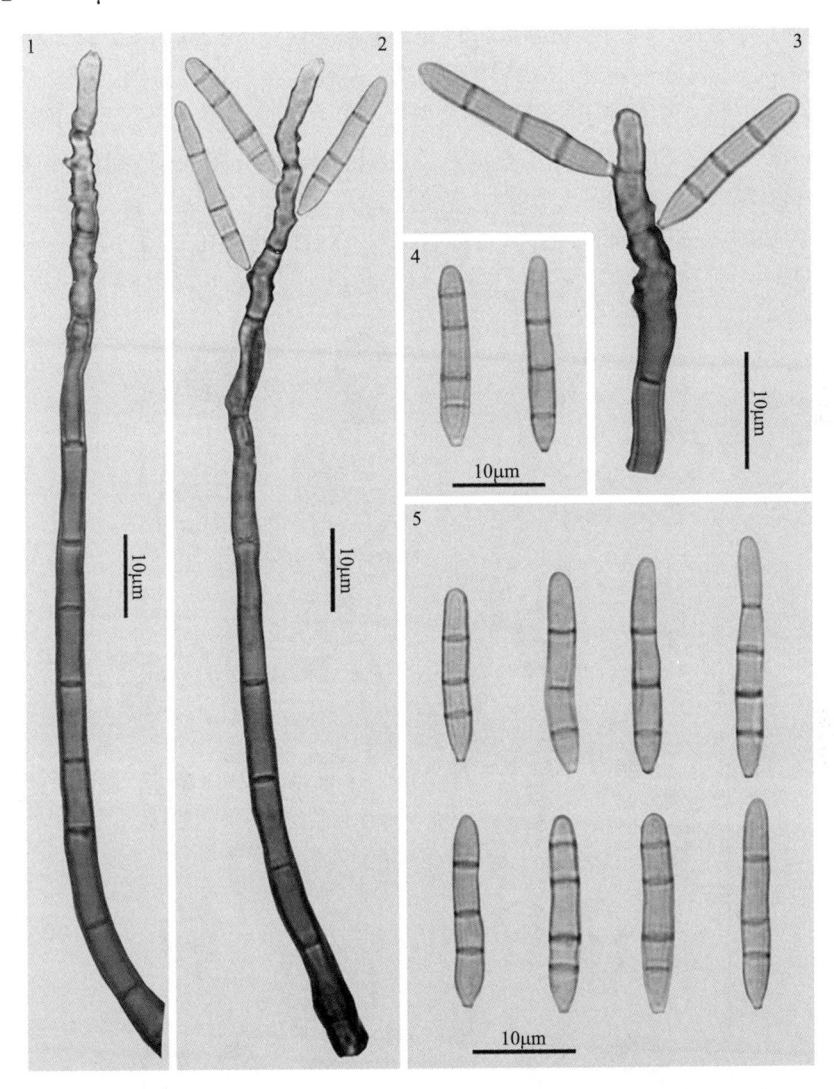

图94 橄榄色小黑孢 *Minimelanolocus olivaceus* R.F.Castañeda & Guarro
1. 分生孢子梗；2、3. 分生孢子梗和分生孢子；4、5. 分生孢子。（HSAUP H5123-3）

植物枯枝，海南：昌江（霸王岭），HSAUP H5123-3（=HMAS 146093）、HSAUP H1839。

世界分布：巴西、中国。

讨论：该种与近似种芒生小黑孢 *M. miscanthi*（Castañeda-Ruíz *et al.*，2001b）的区别是后者圆柱形的分生孢子较宽，6～9μm，隔膜较多，3～7个。作者观察的该菌分生孢子比原始描述（13～25 × 2.5～3μm）略大，但差异不显著，应视为同种。

紫檀小黑孢 图 95

Minimelanolocus pterocarpi Jian Ma & X.G. Zhang, Mycotaxon 104: 149, 2008.

菌落平展，暗褐色，毛发状。菌丝体部分表生，部分埋生，由分枝、具隔、淡褐色、平滑、宽 2.5~3.5μm 的菌丝组成。分生孢子梗分化明显，粗大，单生，不分枝，直或弯曲，平滑，暗褐色，向顶颜色渐浅，5~12 个隔膜，130~240 × 4.5~6.5μm。产孢细胞多芽生式，合生，合轴式延伸，顶生和间生，褐色。产孢位点不明显或略突出。分生孢子以裂解式脱落。分生孢子全壁芽生式产生，单生，顶侧生，倒卵形，顶部钝圆，褐色，基部细胞近无色或淡褐色，平滑，具 2 个真隔膜，15~18 × 8.5~10μm，基部平截，宽 2.8~4μm。

紫檀属 *Pterocarpus* sp.凋落枯枝，云南：河口，HSAUP III$_{0\,zxg}$ 0370-1。

世界分布：中国。

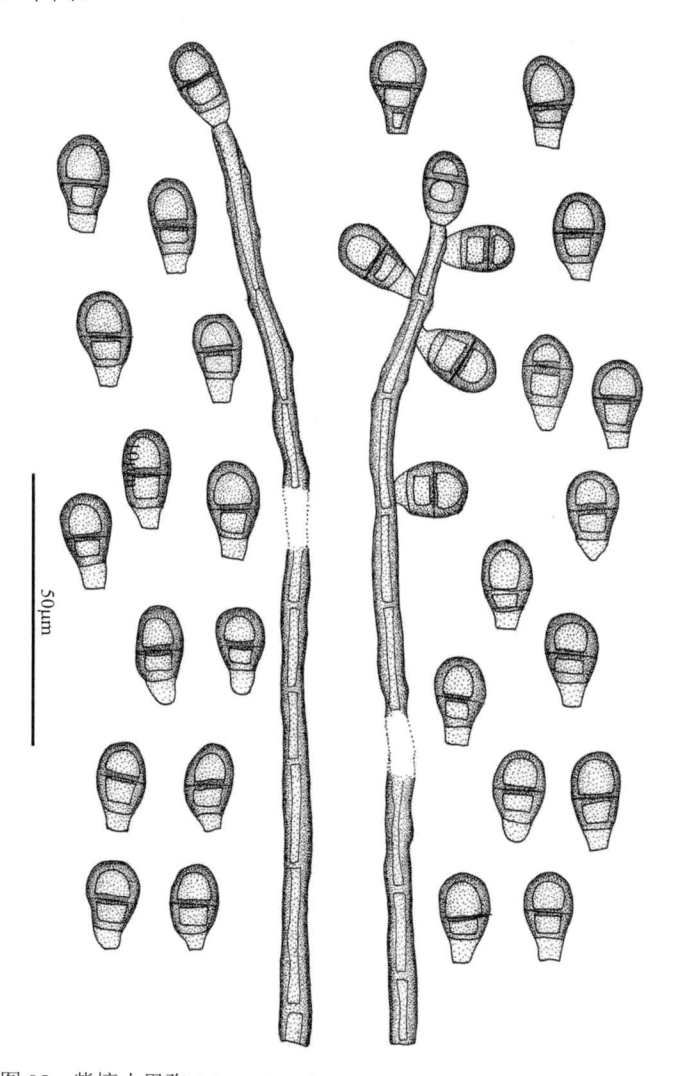

图 95 紫檀小黑孢 *Minimelanolocus pterocarpi* Jian Ma & X.G. Zhang
分生孢子梗和分生孢子。(HSAUP III$_{0\,zxg}$ 0370-1)

讨论：该种的典型特征是分生孢子倒卵形，具2个真隔膜，细胞色泽不一致，明显不同于其他种。

鲁塞尔小黑孢 图96

Minimelanolocus rousselianus (Mont.) R.F. Castañeda & Heredia, Cryptog. Mycol. 22: 10. 2001.

Helminthosporium rousselianum Mont., Annls Sci. Nat., Bot., Sér. 3, 12: 300, 1849.
Pleurophragmium rousselianum (Mont.) S. Hughes, Can. J. Bot. 36: 798, 1958.
Pseudospiropes rousselianus (Mont.) M.B. Ellis, More Dematiaceous Hyphomycetes (Kew): 221, 1976.

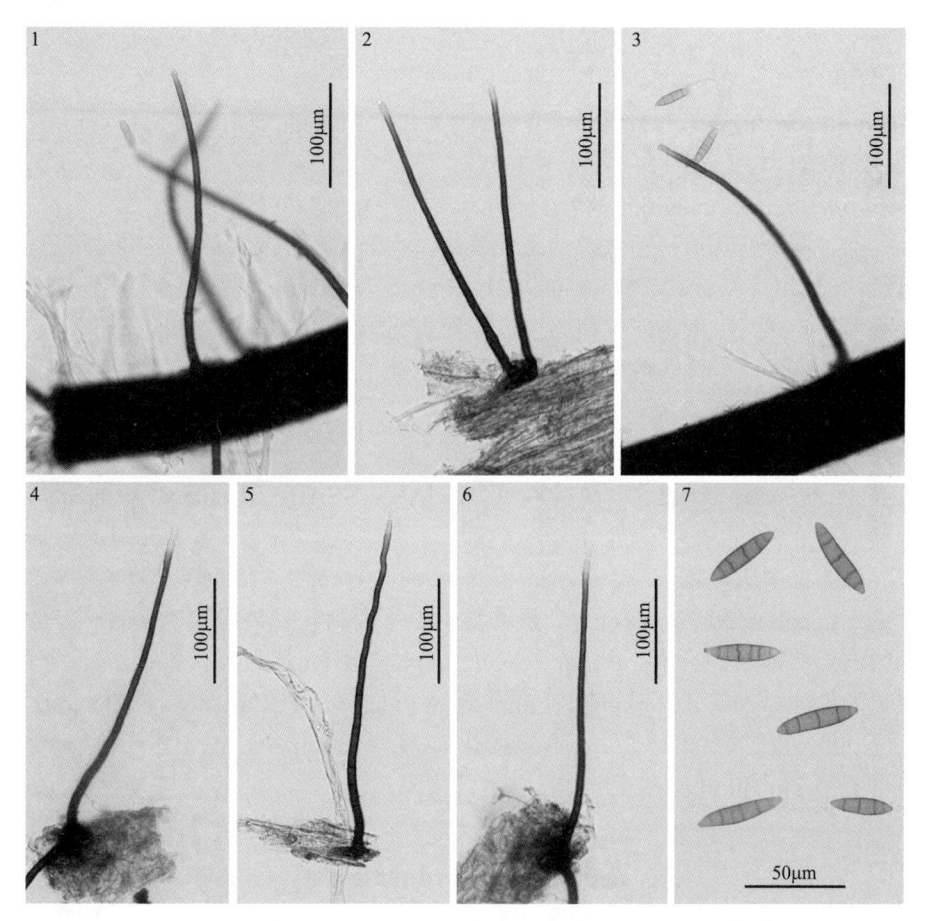

图96 鲁塞尔小黑孢 *Minimelanolocus rousselianus* (Mont.) R.F. Castañeda & Heredia
1～6. 分生孢子梗和产孢细胞；7. 分生孢子。(HSAUP VII₀ ZK 1159)

菌落平展，暗褐色，毛发状。菌丝体部分表生，部分埋生，由分枝、具隔、平滑、淡褐色至褐色、宽2～3μm的菌丝组成。分生孢子梗分化明显，粗大，单生，不分枝，直或弯曲，平滑，暗褐色，向顶颜色渐浅，7～12个隔膜，120～170 × 3～5μm。产孢细胞多芽生式，合生，合轴式延伸，顶生和间生，褐色。产孢位点不明显或略突出。分生孢子以裂解式脱落。分生孢子全壁芽生式产生，单生，顶侧生，阔纺锤形、椭圆形或圆柱状，淡褐色，平滑，具3~6个真隔膜，20~35×6~8μm，基部平截，宽2~3μm。

植物枯枝，云南：屏边（大围山），HSAUP VII₀ ZK 1159 (=HMAS 196889)。

世界分布：美国、中国、英国、波兰。

讨论：Montagne (1849)最初将该菌命名为 *Helminthosporium rousselianum* Mont.。Hughes (1958)和Ellis (1976)先后将其误定为 *Pleurophragmium rousselianum* (Mont.) S. Hughes 和 *Pseudospiropes rousselianus* (Mont.) M.B. Ellis。Castañeda-Ruíz 等(2001b)建立 *Minimelanolocus* R.F. Castañeda & Heredia，并将其鉴定为 *M. rousselianus* (Mont.) R.F. Castañeda & Heredia。作者观察的该菌形态特征与Ellis (1976)的描述基本一致。

作者未观察的种

灌丛小黑孢

Minimelanolocus dumeti (Lunghini & Pinzari) R.F. Castañeda & Heredia, Cryptog. Mycol. 22(1): 10, 2001.

Pseudospiropes dumeti Lunghini & Pinzari, Mycotaxon 58: 343, 1996.

分生孢子梗分化明显，粗大，单生或簇生，不分枝，直或弯曲，平滑，褐色，向顶颜色渐浅，6~10个隔膜，130~350(192)×3.8~5.7(5.1)μm，基部膨大，宽达15μm。产孢细胞多芽生式，合生，顶生和间生，合轴式延伸，具稍突出、色浅、几乎不可辨的产孢痕。分生孢子以裂解式脱落。分生孢子全壁芽生式产生，单生，顶侧生，干性，倒梨形，光滑，(1~)2个真隔膜，15~26(20.6)×5.5~7.5(6.5)μm，褐色至红褐色，基部细胞比其余细胞色深，长8.5~13.5(10.7)μm，基部突出，宽1.7~2.7(2.1)μm。

芒果 *Mangifera indica* L.凋落枯枝，云南：昆明，HSAUP III₀ 0055 (Shang and Zhang, 2007a)。

世界分布：中国、意大利。

讨论：Lunghini 和 Pinzari (1996)最初将生于意大利乳香黄连木 *Pistacia lentiscus* L. 腐木上的该菌鉴定为 *Pseudospiropes dumeti* Lunghini & Pinzari。Castañeda-Ruíz 等(2001b)将其鉴定为 *Minimelanolocus dumeti* (Lunghini & Pinzari) R.F. Castañeda & Heredia。Shang 和 Zhang (2007a)曾以"*Pseudospiropes dumeti*"从我国记载该菌，但未作任何描述。以上描述引自 Lunghini 和 Pinzari (1996)的原始描述。

双曲孢属 **Nakataea** Hara

Diseases of The Rice Plant, Ed. 2: 185, 1939.

属级特征：菌落疏展，暗褐色至黑色。菌丝体部分表生，部分埋生，由分枝、具隔、平滑、淡褐色至褐色的菌丝组成。分生孢子梗粗大，单生，直立，偶分枝，褐色，平滑。产孢细胞多芽生式，合生，顶生渐变间生，圆柱形，合轴式延伸，偶呈曲膝状，具圆柱形或宽圆锥形、壁薄的小齿。分生孢子以破生式从产孢细胞小齿上脱落。分生孢子单生，顶侧生，干性，镰刀形或"C"形，有时呈倒棍棒形或纺锤形，光滑，常具3个真隔膜，中部细胞颜色较深，淡褐色至褐色，端部细胞颜色较浅，无色至浅褐色，基部突出明显。

模式种：双曲孢 *Nakataea oryzae* (Catt.) J. Luo & N. Zhang = *N. sigmoidea* (Cavara) Hara。

讨论：Hara(1939)将 *Helminthosporium sigmoideum* Cavara 从长蠕孢属 *Helminthosporium* Link 中划出，并以此为模式种建立双曲孢属 *Nakataea* Hara，但该属的建立未引起 Subramania 的注意，并最终导致 Subramanian(1956)也依据该种建立了异名属 *Vakrabeeja* Subram.(Ellis，1971a)。Luo 和 Zhang(2013)研究发现 *H. sigmoideum* 是 *Sclerotium oryzae* Catt.（Cattaneo，1877）的晚出异名，遂依据《国际植物命名法规》，定为新组合种 *Nakataea oryzae* (Catt.) J. Luo & N. Zhang，并视 *N. sigmoidea* (Cavara) Hara 为其异名。Matsushima(1975)将 *Vakrabeeja fusispora* Matsush.定为梭孢双曲孢 *N. fusispora* (Matsush.) Matsush.。随后又报道 5 个新种：弯孢双曲孢 *N. curvularioides* G.R.W. Arnold、柱孢双曲孢 *N. cylindrospora* R.F. Castañeda，Saikawa & Hennebert、稀见双曲孢 *N. rarissima* R.F. Castañeda & W.B. Kendr.、蛇形双曲孢 *N. serpens* Shearer & J.L. Crane 和刺毛双曲孢 *N. setulosa* (Shearer and Crane，1979；Arnold and Castañeda-Ruíz，1987；Castañeda-Ruíz and Kendrick，1990b；Castañeda-Ruíz *et al.*，1996b；Ma *et al.*，2014a)。Baker 等(2001)曾称 *N. cylindrospora* 和 *N. rarissima* 与 *Nakataea* 的一般特征不符，通过形态观察将 *N. cylindrospora* 从 *Nakataea* 划出，并以此为模式种建立新属 *Rhexodenticula* W.A. Baker & Morgan-Jones。Ma 等(2014a)详细研究了该属与近似属的形态区别，并对报道的 6 个种编制了检索表。

Nakataea 与梨孢属 *Pyricularia* Sacc.形态特征十分相似，难以准确区分，长期以来一直存在争议。依据 Ellis(1971a)对两属区分特征的阐述，认为 *Nakataea* 的主要特征是分生孢子呈镰刀形或"C"形，常具 3 个真隔膜，中部细胞比端部细胞色深；而 *Pyricularia* 分生孢子呈倒梨形、倒陀螺形或倒棍棒形，常具 2 个真隔膜，色泽基本一致。但随着两属分类单位描述的增多，区别特征变得模糊不清。Kirk(1983c)指出 *Nakataea* 与 *Pyricularia* 两者模式种形态特征相似，且有性型均属于巨座壳属 *Magnaporthe* R.A. Krause & R.K. Webster(Krause and Webster，1972；Barr，1977)，认为 *Nakataea* 应视为 *Pyricularia* 的异名。基于 Kirk(1983c)的观点，Zucconi 等(1984)将 *N. fusispora* 归入 *Pyricularia*，并命名为 *P. fusispora* (Matsush.) Zucconi，Onofri & Persiani，但该种的修订未被承认(Castañeda-Ruíz and Kendrick，1990a；Mouchacca，1990；Castañeda-Ruíz *et al.*，1996b；Bussaban *et al.*，2005；Seifert *et al.*，2011)。《菌物辞典》第八、第九、第十版已视 *Nakataea* 为 *Pyricularia* 的异名(Hawksworth *et al.*，1995；Kirk *et al.*，2001，2008)，但 Bussaban 等(2005)利用分子系统学研究发现 *N. fusispora* 明显不同于 *Pyricularia*，并建议维持其原先分类地位，且 Seifert 等(2011)出版的专著 The Genera of Hyphomycetes 未采纳《菌物辞典》的分类观点，仍将 *Nakataea* 作为独立属。此外，*Nakataea* 与 *Dactylaria* Sacc.(Saccardo，1880)、*Rhexodenticula*(Baker *et al.*，2001)和 *Nakatopsis* Whitton，McKenzie & K.D. Hyde(Whitton *et al.*，2001)较为相似，均产生具小齿的产孢细胞，但 *Nakatopsis* 具黑色、长的刚毛，*Rhexodenticula* 产生圆柱形、粗糙的分生孢子，*Dactylaria* 分生孢子以裂解式脱落。

Nakataea 属下迄今承认 6 个种，我国已报道 3 个种。除模式种 *N. oryzae* 作为病原菌引起水稻病害外，另 5 个种均发现于植物凋落枯枝和叶片上。

中国双曲孢属 *Nakataea* 分种检索表

1. 分生孢子 25～35×6.5～9.5μm，端部各具一根刚毛·· 刺毛双曲孢 *N. setulosa*
1. 分生孢子端部无刚毛·· 2
   2. 分生孢子胞壁粗糙，纺锤形，26～34×4.8～6μm·· 梭孢双曲孢 *N. fusispora*
   2. 分生孢子胞壁光滑，镰刀形，40～83×11～14μm·· 双曲孢 *N. oryzae*

梭孢双曲孢   图 97

Nakataea fusispora (Matsush.) Matsush., Icon. Microfung. Matsush. Lect. (Kobe): 100, 1975.

Vakrabeeja fusispora Matsush., Microfungi Solomon Is. Papua-New Guin.: 66, 1971.
Pyricularia fusispora (Matsush.) Zucconi, Onofri & Persiani, Micol. Ital. 13: 9, 1984.

    菌落疏展，暗褐色。菌丝体部分表生，部分埋生，由分枝、具隔、平滑、淡褐色至褐色的菌丝组成。分生孢子梗粗大，单生，不分枝，直或弯曲，光滑，具隔，褐色，近顶端渐浅，64～95×3.5～4.5μm。产孢细胞多芽生式，合生，顶生渐变间生，合轴式延伸，具小齿；小齿近圆柱形，顶端扁平开口，基部具隔。分生孢子以破生式从产孢细胞小齿上脱落。分生孢子单生，顶侧生，干性，具疣突，3 个真隔膜，纺锤形，中间 2 个细胞淡褐色至中度褐色，端部细胞无色或浅褐色，22～34.5×6～7.5μm，顶端尖锐，基部突出明显。

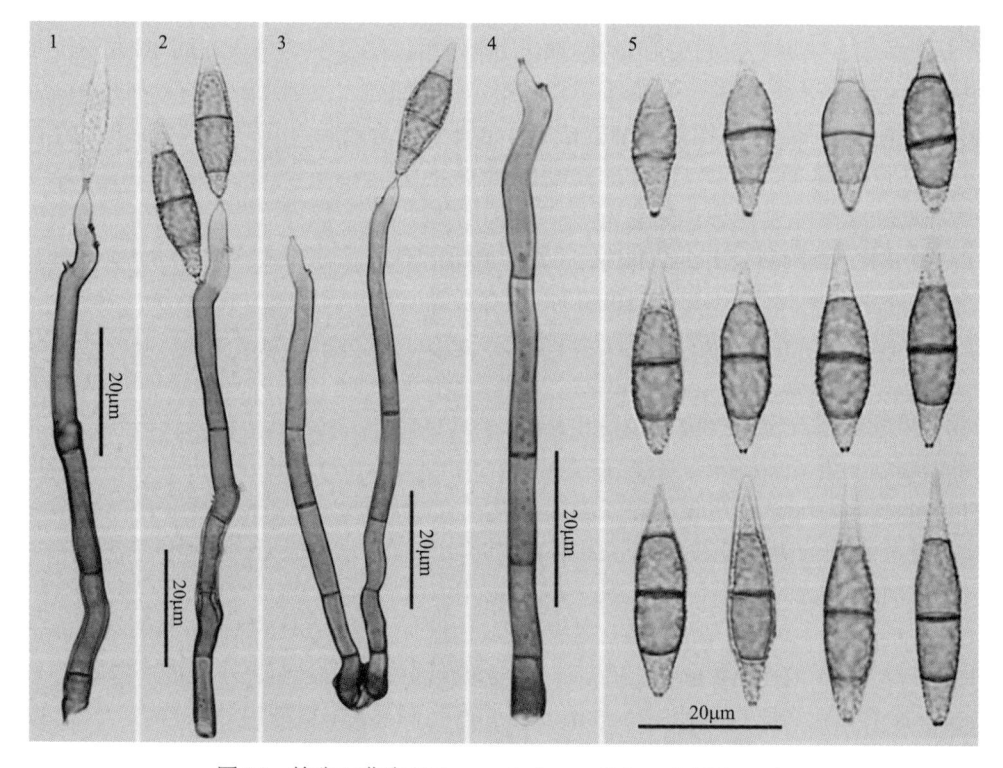

图 97 梭孢双曲孢 *Nakataea fusispora* (Matsush.) Matsush.
1～3. 分生孢子梗、产孢细胞和分生孢子；4. 分生孢子梗和产孢细胞；5. 分生孢子。（HSAUP H5125）

植物枯枝,海南：昌江(霸王岭),HSAUP H5125(=HMAS 243420)。

世界分布：中国、古巴、日本、墨西哥、委内瑞拉、西印度群岛。

讨论：Matsushima(1971)曾将该种误定为 *Vakrabeeja fusispora* Matsush.,后于1975年将其鉴定为 *N. fusispora* (Matsush.) Matsush.,其分生孢子形态近似于双曲孢 *N. oryzae* (Catt.) J. Luo & N. Zhang(Luo and Zhang,2013),但后者分生孢子呈"C"形,较大,40～83×11～14μm,且胞壁平滑。作者观察的分生孢子比原始描述(4.8～6μm)稍宽,其他特征无显著区别。

刺毛双曲孢 图98

Nakataea setulosa Jian Ma & X.G. Zhang, Mycol. Progress 13:754, 2014.

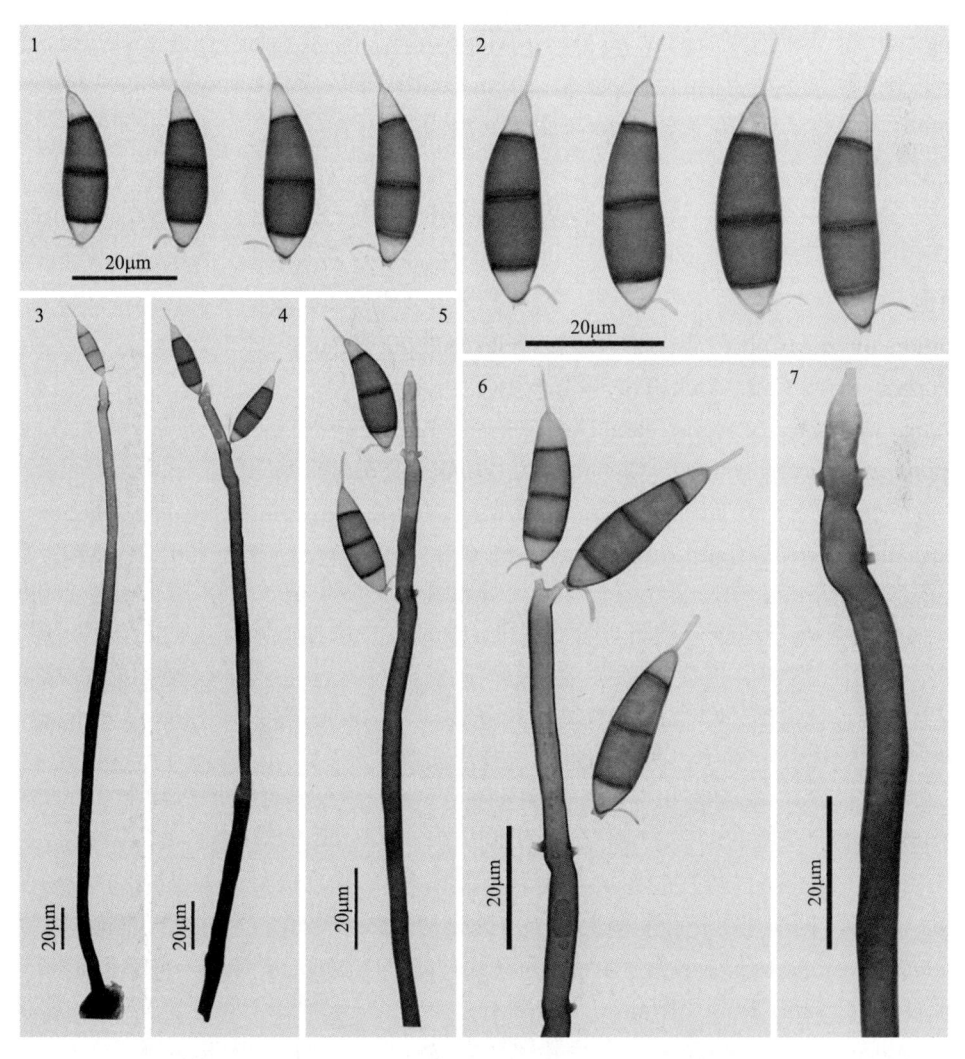

图98 刺毛双曲孢 *Nakataea setulosa* Jian Ma & X.G. Zhang
1、2. 分生孢子；3～6.分生孢子梗和分生孢子；7. 产孢细胞。(HSAUP H5512)

菌落疏展,褐色至黑色。菌丝体部分表生,部分埋生,由分枝、具隔、淡褐色至褐色、平滑、宽1~3μm的菌丝组成。分生孢子梗粗大，单生，不分枝，直或弯曲，圆柱形，光滑，具隔，褐色，向顶颜色渐浅，160~385 × 4~6.5μm，偶具及顶层出延伸。产孢细胞多芽生式，合生，顶生渐变间生，合轴式延伸，圆柱形，具小齿，43~92 × 3.5~6μm；小齿圆柱形或阔圆锥形，直径 1~2μm。分生孢子以破生式从产孢细胞小齿上脱落。分生孢子单生，顶侧生，干性，光滑，3个真隔膜，纺锤形，中间2个细胞褐色，端部细胞无色至淡褐色，25~35 × 6.5~9.5μm，顶端尖锐，基部平截，端部各具一根刚毛，基部突出明显，长1~2μm。

植物枯枝，广东：乳源（南岭），HSAUP H8384，肇庆（鼎湖山），HSAUP H5512（=HMAS 243439）、HSAUP H5514。

世界分布：中国。

讨论：该种分生孢子形态近似于双曲孢 *N. oryzae* (Catt.) J. Luo & N. Zhang (Luo and Zhang, 2013) 和梭孢双曲孢 *N. fusispora* (Matsush.) Matsush. (Matsushima, 1975)，但该种分生孢子两端各具一根刚毛，而 *N. oryzae* 分生孢子较大，40~83 × 11~14μm；*N. fusispora* 分生孢子较窄，4.8~6μm，胞壁粗糙。

作者未观察的种

双曲孢

Nakataea oryzae (Catt.) J. Luo & N. Zhang, Mycologia 105 (4): 1025, 2013.
Sclerotium oryzae Catt., Arch. Trienn. Lab. Bot. Crittog. Pavia 1: 10, 1877.
Nakataea sigmoidea (Cavara) Hara, Diseases Rice Plant, 2: 185, 1939.
Helminthosporium sigmoideum Cavara, Mat. Lomb. : 15, 1889.
Magnaporthe salvinii (Catt.) R.A. Krause & R.K. Webster, Mycologia 64: 110, 1972.
Leptosphaeria salvinii Catt., Arch. Labor. Bot. Critt. Univ. Pavia 2, 3: 115–128, 1879.

在水琼脂培养基中，菌丝生长缓慢，分枝稀少。分生孢子梗粗大，长达200μm，宽4~6μm，不分枝或少分枝，具隔，褐色，光滑。产孢细胞多芽生式，合生，顶生渐变间生，合轴式延伸，孢痕齿突状，齿突薄壁，圆柱状。分生孢子以破生式从产孢细胞小齿上脱落。分生孢子单生，顶侧生，弯镰形，常作"S"形弯曲，光滑，3个隔膜，中部两个细胞淡褐色至褐色，两端细胞无色或淡褐色，渐尖，40~83 × 11~14μm。

水稻，黑龙江（吴海燕和辛惠普，2002，as "*Nakataea sigmoidea*"）。

世界分布：美国、中国、古巴、意大利、日本、南非、泰国等。

讨论：Cattaneo(1877)最初从意大利水稻病株上发现该菌，并鉴定为 *Sclerotium oryzae* Catt.，同时将其有性型鉴定为 *Leptosphaeria salvinii* Catt.。Hara(1939)以 *Helminthosporium sigmoideum* Cavara 为模式种建立 *Nakataea* Hara，并重新定名为 *N. Sigmoidea* (Cavara) Hara。Krause 和 Webster(1972)以该菌为模式种建立 *Magnaporthe* R.A. Krause & R.K. Webster，并将其定名为 *M. Salvinii* (Catt.) R.A. Krause & R.K. Webster。Luo 和 Zhang(2013)研究发现 *H. sigmoideum* 是 *S. oryzae* 的晚出异名，且 *N. sigmoidea* 和 *M. salvinii* 是同种的，遂依据《国际植物命名法规》，将该菌定名为 *N. oryzae*。吴海燕和辛惠普(2002)曾以种名 *N. sigmoidea* 报道了我国黑龙江省水稻小球菌核菌的无

性型，并对其作了形态描述。

近芽串孢属 Parablastocatena Y.D. Zhang & X.G. Zhang
Mycoscience 53: 381, 2012.

属级特征：菌落疏展，褐色至黑色，发状。菌丝体部分表生，部分埋生，由分枝、具隔、平滑、淡褐色至褐色的菌丝组成。孢梗束单生，直或弯曲，分散，不分枝，圆柱形，暗褐色至黑色，有限生长，大部分均可产孢，由平行排列的分生孢子梗紧密聚集形成。分生孢子梗粗大，束生，不分枝、具隔、光滑、褐色至暗褐色，顶部自孢梗束侧面或顶端分离着生。产孢细胞单芽生式，合生，顶生，楔形，有限生长。分生孢子以裂解式脱落。分生孢子全壁芽生式产生，单生或短链生，顶生，干性，倒棍棒形，褐色，光滑，具真隔膜。

模式种：近芽串孢 *Parablastocatena tetracerae* Y.D. Zhang & X.G. Zhang。

讨论：近30年来，丝孢菌分类研究发生较大变化，分生孢子隔膜类型（真/假隔膜）已逐渐被用作部分广义混乱属分类单位重新归类的标准之一，如 *Sporidesmiun* Link 与 *Ellisembia* Subram.、*Corynespora* Güssow 与 *Solicorynespora* R.F. Castañeda & W.B. Kendr. 等近似属间的主要区别为分生孢子真/假隔膜。近芽串孢属 *Parablastocatena* 的典型特征是其孢梗束分化明显，分生孢子梗顶部自孢梗束侧面或顶端分离着生，产孢细胞单芽生式，分生孢子全壁芽生式产生，单生或短链生，具真隔膜，其形态特征与 *Blastocatena* 极为相似，主要区别是其分生孢子具真隔膜。因此，结合前人分类研究结果及同行分类学者建议，作者将其作为一新属进行描述。

另外，该属形态特征与 *Lylea* Morgan-Jones（Morgan-Jones，1975）、*Podosporium* Schwein.（Schweinitz，1832）、*Neosporidesmium* Mercado & J. Mena（Mercado-Sierra and Mena-Portales，1988）、*Novozymia* W.P. Wu（Wu and Zhuang，2005）、*Sporidesmina* Subram. & Bhat（Subramanian and Bhat，1987）和 *Sporidesmiopsis* Subram. & Bhat（Subramanian and Bhat，1987）有些相似，但该属产生分化明显的孢梗束，而 *Lylea* 和 *Sporidesmiopsis* 分生孢子梗单生。另外，*Podosporium* 产孢细胞单孔生式，而该属产孢细胞则为单芽生式；*Neosporidemium* 分生孢子单生，具假隔膜，而该属分生孢子则为单生或短链生，具真隔膜；*Novozymia* 产孢细胞具环痕式层出，而该属产孢细胞有限生长；*Sporidesmina* 分生孢子形态与该属相似，但该属分生孢子单生或短链生。

近芽串孢　图99

Parablastocatena tetracerae Y.D. Zhang & X.G. Zhang, Mycoscience 53: 382, 2012.

菌落稀疏，暗褐色，发状。菌丝体部分表生，部分埋生。孢梗束由平行排列的分生孢子梗组成，单生，暗褐色至黑色，圆柱形，分散，上半部可产孢，近顶端渐窄，高达1030μm，基部常膨大，宽22～44μm，顶部宽15～23μm。分生孢子梗粗大，束生，不分枝、具隔、光滑、褐色至暗褐色，长达950μm，宽3.5～4.5μm，上部自孢梗束侧面或顶端分离着生。产孢细胞单芽生式，合生，顶生，有限生长，光滑，楔形，中部弯曲，褐色至暗褐色，长6.5～13μm，中部宽4.5～6.5μm，顶端平截，宽2.5～4.5μm。分生孢子以裂解式脱落。分生孢子全壁芽生式产生，单生或向顶式链生，干性，顶生，倒棍棒形，7~9个真隔膜，光滑，褐色，44~77×8~13μm，基部平截，宽4~5μm，顶部宽3~4μm，逐渐延伸形成一无色或近无色的喙。

锡叶藤 Tetracera asiatica (Lour.) Hoogland 凋落枯枝，海南：昌江（霸王岭），HSAUP H3357（=HMAS 146136）。

植物枯枝，云南：景洪（西双版纳），HSAUP H3431（Zhang et al., 2012b）。

世界分布：中国。

图99 近芽串孢 *Parablastocatena tetracerae* Y.D. Zhang & X.G. Zhang
1~3. 孢梗束、分生孢子梗和分生孢子；4. 分生孢子。（HSAUP H3357）

拟树状霉属 Paradendryphiopsis M.B. Ellis

More Dematiaceous Hyphomycetes: 385, 1976.

属级特征：菌落疏展，褐色至黑色，发状。菌丝体大多埋生，少数表生，由分枝、具隔、平滑、淡褐色至褐色的菌丝组成。分生孢子梗粗大，单生，直立，形成于菌丝顶端或侧面，具隔，光滑，圆柱形；产孢梗近顶端隔膜下具单生或成对的产孢细胞，或具1个细胞的分枝。产孢细胞单芽生式，合生或离生，顶生于分生孢子梗及其分枝顶端，或侧生于产孢梗近顶端隔膜下方，圆柱形，褐色，光滑，顶端平截。分生孢子以裂解式脱落。分生孢子短链生，干性，椭圆形或棍棒形，具真隔膜，光滑，淡褐色至褐色。产孢细胞无层出现象。

模式种：拟树状霉 Paradendryphiopsis cambrensis M.B. Ellis。

讨论：Ellis(1976)以拟树状霉 P. cambrensis M.B. Ellis 为模式种建立拟树状霉属 Paradendryphiopsis M.B. Ellis，其产孢方式被描述为单孔生式。Hughes(1979)观察该种模式标本后将其产孢方式改正为单芽生式，同时将 Brachysporiella laxa (H.J. Huds.) M.B. Ellis(≡ Endophragmia laxa H.J. Huds.) 鉴定为 P. laxa (H.J. Huds.) S. Hughes。Morgan-Jones 等(1983)从南非报道该属第 3 个种，异常拟树状霉 P. anomala Morgan-Jones, R.C. Sinclair & Eicker，其分生孢子梗不分枝，分生孢子单生，椭圆形，以裂解式从产孢细胞脱落，该种形态特征与该属一般特征不符，但Silvera-Simón 等(2010)和 Xia 等(2014a)仍视其为该属种，因未能观察原始标本，作者对其分类地位持怀疑态度。Silvera-Simón 等(2010)自葡萄牙报道了多形拟树状霉 P. pleiomorpha R.F. Castañeda, Silvera, Gené & Guarro，其菌丝或产孢梗上产生 Bahusakala-like 的共无性型。Xia 等(2014a)在我国描述了 P. elegans J.W. Xia & X.G. Zhang，并为该属 5 个种作了分类检索表。

该属近似于 Capnofrasera S. Hughes(Hughes，2003)和 Dendryphiopsis S. Hughes (Hughes，1953b)，但该属产孢细胞单芽生式，无层出现象，分生孢子链生，而 Dendryphiopsis 产孢细胞单孔生式，分生孢子单生；Capnofrasera 产孢细胞具层出或合轴式延伸，分生孢子单生。另外，该属与 Sporidesmiopsis Subram. & Bhat(Subramanian and Bhat，1987)极为相似，产孢细胞均为单芽生式，合生或离生，但后者产孢细胞偶具层出现象，分生孢子单生。

该属迄今已报道 5 个种，多数发现于腐木、枯枝及树皮上，我国已知 2 个种。

拟树状霉　图 100

Paradendryphiopsis cambrensis M.B. Ellis, More Dematiaceous Hyphomycetes: 386, 1976.

菌落稀疏，暗褐色至黑色，发状。菌丝体大多埋生，少数表生，由分枝、具隔、平滑、淡褐色至褐色的菌丝组成。分生孢子梗分化明显，粗大，单生，直或弯曲，光滑，具隔，圆柱形，褐色，顶端分枝，105～180 × 5～7.5μm。产孢细胞单芽生式，合生或离生，顶生于分生孢子梗及其分枝顶端，或侧生于产孢梗近顶端隔膜下方，圆柱形，褐色，光滑，顶端平截，8.5～16 × 4～5.5μm。分生孢子以裂解式脱落。分生孢子全壁芽生式产生，短链生，干性，椭圆形，两端细胞淡褐色，中部细胞褐色，光滑，(2～)3 个真隔膜，30～40 × 10～13μm。

植物枯枝，广东：乳源(南岭)，HSAUP H8374；云南：景洪(西双版纳)，HSAUP H5606-1、HSAUP H0095。

世界分布：中国、英国。

讨论：Ellis(1976)将该种产孢方式描述为单孔生式。Hughes(1979)观察该种模式标本后将其定为单芽生式。Lu 等(2000)最早从我国香港报道该种。该种分生孢子形态近

似于疏松拟树状霉 *P. laxa* (H.J. Huds.) S. Hughes(Hughes，1979)，但后者分生孢子较大，16～30 × 8～12μm，且隔膜处具明显黑带。作者观察的该菌形态特征与原始描述基本一致。

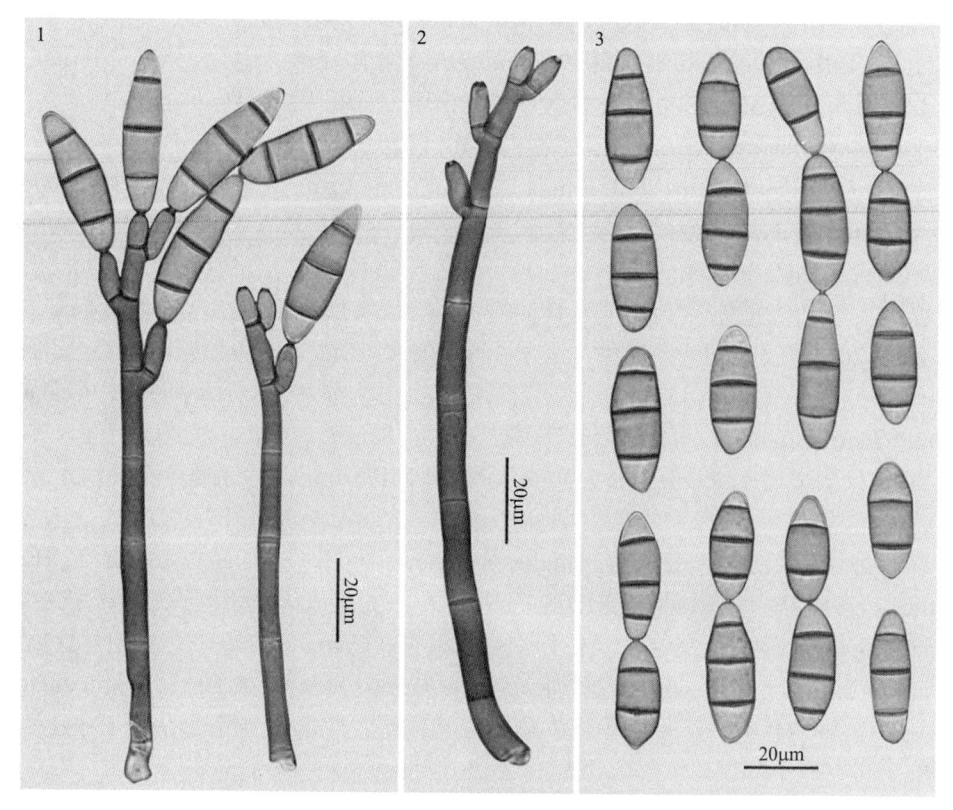

图 100　拟树状霉 *Paradendryphiopsis cambrensis* M.B. Ellis
1. 分生孢子梗及分生孢子；2. 分生孢子梗；3. 分生孢子。(HSAUP H5606-1)

美丽拟树状霉　图 101

Paradendryphiopsis elegans J.W. Xia & X.G. Zhang, Mycoscience 55: 303, 2014.

菌落稀疏，暗褐色，发状。菌丝体部分表生，部分埋生，由分枝、具隔、平滑、淡褐色至褐色的菌丝组成。分生孢子梗分化明显，粗大，单生，直或弯曲，圆柱形，光滑，具 8～12 个隔膜，褐色至暗褐色，顶端分枝，200～350 × 5～8.5μm。产孢细胞单芽生式，合生，顶生，圆柱形，有限生长，淡褐色至褐色，光滑，顶端平截，11～25 × 3～5μm。分生孢子以裂解式脱落。分生孢子全壁芽生式产生，短链生，光滑，纺锤形至倒棍棒形，褐色至暗褐色，基部平截，顶端钝圆，具 2～3 个真隔膜，13～30.5 × 4～6.5μm。

植物枯枝，四川：都江堰，HSAUP H6256(=HMAS 243454)。

世界分布：中国。

讨论：该种形态与疏松拟树状霉 *P. laxa* (H.J. Huds.) S. Hughes(Hughes，1979)有些相似，但后者分生孢子椭圆形至棍棒形或陀螺状，较宽，8～12μm。另外，该种分生孢子纺锤形至倒棍棒形，13～30.5 × 4～6.5μm，多具 3 个隔膜，明显不同于该属其他种。

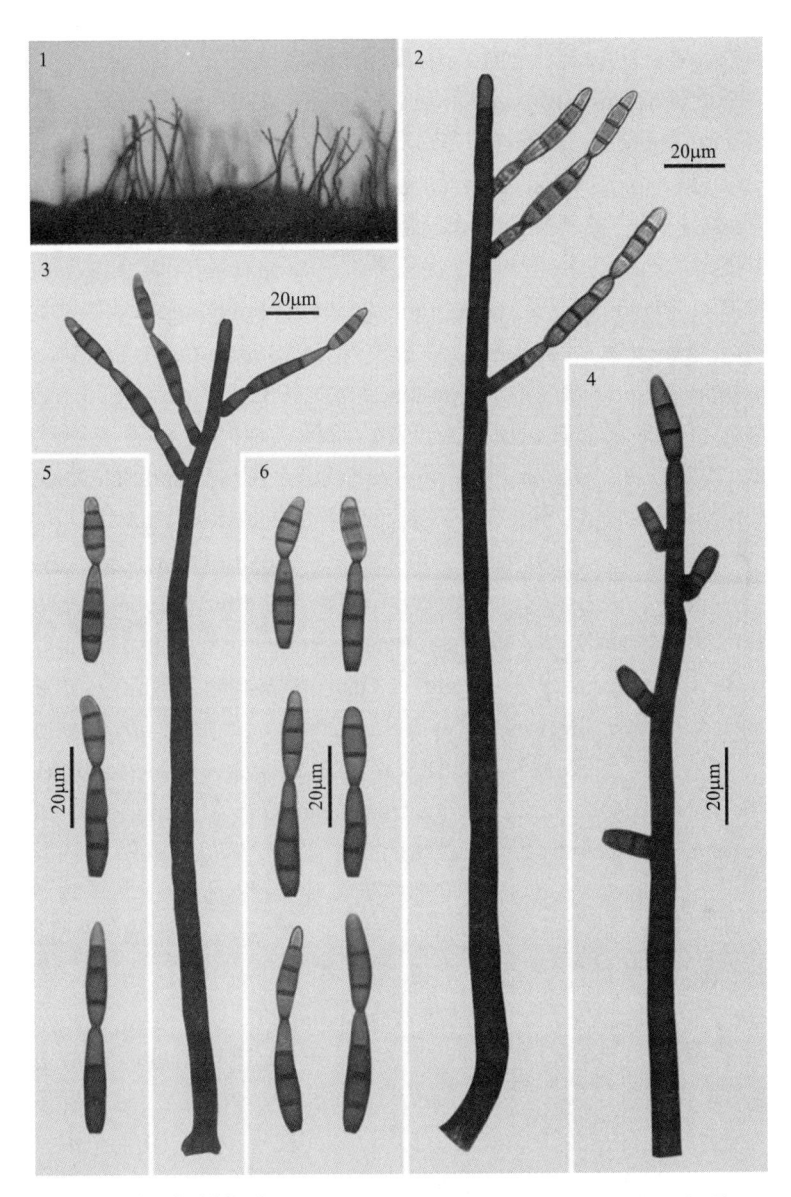

图 101　美丽拟树状霉 *Paradendryphiopsis elegans* J.W. Xia & X.G. Zhang
1. 自然基质上的菌落；2～4. 分生孢子梗、产孢细胞和分生孢子；5、6. 分生孢子。（HSAUP H6256）

小近轴霉属 **Parasympodiella** Ponnappa

Trans. Br. Mycol. Soc. 64: 344, 1975.

属级特征：菌落疏展，褐色至暗褐色，发状。菌丝体部分表生，部分埋生。分生孢子梗粗大，单生或少数簇生，不分枝或偶分枝，直或弯曲，圆柱形，光滑，具隔，褐色，向顶颜色渐浅。产孢细胞全壁体生式，顶生或间生，合生，无限生长，不规则合轴式延伸。分生孢子全壁体生式产生，干性，链生，不分枝，圆柱形、棍棒形，直或稍弯曲，光滑，具真隔膜，近无色，链生孢子间多具点状隔塞。

模式种：小近轴霉 *Parasympodiella laxa* (Subram. & Vittal) Ponnappa。

讨论：Subramanian 和 Vittal(1973)从印度双子叶植物叶片上发现一种丝孢菌，*Sympodiella laxa* Subram. & Vittal。Ponnappa(1975)未观察该菌原始标本，但通过研究原始文献和其他标本材料后发现其合轴式延伸的产孢细胞虽产生链生的分生孢子，但分生孢子链间隔不规则，分生孢子间具一点状隔塞，与 *Sympodiella* W.B. Kend.的特征不符，遂将其鉴定为 *Parasympodiella laxa* (Subram. & Vittal) Ponnappa，并以此为模式种建立小近轴霉属 *Parasympodiella* Ponnappa。后来发现 *Stylaspergillus* B. Sutton，Alcorn & P.J. Fisher 为 *Parasympodiella* 的共无性型(Sutton *et al.*，1982；Cheewangkoon *et al.*，2009)。目前，*Parasympodiella* 属下共报道 10 个种，除模式种外，另 9 个种：*P. clarkii* B. Sutton(Sutton，1978)、*P. minima* J.L. Crane & Schokn.(Crane and Schoknecht，1982)、*P. africana* Morgan-Jones，R.C. Sinclair & Eicker(Morgan-Jones *et al.*，1983)、*P. longispora* (Tokum. & Tubaki) Tokum.(Tokumasu，1987)、*P. elongata* Crous，M.J. Wingf. & W.B. Kendr.(Crous *et al.*，1995)、*P. podocarpi* Crous & Seifert(Crous *et al.*，1996)、*P. variisegmentata* K. Matsush. & Matsush.(Matsushima and Matsushima，1996)、*P. inaequiseptata* R.F. Castañeda，W.B. Kendr. & Guarro(Castañeda-Ruíz *et al.*，1997b)和 *P. eucalypti* Cheew. & Crous(Cheewangkoon *et al.*，2009)，其中 *P. africana* 圆柱形的分生孢子单生，与该属的特征不符，被 Kirk(1985)鉴定为 *Subulispora africana* (Morgan-Jones，R.C. Sinclair & Eicker) P.M. Kirk。另外，Castañeda-Ruíz 和 Kendrick(1990a)建立新属 *Cylindrosympodium* W.B. Kendr. & R.F. Castañeda，包括 *Subulispora* 属内具圆柱形分生孢子的种类，但 *Cylindrosympodium* 产孢部位无隔膜，产孢位点密集，与 *P. africana* 的明显不同。鉴于此，Crous 等(1995)认为将 *P. africana* 放入 *Subulispora* 和 *Cylindrosympodium* 两属均不合适，建议暂时不予修订，且 Crous 等(1996)编制 *Parasympodiella* 属分类检索表时，仍包括 *P. africana*。

Matsushima(1980)在我国台湾发现该属真菌，但鉴定为 *Sympodiella laxa*。作者近年从我国发现该属真菌 2 个种：*P. laxa* 和 *P. eucalypti*。该属绝大多数种发现于植物枯枝、落叶及枯死茎秆上，在中国、南非、英国、古巴、日本等 10 余个国家有报道。

桉树小近轴霉　图 102

Parasympodiella eucalypti Cheew. & Crous, Persoonia 23: 70, 2009.

菌落疏展，褐色至黑褐色，发状。菌丝体部分表生，部分埋生，由分枝、具隔、平滑、无色或近无色的菌丝组成。分生孢子梗分化明显，粗大，单生，直立，不分枝，圆柱形，具隔，长达 670μm，不产孢部位壁厚，中度褐色至暗褐色，宽 6～8μm；可产孢部位壁薄，淡褐色，近顶部色淡。产孢细胞全壁体生式，顶生和间生，合生，无限生长，合轴式延伸，每个细胞具 1 个产孢位点，光滑，淡褐色，近顶端色浅直至无色。分生孢子全壁体生式产生，无色至浅褐色，干性，光滑，链生，不分枝，圆柱形，28～54×6～9μm，(0～)1(～2)个隔膜，顶部细胞略突出，顶部分生孢子顶端钝圆，中部分生孢子两端平截，且端部各具一点状隔塞。

植物枯枝，广西：金秀(大瑶山)，HSAUP H9038(=HMAS 243427)；海南：昌江(霸

王岭),HSAUP H8508。

世界分布:中国、委内瑞拉。

讨论:Cheewangkoon 等(2009)最初从委内瑞拉赤桉 *Eucalyptus camaldulensis* Dehnh. 叶上发现该菌,并在其活体培养物上发现了共无性型 *Stylaspergillus* B. Sutton, Alcorn & P.J. Fisher,作者当时认为该种比近似种长小近轴霉 *P. elongata* Crous, M.J. Wingf. & W.B. Kendr.(Crous *et al.*,1995)的分生孢子(20~40μm)长,分生孢子梗(长达 900μm)短。作者观察该菌分生孢子比原始描述(8~11μm)稍窄,其他特征基本一致。

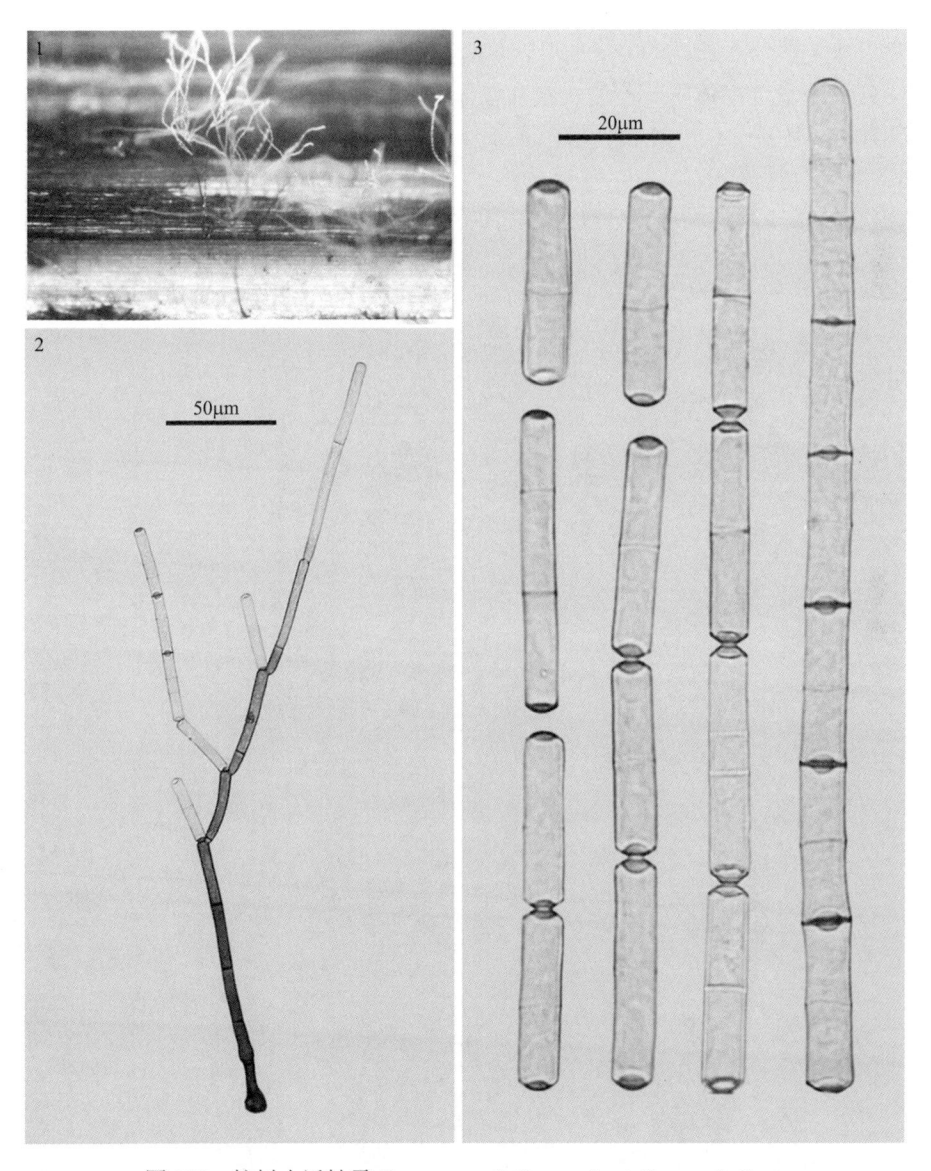

图 102 桉树小近轴霉 *Parasympodiella eucalypti* Cheew. & Crous
1. 自然基质上的菌落;2. 分生孢子梗和产孢细胞;3. 分生孢子。(HSAUP H9038)

小近轴霉 图 103

Parasympodiella laxa (Subram. & Vittal) Ponnappa, Trans. Br. Mycol. Soc. 64(2): 344, 1975.

Sympodiella laxa Subram. & Vittal, Can. J. Bot. 51(6): 113, 1973.

菌落疏展，褐色至黑褐色，发状。菌丝体部分表生，部分埋生，由分枝、具隔、平滑、无色至近无色的菌丝组成。分生孢子梗分化明显，粗大，单生，不分枝，直立，圆柱形，具隔，长达 780μm，不产孢部位壁厚，暗褐色，宽 6～9μm；可产孢部位壁薄，灰褐色，向顶颜色渐浅。产孢细胞全壁体生式，顶生和间生，合生，无限生长，合轴式延伸，每个细胞具 1 个产孢位点，光滑，淡灰褐色，近顶端色淡直至无色，42～78 × 6.3～9.4μm。分生孢子全壁体生式产生，链生，不分枝，无色，干性，光滑，圆柱形，23～40 × 7～10μm，(0～)3(～4) 个隔膜，顶部分生孢子顶端钝圆，中部分生孢子两端平截，且端部各具一点状隔塞。

植物枯枝，广西：大瑶山，HSAUP H9021 (=HMAS 243426)。

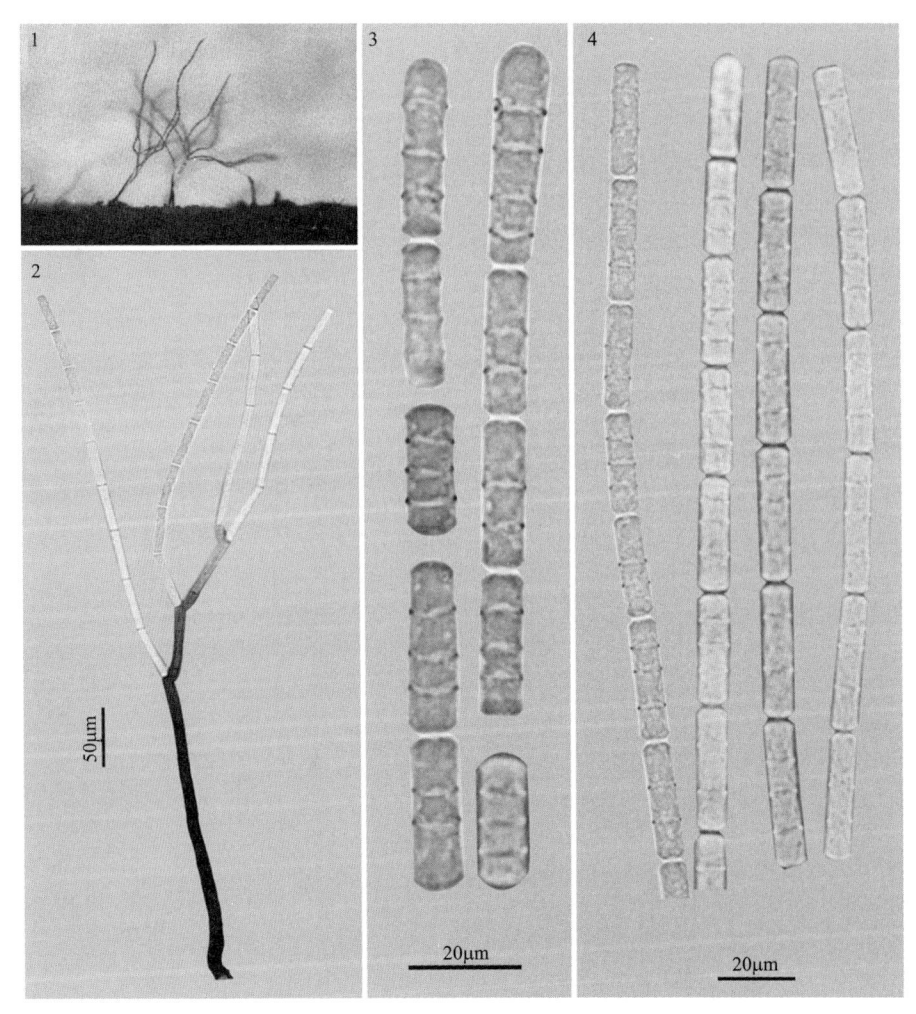

图 103 小近轴霉 *Parasympodiella laxa* (Subram. & Vittal) Ponnappa
1. 自然基质上的菌落；2. 分生孢子梗和产孢细胞；3、4. 分生孢子。(HSAUP H9021)

世界分布：澳大利亚、巴西、中国、印度、日本、新西兰、委内瑞拉。

讨论：该种为小近轴霉属 *Parasympodiella* 的模式种，曾被误定为 *Sympodiella laxa* Subram. & Vittal (Subramanian and Vittal, 1973)。Crous 等 (1995) 认为该种与近似种长小近轴霉 *P. elongata* Crous, M.J. Wingf. & W.B. Kendr. (Crous *et al.*, 1995) 的区别是后者分生孢子梗长而宽，分生孢子具 (0~)1(~2) 个隔膜，且链生孢子间无点状隔塞。作者观察的该菌分生孢子与 Subramanian 和 Vittal (1973) 的描述 (18~50×6~8μm) 略有差异，其他特征无明显区别。

拟侧耳霉属 Pleurotheciopsis B. Sutton

Trans. Br. Mycol. Soc. 61(3): 417, 1973.

属级特征：菌落稀疏，褐色至暗褐色，毛发状。菌丝体大多埋生，由分枝、具隔、褐色至暗褐色、平滑的菌丝组成。分生孢子梗粗大，单生或少数簇生，不分枝，直或弯曲，圆柱形，具隔，平滑，褐色或暗褐色，向顶颜色渐浅。产孢细胞多芽生式，合生，顶生，圆柱形，合轴式延伸，具短的、圆柱形、顶端平截的小齿。第一个分生孢子萌发时产孢细胞外壁破裂，分生孢子梗内壁继续发育并从破裂处生出，颜色较浅，与其下部分生孢子梗色素差异明显。分生孢子以裂解式从产孢细胞小齿上脱落。分生孢子全壁芽生式产生，干性，向顶式链生，光滑，具真隔膜，舟行、纺锤形或桶形，无色、近无色或浅褐色，孢子断痕处平截。

模式种：拟侧耳霉 *Pleurotheciopsis pussilla* B. Sutton。

讨论：Sutton (1973b) 建立该属时包括了 2 个种：拟侧耳霉 *P. pusilla* B. Sutton (模式种) 和布拉姆利拟侧耳霉 *P. bramleyi* B. Sutton。后来又报道了 5 个种：毛状拟侧耳霉 *P. setiformis* R.F. Castañeda、韦氏拟侧耳霉 *P. websteri* Cazau Aramb. & Cabello、林木拟侧耳霉 *P. sylvestris* R.F. Castañeda & Iturr.、热带拟侧耳霉 *P. tropicalis* R.F. Castañeda & M. Calduch 和非对称拟侧耳霉 *P. asymmetrica* (Castañeda-Ruíz 1985；Cazau *et al.*, 1993；Castañeda-Ruíz and Iturriaga 1999；Castañeda-Ruíz *et al.*, 2001a；Rambelli *et al.*, 2008)。其中 *P. setiformis* 的分生孢子梗周围具刚毛，与产孢细胞同时存在，产孢细胞膨大呈亚球形。Castañeda-Ruíz 和 Iturriaga (1999)、Castañeda-Ruíz 等 (2001a) 指出该种与该属典型特征不符，可能是一新属，且 Castañeda-Ruíz 等 (2001a) 编制该属分类检索表时，将该种移出，但未明确其分类地位。

该属早先描述分生孢子为无色。Castañeda-Ruíz 和 Iturriaga (1999) 报道了 *P. sylvestris*，其分生孢子中部淡褐色至黄色，端部无色或近无色，描述该种使该属分生孢子颜色由无色扩为淡褐色或黄色。Castañeda-Ruíz 等 (2001a) 从植物落叶上报道 *P. tropicalis* 的分生孢子具色泽，且发现西班牙标本 (MUCL 40010) 上的 *P. websteri* 的分生孢子中部黄色至浅褐色，不同于原始描述 (无色)。另外，作者近年从我国发现的 *P. websteri* 的分生孢子中部也为黄色至浅褐色。作者仔细研读原始文献和有关论著，认为 *P. sylvestris* 与 *P. websteri* 在不同的描述中存在很大的相似性，*P. sylvestris* 可能为 *P. websteri* 的异名，其分类地位应作进一步研究。

该属与极孢属 *Cacumisporium* Preuss 和 *Pleurothecium* Höhn. 两属的产孢方式十分相

似，产孢细胞均为多芽生式，但该属分生孢子向顶式链生，分散，而后两属分生孢子单生且聚集成团。另外，该属与近拟侧耳霉属 *Parapleurotheciopsis* P.M. Kirk 的形态也十分相似，但后者产孢细胞单芽生式，分生孢子链生并具分枝的链。

布拉姆利拟侧耳霉　图 104

Pleurotheciopsis bramleyi B. Sutton, Trans. Br. Mycol. Soc. 61(3): 420, 1973.

菌落疏展，褐色，发状。菌丝体部分表生，部分埋生，由分枝、具隔、褐色、平滑的菌丝组成。分生孢子梗粗大，单生，不分枝，直或弯曲，圆柱形，光滑，具隔，褐色至暗褐色，向顶颜色渐浅，5～12 个隔膜，150～200×4～5.5μm。产孢细胞多芽生式，合生，顶生，圆柱形，合轴式延伸，淡褐色至近无色，具不明显或略突出、不规则的产孢痕。分生孢子以裂解式脱落。分生孢子全壁芽生式产生，链生，顶侧生，纺锤形，具 3 个真隔膜，中部细胞褐色，端部细胞淡褐色，光滑，长 21～33μm，宽 5～7μm，基部平截，宽 1.5～2.5μm。

植物枯枝，四川：都江堰（龙池），HSAUP H2239。

世界分布：中国、英国、委内瑞拉。

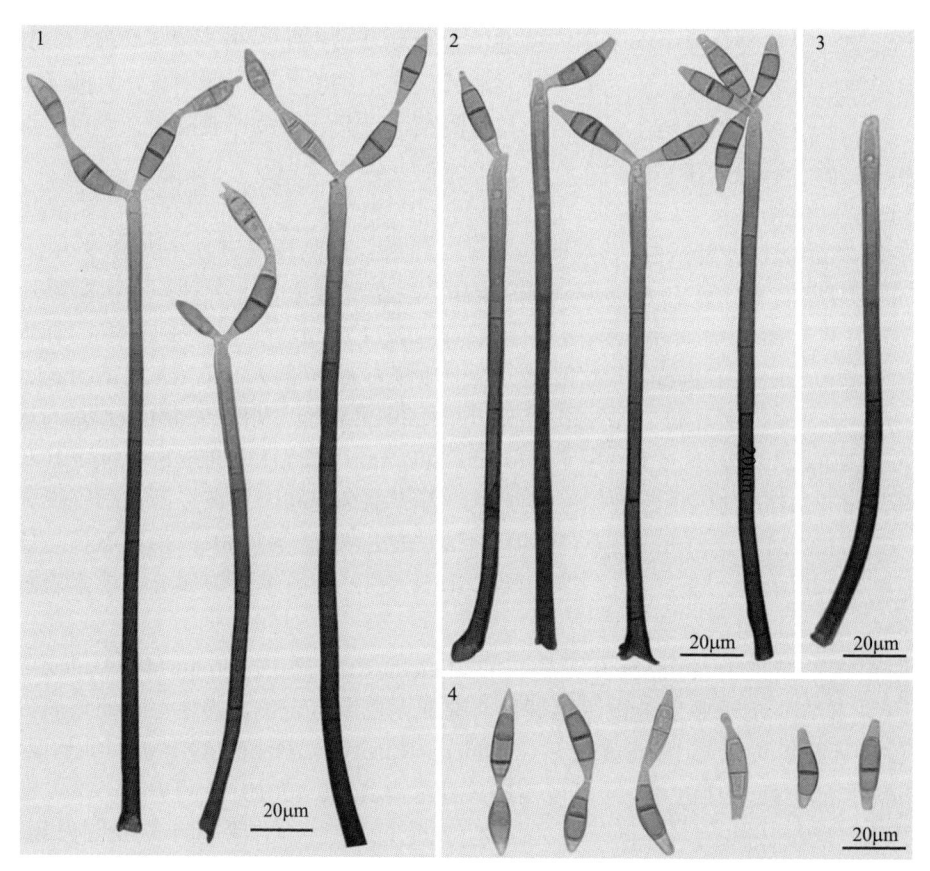

图 104　布拉姆利拟侧耳霉 *Pleurotheciopsis bramleyi* B. Sutton
1、2. 分生孢子梗、产孢细胞和分生孢子；3. 分生孢子梗；4. 分生孢子。(HSAUP H2239)

讨论：该属各种中，仅该种和热带拟侧耳霉 *P. tropicalis* R.F. Castañeda & M.

Calduch (Castañeda-Ruíz et al., 2001a) 产生 2~3 个隔膜的分生孢子，但 P. tropicalis 的分生孢子圆柱形，淡褐色，25~44 × 2.5~3μm，易与该种区分。另外，该种分生孢子形态与韦氏拟侧耳霉 P. websteri Cazau, Aramb. & Cabello (Cazau et al., 1993) 十分相似，但后者分生孢子较长，32~38μm，具 5 个隔膜。作者观察的该菌分生孢子比原始描述（16.5~25 × 4.5~6.5μm）略大，其他特征基本一致。

韦氏拟侧耳霉 图 105

Pleurotheciopsis websteri Cazau, Aramb. & Cabello, Mycotaxon 46: 238, 1993.

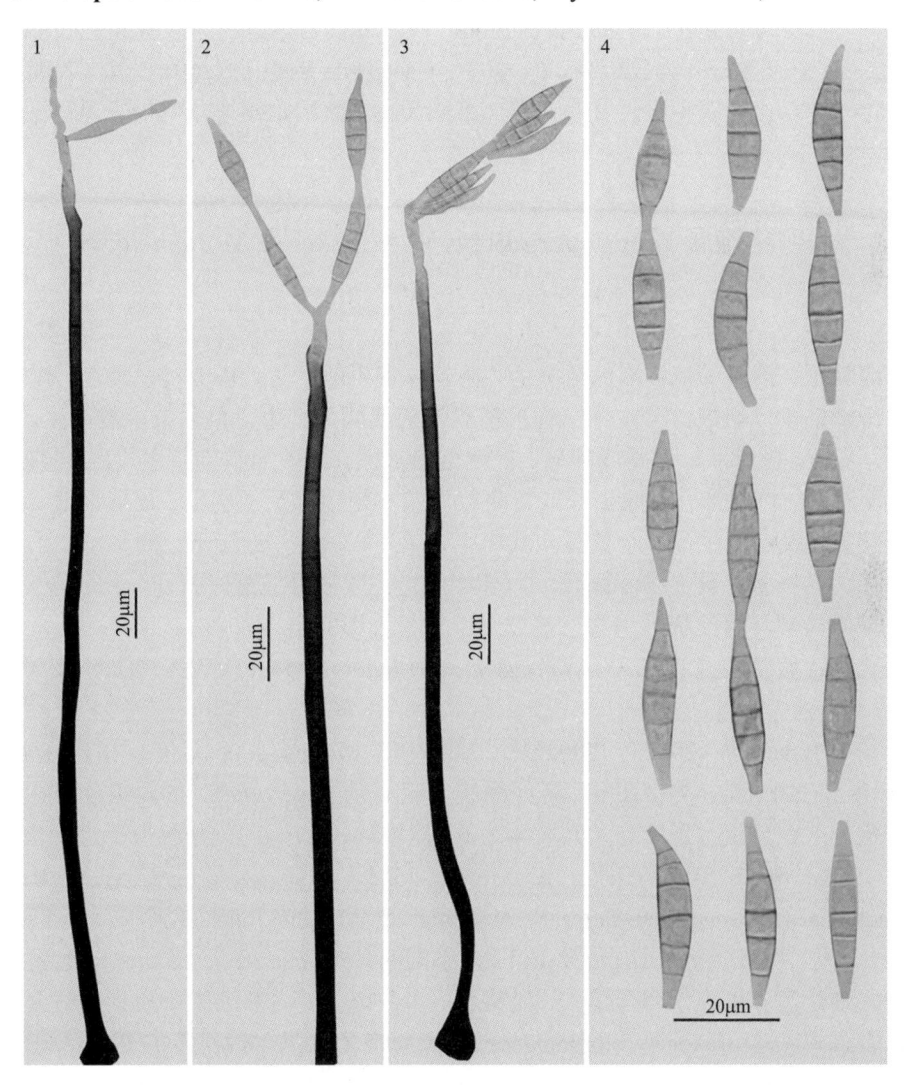

图 105 韦氏拟侧耳霉 *Pleurotheciopsis websteri* Cazau, Aramb. & Cabello
1~3. 分生孢子梗、产孢细胞和分生孢子；4. 分生孢子。(HSAUP H5376)

菌落疏展，褐色，发状。菌丝体大多埋生，由分枝、具隔、褐色、平滑的菌丝组成。分生孢子梗粗大，单生，不分枝，直或弯曲，圆柱形，光滑，具隔，褐色至暗褐色，向顶颜色渐浅，有限生长或偶具层出现象，长达 335μm，宽 4.5~7.5μm。产孢细胞多芽生式，合生，顶生，圆柱形，合轴式延伸，淡褐色至近无色，具稍突出、不规则的产孢痕，21～52×3.5～4.5μm。分生孢子以裂解式脱落。分生孢子全壁芽生式产生，链生，纺锤形，有时弯曲，具5～6个真隔膜(主要为5个)，中部黄色至浅褐色，端部无色，光滑，27～35.5×5.5～7μm，孢子基部平截，宽1～2.5μm。

植物枯枝，广东：从化，HSAUP H5376。

石榴 *Punica granatum* L.凋落枯枝，广西：大明山，HSAUP VII₀ ₂ₖ 0424。

世界分布：阿根廷、中国。

讨论：Cazau 等(1993)最初从阿根廷腐烂树皮上报道该种，其分生孢子形态与布拉姆利拟侧耳霉 *P. bramleyi* B. Sutton(Sutton, 1973b)较为相似，但后者分生孢子较小，16.5～25×4.5～6.5μm，隔膜较少，2～3个。Castañeda-Ruíz 等(2001a)和作者观察的该菌分生孢子中部细胞黄色至浅褐色，端部细胞无色，而原始描述分生孢子无色，此为不同之处。

假密格孢属 Pseudoacrodictys W.A. Baker & Morgan-Jones
Mycotaxon 85: 371, 2003.

属级特征：菌落稀疏，褐色至黑色。菌丝体表生或埋生，由分枝、具隔、淡褐色至褐色、平滑的菌丝组成。分生孢子梗自菌丝端部或侧面产生，单生或少数簇生，粗大，不分枝，光滑，圆柱状，无隔或具隔，褐色至暗褐色。产孢细胞单芽生式，合生，顶生，淡褐色至褐色，圆柱形，有限生长或具葫芦形或不规则形及顶层出，顶端平截。分生孢子以裂解式脱离。分生孢子全壁芽生式产生，单生，顶生，近球形，阔梨形，陀螺状或不规则形、砖格状，具多个斜隔膜，内部细胞排列紧密且成熟时扭曲，褐色至暗褐色，光滑，壁厚，常具菌丝状附属物，基部细胞常呈楔形突出。

模式种：假密格孢 *Pseudoacrodictys eickeri* (Morgan-Jones) W.A. Baker & Morgan-Jones。

讨论：Baker 等(2002a，2002b)、Baker 和 Morgan-Jones(2003)指出密格孢属 *Acrodictys* M.B. Ellis 分类存在混乱，经系统研究简化了 *Acrodictys* 的属级分类特征，并依据产孢方式、分生孢子形态及其脱落方式等对 *Acrodictys* 的一些种做了进一步划分，建立了 *Junewangia* W.A. Baker & Morgan-Jones、*Rhexoacrodictys* W.A. Baker & Morgan-Jones 和 *Pseudoacrodictys* W.A. Baker & Morgan-Jones 3个属，包括那些与 *Acrodictys* 模式种 *A. bambusicola* M.B. Ellis 不同的种类。*Pseudoacrodictys* 与上述3个近似属的区别是其分生孢子明显偏大、砖格状、多斜隔膜、内部细胞排列紧密皱缩，分生孢子以裂解式脱落。Baker 和 Morgan-Jones(2003)将 *Acrodictys appendiculata* M.B. Ellis、*A. brevicornuta* M.B. Ellis、*A. corniculata* R.F. Castañeda、*A. deightonii* M.B. Ellis、*A. dennisii* M.B. Ellis、*A. eickeri* Morgan-Jones 和 *A. viridescens* B. Sutton & Alcorn 7个种归入 *Pseudoacrodictys*，并将 *P. eickeri* 作为模式种。后来又报道了4个种：两型孢假密格孢 *P. dimorphospora* Somrith. & E.B.G. Jones(Somrithipol and Jones, 2003b)、水生假密格孢 *P. aquatica* R.F. Castañeda, R.M. Arias & Heredia(Castañeda-Ruíz *et al.*, 2010b)、榕假密格孢 *P. fici* Y.D. Zhang & X.G. Zhang(Zhang *et al.*, 2011b)和甜菊假密格孢 *P.*

steviae Rashm. Dubey & A.K. Pandey bis(Dubey and Pandey, 2012)。Zhang 等(2011b)研究该属时发现 *P. dimorphospora* 的形态特征与致密小角孢 *Ceratosporella compacta* R.F. Castañeda, Guarro & Cano(Castañeda-Ruíz *et al.*, 1996a)的非常相似，遂将其视为 *C. compacta* 的异名。Zhang 等(2011b)、Dubey 和 Pandey(2012)曾为该属编制了分类检索表。

张天宇(2009)认为 Baker 等(2002a, 2002b)、Baker 和 Morgan-Jones(2003)对密格孢属 *Acrodictys* 提出的新分类观点需进一步验证，故在研究 *Acrodictys* 时仍采用 Ellis(1961a)建属时的分类观点，但目前 Baker 等的新分类观点已被众多学者所接受(Castañeda-Ruíz *et al.*, 2010b; Zhang *et al.*, 2011b; Zhao *et al.*, 2011; Dubey and Pandey, 2012)。其中 Zhao 等(2011)按照新的分类观点系统研究了 *Acrodictys* 及其相关属的形态特征，在我国报道 *Pseudoacrodictys* 属有 3 个种。Zhang 等(2011b)在我国又发现 2 个分类单位。截至目前，该属承认 10 个种，其中我国有 5 个种。

中国假密格孢属 *Pseudoacrodictys* 分种检索表

1. 分生孢子具附属物 ··· 2
1. 分生孢子无附属物 ··· 3
　2. 分生孢子陀螺状至梨形，33.5～50×25.5～35μm ············ 附着假密格孢 *P. appendiculata*
　2. 分生孢子近球形，35～52×22～44μm ································· 榕假密格孢 *P. fici*
3. 分生孢子近球形，36～64×24～48μm ································· 水生假密格孢 *P. aquatica*
3. 分生孢子倒卵形、陀螺状或阔梨形 ··· 4
　4. 分生孢子基部细胞圆柱形或楔形，暗褐色，外围细胞突出、膨大，30～61×25～55μm ············
　　··· 戴顿假密格孢 *P. deightonii*
　4. 分生孢子基部细胞圆柱形，暗黑褐色，顶部稍平整，近顶部或侧面有时扁平，38～68×31～43μm
　　··· 丹尼斯假密格孢 *P. dennisii*

水生假密格孢　图 106

Pseudoacrodictys aquatica R.F. Castañeda, R.M. Arias & Heredia, Mycotaxon 112: 71, 2010.

菌落稀疏，发状，暗褐色。菌丝体大多表生，少数埋生，由分枝、具隔、淡褐色至褐色、光滑、宽 3～5μm 的菌丝组成。分生孢子梗粗大，单生或少数簇生，不分枝，直或弯曲，光滑，具隔，暗褐色，长达 275μm，宽 11～15μm，基部常膨大，宽 14～16μm。产孢细胞单芽生式，合生，顶生，瓶形，多达 6 个连续的及顶层出，顶部平截。分生孢子以裂解式脱落。分生孢子全壁芽生式产生，单生，顶生，不规则近球形，砖格状，具多个斜隔膜，暗褐色，36～64×24～48μm，基部细胞突出，圆柱状，基部平截，宽 3～5.5μm，顶端无附属丝。

植物枯枝，湖南：张家界，HSAUP H5311。

黄绒润楠 *Machilus grijsii* Hance 凋落枯枝，云南：景洪(西双版纳)，HSAUP VII₀ ZHANG 0336(=HMAS 196883)。

世界分布：中国、古巴。

讨论：Castañeda-Ruíz 等(2010b)最初从沉水腐烂枝条上发现该种，将其与近似种戴顿假密格孢 *P. deightonii* (M.B. Ellis) W.A. Baker & Morgan-Jones 和丹尼斯假密格孢

P. dennisii (M.B. Ellis) W.A. Baker & Morgan-Jones (Baker and Morgan-Jones, 2003) 作了比较。作者观察的该菌分生孢子比原始描述（31~46 × 30~46μm）略大，其他特征基本一致。

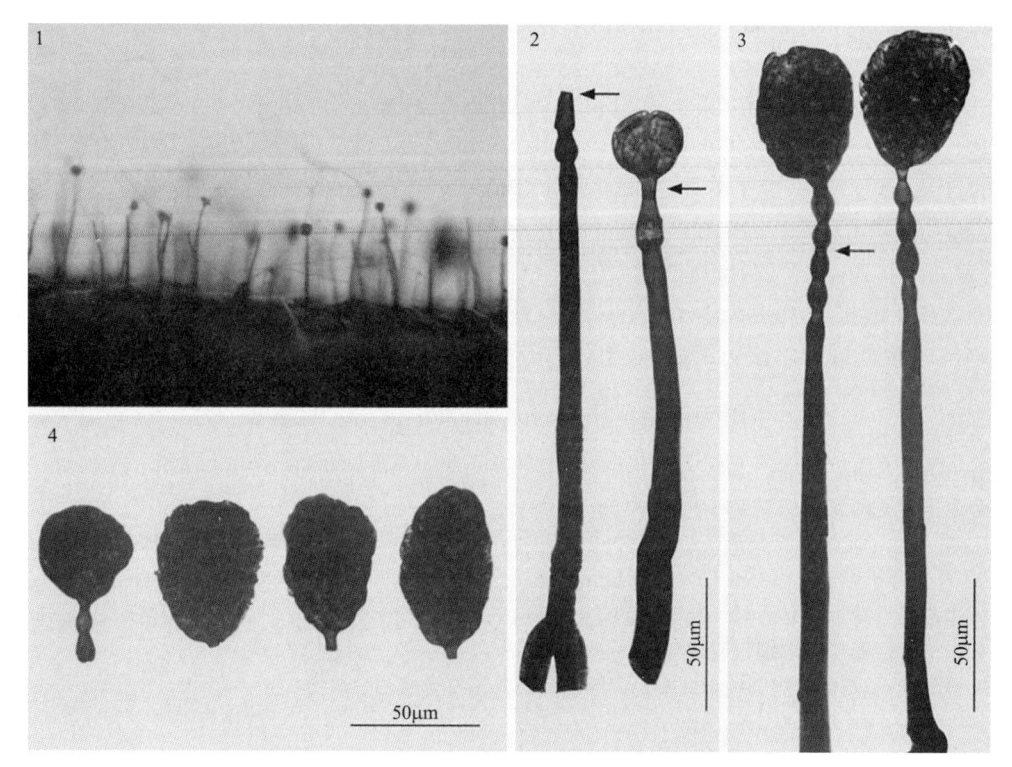

图106 水生假密格孢 *Pseudoacrodictys aquatica* R.F. Castañeda, R.M. Arias & Heredia
1. 自然基质上的菌落；2、3. 分生孢子梗、产孢细胞和分生孢子；4. 分生孢子。（HSAUP VII₀ ZHANG 0336）

榕假密格孢 图107

Pseudoacrodictys fici Y.D. Zhang & X.G. Zhang, Mycol. Progress 10(3): 262, 2011.

菌落疏展，暗褐色，发状。菌丝体部分表生，部分埋生，由分枝、具隔、淡褐色至褐色、光滑、宽2~3μm的菌丝组成。分生孢子梗粗大，单生，不分枝，直或弯曲，光滑，暗褐色，无隔，长达50μm，宽4.5~5.5μm，基部常膨大，宽6.5~11μm。产孢细胞单芽生式，合生，顶生，圆柱状，顶部平截。分生孢子以裂解式脱离。分生孢子全壁芽生式产生，单生，顶生，不规则近球形，顶部有时浅裂，砖格状，多斜隔膜，暗褐色，35~52 × 22~44μm，基部细胞突出，圆柱状，基部平截，宽4.5~5.5μm，顶部具2~4根丝状附属丝，附属丝光滑，淡褐色至褐色，有时具1~3个隔膜，长30~70μm，易折断或顶端塌陷形成平截面。

植物枯枝，海南：昌江（保梅岭），HSAUP H5271。

垂叶榕 *Ficus benjamina* L.凋落枯枝，云南：景洪（西双版纳），HSAUP VIII₀ ZHANG 0510-2（=HMAS 196884）。

世界分布：中国。

讨论：该种与假密格孢 *P. eickeri* (Morgan-Jones) W.A. Baker & Morgan-Jones、角假

密格孢 *P. corniculata* (R.F. Castañeda) W.A. Baker & Morgan-Jones 和绿假密格孢 *P. viridescens* (B. Sutton & Alcorn) W.A. Baker & Morgan-Jones（Baker and Morgan-Jones, 2003）十分相似，均产生近球形、具附属物的分生孢子，但该种分生孢子顶部有时浅裂，附属丝较长，而 *P. viridescens* 分生孢子较大，62～80×40～60μm；*P. eickeri* 和 *P. corniculata* 分生孢子梗具及顶层出延伸。

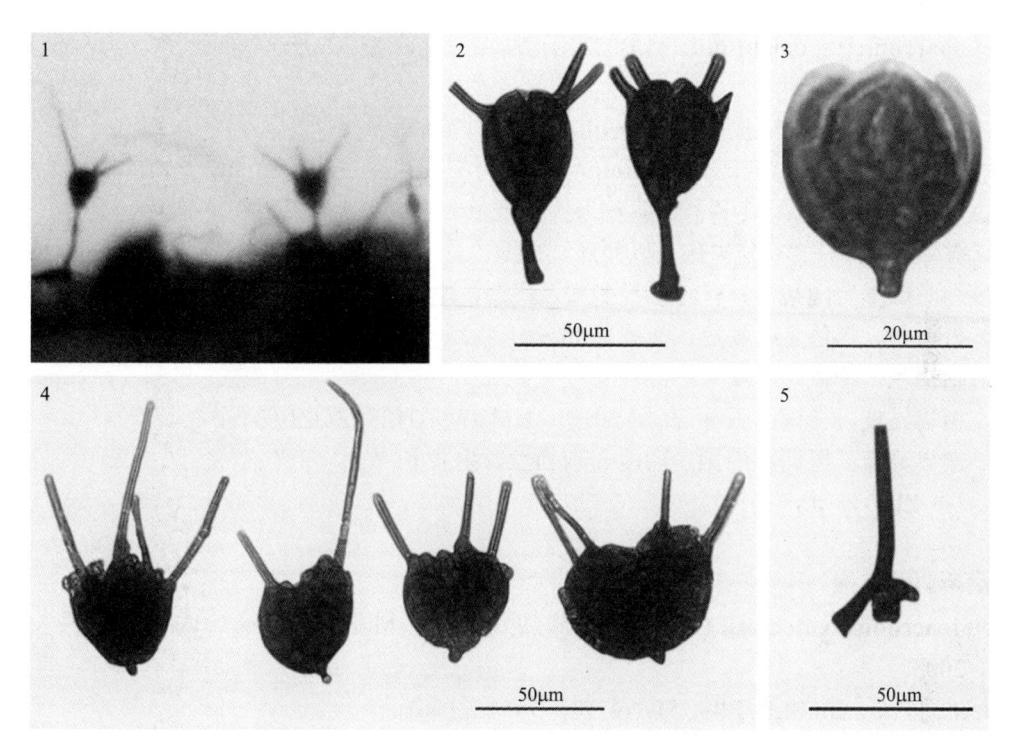

图107　榕假密格孢 *Pseudoacrodictys fici* Y. D. Zhang & X.G. Zhang
1. 自然基质上的菌落；2. 分生孢子梗和分生孢子；3. 未成熟的分生孢子；4. 分生孢子；5. 分生孢子梗。(HSAUP VIII₀ ZHANG 0510-2)

作者未观察的种

附着假密格孢

Pseudoacrodictys appendiculata (M.B. Ellis) W.A. Baker & Morgan-Jones, Mycotaxon 85: 374, 2003.

Acrodictys appendiculata M.B. Ellis, Mycol. Pap. 103: 33, 1965.

分生孢子梗粗大，单生或2～3根簇生，不分枝，直或弯曲，光滑，无隔，暗褐色至黑褐色，有限生长，10～30 × 4～5μm。产孢细胞单芽生式，合生，顶生，圆柱形、葫芦形或桶形。分生孢子以裂解式脱离。分生孢子全壁芽生式产生，单生，顶生，陀螺形或倒梨形、砖格状，褐色至暗褐色，光滑，33.5～50 × 25.5～35μm，具2～4根淡褐色的附属枝，长达105μm，宽4～4.5μm；基部细胞突出，黑褐色，圆柱形或楔形，基部平截，宽4～5μm。

芦苇 *Phragmites communis* Trin.枯死茎秆，安徽：黄山，HSAUP02 0956(=ZGZII02 156)。

世界分布：中国、塞拉利昂。

（据 Zhao *et al*.，2011）。

戴顿假密格孢

Pseudoacrodictys deightonii (M.B. Ellis) W.A. Baker & Morgan-Jones, Mycotaxon 85: 380, 2003.

Acrodictys deightonii M.B. Ellis, Mycol. Pap. 79: 17, 1961.

分生孢子梗粗大，长 40~120μm，基部暗黑褐色，宽 9~13μm，向顶颜色渐浅至褐色，宽 4~5.5μm，具多个连续及顶层出现象。产孢细胞单芽生式，合生，顶生，褐色，葫芦形至圆柱形。分生孢子以裂解式脱离。分生孢子全壁芽生式产生，单生，顶生，不规则陀螺形至阔梨形，有时形状多变、浅裂，外围细胞膨大突出，纵隔膜、横隔膜密集，砖格状，褐色至暗褐色，光滑，30~61 × 25~55μm，基部细胞突出，圆柱形或楔形，暗褐色，平截，宽 4~5.5μm。

植物枯枝，云南：腾冲(高黎贡山)，HMAS 90312(=ZGZII03130-2)。

世界分布：巴西、中国、印度、新西兰、塞拉利昂。

（据 Zhao *et al*.，2011）。

丹尼斯假密格孢

Pseudoacrodictys dennisii (M.B. Ellis) W.A. Baker & Morgan-Jones, Mycotaxon 85: 385, 2003.

Acrodictys dennisii M.B. Ellis, Mycol. Pap. 79: 15, 1961.

分生孢子梗粗大，单生，不分枝，直或弯曲，光滑，具隔，暗黑褐色至黑色，25~68 × 3.5~7μm，基部常膨大。产孢细胞单芽生式，合生，顶生，常具 1~3 个连续的及顶层出。分生孢子以裂解式脱落。分生孢子全壁芽生式产生，单生，顶生，倒卵形、广椭圆形或不规则形，褐色至暗褐色，光滑，纵隔膜、横隔膜密集，砖格状，38~68 × 31~43μm，基部细胞突出，圆柱形，暗黑褐色，基部平截，宽 3.5~7.5μm。

鸦胆子 *Brucea javanica* (L.) Merr.枯枝，云南：景洪(西双版纳)，HMUABO 37656、37657。

世界分布：中国、委内瑞拉。

（据 Chen，1997）。

假绒落菌属 Pseudospiropes M.B. Ellis

Dematiaceous Hyphomycetes: 258, 1971；

Castañeda-Ruíz *et al*., Cryptog. Mycol. 22(1): 4, 2001.

属级特征：菌落疏展，橄榄色、褐色、暗褐色或黑色。菌丝体表生或埋生，由淡褐色至褐色、具隔、分枝、光滑或具疣的菌丝组成。子座偶产生。分生孢子梗粗大，单生或少数簇生，具隔，直或弯曲，光滑或具疣突，圆柱状，褐色至暗褐色，向顶颜色渐浅。产孢细胞多芽生式，合生，顶生，逐渐变为间生，淡褐色至褐色，全壁芽生合轴式延伸，偶具内壁芽生式及顶层出。产孢位点宽大，加厚，突出，色深，凸镜状，有时中部具一小孔。分生孢子以裂解式脱落。分生孢子全壁芽生式产生，单生，顶侧生，长方形、倒卵形、圆柱状、舟形、棍棒形、倒棍棒形、纺锤形或陀螺状，具假隔膜，光滑或具疣突，淡橄榄色、淡褐色至暗褐色，基部平截且颜色较深。

模式种：假绒落菌 *Pseudospiropes nodosus* (Sacc.) M.B. Ellis。

讨论：Ellis 于 1971 年建立假绒落菌属 *Pseudospiropes*，包括了来自长蠕孢属 *Helminthosporium* Link 的 2 个新组合种，假绒落菌 *P. nodosus* (Wallr.) M.B. Ellis 和简单假绒落菌 *P. simplex* (Nees) M.B. Ellis。目前，广义的假绒落菌属 *Pseudospiropes* 已报道 36 个分类单位，但 Sinclair 等（1997）曾指出该属种级分类混乱。Castañeda-Ruíz 等（2001b）根据产孢位点特征、分生孢子脱落方式及其隔膜类型（真/假隔膜）对 *Pseudospiropes* 属概念进行简化，承认 10 个分类单位，同时建立 3 个新属：*Minimelanolocus* R.F. Castañeda & Heredia、*Nigrolentilocus* R.F.Castañeda & Heredia 和 *Matsushimiella* R.F.Castañeda & Heredia，包括了该属其他 17 个种，并将 *P. cubensis* Hol.-Jech.、*P. elaeidis* (Steyaert) Deighton 和 *P. pinarensis* R.F. Castañeda 3 个种从上述 4 个属中排除，但作者当时忽略了 *P. bambusicola* Goh & W.H. Hsieh（Hsieh and Goh，1990）和 *P. ehretiae* R.K. Verma & Kamal（Verma and Kamal，1998）两个种。Ma 等（2011a）采纳 Castañeda-Ruíz 等（2001b）的分类观点系统研究该属，发现 *P. bambusicola*、*P. ehretiae* 和 *P. shoreae* R.K. Verma & Soni（Verma *et al.*，2008）3 个种的分生孢子具真隔膜，与该属模式种 *P. nodosus* 不一致，遂将其作为疑问种划出。截至目前，该属下承认 13 个种（Castañeda-Ruíz *et al.*，2001b；Shang and Zhang，2007a；Ma *et al.*，2011a），我国已报道 8 个种。

该属形态特征与从其分化出来的 *Minimelanolocus*、*Nigrolentilocus* 和 *Matsushimiella* 3 个属十分相似，但与 *Nigrolentilocus* 的区别是其分生孢子具假隔膜，与 *Matsushimiella* 的区别是其分生孢子以裂解式脱落，而与 *Minimelanolocus* 的区别是后者产孢位点不明显或稍突出，分生孢子具真隔膜。

中国假绒落菌属 *Pseudospiropes* 分种检索表

1. 分生孢子椭圆形，具 3 个隔膜 ·· 山胡椒假绒落菌 *P. linderae*
1. 分生孢子倒棍棒形、纺锤形或舟形，具 2~7 个或 6 个以上隔膜 ·· 2
   2. 分生孢子顶端具一无色泡囊 ·· 哥斯达黎加假绒落菌 *P. costaricensis*
   2. 分生孢子顶端无泡囊附属物 ·· 3
3. 分生孢子宽 3.5~6.5μm ··· 棕榈假绒落菌 *P. arecacensis*
3. 分生孢子宽 ≥8μm ··· 4
   4. 分生孢子宽 13.5~22.5μm，基部平截处宽 5~6.5μm ························· 假绒落菌 *P. nodosus*
   4. 分生孢子宽 12~14μm 或 ≤13μm，基部平截宽 ≤3.5μm ··· 5
5. 分生孢子纺锤形，或纺锤形至倒棍棒形，宽 8~11μm 或 9~11μm ·· 6
5. 分生孢子纺锤形至舟形，宽 9~13μm 或 12~14μm ·· 7
   6. 分生孢子 36~47 × 9~11μm，具 8~9 个隔膜 ································ 楠藤假绒落菌 *P. mussaendae*
   6. 分生孢子 30~40 × 8~11μm，具 6~7 个隔膜 ······························· 八丈岛假绒落菌 *P. hachijoensis*
7. 分生孢子 34~40 × 12~14μm，具 6~8 个隔膜 ································ 海檀木假绒落菌 *P. ximeniae*

7. 分生孢子 26~44×9~13µm，具 6~11 个隔膜···简单假绒落菌 *P. simplex*

哥斯达黎加假绒落菌　图 108

Pseudospiropes costaricensis (E.F. Morris) de Hoog & Arx, Kavaka 1: 59, 1974 ["1973"].
Pleurophragmium costaricensis E.F. Morris, Mycologia 64: 893, 1972.

菌落疏展，褐色，毛发状。菌丝体部分表生，部分埋生，由分枝、具隔、淡褐色至褐色、平滑的菌丝组成。分生孢子梗粗大，单生或少数簇生，不分枝，直或弯曲，光滑，具隔，褐色至暗褐色，向顶颜色渐浅，160~290×6~9µm。产孢细胞多芽生式，合生，顶生，渐变为间生，淡褐色至褐色，具全壁芽生合轴式延伸。产孢位点大，加厚，突出，色深。分生孢子以裂解式脱落。分生孢子全壁芽生式产生，单生，顶侧生，干性，倒棍棒形至纺锤形，淡褐色至褐色，光滑，8~11 个假隔膜，40~53×11~14µm，顶部细胞具一无色泡囊，基部细胞平截，宽 2~3.5µm。

植物枯枝，广东：始兴（车八岭），HSAUP H5419。

世界分布：中国、哥斯达黎加。

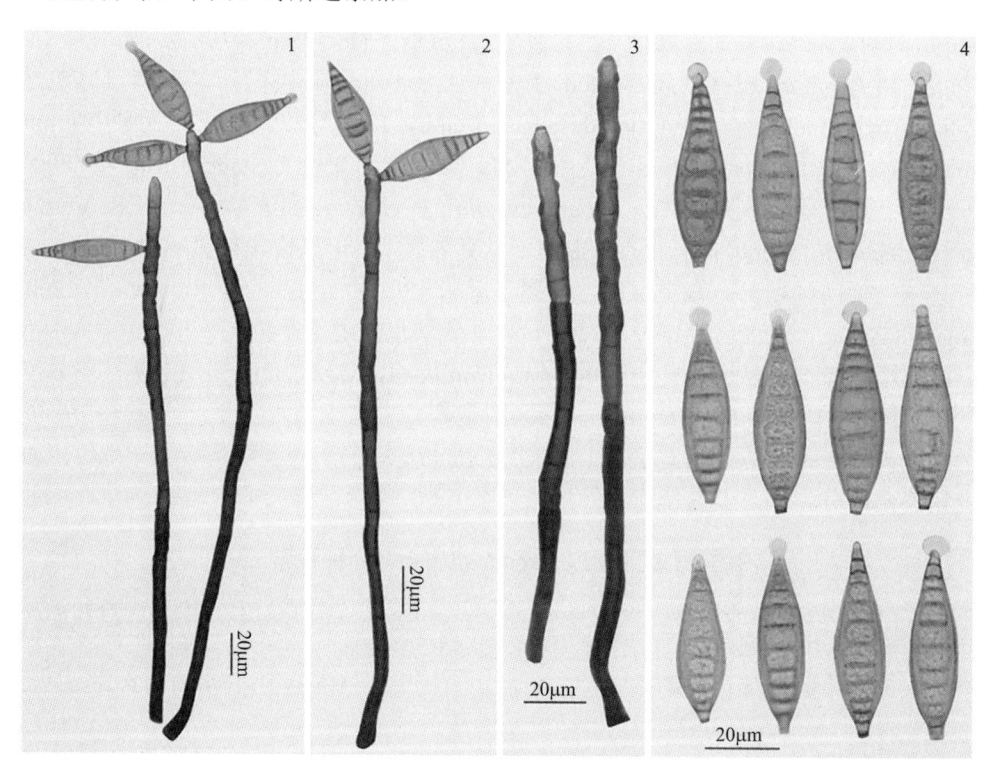

图 108　哥斯达黎加假绒落菌 *Pseudospiropes costaricensis* (E.F. Morris) de Hoog & Arx
1、2. 分生孢子梗和分生孢子；3. 分生孢子梗；4. 分生孢子。(HSAUP H5419)

讨论：Morris（1972）曾将该菌误定为 *Pleurophragmium costaricensis* E.F. Morris。de Hoog 和 von Arx（1974）基于该菌原始文献将其定为 *Pseudospiropes costaricensis* (E.F. Morris) de Hoog & von Arx。该种分生孢子形态近似于八丈岛假绒落菌 *P. hachijoensis* Matsush.(Matsushima, 1975)、酒红假绒落菌 *P. josserandii* (Bertault) Iturr. (Iturriaga and Korf, 1990)、假绒落菌 *P. nodosus* (Wallr.) M.B. Ellis 和简单假绒落菌 *P. simplex* (Nees &

T. Nees) M.B. Ellis(Ellis，1971a)，但该种倒棍棒形至纺锤形的分生孢子顶部具一无色小泡囊。作者观察的该菌分生孢子隔膜比 Morris(1972)描述(6~9 个)略多，其他特征基本一致。

八丈岛假绒落菌　图 109

Pseudospiropes hachijoensis Matsush., Icon. Microfung. Matsush. Lect.: 119, 1975.

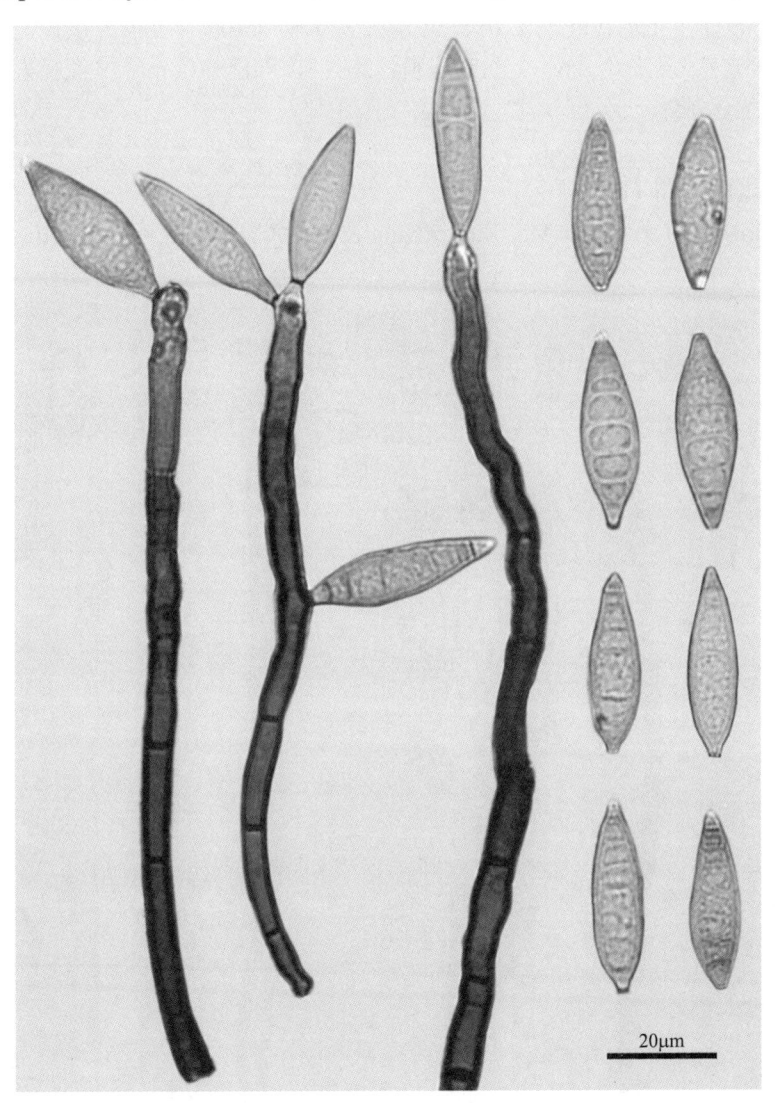

图 109　八丈岛假绒落菌 *Pseudospiropes hachijoensis* Matsush.
分生孢子梗和分生孢子。(HSAUP H0505)

菌落疏展，褐色，毛发状。菌丝体部分表生，部分埋生，由分枝、具隔、淡褐色至褐色、光滑的菌丝组成。分生孢子梗粗大，单生或少数簇生，不分枝，直或弯曲，光滑，具隔，褐色至暗褐色，向顶颜色渐浅，120~180×5~8μm。产孢细胞多芽生式，合生，顶生，渐变为间生，淡褐色至褐色，具全壁芽生合轴式延伸。产孢位点大，加厚，突出，色深。分生孢子以裂解式脱落。分生孢子全壁芽生式产生，单生，顶侧生，干性，纺锤形，淡褐色至褐色，光滑，6~7个假隔膜，30~40×8~11μm，基部细胞平截，宽2~3.5μm。

植物枯枝，海南：昌江（霸王岭），HSAUP H0505。

世界分布：保加利亚、中国、日本。

讨论：该种最初由Matsushima（1975）发现于日本栎属 *Quercus* sp.植物树皮上，Kobayashi（2007）和Huseyin等（2011）也分别从日本和保加利亚报道该种。原始描述分生孢子纺锤形，中度褐色，6~7个假隔膜，30~40×8~10μm。作者观察的该菌形态特征与原始描述基本一致。

山胡椒假绒落菌 图110

Pseudospiropes linderae Jian Ma, X.G. Zhang & R.F. Castañeda, Nova Hedwigia 93: 467, 2011.

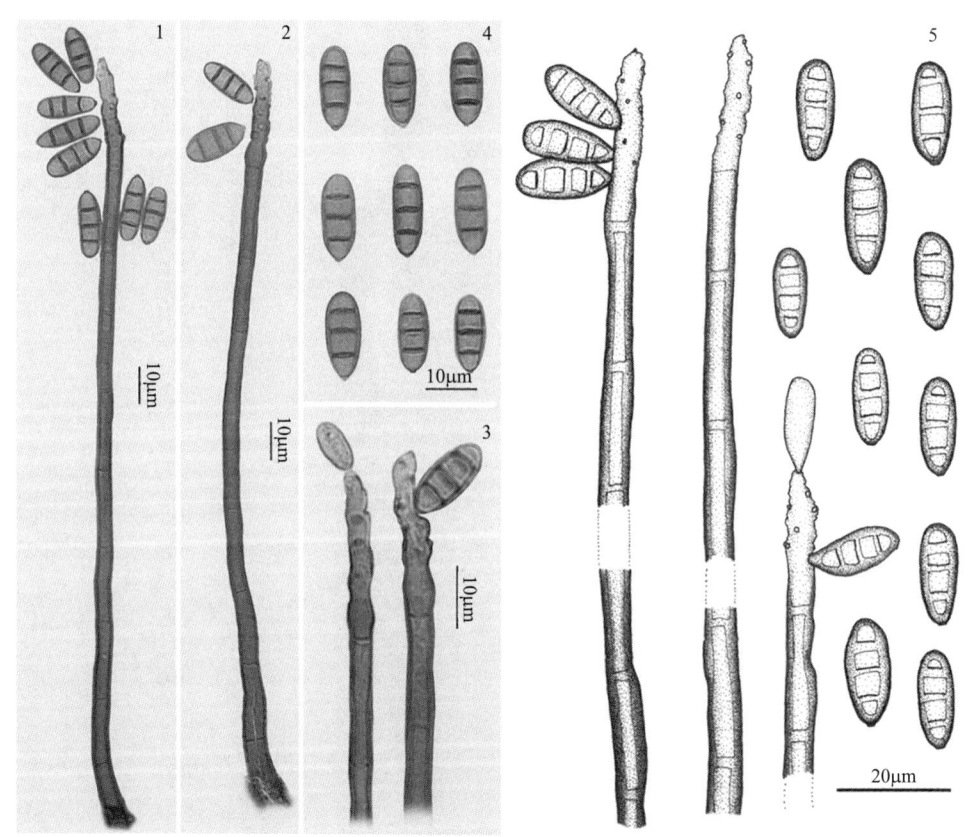

图110 山胡椒假绒落菌 *Pseudospiropes linderae* Jian Ma, X.G.Zhang & R.F.Castañeda
1~3. 分生孢子梗和分生孢子；4. 分生孢子；5. 分生孢子梗和分生孢子（描绘）。(HSAUP H5290)

菌落疏展，褐色，毛发状。菌丝体部分表生，部分埋生，由分枝、具隔、淡褐色、光滑、宽1~2μm的菌丝组成。分生孢子梗粗大，单生或少数簇生，不分枝，直或稍弯曲，光滑，褐色至暗褐色，向顶颜色渐浅，6~12个隔膜，156~213×3.5~6.5μm。产孢细胞多芽生式，合生，顶生，渐变为间生，淡褐色或褐色，具全壁芽生合轴式延伸。

产孢位点大，加厚，突出，颜色较深。分生孢子以裂解式脱落。分生孢子全壁芽生式产生，单生，干性，顶侧生，椭圆形，褐色，光滑，具 3 个假隔膜，14～17.5 × 5.5～6.5μm，基部平截，宽 0.5～1.5μm。

山胡椒 *Lindera glauca* Blume 凋落枯枝，四川：雅安，HSAUP H5290（=HMAS 146091）。

世界分布：中国。

讨论：该种近似于简单假绒落菌 *P. simplex* (Nees) M.B. Ellis（Ellis，1971a）和八丈岛假绒落菌 *P. hachijoensis* Matsush.（Matsushima，1975），但该种分生孢子椭圆形，基部细胞痕较窄，而后两者分生孢子较大，分别为 26～44 × 9～13μm 和 30～40 × 8～10μm，隔膜较多，分别为 6～11 个和 6～7 个。

楠藤假绒落菌 图 111

Pseudospiropes mussaendae Z.Q. Shang & X.G. Zhang, Mycotaxon 100: 151, 2007a.

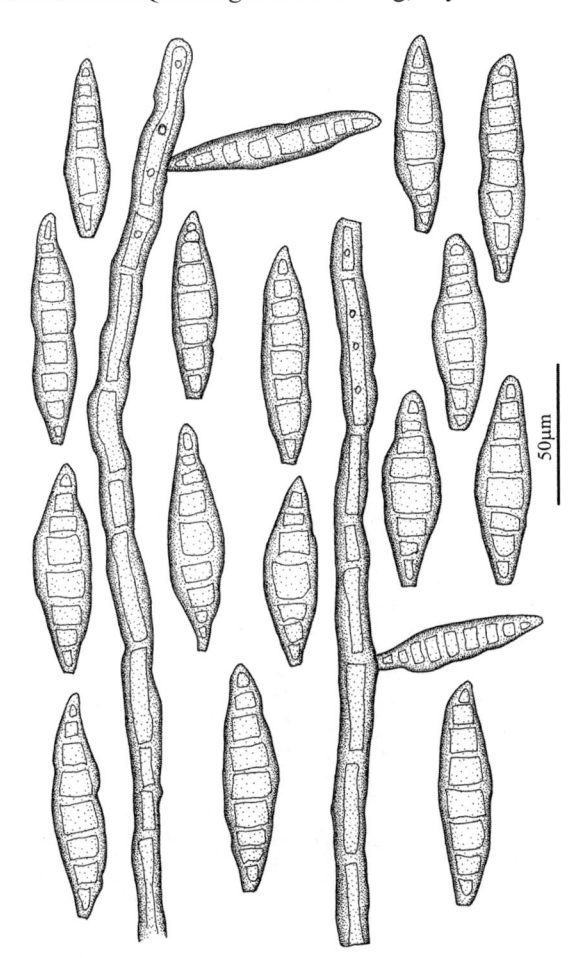

图 111 楠藤假绒落菌 *Pseudospiropes mussaendae* Z.Q. Shang & X.G. Zhang
分生孢子梗和分生孢子。（HSAUP III₀ 0046-1）

菌落疏展，橄榄褐色至暗黑褐色，绒毛状或发状。菌丝体部分表生，部分埋生，由分枝、具隔、淡褐色、光滑、宽 2～2.5μm 的菌丝组成。分生孢子梗粗大，单生或少数簇生，不分枝，直或弯曲，光滑，淡褐色，向顶颜色渐浅，8～10 个隔膜，145～190×6～7μm。产孢细胞多芽生式，合生，顶生，渐变为间生，具全壁芽生合轴式延伸，圆柱形。产孢位点平、小，稍加厚，略突出，色浅。分生孢子以裂解式脱落。分生孢子全壁芽生式产生，单生，顶侧生，纺锤形至倒棍棒形，淡褐色，光滑，8～9 个假隔膜，36～47×9～11μm，基部平截，宽 2.7～3.2μm。

楠藤 Mussaenda erosa Champ. ex Benth.凋落枯枝，云南：昆明，HSAUP III₀ 0046-1（=HMAS 143718）。

世界分布：中国。

讨论：该种分生孢子形态与八丈岛假绒落菌 *P. hachijoensis* Matsush.（Matsushima, 1975）和海檀木假绒落菌 *P. ximeniae* Z.Q. Shang & X.G. Zhang（Shang and Zhang, 2007a）有些相似，但 *P. hachijoensis* 分生孢子较小，30～40×8～10μm，隔膜较少，6～7 个；*P. ximeniae* 分生孢子较宽，12～14μm，隔膜较少，6～8 个，均不同于该种。

假绒落菌　图 112

Pseudospiropes nodosus (Wallr.) Ellis, Dematiaceous Hyphomycetes: 258, 1971.
Helminthosporium nodosum Wallr., Fl. Crypt. Germ. (Norimbergae) 2: 165, 1833.

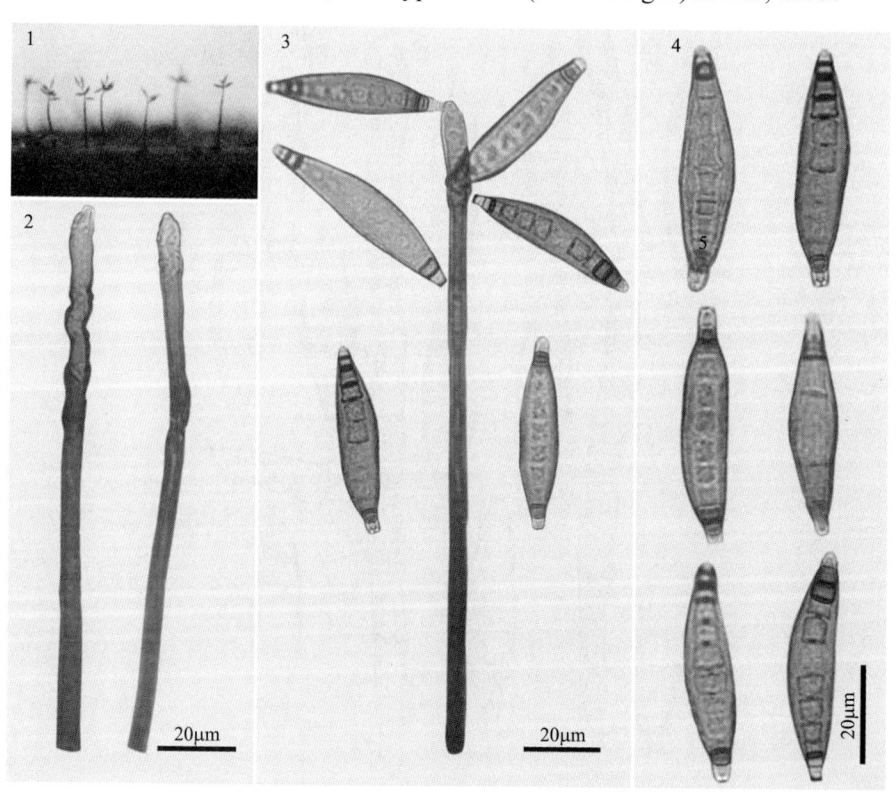

图 112　假绒落菌 *Pseudospiropes nodosus* (Wallr.) Ellis
1. 自然基质上的菌落；2. 分生孢子梗；3. 分生孢子梗和分生孢子；4. 分生孢子。（HSAUP H3177）

菌落疏展，褐色至黑色，毛发状。菌丝体大多表生，少数埋生，由分枝、具隔、淡褐色、平滑的菌丝组成。分生孢子梗粗大，单生或少数簇生，不分枝，直或稍弯曲，光滑，褐色至暗褐色，向顶颜色渐浅，155～290×6.5～11μm。产孢细胞多芽生式，合生，顶生，渐变为间生，具全壁芽生合轴式延伸，淡褐色或褐色。产孢位点大，加厚，突出，色深。分生孢子以裂解式脱落。分生孢子单生，干性，顶侧生，舟形，褐色，光滑，具6～12个假隔膜，40～60×13.5～22.5μm，基部平截，宽5～6.5μm。

植物枯枝，广东：肇庆（鼎湖山），HSAUP H5425-1、HSAUP H5440；海南：昌江（霸王岭），HSAUP H5072、HSAUP H5151-1；湖南：张家界，HSAUP H3177(=HMAS 146133)、HSAUP H5329-1。

世界分布：中国、新西兰。

讨论：该种为 *Pseudospiropes* 的模式种，生于多种植物腐木和树皮上。作者观察的该菌分生孢子比 Ellis(1971a)的描述(32～50×12～18μm)略大，其他特征基本一致。

海檀木假绒落菌　图 113

Pseudospiropes ximeniae Z.Q. Shang & X.G. Zhang, Mycotaxon 100: 150, 2007.

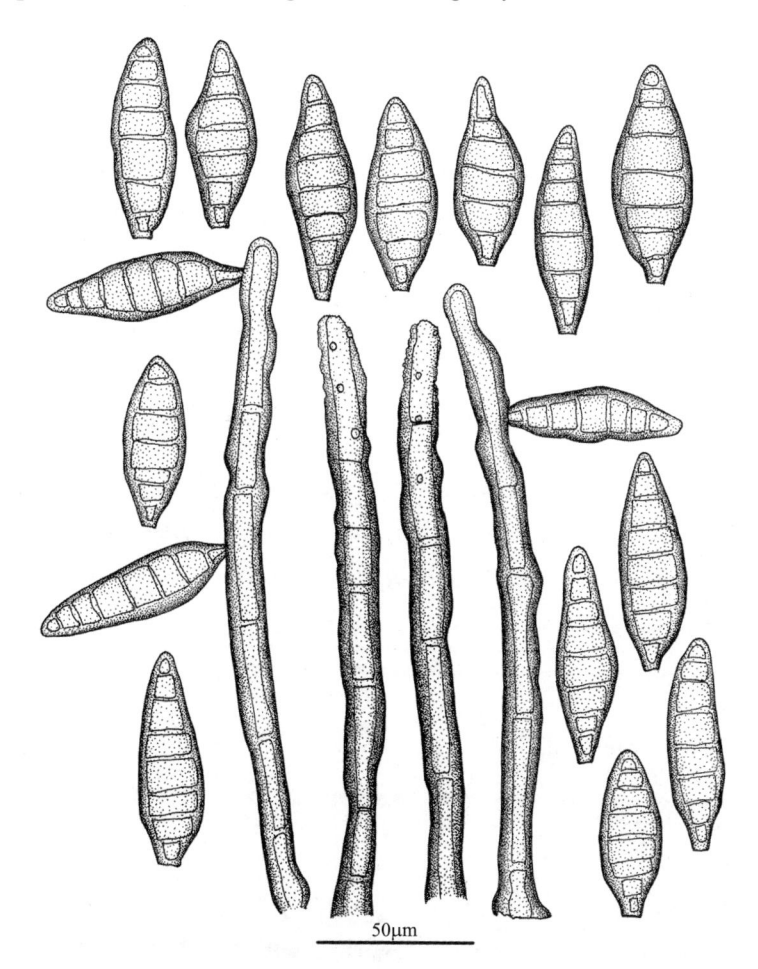

图 113　海檀木假绒落菌 *Pseudospiropes ximeniae* Z.Q. Shang & X.G. Zhang
分生孢子梗和分生孢子。(HSAUP III₀ 0361-2)

菌落疏展，橄榄褐色至暗黑褐色，绒毛状或发状。菌丝体部分表生，部分埋生，由分枝、具隔、淡褐色、光滑、宽 1.5~2.5μm 的菌丝组成。分生孢子梗粗大，单生或少数簇生，不分枝，直或弯曲，光滑，淡褐色，向顶颜色渐浅，5~9 个隔膜，120~163×6~7μm。产孢细胞多芽生式，合生，顶生，渐变为间生，具全壁芽生合轴式延伸，圆柱形。产孢位点平、小，稍加厚，略突出，色浅。分生孢子以裂解式脱落。分生孢子全壁芽生式产生，单生，顶侧生，纺锤形至舟形，淡褐色，光滑，6~8 个假隔膜，34~40×12~14μm，基部平截，宽 2~3μm。

海檀木属 *Ximenia* sp.植物枯枝，云南：昆明，HSAUP III₀ 0361-2（=HMAS 143717）。

世界分布：中国。

讨论：该种分生孢子形态近似于简单假绒落菌 *P. simplex* (Nees) M.B. Ellis(Ellis, 1971a)和八丈岛假绒落菌 *P. hachijoensis* Matsush.(Matsushima, 1975)，但后两者分生孢子较窄，分别为 9~13μm 和 8~10μm，且 *P. simplex* 隔膜略多，6~11 个，*P. hachijoensis* 基部较宽，3.3~3.8μm，彼此较易区分。

作者未观察的种

简单假绒落菌

Pseudospiropes simplex (Nees) M.B. Ellis, Dematiaceous Hyphomycetes (Kew): 260, 1971.
Helminthosporium simplex Kunze, in Nees & Nees, Nova Acta Acad. Caes. Leop.-Carol. Nat.
　　Cur. Dresden 9: 241, 1818; Persoon, Mycol. Eur., 1:18, 1822.

菌落暗橄榄褐色至黑褐色。分生孢子梗暗褐色，顶端淡褐色，长达 400μm，宽 4.5~6μm，产孢痕色深，突出。分生孢子纺锤形或舟形，淡褐色至中度金褐色，6~11 个假隔膜，26~44×9~13μm，基部平截，宽 2~3μm。

黄兰 *Michelia champaca* L.凋落枯枝，云南：昆明，HSAUP III₀ 0628（Shang and Zhang, 2007a）。

世界分布：美国、加拿大、中国、捷克、日本、新西兰、俄罗斯、塞拉利昂、南非。

讨论：该种为广布性种，常腐生于植物枯枝、树皮上，偶发现于草本植物枯死茎秆上。Shang 和 Zhang（2007a）曾在我国云南植物枯枝上记载该种，但未作任何描述。以上描述引自 Ellis（1971a）的报道。

棕榈假绒落菌

Pseudospiropes arecacensis J. Fröhl., K.D. Hyde & D.I. Guest, Mycol. Res. 101(6): 728, 1997.

子座埋生于叶片表皮下，通过气孔生出，球形，密集，直径 25~57.5μm，其上散生 2~4 根分生孢子梗。分生孢子梗 100~207.5×3.75~4.5μm，直立，暗褐色，6~7 个隔膜，不分枝，直或弯曲，产孢痕明显。分生孢子 25~71×3.75~6.25μm，淡褐色，倒棍棒形，直或稍弯曲，光滑，2~7 个假隔膜，隔膜处稍缢缩，顶端钝圆，基部倒圆锥形平截，具一明显加厚的脐。

蒲葵 *Livistona chinensis* R.Br.，香港（Lu *et al.*，2000）。

世界分布：澳大利亚、中国。

讨论：Fröhlich 等(1997)最初从澳大利亚 *Licuala ramsayi* (F.Muell.) Domin 上报道该种。Lu 等(2000)曾从我国香港记载该种，但未作任何描述。以上描述引自 Fröhlich 等(1997)的报道。

蒜孢属 Sativumoides S.C. Ren, Jian Ma & X.G. Zhang
Mycol. Progress 11: 444, 2012.

属级特征：菌落疏散，暗褐色至黑色，发状。菌丝体大多埋生，由分枝、具隔、淡褐色、平滑的菌丝组成。子座偶出现。分生孢子梗单生，粗大，不分枝，直或稍弯曲，平滑，壁厚。产孢细胞单芽生式，合生，顶生，具及顶层出现象。分生孢子全壁芽生式产生，单生，顶生，干性，砖格状、蒜头形、梨形或不规则形，淡褐色至褐色，多具纵隔膜，基部偶具1个横隔膜，分生孢子细胞呈圆周状排列。分生孢子以裂解式脱落。

模式种：蒜孢 *Sativumoides punicae* S.C. Ren, Jian Ma & X.G. Zhang。

讨论：在丝孢菌中，绝大多数属、种的分生孢子仅具横隔膜，如葚孢属 *Sporidesmium* Link、棒孢属 *Corynespora* Güssow、内隔孢属 *Endophragmiella* B. Sutton 等；部分属、种的分生孢子同时具横隔膜和纵(或斜)隔膜，如密格孢属 *Acrodictys* M.B. Ellis、砖格孢属 *Dictyosporium* Corda、小双枝孢属 *Diplocladiella* G. Arnaud ex M.B. Ellis 等，且其中少数属、种的分生孢子被隔膜分隔后细胞呈柱状排列，如拟梨尾格孢属 *Piricaudiopsis* J. Mena & Mercado、手形孢属 *Cheiroidea* W.A. Baker & Morgan-Jones 等，但分生孢子几乎仅具纵隔膜，细胞横向圆周排列，呈蒜头形的真菌却极少发现。作者仔细研究 *Sativumoides punicae* S.C. Ren, Jian Ma & X.G. Zhang 分生孢子形态特征及产孢细胞类型，结合同行分类学者建议，以此为模式种建立了蒜孢属 *Sativumoides* S.C. Ren, Jian Ma & X.G. Zhang。该属的典型特征是：分生孢子梗单生，不分枝；产孢细胞单芽生式，合生，顶生，具葫芦形及顶层出现象；分生孢子全壁芽生式产生，呈蒜头形，具多个纵隔膜，基部偶具1个横隔膜，分生孢子细胞呈圆周状排列。

该属形态特征与三枝孢属 *Triposporium* Corda、艾氏孢属 *Iyengarina* Subram.、射棒孢属 *Actinocladium* Ehrenb.、*Acrodictys*、*Piricaudiopsis* 和 *Cheiroidea* 较为相似，但该属产孢细胞顶生，分生孢子蒜头状，主要具纵隔膜且贯穿孢子顶基部，纵隔膜处缢缩；而 *Acrodictys* 分生孢子砖格状，形状多变，中间细胞常具垂直的纵隔膜和几个平行的横隔膜；*Piricaudiopsis* 产孢细胞顶生或间生，球状，分生孢子扇形，砖格状，由多列细胞组成；*Cheiroidea*、*Iyengarina*、*Triposporium* 和 *Actinocladium* 分生孢子分枝，且主要具横隔膜。另外，该属形态特征与多明戈霉属 *Domingoella* Petr. & Cif.、顶生孢属 *Acrogenospora* M.B. Ellis 和角凸孢属 *Shrungabeeja* V.G. Rao & K.A. Reddy 也有一些相似，但后三属的分生孢子均无隔膜；其次，*Shrungabeeja* 近球形或陀螺状的分生孢子具丝状或角状附属物。

蒜孢　图114

Sativumoides punicae S.C. Ren, Jian Ma & X.G. Zhang, Mycol. Progress 11: 444, 2012.

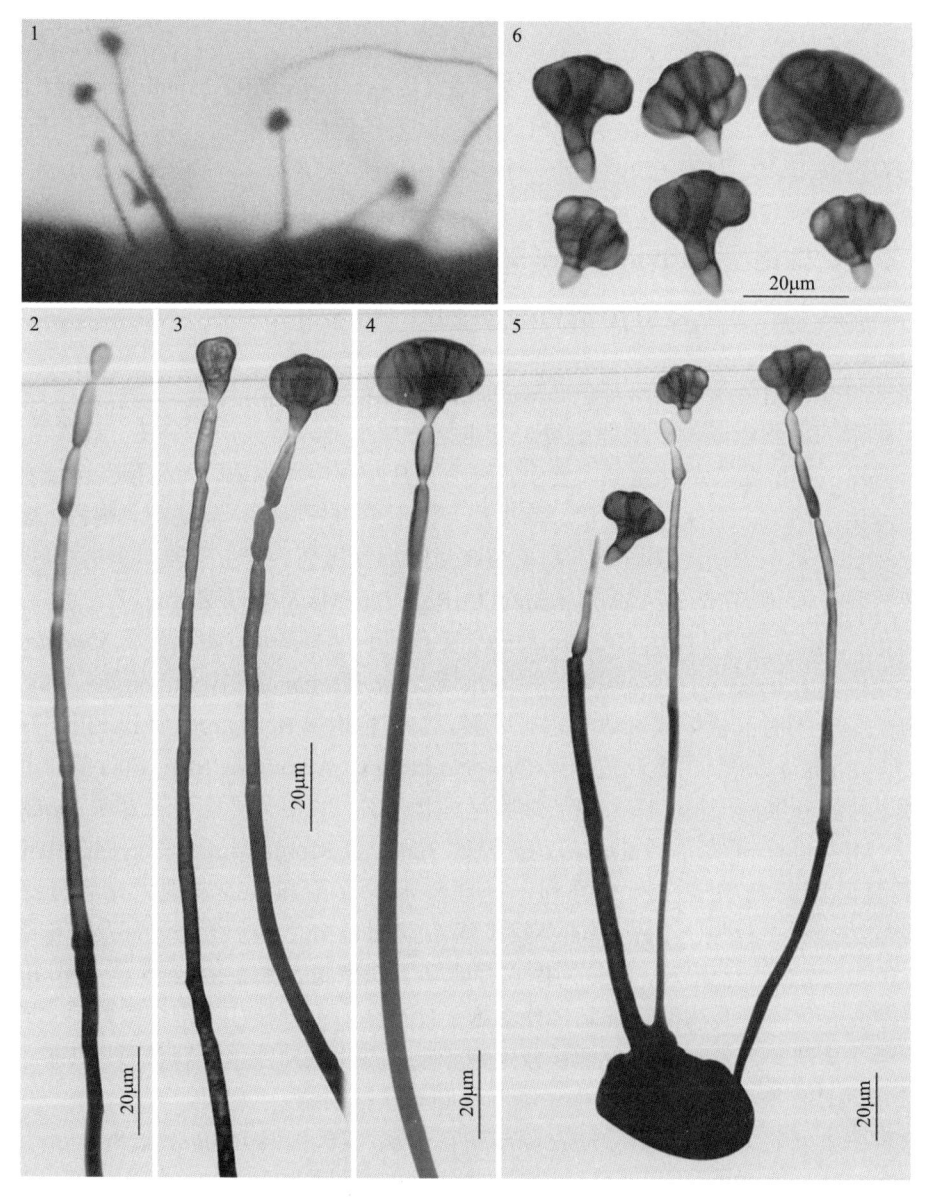

图114 蒜孢 *Sativumoides punicae* S.C. Ren, Jian Ma & X.G. Zhang
1. 自然基质上的菌落；2~5. 分生孢子梗、产孢细胞和分生孢子；6. 分生孢子。(HSAUP H8049)

菌落疏展，暗褐色至黑色，发状。菌丝体大多埋生；菌丝分枝，具隔，淡褐色，平滑，宽 2~4μm。子座偶存在。分生孢子梗单生，粗大，不分枝，直或稍弯曲，平滑，壁厚，长 160~315μm，基部宽 9~13μm，顶部宽 3.5~5.5μm，具 8~13 个隔膜。产孢细胞单芽生式，合生，顶生，淡褐色，圆柱状或葫芦形，多达 5 个连续的及顶层出。分生孢子以裂解式脱落。分生孢子全壁芽生式产生，单生，顶生，干性，砖格状、蒜形、梨形或不规则形，淡褐色至褐色，长 21~24μm，宽 19~24μm，基部宽 3~5.5μm，多具纵隔膜，基部偶具 1 个横隔膜，纵隔膜处缢缩形成裂叶，分生孢子内部细胞呈圆周状排列。

石榴 *Punica granatum* L.凋落枯枝，海南：昌江（霸王岭），HSAUP H8049（=HMAS

146100)(Ren *et al.*, 2012a)。

世界分布：中国。

角凸孢属 Shrungabeeja V.G. Rao & K.A. Reddy
Indian J. Bot. 4 (1): 109, 1981.

属级特征：菌落疏展，黑褐色至褐色。菌丝体表生或埋生，由淡褐色至褐色、具隔、分枝的菌丝组成。分生孢子梗粗大，单生，不分枝，直或弯曲，圆柱形，黑褐色，光滑，具隔。产孢细胞单芽生式，合生，顶生，有限生长或具葫芦形或桶形及顶层出现象，葫芦形，光滑，褐色，顶端平截。分生孢子以裂解式脱离。分生孢子全壁芽生式产生，单生，顶生，干性，近球形或陀螺状，中空，无隔，光滑，淡褐色至褐色，具角状或丝状附属物，易断。

模式种：角凸孢 *Shrungabeeja vadirajensis* V.G. Rao & K.A. Reddy。

讨论：该属为小属，迄今仅报道3个种，除模式种角凸孢 *S. vadirajensis* V.G. Rao & K.A. Reddy(Rao and Reddy, 1981)外，另2个种为海棠角凸孢 *S. begoniae* K. Zhang & X.G. Zhang 和蜜茱萸角凸孢 *S. melicopes* K. Zhang & X.G. Zhang(Zhang *et al.*, 2009c)。Zhang 等(2009c)对该属3个种编制了分类检索表。

Rao 和 Reddy(1981)认为该属形态近似于密格孢属 *Acrodictys* M.B. Ellis、艾氏孢属 *Iyengarina* Subram.、三枝孢属 *Triposporium* Corda、射棒孢属 *Actinocladium* Ehrenb.、顶生孢属 *Acrogenospora* M.B. Ellis、多明戈霉属 *Domingoella* Petr. & Cif.和冠孢属 *Stephanoma* Wallr.。Zhang 等(2009c)指出该属与上述7个近似属的主要区别是 *Shrungabeeja* 分生孢子无隔，近球形，具角状或丝状附属物，而 *Acrodictys* 分生孢子具隔膜，且形状变化较大；*Iyengarina*、*Triposporium* 和 *Actinocladium* 分生孢子分枝且具隔；*Domingoella*、*Acrogenospora* 和 *Stepphanoma* 分生孢子无附属物。另外，该属分生孢子形态与 *Petrakia* Syd. & P. Syd.、*Nawawia* Marvanová 和 *Obeliospora* Nawawi & Kuthub.也有些相似，但 *Petrakia* 分生孢子砖格状，具隔；*Obeliospora* 和 *Nawawia* 产孢细胞单瓶梗生，不同于该属。

中国角凸孢属 *Shrungabeeja* 分种检索表

1. 分生孢子具5~7根附属丝·· 蜜茱萸角凸孢 *S. melicopes*
1. 分生孢子具3~4根附属丝·· 2
  2. 分生孢子 20~40 × 25~40μm，附属丝长 90~200μm ············· 海棠角凸孢 *S. begoniae*
  2. 分生孢子 35~55 × 35~50μm，附属丝长 20~100μm ················· 角凸孢 *S. vadirajensis*

海棠角凸孢　图 115
Shrungabeeja begoniae K. Zhang & X.G. Zhang, Mycologia 101(4): 575, 2009.

菌落疏展，褐色至暗褐色。菌丝体部分表生，部分埋生，由分枝、具隔、淡褐色、平滑、宽 3~4μm 的菌丝组成。分生孢子梗粗大，单生，直或弯曲，不分枝，光滑，壁厚，长 210~300μm，基部宽 5~10μm，中部宽 4~6μm，顶部宽可达 6μm，具 4~7 个隔膜。产孢细胞单芽生式，合生，顶生，葫芦形，有限生长或具葫芦形及顶层出延伸，淡褐色至褐色，光滑，长10～20μm，基部宽3～7μm，顶部宽可达2.5μm。分生孢子以裂解式脱落。分生孢子全壁芽生式产生，单生，顶生，干性，近球形或陀螺状，无隔，中空，20～40×25～40μm，基部宽5～10μm，具3～4根纤丝状的附属丝，附属丝具3～10个隔膜，光滑，淡褐色至褐色，长90～200μm，基部宽3～4.5μm，顶部宽1～1.5μm。

常花秋海棠 Begonia semperflorens Link & Otto 凋落枯枝，云南：景洪（西双版纳），HSAUP VII₀ KAI 1194（=HMAS 189368）。

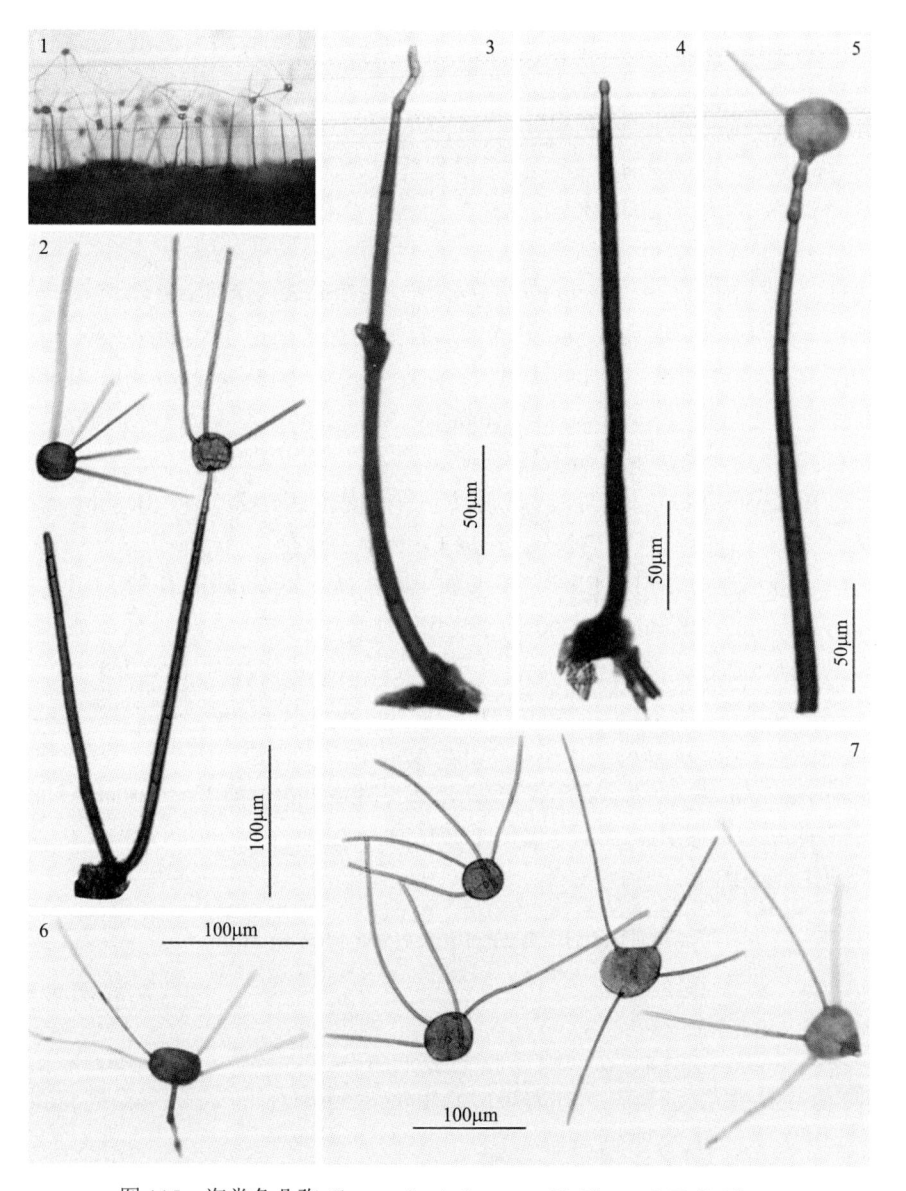

图115 海棠角凸孢 Shrungabeeja begoniae K. Zhang & X.G. Zhang
1. 自然基质上的菌落；2. 分生孢子梗和分生孢子；3、4. 分生孢子梗；5. 分生孢子梗和未成熟的分生孢子；6、7. 分生孢子。（HSAUP VII₀ KAI 1194）

世界分布：中国。

讨论：该种近似于角凸孢 S. vadirajensis V.G. Rao & K.A. Reddy（Rao and Reddy，

1981)，但后者分生孢子附属丝呈角状，较短，30~90μm，且隔膜较少，2~3个。

蜜茱萸角凸孢　图 116

Shrungabeeja melicopes K. Zhang & X.G. Zhang, Mycologia 101(4):573, 2009.

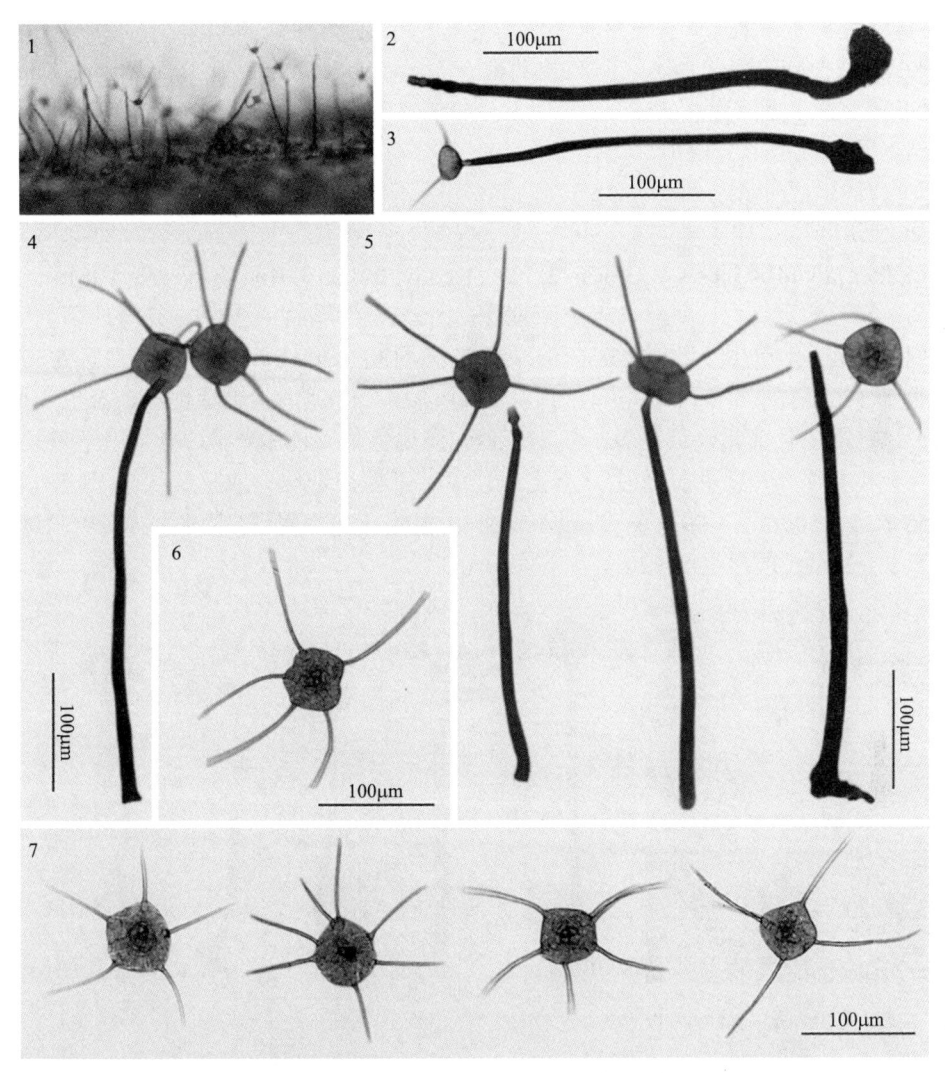

图116　蜜茱萸角凸孢 *Shrungabeeja melicopes* K. Zhang & X.G. Zhang
1. 自然基质上的菌落；2. 分生孢子梗；3~5. 分生孢子梗和分生孢子；6、7. 分生孢子。（HSAUP VII₀ ₖₐᵢ 1158）

菌落疏展，褐色至暗褐色。菌丝体部分表生，部分埋生，由分枝、具隔、淡褐色、光滑、宽2~4μm的菌丝组成。分生孢子梗粗大，单生，直或弯曲，不分枝，光滑，壁厚，长260~400μm，基部宽13~15μm，中部宽8~10μm，顶部宽可达7μm，具6~13个隔膜。产孢细胞单芽生式，合生，顶生，葫芦形，有限生长或具葫芦形及顶层出延伸，淡褐色至褐色，光滑，长14~18μm，基部宽8~10μm，顶部宽可达5.5μm。分生孢子以裂解式脱落。分生孢子全壁芽生式产生，单生，顶生，干性，近球形或陀螺状，无隔，中空，长40~50μm，宽40~60μm，基部宽4~6μm，具5~7根纤丝状的附属丝，附属丝具0~3个隔膜，光滑，淡褐色至褐色，长60~110μm，基部宽3~5μm，顶部宽1~2μm。

三叶蜜茱萸 *Melicope triphylla* Merr.凋落枯枝，云南：景洪（西双版纳），HSAUP VII₀ ₖₐᵢ 1158（=HMAS 189367）。

世界分布：中国。

讨论：该种分生孢子形态与海棠角凸孢 *S. begoniae* K. Zhang & X.G. Zhang（Zhang et al., 2009c）和角凸孢 *S. vadirajensis* V.G. Rao & K.A. Reddy（Rao and Reddy, 1981）十分相似，但后两者分生孢子较小，均为20~40×25~40μm，附属丝较少，均为3~4根。

角凸孢 图117

Shrungabeeja vadirajensis V.G. Rao & K.A. Reddy, Indian J. Bot. 4(1): 113, 1981.

菌落疏展，黑褐色。菌丝体表生或埋生，由分枝、具隔、淡褐色、光滑的菌丝组成。分生孢子梗粗大，单生，直或弯曲，不分枝，光滑，130~200×4~7μm，基部宽5~8μm，中部宽5~7μm，顶部宽可达4μm，具4~7个隔膜。产孢细胞单芽生式，合生，顶生，葫芦形，有限生长或具葫芦形及顶层出延伸，淡褐色至褐色，光滑。分生孢子以裂解式脱落。分生孢子全壁芽生式产生，单生，顶生，干性，近球形或陀螺状，无隔，中空，35~55×35~50μm，基部宽3~5μm，具3~4根角状的附属丝，附属丝长20~100μm，基部宽2~3μm，顶部宽1~2μm。

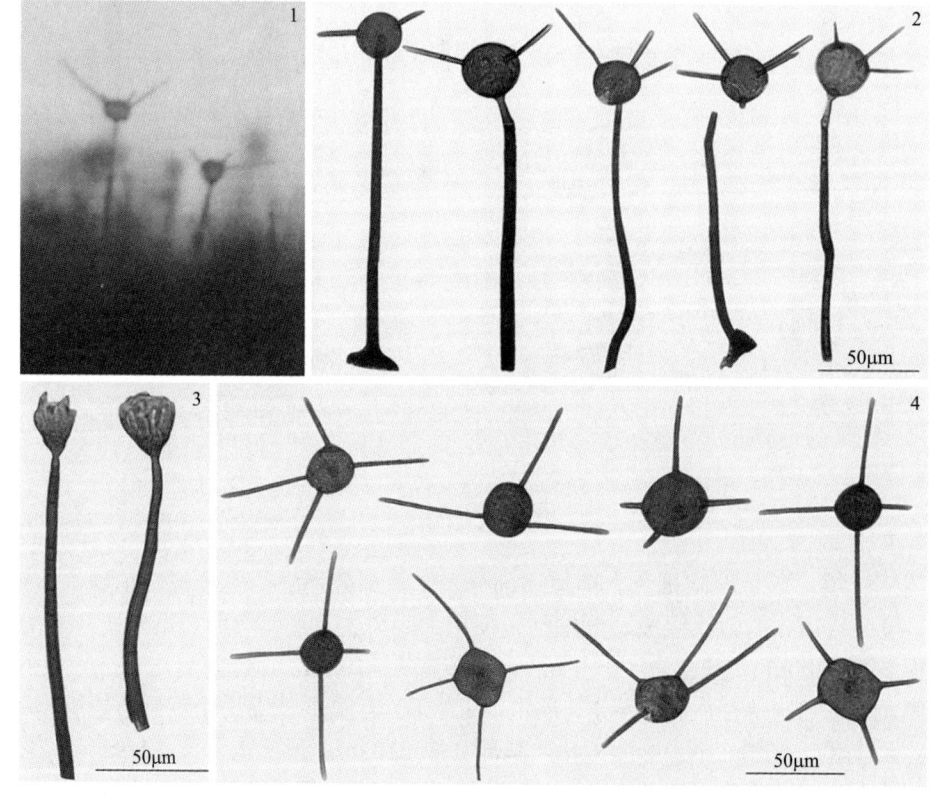

图117 角凸孢 *Shrungabeeja vadirajensis* V.G. Rao & K.A. Reddy
1. 自然基质上的菌落；2、3. 分生孢子梗和分生孢子；4. 分生孢子。（HSAUP VIII₀ ₘₐ 0028-4）

植物枯枝，云南：景洪(西双版纳)，HSAUP VIII₀ MA 0028-4(=HMAS 189369)。

世界分布：中国、印度。

讨论：该种为 *Shrungabeeja* 的模式种，最初发现于印度箣竹属 *Bambusa* sp.植物枯死茎秆上，分生孢子 20~40 × 25~40μm，基部宽 5~10μm；附属丝具 2~3 个隔膜，长 30~90μm，基部宽 3~4.5μm，顶部宽 1~1.5μm。作者观察的分生孢子比原始描述略大，基部略窄，其他特征基本一致。

异棒孢属 Solicorynespora R.F. Castañeda & W.B. Kendr.
Univ. Waterloo Biol. Ser. 33: 38, 1990.

属级特征：菌落疏展，褐色。菌丝体表生或埋生，由分枝、具隔、平滑或粗糙、褐色的菌丝组成。分生孢子梗粗大，单生或少数簇生，直或弯曲，褐色，有限生长或具及顶层出延伸。产孢细胞单孔生式，合生，顶生，圆柱形，褐色。分生孢子单生，顶生，干性，倒棍棒形、梨形、圆柱形、倒梨形、淡褐色至褐色，具多个真隔膜，顶部钝圆或具喙，基部平截。分生孢子以裂解式脱落。

模式种：异棒孢 *Solicorynespora zapatensis* R.F. Castañeda & W.B. Kendr.。

讨论：Castañeda-Ruíz 和 Kendrick(1990b)以异棒孢 *Solicorynespora zapatensis* R.F. Castañeda & W.B. Kendr.为模式种建立该属，同时将棒孢属 *Corynespora* Güssow 中分生孢子具真隔膜、顶端尖细或具喙的 5 个种：*C. aterrima* (Berk. & M.A. Curtis ex Cooke) M.B. Ellis、*C. obclavata* Dyko & B. Sutton、*C. litchii* (Matsush.) Hol.-Jech. & R.F. Castañeda、*C. calophylli* Hol.-Jech. & R.F. Castañeda 和 *C. pseudolmediae* (R.F. Castañeda) Hol.-Jech.组合至异棒孢属 *Solicorynespora*。后来该属下又报道了 3 个新组合种和 13 个新种(Castañeda-Ruíz, 1996；Delgado-Rodríguez et al., 2002；Castañeda-Ruíz et al., 2004；Shirouzu and Harada, 2008；McKenzie, 2010；Ma et al., 2012c, 2012g, 2012i, 2014b；Hernández-Restrepo et al., 2014)。Castañeda-Ruíz 等(2004)为该属编制了分类检索表，但 *S. zapatensis* 和 *S. garciniae* (Petch) G. Delgado & J. Mena 两种被遗漏。Ma 等(2012g)汇总了该属 15 个种的分生孢子形态特征，并编制了分类检索表。Hernández-Restrepo 等(2014)绘制了该属 21 个种的分生孢子形态图，并基于 28S rDNA 揭示了 *S. insolita* Hern.-Rest., Gené, R.F. Castañeda & Guarro 和子囊菌门座囊菌纲 Dothideomycetes 成员，尤其与 *Astrosphaeriella livistonicola* K.D. Hyde & J. Fröhl.间存在密切的亲缘关系，而该属其他种的有性型和系统亲缘关系则有待研究。

该属形态特征与 *Corynespora*、小棒孢属 *Corynesporella* Munjal & H.S. Gill(Munjal and Gill, 1961)、半棒孢属 *Hemicorynespora* M.B. Ellis(Ellis, 1972)和拟棒孢属 *Corynesporopsis* P.M. Kirk(Kirk, 1981b)等十分相似，均为内壁芽生孔生式产孢。Siqueira 等(2008)系统论述了上述 5 个属的形态分类标准，指出在当前缺少分子系统数据的情况下，可暂承认这些种类。Ma 等(2012g)基于前人研究概括了上述 5 个属的主要形态划分依据：产孢细胞是否侧生于分生孢子梗上，分生孢子单生或链生，分生孢子隔膜类型及数目。该属区别于其他 4 个近似属的形态特征为：产孢细胞单孔生式，顶生，分生孢子单生，具 2 个至多个真隔膜。

截至目前，该属已报道 22 个种（Hernández-Restrepo et al., 2014；Ma et al., 2014b），我国已报道 12 个种，且绝大多数种腐生于枯枝、落叶上，未见引起植物病害的报道。

中国异棒孢属 *Solicorynespora* 分种检索表

1. 分生孢子倒卵形，具 2 个隔膜，16～22 × 9～11μm ·· 倒卵形异棒孢 *S. obovoidea*
1. 分生孢子纺锤形、椭圆形、倒棍棒形或倒梨形 ··· 2
    2. 分生孢子具 2 个或 3 个隔膜，长≤24μm ·· 3
    2. 分生孢子主要具 4 个或以上隔膜，长 22～32μm 或≥32μm ··· 5
3. 分生孢子圆柱形至椭圆形，具 2 个隔膜，13.5～18.5 × 6.5～8μm ········· 粗叶木异棒孢 *S. lasianthi*
3. 分生孢子倒棍棒形或倒梨形，主要具 3 个隔膜 ··· 4
    4. 分生孢子 13～22 × 4.5～6μm，胞壁光滑 ··· 女贞异棒孢 *S. ligustri*
    4. 分生孢子 16～24 × 7～8.5μm，胞壁粗糙 ·· 润楠异棒孢 *S. machili*
5. 分生孢子顶端具喙 ··· 6
5. 分生孢子顶端无喙 ·· 10
    6. 分生孢子宽 19.5～27μm ··· 蜜茱萸异棒孢 *S. melicopes*
    6. 分生孢子宽≤18μm ··· 7
7. 分生孢子宽≥12μm ··· 8
7. 分生孢子宽≤10μm ··· 9
    8. 分生孢子 95～150 × 12～18μm，具 6～9 个隔膜，胞壁光滑 ················ 榕异棒孢 *S. fici*
    8. 分生孢子 100～130 × 12.5～15.5μm，具 7～9 个隔膜，胞壁粗糙 ······· 香叶异棒孢 *S. linderae*
9. 分生孢子 94.5～188 × 6.5～8μm，具 4～6 个隔膜 ····································· 林木异棒孢 *S. sylvatica*
9. 分生孢子 54.5～117.5 × 8～10μm，具 5～11 个隔膜 ······························· 蜂巢异棒孢 *S. foveolata*
    10. 分生孢子具 2～5 个隔膜（主要 4 个），顶部 1～2 个细胞淡褐色至近无色，其余细胞褐色 ·········
·· 多变异棒孢 *S. pseudolmediae*
    10. 分生孢子具 6 个以上隔膜，细胞各部色泽基本一致 ··· 11
11. 分生孢子倒棍棒形或椭圆形，32～55 × 10～13μm，具 6～12 个隔膜 ···
·· 厚壳桂异棒孢 *S. cryptocaryae*
11. 分生孢子倒棍棒形或纺锤形，60～75 × 9～11μm，具 7～8 个隔膜 ···
·· 姆兰杰异棒孢 *S. mulanjeensis*

厚壳桂异棒孢　图 118

Solicorynespora cryptocaryae Jian Ma & X.G. Zhang, Mycotaxon 119: 98, 2012.

  菌落疏展，褐色，毛发状。菌丝体大多埋生，由分枝、具隔、淡褐色至褐色、光滑、宽 1.5～3μm 的菌丝组成。分生孢子梗粗大，单生或少数簇生，直或弯曲，不分枝，光滑，具隔，褐色至暗褐色，86～140 × 4.5～6.5μm。产孢细胞单孔生式，合生，顶生，褐色，光滑，13～21 × 4～5.5μm，具 0～1 个圆柱形及顶层出延伸。分生孢子以裂解式脱落。分生孢子单生，顶生，干性，倒棍棒形或椭圆形，具 6～12 个真隔膜，32～55 × 10～13μm，褐色，光滑，顶端钝圆，基部平截，宽 3.5～4μm。

  厚壳桂 *Cryptocarya chinensis* Hemsl.凋落枯枝，广东：从化，HSAUP H5367-2 (=HMAS 146087)。

  世界分布：中国。

  讨论：该种分生孢子形态与姆兰杰异棒孢 *S. mulanjeensis* (B. Sutton) R.F. Castañeda, M. Stadler & Guarro（Castañeda-Ruíz et al., 2004）和多变异棒孢 *S. Pseudolmediae*

（Castañeda-Ruíz and Kendrick，1990b)有些相似，但 *S. mulanjeensis* 分生孢子长而略窄，56～71 ×10～12.5μm，隔膜较少，5～8 个；*S. pseudolmediae* 分生孢子短而略窄，16～29 ×8.5～12μm，隔膜较少，2～5 个。

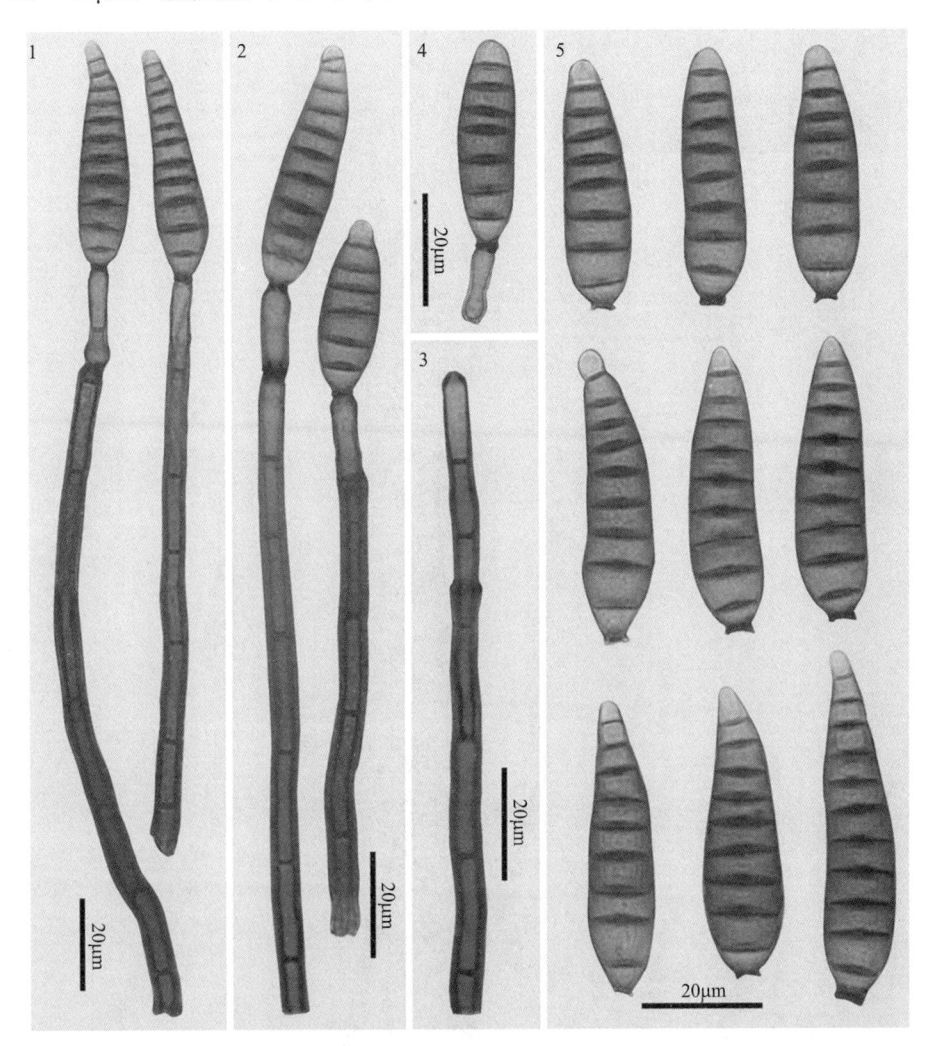

图 118　厚壳桂异棒孢 *Solicorynespora cryptocaryae* Jian Ma & X.G. Zhang
1、2. 分生孢子梗和分生孢子；3. 分生孢子梗；4、5. 分生孢子。（HSAUP H5367-2）

榕异棒孢　图 119

Solicorynespora fici Jian Ma & X.G. Zhang, Mycol. Progress 11: 641, 2012.

　　菌落疏展，褐色至暗褐色，毛发状。菌丝体大多埋生，少数表生，由分枝、具隔、淡褐色至褐色、光滑、宽 1.5～3μm 的菌丝组成。分生孢子梗粗大，单生或少数簇生，直或弯曲，不分枝，光滑，具隔，褐色至暗褐色，长 120～260μm，基部宽 7～13μm，中部宽 5.5～10μm，顶部宽 5～8μm，偶具 1～2 个内壁芽生式及顶层出。产孢细胞单孔生式，合生，顶生，圆柱形，褐色，光滑，16～35.5 × 6～8μm。分生孢子以裂解式脱落。分生孢子单生，顶生，干性，倒棍棒形，6～9 个真隔膜，光滑，褐色至暗褐色，孢子长 95～150μm（含喙），最宽处 12～18μm，基部平截，宽 3～4.5μm，顶部渐细成近无色至淡褐色、具隔的喙，喙顶端萌发形成管状菌丝。

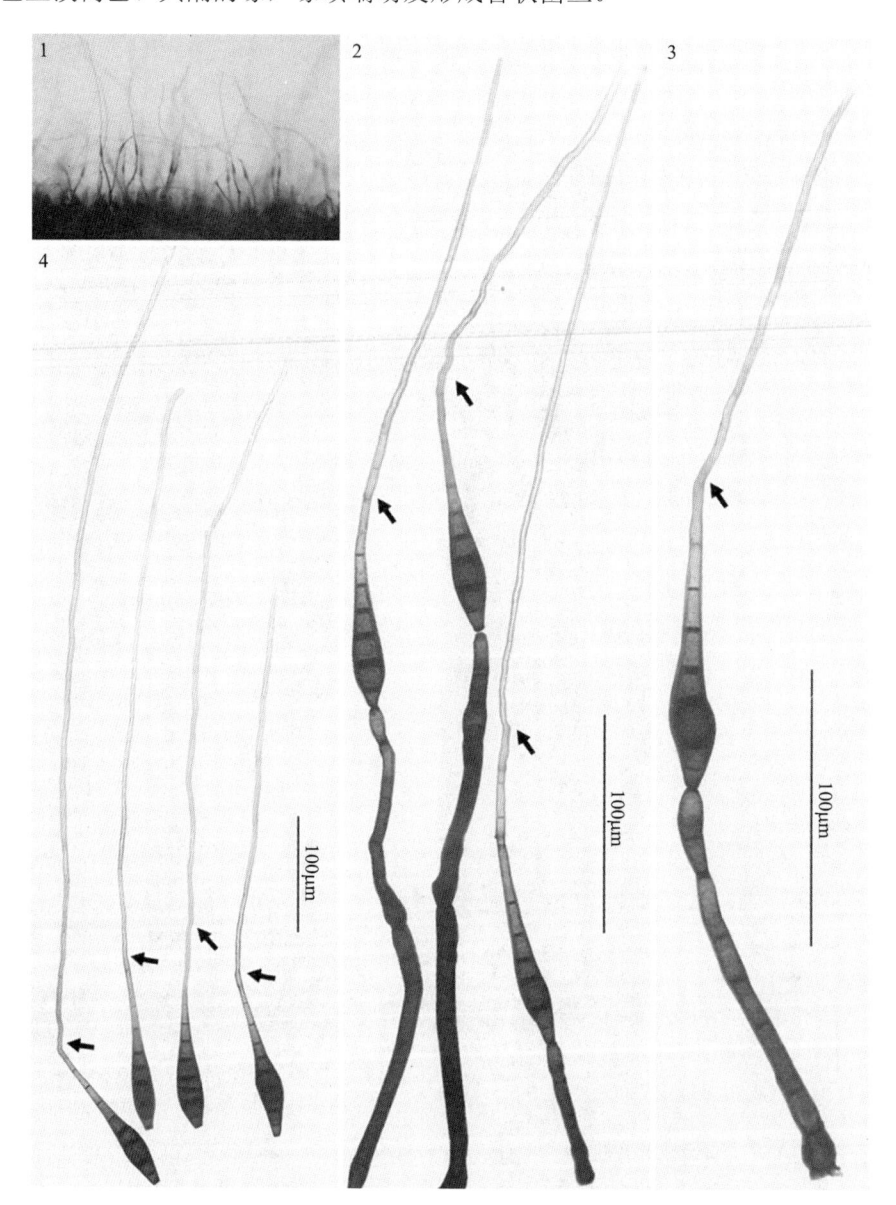

图119 榕异棒孢 Solicorynespora fici Jian Ma & X.G. Zhang
1. 在自然基质上的菌落；2、3. 分生孢子梗和分生孢子；4. 分生孢子。（HSAUP H5211）

榕属 Ficus sp.植物枯枝，海南：万宁，HSAUP H5211（=HMAS 146077）。

世界分布：中国。

讨论：该种分生孢子形态与深黑异棒孢 S. aterrima (Berk. & M.A. Curtis) R.F. Castañeda & W.B. Kendr.（Castañeda-Ruíz and Kendrick，1990b）和蜂巢异棒孢 S. foveolata (Pat.) Shirouzu & Y. Harada（Shirouzu and Harada，2008）较为相似，但该种分生孢子顶端具喙，且喙顶端萌发形成管状菌丝，而后两者分生孢子较小，分别为33～74×8～10μm 和28～100×7～9μm，且隔膜也不同于该种，分别为3～5个和4～11个。

蜂巢异棒孢 图 120

Solicorynespora foveolata (Pat.) Shirouzu & Y. Harada, Mycoscience 49: 130, 2008.

Helminthosporium foveolatum Pat., Journ. de Bot. 5: 321, 1891.

Helminthosporium cantonense Sacc., Philipp. J. Sci. 18: 604, 1921.

Corynespora foveolata (Pat.) S. Hughes, Can. J. Bot. 36: 757, 1958.

Phaeotrichoconis foveolata (Pat.) Aramb. & Cabello, Boln Soc. Argent. Bot. 26(1-2): 2, 1989.

菌落疏展，暗褐色，毛发状。菌丝体部分表生，部分埋生，由分枝、具隔、淡褐色至褐色、光滑、宽 1.5～4μm 的菌丝组成。分生孢子梗粗大，单生或少数簇生，直或稍弯曲，不分枝，光滑，褐色，具隔，63～156×4～6μm，多达 2 个圆柱形及顶层出。产孢细胞单孔生式，合生，顶生，圆柱形，褐色，光滑。分生孢子以裂解式脱落。分生孢子单生，顶生，干性，倒棍棒形，直或弯曲，具喙，光滑或具疣突，淡褐色至暗褐色，具 5～11 个真隔膜，54.5～117.5 × 8～10μm，基部平截，宽 3～4.5μm，顶部渐窄，宽 1.5～3.5μm。

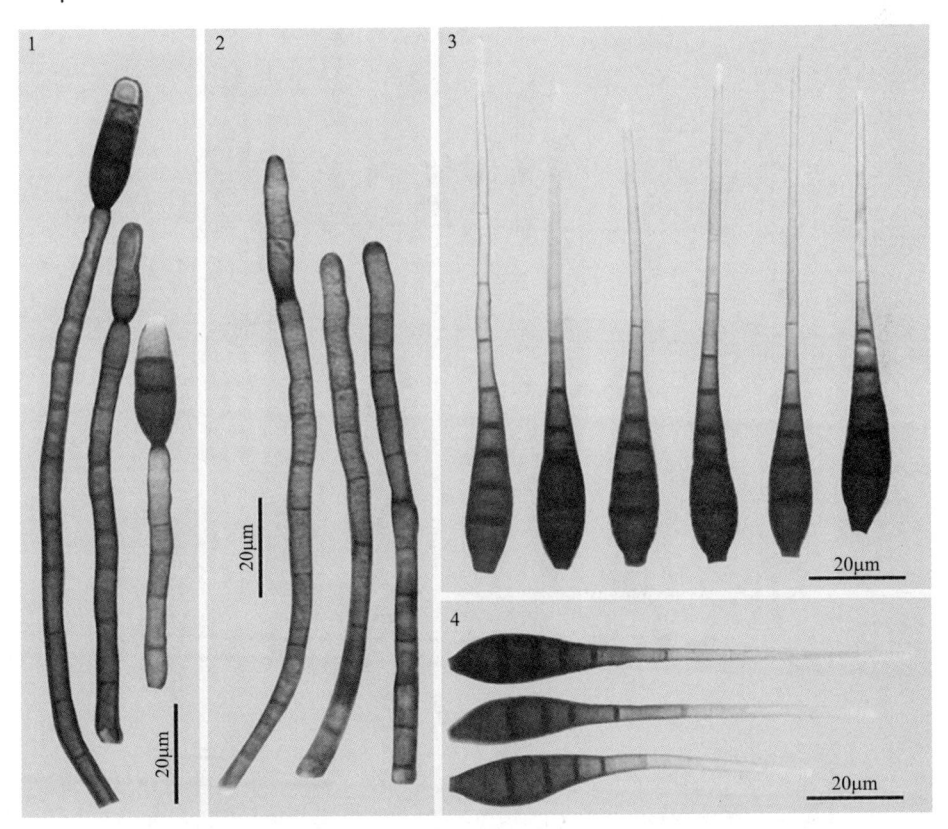

图 120 蜂巢异棒孢 *Solicorynespora foveolata* (Pat.) Shirouzu & Y. Harada
1. 分生孢子梗和分生孢子；2. 分生孢子梗；3、4. 分生孢子。(HSAUP H5288)

植物枯枝，海南：昌江（霸王岭），HSAUP H5288。

世界分布：巴西、加拿大、中国、英国、日本、马来西亚、特立尼达拉岛、越南等。

讨论：该种最初被命名为 *Helminthosporium foveolatum* Pat.，后被错误划入棒孢属

Corynespora Güssow 和暗色毛锥孢属 *Phaeotrichoconis* Subram.。Shirouzu 和 Harada (2008) 通过观察该菌标本将其鉴定为 *Solicorynespora foveolata* (Pat.) Shirouzu & Y. Harada。Lu 等(2000)曾作为 *Corynespora foveolata* (Pat.) S. Hughes 从香港报道该菌。作者观察的该菌分生孢子梗层出数多达 2 个，分生孢子比 Ellis(1960)的描述(28～100 × 7～9μm)稍大，但两者应视为同种。

粗叶木异棒孢 图 121

Solicorynespora lasianthi L.G. Ma & X.G. Zhang, Nova Hedwigia 95(3-4): 444, 2011.

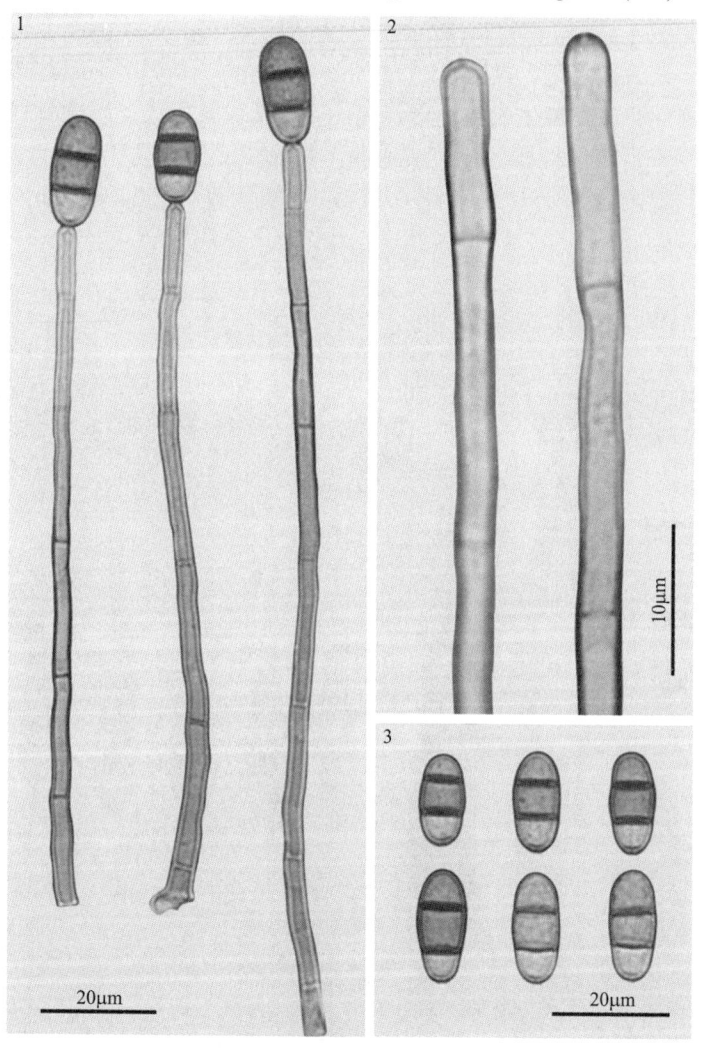

图121 粗叶木异棒孢 *Solicorynespora lasianthi* L.G. Ma & X.G. Zhang
1. 分生孢子梗和分生孢子；2. 产孢细胞；3. 分生孢子。(HSAUP H1747)

菌落疏展，褐色至暗褐色，毛发状。菌丝体大多埋生，由分枝、具隔、淡褐色至褐色、光滑、宽 1.5～2μm 的菌丝组成。分生孢子梗粗大，单生，直或弯曲，不分枝，光滑，具 4～9 个隔膜，淡褐色至褐色，圆柱形，壁厚，75～195 × 3～4μm，偶具内壁芽生式及顶层出。产孢细胞单孔生式，合生，顶生，圆柱形，壁厚，淡褐色，光滑，10.5～

15.5×3～3.5μm。分生孢子以裂解式脱落。分生孢子单生，顶生，干性，圆柱形至椭圆形，光滑，2个真隔膜，基部细胞淡褐色，中部和顶部细胞褐色，13.5～18.5×6.5～8μm。

粗叶木 *Lasianthus chinensis* Benth.凋落枯枝，广东：从化，HSAUP H1747（=HMAS 146124）。

世界分布：中国。

讨论：该种分生孢子形态近似于肯德瑞克异棒孢 *S. kendrickii* R.F. Castañeda (Castañeda-Ruíz, 1996)，但后者分生孢子较长，15～26μm。另外，该种分生孢子具2个隔膜，基部细胞淡褐色，中部和顶部细胞褐色，而 *S. kendrickii* 分生孢子具2～4个隔膜，中部细胞褐色，端部细胞近无色。

女贞异棒孢 图122

Solicorynespora ligustri Jian Ma & X.G. Zhang, Mycotaxon 119: 96, 2012.

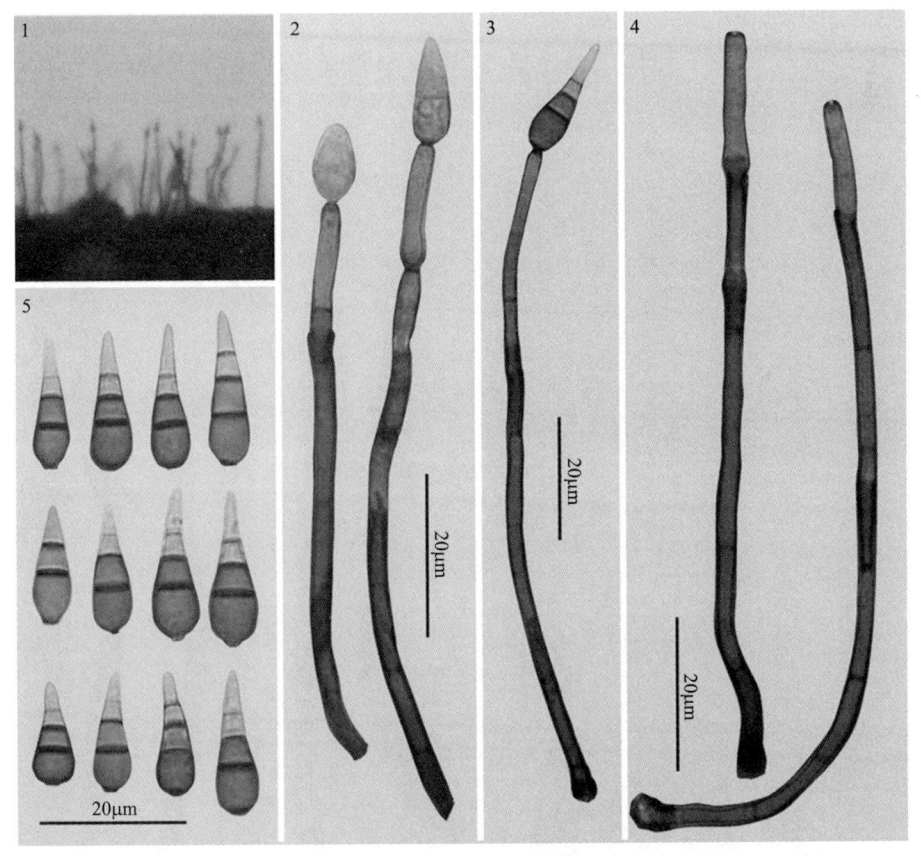

图122 女贞异棒孢 *Solicorynespora ligustri* Jian Ma & X.G. Zhang
1. 自然基质上的菌落；2、3. 分生孢子梗和分生孢子；4. 分生孢子梗；5. 分生孢子。(HSAUP H5247)

菌落疏展，褐色至暗褐色，毛发状。菌丝体部分表生，部分埋生，由分枝、具隔、淡褐色至褐色、光滑、宽1～2.5μm的菌丝组成。分生孢子梗粗大，单生或少数簇生，直或弯曲，不分枝，光滑，具隔，褐色至暗褐色，52～97×2.5～4.5μm。产孢细胞单孔生式，合生，顶生，圆柱形，褐色，光滑，11～17×2～3.5μm，具0～2个圆柱形及顶层出延伸。分生孢子以裂解式脱落。分生孢子单生，顶生，干性，倒棍棒形或倒梨形，光滑，(2~)3个真隔膜，基部2个细胞褐色，其余细胞淡褐色至近无色，13~22×4.5~6μm，顶端渐窄，宽1.5~2.5μm，基部平截，宽1.5~2.5μm。

植物枯枝，广东：从化，HSAUP H5384，肇庆（鼎湖山），HSAUP H5521；海南：万宁，HSAUP H5247(=HMAS 146078)、HSAUP H5250。

世界分布：中国。

讨论：该种分生孢子形态与异棒孢 *S. zapatensis* R.F. Castañeda & W.B. Kendr. 和红厚壳异棒孢 *S. calophylli* (Hol.-Jech. & R.F. Castañeda) R.F. Castañeda & W.B. Kendr. (Castañeda-Ruíz and Kendrick, 1990b)十分相似，但该种分生孢子胞壁平滑，而后两者胞壁粗糙，隔膜处缢缩，且 *S. zapatensis* 分生孢子较大，20~27×15~17μm；*S. calophylli* 分生孢子较短，11~16μm，隔膜较少，2个。

香叶异棒孢 图123

Solicorynespora linderae Jian Ma & X.G. Zhang, Mycol. Progress 11: 641, 2012.

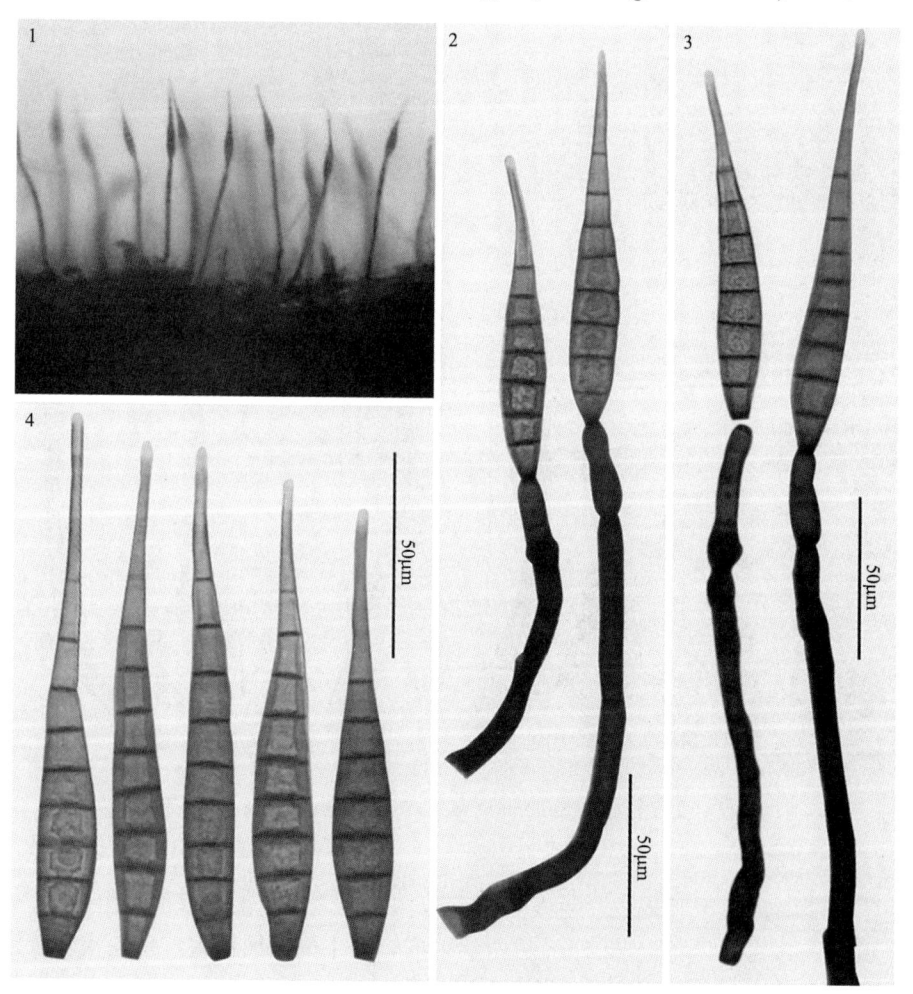

图123 香叶异棒孢 *Solicorynespora linderae* Jian Ma & X.G. Zhang
1. 自然基质上的菌落；2、3. 分生孢子梗和分生孢子；4. 分生孢子。(HSAUP H5225)

菌落疏展，褐色，毛发状。菌丝体大多埋生，由分枝、具隔、淡褐色至褐色、光滑、宽1.5～2.5μm的菌丝组成。分生孢子梗粗大，单生或少数簇生，直或弯曲，不分枝，光滑，褐色至暗褐色，长120～175μm，基部宽9～12μm，中部宽8～11μm，顶部宽7.5～9μm，具5～8个隔膜，具1～2个内壁芽生式及顶层出。产孢细胞单孔生式，合生，顶生，圆柱形，褐色，光滑，15～23×7.5～8.5μm。分生孢子以裂解式脱落。分生孢子单生，顶生，干性，倒棍棒形，7～9个真隔膜，隔膜处有时稍缢缩，光滑，基部细胞有时具疣突，褐色，长100～130μm（含喙），最宽处12.5～15.5μm，基部平截，宽4～5.5μm，顶部渐细成淡褐色的喙，21.5～37×3～4.5μm。

香叶树 *Lindera communis* Hemsl.凋落枯枝，海南：昌江（霸王岭），HSAUP H5225（=HMAS 146076）。

植物枯枝，海南：昌江（霸王岭），HSAUP H5159、HSAUP H5202、HSAUP H5208、HSAUPH8115，万宁，HSAUP H5216。

世界分布：中国。

讨论：该种分生孢子形态与姆兰杰异棒孢 *S. mulanjeensis* (B. Sutton) R.F. Castañeda, M. Stadler & Guarro（Castañeda-Ruíz *et al.*，2004）和芒格陶塔伊异棒孢 *S. maungatautari* McKenzie（McKenzie, 2010）有些相似，但该种分生孢子顶端具喙，而后两者分生孢子较小，分别为56～71×10～12.5μm和22～41×4.5～6.5μm，隔膜较少，分别为5～8个和3～6个。

润楠异棒孢 图124

Solicorynespora machili Jian Ma & X.G. Zhang, Mycotaxon 119: 97, 2012.

菌落疏展，褐色至暗褐色，毛发状。菌丝体部分表生，部分埋生，由分枝、具隔、淡褐色至褐色、光滑、宽1～2.5μm的菌丝组成。分生孢子梗粗大，单生或少数簇生，直或弯曲，不分枝，光滑，具隔，褐色至暗褐色，76～110×3.5～4.5μm。产孢细胞单孔生式，合生，顶生，圆柱形，褐色，光滑，10～16×3.5～4.5μm，具0～1个葫芦形及顶层出延伸。分生孢子以裂解式脱落。分生孢子单生，干性，顶生，倒棍棒形或倒梨形，3个真隔膜，基部2个细胞具疣突，褐色至暗褐色，其余细胞光滑，淡褐色至近无色，16～24×7～8.5μm，顶端渐窄，宽1.5～2.5μm，基部平截，宽2～2.5μm。

华润楠*Machilus chinensis* Hemsl.凋落枯枝，广东：肇庆（鼎湖山），HSAUP H5427（=HMAS 146079）。

植物枯枝，湖南：张家界，HSAUP H5320。

世界分布：中国。

讨论：该种分生孢子形态与异棒孢*S. zapatensis* R.F. Castañeda & W.B. Kendr.、红厚壳异棒孢 *S. calophylli* (Hol.-Jech. & R.F. Castañeda) R.F. Castañeda & W.B. Kendr.（Castañeda-Ruíz and Kendrick，1990b）和女贞异棒孢*S. ligustri* Jian Ma & X.G. Zhang（Ma *et al.*，2012c）较为相似，但*S. zapatensis*分生孢子较大，20～27×15～17μm，基部细胞色深，其余3个细胞色浅；*S. calophylli*分生孢子较小，11～16×5～7μm，且具2个真隔膜；*S. ligustri*分生孢子较窄，4.5～6μm，胞壁平滑。

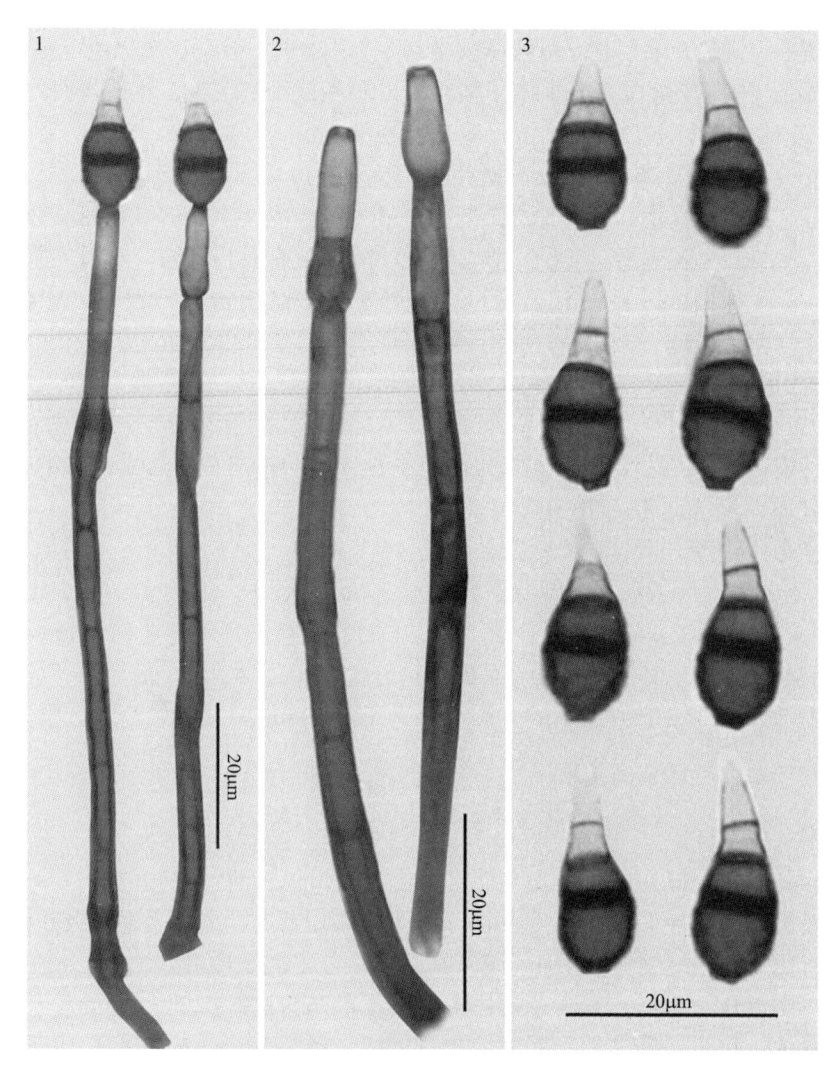

图 124　润楠异棒孢 *Solicorynespora machili* Jian Ma & X.G. Zhang
1. 分生孢子梗和分生孢子；2. 分生孢子梗；3. 分生孢子。（HSAUP H5427）

蜜茱萸异棒孢　图 125

Solicorynespora melicopes Jian Ma & X.G. Zhang, Mycol. Progress 11: 639, 2012.

菌落疏展，褐色至暗褐色，毛发状。菌丝体部分表生，部分埋生，由分枝、具隔、淡褐色至褐色、平滑、宽 2~3μm 的菌丝组成。分生孢子梗粗大，单生，直或弯曲，不分枝，光滑，褐色至暗褐色，长 130~325μm，基部宽 11~14.5μm，中部宽 9~12.5μm，顶部宽 9~11.5μm，具 5~8 个隔膜，偶具 1~2 个内壁芽生式及顶层出。产孢细胞单孔生式，合生，顶生，圆柱形，褐色，光滑，18.5~37×9~12μm。分生孢子以裂解式脱落。分生孢子单生，顶生，干性，倒棍棒形，5(~6)个真隔膜，光滑，褐色，长 77~94μm(含喙)，最宽处 19.5~27μm，基部平截，宽 5.5~8μm，顶部渐细成近无色至淡褐色的喙，21.5~32.5×4.5~6μm。

三叶蜜茱萸 *Melicope triphylla* Merr.凋落枯枝，海南：昌江（霸王岭），HSAUP H5167-1(=HMAS 146075)。

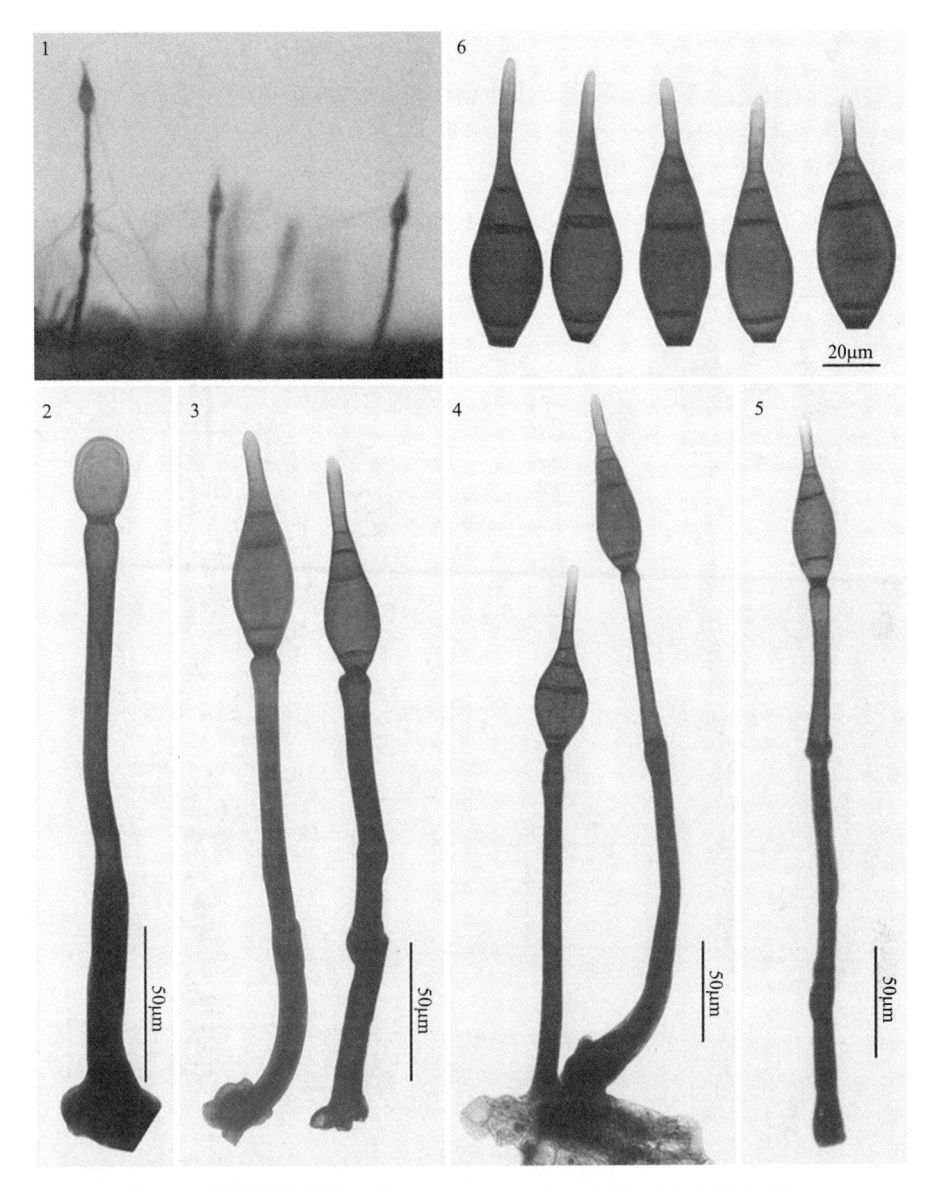

图 125 蜜茱萸异棒孢 *Solicorynespora melicopes* Jian Ma & X.G. Zhang
1. 自然基质上的菌落；2～5. 分生孢子梗和分生孢子；6. 分生孢子。（HSAUP H5167-1）

世界分布：中国。

讨论：该种分生孢子形态近似于倒棒孢异棒孢 *S. obclavata* (Dyko & B. Sutton) R.F. Castañeda & W.B. Kendr.（Castañeda-Ruíz and Kendrick，1990b），但该种分生孢子仅具真隔膜，而后者同时具真假隔膜，且分生孢子较小，32～62.5 × 9.5～11μm。

姆兰杰异棒孢 图 126

Solicorynespora mulanjeensis (B. Sutton) R.F. Castañeda, M. Stadler & Guarro, Mycotaxon 89: 301, 2004.

Corynespora mulanjeensis B. Sutton, Mycol. Pap. 167: 23, 1993.

菌落疏展，黑褐色，发状。菌丝体部分表生，部分埋生，由分枝、具隔、淡褐色至褐色、光滑、宽3～5μm的菌丝组成。分生孢子梗粗大，单生或少数簇生，直或弯曲，不分枝，光滑，具隔，圆柱形，褐色至暗褐色，具1～2个内壁芽生式及顶层出，165～270×4.5～5.5μm。产孢细胞单孔生式，合生，顶生，圆柱形，褐色，光滑。分生孢子以裂解式脱落。分生孢子单孔生式，顶生，干性，倒棍棒形或纺锤形，具7～8个真隔膜，隔膜处有时稍缢缩，光滑，褐色，顶端渐窄形成淡褐色的喙，60～75×9～11μm。

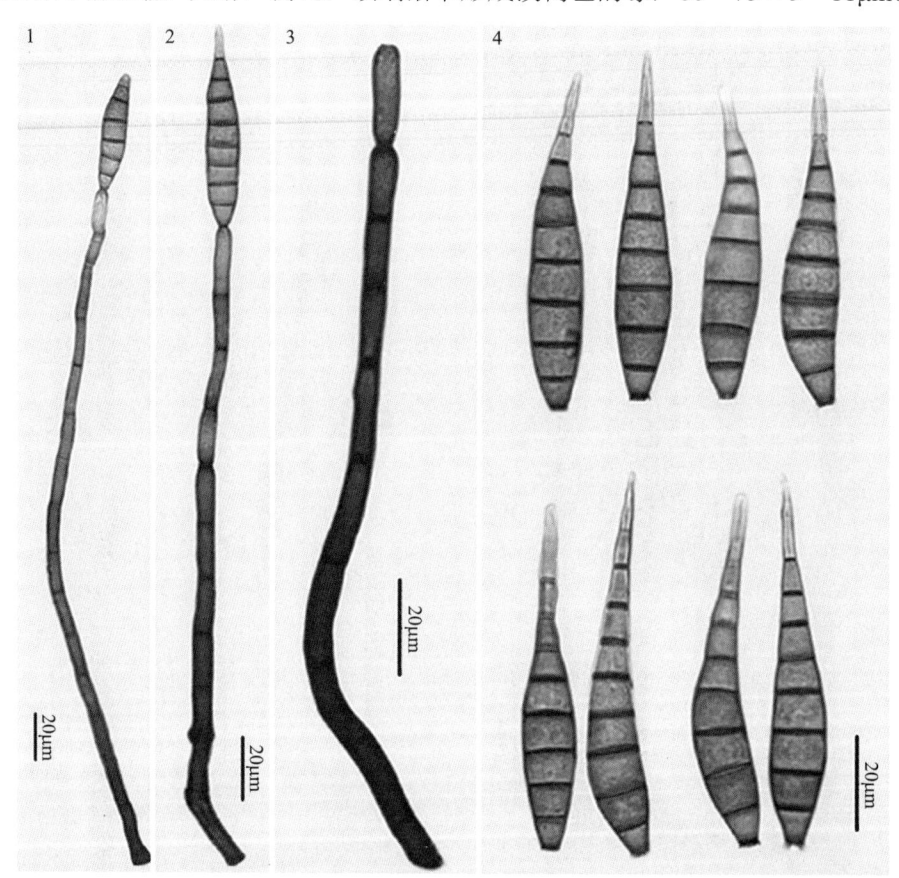

图126 姆兰杰异棒孢 Solicorynespora mulanjeensis (B. Sutton) R.F. Castañeda, M. Stadler & Guarro
1、2. 分生孢子梗和分生孢子；3. 分生孢子梗；4. 分生孢子。(HSAUP H8714)

植物枯枝，云南：景洪(西双版纳)，HSAUP H8714。

世界分布：中国、马拉维。

讨论：Sutton(1993)最初将该菌鉴定为 *Corynespora mulanjeensis* B. Sutton。Castañeda-Ruíz 等 (2004) 将其定为 *Solicorynespora mulanjeensis* (B. Sutton) R.F. Castañeda, M. Stadler & Guarro。该种分生孢子形态近似于香叶异棒孢 *S. linderae* Jian Ma & X.G. Zhang(Ma *et al*., 2012g)和芒格陶塔伊异棒孢 *S. maungatautari* McKenzie (McKenzie, 2010)，但 *S. linderae* 分生孢子较大，100～130×12.5～15.5μm，基部细胞偶粗糙；*S. maungatautari* 分生孢子较小，22～41×4.5～6.5μm，隔膜较少,(3～) 4～5 (～6)个。作者观察的该菌分生孢子比原始描述(10～12.5μm)略窄，其他特征基本一致。

倒卵形异棒孢　图 127

Solicorynespora obovoidea Jian Ma & X.G. Zhang, Mycotaxon, 127: 138, 2014.

菌落疏展，褐色至暗褐色，毛发状。菌丝体部分表生，部分埋生，由分枝、具隔、淡褐色至褐色、光滑的菌丝组成。分生孢子梗粗大，单生或少数簇生，直或弯曲，不分枝，光滑，具隔，褐色至暗褐色，圆柱形，80~115 × 4.5~7μm，偶具 1 个葫芦形及顶层出。产孢细胞单孔生式，合生，顶生，圆柱形或葫芦形，淡褐色至褐色，光滑，11~16 × 3.5~4.5μm。分生孢子以裂解式脱落。分生孢子单生，顶生，干性，倒卵形，具 2 个真隔膜，隔膜处常加厚色深，褐色至暗褐色，基部细胞色浅，16~22 × 9~11μm，顶部钝圆，基部平截，宽 1.5~2.5μm。

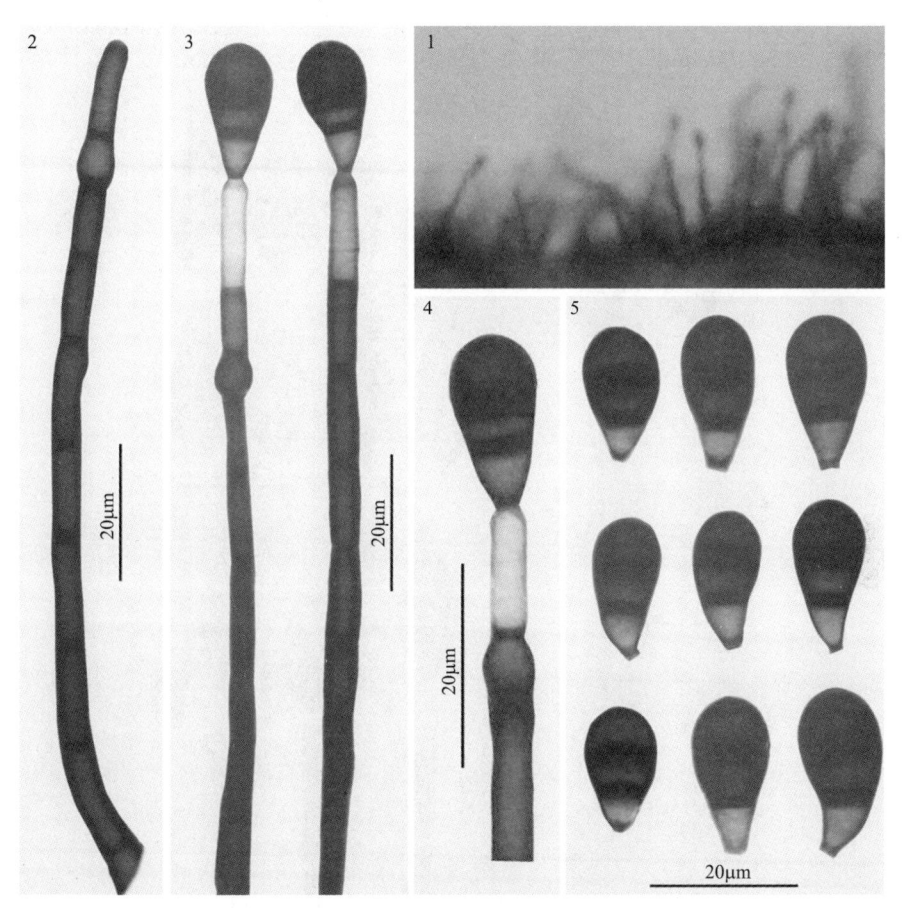

图127　倒卵形异棒孢 *Solicorynespora obovoidea* Jian Ma & X.G. Zhang
1. 自然基质上的菌落；2. 分生孢子梗；3、4. 分生孢子梗、产孢细胞和分生孢子；5. 分生孢子。（HSAUP H5513）

植物枯枝，广东：从化，HSAUP H5513（=HMAS 243446）、HSAUP H7029。
世界分布：中国。
讨论：该种近似于双隔异棒孢 *S. biseptata* Silvera，Gené，Hern.-Rest. & R.F. Castañeda（Hernández-Restrepo *et al.*，2014）、红厚壳异棒孢 *S. calophylli* (Hol.-Jech. & R.F. Castañeda) R.F. Castañeda & W.B. Kendr.（Castañeda-Ruíz and Kendrick，1990b）和粗叶木异棒孢 *S. lasianthi* L.G. Ma & X.G. Zhang（Ma *et al.*，2012i），均产生 2 个隔膜的分生孢

子，但 *S. biseptata* 分生孢子呈倒棍棒形，14～20×4～6μm，基部和中部细胞暗褐色，顶部细胞淡褐色；*S. calophylli* 分生孢子呈倒棍棒形至倒梨形，11～16×5～7μm，基部和中部细胞褐色至暗褐色，胞壁粗糙，顶部细胞近无色至淡褐色，胞壁光滑；*S. lasianthi* 分生孢子呈圆柱形至椭圆形，13.5～18.5×6.5～8μm，基部细胞淡褐色，中部和顶部细胞褐色。

多变异棒孢 图 128

Solicorynespora pseudolmediae (R.F. Castañeda) R.F. Castañeda & W.B. Kendr., Univ. Waterloo Biol. Ser. 33: 43, 1990.

Sporidesmium pseudolmediae R.F. Castañeda, Rev. Jard. Bot. Nac. 5: 66, 1984.

Corynespora pseudolmediae (R.F. Castañeda) Hol.-Jech., Česká Mykol. 40: 145, 1986.

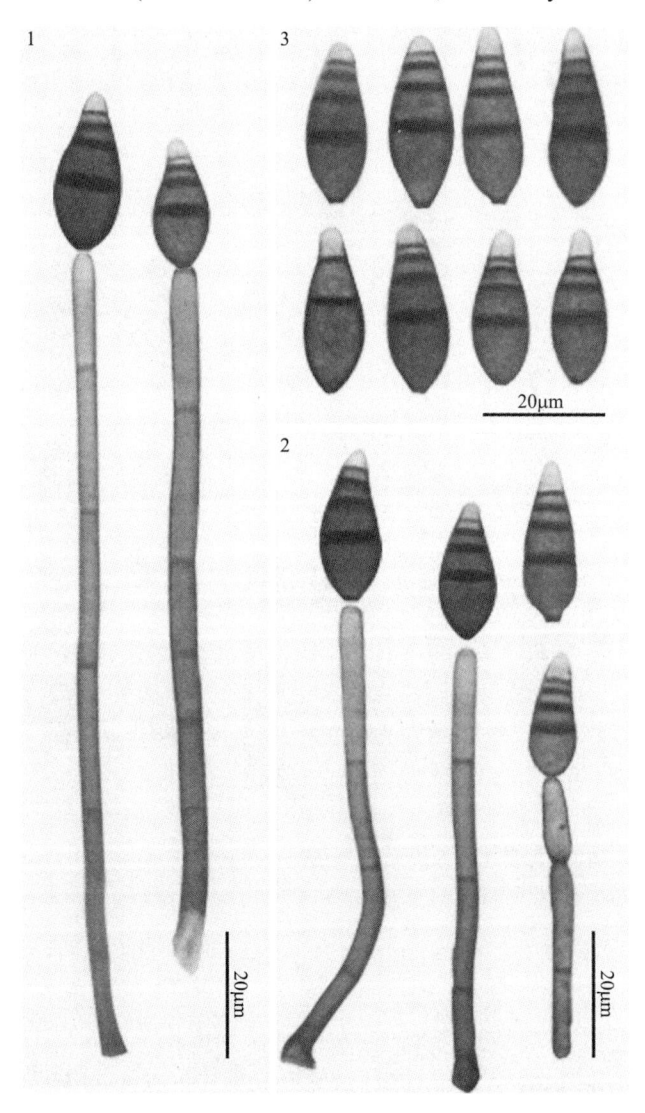

图 128 多变异棒孢 *Solicorynespora pseudolmediae* (R.F. Castañeda) R.F. Castañeda & W.B. Kendr.
1、2. 分生孢子梗和分生孢子；3. 分生孢子。（HSAUP H5286）

菌落疏展，暗褐色，毛发状。菌丝体部分表生，部分埋生，由分枝、具隔、淡褐色至褐色、光滑、宽 1.5～3.5μm 的菌丝组成。分生孢子梗粗大，单生或少数簇生，直或稍弯曲，不分枝，光滑，褐色，长 40～170μm，基部宽 4～5.5μm，中部宽 4～5μm，顶部宽 3.5～4.5μm，2～5 个隔膜，偶具 1～2 个内壁芽生式及顶层出。产孢细胞单孔生式，合生，顶生，圆柱形，褐色，光滑，14～26 × 3.5～5μm。分生孢子以裂解式脱落。分生孢子单生，干性，顶生，倒棍棒形或倒梨形，2～5 个真隔膜（主要 4 个），隔膜处有时稍缢缩，光滑，褐色，顶部 1～2 个细胞淡褐色或近无色，22～32 × 9～13μm，顶端渐窄，宽 3～4.5μm，基部平截，宽 2～3μm。

植物枯枝，海南：昌江（霸王岭），HSAUP H5139，万宁，HSAUP H5228；云南：景洪（西双版纳），HSAUP H5286（=HMAS 146088）、HSAUP H5619。

世界分布：中国、古巴。

讨论：Castañeda-Ruíz（1984）曾将该种误定为 *Sporidesmium pseudomediae* R.F. Castañeda。Holubová-Jechová 和 Mercado-Sierra（1986）观察发现该菌以孔生式产孢，遂将其鉴定为 *Corynespora pseudomediae* (R.F. Castañeda) Hol.-Jech.。Castañeda-Ruíz 和 Kendrick（1990b）建立异棒孢属 *Solicorynespora* R.F. Castañeda & W.B. Kendr.，并将其组合至该属。该种分生孢子形态与异棒孢 *S. zapatensis* R.F. Castañeda & W.B. Kendr.（Castañeda-Ruíz and Kendrick，1990b）有些相似，但后者分生孢子较宽，15～17μm，具 3 个隔膜，胞壁粗糙，且基部细胞色深。作者观察的该菌分生孢子比 Castañeda-Ruíz（1984）的描述（16～29 × 8.5～12μm）略大，其他特征基本一致。

林木异棒孢　图 129

Solicorynespora sylvatica R.F. Castañeda, Heredia, R.M. Arias & Guarro, Mycotaxon 89(2): 300, 2004.

菌落疏展，褐色，毛发状。菌丝体大多埋生，由分枝、具隔、淡褐色至褐色、光滑、宽 1～2μm 的菌丝组成。分生孢子梗粗大，单生或少数簇生，直或弯曲，不分枝，光滑，褐色，具 3～8 个隔膜，长 40～120μm，基部宽 5～6μm，中部宽 4～4.5μm，顶部宽 3.5～4.5μm。产孢细胞单孔生式，合生，顶生，圆柱形或葫芦形，褐色，光滑，9.5～17 × 3.5～4.5μm。分生孢子以裂解式脱落。分生孢子单生，顶生，干性，倒棍棒形，4～6 个真隔膜，隔膜处有时稍缢缩，光滑，淡褐色至褐色，长 94.5～188μm（含喙），最宽处 6.5～8μm，基部平截，宽 2～3.5μm，顶部渐窄形成淡褐色至近无色、具隔的喙，65～141 × 1.5～2.5μm。

植物枯枝，海南：万宁，HSAUP H8111；云南：景洪（西双版纳），HSAUP H5285（=HMAS 243421）。

世界分布：中国、墨西哥。

讨论：该种最初由 Castañeda-Ruíz 等（2004）发现生于墨西哥植物烂叶上，其分生孢子形态上与深黑异棒孢 *S. aterrima* (Berk. & M.A. Curtis) R.F. Castañeda & W.B. Kendr.（Castañeda-Ruíz and Kendrick，1990b）较为相似，但后者分生孢子较宽，8～10μm，基部细胞暗褐色，胞壁粗糙，其余细胞淡褐色，胞壁平滑。作者观察的该菌分生孢子梗无层出现象，分生孢子比原始描述（35～67 × 5～7μm）长而略宽，但差异不显著，应视为同种。

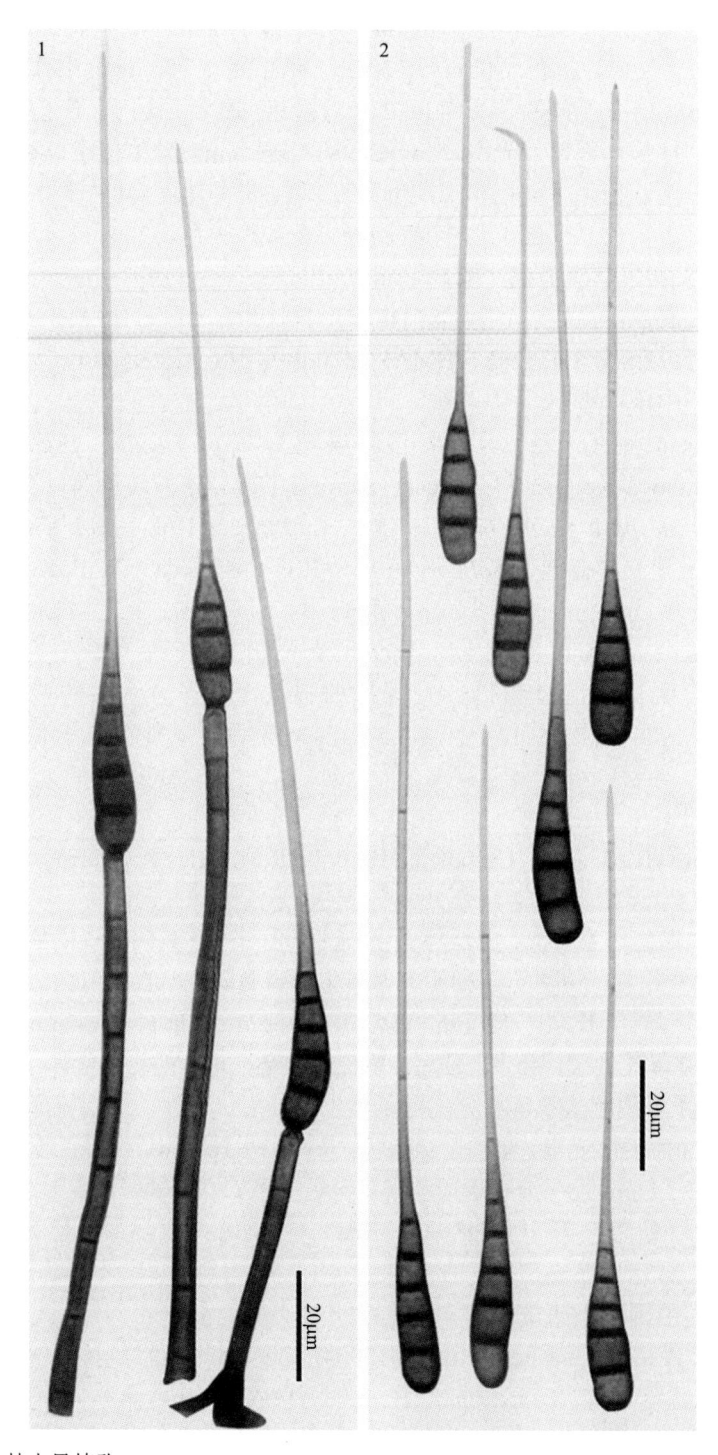

图 129 林木异棒孢 *Solicorynespora sylvatica* R.F. Castañeda, Heredia, R.M. Arias & Guarro
1. 分生孢子梗及分生孢子；2. 分生孢子。(HSAUP H5285)

栗色孢属 Spadicoides S. Hughes

Can. J. Bot. 36(6): 805, 1958.

属级特征：菌落疏展，暗橄榄褐色、黑褐色至褐色，发状或绒毛状。菌丝体表生或埋生。分生孢子梗粗大，单生，直或弯曲，不分枝或分枝、具隔、光滑、淡褐色至暗褐色。产孢细胞多孔生式，合生，顶生和间生，有限生长，圆柱状。分生孢子单生，顶侧生，干性，通过产孢细胞的微小孔生出，椭圆形、圆柱形或倒卵形、卵形，淡褐色至暗褐色或红褐色，光滑或具疣突，0～7 个真隔膜或同时具真假隔膜，且隔膜处常加厚色深。

模式种：栗色孢 *Spadicoides bina* (Corda) S. Hughes。

讨论：该属由 Hughes 于 1958 年建立，当时包括 6 个新组合种，但后来 *S. mitrata* (Penz. & Sacc.) S. Hughe 和 *S. clavariarum* (Desm.) S. Hughes 被分别转入 *Hemicorynespora* Ellis 和 *Diplococcium* Grove (Ellis，1972；Holubová-Jechová，1982)。该属产孢机制与 *Diplococcium* Grove (Grove，1885) 极为相似，早期两属区分不明显，易于混淆。Sinclair 等 (1985) 研究发现 *Diplococcium* 分生孢子链生，分生孢子梗通常分枝；*Spadicoides* 分生孢子单生，分生孢子梗一般不分枝。由于不同学者所持分类观点不同，致使 *Spadicoides* 包括了分生孢子链生或分生孢子梗分枝的种，如 *S. atra* (Corda) S. Hughes (Hughes，1958)、*S. obovata* (Cooke & Ellis) S. Hughes (Hughes，1958)、*S. xylogena* (A.L. Sm.) S. Hughes (Hughes，1958)、*S. subramanianii* Bhat (Bhat，1985) 和 *S. aggregata* Subram. & Vittal (Subramanian and Vittal，1974) 的分生孢子梗具分枝，而 *S. grovei* M.B. Ellis (Ellis，1963b)、*S. stoveri* M.B. Ellis (Ellis，1972)、*S. catenulata* C.J.K. Wang & B. Sutton (Wang and Sutton，1982)、*S. constricta* C.J.K. Wang & B. Sutton (Wang and Sutton，1982) 和 *S. aspera* (Piroz.) C.J.K. Wang & B. Sutton (Wang and Sutton，1982) 的分生孢子链生。同样 *Diplococcium* 也包括了分生孢子单生或分生孢子梗不分枝的种，如 *D. capitatum* Piroz. (Pirozynski，1972) 分生孢子梗不分枝。

为澄清该属与 *Diplococcium* 易混淆的问题，Sinclair 等 (1985) 认为分生孢子链生与否比生孢子梗分枝与否对属分类的意义更大，所以将分生孢子链生作为 *Diplococcium* 区分于 *Spadicoides* 的唯一分类特征，同时将 *S. catenulata*、*S. constricta*、*S. grovei*、*S. stoveri* 划入 *Diplococcium*，并将新组合种 *S. aspera* 重划入 *Diplococcium*。Sinclair 等 (1985) 对这两个属分类特征的修订得到了众多分类学者的认可，其中 Kuthubutheen 和 Nawawi (1991) 按照 Sinclair 等 (1985) 的分类观点，对 *Spadicoides* 属的种类进行了系统研究，承认 16 个分类单位，并编制了分类检索表，但未考虑 *S. aggregata*、*S. bicolores* R.F. Castañeda (Castañeda-Ruíz，1988) 和 *S. sphaerosperma* McKenzie (McKenzie，1982) 的描述。Goh 和 Hyde (1996b) 对该属进行了系统研究，承认 21 个分类单位，附以分生孢子形态图，列表比较了分生孢子的主要形态特征，并编制了分类检索表，同时将另外 8 个种移除，而 *S. tropicalis* R.F. Castañeda & G.R.W. Arnold (Castañeda-Ruíz and Arnold，1985) 和 *S. goanensis* Bhat & W.B. Kendr. (Bhat and Kendrick，1993) 作为疑问种处理，同时遗漏 *S. bicolores*。Castañeda-Ruíz 等 (1997a) 自古巴报道一变种 *S. obclavata* var. *heterocolorata* R.F. Castañeda，Guarro & Cano，但 Goh 和 Hyde (1998b) 发现该种分生孢

子梗顶端色深，分生孢子多具 1 个隔膜，且基部具一可见突出的脐，与 *S. obclavata* Kuthub. & Nawawi(Kuthubutheen and Nawawi，1991)明显不同，遂将其作为 1 个新组合 *S. heterocolorata* (R.F. Castañeda，Guarro & Cano) Goh & K.D. Hyde，同时报道 1 个新种 *S. palmicola* Goh & K.D. Hyde。该属下又增加了 14 个分类单位(Dulymamode *et al.*，1999；Zhou *et al.*，1999；Ho *et al.*，2002；Wong *et al.*，2002；Cai *et al.*，2004；Li，2010；Li *et al.*，2010；Ma *et al.*，2010d，2012k，2014c；Whitton *et al.*，2012；Xia *et al.*，2013b)。截至目前，该属承认 38 个种，Ma 等(2014c)为 36 个种作了分类检索表。

我国最早对该属进行研究的是 Zhou 等(1999)，从香港青皮竹 *Bambusa textilis* McClure 枯死茎秆上发现了该属真菌。后 Lu 等(2000)、Ho 等(2002)、Cai 等(2004)和 Li 等(2010)报道我国该属真菌有 5 个种。作者近年从我国又采集和鉴定出 8 个种，至此我国该属已报道 14 个种。

中国栗色孢属 *Spadicoides* 分种检索表

1. 分生孢子无隔膜 ··· 2
1. 分生孢子具隔膜 ··· 4
　　2. 分生孢子卵形，5.5～9×3～4.5μm ······················· 五峰栗色孢 *S. wufengensis*
　　2. 分生孢子倒卵形、椭圆形 ··· 3
3. 分生孢子 3～6×2.5～3.5μm，椭圆形，近无色至无色，两端短尖 ··············· 小栗色孢 *S. minuta*
3. 分生孢子 4～6.5×3～4μm，椭圆形或倒卵形，淡褐色至暗褐色，两端钝圆 ········ 黑栗色孢 *S. atra*
　　4. 分生孢子具真隔膜、假隔膜 ·· 5
　　4. 分生孢子仅具真隔膜 ·· 6
5. 分生孢子 17～21×7～9μm，具 2 个真隔膜、1 个假隔膜 ············· 异隔栗色孢 *S. versiseptatis*
5. 分生孢子 9～13×5～8μm，具 0～1 个真隔膜，或 1 个真隔膜、1 个假隔膜
　　·· 霍德基斯栗色孢 *S. hodgkissii*
　　6. 分生孢子杆状 ··· 杆状栗色孢 *S. bacilliformis*
　　6. 分生孢子卵形、倒卵形、棍棒形、倒棍棒形 ·· 7
7. 分生孢子顶端具喙，胞壁粗糙 ·· 霸王岭栗色孢 *S. bawanglingensis*
7. 分生孢子顶端无喙，胞壁平滑 ··· 8
　　8. 分生孢子 48～79×9～10μm，具 5～7 个隔膜 ··············· 竹生栗色孢 *S. bambusicola*
　　8. 分生孢子长≤28μm，具 3 个以下隔膜 ·· 9
9. 分生孢子各细胞色泽基本一致 ··· 10
9. 分生孢子细胞色泽不一致 ··· 11
　　10. 分生孢子卵形至肾形，主要具 2 个隔膜，近无色至淡褐色，顶端钝圆 ················
　　··· 龙池栗色孢 *S. longchiensis*
　　10. 分生孢子倒梨形至卵形，具 2～3 个隔膜，褐色，顶部细胞有时近无色，顶端钝圆或钝尖 ····
　　··· 云南栗色孢 *S. yunnanensis*
11. 分生孢子卵形 ··· 12
11. 分生孢子倒卵形、棍棒形 ·· 13
　　12. 分生孢子 11～13×5～7.5μm ····························· 澳大利亚栗色孢 *S. australiensis*
　　12. 分生孢子 15～22×7～10μm ······································ 山茶栗色孢 *S. camelliae*
13. 分生孢子 8.5～11×4～6.5μm ································· 克洛奇栗色孢 *S. klotzschii*
13. 分生孢子 12～15×6～8.5μm ···································· 倒卵形栗色孢 *S. obovata*

澳大利亚栗色孢　图 130

Spadicoides australiensis Whitton, K.D. Hyde & McKenzie, Fungi Associated with Pandanaceae. Fungal Divers. Res. Ser. 21: 286, 2012.

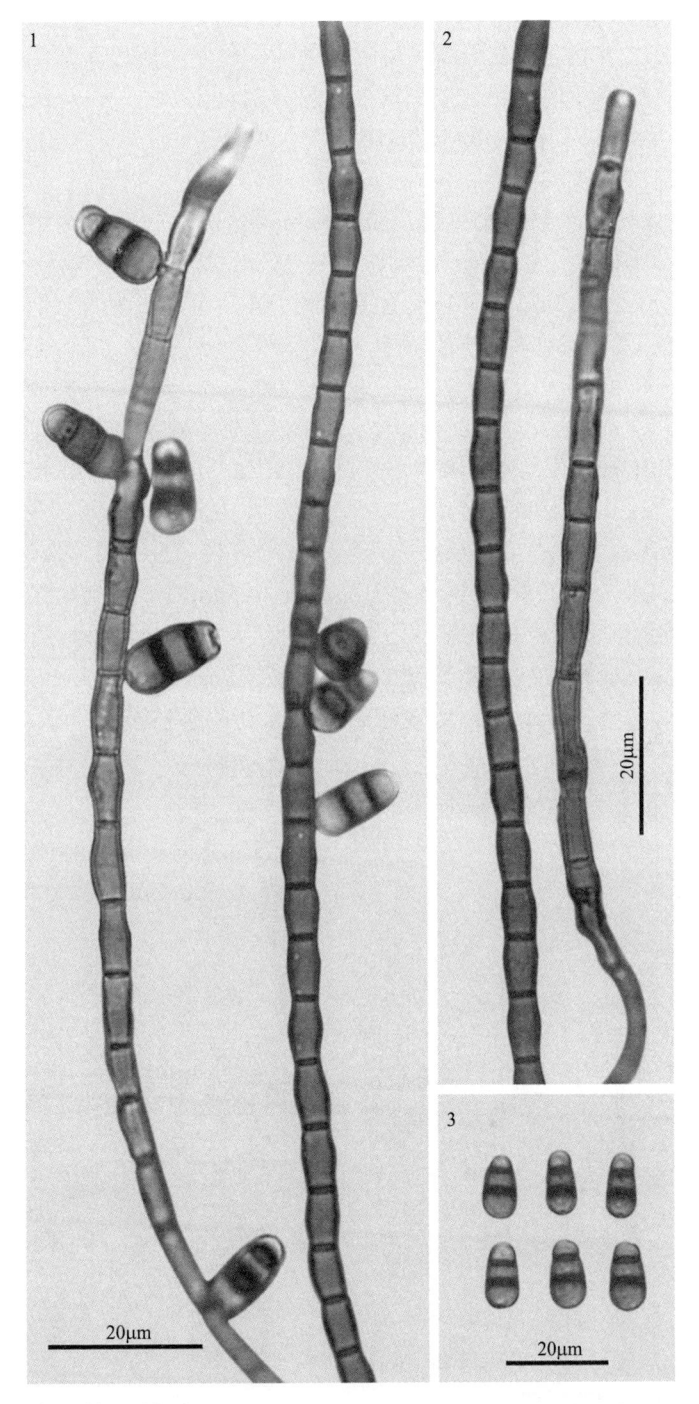

图 130　澳大利亚栗色孢 *Spadicoides australiensis* Whitton, K.D. Hyde & McKenzie
1. 分生孢子梗和分生孢子；2. 分生孢子梗；3. 分生孢子。(HSAUP H1655)

菌落疏展，褐色至黑褐色，毛发状。菌丝体部分表生，部分埋生，由淡褐色、具隔、平滑、分枝的菌丝组成。分生孢子梗粗大，单生，不分枝，直或稍弯曲，壁厚，平滑，多隔，褐色，圆柱形，隔膜处缢缩，250～500×5.2～7.5μm。产孢细胞单孔生式或多孔生式，合生，顶生和间生，孔生式于隔膜下方。分生孢子单生，顶侧生，干性，11～13×5～7.5μm，卵形，平滑，2个隔膜，且隔膜处加厚色深，褐色至暗褐色，顶部细胞色浅，基部细胞阔圆，顶部细胞钝圆。

植物枯枝，广东：从化，HSAUP H1655。

世界分布：澳大利亚、中国。

讨论：该种最初发现于澳大利亚 Pandanus monticola F.Muell.腐烂叶片上，其分生孢子形态近似于美国栗色孢 S. americana C.J.K. Wang (Wang, 1976)，但后者分生孢子长而窄，10～16.5×4～5μm，各细胞色泽基本一致。作者观察的分生孢子比原始描述（6～8.5μm）略窄，其他特征基本一致。

杆状栗色孢 图 131

Spadicoides bacilliformis L.G. Ma & X.G. Zhang, Mycol. Progress 13:548, 2014.

菌落疏展，褐色。菌丝体部分表生，部分埋生，由分枝、具隔、淡褐色、平滑、宽1.5～2μm 的菌丝组成。分生孢子梗粗大，单生，不分枝，直或稍弯曲，圆柱形，平滑，褐色，8～16个隔膜，长200～550μm，中部宽5～6.5μm，基部宽6.5～8.5μm，顶部宽4～6μm，向顶颜色渐浅。产孢细胞多孔生式，合生，间生，褐色，圆柱形，光滑，壁厚。分生孢子单生，顶侧生，杆状，褐色，平滑，壁厚，3个隔膜，35～55×5.5～6.5μm。

山棟 *Aphanamixis polystachya* (Wall.) R.Parker 凋落枯枝，广东：从化，HSAUP H1642(=HMAS 146128)。

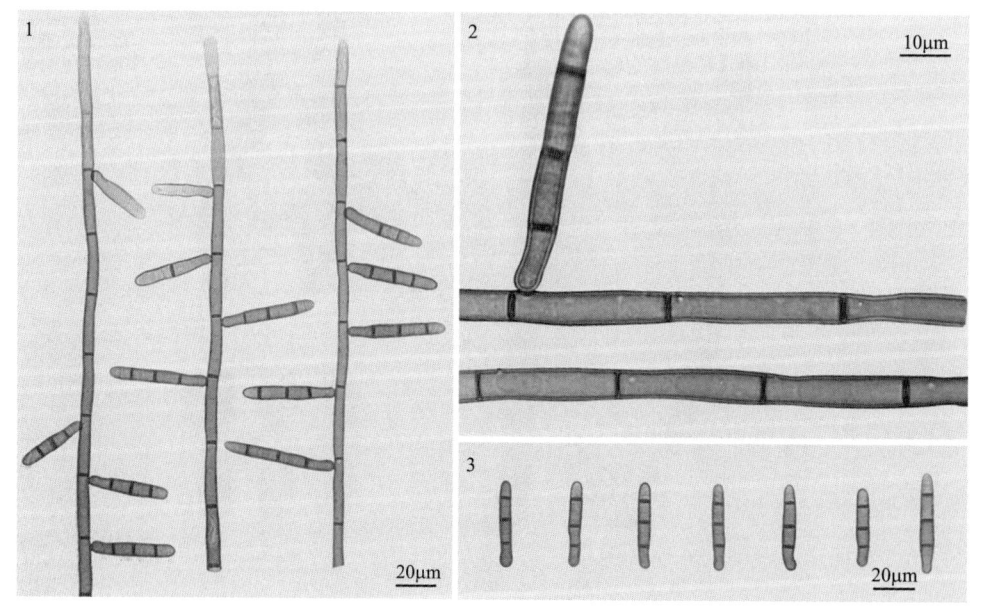

图 131 杆状栗色孢 *Spadicoides bacilliformis* L.G. Ma & X.G. Zhang
1、2. 分生孢子梗和分生孢子；3. 分生孢子。(HSAUP H1642)

世界分布：中国。

讨论：该种近似于美国栗色孢 *S. americana* C.J.K. Wang(Wang, 1976)，但后者分生孢子圆柱形，较小，10～16.5×4～5μm，具2个隔膜。另外，该种分生孢子杆状，3个隔膜，35～55×5.5～6.5μm，明显不同于其他种。

竹生栗色孢 图 132

Spadicoides bambusicola D.Q. Zhou, Goh & K.D. Hyde, Fungal Diversity 3: 179, 1999.

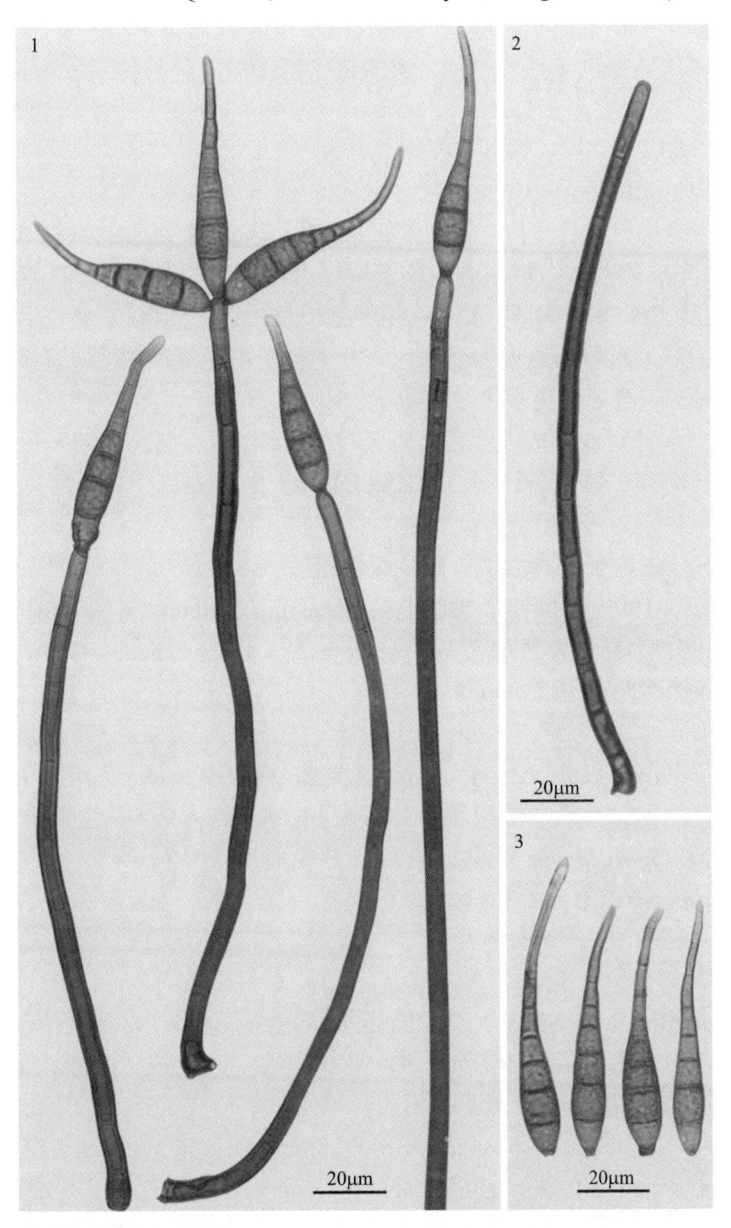

图 132 竹生栗色孢 *Spadicoides bambusicola* D.Q. Zhou, Goh & K.D. Hyde
1. 分生孢子梗和分生孢子；2. 分生孢子梗；3. 分生孢子。(HSAUP H2264)

菌落疏展，褐色至黑褐色，毛发状。菌丝体部分表生，部分埋生，由淡褐色、具隔、平滑、分枝、宽 2.5~4μm 的菌丝组成。分生孢子梗粗大，单生，不分枝，直或稍弯曲，壁厚，圆柱形，平滑，具隔，褐色，172~250 × 4~6.5μm，顶部稍膨大。产孢细胞多孔生式，合生，顶生和间生，褐色，圆柱形，光滑。分生孢子单生，顶侧生，褐色，倒棍棒形，平滑，壁厚，5~7 个隔膜，48~79 × 9~10μm。

植物枯枝，四川：都江堰，HSAUP H2264。

世界分布：中国。

讨论：Zhou 等（1999）最初从香港青皮竹 Bambusa textilis McClure 枯死茎秆上报道该菌，其分生孢子呈倒棍棒形，胞壁粗糙，5~7 个隔膜，30~72.5 × 5~7.5μm。作者观察的分生孢子比原始描述略宽一些，且胞壁平滑，但其他特征基本一致。

霸王岭栗色孢　图 133

Spadicoides bawanglingensis J.W. Xia & G.X. Zhang, Mycotaxon 126: 55, 2013.

菌落疏展，暗褐色，毛发状。菌丝体部分表生，部分埋生，由分枝、具隔、淡褐色、平滑、宽 2~2.5μm 的菌丝组成。分生孢子梗粗大，单生，不分枝，直或稍弯曲，圆柱形，平滑，褐色，7~14 个隔膜，130~210 × 3.5~6μm。产孢细胞多孔生式，合生，顶生和间生，圆柱形，光滑，淡褐色至褐色。分生孢子单生，顶侧生，具疣突，9~12 个真隔膜，倒棍棒形，淡褐色至褐色，长 98~166μm（含喙），宽 8.5~12.5μm，基部平截，宽 2.5~4.5μm，顶部延伸形成淡褐色至近无色、具隔的喙，52~100 × 1~3μm。

植物枯枝，海南：昌江（霸王岭），HSAUP H6028（=HMAS 243424）。

世界分布：中国。

讨论：该种分生孢子形态近似于竹生栗色孢 S. bambusicola D.Q. Zhou, Goh & K.D. Hyde（Zhou et al., 1999）、倒棒形栗色孢 S. obclavata Kuthub. & Nawawi（Kuthubutheen and Nawawi, 1991）、异色栗色孢 S. heterocolorata (R.F. Castañeda, Guarro & Cano) Goh & K.D. Hyde 和棕榈栗色孢 S. palmicola Goh & K.D. Hyde（Goh and Hyde, 1998b），但 S. bambusicola（30~72.5 × 5~7.5μm，5~7 个）、S. heterocolorata（16~25 × 3.5~5μm，主要 1 个）、S. obclavata（16~22 × 4~6μm，主要 2 个）和 S. palmicola（25~70 × 5~7μm，主要 4~5 个）分生孢子较小，隔膜较少。另外，S. bambusicola 分生孢子顶端近钝尖，S. heterocolorata、S. obclavata 和 S. palmicola 分生孢子细胞色泽不一致，胞壁光滑，不同于 S. bawanglingensis。

山茶栗色孢　图 134

Spadicoides camelliae L.G. Ma & X.G. Zhang, Mycoscience 53: 26, 2012.

菌落平展，黑褐色。菌丝体部分表生，部分埋生，由分枝、具隔、平滑、淡褐色、宽 1.5~2μm 的菌丝组成。分生孢子梗粗大，单生，不分枝，直或稍弯曲，圆柱形，平滑，暗褐色，8~13 个隔膜，160~280 × 10~18μm，顶部宽 5~7μm。产孢细胞多孔生式，合生，顶生，顶生和间生，圆柱形，褐色，14~20 × 5~7μm。分生孢子单生，顶侧生，卵形，平滑，壁厚，(1)~2 个隔膜，隔膜处常加厚色深，基部细胞暗褐色，顶部细胞近无色，中间细胞淡褐色，15~22 × 7~10μm。

山茶 Camellia japonica L.凋落枯枝，福建：武夷山，HSAUP H1028（=HMAS

146073)。

世界分布：中国。

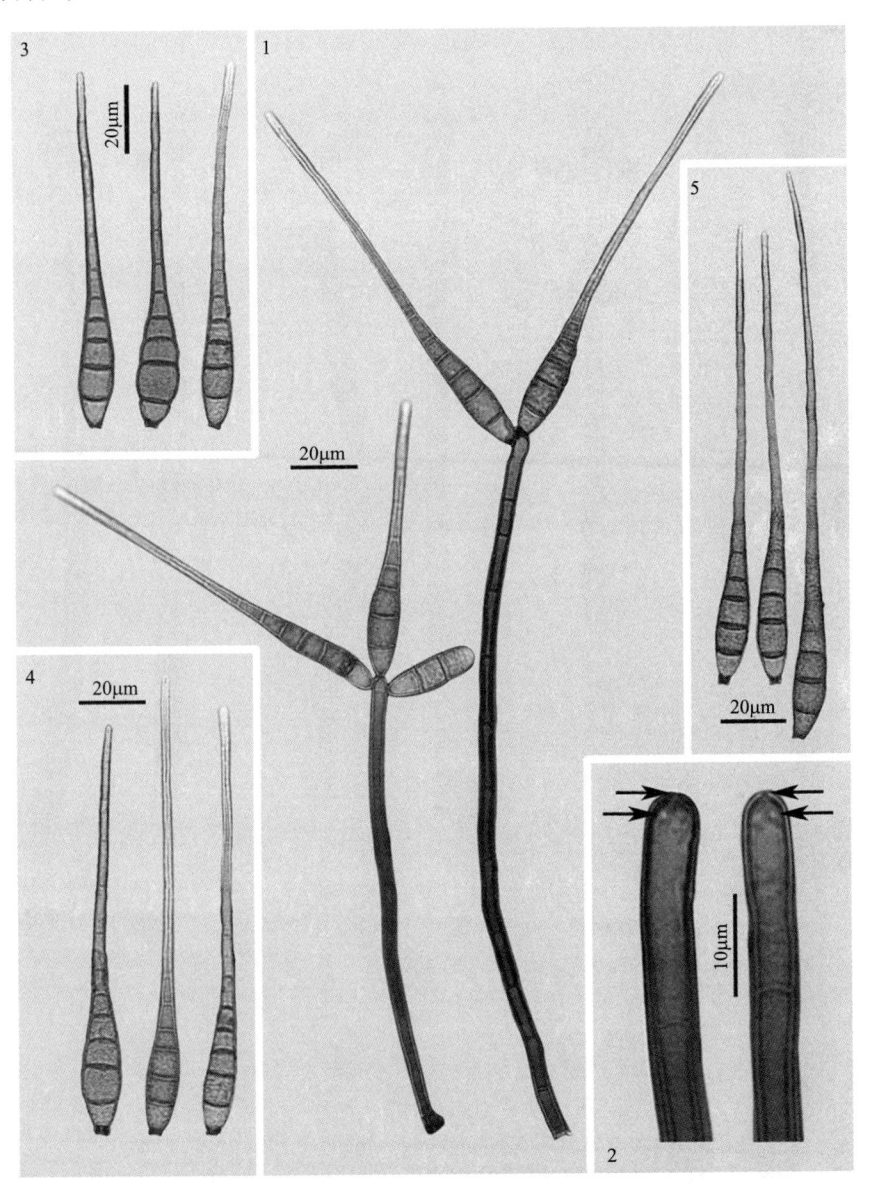

图 133 霸王岭栗色孢 *Spadicoides bawanglingensis* J.W. Xia & G.X. Zhang
1. 分生孢子梗和分生孢子；2. 产孢位点；3~5. 分生孢子。(HSAUP H6028)

讨论：该种与克洛奇栗色孢 *S. klotzschii* S. Hughes(Hughes, 1973)、阔倒卵形栗色孢 *S. macroobovata* Matsush.(Matsushima, 1995)、倒棒形栗色孢 *S. obclavata* Kuthub. & Nawawi(Kuthubutheen and Nawawi, 1991)和倒卵形栗色孢 *S. obovata* (Cooke & Ellis) S. Hughes(Hughes, 1958)有些相似，均产生细胞色泽不均一、胞壁光滑、多具 2 个隔膜的分生孢子，但 *S. macroobovata* 和 *S. obclavata* 分生孢子倒棍棒形，*S. klotzschii* 分生孢子棍棒形至椭圆形，*S. obovata* 分生孢子倒卵形至棍棒形，均不同于 *S. camelliae*。另外，

S. klotzschii 分生孢子较小，10～13×4～5.5μm；*S. macroobovata* 分生孢子较大，16～37×11～22μm；*S. obclavata* 分生孢子较窄，宽4～6μm；*S. obovata* 分生孢子较短，长12.5～16μm。

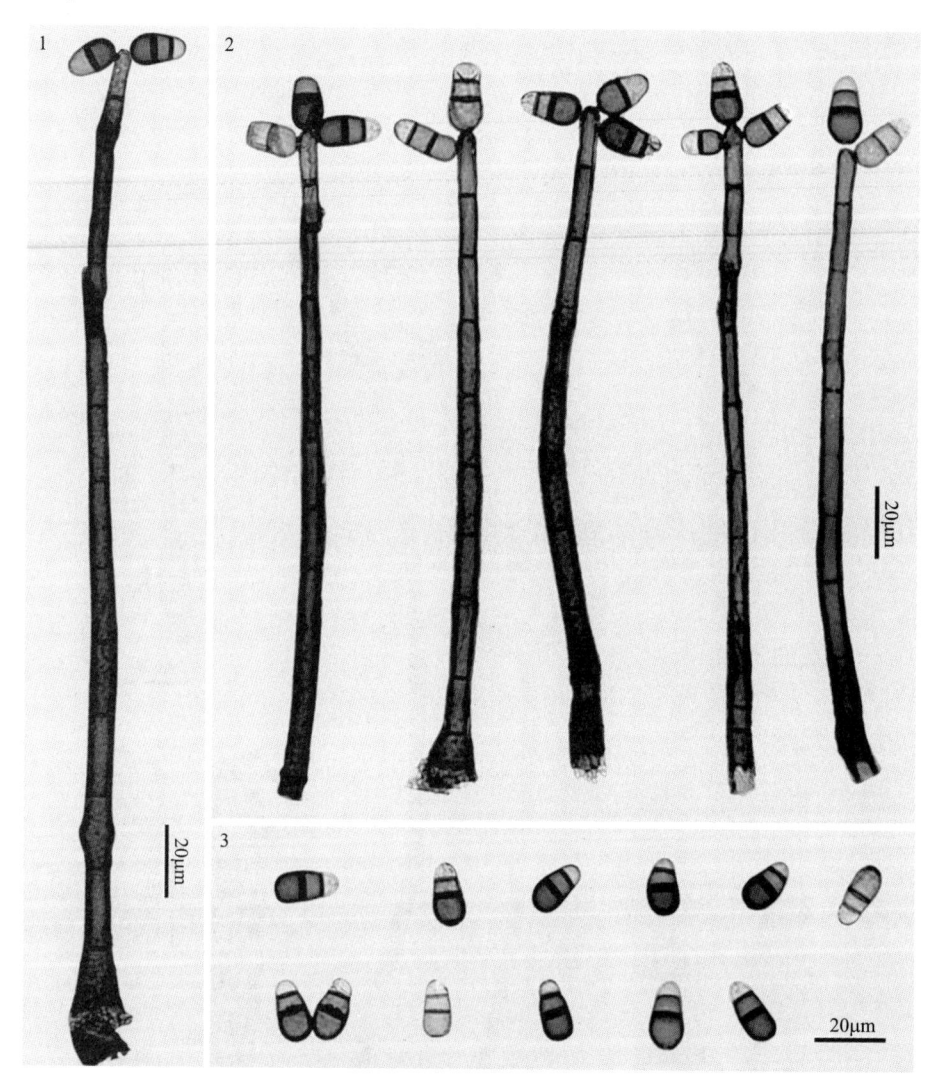

图134 山茶栗色孢 *Spadicoides camelliae* L.G. Ma & X.G. Zhang
1、2. 分生孢子梗和分生孢子；3. 分生孢子。(HSAUP H1028)

克洛奇栗色孢　图135

Spadicoides klotzschii S. Hughes, Fungi Canadenses no. 8, 1973.

　　菌落疏展，黑褐色至褐色，毛发状。菌丝体表生或埋生，由淡褐色、具隔、平滑、分枝、宽2.5～4μm的菌丝组成。分生孢子梗粗大，单生，不分枝，直或稍弯曲，平滑，具隔，72～180×3～5.5μm，顶部稍膨大，宽3～3.5μm。产孢细胞多孔生式，合生，顶生和间生，圆柱形，光滑，淡褐色至褐色。分生孢子单生，顶侧生，倒卵形至棍棒形，平滑，2个隔膜，隔膜处加厚色深，基部细胞淡褐色，中部和顶部细胞褐色至暗褐色，8.5～11×4～6.5μm。

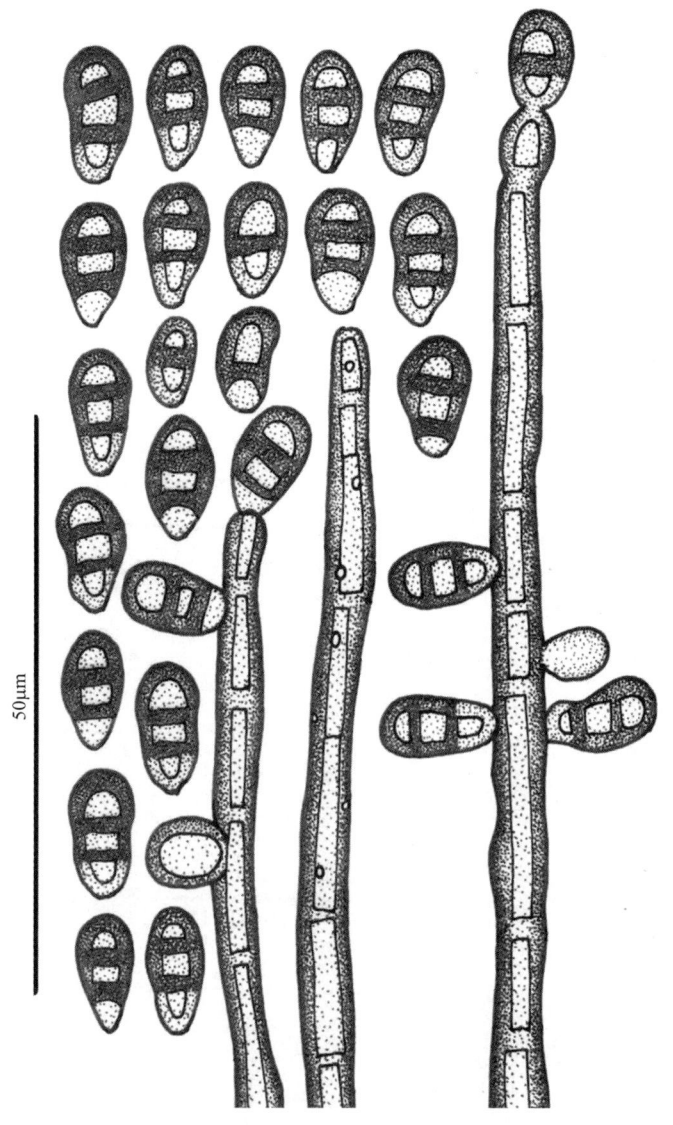

图 135　克洛奇栗色孢 *Spadicoides klotzschii* S. Hughes
分生孢子梗和分生孢子。(HSAUP V₀ 0018)

植物枯枝：云南：昆明，HSAUP V₀ 0018。

世界分布：加拿大、中国、泰国。

讨论：该种近似于倒卵形栗色孢 *S. obovata* (Cooke & Ellis) S. Hughes(Hughes, 1958)，两者均产生棍棒形至倒卵形、2 个隔膜的分生孢子。Hughes(1973)认为两者的主要区别是后者分生孢子较大，12.5～16×6～8.5μm。作者观察的该菌分生孢子大小与原始描述(10～13×4～5.5μm)略有差异，其他特征基本一致。

龙池栗色孢　图 136

Spadicoides longchiensis J.W. Xia & X.G. Zhang, Mycotaxon 126: 55, 2013

菌落平展，暗褐色，毛发状。菌丝体部分表生，部分埋生，由分枝、具隔、淡褐色、平滑的菌丝组成。分生孢子梗粗大，单生，不分枝，直或稍弯曲，圆柱形，平滑，褐色，9~14个隔膜，200~300×5~8.5μm。产孢细胞多孔生式，合生，顶生和间生，圆柱形，光滑，淡褐色至褐色。分生孢子顶侧生，单生，两端钝圆，卵形至肾形，2~(3)个真隔膜，近无色至淡褐色，平滑，16~23×6.5~8μm。

植物枯枝，四川：都江堰，HSAUP H6246(=HMAS 243425)。

世界分布：中国。

讨论：该种近似于克洛奇栗色孢 *S. klotzschii* S. Hughes (Hughes, 1973)，两者均产生光滑、2个隔膜的分生孢子，但后者分生孢子棍棒形至椭圆形，较小，10~13×4~5.5μm，各细胞色泽不均一，不同于该种。

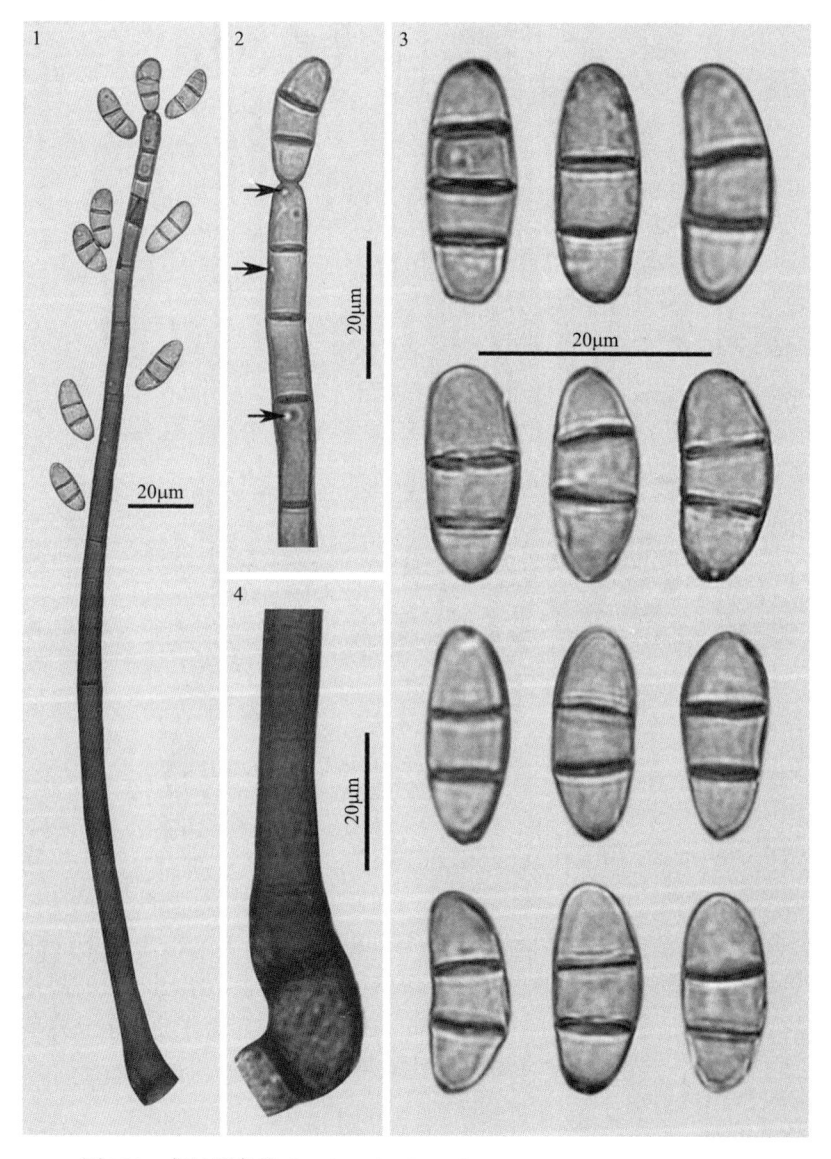

图136 龙池栗色孢 *Spadicoides longchiensis* J.W. Xia & X.G. Zhang
1. 分生孢子梗和分生孢子；2. 产孢细胞和分生孢子；3. 分生孢子；4. 分生孢子梗基部细胞。(HSAUP H6246)

异隔栗色孢 图 137

Spadicoides versiseptatis M.K.M. Wong, Goh & K.D. Hyde, Cryptog. Mycol. 23(3): 202, 2002.

菌落平展，暗褐色，毛发状。菌丝体部分表生，部分埋生，由分枝、具隔、淡褐色至褐色、光滑、宽 1.5～3μm 的菌丝组成。分生孢子梗粗大，单生，不分枝，直或稍弯曲，圆柱形，褐色，平滑，具隔，160～230 × 5～6μm。产孢细胞多孔生式，合生，顶生和间生，褐色。分生孢子单生，顶侧生，倒卵形，平滑，3 个隔膜（基部 2 个真隔膜，顶部 1 个假隔膜），褐色至暗褐色，近基部颜色较浅，17～21 × 7～9μm。

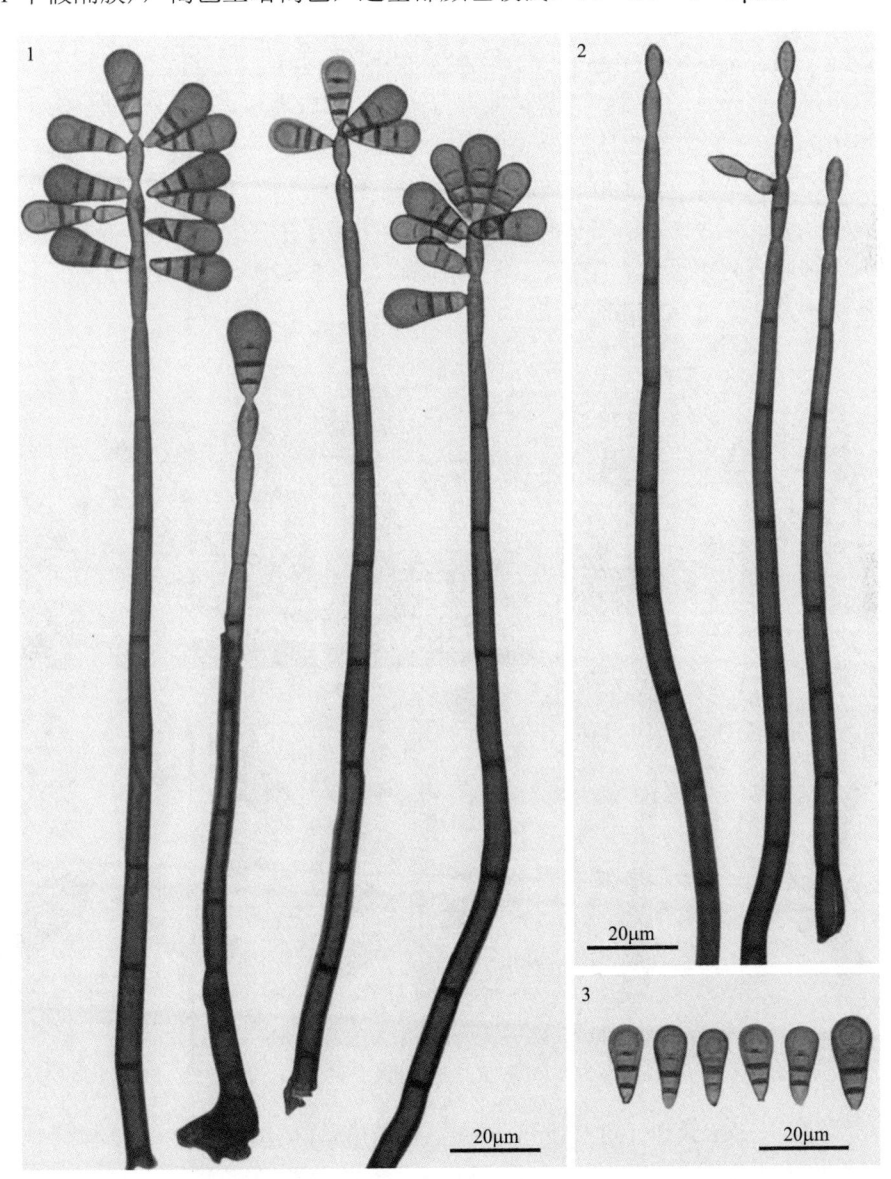

图 137 异隔栗色孢 *Spadicoides versiseptatis* M.K.M. Wong, Goh & K.D. Hyde
1. 分生孢子梗和分生孢子；2. 分生孢子梗；3. 分生孢子。(HSAUP H7027)

植物枯枝，广东：从化，HSAUP H7027。

世界分布：中国。

讨论：Wong 等（2002）最初从香港五节芒 *Miscanthus floridulus* Warb. ex K.Schum. & Lauterb.枯死茎秆上报道该菌，并与近似种克洛奇栗色孢 *S. klotzschii* S. Hughes（Hughes，1973）和倒卵形栗色孢 *S. obovata* (Cooke & Ellis) S. Hughes（Hughes，1958）进行了比较讨论。作者观察的该菌分生孢子比原始描述（13～14 × 5.5～6μm）明显大，但考虑到基质和不同生境的影响，两者应视为同种。

云南栗色孢　图 138

Spadicoides yunnanensis L.G. Ma & X.G. Zhang, Mycotaxon 113: 256, 2010.

菌落平展，暗褐色，毛发状。菌丝体部分表生，部分埋生，由分枝、具隔、淡褐色、平滑、宽 1.5～2μm 的菌丝组成。分生孢子梗粗大，单生，不分枝，直或弯曲，平滑，暗褐色，7～12 个隔膜，长 140～290μm，基部宽 10.0～14.5μm，顶部宽 6.5～8.0μm。产孢细胞多孔生式，合生，顶生和间生，褐色。分生孢子单生，顶侧生，倒梨形至卵形，褐色，顶部细胞有时近无色，平滑，2～3 个隔膜，18.5～28 × 6.5～10μm，顶端钝圆或钝尖，基部平截，宽 2～3.5μm。

图 138　云南栗色孢 *Spadicoides yunnanensis* L.G. Ma & X.G. Zhang

1～3. 分生孢子梗、产孢细胞和分生孢子；4、5. 自然基质上的菌落；6. 分生孢子。（HSAUP H0041）

植物枯枝，云南：景洪（西双版纳），HSAUP H0041（=HMAS 196882）。

世界分布：中国。

讨论：该种分生孢子大小和隔膜数与木生栗色孢 *S. xylogena* (A.L. Sm.) S. Hughes（Hughes，1958）和弯孢栗色孢 *S. curvularioides* B. Sutton & Hodges（Sutton and

Hodges，1978)有些相似，但 *S. curvularioides* 分生孢子舟形，胞壁粗糙，淡褐色，分生孢子梗顶端呈屈膝状延伸；*S. xylogena* 分生孢子倒卵形至阔椭圆形，隔膜处加厚色深，与该种较易区分。

作者未观察的种

黑栗色孢

Spadicoides atra (Corda) S. Hughes, Can. J. Bot. 36: 805, 1958.
Psilonia atra Corda, Icon. Fung. 4: 27, 1840.
Acladium atrum (Corda) Bon., Handb. allgem. Mykol., Stuttgart. p. 87, 1851.
Catenularia atra (Corda) Sacc., Syll. Fung. 4: 304, 1886.
Virgaria indivisa Sacc., Michelia 2: 560, 1882.
Diplococcium indivisum (Sacc.) Hughes, Can. J. Bot. 31: 634, 1953.
Haplaria ellisii Cooke, Grevillea 17: 69, 1889.
Trichosporium populneum Lambotte & Fautrey, Revue. Mycol. 18: 145, 1896.

分生孢子梗粗大，单生或簇生，不分枝，直或弯曲，具隔，中度褐色至暗褐色，向顶颜色渐浅，光滑，60～300 × 2.5～4μm。产孢细胞多孔生式，合生，顶生和间生，圆柱形，光滑，具明显的产孢孔。分生孢子单生，顶侧生，椭圆形或倒卵形，平滑，无隔，淡褐色至暗褐色，4～6.5 × 3～4μm。

沉水腐木，香港(Lu *et al.*, 2000)。

世界分布：美国、加拿大、中国、捷克、英国、日本、新西兰、波兰。

讨论：Hughes(1958)将该菌鉴定为 *S. atra*，但未作任何描述。Ellis(1963b)观察该菌多份标本并对其进行了详细的形态描述。Lu 等(2000)曾从我国香港沉水腐木上记载该种，但未作任何描述。以上描述是根据 Ellis(1963b)的报道。

霍德基斯栗色孢

Spadicoides hodgkissii W.H. Ho, Yanna & K.D. Hyde, Mycologia 94(2): 302, 2002.

分生孢子梗粗大，单生，不分枝，暗褐色，向顶颜色渐浅，直或稍弯曲，平滑，具隔，60～120 × 3.5～4μm，顶部偶膨大，基部稍膨大，宽 4.5～6μm。产孢细胞多孔生式，合生，顶生和间生，具淡色的产孢孔。分生孢子单生，顶侧生，倒卵形，光滑，具滴状斑点，无隔，1 个真隔膜或具 1 个真隔膜和 1 个假隔膜，且近基处为真隔膜，远基处为假隔膜，假隔膜具一明显的中心孔(桶孔)，无隔孢子 5 × 3μm，有隔孢子 9～13 × 5～8μm，顶部细胞壁厚，橄榄褐色，基部细胞壁薄，浅褐色或无色，基部具一小的脐。

马尾松 *Pinus massoniana* Lamb.腐烂木头，香港：大埔滘公园，WH307［=HKU(M) 6155］、HKU(M) 5965。

世界分布：中国。

(据 Ho *et al.*, 2002)。

小栗色孢

Spadicoides minuta L. Cai, McKenzie & K.D. Hyde, Sydowia 56(2): 225, 2004.

分生孢子梗粗大，单生，平滑，具隔，不分枝，直或稍弯曲，基部暗褐色，向顶颜色渐浅，顶端近无色，45～120×3～4μm，基部宽4～5μm，顶部偶膨大，具及顶层出现象。产孢细胞多孔式，合生，顶生和间生，有限生长，具淡色的产孢孔。分生孢子单生，顶侧生，壁薄，平滑，无隔，椭圆形，两端短尖，具滴状斑点，近无色或无色，3～6×2.5～3.5μm。

桂竹 *Phyllostachys bambusoides* Siebold & Zucc.沉水腐烂茎秆，云南：宜良，HKU(M)17165。

世界分布：中国。

（据 Cai *et al.*, 2004）。

倒卵形栗色孢

Spadicoides obovata (Cook & Ellis) S. Hughes, Can. J. Bot. 36: 806, 1958.

Acrothecium obovatum Cook & Ellis, Grevillea 5: 50, 1876.

Spondylocladium obovatum (Cook & Ellis) S. Hughes, Can. J. Bot. 31: 634, 1953.

分生孢子梗粗大，单生或簇生，不分枝，直或弯曲，具隔，暗褐色，向顶颜色渐浅，光滑，长50～150μm，基部宽5～6μm，顶部宽3～4μm，有时膨大，宽达12μm。产孢细胞多孔生式，合生，顶生和间生，圆柱形，光滑，具明显的产孢孔。分生孢子单生，顶侧生，倒卵形或棍棒形，淡褐色至暗红褐色，基部细胞较其他细胞色浅，光滑，2个真隔膜，隔膜处加厚色深，12～15×6～8.5μm，基部平截，宽1～2.5μm。

沉水腐木，香港(Lu *et al.*, 2000)。

世界分布：美国、加拿大、中国、日本、新西兰、泰国。

讨论：Hughes(1958)将该菌鉴定为 *S. obovata*，但未作任何描述。Ellis(1963b)观察该菌多份标本并对其进行了详细的形态描述。Lu 等(2000)曾从我国香港沉水腐木上记载该种，但未作任何描述。以上描述是根据Ellis(1963b)的报道。

五峰栗色孢

Spadicoides wufengensis D.W. Li & Jing Y. Chen, Sydowia 62(1): 174, 2010.

分生孢子梗粗大，单生，有限生长，直立，不分枝，光滑，多隔，暗褐色，长达112μm，中部宽(4～)5.8±0.3(～7)μm，顶部多具4个产孢细胞。产孢细胞多孔生式，合生，顶生和间生，具明显的产孢孔。分生孢子单生，顶侧生，无隔，膨大或呈卵圆形，褐色，光滑，3～5个孢子轮生于产孢细胞末端，(5.5～)6.8±0.1(～9)×(3～)3.8±0.1(～4.5)μm。共无性型自分生孢子生出，单生，倒卵形，光滑，褐色，基部平截，(8.5～)10±0.2(～12)×(3.5～)4.2±0.1(～5)μm，多具2个隔膜，偶具3个隔膜，且近基处的为真隔膜，远基处的为假隔膜。

植物腐木，湖北：五峰，BPI 880187(=WF 08240)。

世界分布：中国。

（据 Li *et al.*, 2010）。

布氏霉属 Stephembruneria R.F. Castañeda
Fungi Cubenses III: 14, 1988.

属级特征：菌落平展，稀疏，褐色。菌丝体大多埋生，由具隔、不分枝或分枝、平滑、暗褐色至黑色的菌丝组成。分生孢子梗粗大，单生或少数簇生，不分枝，直或弯曲，圆柱形，暗褐色至褐色，向顶颜色渐浅，具隔，平滑或具疣突。产孢细胞单瓶梗式，合

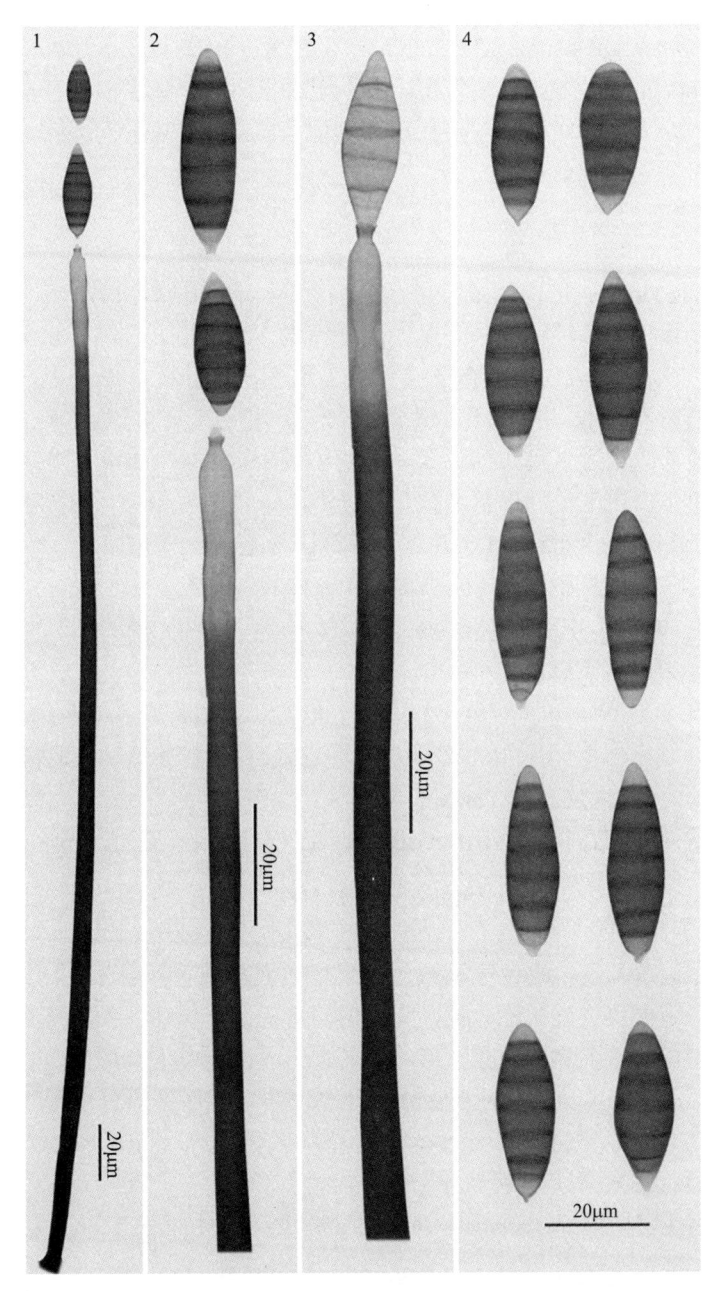

图 139 布氏霉 *Stephembruneria elegans* R.F. Castañeda
1～3. 分生孢子梗与分生孢子；4. 分生孢子。（HSAUP H5434）

生，顶生，棍棒形或圆柱形，淡褐色，具及顶层出现象，顶端具围领。分生孢子内壁芽生瓶梗式产生，单生，顶生，干性，舟行或纺锤形，光滑，具隔，中部细胞褐色至暗褐色，端部细胞近无色至淡褐色，顶部钝圆，基部具脐。

模式种：布氏霉 *Stephembruneria elegans* R.F. Castañeda。

讨论：布氏霉属 *Stephembruneria* R.F. Castañeda 是 Castañeda-Ruíz（1988）以真菌和昆虫学家 Stephem C. Brunner 的名字为词根建立的。该属为单种属，仅包括模式种 *S. elegans* R.F. Castañeda。该属形态特征近似于 *Kylindria* DiCosmo, S.M. Berch & W.B. Kendr.、*Xenokylindria* DiCosmo, S.M. Berch & W.B. Kendr. 和 *Paradischloridium* Bhat & B. Sutton，但 *Kylindria* 产孢细胞顶端较窄，围领无或不明显，分生孢子基部常具一偏心突出的脐；*Xenokylindria* 产孢细胞顶端具连续的环痕式及顶层出；*Paradischloridium* 产孢细胞无围领，分生孢子具假隔膜。

布氏霉 图 139

Stephembruneria elegans R.F. Castañeda, Fungi Cubenses III: 14, 1988.

菌落疏展，褐色。菌丝体部分表生，部分埋生，由分枝、具隔、光滑、淡褐色至褐色、宽1～2μm的菌丝组成。分生孢子梗粗大，单生，不分枝，直或稍弯曲，光滑，具隔，暗褐色，圆柱形，长达380μm，宽5～8μm。产孢细胞单瓶梗式，合生，顶生，圆柱形，光滑，淡褐色至近无色，顶端具一小的围领，宽2.5～3.3μm。分生孢子内壁芽生瓶梗式产生，单生，顶生，舟形至纺锤形，光滑，6～7个真隔膜，中部细胞暗褐色，端部细胞近无色，24～36×9.5～11.5μm，顶部钝圆，基部具一短脐。

植物枯枝，广东：肇庆（鼎湖山），HSAUP H5434、HSAUP H5425-1；海南：昌江（霸王岭），HSAUP H0514（=HMAS146149）。

世界分布：中国、古巴。

讨论：该种为 *Stephembruneria* 的模式种，最初发现于古巴禾本科植物枯死茎秆上。作者观察的该种分生孢子比原始描述（30～43×10～13μm）略小，其他特征基本一致。

束梗密格孢属 Synnemacrodictys W.A. Baker & Morgan-Jones
Mycotaxon 110: 105, 2009.

属级特征：菌落疏展，褐色至暗褐色。菌丝体大多埋生，由分枝、具隔、平滑、褐色的菌丝组成。孢梗束直立，不分枝，圆柱形，暗褐色至黑色，顶部呈头状。分生孢子梗粗大，直或稍弯曲，不分枝，圆柱形，具隔，光滑，淡褐色至褐色。产孢细胞单芽生式，合生，顶生，有限生长，圆柱形。分生孢子以裂解式脱落。分生孢子全壁芽生式产生，单生，顶生，干性，砖格状，具纵隔膜、横隔膜，光滑，椭圆形或梨形，橄榄褐色，基部细胞有时囊状膨大，淡褐色至近无色。

模式种：束梗密格孢 *Synnemacrodictys stilboidea* (J. Mena & Mercado) W.A. Baker & Morgan-Jones。

讨论：Mercado-Sierra 和 Mena-Portales（1986）最初从古巴花椒属 *Zanthoxylum* sp. 植物枯枝上发现该菌，并命名为 *Acrodictys stilboidea* J. Mena & Mercado。Gams 等（2009）

研究发现该菌分生孢子梗聚集形成孢梗束，产孢细胞顶端无及顶层出现象，与密格孢属 *Acrodictys* M.B. Ellis 不符，遂将其划出并以此为模式种建立束梗密格孢属 *Synnemacrodictys* W.A. Baker & Morgan-Jones。该属形态特征与 *Gangliostilbe* Subram. & Vittal 和束梗格孢属 *Kostermansinda* Rifai 非常相似，都具有直立束生的分生孢子梗，但 *Gangliostilbe* 分生孢子梗偶分枝，产孢细胞具及顶层出现象，且分生孢子无纵隔膜；*Kostermansinda* 分生孢子具假隔膜，分生孢子以破生式脱落。

Synnemacrodictys 仅包括模式种，*S. stilboidea* (J. Mena & Mercado) W.A. Baker & Morgan-Jones。该种在古巴、墨西哥曾有报道 (Mercado-Sierra and Mena-Portales，1986；Heredia-Abarca *et al.*，2000)。赵国柱和张天宇 (2003) 从我国腐木上发现该菌，但命名为 *Kostermansinda nanum* (Kapoor & Munjal) G.Z. Zhao，且张天宇 (2009) 编研的《中国真菌志》第三十一卷以该种名收录该种。作者仔细研读原始描述和精美绘图，结合多份标本，认为 *K. nanum* 应为 *S. stilboidea* 的异名。

图 140　束梗密格孢 *Synnemacrodictys stilboidea* (J. Mena & Mercado) W.A. Baker & Morgan-Jones
孢梗束、分生孢子梗和分生孢子。(HSAUP H5420)

束梗密格孢 图 140

Synnemacrodictys stilboidea (J. Mena & Mercado) W.A. Baker & Morgan-Jones, Mycotaxon 110: 107, 2009.

Acrodictys stilboidea J. Mena & Mercado, Acta Botanica Hungarica 32(1-4):190, 1986.

菌落疏展，褐色至暗褐色。菌丝体通常埋生，由分枝、具隔、平滑、褐色的菌丝组成。孢梗束由平行排列的分生孢子梗紧密聚集形成，粗大，直立，不分枝，圆柱形，暗褐色至黑色，顶部呈头状，长达 345μm，宽 11～24μm，基部宽可达 35μm。分生孢子梗粗大，直或稍弯曲，不分枝，圆柱形，具隔，光滑，淡褐色至褐色，长达 345μm，宽 2～3.5μm。产孢细胞单芽生式，合生，顶生，有限生长，圆柱形。分生孢子全壁芽生式产生，单生，干性，顶生，具纵隔膜、横隔膜，横隔膜 4～5 个(通常 4 个)，光滑，椭圆形或梨形，25～37.5 × 14.5～16.5μm，橄榄褐色，基部细胞淡褐色至近无色，有时囊状膨大，宽 6～8.5μm。分生孢子以裂解式脱落。

植物枯枝，广东：始兴(车八岭)，HSAUP H5420、HSAUP H5397，肇庆(鼎湖山)，HSAUP H5443；海南：昌江(霸王岭)，HSAUP H3305、HSAUP H3330；湖南：张家界，HSAUP H5318；云南：景洪(西双版纳)，HSAUP H5648。

世界分布：中国、古巴、墨西哥。

讨论：Mercado-Sierra 和 Mena-Portales (1986) 曾将该菌误定为 *Acrodictys stilboidea* J. Mena & Mercado。Heredia-Abarca 等 (2000) 从墨西哥发现该菌，认为其分生孢子形态和大小与 *Kostermansinda minima* Cabello & Aramb.(Arambarri *et al.*, 1987) 基本一致，但未知后者分生孢子脱落方式而质疑其分类地位。Gams 等 (2009) 将该菌从密格孢属 *Acrodictys* M.B. Ellis 中划出，并定为 *Synnemacrodictys stilboidea* (J. Mena & Mercado) W.A. Baker & Morgan-Jones。作者观察的该菌分生孢子大小与原始描述(22～31 × 13～16.5μm)略有差异，其他特征基本一致。

带孢霉属 Taeniolina M.B. Ellis

More Dematiaceous Hyphomycetes 61, 1976.

属级特征：菌落稀疏，褐色至黑色，绒毛状。菌丝体表生或埋生，由淡褐色至褐色、平滑、具隔、分枝的菌丝组成。分生孢子梗短小，丛生或散生，直或弯曲，光滑，具隔，淡褐色至褐色。产孢细胞多芽生式，合生，顶生或间生，近球形，棍棒状或瓶形。分生孢子全壁芽生式产生，单生或串生，干性，光滑，大多分枝，淡褐色至暗褐色。

模式种：带孢霉 *Taeniolina centaurii* (Fuckel) M.B. Ellis。

讨论：Ellis (1976) 将 *Torula centaurii* Fuckel 鉴定为 *Taeniolina centaurii* (Fuckel) M.B. Ellis，并以此为模式种建立带孢霉属 *Taeniolina* M.B. Ellis。该属迄今已报道 5 个种，除模式种外，另 4 个种为 *T. scripta* (P. Karst.) P.M. Kirk(Kirk, 1981a)、戴顿带孢霉 *T. deightonii* J.L. Crane & Schokn.(Crane and Schoknecht, 1981)、柃带孢霉 *T. euryae* Y.D. Zhang & X.G. Zhang 和木荷带孢霉 *T. schimae* Y.D. Zhang & X.G. Zhang (Zhang *et al.*, 2012c)。Zhang 等 (2012c) 为该属 5 个种作了分类检索表。

该属形态近似于色串孢属*Torula* Pers.、小带孢霉属*Taeniolella* S. Hughes、*Trimmatostroma* Cord、*Bahusakala* Subram.和*Matsushimaea* Subram.，但该属与*Torula*的主要区别是其分生孢子梗不分枝，产孢细胞为多芽生式，顶生和间生。另外，*Taeniolella*产孢细胞为单芽生式；*Trimmatostroma*分生孢子具纵斜隔膜；*Bahusakala*分生孢子形成方式为体生式；*Matsushimaea*产孢细胞为合轴式延伸，分生孢子无隔膜，均不同于该属。

柃带孢霉 图141

Taeniolina euryae Y.D. Zhang & X.G. Zhang, Mycol. Progress 11(1): 71, 2012.

菌落稀疏，褐色至暗褐色，发状。菌丝体部分表生，部分埋生，由分枝、具隔、淡褐色至褐色、光滑、宽1~2μm的菌丝组成。分生孢子梗大多极短，单生，光滑，具隔，淡褐色至褐色，22.5~33.5×2~4.5μm。产孢细胞多芽生式，合生，顶生和间生，球形、近球形、圆柱状，4~6.5×4~6μm。分生孢子干性，单生或串生，分枝，淡橄榄色，光滑，圆柱形，弯曲，9.5~22.5×4.5~6μm，具1~4个隔膜，隔膜处有时稍缢缩。

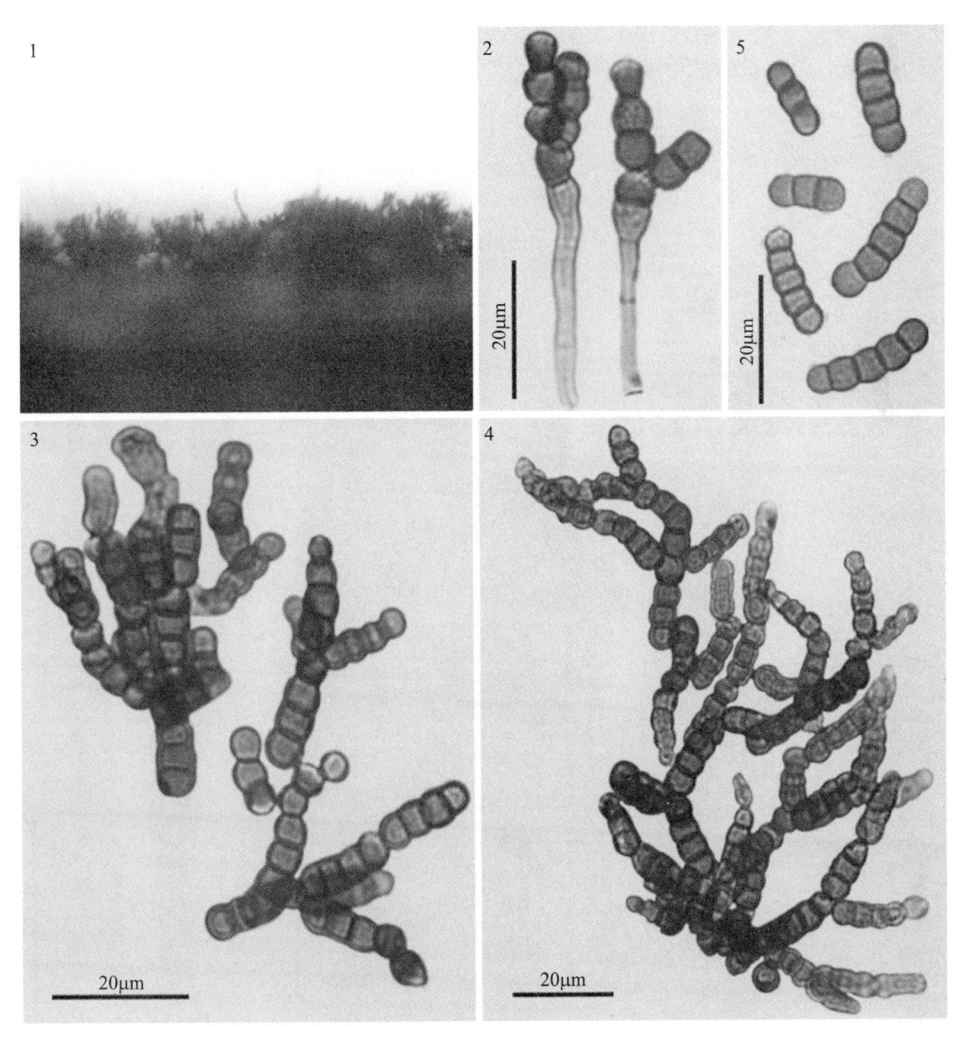

图141 柃带孢霉 *Taeniolina euryae* Y.D. Zhang & X.G. Zhang
1. 自然基质上的菌落；2. 分生孢子梗和发育的分生孢子；3~5. 分生孢子。(HSAUP H3165)

黑柃 *Eurya macartneyi* Champ.凋落枯枝，湖南：张家界，HSAUP H3165（=HMAS 146116）。

世界分布：中国。

讨论：该种分生孢子形态与带孢霉 *T. centaurii* (Fuckel) M.B. Ellis（Ellis，1976）十分相似，但该种分生孢子分枝较多，隔膜较少，而后者分生孢子长而略窄，长达 120μm，宽 3～5μm。

木荷带孢霉　图 142

Taeniolina schimae Y.D. Zhang & X.G. Zhang, Mycol. Progress 11(1): 72, 2012.

菌落稀疏，暗褐色，发状。菌丝体部分表生，部分埋生，由分枝、具隔、淡褐色至褐色、光滑、宽 2～3μm 的菌丝组成。分生孢子梗极短小，单生，光滑，具隔，淡褐色至褐色，9.5～25×2～3μm。产孢细胞多芽生式，合生，顶生和间生，球形、近球形、瓶形，4.5～5.5×5.5～8μm。分生孢子干性，单生或串生，不分枝或分枝，淡橄榄色，光滑，圆柱形，弯曲，6.5～19.5×3.5～7.5μm，具 1～3 个隔膜，隔膜处有时稍缢缩，下部细胞褐色，上部细胞向顶颜色渐浅。

木荷 *Schima superba* Gardn. & Champ.凋落枯枝，云南：景洪（西双版纳），HSAUP

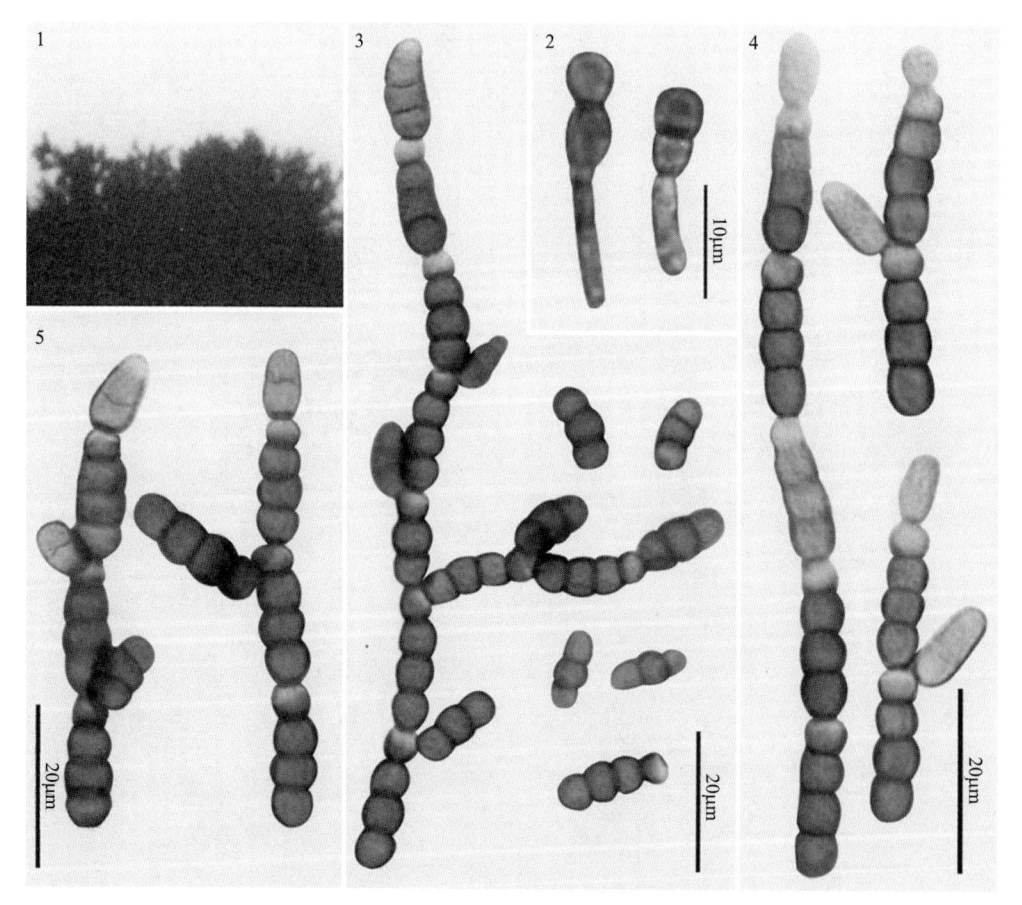

图 142　木荷带孢霉 *Taeniolina schimae* Y.D. Zhang & X.G. Zhang
1. 自然基质上的菌落；2. 分生孢子梗和发育的分生孢子；3～5. 分生孢子。（HSAUP VIII471-2）

VIII471-2（=HMAS 146117）。

世界分布：中国。

讨论：该种分生孢子形态近似于戴顿带孢霉 *T. deightonii* J.L. Crane & Schokn.（Crane and Schoknecht, 1981），但后者分生孢子较大，11～100(～280) × 4.4μm，隔膜较多，各细胞色泽基本一致。

孔出旋孢属 Tretospeira Piroz.

Mycol. Pap. 129: 58, 1972.

属级特征：菌落稀疏，点状，散生，黑色。菌丝体大多表生。分生孢子梗粗大，单生或少数簇生，不分枝，直或弯曲，暗褐色，光滑，具隔。产孢细胞单孔生式，合生，顶生，近球形，有限生长。分生孢子单生，顶生，砖格状，由几列呈倒棍棒形延伸的细胞侧面紧密排列组成，顶端稍分离，具真隔，褐色，光滑，顶部色淡。

模式种：孔出旋孢 *Tretospeira ugandensis* (Hansf.) Piroz.。

讨论：Pirozynski（1972）根据生于坦桑尼亚植物枯枝上的孔出旋孢 *Tretospeira ugandensis* (Hansf.) Piroz.建立孔出旋孢属 *Tretospeira* Piroz.，其主要特征是产孢细胞单孔生式，顶生，有限生长，分生孢子由数列呈倒棍棒形延伸的细胞侧面紧密排列组成，且顶部稍分离。该属形态特征近似于 *Tetraploa* Berk. & Broome、*Ceratosporella* Höhn.、*Pseudotetraploa* Kaz. Tanaka & K. Hirayama 和 *Dictyosporium* Corda，但该属产孢细胞为单孔生式，而后4属产孢细胞为单芽生式，且 *Dictyosporium*、*Tetraploa* 和 *Pseudotetraploa* 分生孢子梗退化或与产孢细胞愈合。另外，该属形态特征与 *Hughesinia* J.C. Lindq. & Gamundí 也十分相似，均具单孔生式的产孢细胞和数列呈臂状延伸的细胞排列组成的分生孢子，但 *Hughesinia* 分生孢子中数列呈倒棍棒形延伸的细胞基部合生于基部细胞上，而该属分生孢子中数列呈倒棍棒形延伸的细胞基部直接合生于产孢细胞上，此为两者的不同之处。

该属为单种属，在坦桑尼亚、乌干达、古巴、墨西哥等曾有报道（Ellis, 1976; Delgado-Rodríguez *et al.*, 2002; Delgado-Rodríguez *et al.*, 2006），且主要发现于植物枯枝、腐烂树干上。

孔出旋孢 图143

Tretospeira ugandensis (Hansf.) Piroz., Mycol. Pap. 129: 58, 1972.

Speira ugandensis Hansf., Proc. Linn. Soc. London 155: 51, 1943.

菌落稀疏，暗褐色。菌丝体部分表生，部分埋生，由分枝、具隔、淡褐色、光滑、宽 2～3μm 的菌丝组成。分生孢子梗粗大，单生，直或弯曲，不分枝，圆柱形，暗褐色，3～5 个隔膜，光滑，40～56.5 × 5～7.5μm。产孢细胞单孔生式，合生，顶生，近球形，有限生长。分生孢子单生，顶生，砖格状，由4列呈倒棍棒形延伸的细胞侧面紧密排列组成，顶端稍分离，每列由8～12个细胞组成，具真隔膜，光滑，暗褐色，顶部色淡，56～70 × 12.5～18.5μm。

植物枯枝，广东：从化，HSAUP H5386、HSAUP H1773；湖南：张家界，HSAUP

H3294(=HMAS 146147); 云南:景洪(西双版纳), HSAUP VII₀ ZK 1115-2(=HMAS 193073)。

世界分布:中国、古巴、墨西哥、坦桑尼亚、乌干达。

讨论:该种为属的模式种,其分生孢子大小为40～60(～120)×(14～)17(～20)μm。作者观察的该菌分生孢子与原始描述略有差异,但其他特征基本一致。

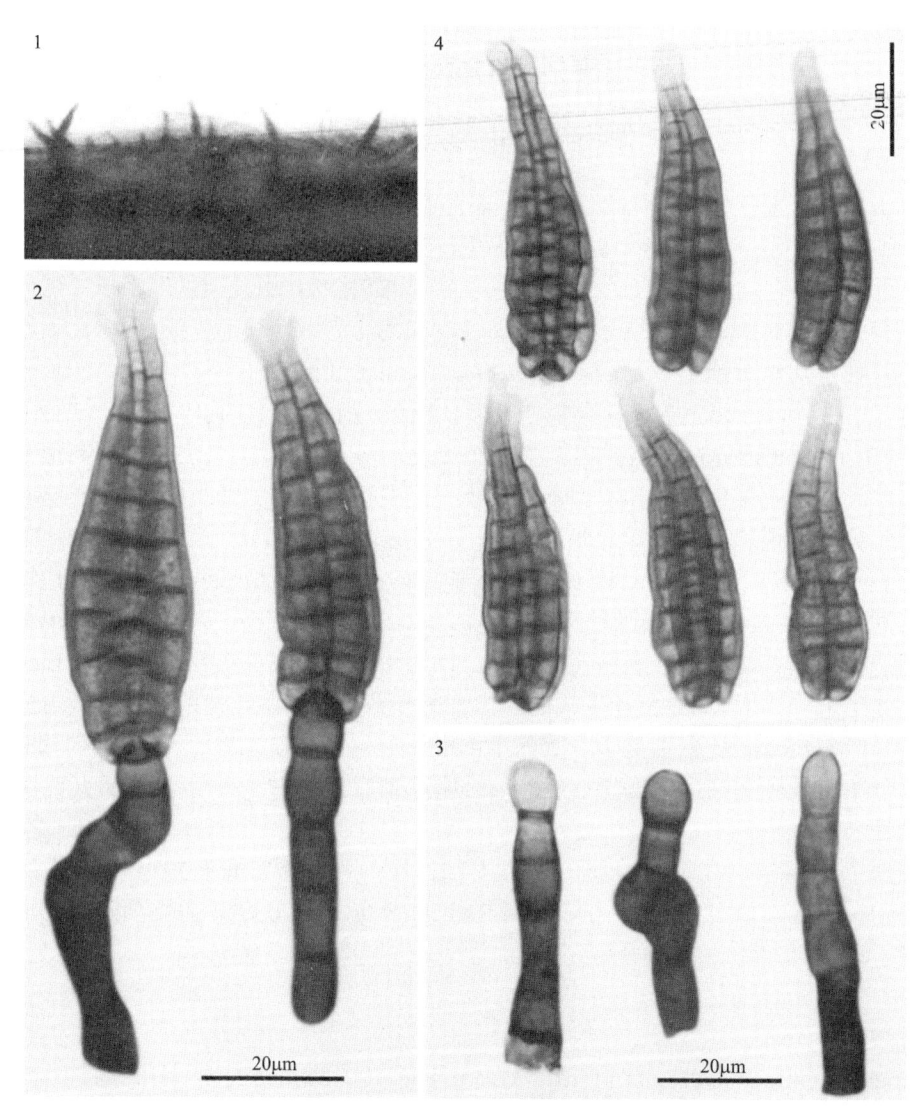

图143 孔出旋孢 *Tretospeira ugandensis* (Hansf.) Piroz.
1. 自然基质上的菌落;2. 分生孢子梗和分生孢子;3. 分生孢子梗;4. 分生孢子。(HSAUP H3294)

鸟形孢属 **Weufia** Bhat & B. Sutton

Trans. Br. Mycol. Soc. 85 (1): 107, 1985.

属级特征:菌落疏展,黑色,绒毛状。分生孢子梗粗大,直或弯曲,褐色,光滑,具隔，顶端具分枝。产孢细胞多孔生式，合生，顶生，有限生长，褐色，具加厚色深的产孢痕。分生孢子以裂解式脱落。分生孢子单生，顶侧生，干性，"V"形，具2个分开的臂，大多两侧对称，褐色，光滑，具假隔膜。

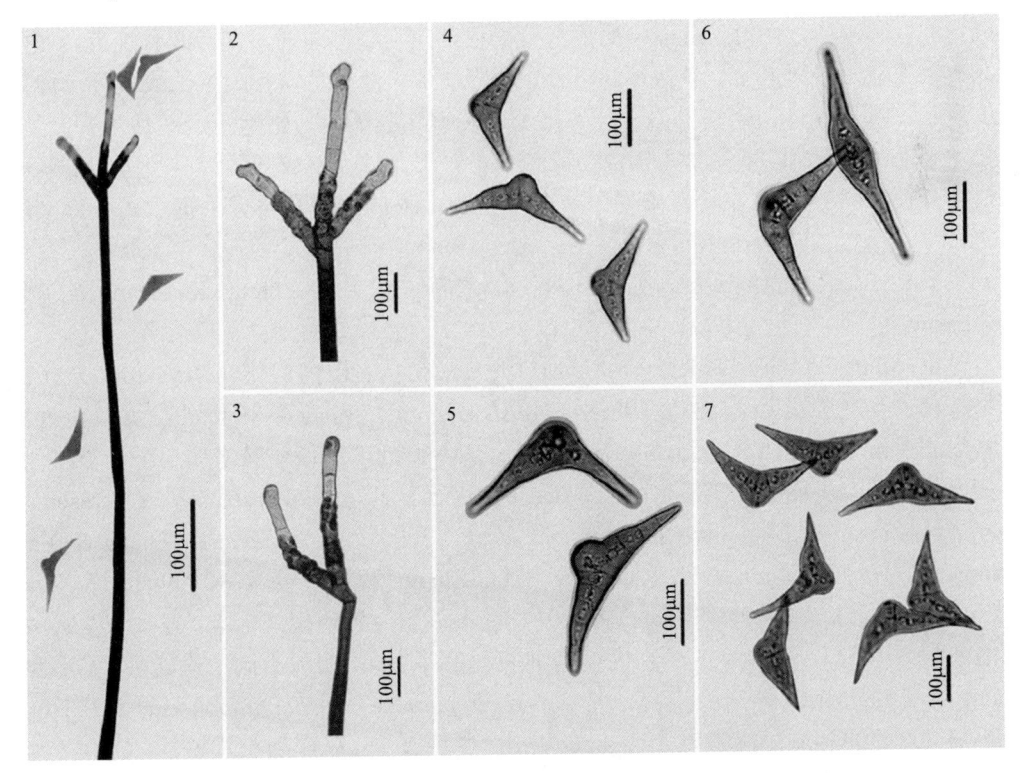

模式种：鸟形孢 *Weufia tewoldei* Bhat & B. Sutton。

讨论：该属由 Bhat 和 Sutton 于 1985 年建立，仅包括模式种，鸟形孢 *W. tewoldei* Bhat & B. Sutton。Mena-Portales 和 Mercado-Sierra（1988）从古巴植物枯枝上发现该菌，但仍以该菌为模式种建立了 *Weufia* 的异名属 *Granmamyces* J. Mena & Mercado。Mercado-Sierra 等（1997b）对此予以订正，并结合观察的标本材料对 *W. tewoldei* 进行了绘图描述。

该属分生孢子形态近似于 *Hirudinaria* Ces.、*Hughesinia* J.C. Lindq. & Gamundí、*Tretospeira* Piroz.、*Iyengarina* Subram.、*Ceratosporella* Höhn. 和 *Diplocladiella* G. Arnaud ex M.B. Ellis，但 *Hirudinaria* 分生孢子梗短小，产孢细胞为多芽生式；*Hughesinia* 和 *Tretospeira* 产孢细胞为单孔生式，分生孢子具真隔膜；*Iyengarina*、*Diplocladiella* 和 *Ceratosporella* 产孢细胞为全壁芽生式，分生孢子具真隔膜，均不同于该属。

鸟形孢　图 144

Weufia tewoldei Bhat & B. Sutton, Trans. Br. Mycol. Soc. 85 (1):107, 1985.

Granmamyces bissei J. Mena & Mercado, Acta Bot. Cubana 54: 2, 1988.

图 144　鸟形孢 *Weufia tewoldei* Bhat & B. Sutton
1. 分生孢子梗、产孢细胞和分生孢子；2、3. 产孢细胞；4~7. 分生孢子。(HSAUP VII₀ KAI 1115-1)

菌落疏展，黑色，绒毛状。分生孢子梗粗大，单生，直或弯曲，圆柱形，具隔，暗褐色，向顶颜色渐浅，560~800×12~17μm，顶端具 2~3 根淡褐色、光滑、可产孢的分枝，分枝长 30~50μm，宽达 14μm，有时分枝再次分枝。产孢细胞多孔生式，合生，顶生和间生，圆柱形，具加厚色深的产孢痕。分生孢子单生，顶侧生，干性，"V"形，具 2 个分开的臂，大多两侧对称，基部宽阔钝圆，具明显的愈合痕，褐色，光滑，7~12 个假隔膜，且一个垂直隔膜将两臂分开，孢子主体长 15~24μm，宽 16~20μm，两臂渐细，长 27~45μm，基部最宽可达 15μm，顶部最宽可达 3μm。

植物枯枝，云南：景洪(西双版纳)，HSAUP VII$_{0\,KAI}$ 1115-1 (=HMAS 144864)。

世界分布：中国、古巴、埃塞俄比亚、墨西哥。

讨论：该种曾被 Mena-Portales 和 Mercado-Sierra(1988)误定为 *Granmamyces bissei* J. Mena & Mercado，后 Mercado-Sierra 等(1997b)对此予以订正。Heredia-Abarca 等(1997)在墨西哥报道该菌。作者观察的该菌形态特征与原始描述基本一致。

张氏霉属 Xiuguozhangia K. Zhang, R.F. Castañeda, Jian Ma & L.G. Ma
Mycotaxon 128: 132, 2014.

属级特征：菌落疏展，褐色至暗褐色，发状。菌丝体表生或埋生，由淡褐色至褐色、光滑、分枝、具隔的菌丝组成。分生孢子梗分化明显，粗大，单生，不分枝或偶分枝，直或弯曲，圆柱形，光滑，具隔，褐色至暗褐色，向顶颜色渐浅，光滑或具疣突。产孢细胞单芽生式，多数间生，少数顶生，合生，烧瓶形，淡褐色，有限生长或具几个内壁芽生式及顶层出延伸，顶端平截。分生孢子以裂解式脱落。分生孢子全壁芽生式产生，单生，干性，顶侧生，砖格状，褐色至暗褐色，钟形、掌状，成列的细胞自隆起的基部细胞向外呈辐射状延伸并紧密排列在一个平面上，附属丝通常自分生孢子最外列细胞产生。

模式种：张氏霉 *Xiuguozhangia rosae* (K. Zhang & X.G. Zhang) K. Zhang & R.F. Castañeda。

讨论：Mena-Portales 和 Mercado-Sierra(1987)最初从古巴内门竹属 *Arthrostylidium* sp. 植物枯枝上发现美丽拟梨尾格孢 *Piricaudiopsis elegans* J. Mena & Mercado，并以此为模式种建立拟梨尾格孢属 *Piricaudiopsis* J. Mena & Mercado。后该属又增加 5 个分类单位：*P. appendiculata* Bhat & W.B. Kendr.(Bhat and Kendrick, 1993)、*P. indica* Sureshk., Sharath, Kunwar & Manohar.(Sureshkumar *et al.*, 2005)、*P. punicae* K. Zhang & X.G. Zhang、*P. rhaphidophorae* K. Zhang & X.G. Zhang 和 *P. rosae* K. Zhang & X.G. Zhang(Zhang *et al.*, 2009b)。Zhang 等(2014)观察该属内种的模式标本，发现 *P. elegans* 产孢细胞为单孔生式，其他 5 个种的产孢细胞为单芽生式，明显不同于模式种。鉴于此，Zhang 等(2014)将 *P. appendiculata*、*P. indica*、*P. punicae*、*P. rhaphidophorae* 和 *P. rosae* 重新归类，建立新属张氏霉属 *Xiuguozhangia*，并将 *X. rosae* 作为模式种。

Xiuguozhangia 属下迄今报道 5 个种，均发现于植物枯枝及竹子枯秆上。除 *X. rhaphidophorae* (K. Zhang & X.G. Zhang) K. Zhang & R.F. Castañeda 外，其他 4 个种的分生孢子均具附属丝。我国已报道 3 个种。

中国张氏霉属 *Xiuguozhangia* 分种检索表

1. 产孢细胞无层出现象，分生孢子无附属丝 ·· 崖角藤张氏霉 *X. rhaphidophorae*
1. 产孢细胞具层出现象，分生孢子具附属丝 ·· 2
  2. 分生孢子 50～65 × 58～95 μm，附属丝长 24～99μm ·························· 石榴张氏霉 *X. punicae*
  2. 分生孢子 45～50 × 53～76 μm，附属丝长 15～35μm ······························· 张氏霉 *X. rosae*

石榴张氏霉　图 145

Xiuguozhangia punicae (K. Zhang & X.G. Zhang) K. Zhang & R.F. Castañeda, Mycotaxon 128: 134, 2014.

图 145　石榴张氏霉 *Xiuguozhangia punicae* (K. Zhang & X.G. Zhang) K. Zhang & R.F. Castañeda
1. 分生孢子梗和分生孢子；2. 自然基质上的菌落；3. 分生孢子；4. 产孢细胞和分生孢子。(HSAUP VII₀ KAI 0432)

　　菌落疏展，橄榄色至暗褐色，发状。菌丝体埋生。分生孢子梗粗大，单生，直或弯曲，不分枝，光滑，长达 550μm，基部宽 20～30μm，中部宽 10～17μm，顶部宽 5～8μm，5～11 个隔膜。产孢细胞单芽生式，合生，顶生，有时侧生，多达 5 个连续的瓶形及顶层出。分生孢子单生，干性，顶侧生，扇形，有时具 2～3 个浅裂状分枝，砖格状，多达 18 列细胞自隆起的基部细胞向外呈辐射状延伸并紧密排列在一个平面上，基部细胞

· 217 ·

宽 4.5～6.5μm，暗褐色，分生孢子高 50～65μm，宽 58～95μm，中部宽 12～20μm，顶部具 1～3 根渐细的附属丝；附属丝自分生孢子最外列细胞产生，长 24～99μm，光滑，下半部具 0～3 个隔膜，宽 3～5.5μm，褐色，近顶端色淡、渐窄，宽 1～1.5μm。

石榴 *Punica granatum* L.凋落枯枝，海南：五指山，HSAUP VII$_{0\ KAI}$ 0432（=HMAS 189364）。

世界分布：中国。

讨论：该种分生孢子大小近似于附着张氏霉 *X. appendiculata*（Bhat & W.B. Kendr.）K. Zhang & R.F. Castañeda（Zhang *et al.*，2014），但后者构成分生孢子的成列细胞达 22 列，附属丝隔膜较多，3～5 个。另外，该种分生孢子形态与印度张氏霉 *X. indica* (Sharath, Sureshk., Kunwar & Manohar.) K. Zhang & R.F. Castañeda 和张氏霉 *X. rosae*（Zhang *et al.*，2014）十分相似，但后两者分生孢子较小，分别为 34～44×39～52μm 和 45～50×53～76μm，附属丝较短，分别为 15～30μm 和 15～35μm。

崖角藤张氏霉 图 146

Xiuguozhangia rhaphidophorae (K. Zhang & X.G. Zhang) K. Zhang & R.F. Castañeda, Mycotaxon 128: 134, 2014.

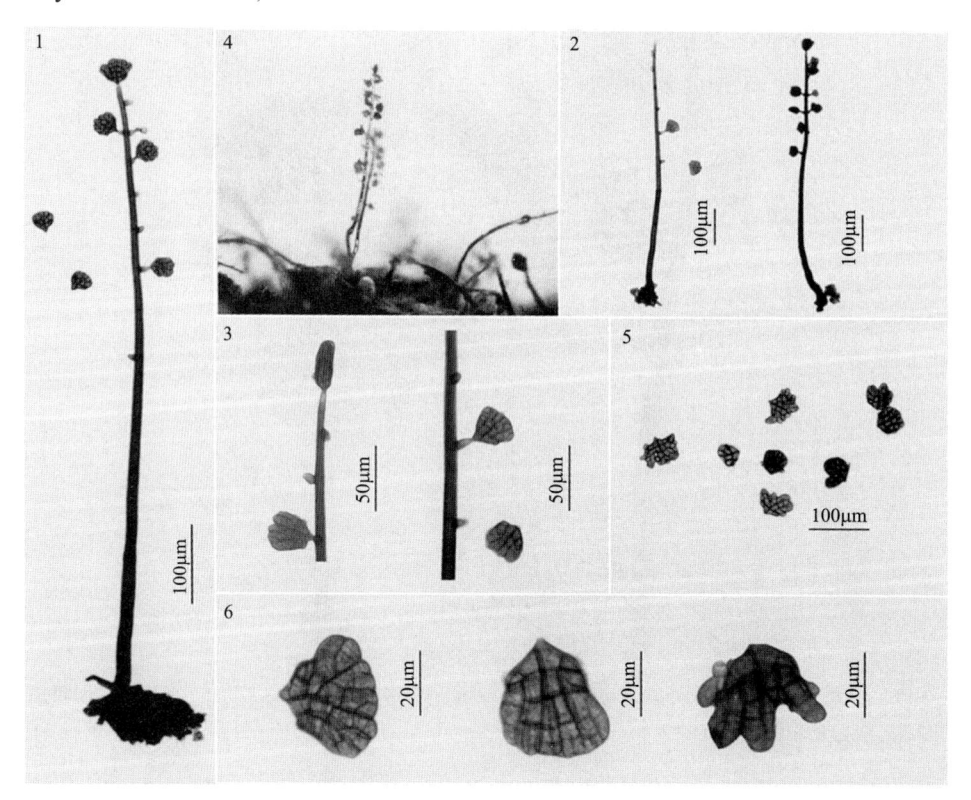

图 146 崖角藤张氏霉 *Xiuguozhangia rhaphidophorae* (K. Zhang & X.G. Zhang) K. Zhang & R.F. Castañeda

1～3. 分生孢子梗和分生孢子；4. 自然基质上的菌落；5、6. 分生孢子。（HSAUP VII$_{0\ KAI}$ 1417）

菌落疏展，橄榄色至暗褐色，发状。菌丝体埋生。分生孢子梗粗大，单生，直或弯曲，不分枝，光滑，壁厚，长达 630μm，基部宽 18～25μm，中部宽 10～15μm，顶部宽 4～7μm，10～15 个隔膜。产孢细胞单芽生式，合生，顶生和侧生，有限生长。分生孢子单生，干性，顶侧生，扇形，有时具浅裂状分枝，砖格状，多达 8 列细胞自隆起的基部细胞向外呈辐射状延伸并紧密排列在一个平面上，基部细胞宽 2.5～5μm，暗褐色，分生孢子高 27～41μm，宽 30～43μm，中部宽 10～15μm，附属丝缺失。

下延崖角藤 *Rhaphidophora decursiva* (Roxb.) Schott.凋落枯枝，云南：屏边（大围山），HSAUP VII₀ KAI 1417（=HMAS 189366）。

世界分布：中国。

讨论：该种不同于该属其他种的典型特征是分生孢子无附属丝。

张氏霉　图 147

Xiuguozhangia rosae (K. Zhang & X.G. Zhang) K. Zhang & R.F. Castañeda, Mycotaxon 128: 133, 2014.

图 147　张氏霉 *Xiuguozhangia rosae* (K. Zhang & X.G. Zhang) K. Zhang & R.F. Castañeda
1～3. 分生孢子梗和分生孢子；4. 产孢细胞和未成熟的分生孢子；5、6. 分生孢子；7. 自然基质上的菌落。（HSAUP VII₀ KAI 1092）

菌落疏展，橄榄色至暗褐色，发状。菌丝体埋生。分生孢子梗粗大，单生，直或弯曲，不分枝，光滑，壁厚，长达 730μm，基部宽 12～20μm，中部宽 7～14μm，顶部宽 5～9μm，8～14 个隔膜。产孢细胞单芽生式，合生，顶生和侧生，多达 3 个连续的瓶形及顶层出。分生孢子单生，干性，顶侧生，扇形，有时具 2～3 个浅裂状分枝，砖格状，多达20列细胞自隆起的基部细胞向外呈辐射状延伸并紧密排列在一个平面上，基部细胞宽3～5μm，暗褐色，分生孢子高45～50μm，宽53～76μm，中部宽10～18μm，顶部多具2根渐细的附属丝；附属丝自分生孢子最外列细胞产生，长15～35μm，光滑，下半部具1～2个隔膜，宽3～4μm，褐色，近顶端色淡、渐窄，宽2～3μm。

月季花 *Rosa chinensis* Jacq.凋落枯枝，云南：景洪（西双版纳），HSAUP VII$_0$ KAI 1092（=HMAS 189365）。

世界分布：中国。

讨论：该种形态近似于印度张氏霉 *X. indica* (Sharath, Sureshk., Kunwar & Manohar.) K. Zhang & R.F. Castañeda (Zhang *et al.*, 2014)，均产生具层出的产孢细胞、扇形的分生孢子和2～4根的附属丝，但后者产孢细胞层出数多达4次，分生孢子较小，34～44 × 39～52μm，构成分生孢子的成列细胞多达15列，不同于该种。

附录 I

《中国真菌志》(第三十一卷 暗色砖格分生孢子真菌 26 属 链格孢属除外)补遗

小双枝孢属 Diplocladiella G. Arnaud ex M.B. Ellis

More Dematiaceous Hyphomycetes: 229, 1976.

属级特征：菌落稀疏，褐色。菌丝体大多埋生，由分枝、具隔、光滑、淡褐色的菌丝组成。分生孢子梗粗大，单生，直或弯曲，不分枝，具产孢齿突，浅褐色至中度褐色，光滑。产孢细胞多芽生式，合生，顶生或间生，合轴式延伸，曲膝状，具齿突。分生孢子以裂解式脱落。分生孢子三角形，具 2 个角状臂，淡褐色至中度褐色，光滑，角状臂大多 2 个隔膜，末端细胞小，近无色，丝状。

模式种：小双枝孢 Diplocladiella scalaroides G. Arnaud ex M.B. Ellis。

讨论：Arnaud(1954)以小双枝孢 D. scalaroides G. Arnaud ex M.B. Ellis 为模式种建立该属，但当时缺少拉丁文描述。Ellis(1976)补充完善了该属及其模式种的拉丁文描述。该属迄今已报道 8 个种。除模式种外，另 7 个种为：阔孢小双枝孢 D. alta R. Kirschner & Chee J. Chen(Kirschner and Chen, 2004)、附枝小双枝孢 D. appendiculata Nawawi (Nawawi, 1987)、水生小双枝孢 D. aquatica O.H.K. Lee, Goh & K.D. Hyde(Lee et al., 1998)、角胀小双枝孢 D. cornitumida F.R. Barbosa, Gusmão & R.F. Castañeda(Barbosa et al., 2007)、异孢小双枝孢 D. heterospora R.F. Castañeda(Castañeda-Ruíz, 1988)、公牛小双枝孢 D. taurina Cazau, Aramb. & Cabello(Cazau et al., 1993)和三角小双枝孢 D. tricladioides Nawawi(Nawawi, 1985)。Cazau 等(1993)描述该属 5 个已知种的形态特征。Santos-Flores 和 Betancourt-López(1997)编制了该属分种检索表。Barbosa 等(2007)基于原始文献，绘制了该属已知种分生孢子形态图。张天宇(2009)指出 D. taurina、D. aquatica、D. appendiculata 和 D. scalaroides 4 种在不同学者的描述中很相似，其分类地位应作进一步研究。迄今在中国仅报道有 D. scalaroides 和 D. alta(张天宇，2009；Kirschner and Chen, 2004)。作者对该属的研究是对《中国真菌志》第三十一卷的补充。

阔孢小双枝孢　图 148

Diplocladiella alta R. Kirschner & Chee J. Chen, Mycologia 96(4): 919, 2004.

菌落疏展，暗褐色，毛发状。菌丝体部分表生，部分埋生，由分枝、具隔、淡褐色、光滑的菌丝组成。分生孢子梗粗大，单生，直或稍弯曲，具齿突，褐色，向顶颜色渐浅，偶具内壁芽生及顶层出现象，92～157×5～6.5μm。产孢细胞多芽生式，合生，顶生或间生，齿状，合轴式延伸，淡褐色至中度褐色，具明显的产孢痕。分生孢子以裂解式脱落。分生孢子单生，顶侧生，梯形，褐色，31.5～36×20～24.5μm，每个孢子由 8 个细胞组成，基部双细胞，平截，宽 3.5～4μm；双臂，每个臂由 2 个色深的细胞和 1 个色浅、端部钝圆的顶细胞组成；分生孢子内色深的细胞胞壁加厚。

植物枯枝，广东：始兴(车八岭)，HSAUP H5411。

世界分布：中国。

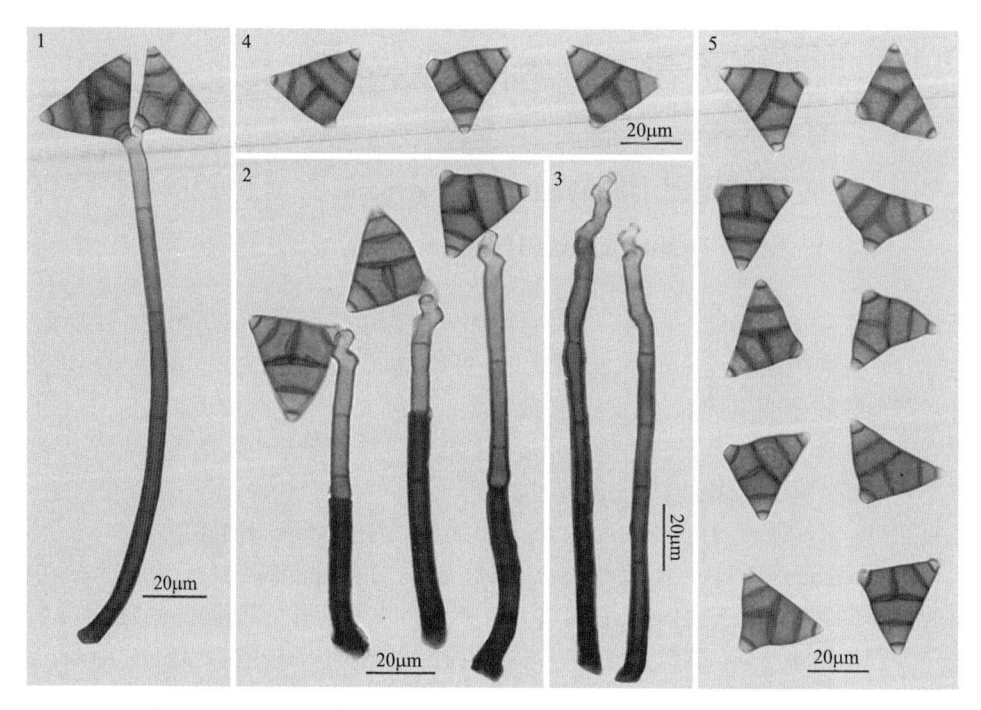

图 148　阔孢小双枝孢 *Diplocladiella alta* R. Kirschner & Chee J. Chen
1、2. 分生孢子梗和分生孢子；3. 分生孢子梗；4、5. 分生孢子。(HSAUP H5411)

讨论：Kirschner 和 Chen(2004)最初从我国台湾植物枯枝报道该种。原始描述分生孢子梗明显比该属其他种长，分生孢子形态与小双枝孢 *D. scalaroides* G. Arnaud ex M.B. Ellis(Ellis, 1976)十分相似，但后者分生孢子较窄，且两个臂分化明显，渐细，形成附属丝。作者观察的形态特征与原始描述基本一致。

小双枝孢　图 149

Diplocladiella scalaroides G. Arnaud ex M.B. Ellis, More Dematiaceous Hyphomycetes: 229, 1976.

菌落平展，稀疏，褐色。菌丝体大多埋生，少数表生，由分枝、具隔、淡褐色至褐色、光滑的菌丝组成。分生孢子梗粗大，直立，具隔，具齿突，光滑，褐色，10～15×1～2μm。产孢细胞多芽生式，合生，顶生或间生，合轴式延伸，有限生长，齿状，淡褐色至褐色，具明显的产孢痕。分生孢子以裂解式脱落。分生孢子单生，顶侧生，宽 Y 形，光滑，淡褐色至中度褐色，具喙，基部双细胞，6.5～7.5×5～12μm，基部宽 1.5～2μm；双分枝，每个分枝 3 个细胞，由臂基部向顶端逐渐变细，长 6.5～10.5μm，臂基部宽 4.5～5.5μm，端部逐渐变成细长的附属丝，长达 16.5μm。

植物枯枝，海南：临高，HSAUP H5485。

世界分布：美国、澳大利亚、中国、古巴、英国、法国、日本、墨西哥等。

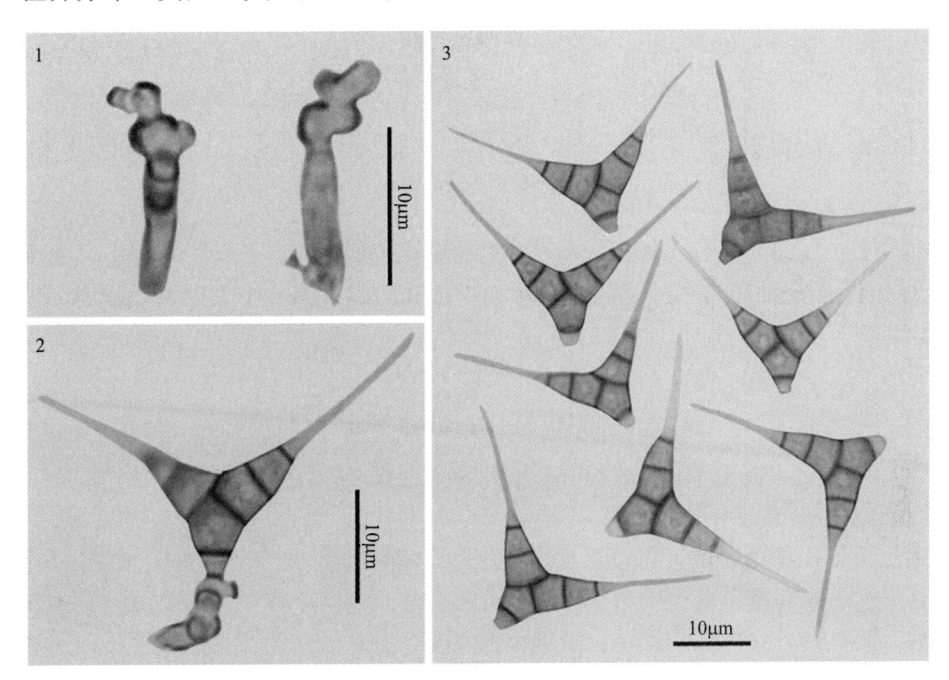

图 149 小双枝孢 *Diplocladiella scalaroides* G. Arnaud ex M.B. Ellis
1. 分生孢子梗；2. 分生孢子梗和分生孢子；3. 分生孢子。（HSAUP H5485）

讨论：该种为属的模式种，与后来描述的附枝小双枝孢 *D. appendiculata* Nawawi（Nawawi，1987）、水生小双枝孢 *D. aquatica* O.H.K. Lee, Goh & K.D. Hyde（Lee *et al*., 1998）和公牛小双枝孢 *D. taurina* Cazau, Aramb. & Cabello（Cazau *et al*., 1993）3 个种在不同描述中具有很大的相似性，张天宇（2009）认为这 4 个种的分类地位应作进一步研究。作者观察的该种形态特征与原始描述基本一致。

附录 II

《中国真菌志》(第三十七卷 葚孢属及其相关属) 补遗

下列 8 个属在《中国真菌志》第三十七卷中已编研，但作者研究过程中又发现以下 58 个种，仅 4 个种在志中被记载，现对《中国真菌志》第三十七卷进行补遗，供读者参考。

爱氏霉属 Ellisembia Subram.
Proc. Indian Natn. Sci. Acad. B 58: 183, 1992.

属级特征：菌落平展，稀疏，褐色至黑色。菌丝体部分表生，部分埋生，由分枝、具隔、平滑、淡褐色至褐色的菌丝组成。分生孢子梗粗大，单生或少数簇生，平滑，直或弯曲，圆柱形，褐色至暗褐色。产孢细胞单芽生式，合生，顶生，圆柱形、葫芦形或桶形，平滑，淡褐色至褐色，有限生长或具葫芦形、桶形、安瓿形或圆柱形内壁芽生式及顶层出(非环痕式)。分生孢子全壁芽生式产生，单生，顶生，干性，光滑，具假隔膜，圆柱形、倒棍棒形或纺锤形，顶部钝圆或具喙，基部平截。分生孢子以裂解式脱落。

模式种：冠爱氏霉 *Ellisembia coronata* (Fuckel) Subram.。

讨论：Subramanian(1992)对葚孢属 *Sporidesmium* Link 进行了系统研究，基于分生孢子梗有无、产孢细胞有无层出及层出类型、分生孢子隔膜类型等特征对属内种类进行重新归类，划分出 7 个新属，爱氏霉属 *Ellisembia* Subram.便是其中之一。爱氏霉属当时包括了来自葚孢属的 12 个新组合种，其共同特征是分生孢子梗为有限生长或具及顶层出延伸，分生孢子具假隔膜。Hernández-Gutiérrez 和 Sutton(1997)依据 Subramanian(1992)的分类观点，对葚孢属一些种进行研究，建立新属 *Imimyces* A. Hern. Gut. & B. Sutton 和林氏霉属 *Linkosia* A. Hern. Gut. & B. Sutton。Shoemaker 和 Hambleton (2001) 观察 *Helminthosporium densum* Sacc. & Roum.的模式标本发现 *Imimyces* 的模式种 *I. densus* (Sacc. & Roum.) A. Hern. Gut. & B. Sutton (≡ *Helminthosporium densum* Sacc. & Roum) 与其描述完全不同，但与 *Polydesmus elegans* Durieu & Mont.的特征完全相符，遂将 *I. densus* 降为 *P. elegans* 的异名，同时建立新属 *Imicles* Shoemaker & Hambl.容纳 *Imimyces* 属下其余 6 个种。Wu 和 Zhuang(2005)研究爱氏霉属时发现 *Imicles* 与爱氏霉属的属级概念十分相近，两者难以准确界定，遂将 *Imicles* 降为爱氏霉属的异名，使其属级特征包括具葫芦形、桶形或圆柱形及顶层出延伸的产孢细胞。此外，又先后报道 20 余个分类单位(McKenzie, 1995, 2010; Goh and Hyde, 1999; Zhou *et al.*, 2001; Heuchert and Braun, 2006; Ma *et al.*, 2008a, 2010b, 2011b; Ren *et al.*, 2012b; Santa Izabel *et al.*, 2013)。该属内种的划分依据主要为分生孢子形态特征(形状、大小、隔膜

及孢壁纹饰)和产孢细胞有无层出(Subramanian，1992；McKenzie，1995，2010；Wu and Zhuang，2005)。截至目前，该属已报道分类单位 50 余个，绝大多数种发现于植物凋落枯枝、落叶及竹子上，未见土壤基物或作为病原菌引起植物病害的报道。

爱氏霉属与葚孢属及相关属的主要区别特征是其分生孢子梗不分枝,有限生长或具葫芦形、桶形或圆柱形及顶层出，分生孢子具假隔膜。Réblová(1999)曾对葚孢属及相关属的划分标准(分生孢子梗有无、产孢细胞有无层出及层出类型、分生孢子真/假隔膜等特征)提出质疑。作者曾对 Subramanian(1992)的分类观点提出质疑,认为仍需深入探讨和验证,故在其前期研究中没有采纳,仍依据 *Sporidesmium* 广义分类体系报道了 10 个分类单位,但近来发现,Subramanian(1992)的分类观点已被大多数真菌学家所接受,且被《菌物辞典》第八、第九、第十版(Hawksworth *et al.*，1995；Kirk *et al.*，2001，2008)及最新丝孢菌专著 *The Genera of Hyphomycetes*(Seifert *et al.*，2011)承认。此外，Shenoy 等(2006)基于 LSU nu-rDNA 与 RPB2 基因片段分析发现葚孢属及其划分出的相关属是多源的。作者曾报道的 *Sporidesmium* 属中分生孢子为假隔膜的 9 个种中的 6 个已被 Santa Izabel 等(2013)订正至爱氏霉属 *Ellisembia*，另 3 个种在该书被予以订正。吴文平(2009)报道爱氏霉属中国已知种 31 个。作者对该属的研究是对《中国真菌志》第三十七卷的补充。

作者研究的中国爱氏霉属 *Ellisembia* 分种检索表

1. 分生孢子纺锤形、椭圆形或烧瓶形 ·· 2
1. 分生孢子倒棍棒形 ·· 6
    2. 分生孢子椭圆形,具 4 个隔膜 ·· 银叶树爱氏霉 *E. heritierae*
    2. 分生孢子烧瓶形、纺锤形,具 5 个以上隔膜 ··· 3
3. 分生孢子烧瓶形,基部褐色,顶部淡褐色至近无色 ······························ 黄连木爱氏霉 *E. pistaciae*
3. 分生孢子纺锤形,各细胞色泽基本一致 ··· 4
    4. 分生孢子顶端无喙 ··· 茶条木爱氏霉 *E. delavayae*
    4. 分生孢子顶端具喙 ·· 5
5. 分生孢子 50~65 × 15~18μm,基部宽 2~4μm ··································· 楠木爱氏霉 *E. phoebes*
5. 分生孢子 45~50 × 12~16μm,基部宽 4~5μm ································· 乌口树爱氏霉 *E. tarennae*
    6. 分生孢子中部细胞膨大,有时顶部细胞膨大 ·· 冬青爱氏霉 *E. ilicis*
    6. 分生孢子各细胞不膨大 ·· 7
7. 分生孢子具 28~66 个隔膜 ·· 长窄爱氏霉 *E. vaga*
7. 分生孢子具 24 个以下隔膜 ·· 8
    8. 分生孢子顶端尖锐,宽 4.5~6.5μm ··· 木荷爱氏霉 *E. schimae*
    8. 分生孢子顶端钝圆或具喙,宽 6.5~7.5μm 或≥7.5μm ··· 9
9. 分生孢子长度超过 200μm ·· 10
9. 分生孢子长度≤145μm ··· 11
    10. 分生孢子具 11~23 个隔膜,95~240 × 6.5~7.5μm ························· 乌桕爱氏霉 *E. sapii*
    10. 分生孢子具 9~15 个隔膜,88~220 × 7.5~9μm ························ 波罗蜜爱氏霉 *E. artocarpi*
11. 分生孢子长 115~145μm ·· 霸王岭爱氏霉 *E. bawanglingensis*
11. 分生孢子长度≤110μm ·· 12
    12. 分生孢子顶端无喙 ·· 蜜茱萸爱氏霉 *E. melicopes*
    12. 分生孢子顶端具喙 ··· 13
13. 分生孢子长 35~40μm ·· 秦岭白蜡树爱氏霉 *E. fraxini-paxianae*

13. 分生孢子长度≥45μm ··· 14
　　14. 分生孢子具 8 个以下隔膜 ··· 15
　　14. 分生孢子具 8～11 个或 9 个以上隔膜 ·· 16
15. 分生孢子具 5～7 个隔膜，65～71×14～16μm ····························· 花梣爱氏霉 *E. fraxini-orni*
15. 分生孢子具 5～8 个隔膜，45～87×8.5～10.5μm ································· 李爱氏霉 *E. pruni*
　　16. 分生孢子宽 7.5～10μm ·· 罗汉松爱氏霉 *E. podocarpi*
　　16. 分生孢子宽 10～12μm 或≥11.5μm ·· 17
17. 分生孢子顶端无丝状附属物 ·· 近多变爱氏霉 *E. paravaginata*
17. 分生孢子顶端具丝状附属物 ··· 18
　　18. 分生孢子具 8～11 个隔膜，80～110×10～12μm ················· 金莲木爱氏霉 *E. ochnae*
　　18. 分生孢子具 10～16 个隔膜，49～80×13～16μm ················· 石楠爱氏霉 *E. photiniae*

波罗蜜爱氏霉　图 150

Ellisembia artocarpi Jian Ma & X.G. Zhang, Mycotaxon 104: 143, 2008.

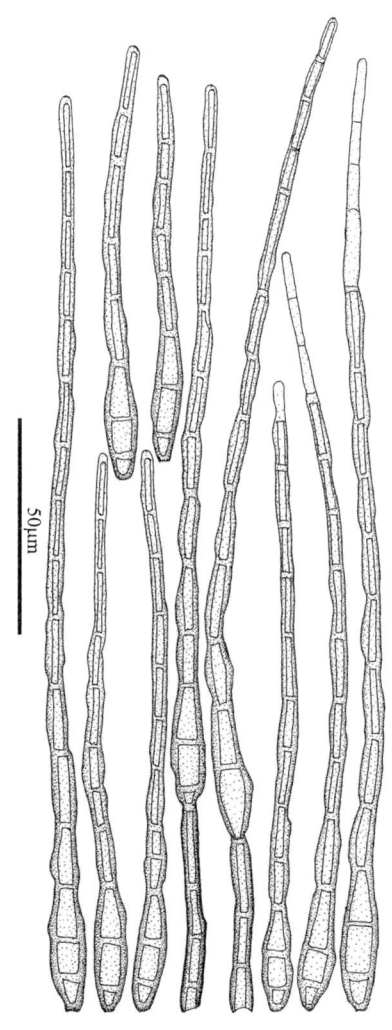

图 150　波罗蜜爱氏霉 *Ellisembia artocarpi* Jian Ma & X.G. Zhang
分生孢子梗和分生孢子。(HSAUP VII₀ ₘⱼ 0106-1)

菌落平展，褐色，毛发状，常不明显。菌丝体部分表生，部分埋生，由分枝、具隔、淡褐色、平滑、宽 2～5μm 的菌丝组成。分生孢子梗自菌丝端部或侧面产生，单生或少数簇生，不分枝，直或稍弯曲，圆柱形，光滑，褐色，具隔，30～89 ×3～4μm。分生孢子以裂解式脱落。分生孢子全壁芽生式产生，单生，顶生，干性，直或稍弯曲，倒棍棒形，具长喙，平滑，淡褐色，9～15 个假隔膜，88～220 × 7.5～9μm，顶部渐窄，宽 2～3.5μm，基部平截，宽 2～3μm。

二色波罗蜜 *Artocarpus styracifolius* Pierre 凋落枯枝，海南：琼中，HSAUP VII₀ MJ 0106-1。

世界分布：中国。

讨论：该种分生孢子形态与纤丝爱氏霉 *E. britannica* (B. Sutton) W.P. Wu (Wu and Zhuang, 2005) 较为相似，但后者分生孢子小，50～130 × 3～5μm，基部较宽，3～4μm，为不同种。

霸王岭爱氏霉　图 151

Ellisembia bawanglingensis S.C. Ren & X.G. Zhang, Mycosystema 36(11): 1484, 2017.

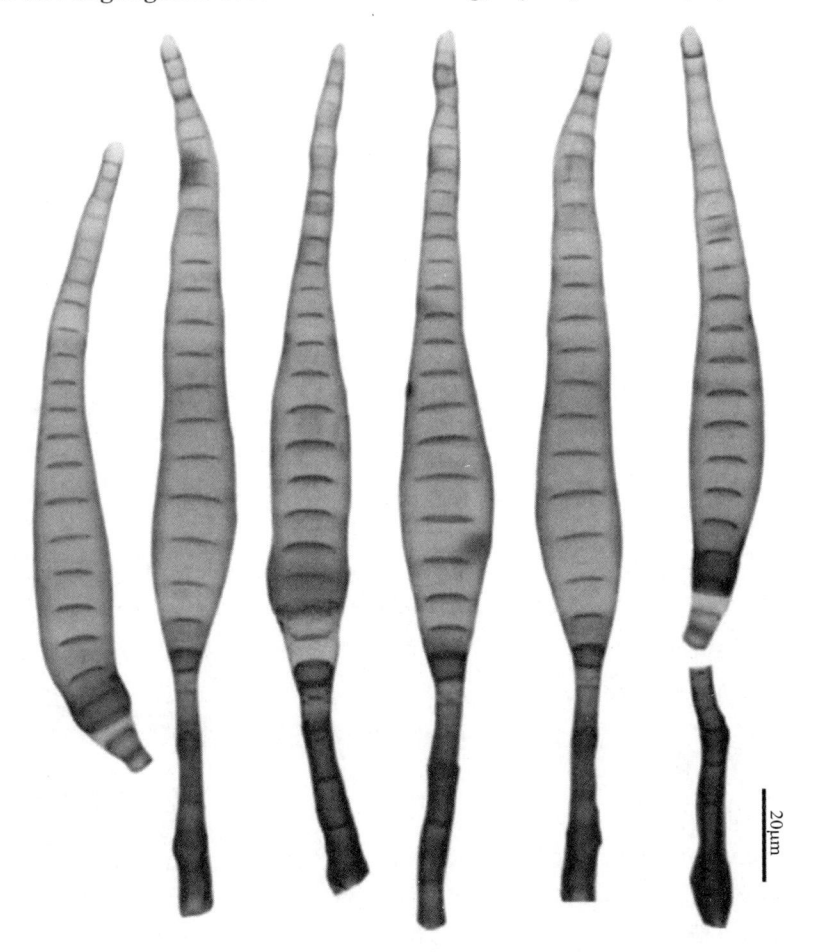

图 151　霸王岭爱氏霉 *Ellisembia bawanglingensis* S.C. Ren & X.G. Zhang
分生孢子梗和分生孢子。(HSAUP H8519)

菌落疏展，褐色至暗褐色，发状。菌丝体部分埋生，部分表生，由分枝、具隔、淡褐色至褐色、光滑、宽 2～5μm 的菌丝组成。分生孢子梗分化明显，单生，不分枝，直或弯曲，圆柱形，光滑，3～6 个隔膜，褐色至暗褐色，40～60 × 4.5～6μm。产孢细胞单芽生式，合生，顶生，圆柱形，褐色，偶具 1 个内壁芽生式及顶层出。分生孢子以裂解式脱落。分生孢子全壁芽生式产生，单生，顶生，干性，倒棍棒形，褐色，光滑，17～24 个假隔膜，长 115～145μm，宽 15.5～20μm，基部平截，宽 3.5～5μm，顶部钝圆。

植物枯枝，海南：昌江（霸王岭），HSAUP H8519。

世界分布：中国。

讨论：该种分生孢子形态与竹生爱氏霉 *E. bambusicola* (M.B. Ellis) W.P. Wu (Wu and Zhuang, 2005) 和卡罗爱氏霉 *E. carrii* (Morgan-Jones) W.P. Wu (Wu and Zhuang, 2005) 十分相似，但后两者分生孢子明显窄，分别为 13～15μm 和 8～10μm。其次，*E. bambusicola* 分生孢子顶部比基部宽，*E. carrii* 分生孢子基部窄（2.5～4μm），顶部窄呈喙状，均不同于该种。

茶条木爱氏霉　图 152

Ellisembia delavayae (Ch.K. Shi & X.G. Zhang) T.S. Santa Izabel, A.C. Cruz & Gusmão, Mycosphere 4(2): 158, 2013.

Sporidesmium delavayae Ch.K. Shi & X.G. Zhang, Mycotaxon 99: 359, 2007.

菌落疏展，灰色至暗黑褐色，毛发状。菌丝体表生或埋生，由分枝、具隔、淡褐色至褐色、光滑、宽 2～5μm 的菌丝组成。分生孢子梗分化明显，自菌丝端部和侧面生出，单生，直或弯曲，中度褐色至暗褐色，圆柱形，3～5 个隔膜，光滑，长 80～130μm，宽 5～8μm。产孢细胞单芽生式，合生，顶生，圆柱形，褐色，光滑，具 0～3 个连续的及顶层出。分生孢子以裂解式脱落。分生孢子全壁芽生式产生，单生，顶生，直或弯曲，纺锤形，顶端圆锥形或稍尖，底部圆锥形平截，光滑，褐色至橄榄褐色，向顶颜色渐浅，5～7 个假隔膜，长 35～45μm，宽 12～15μm，顶端渐窄，宽 3～4μm，基部平截，宽 5～8μm，隔膜间距平均 7.5μm。

茶条木 *Delavaya toxocarpa* Franch. 凋落枯枝，广西：玉林，HSAUP III₀zxg 0046-2。

世界分布：中国。

讨论：该种分生孢子形态与里昂爱氏霉 *E. leonensis* (M.B. Ellis) McKenzie (McKenzie, 1995)、楠木爱氏霉 *E. phoebes* (Santa Izabel et al., 2013) 和乌口树爱氏霉 *E. tarennae* (Santa Izabel et al., 2013) 有些相似，但 *E. leonensis* 分生孢子长，38～85μm，隔膜多，7～12 个，基部窄，1.5～3μm，顶部有时具喙；*E. phoebes* 和 *E. tarennae* 分生孢子大，分别为 50～65 × 15～18μm 和 45～50 × 12～16μm，顶端均具喙。

花梣爱氏霉　图 153

Ellisembia fraxini-orni (Jian Ma & X.G. Zhang) Jian Ma & X.G. Zhang, comb. nov.

Sporidesmium fraxini-orni Jian Ma & X.G. Zhang, Mycotaxon 101: 75, 2007.

菌落疏展，暗黑褐色。菌丝体大多埋生，少数表生，由分枝、具隔、近无色至淡褐色、光滑、宽 2～4μm 的菌丝组成。分生孢子梗分化明显，自菌丝端部和侧面生出，单

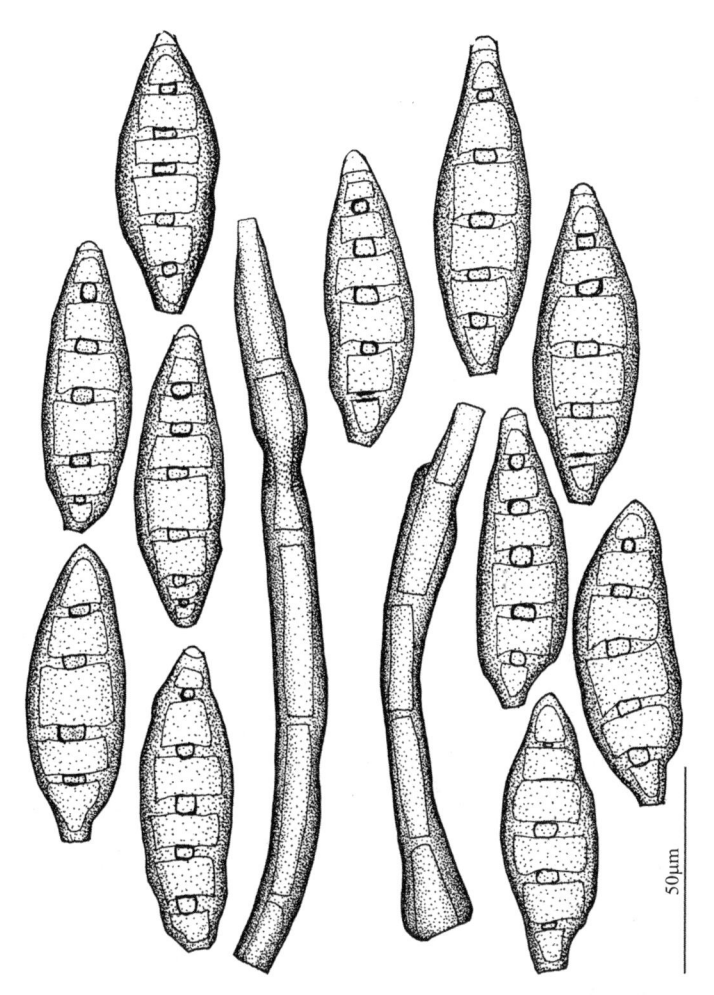

图152 茶条木爱氏霉 *Ellisembia delavayae* (Ch.K. Shi & X.G. Zhang) T.S. Santa Izabel, A.C. Cruz & Gusmão

分生孢子梗和分生孢子。(HSAUP III₀ zxg 0046-2)

生或少数簇生，直或稍弯曲，圆柱形，淡褐色至中度褐色，光滑，2~5个隔膜，长45~60μm，宽3.5~4.5μm。产孢细胞单芽生式，合生，顶生，圆柱形，褐色，光滑，有限生长。分生孢子以裂解式脱落。分生孢子全壁芽生式产生，单生，顶生，直或稍弯曲，倒棍棒形，具喙，近无色至淡褐色，向顶颜色渐浅，光滑，5~7个假隔膜，长65~71μm，宽14~16μm，近顶端渐窄，宽2.5~3.5μm，基部圆锥形平截，宽3~4μm。

花梣 *Fraxinus ornus* L.凋落枯枝，云南：景洪（西双版纳），HSAUP IV₀ zxg 0184(=HMAS 143709)。

世界分布：中国。

讨论：该种分生孢子倒棍棒形，近似于茶爱氏霉 *E. camelliae-japonicae* (Subram.) W.P. Wu、胶黏爱氏霉 *E. minigelatinosa* (Matsush.) W.P. Wu、黏顶爱氏霉 *E. mucicola* W.P. Wu（Wu and Zhuang，2005）、冠爱氏霉 *E. coronata* (Fuckel) Subram.（Subramanian，1992）、里昂爱氏霉 *E. leonensis* (M.B. Ellis) McKenzie（McKenzie，1995）、表生爱氏霉 *E.*

repentioriunda Goh & K.D. Hyde、船湾淡水湖爱氏霉 *E. plovercovensis* Goh & K.D. Hyde（Goh and Hyde，1999）和秦岭白蜡树爱氏霉 *E. fraxini-paxianae*，但 *E. camelliae-japonicae*、*E. coronata* 和 *E. plovercovensis* 分生孢子无喙，且 *E. camelliae-japonicae* 分生孢子较小，32～50 × 7～8μm，隔膜较多，7～9 个；*E. coronata* 分生孢子较窄，9～12 μm，基部较宽 4～6μm；*E. plovercovensis* 分生孢子较小，32～52 × 7～10μm，隔膜略多，5～9 个。另外，*E. leonensis* 分生孢子略大，38～85 × 11～15μm，隔膜较多，7～12 个；*E. fraxini-paxianae* 分生孢子较小，35～40 × 8～10μm，隔膜较少，4～6 个。*E. minigelatinosa*、*E. mucicola* 和 *F. repentioriunda* 分生孢子顶部具黏性附属物，且 *E. minigelatinosa* 和 *E. mucicola* 分生孢子较小，分别为 45～52 × 8～12μm 和 42～52 × 8～9μm，隔膜较多，分别为 9～11 个和 8～9 个；*E. repentioriunda* 分生孢子明显小，30～45 × 7～9μm，分生孢子梗有时具层出现象。

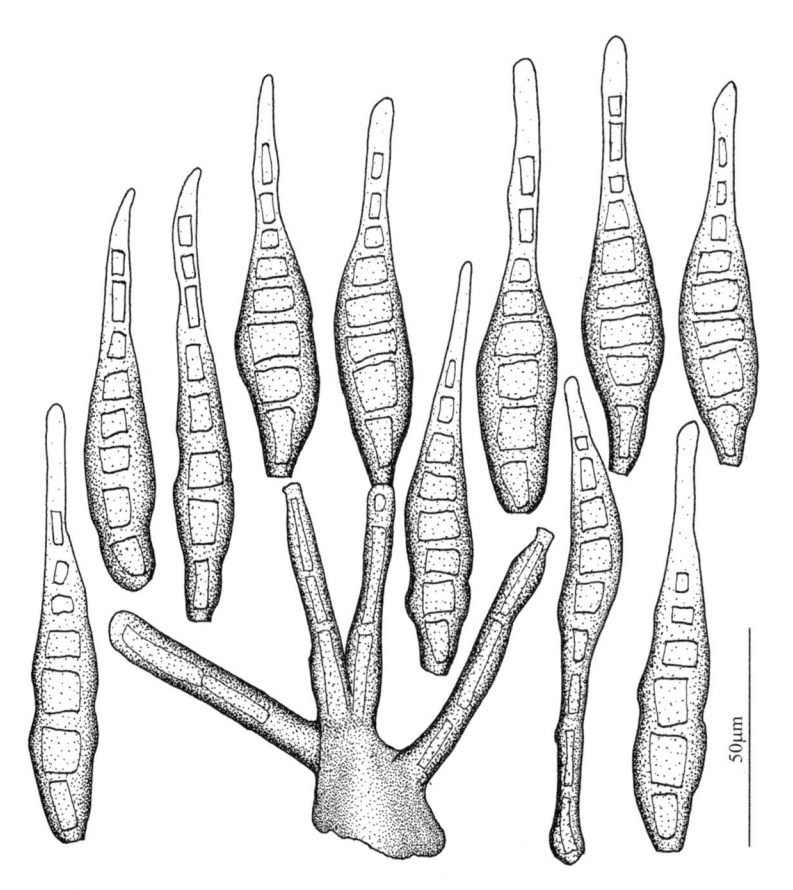

图 153 花梣爱氏霉 *Ellisembia fraxini-orni* (Jian Ma & X.G. Zhang) Jian Ma & X.G. Zhang 分生孢子梗和分生孢子。（HSAUP IV$_{0\,zxg}$0184）

秦岭白蜡树爱氏霉 图 154

Ellisembia fraxini-paxianae (Jian Ma & X.G. Zhang) Jian Ma & X.G. Zhang, comb. nov.
Sporidesmium fraxini-paxianae Jian Ma & X.G. Zhang, Mycotaxon 101: 73, 2007.

菌落疏展，暗黑褐色，短发状。菌丝体大多埋生，由分枝、具隔、淡褐色至褐色、光滑、宽 2~4μm 的菌丝组成。分生孢子梗分化明显，自菌丝端部和侧面生出，单生，不分枝，直或稍弯曲，圆柱形，褐色，3~5 个隔膜，光滑，长 35~45μm，宽 3.5~4μm。产孢细胞单芽生式，合生，顶生，圆柱形，褐色，光滑，有限生长。分生孢子以裂解式脱落。分生孢子全壁芽生式产生，单生，顶生，直或稍弯曲，倒棍棒形，具喙，褐色，向顶颜色渐浅，光滑，4~6 个假隔膜，长 35~40μm，宽 8~10μm，近顶端渐窄，宽 3~4μm，基部圆锥形平截，宽 2~3μm。

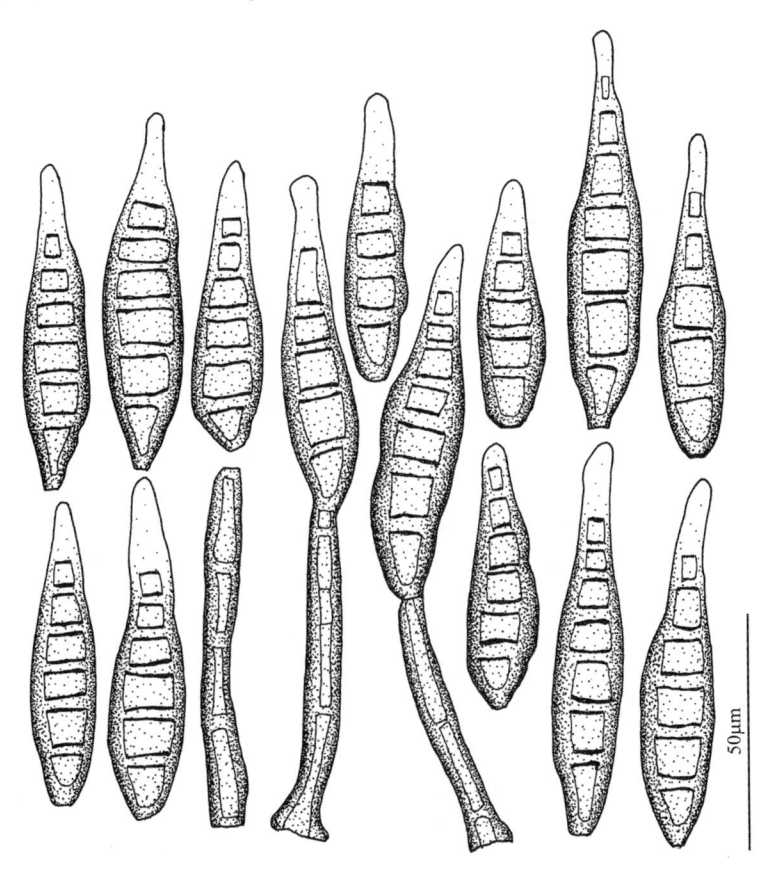

图 154 秦岭白蜡树爱氏霉 Ellisembia fraxini-paxianae (Jian Ma & X.G. Zhang) Jian Ma & X.G. Zhang 分生孢子梗和分生孢子。(HSAUP IV$_{0\,zxg}$ 0025)

秦岭白蜡树 Fraxinus paxiana Lingelsh.凋落枯枝，云南：景洪（西双版纳），HSAUP IV$_{0\,zxg}$ 0025（=HMAS 143708）。

世界分布：中国。

讨论：该种分生孢子形态与茶爱氏霉 E. camelliae-japonicae (Subram.) W.P. Wu、胶黏爱氏霉 E. minigelatinosa (Matsush.) W.P. Wu、黏顶爱氏霉 E. mucicola W.P. Wu（Wu and Zhuang，2005）、冠爱氏霉 E. coronata (Fuckel) Subram.（Subramanian，1992）、里昂爱氏霉 E. leonensis (M.B. Ellis) McKenzie（McKenzie，1995）、表生爱氏霉 E. repentioriunda Goh & K.D. Hyde、船湾淡水湖爱氏霉 E. plovercovensis Goh & K.D. Hyde（Goh and Hyde，1999）和花梣爱氏霉 E. fraxini-orni 较为相似，但 E. camelliae-japonicae、E. coronata 和 E. plovercovensis 分生孢子无喙，且 E. camelliae-japonicae 分生孢子长而窄，32~50 × 7~

8μm，隔膜较多，7～9个；*E. coronata* 分生孢子较大，35～70×9～12μm，基部较宽 4～6 μm；*E. plovercovensis* 分生孢子略长，32～52μm，隔膜较多，5～9个。另外，*E. leonensis* 分生孢子较大，38～85×11～15μm，隔膜较多，7～12个；*E. fraxini-orni* 分生孢子较大，65～71×14～16μm，基部较宽，3～4μm，隔膜略多，5～7个。*E. minigelatinosa*、*E. mucicola* 和 *E. repentioriunda* 分生孢子顶部具黏性附属物，且 *E. minigelatinosa* 和 *E. mucicola* 的分生孢子较长，分别为 45～52μm 和 42～52μm，隔膜较多，分别为 9～11 个和 8～9个；*E. repentioriunda* 分生孢子略长而窄，30～45×7～9μm，隔膜略多，6～7个，分生孢子梗有时具层出现象。

银叶树爱氏霉 图 155

Ellisembia heritierae S.C. Ren & X.G. Zhang, Mycotaxon 122: 83, 2012.

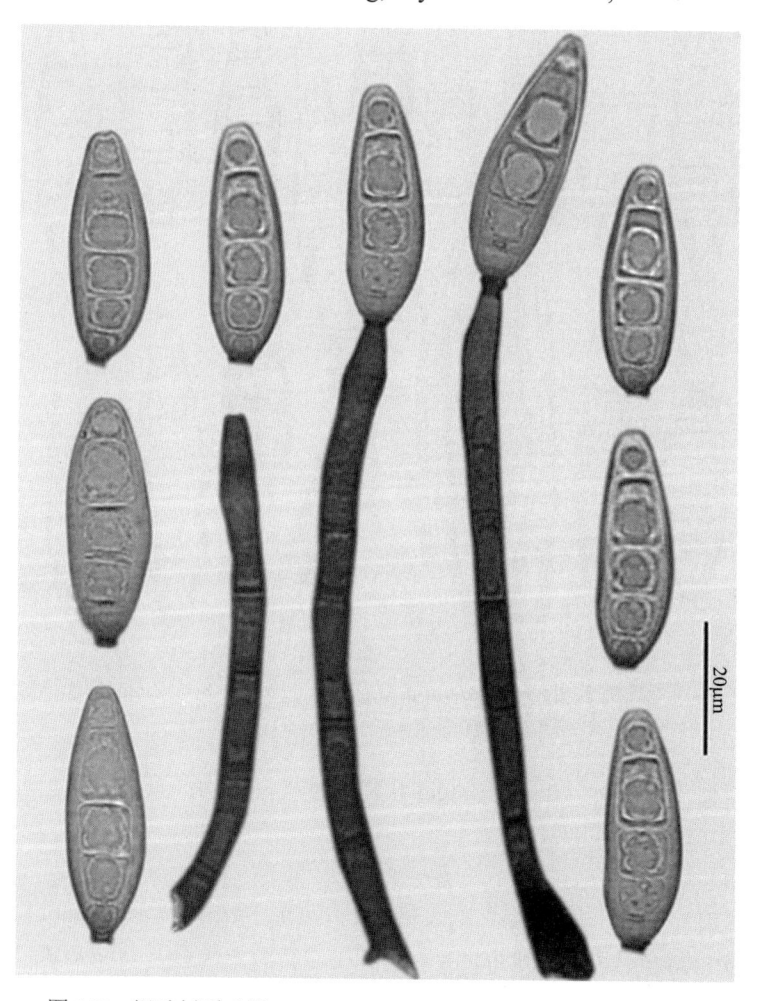

图 155 银叶树爱氏霉 *Ellisembia heritierae* S.C. Ren & X.G. Zhang
分生孢子梗和分生孢子。(HSAUP H0062)

菌落稀疏，暗褐色至黑色，发状。菌丝体部分埋生，部分表生，由分枝、具隔、淡褐色、光滑、宽 1.5～3μm 的菌丝组成。分生孢子梗分化明显，单生或少数簇生，不分

· 232 ·

枝，直或弯曲，圆柱形，褐色，光滑，4~7个隔膜，长80~110μm，宽5~6.5μm。产孢细胞单芽生式，合生，顶生，圆柱形，褐色，平滑，有限生长。分生孢子以裂解式脱落。分生孢子全壁芽生式产生，单生，顶生，椭圆形，顶端钝圆，基部平截，光滑，褐色至淡褐色，4个假隔膜，长35~40μm，宽12~14.5μm，基部平截，宽2.5~3.5μm。

银叶树 *Heritiera littoralis* Aiton 凋落枯枝，云南：景洪（西双版纳），HSAUP H0062（=HMAS 243417）。

世界分布：中国。

讨论：该种分生孢子形态与椭孢爱氏霉 *E. ellipsoidea* W.P. Wu（Wu and Zhuang，2005）十分相似，但后者产孢细胞具层出现象，分生孢子较小，40~45 × 10~11μm，隔膜较多，7~8个。

冬青爱氏霉 图156

Ellisembia ilicis (Jian Ma & X.G. Zhang) T.S. Santa Izabel, A.C. Cruz & Gusmão, Mycosphere 4(2): 159, 2013.

Sporidesmium ilicis Jian Ma & X.G. Zhang, Mycotaxon 99: 369, 2007.

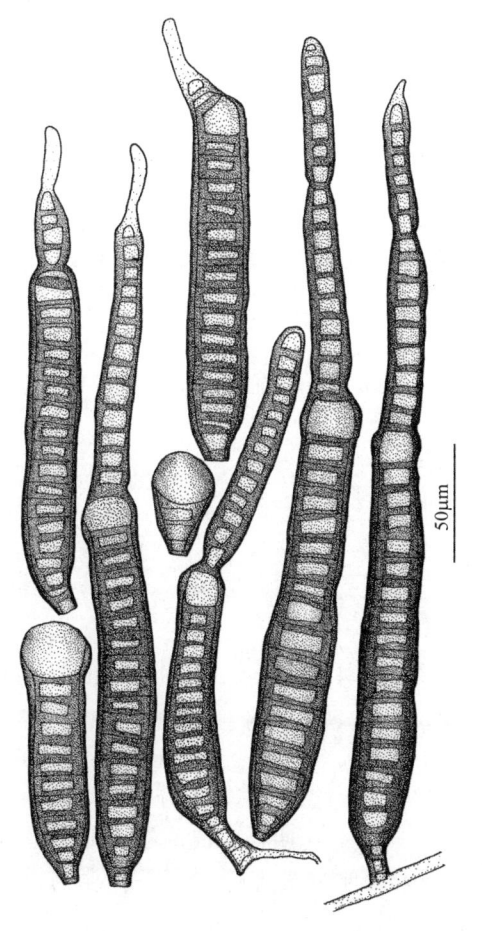

图156　冬青爱氏霉 *Ellisembia ilicis* (Jian Ma & X.G. Zhang) T.S. Santa Izabel, A.C. Cruz & Gusmão
分生孢子梗和分生孢子。[HSAUP V₀ MJ 0008(4)]

菌落疏展，黑色。菌丝体大多埋生，由分枝、具隔、淡褐色、光滑、宽 1~3μm 的菌丝组成。分生孢子梗分化明显，自菌丝端部和侧面生出，单生或少数簇生，不分枝，直或弯曲，中度褐色至暗褐色，1~2 个隔膜，光滑，长 4.5~12.5μm，宽 4.5~6μm。产孢细胞单芽生式，合生，顶生，圆柱形，褐色，光滑，有限生长。分生孢子以裂解式脱落。分生孢子全壁芽生式产生，单生，顶生，直或弯曲，倒棍棒形，中部细胞膨大，多达 13.6×9.2μm，其上部细胞立即变窄，宽达 10.5μm，顶部细胞有时膨大，顶端钝圆或具喙，光滑，褐色，10~38 个假隔膜，长 70~215μm，宽 13~19.5μm，近顶部渐窄，宽 5~8μm，基部圆锥形平截，宽 5~6.5μm，隔膜间距平均 5.7μm。

双核冬青 *Ilex dipyrena* Wall.凋落枯枝，云南：丽江，HSAUP V$_{0\,MJ}$ 0008(4)。

世界分布：中国。

讨论：该种分生孢子形态与长直生爱氏霉 *E. adscendens* (Berk.) Subram. (Subramanian, 1992) 相似，但其分生孢子中部细胞膨大，顶部钝圆或具喙，而后者分生孢子较长，110~375μm，隔膜较多，16~62 个。

蜜茱萸爱氏霉 图 157

Ellisembia melicopes (K. Zhang & X.G. Zhang) K. Zhang & X.G. Zhang, comb. nov.

Sporidesmium melicopes K. Zhang & X.G. Zhang, Mycotaxon 104: 165, 2008.

菌落疏展，暗褐色，短发状。菌丝体大多埋生，由分枝、具隔、淡褐色至褐色、光滑、宽 2~4μm 的菌丝组成。分生孢子梗分化明显，自菌丝端部和侧面生出，单生，不分枝，直或稍弯曲，圆柱形，淡褐色，光滑，3~5 个隔膜，长 66~82μm，宽 5~6μm。产孢细胞单芽生式，合生，顶生，圆柱形，淡褐色，光滑，有限生长。分生孢子以裂解式脱落。分生孢子全壁芽生式产生，单生，顶生，倒棍棒形，淡褐色，光滑，6~12 个假隔膜，长 40~64μm，宽 8.5~12.5μm，近顶端渐窄，宽 2~3.5μm，基部圆锥形平截，宽 2~3μm。

三叶蜜茱萸 *Melicope triphylla* Merr.凋落枯枝，海南：五指山，HSAUP VII$_{0\text{-}ZK}$ 0424。

世界分布：中国。

讨论：该种分生孢子形态与茶爱氏霉 *E. camelliae-japonicae* (Subram.) W.P. Wu (Wu and Zhuang, 2005) 十分相似，但后者产孢细胞偶具 1 个桶形层出结构，分生孢子略短而窄，32~50×7~8μm，隔膜较少，7~9 个，基部较宽，3.5~4μm。

金莲木爱氏霉 图 158

Ellisembia ochnae (Ch.K. Shi & X.G. Zhang) T.S. Santa Izabel, A.C. Cruz & Gusmão, Mycosphere 4(2): 159, 2013.

Sporidesmium ochnae Ch.K. Shi & X.G. Zhang, Mycotaxon 99: 365, 2007.

菌落稀疏，淡褐色。菌丝体表生或埋生，由分枝、具隔、淡褐色至褐色、光滑、宽 2~4μm 的菌丝组成。分生孢子梗分化明显，自菌丝端部和侧面生出，单生，不分枝，直或弯曲，中度褐色至暗褐色，圆柱形，光滑，2~3 个隔膜，长 45~65μm，宽 4~5μm。产孢细胞单芽生式，合生，顶生，圆柱形，褐色，光滑，具 0~2 个连续的及顶层出结构。分生孢子以裂解式脱落。分生孢子全壁芽生式产生，单生，顶生，直或稍弯曲，倒棍棒形,具喙,光滑,中度褐色至暗褐色,向顶颜色渐浅,8~11个假隔膜,长80~110μm,宽10~12μm,近顶端渐窄,宽2~3μm,基部平截,宽4~6μm,隔膜间距平均7.2μm。

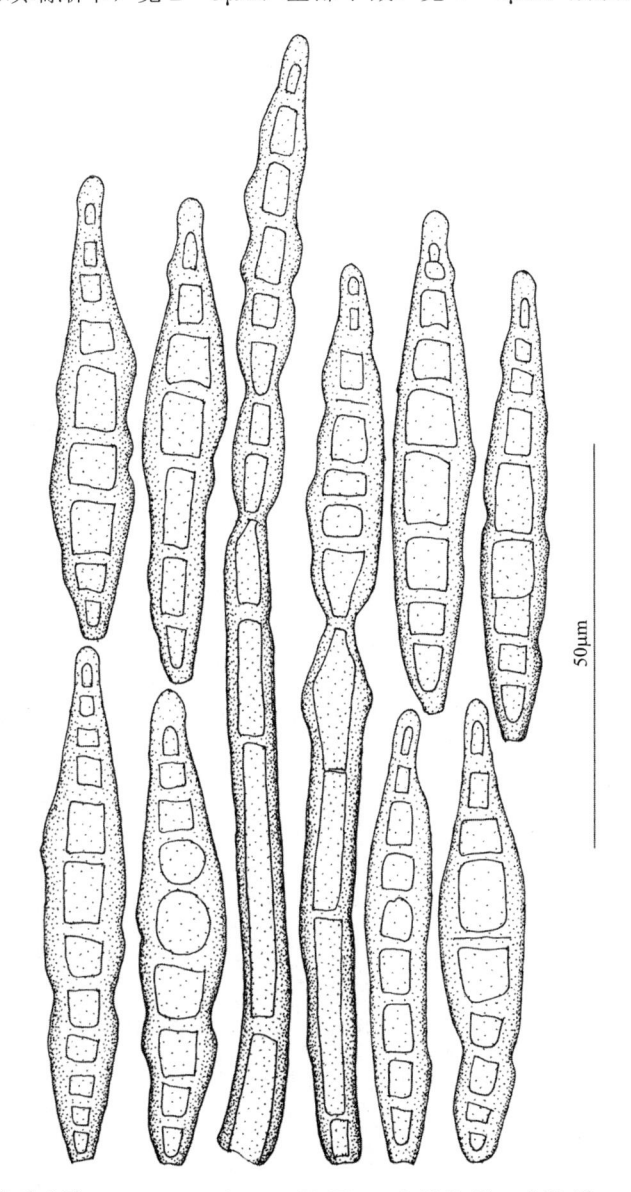

图157 蜜茱萸爱氏霉 *Ellisembia melicopes* (K. Zhang & X.G. Zhang) K. Zhang & X.G. Zhang
分生孢子梗和分生孢子。(HSAUP VII₀-ZK 0424)

斯里兰卡金莲木 *Ochna jabotapita* L.凋落枯枝,广西:玉林,HSAUP III₀ zxg 0499。
世界分布:中国。

讨论:该种分生孢子形态与短柄爱氏霉 *E. brachypus* (Ellis & Everh.) Subram. (Subramanian,1992)和丝顶爱氏霉 *E. filia* W.P. Wu(Wu and Zhuang,2005)十分相似,但 *E. filia* 分生孢子较小,40~50×7~8μm,隔膜较少,7~9个;*E. brachypus* 分生孢子较短,50~90μm,顶部较窄,1~2μm,隔膜较少,5~8个,基脐加厚色深。

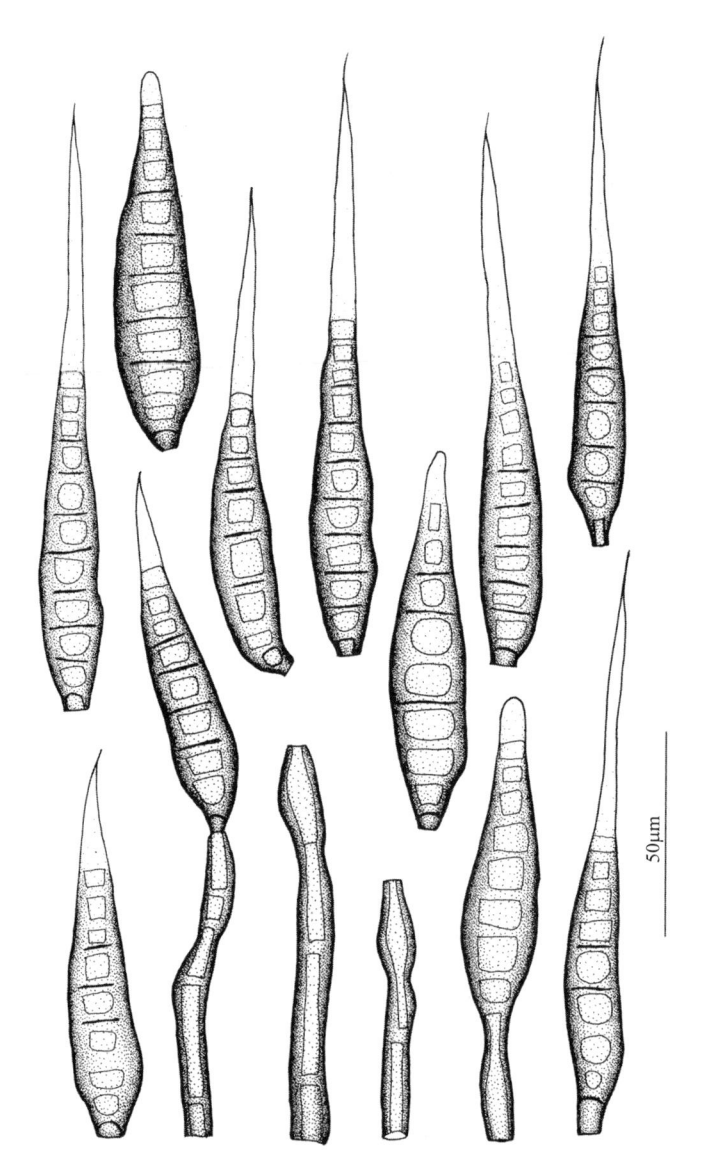

图158 金莲木爱氏霉 *Ellisembia ochnae* (Ch.K. Shi & X.G. Zhang) T.S. Santa Izabel, A.C. Cruz & Gusmão
分生孢子梗和分生孢子。(HSAUP III₀ ₂ₓg 0499)

近多变爱氏霉　图159

Ellisembia paravaginata McKenzie, Mycotaxon 56: 16, 1995.

　　菌落疏展，淡褐色至黑褐色，毛发状。菌丝体大多埋生，少数表生，由分枝、具隔、淡褐色至褐色、光滑的菌丝组成。分生孢子梗粗大，单生或少数簇生，不分枝，直或弯曲，圆柱状，褐色至暗褐色，光滑，具隔，34～98 × 3.5～5μm。产孢细胞单芽生式，合生，顶生，葫芦形或圆柱形，褐色，光滑，具0～1个圆柱形及顶层出。分生孢子以裂解式脱落。分生孢子全壁芽生式产生，单生，顶生，直或稍弯曲，倒棍棒形，光滑，褐色至暗褐色，9～13个假隔膜，长62～80μm，宽11.5～14μm，近顶部渐窄呈喙状，宽 2~3μm，基部平截，宽 2.5~3.5μm。

植物枯枝，海南：昌江（霸王岭），HSAUP H5234。

世界分布：中国、马来西亚。

讨论：McKenzie（1995）最初于马来西亚露兜树属 *Pandanus* sp.植物叶片上发现该菌，其分生孢子顶端具一黏性附属物。Lu 等（2000）自香港报道该种。作者观察的分生孢子顶端无黏性附属物，其余形态特征与原始描述基本一致，两者应视为同种。

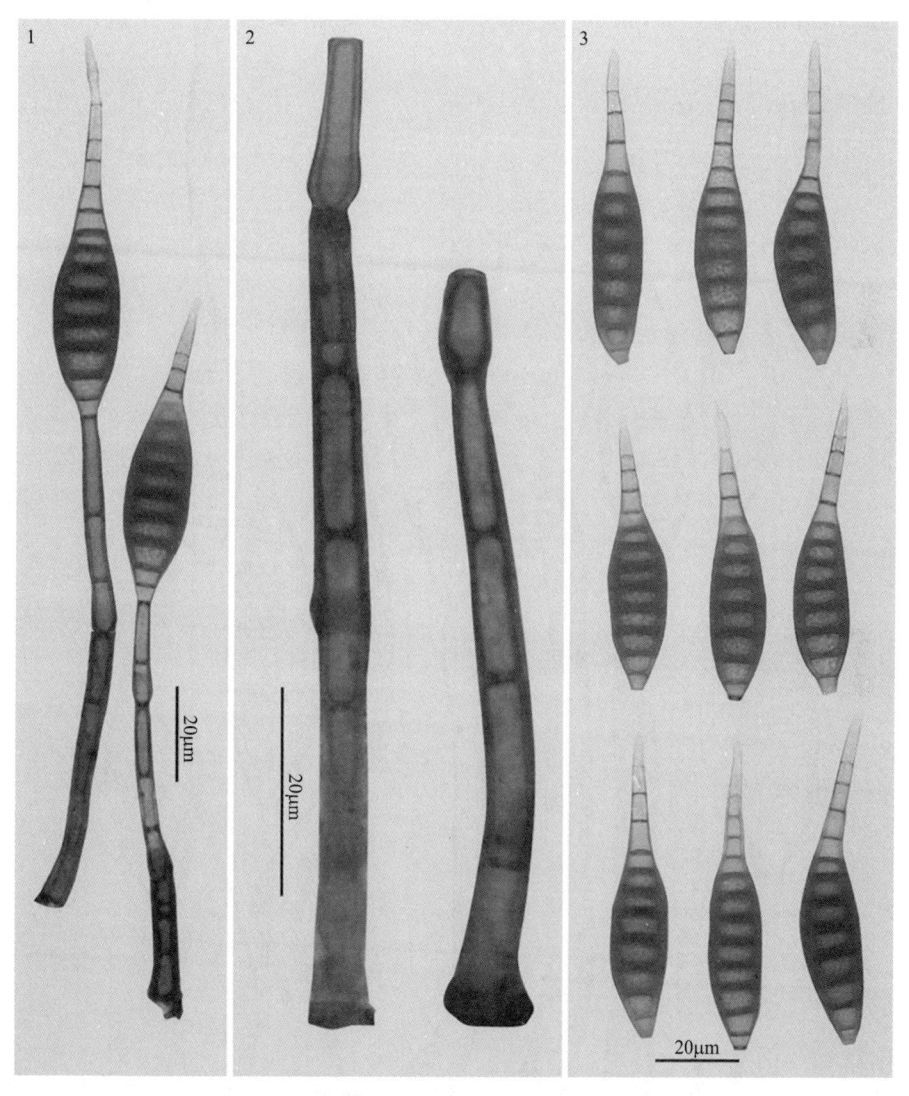

图 159 近多变爱氏霉 *Ellisembia paravaginata* McKenzie
1. 分生孢子梗和分生孢子；2. 分生孢子梗；3. 分生孢子。（HSAUP H5234）

楠木爱氏霉 图 160

Ellisembia phoebes (Ch.K. Shi & X.G. Zhang) T.S. Santa Izabel, A.C. Cruz & Gusmão, Mycosphere 4(2): 159, 2013.

Sporidesmium phoebes Ch.K. Shi & X.G. Zhang, Mycotaxon 99: 362, 2007.

菌落疏展，灰色至暗黑褐色，毛发状。菌丝体表生或埋生，由分枝、具隔、淡褐色至褐色、光滑、宽3～6μm的菌丝组成。分生孢子梗分化明显，自菌丝端部和侧面生出，单生，不分枝，直或弯曲，中度褐色至暗褐色，圆柱形，5～7个隔膜，光滑，长50～100μm，宽5～7μm。产孢细胞单芽生式，合生，顶生，圆柱形，褐色，光滑，具0～2个连续的及顶层出。分生孢子以裂解式脱落。分生孢子全壁芽生式产生，单生，顶生，直或稍弯曲，纺锤形，具喙，光滑，中度褐色至暗褐色，向顶颜色渐浅，6～7个假隔膜，长50～65μm，宽15～18μm，近顶端渐窄，宽3～4μm，基部圆锥形平截，宽2～4μm，隔膜间距平均5.3μm。

红梗楠 *Phoebe rufescens* H.W.Li 凋落枯枝，广西：玉林，HSAUP III$_{0\ zxg}$ 0111。

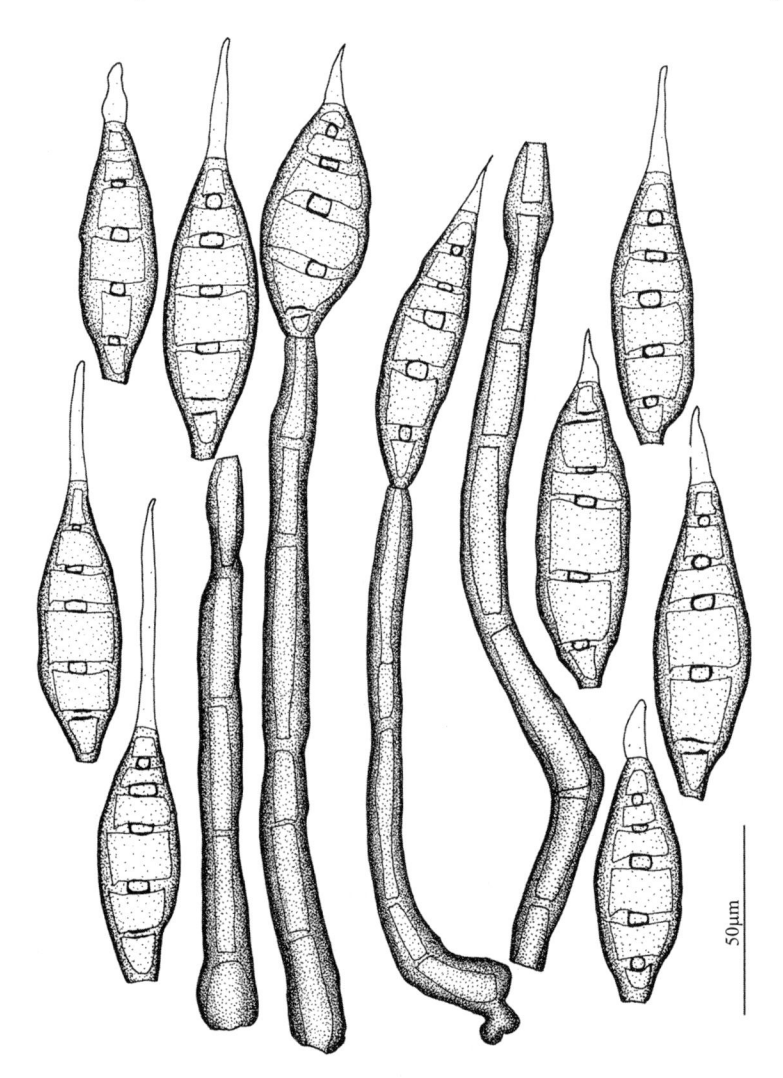

图160 楠木爱氏霉 *Ellisembia phoebes* (Ch.K. Shi & X.G. Zhang) T.S. Santa Izabel, A.C. Cruz & Gusmão 分生孢子梗和分生孢子。(HSAUP III$_{0\ zxg}$ 0111)

世界分布：中国。

讨论：该种分生孢子形态与短柄爱氏霉 *E. brachypus* (Ellis & Everh.) Subram.

(Subramanian，1992)、茶条木爱氏霉 *E. delavayae* (Ch.K. Shi & X.G. Zhang) T.S. Santa Izabel，A.C. Cruz & Gusmão(Santa Izabel *et al.*，2013)和乌口树爱氏霉 *E. tarennae* (Ch.K. Shi & X.G. Zhang) T.S. Santa Izabel，A.C. Cruz & Gusmão(Santa Izabel *et al.*，2013)有些相似，但 *E. brachypus* 分生孢子倒棍棒形，长而窄，50～90 × 10～14μm，基脐加厚色深；*E. delavayae* 分生孢子较小，35～45 × 12～15μm，无喙；*E. tarennae* 分生孢子较小，45～50 × 12～16μm，顶部较窄，2～3.5μm，基部较宽，4～5μm。

石楠爱氏霉　图 161

Ellisembia photiniae Jian Ma & X.G. Zhang, Mycotaxon 114: 419, 2010.

菌落疏展，褐色，毛发状。菌丝体部分表生，部分埋生，由分枝、具隔、淡褐色、光滑、宽 1.5～2.5μm 的菌丝组成。分生孢子梗粗大，单生或少数簇生，不分枝，直或弯曲，圆柱形，褐色至暗褐色，光滑，具隔，8.5～32 × 5.5～7.5μm。产孢细胞单芽生式，合生，顶生，葫芦形或圆柱形，褐色，光滑，27～30 × 6.5～7.5μm，具 0～1 个圆柱形及顶层出。分生孢子以裂解式脱落。分生孢子全壁芽生式产生，单生，顶生，直或稍弯曲，倒棍棒形至长喙形，光滑，褐色至淡褐色，10～16 个假隔膜，长 49～80μm(不含喙)，92～170μm(含喙)，宽 13～16μm，基部平截，宽 3～5μm，顶部渐细成一淡褐色至近无色、无隔、光滑的喙，43～90 × 1～1.5μm。

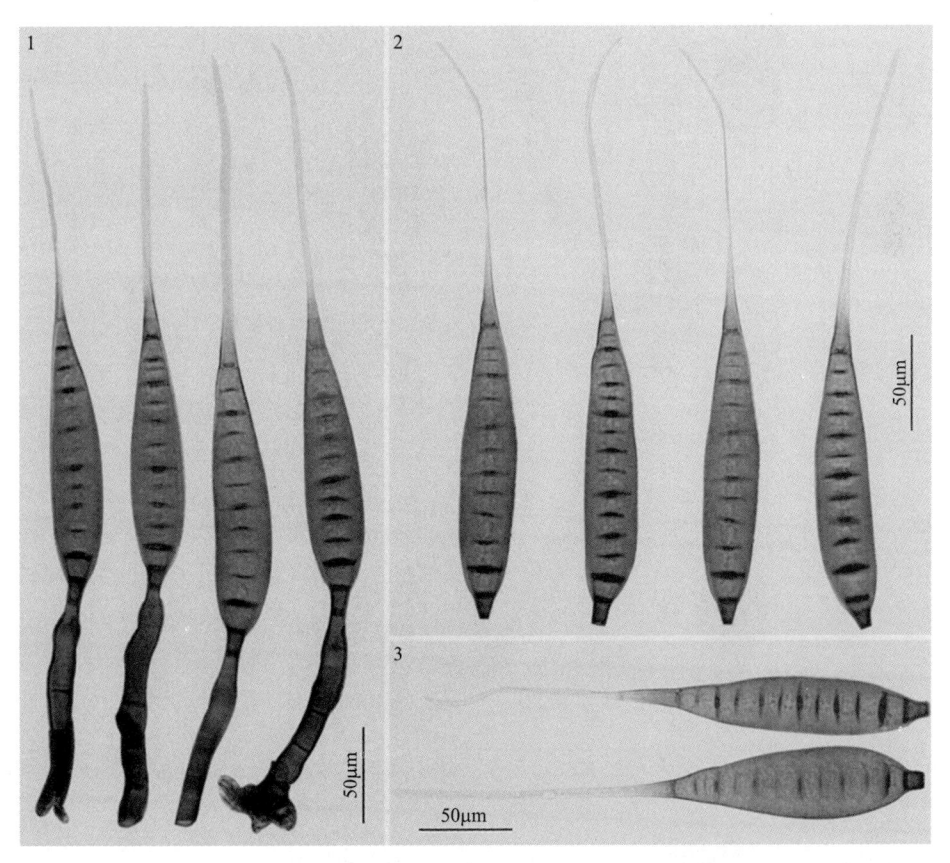

图 161　石楠爱氏霉 *Ellisembia photiniae* Jian Ma & X.G. Zhang
1. 分生孢子梗和分生孢子；2、3. 分生孢子。(HSAUP H5189-4)

小叶石楠 *Photinia parvifolia* C.K.Schneid.枯枝，海南：昌江（霸王岭），HSAUP H5189-4(=HMAS 146081)。

植物枯枝，海南：琼海，HSAUP H8141。

世界分布：中国。

讨论：该种分生孢子形态与丝顶爱氏霉 *E. filia* W.P. Wu(Wu and Zhaung，2005)和芒格陶塔伊爱氏霉 *E. maungatautari* McKenzie(McKenzie，2010)有些相似，但 *E. filia* 分生孢子较小，40~50×7~8μm，隔膜较少，7~9 个；*E. maungatautari* 分生孢子较长，85~125μm，隔膜较多，17~23 个，彼此之间较易区分。

黄连木爱氏霉　图 162

Ellisembia pistaciae S.C. Ren & X.G. Zhang, Mycotaxon 122: 85, 2012.

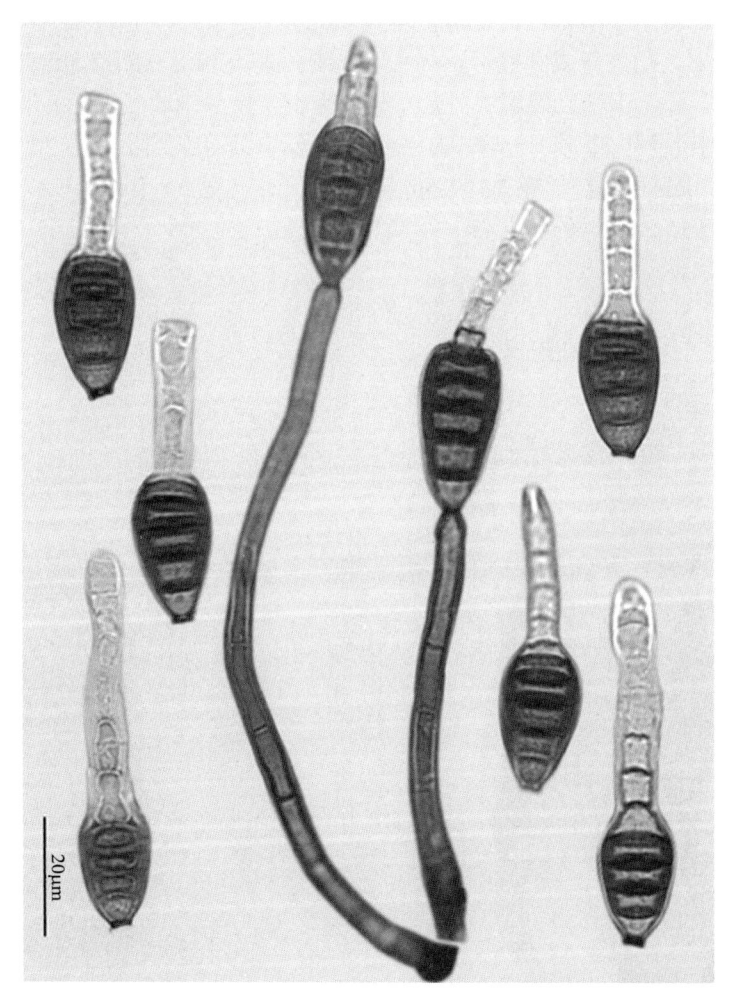

图 162　黄连木爱氏霉 *Ellisembia pistaciae* S.C. Ren & X.G. Zhang
分生孢子梗和分生孢子。(HSAUP H8620)

菌落稀疏，褐色，发状。菌丝体部分埋生，部分表生，由分枝、具隔、淡褐色、光滑、宽 2~4μm 的菌丝组成。分生孢子梗分化明显，单生或少数簇生，不分枝，直或弯曲，圆柱形，褐色至暗褐色，光滑，3～8个隔膜，长70～125μm，宽4.5～6μm。产孢细胞单芽生式，合生，顶生，圆柱形，褐色，光滑，有限生长。分生孢子以裂解式脱落。分生孢子全壁芽生式产生，单生，顶生，烧瓶状，具喙，光滑，褐色，喙淡褐色至近无色，8～10个假隔膜，长50～65μm（含喙），宽13～14.5μm，基部平截，宽3.5～4μm，喙长25～40μm，宽6～8μm。

黄连木 Pistacia chinensis Bunge 凋落枯枝，云南：景洪（西双版纳），HSAUP H8620（=HMAS 243418）。

世界分布：中国。

讨论：该种典型特征是分生孢子梗无层出现象，分生孢子烧瓶状，细胞色泽不一致，明显不同于其他种。

罗汉松爱氏霉 图163
Ellisembia podocarpi Jian Ma & X.G. Zhang, Mycotaxon 114: 418, 2010.

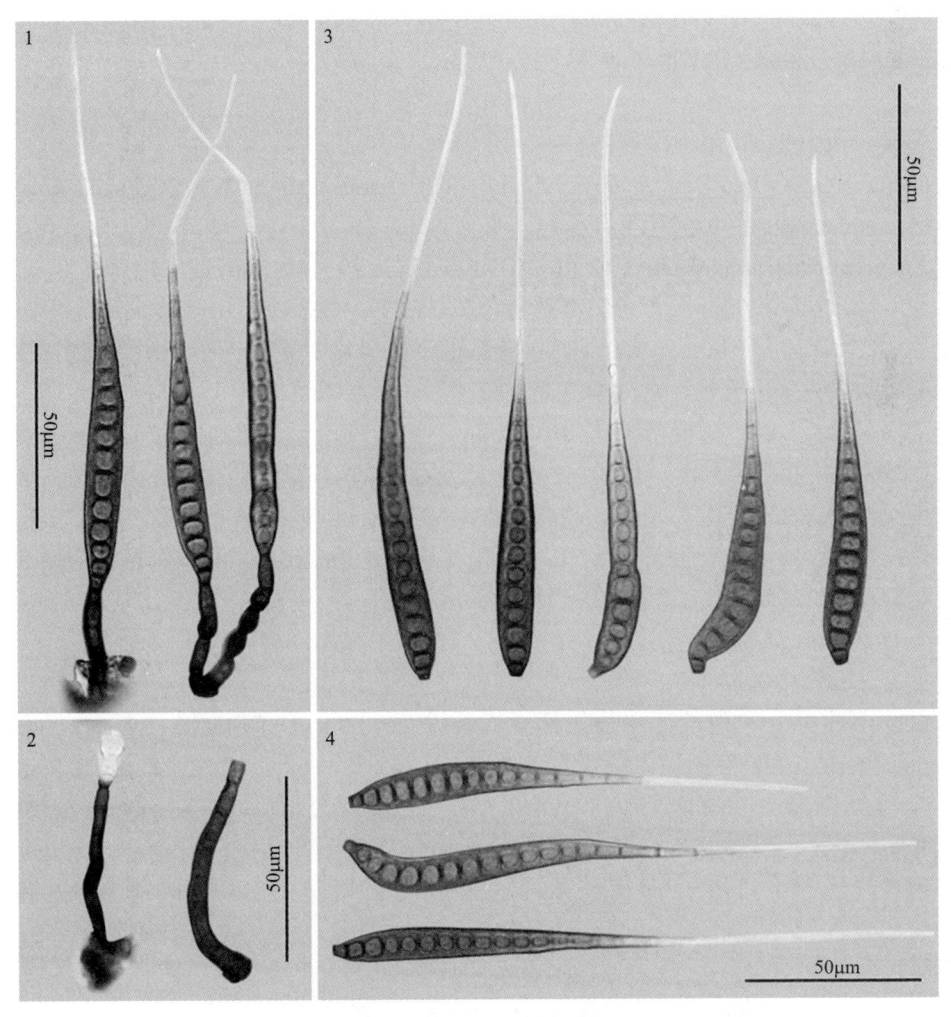

图163 罗汉松爱氏霉 *Ellisembia podocarpi* Jian Ma & X.G. Zhang
1、2. 分生孢子梗和分生孢子；3、4. 分生孢子。（HSAUP H5281）

菌落疏展，褐色，毛发状。菌丝体部分表生，部分埋生，由分枝、具隔、淡褐色、光滑、宽1.5～3μm的菌丝组成。分生孢子梗粗大，单生或少数簇生，不分枝，直或弯曲，圆柱状，褐色，光滑，具隔，32～65 × 3～5.5μm。产孢细胞单芽生式，合生，顶生，葫芦形或圆柱形，褐色，光滑，8～16 × 3～4.5μm，具0～3个葫芦形或桶形及顶层出。分生孢子以裂解式脱落。分生孢子全壁芽生式产生，单生，顶生，直或弯曲，倒棍棒形至长喙形，光滑，褐色至淡褐色，13～19个假隔膜，长71.5～100μm（不含喙），110～170μm（含喙），宽7.5～10μm，基部平截，宽2～4μm，顶部渐细成一淡褐色至近无色、无隔、光滑的喙，喙长达80.5μm，宽1～2.5μm。

鸡毛松 Podocarpus imbricatus Blume 凋落枯枝，海南：乐东（尖峰岭），HSAUP II5281（=HMAS 146080）、HSAUP H5297。

世界分布：中国。

讨论：该种分生孢子形态与丝顶爱氏霉 E. filia W.P. Wu（Wu and Zhaung, 2005）和芒格陶塔伊爱氏霉 E. maungatautari McKenzie（McKenzie, 2010）较为相似，但后两者产孢细胞无层出现象。其次，Ellisembia filia 分生孢子较短，40～50μm，隔膜较少，7～9个；E. maungatautari 分生孢子较宽，13～15μm，隔膜较多，17～23个。

李爱氏霉 图164

Ellisembia pruni (Jian Ma & X.G. Zhang) T.S. Santa Izabel, A.C. Cruz & Gusmão, Mycosphere 4(2): 161, 2013.

Sporidesmium pruni Jian Ma & X.G. Zhang, Mycotaxon 99: 369, 2007.

菌落稀疏，暗黑褐色至黑色。菌丝体大多埋生，少数表生，由分枝、具隔、淡褐色至褐色、光滑、宽1～4μm的菌丝组成。分生孢子梗分化明显，自菌丝端部和侧面生出，单生或少数簇生，不分枝，直或稍弯曲，圆柱形，顶端圆锥形平截，基部略膨大，褐色至暗褐色，光滑，2～5个隔膜，长50～85μm，宽3～6μm。产孢细胞单芽生式，合生，顶生，圆柱形，褐色，光滑，具0～2个连续的及顶层出现象。分生孢子以裂解式脱落。分生孢子全壁芽生式产生，单生，顶生，直或稍弯曲，倒棍棒形，具喙，光滑，淡黄色至橄榄褐色，5～8个假隔膜，长45～87μm，宽8.5～10.5μm，近顶端渐窄，宽2.5～3.5μm，基部平截，宽2～3.6μm，隔膜间距平均5.6μm。

李属 *Prunus* sp.凋落枯枝，四川：绵阳，HSAUP V$_{0\text{ MJ}}$ 0539(1)。

世界分布：中国。

讨论：该种分生孢子形态与短柄爱氏霉 E. brachypus (Ellis & Everh.) Subram. (Subramanian, 1992)和金莲木爱氏霉 E. ochnae (Ch.K. Shi & X.G. Zhang) T.S. Santa Izabel，A.C. Cruz & Gusmão（Santa Izabel et al., 2013）十分相似，但 E. ochnae 分生孢子较大，80～110 × 10～12μm，基部较宽，4～6μm，隔膜较多，8～11个；E. brachypus 分生孢子较宽，10～14μm，顶部较窄，1～2μm，基部较宽，3.5～5μm，基脐加厚色深。

乌桕爱氏霉 图165

Ellisembia sapii Jian Ma & X.G. Zhang, Mycotaxon 104: 143, 2008.

菌落平展，褐色，毛发状，常不明显。菌丝体部分表生，部分埋生，菌丝分枝、具隔、淡褐色、平滑，宽 2~4.5μm。分生孢子梗自菌丝端部或侧面产生，单生或少数簇生，粗大，不分枝，直或稍弯曲，圆柱形，光滑，褐色，具隔，36~59 × 4~5.5μm。分生孢子以裂解式脱落。分生孢子全壁芽生式产生，单生，顶生，干性，直或稍弯曲，倒棍棒形，具长喙，平滑，淡褐色，11~23 个假隔膜，95~240 × 6.5~7.5μm，顶部宽 3~4.5μm，基部平截，宽 3~4μm。

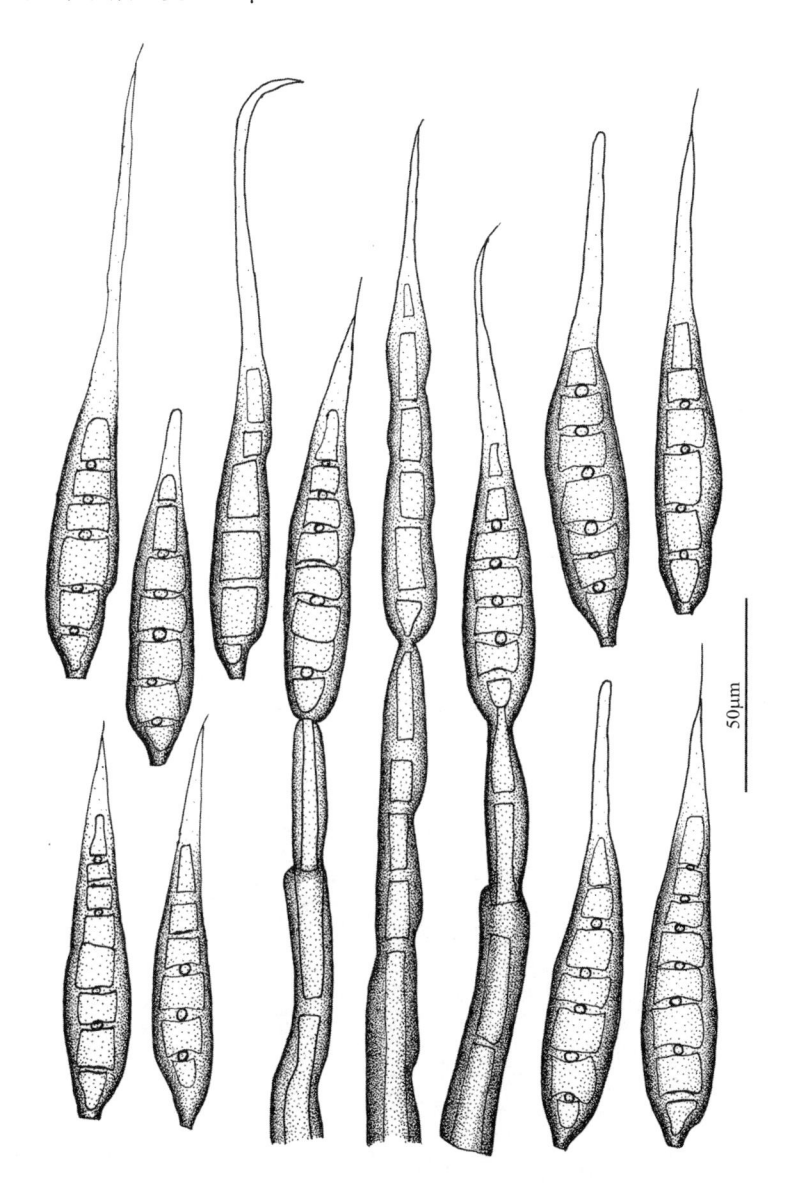

图 164 李爱氏霉 *Ellisembia pruni* (Jian Ma & X.G. Zhang) T.S. Santa Izabel, A.C. Cruz & Gusmão 分生孢子梗和分生孢子。[HSAUP V₀ MJ 0539(1)]

乌桕属 *Sapium* sp.植物枯枝，海南：琼中，HSAUP VII₀ MJ 0106-3。

世界分布：中国。

讨论：该种分生孢子形态与纤丝爱氏霉 *E. britannica* (B. Sutton) W.P. Wu(Wu and Zhuang，2005)和波罗蜜爱氏霉 *E. artocarpi* Jian Ma & X.G. Zhang 较为相似，但 *E.*

britannica 分生孢子较小，50～130×3～5μm，隔膜较少，10～13 个；*E. artocarpi* 分生孢子较宽，7.5～9μm，基部较窄，2～3μm，隔膜较多，9～15 个。

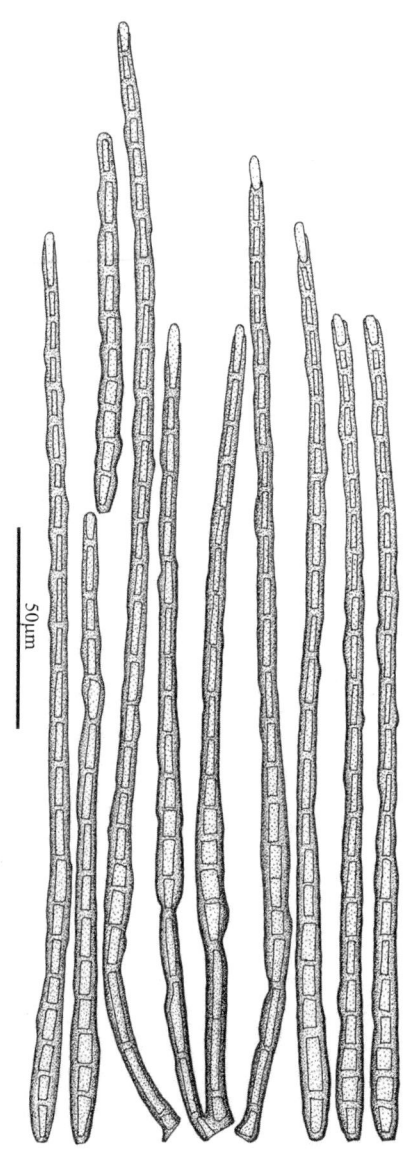

图 165 乌桕爱氏霉 *Ellisembia sapii* Jian Ma & X.G. Zhang
分生孢子梗和分生孢子。（HSAUP VII₀ ₘⱼ 0106-3）

木荷爱氏霉 图 166

Ellisembia schimae Jian Ma & X.G. Zhang, Mycotaxon 117: 247, 2011.

菌落疏展，褐色至暗褐色，毛发状。菌丝体部分表生，部分埋生，由分枝、具隔、淡褐色、光滑、宽 1.5～3μm 的菌丝组成。分生孢子梗分化明显，单生或少数簇生，不分枝，直或弯曲，圆柱状，暗褐色至黑色，光滑，具隔，16～39×6.5～9μm。产孢细胞单芽生式，合生，顶生，有限生长，葫芦形或圆柱形，褐色至暗褐色，光滑。分生孢子以裂解式脱落。分生孢子全壁芽生式产生，单生，顶生，直或弯曲，倒棍棒形，光滑，褐色至暗褐色，14～21个假隔膜，122～155 × 4.5～6.5μm，顶端尖锐，基部平截，宽3.5～4.5μm。

木荷属 *Schima* sp.凋落枯枝，广东：从化，HSAUP H5380-2（=HMAS146141）、HSAUP H5377。

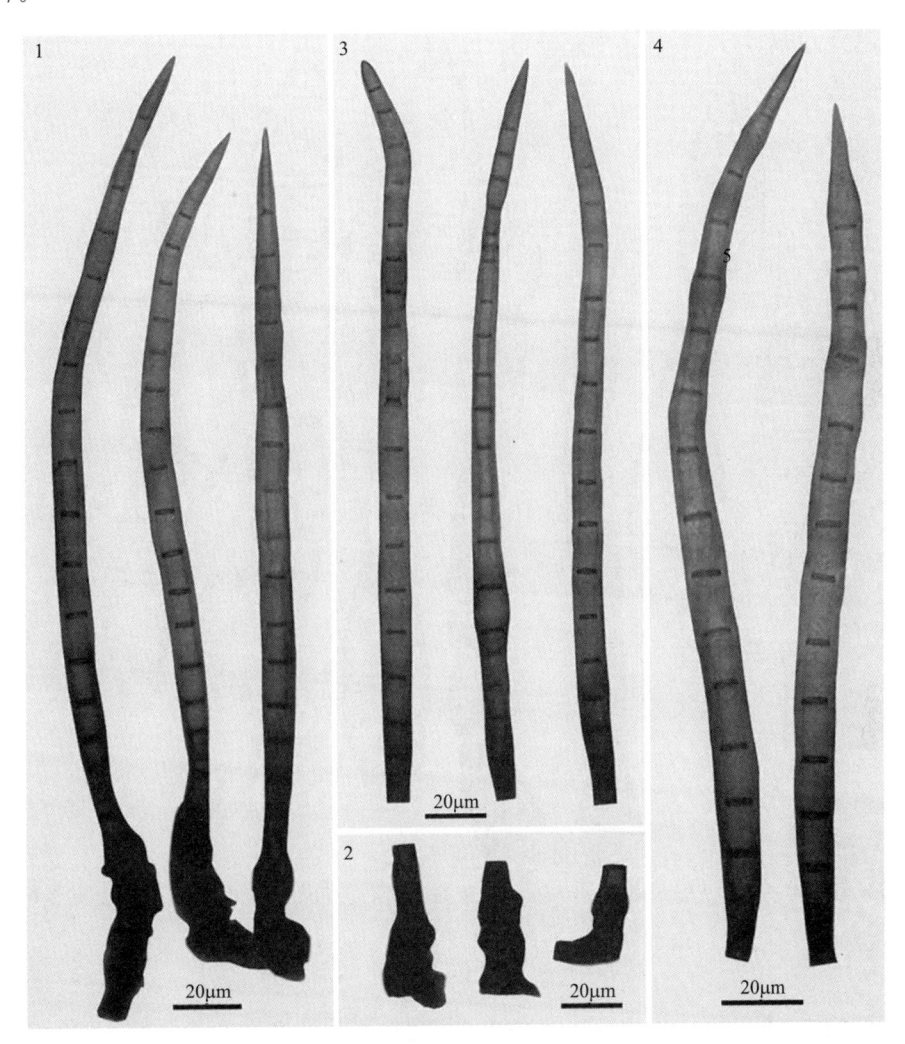

图 166 木荷爱氏霉 *Ellisembia schimae* Jian Ma & X.G. Zhang
1. 分生孢子梗和分生孢子；2. 分生孢子梗；3、4. 分生孢子。（HSAUP H5380-2）

世界分布：中国。

讨论：该种分生孢子形态与纤丝爱氏霉 *E. britannica* (B. Sutton) W.P. Wu 和卡罗爱氏霉 *E. carrii* (Morgan-Jones) W.P. Wu（Wu and Zhuang, 2005）有些相似，但 *E. britannica* 的分生孢子较小，50～130 × 3～5μm，隔膜较少，10～13 个；*E. carrii* 分生孢子短而宽，90～130 × 8～10μm。另外，*E. britannica* 和 *E. carrii* 分生孢子顶端钝圆，而该种分生孢子顶端尖，彼此较易区分。

乌口树爱氏霉 图 167

Ellisembia tarennae (Ch.K. Shi & X.G. Zhang) T.S. Santa Izabel, A.C. Cruz & Gusmão, Mycosphere 4(2): 161, 2013.

Sporidesmium tarennae Ch.K. Shi & X.G. Zhang, Mycotaxon 99: 361, 2007.

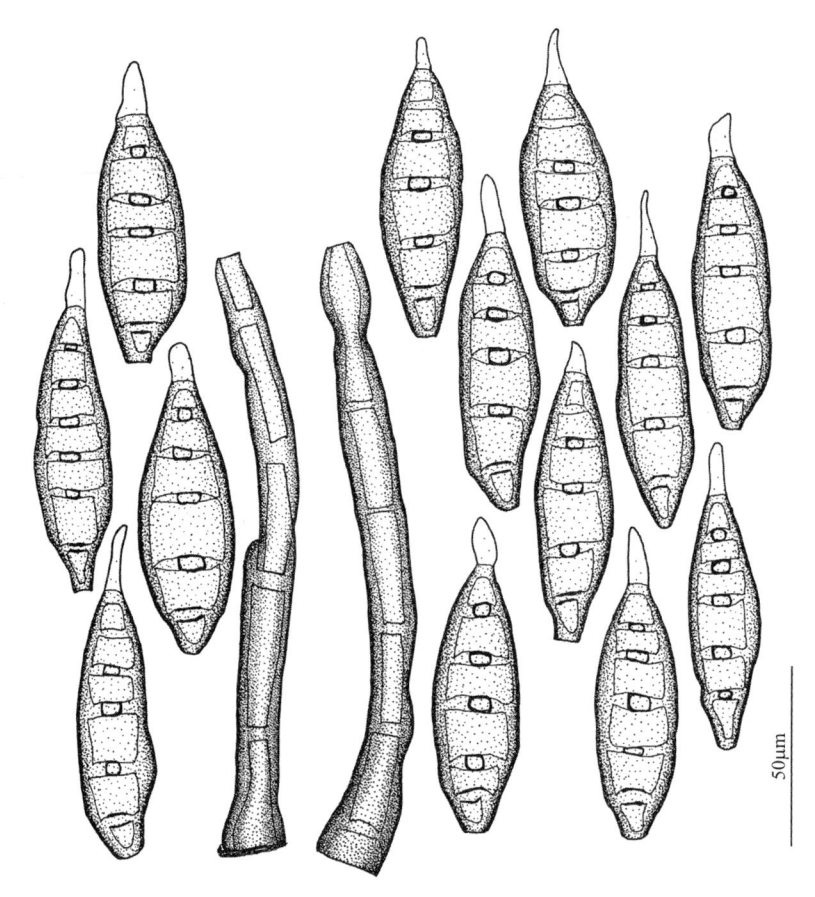

图 167　乌口树爱氏霉 *Ellisembia tarennae* (Ch.K. Shi & X.G. Zhang) T.S. Santa Izabel, A.C. Cruz & Gusmão
分生孢子梗和分生孢子。(HSAUP III₀ zxg 0113)

　　菌落疏展，灰色至暗黑褐色，毛发状。菌丝体表生或埋生，由分枝、具隔、淡褐色至褐色、光滑、宽 3～6μm 的菌丝组成。分生孢子梗分化明显，自菌丝端部和侧面生出，单生，不分枝，直或弯曲，中度褐色至暗褐色，圆柱形，4～6 个隔膜，光滑，长 50～120μm，宽 4～6μm。产孢细胞单芽生式，合生，顶生，圆柱形，褐色，光滑，具 0～3 个连续的及顶层出。分生孢子以裂解式脱落。分生孢子全壁芽生式产生，单生，顶生，直或稍弯曲，纺锤形，具喙，光滑，浅黄色至淡黄色，向顶颜色渐浅，6～7 个假隔膜，45～50 × 12～16μm，近顶端渐窄，宽 2～3.5μm，基部圆锥形平截，宽 4～5μm，隔膜间距平均 10.8μm。

　　尖萼乌口树 *Tarenna acutisepala* W.C.Chen 凋落枯枝，广西：玉林，HSAUP III₀ zxg 0113。

世界分布：中国。

讨论：该种分生孢子形态与短柄爱氏霉 E. brachypus (Ellis & Everh.) Subram. (Subramanian，1992)、里昂爱氏霉 E. leonensis (M.B. Ellis) McKenzie (McKenzie, 1995)、茶条木爱氏霉 E. delavayae (Ch.K. Shi & X.G. Zhang) T.S. Santa Izabel, A.C. Cruz & Gusmão (Santa Izabel et al., 2013) 和楠木爱氏霉 E. phoebes (Ch.K. Shi & X.G. Zhang) T.S. Santa Izabel，A.C. Cruz & Gusmão (Santa Izabel et al., 2013) 有些相似，但 E. delavayae 分生孢子倒棍棒形，较短，35～45μm，无喙；E. phoebes 分生孢子较大，50～65×15～18μm，顶部较宽，3～4μm，基部较窄，2～4μm；E. brachypus 分生孢子长而略窄，50～90×10～14μm，基脐加厚色深；E. leonensis 分生孢子较长，38～85μm，隔膜较多，7～12个，基部较窄，1.5～3μm。

长窄爱氏霉 图168

Ellisembia vaga (Nees & T. Nees) Subram., Proc. Indian Natn. Sci. Acad. B 58(4): 184, 1992.

Sporidesmium vagum Nees & T. Nees, Nova Acta Acad. Caesar. Leopold. 9: 231, 1818.

Clasterosporium vagum (Nees & T. Nees) Sacc., Syll. Fung. (Abellini) 4: 383, 1886.

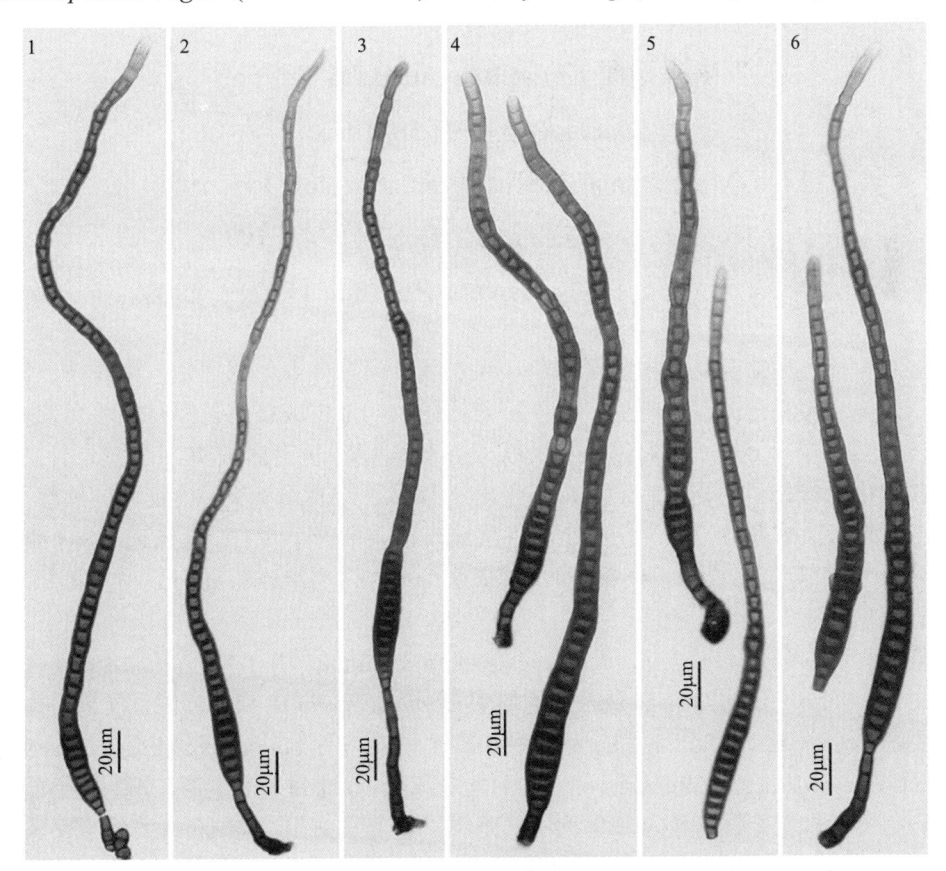

图168 长窄爱氏霉 Ellisembia vaga (Nees & T. Nees) Subram.
1～6. 分生孢子梗和分生孢子。(HSAUP H5153)

菌落疏展，淡褐色至暗褐色，毛发状。菌丝体表生或埋生，由分枝、具隔、淡褐色至褐色、光滑、宽 2~3.5μm 的菌丝组成。分生孢子梗分化明显，单生或少数簇生，不分枝，直或弯曲，圆柱形，褐色至暗褐色，光滑，具隔，长 17~66.5μm，宽 4.5~6.5μm。产孢细胞单芽生式，合生，顶生，有限生长，圆柱形，褐色，光滑。分生孢子以裂解式脱落。分生孢子全壁芽生式产生，单生，顶生，直或弯曲，倒棍棒形，光滑，褐色至暗褐色，向顶颜色渐浅至淡褐色，28~66 个假隔膜，160~396 × 9.5~15.5μm，顶部钝圆，基部平截，宽 4~5.5μm。

植物枯枝，海南：昌江（霸王岭），HSAUP H5153；湖南：张家界，HSAUP H5308；云南：景洪（西双版纳），HSAUP H5614、HSAUP H5616。

世界分布：中国、库克群岛、古巴、捷克、斯洛伐克、德国、加纳、牙买加、日本、新西兰、塞拉利昂、萨摩亚群岛等。

讨论：该种为世界性分布种，常腐生于各种木本植物枯死组织上。该种分生孢子形态与长直生爱氏霉 E. adscendens (Berk.) Subram.(Subramanian, 1992) 十分相似，但两者不同标本中分生孢子大小、颜色及隔膜数量有时具有很大相似性，易发生混淆，两种分类地位应作进一步研究。Ellis(1958) 称该种分生孢子 145~300 × 11~14μm，19~38 个隔膜，作者观察的分生孢子稍长一些，隔膜多一些，其他特征基本一致。

内隔孢属 Endophragmiella B. Sutton

Mycol. Pap. 132: 58, 1973;

Ellis, More Dematiaceous Hyphomycetes: 143, 1976;

Hughes, New Zealand J. Bot. 17: 146, 1979;

Wu & Zhuang, Fungal Divers. Res. Ser. 15: 252, 2005.

属级特征：菌落疏展，褐色至黑色，毛发状。菌丝体表生或埋生，由分枝、具隔、平滑、淡褐色至褐色的菌丝组成。分生孢子梗粗大，单生或簇生，圆柱状，直或弯曲，不分枝或具不规则分枝，淡褐色至暗褐色，光滑，具隔。产孢细胞单芽生式，合生，顶生，淡褐色至褐色，圆柱形或葫芦形，平滑，有限生长或具及顶层出延伸，顶部平截。分生孢子以破生式脱落。分生孢子全壁芽生式产生，单生，顶生，近椭圆形、舟形、卵形、梨形或近球形，具喙，直或弯曲，淡褐色至褐色，平滑或粗糙，具隔，基部平截，顶部或近顶部有时具附属物。

模式种：内隔孢 Endophragmiella pallescens B. Sutton。

讨论：Sutton 于 1973 年建立内隔孢属 Endophragmiella B. Sutton 时，仅包括模式种内隔孢 E. pallescens B. Sutton 和新组合种加拿大内隔孢 E. canadensis (Ellis & Everh.) B. Sutton [=E. subolivacea (Ellis & Everh.) S. Hughes]。两者均为重寄生菌，分生孢子梗顶端产孢位点明显较其余部位窄，分生孢子具隔膜，基部常突出。Sutton(1975) 于平座蕉孢壳 Diatrype stigma (Hoffm.) Fr. 老熟的子座上发现该属第 3 个种，圆柱内隔孢 E. eboracensis B. Sutton。Ellis(1976)、Borowska(1977)、Hughes(1978a~i) 和 Hawksworth(1979) 则先后在枯枝、腐木及其他基物上报道该属分类单位 15 个。

Hughes(1978g)通过观察大量标本，将 E. canadensis 作为近褐内隔孢 E. subolivacea (Ellis & Everh.) S. Hughes 的异名。Hughes(1979)研究发现表生内隔孢 E. cambrensis M.B. Ellis(Ellis, 1976)和细弱内隔孢 E. tenera Borowska(Borowska, 1977)形态特征与 Endophragmiella 不符，遂将两者从该属中排除，同时报道 2 个新种，栖木内隔孢 E. lignicola S. Hughes 和三裂内隔孢 E. tripartita S. Hughes。

Hughes(1979)基于 Morgan-Jones 和 Cole(1964)、Sutton(1973a)的观点，对 Endophragmia 进行了系统研究，发现 Endophragmia 模式种 E. mirabilis Duvernoy & Maire 的原始标本已丢失，且现有描述和图示不能详尽诠释分生孢子形成方式及产孢梗延伸机制，遂将其作为疑问种，并据此称 Endophragmia 的存在是站不住脚的。另外，Hughes(1979)对 Endophragmiella 分生孢子形成方式、脱落方式及产孢梗及顶层出延伸仔细研究并辅以图示，补充完善了 Endophragmiella 的属级特征。再者，Hughes(1979)研究发现 Endophragmia 内绝大多数种的典型特征与 Endophragmiella 模式种的特征相同，遂将 Endophragmia boewei J.L. Crane 等 9 个种划入 Endophragmiella，并将其余部分种归入葚孢属 Sporidesmium Link、隔头孢属 Phragmocephala E.W. Mason & S. Hughes、拟枝顶孢属 Acremoniula G. Arnaud ex Cif.、拟树状霉属 Paradendryphiopsis M.B. Ellis 和黑头孢属 Melanocephala S. Hughes。Hughes(1979)通过观察原始标本将多明戈霉属 Domingoella Petr. & Cif.内 2 个种、密格孢属 Acrodictys 内 1 个种、毛内隔孢属 Chaetendophragmia Matsush. 内 1 个种及葚孢属 Sporidesmium 与长蠕孢属 Helminthosporium 内 3 个种归入 Endophragmiella。至此，该属承认分类单位 33 个。Hughes(1979)为其主要特征作了概括，并绘制分生孢子形态图，编制分种检索表。随后 Kirk(1981a, 1981b, 1982a, 1982b, 1982d, 1985)、Dunn(1982)、Kirk 和 Spooner(1984)、Sharma(1985)、Holubová-Jechová(1986)、Castañeda-Ruíz(1987)、Révay(1987)、Matsushima(1989, 1993, 1996)、Tzean 和 Chen(1989)、Castañeda-Ruíz 等(1995b, 1998, 2010c)、Mercado-Sierra 等(1995)、Hyde 等(1998)、Tsui 等(2001c)、Manoharachary 和 Agarwal(2003)、Wu 和 Zhuang(2005)、Chen 等(2008)、Brackel 和 Markovskaja(2009)、Leão-Ferreira 和 Pascholati Gusmão(2010)、Ma 等(2011c, 2012a, 2012e)、Ren 等(2011a)、Wu 和 Zhang(2012)等描述该属新种或新组合 53 个，变种 1 个。其中 Kirk(1982b)描述的新组合种美丽内隔孢 Endophragmiella pulchra (B. Sutton & Hodges) P.M. Kirk 来自 Chaetendophragmiopsis B. Sutton & Hodges 模式种 C. pulchra B. Sutton & Hodges。吴文平(2009)指出 E. latifusiformis Matsush.、E. peruamazonica Matsush.和 E. quadrilocularis Matsush. 3 种分生孢子梗层出方式及分生孢子脱落方式不同于该属模式种，而与葚孢属更为接近，因未能观察原始标本，仍暂将其归入 Endophragmiella。

截至目前，该属名下共承认 86 个种，1 个变种(Wu and Zhang, 2005; Chen et al., 2008; Brackel and Markovskaja, 2009; Castañeda-Ruíz et al., 2010c; Leão-Ferreira and Pascholati Gusmão, 2010; Ma et al., 2011c, 2012a, 2012e; Ren et al., 2011a; Wu and Zhang, 2012)，属内种的主要划分依据为分生孢子形状、大小、隔膜、胞壁纹饰、色素沉积及喙的有无等特征(Sutton, 1973a; Hughes, 1979; Wu and Zhuang, 2005)。吴文平(2009)报道内隔孢属中国已知种 22 个。作者对该属的研究是对《中国真菌志》第三十七卷的补充。

作者研究的中国内隔孢属 Endophragmiella 分种检索表

1. 分生孢子顶部分枝，具 Selenosporella 的共无性型 ·· 2
1. 分生孢子顶部不分枝，无 Selenosporella 的共无性型 ·· 3
    2. 分生孢子大小为 41~66 × 8~10.5μm，具 5~7 个隔膜 ·············· 栀子内隔孢 *E. gardeniae*
    2. 分生孢子大小为 93~135 × 6~9μm，具 6~10 个隔膜 ················ 润楠内隔孢 *E. machili*
3. 分生孢子顶端具丝状或黏性附属物 ··· 4
3. 分生孢子顶端无附属物 ·· 7
    4. 分生孢子顶端具黏性附属物 ·· 枫香内隔孢 *E. liquidambaris*
    4. 分生孢子顶端具纤丝状附属物 ··· 5
5. 分生孢子宽 5~6.5μm ··· 具喙内隔孢 *E. rostrata*
5. 分生孢子宽 ≥9.5μm ·· 6
    6. 分生孢子阔纺锤形，宽 10~13μm，具 3~5 个隔膜 ············· 南岭内隔孢 *E. nanlingensis*
    6. 分生孢子纺锤形至倒棍棒形，宽 9.5~11.5μm，具 5 个隔膜 ········ 美丽内隔孢 *E. pulchra*
7. 分生孢子 1 个隔膜 ·· 8
7. 分生孢子 2 个以上隔膜 ·· 9
    8. 分生孢子椭圆形或阔卵形，12~15 × 6.5~8.5μm，隔膜处加厚色深 ············ 水松内隔孢 *E. taxi*
    8. 分生孢子卵圆形至梨形，15~19 × 8~9μm，隔膜处不加厚 ············ 树脂内隔孢 *E. resinae*
9. 分生孢子各细胞色泽基本一致 ·· 10
9. 分生孢子基部或顶部细胞色浅，其余细胞色深 ·· 11
    10. 分生孢子圆柱形至倒卵形，16~23 × 6~8μm ············· 圆柱内隔孢 *E. eboracensis*
    10. 分生孢子圆柱形至卵形，16.5~20.5 × 12~15μm ············ 直立内隔孢 *E. rigidiuscula*
11. 分生孢子宽 13~16.5μm 或 14~16.5μm ·· 12
11. 分生孢子宽 8.5~13μm 或 ≤7.5μm ·· 13
    12. 分生孢子椭圆形、棍棒形至梨形，31.5~42.5 × 14~16.5μm ······ 黄皮内隔孢 *E. clausenae*
    12. 分生孢子近圆柱形、宽椭圆形至梨形，25~32.5 × 13~16.5μm
    ·· 五列木内隔孢 *E. pentaphylacis*
13. 分生孢子倒卵形至梨形，宽 8.5~13μm ·· 可可内隔孢 *E. theobromae*
13. 分生孢子棍棒形、倒棍棒形、宽纺锤形或长方形，宽 ≤7.5μm ·· 14
    14. 分生孢子棍棒形，具 2 个隔膜 ·· 弯曲内隔孢 *E. curvata*
    14. 分生孢子倒棍棒形、宽纺锤形至长方形 ·· 15
15. 分生孢子 16.5~25 × 5.5~7.5μm，具 2~3 个隔膜 ···································· 树皮生内隔孢 *E. corticola*
15. 分生孢子 20~34.5 × 4.5~6.5μm，多具 3 个隔膜，偶具 4 个隔膜 ············· 三隔内隔孢 *E. triseptata*

黄皮内隔孢 图 169

Endophragmiella clausenae L.G. Ma & X.G. Zhang, Mycotaxon 117: 280, 2011.

菌落疏展，褐色，毛发状。菌丝体部分表生，部分埋生，由分枝、具隔、光滑、淡褐色、宽 2~4μm 的菌丝组成。分生孢子梗粗大，单生，不分枝，直或弯曲，具隔，光滑，褐色，135~410 × 4.5~8.5μm。产孢细胞单芽生式，合生，顶生，圆柱形，光滑，褐色至淡褐色，具及顶层出现象。分生孢子以破生式脱落。分生孢子全壁芽生式产生，单生，顶生，干性，椭圆形、棍棒形至梨形，具 3 个真隔膜，光滑，褐色至暗褐色，基部细胞淡褐色，31.5~42.5 × 14~16.5μm，顶部钝圆，基部平截，宽 4.5~6μm。

黄皮 *Clausena lansium* Skeels 凋落枯枝，云南：景洪（西双版纳），HSAUP H0074(=HMAS 146108)。

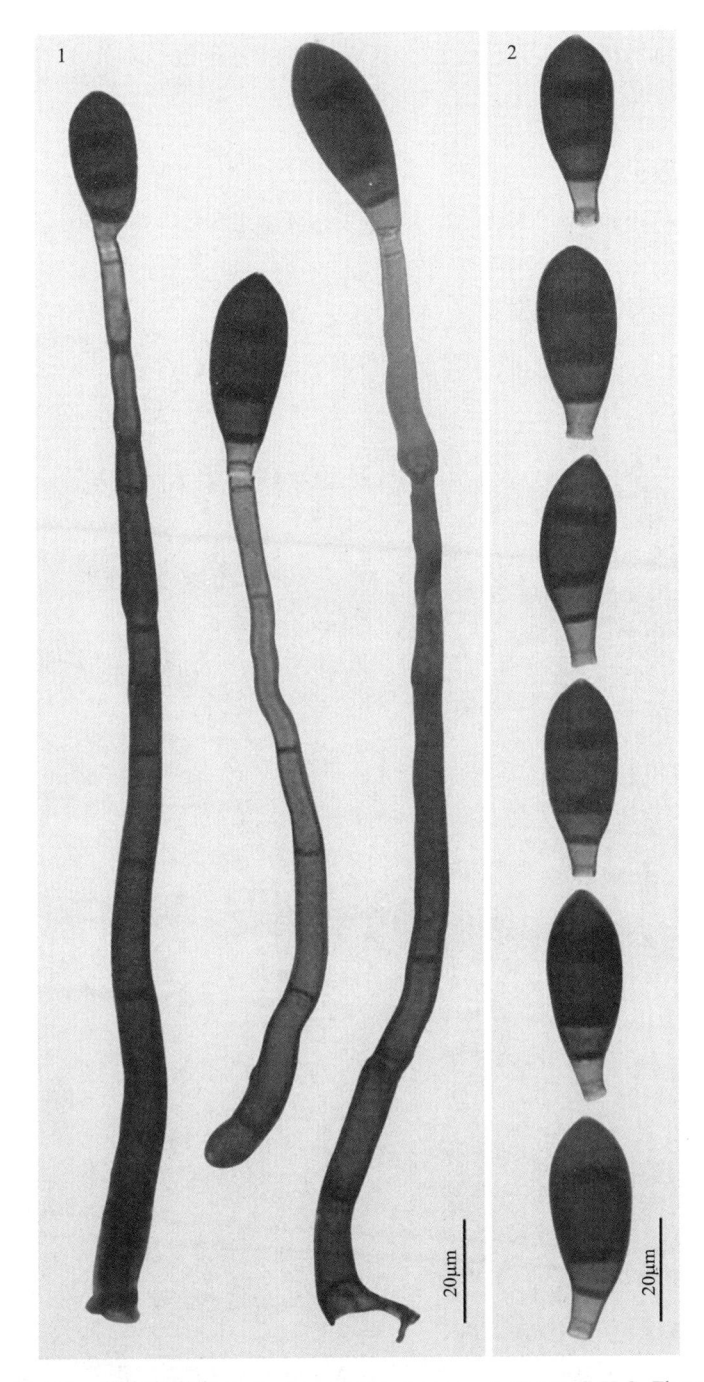

图 169 黄皮内隔孢 *Endophragmiella clausenae* L.G. Ma & X.G. Zhang
1. 分生孢子梗和分生孢子；2. 分生孢子。（HSAUP H0074）

世界分布：中国。

讨论：该种分生孢子形态与贝氏内隔孢 *E. bisbyi* (B. Sutton) S. Hughes（Hughes, 1978b）和墨西哥内隔孢 *E. mexicana* J. Mena, Heredia & Mercado（Mercado-Sierra *et al.*, 1995）十分相似，但后两者分生孢子较小，分别为 12.5～16 × 5.4～7.6μm 和 11～16 × 5.8～7.8μm。另外，*E. bisbyi* 分生孢子多具 3 个隔膜，且顶端隔膜加厚，顶部 2 个细胞

褐色，底部 2 个细胞淡褐色至近无色；*E. mexicana* 分生孢子多具 4 个隔膜，基部和端部细胞近无色至淡褐色。

树皮生内隔孢 图 170

Endophragmiella corticola P.M. Kirk, Trans. Br. Mycol. Soc. 78(1): 60, 1982.

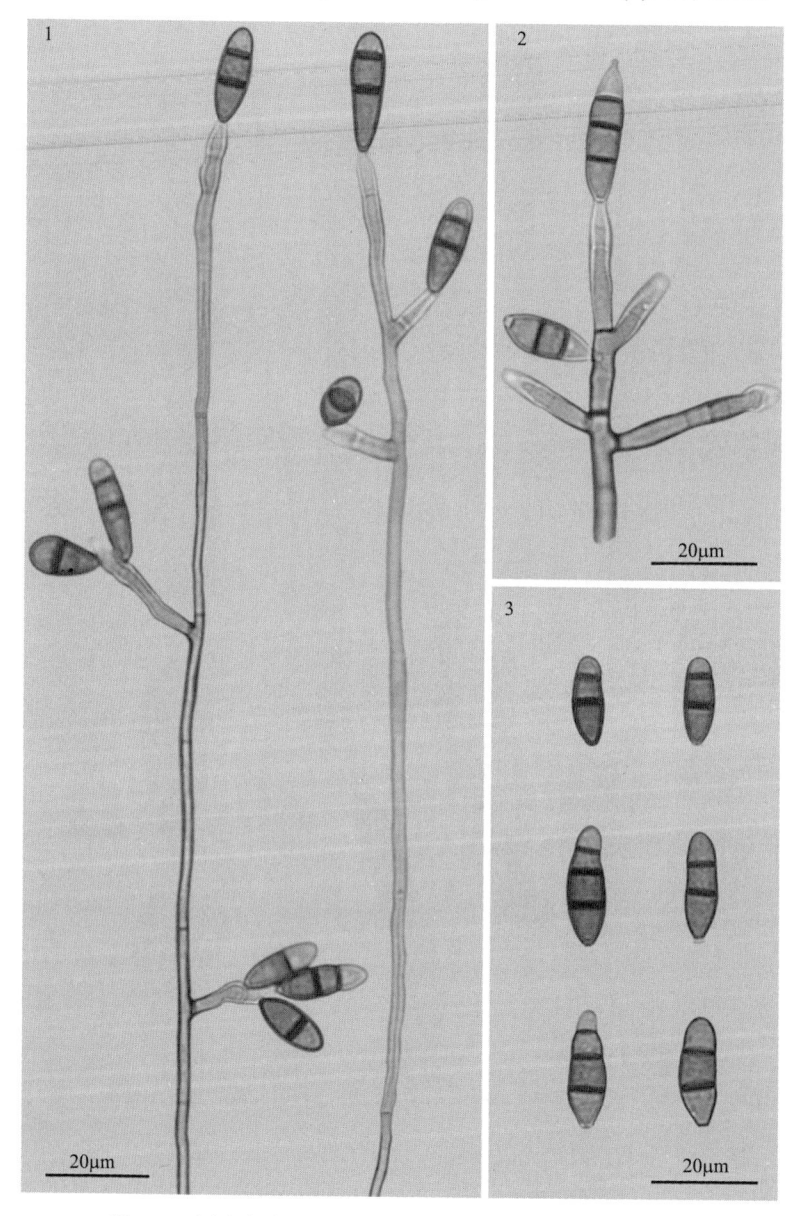

图 170 树皮生内隔孢 *Endophragmiella corticola* P.M. Kirk
1、2. 分生孢子梗和分生孢子；3. 分生孢子。(HSAUP H1026)

菌落稀疏，发状，淡褐色至褐色。菌丝体大多埋生，由分枝、具隔、平滑、浅褐色、宽 1.5～3µm 的菌丝组成。分生孢子梗自菌丝顶端或侧面长出，粗大，单生或少数簇生，直或稍弯曲，不规则分枝、具隔、平滑、淡褐色，230～350 × 2.5～4µm。产孢细胞单

· 252 ·

芽生式，合生，顶生，光滑，近无色，具及顶层出现象，圆柱形，近顶端渐窄，顶部平截。分生孢子以破生式脱落。分生孢子全壁芽生式产生，单生，顶生，窄倒棍棒形至倒棍棒形，平滑，具2～3个真隔膜，淡褐色至褐色，顶部细胞近无色，16.5～25×5.5～7.5μm，基部细胞宽，1.5～3μm。

植物枯枝，福建：武夷山，HSAUP H1026(=HMAS 146110)。

世界分布：中国、英国。

讨论：Kirk(1982a)最初从英国腐木上报道该种，其分生孢子形态与圆柱内隔孢 *E. eboracensis* B. Sutton(Sutton, 1975)、尖顶内隔孢 *E. acuta* W.P. Wu(Wu and Zhuang, 2005)、轮生内隔孢 *E. verticillata* S. Hughes(Hughes, 1978h)、弯曲内隔孢 *E. curvata* (Corda) S. Hughes(Hughes, 1979)和塞萨特内隔孢 *E. cesatii* (Mont.) S. Hughes(Hughes, 1979)有些相似，但 *E. verticillata* 分生孢子梗轮状分枝，分生孢子椭圆形，具3个隔膜，较短，12.5～16.2μm；*E. eboracensis* 分生孢子圆柱形，多具3个隔膜，略短 17～21μm；*E. acuta* 分生孢子具3个隔膜，较宽，8～10μm，顶端尖锐且产生 *Selenosporella* 型分生孢子；*E. curvata* 分生孢子多具2个隔膜，分生孢子梗不分枝；*E. cesatii* 分生孢子多具3个隔膜，较大，32～45×11～12.5μm，基部和顶部细胞色浅，中部细胞色深。作者观察的分生孢子比原始描述(14～42μm)略短，分生孢子梗(52～60μm)较长，但其他特征基本一致。

弯曲内隔孢 图171

Endophragmiella curvata (Corda) S. Hughes, New Zealand J. Bot. 17(2): 148, 1979.

Helminthosporium curvatum Corda, Icones Fungorum 1: 13, 1837.

Sporidesmium cordaceum S. Hughes, Can. J. Bot. 36: 807, 1958.

菌落疏展，褐色至暗褐色，毛发状。菌丝体部分表生，部分埋生，由分枝、具隔、淡褐色、光滑、宽2.5～4μm的菌丝组成。分生孢子梗粗大，单生，不分枝，直或弯曲，具隔，光滑，褐色，35.5～74.5×2.5～4.5μm。产孢细胞单芽生式，合生，顶生，圆柱形，光滑，褐色至淡褐色，具及顶层出现象。分生孢子以破生式脱落。分生孢子全壁芽生式产生，单生，顶生，干性，棍棒形，光滑，基部2个细胞褐色，顶部细胞淡褐色，具2个真隔膜，14.5～21×6～7.5μm，顶部钝圆，基部平截，宽1～1.5μm。

植物枯枝，广东：鼎湖山，HSAUP H5516(=HMAS 146170)、HSAUP H5155-2。

世界分布：中国、古巴、西印度群岛。

讨论：Corda(1837)曾将该种误定为*Helminthosporium curvatum* Corda。Hughes(1958)观察该种模式标本，但将其误定为*Sporidesmium cordaceum* S. Hughes。Hughes(1979)重新观察该种模式标本，发现其分生孢子以破生式脱落，遂将其定为*E. curvata* (Corda) S. Hughes。该种分生孢子形态与新西兰内隔孢*E. novae-zelandiae* S. Hughes(Hughes, 1978i)十分相似，但后者分生孢子较大，27～40×9.3～12.6μm，多具3个隔膜。作者发现的该菌分生孢子比Hughes(1979)的描述(20～27×5.7～8.3μm)略小，分生孢子梗(5～5.5μm)略窄，但两者应视为同种。

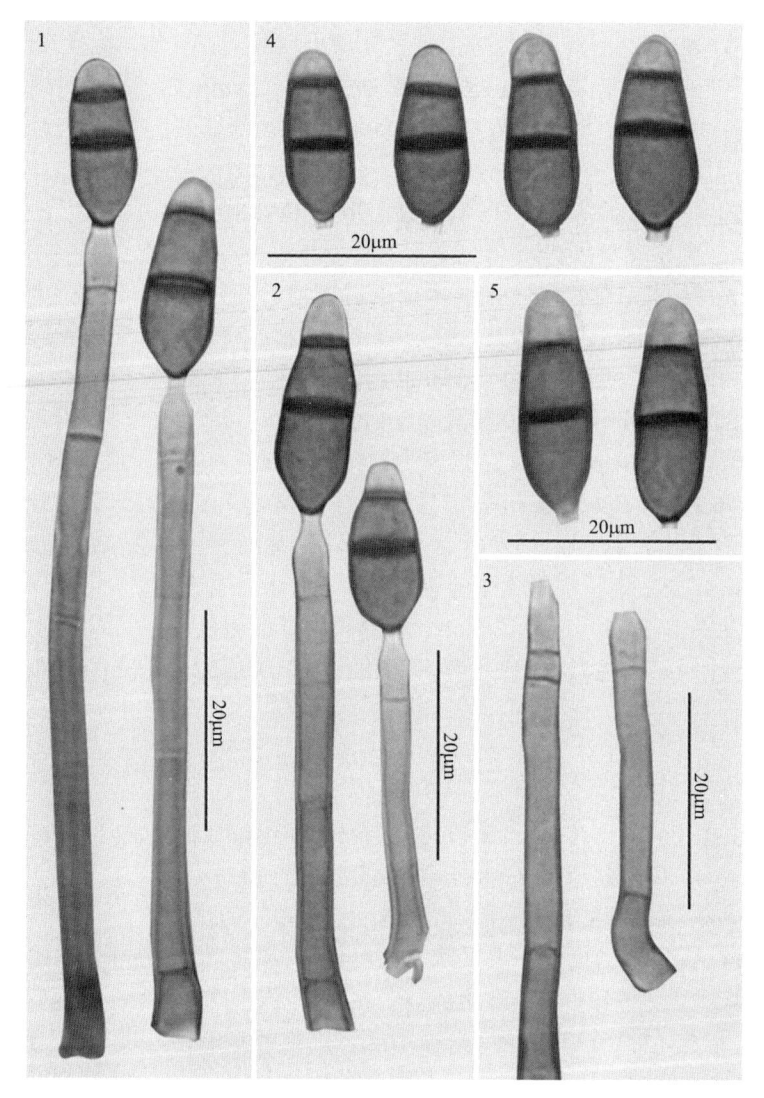

图 171　弯曲内隔孢 *Endophragmiella curvata* (Corda) S. Hughes
1、2. 分生孢子梗和分生孢子；3. 分生孢子梗；4、5. 分生孢子。（HSAUP H5516）

圆柱内隔孢　图 172

Endophragmiella eboracensis B. Sutton, Naturalist, Leeds 933: 71, 1975.

菌落疏展，褐色，毛发状。菌丝体表生或埋生，由分枝、具隔、淡褐色、光滑、宽 3～4.5μm 的菌丝组成。分生孢子梗粗大，单生，不分枝，直或弯曲，具隔，光滑，褐色，75～100×3～5μm。产孢细胞单芽生式，合生，顶生，圆柱形，光滑，褐色至淡褐色，具及顶层出现象。分生孢子以破生式脱落。分生孢子全壁芽生式产生，单生，顶生，干性，圆柱形至倒卵形，光滑，褐色至暗褐色，主要具 3 个隔膜，16～23×6～8μm，顶部钝圆，基部平截，宽 1～2.5μm。

植物枯枝，福建：武夷山，HSAUP H5108-2（=HMAS 146171）、HSAUP H5107；广东：始兴（车八岭），HSAUP H5401。

世界分布：中国、英国。

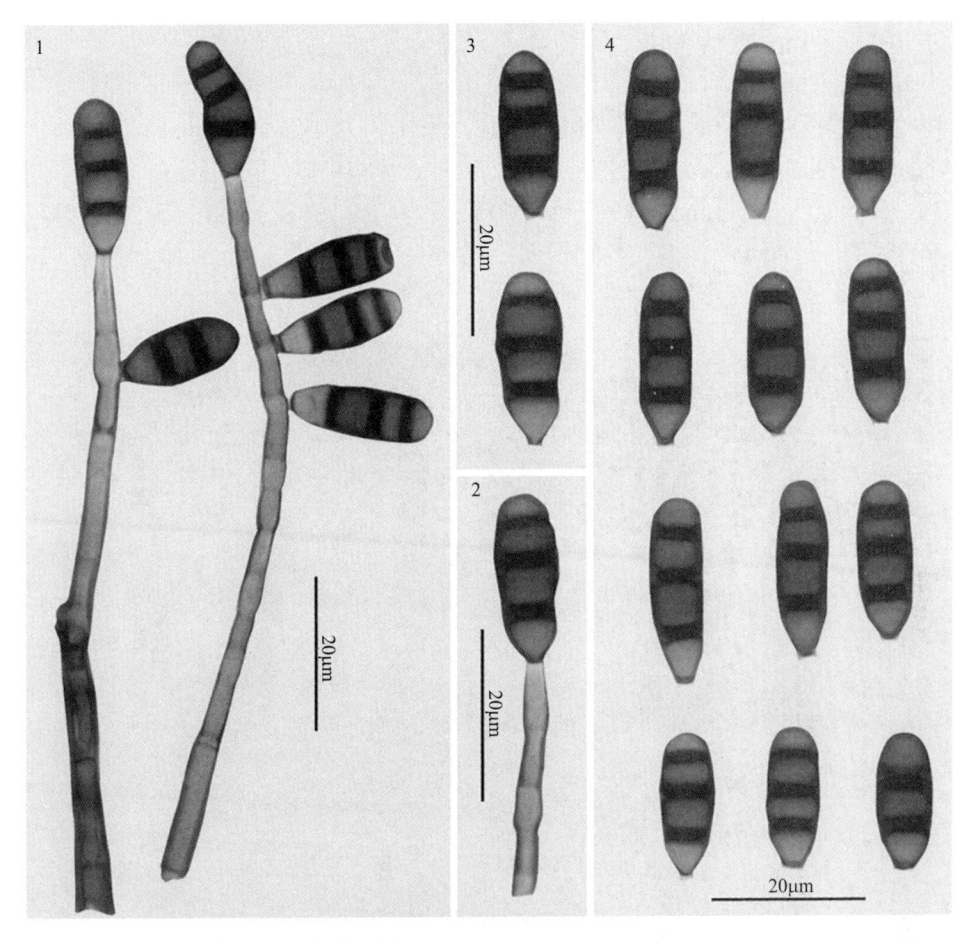

图172　圆柱内隔孢 *Endophragmiella eboracensis* B. Sutton
1、2. 分生孢子梗和分生孢子；3、4. 分生孢子。（HSAUP H5108-2）

讨论：Sutton(1975)最初从采自英国平座蕉孢壳*Diatrype stigma* (Hoffm.) Fr.老的子座上发现该种。Kirk(1983a)自英国腐烂木头上报道该菌。作者观察的产孢细胞具层出现象，分生孢子比原始描述(5～6μm)略宽，但其他特征基本一致，两者应视为同种。

栀子内隔孢　图173

Endophragmiella gardeniae Jian Ma & X.G. Zhang, Mycotaxon 119: 104, 2012.

菌落疏展，褐色，毛发状。菌丝体部分表生，部分埋生，由分枝、具隔、淡褐色、光滑、宽1～3μm的菌丝组成。分生孢子梗分化明显，单生或少数簇生，不分枝，圆柱形，直或弯曲，光滑，具隔，褐色至暗褐色，85～210 × 4～7.5μm，偶具1个圆柱形及顶层出延伸。产孢细胞单芽生式，合生，顶生，圆柱形，光滑，淡褐色至褐色，9～27 × 4～5.5μm。分生孢子以破生式脱落。分生孢子全壁芽生式产生，单生，顶生，倒棍棒形至纺锤形，5～7个真隔膜，隔膜处稍缢缩，光滑，褐色，顶部细胞淡褐色至近无色，41～66 × 8～10.5μm，基部突出，宽2.5～4.5μm，顶部分枝常产生与*Selenosporella*近似的产孢细胞和分生孢子。

海南栀子 *Gardenia hainanensis* Merr.凋落枯枝，海南：昌江（霸王岭），HSAUP

H5149（=HMAS 146102）。

世界分布：中国。

讨论：该种分生孢子形态与广布内隔孢 *E. socia* (M.B. Ellis) S. Hughes（Hughes，1979）和山毛榉内隔孢 *E. fagicola* P.M. Kirk（Kirk，1981a）有些相似，但 *E. socia* 分生孢子短而宽，36～50×10.8～15.3μm，具 6～11 个隔膜（多为 7 个）；*E. fagicola* 分生孢子略大，70～90×11～17μm，多具 5 个隔膜。另外，该种分生孢子顶部分枝常产生与 *Selenosporella* 近似的产孢结构。

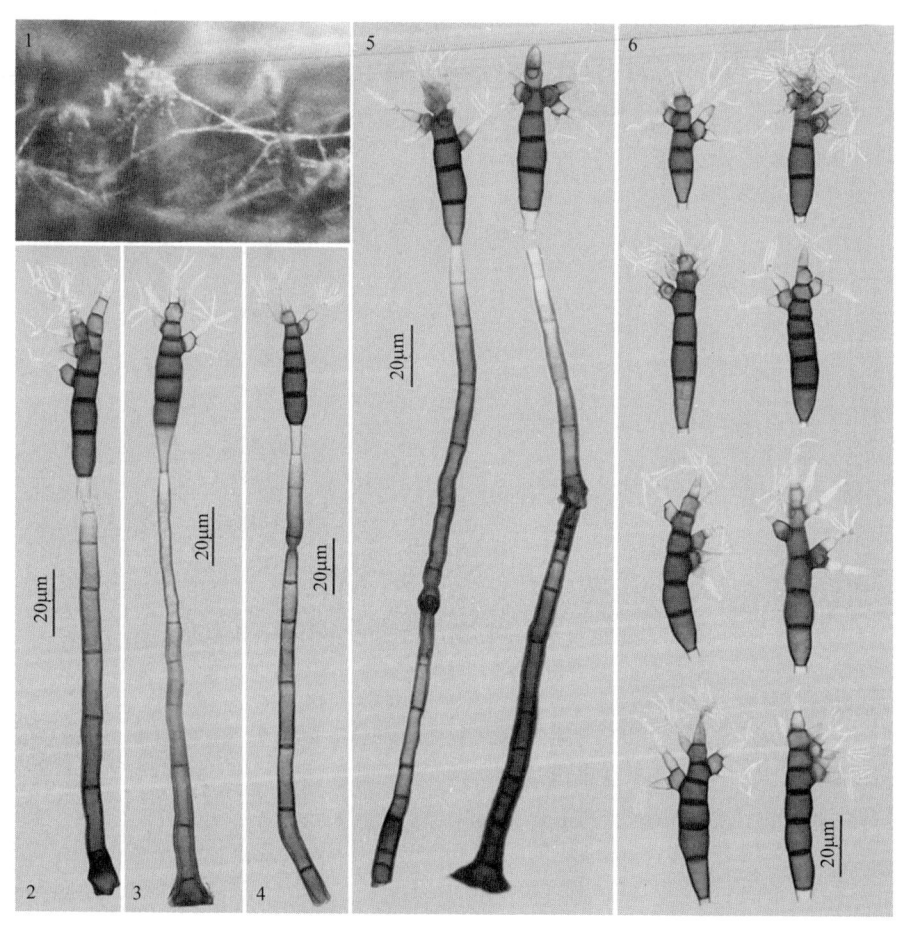

图 173　栀子内隔孢 *Endophragmiella gardeniae* Jian Ma & X.G. Zhang
1. 自然基质上的菌落；2～5. 分生孢子梗和分生孢子；6. 分生孢子。（HSAUP H5149）

枫香内隔孢　图 174

Endophragmiella liquidambaris Jian Ma & X.G. Zhang, Crypt. Mycol. 33(2): 128, 2012.

菌落疏展，褐色至暗褐色，毛发状。菌丝体部分表生，部分埋生，由分枝、具隔、淡褐色、光滑、宽 1.5～3.5μm 的菌丝组成。分生孢子梗粗大，单生，不分枝，直或弯曲，具隔，光滑，暗褐色，94～192×4.5～6.5μm。产孢细胞单芽生式，合生，顶生，圆柱形，光滑，褐色至淡褐色，顶端渐窄，顶部平截，宽 2～3μm，具及顶层出现象。分生孢子以破生式脱落。分生孢子全壁芽生式产生，单生，顶生，干性，倒棍棒形，光滑，具喙，3个隔膜，底部倒数第二个细胞褐色，其余细胞淡褐色，20～26.5×9～11.5μm，顶端尖，具一黏性附属物，直径9.5～17.5μm，基部突出，宽1.5～2μm，长0.5～1μm。

枫香树 *Liquidambar formosana* Hance 凋落枯枝，广东：从化，HSAUP H5364（=HMAS 146169）、HSAUP H5391-1。

世界分布：中国。

讨论：该种分生孢子形态近似于尖顶内隔孢 *E. acuta* W.P. Wu 和阔孢内隔孢 *E. latispora* W.P. Wu（Wu and Zhuang, 2005），但 *E. acuta* 分生孢子略窄，8～10μm，顶端常产生 *Selenosporella* 型分生孢子；*E. latispora* 分生孢子较大，23～35×12～13μm，顶端钝圆。另外，该种分生孢子细胞色泽不一致，顶端具一黏性附属物，不同于其他种。

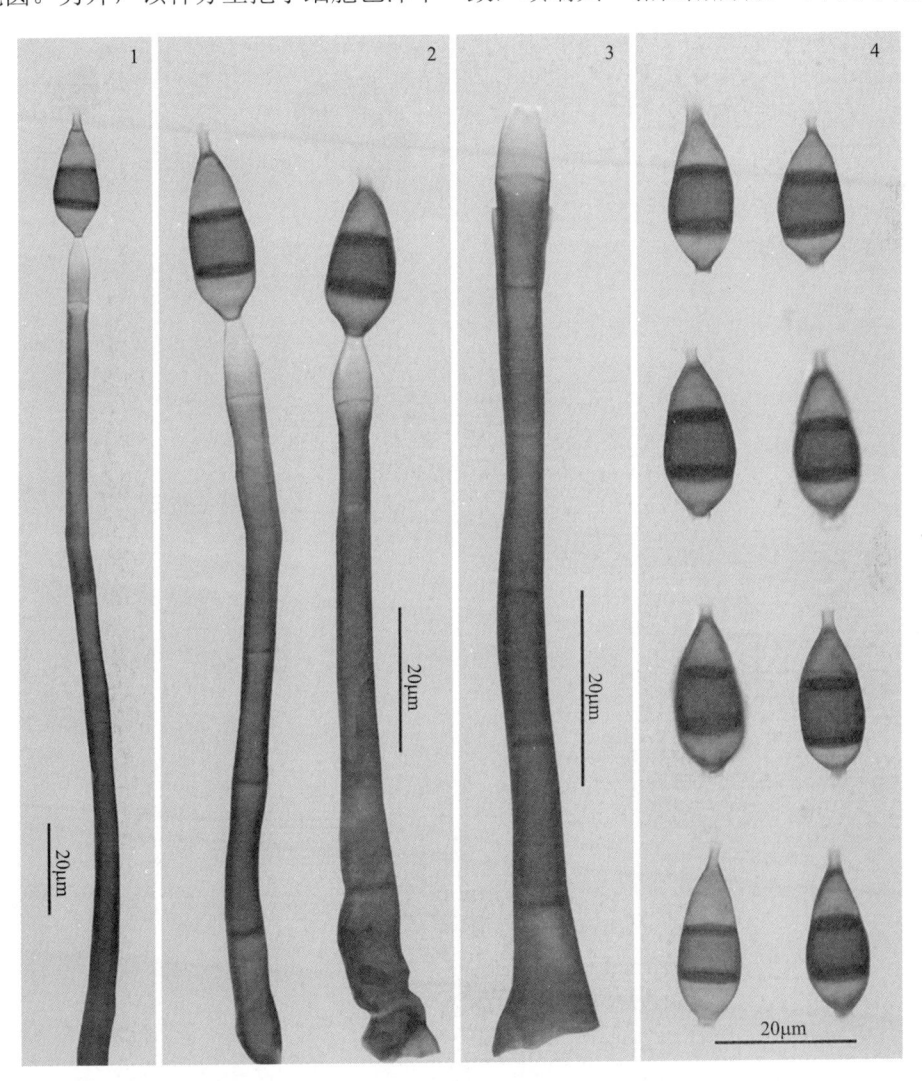

图174 枫香内隔孢 *Endophragmiella liquidambaris* Jian Ma & X.G. Zhang
1、2. 分生孢子梗和分生孢子；3. 分生孢子梗；4. 分生孢子。（HSAUP H5364）

润楠内隔孢 图175

Endophragmiella machili Jian Ma & X.G. Zhang, Mycotaxon, 119: 105, 2012.

菌落疏展，褐色，毛发状。菌丝体部分表生，部分埋生，由分枝、具隔、淡褐色、光滑、宽1.5～3μm的菌丝组成。分生孢子梗分化明显，单生或少数簇生，不分枝，有限生长，圆柱形，直或弯曲，光滑，具隔，褐色，4～57×3～4.5μm。产孢细胞单芽生式，合生，顶生，圆柱形，光滑，淡褐色至褐色，7～14×3～4μm。分生孢子以破生式脱落。分生孢子全壁芽生式产生，单生，顶生，倒棍棒形，直或弯曲，6～10个真隔膜，隔膜处有时稍缢缩，光滑，褐色，顶部细胞淡褐色至近无色，93～135×6～9μm，基部突出，宽2.5～4.5μm，顶部分枝常产生与 Selenosporella 近似的产孢结构。

黄绒润楠 Machilus grijsii Hance 凋落枯枝，福建：武夷山，HSAUP H5108-3（=HMAS 146103）、HSAUP H3120、HSAUP H3139。

世界分布：中国。

讨论：该种分生孢子形态与广布内隔孢 E. socia (M.B. Ellis) S. Hughes (Hughes, 1979) 和山毛榉内隔孢 E. fagicola P.M. Kirk (Kirk, 1981a) 有些相似，但后两者分生孢子短而宽，分别为36～50×10.8～15.3μm 和 70～90×11～17μm。另外，该种分生孢子顶部分枝常产生与 Selenosporella 近似的产孢结构。

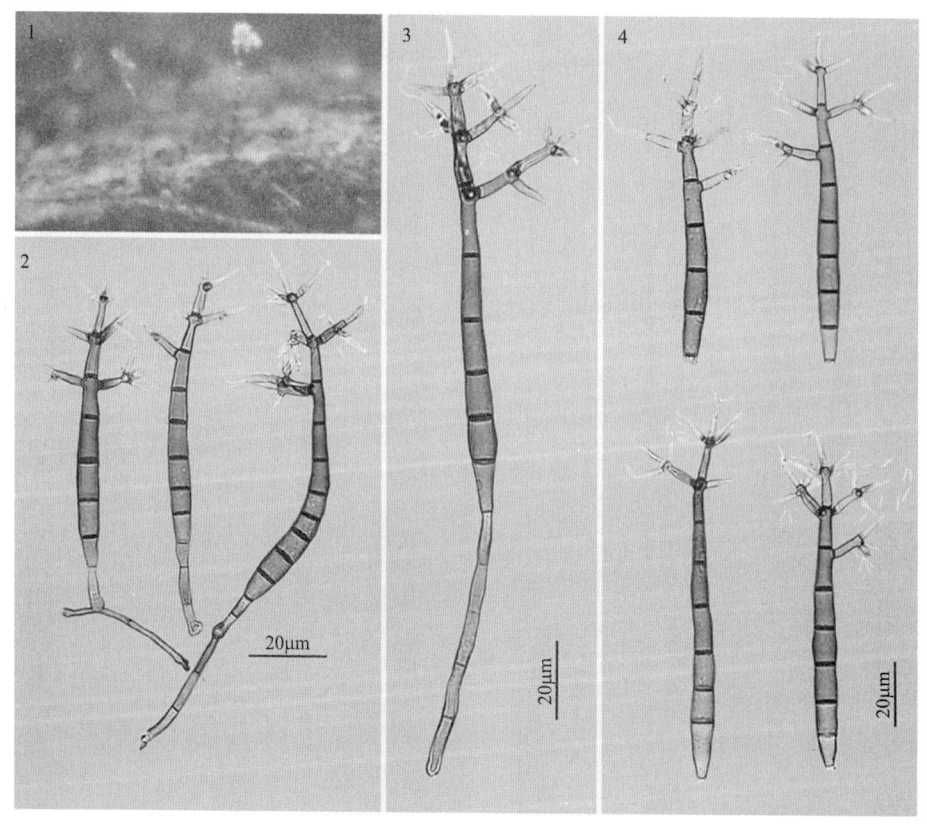

图175 润楠内隔孢 Endophragmiella machili Jian Ma & X.G. Zhang
1. 自然基质上的菌落；2、3. 分生孢子梗和分生孢子；4. 分生孢子。（HSAUP H5108-3）

南岭内隔孢 图176

Endophragmiella nanlingensis S.C. Ren & X.G. Zhang, Mycotaxon 117: 123, 2011.

菌落疏展，褐色至黑褐色，毛发状。菌丝体大多埋生，由具隔、光滑、分枝、淡褐色、宽2～4μm的菌丝组成。分生孢子梗粗大，单生或少数簇生，圆柱形，不分枝，直或稍弯曲，具隔，平滑，褐色，向顶颜色渐浅，长80～160μm，宽4.5～9μm，基部偶膨大，具1～5个及顶层出。产孢细胞单芽生式，合生，顶生，圆柱状，顶部平截。分生孢子以破生式脱落。分生孢子全壁芽生式产生，单生，顶生，阔纺锤形，具喙，3～5个真隔膜，隔膜处稍缢缩，中部细胞褐色，两端细胞浅褐色，光滑，55～80×10～13μm，喙长23～33μm，基部突出，宽1.5～2μm，长2.5～3.5μm。

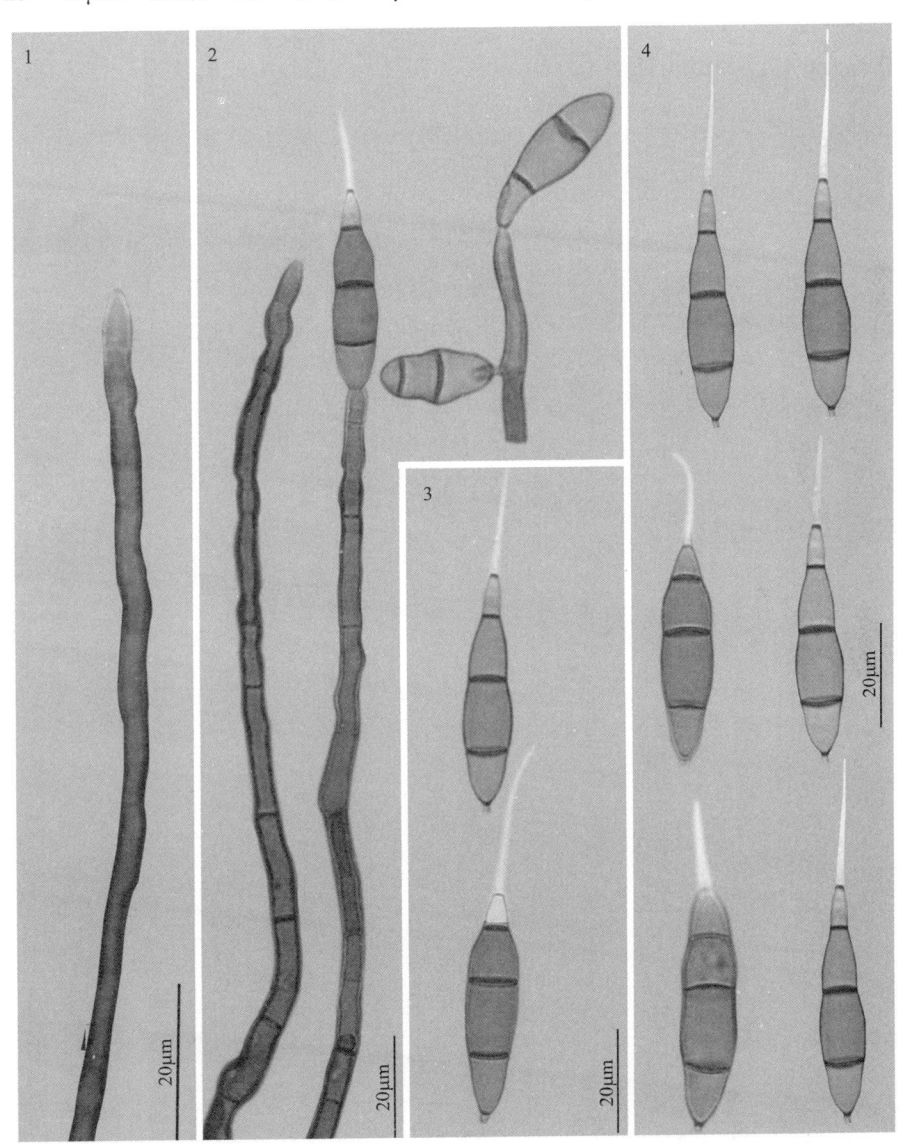

图176 南岭内隔孢 *Endophragmiella nanlingensis* S.C. Ren & X.G. Zhang
1、2. 分生孢子梗、产孢细胞和分生孢子；3、4. 分生孢子。(HSAUP H8334)

植物枯枝，广东：乳源（南岭），HSAUP H8334（=HMAS 146104）。
世界分布：中国。

讨论：该种分生孢子形态与梭孢内隔孢 *E. fusiformis* W.P. Wu(Wu and Zhuang, 2005)、具喙内隔孢 *E. rostrata* P.M. Kirk(Kirk，1985)和多变内隔孢 *E. variabilis* R.F. Castañeda(Castañeda-Ruíz，1988)十分相似，但 *E. fusiformis* 分生孢子较窄，7.5~9μm，具 6~7 个隔膜，且隔膜处不缢缩；*E. rostrata* 分生孢子倒棍棒形，较小，13~24×4~5μm，具 3 个隔膜；*E. variabilis* 分生孢子倒棍棒形或"Y"形，分生孢子较小，15~23×4~5μm，分枝孢子 9~10×3~5μm，具 2~4 个隔膜。

五列木内隔孢　图 177

Endophragmiella pentaphylacis L.G. Ma & X.G. Zhang, Mycotaxon 117: 281, 2011.

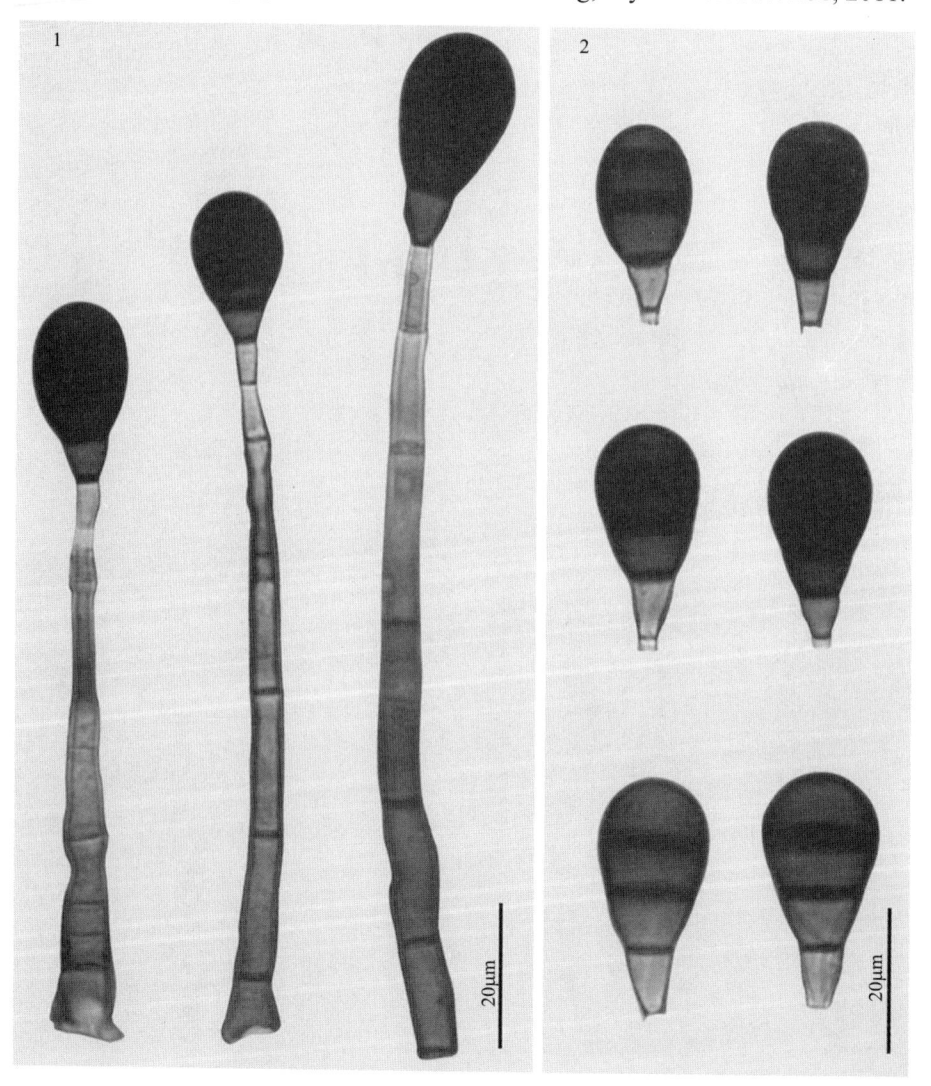

图 177　五列木内隔孢 *Endophragmiella pentaphylacis* L.G. Ma & X.G. Zhang
1. 分生孢子梗和分生孢子；2. 分生孢子。(HSAUP H0042)

菌落疏展，褐色，毛发状。菌丝体部分表生，部分埋生，由分枝、具隔、淡褐色、光滑、宽 1~3μm 的菌丝组成。分生孢子梗分化明显，单生，粗大，直或弯曲，不分枝，光滑，具隔，淡褐色至褐色，56～92×4.5～7.5μm。产孢细胞单芽生式，合生，顶生，圆柱形，光滑，淡褐色，具及顶层出延伸。分生孢子以破生式脱落。分生孢子全壁芽生式产生，单生，顶生，阔椭圆形至梨形，3个真隔膜，光滑，褐色至暗褐色，基部细胞淡褐色，25～32.5×13～16.5μm，顶部钝圆，基部平截，宽2.5～5μm。

五列木 Pentaphylax euryoides Gardner & Champ.凋落枯枝，云南：景洪（西双版纳），HSAUP H0042(=HMAS 146109)。

世界分布：中国。

讨论：该种分生孢子形态与贝氏内隔孢 *E. bisbyi* (B. Sutton) S. Hughes(Hughes, 1978b)、黑孢内隔孢 *E. ontariensis* S. Hughes(Hughes, 1978f)、爱丽斯内隔孢 *E. ellisii* S. Hughes(Hughes, 1979)和萨顿内隔孢 *E. suttonii* P.M. Kirk(Kirk, 1981b)有些相似，但 *E. bisbyi* 分生孢子较小，12.5～16×5.4～7.6μm，顶部2个细胞褐色，底部2个细胞淡褐色至近无色。另外，该种与 *E. suttonii*、*E. ontariensis* 和 *E. ellisii* 的区别是其分生孢子较大，多具3个隔膜，褐色至暗褐色，基部细胞淡褐色。

美丽内隔孢　图178

Endophragmiella pulchra (B. Sutton & Hodges) P.M. Kirk, Trans. Br. Mycol. Soc. 78: 298, 1982.

Chaetendophragmiopsis pulchra B. Sutton & Hodges, Nova Hedwigia 29(3-4): 598, 1978.

菌落疏展，暗褐色至黑色，毛发状。菌丝体大多埋生，由分枝、具隔、平滑、淡褐色的菌丝组成。分生孢子梗粗大，单生或少数簇生，直或稍弯曲，有时基部略膨大，光滑，褐色，向顶颜色渐浅，具隔，130～250×4～6μm，具3个或更多及顶层出延伸。产孢细胞单芽生式，合生，顶生，圆柱状，顶部平截。分生孢子全壁芽生式产生，单生，顶生，干性，光滑，纺锤形至倒棍棒形，具喙，4～5个隔膜，隔膜处有时稍缢缩，中部细胞淡褐色，两端细胞极浅褐色，长35.5～46μm(不含喙)，宽8.5～10μm，基部平截，宽2.5～3μm，基部平截，顶部附属丝长达100μm。

植物枯枝，广西：贺州(姑婆山)，HSAUP H2311。

世界分布：巴西、中国。

讨论：Sutton 和 Hodges(1978)最初将该种鉴定为 *Chaetendophragmiopsis pulchra* B. Sutton & Hodges。Kirk(1982b)将其鉴定为 *E. pulchra* (B. Sutton & Hodges) P.M. Kirk。该种分生孢子形态与具喙内隔孢 *E. rostrata* P.M. Kirk(Kirk, 1985)和梭孢内隔孢 *E. fusiformis* W.P. Wu(Wu and Zhuang, 2005)十分相似，但 *E. rostrata* 分生孢子较小，13～24×4～5μm，具(2～)3个隔膜；*E. fusiformis* 分生孢子较大，62.5～80×7.5～8.8μm，具6～7个隔膜。作者观察的分生孢子形态特征与原始描述基本一致，应视为同种。

树脂内隔孢　图179

Endophragmiella resinae P.M. Kirk, Trans. Br. Mycol. Soc. 76: 78, 1981.

菌落疏展，暗黑褐色至黑色，毛发状。菌丝体大多埋生，由分枝、具隔、平滑、浅褐色至褐色、宽2～4μm的菌丝组成。分生孢子梗粗大，单生，不分枝，直或稍弯曲，具隔，光滑，暗褐色，向顶颜色渐浅，长145～210μm，宽3.5～4.5μm，基部宽7～10μm，具 1~6 个及顶层出。产孢细胞单芽生式，合生，顶生，圆柱状，近顶端渐窄，顶端平截。分生孢子以破生式脱落。分生孢子全壁芽生式产生，单生，顶生，干性，光滑，卵圆形至梨形，壁厚，1 个真隔膜，顶部细胞比基部细胞长，基部细胞浅褐色，顶部细胞褐色，15~19 × 8~9μm，基部突出，长 0.5~1μm。

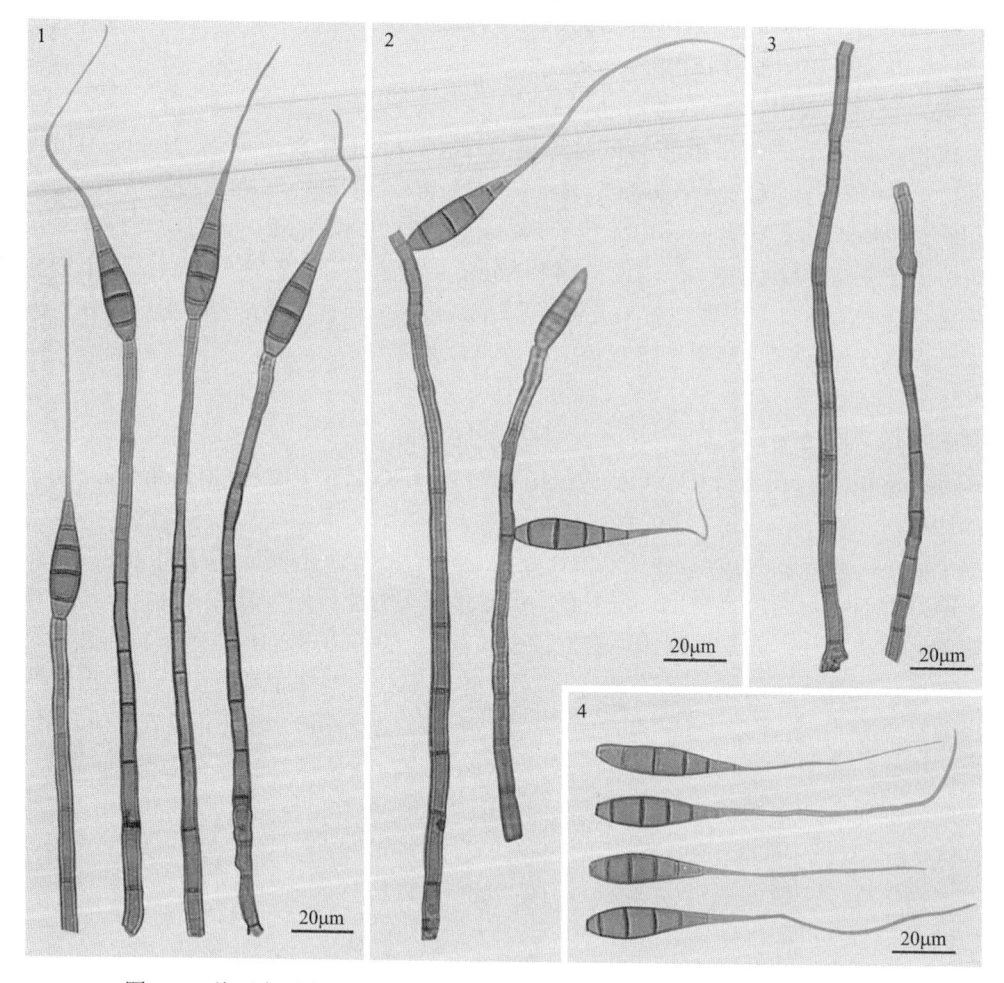

图 178　美丽内隔孢 *Endophragmiella pulchra* (B. Sutton & Hodges) P.M. Kirk
1、2. 分生孢子梗和分生孢子；3. 分生孢子梗；4. 分生孢子。(HSAUP H2311)

植物枯枝，广东：乳源（南岭），HSAUP H8346(=HMAS 146107)。

世界分布：中国、英国。

讨论：Kirk(1981a) 最初从英国报道该种，与表生内隔孢 *E. cambrensis* M.B. Ellis(Ellis，1976) 和内隔孢 *E. pallescens* B. Sutton(Sutton，1973a) 十分近似，但该种分生孢子顶部细胞明显比基部细胞长，而后两者分生孢子顶部细胞和基部细胞几乎等长。另外，*E. cambrensis* 分生孢子倒卵形至棍棒形，略宽，8~10μm；*E. pallescens* 分生孢子椭圆形，较窄，6.5~7μm，偶具 2 个隔膜。作者观察该菌形态特征与原始描述无显著差别。

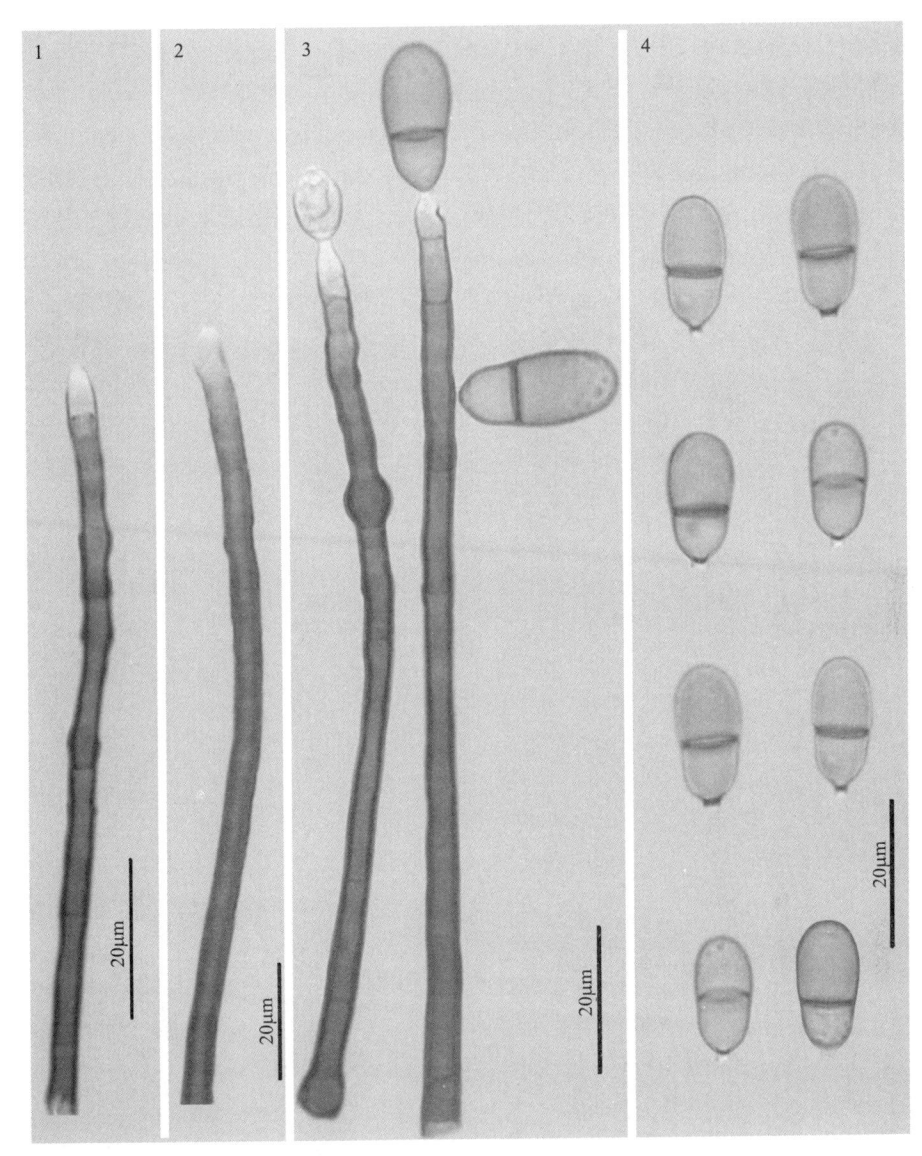

图 179　树脂内隔孢 *Endophragmiella resinae* P.M. Kirk
1、2. 分生孢子梗；3. 分生孢子梗和分生孢子；4. 分生孢子。（HSAUP H8346）

直立内隔孢　图 180

Endophragmiella rigidiuscula R.F. Castañeda, Fungi Cubenses III (La Habana): 9, 1988.

菌落稀疏，暗褐色至黑色，毛发状。菌丝体部分表生，部分埋生，由分枝、具隔、淡褐色、光滑、宽 2～3μm 的菌丝组成。分生孢子梗分化明显，粗大，单生或少数簇生，不分枝，直或弯曲，光滑，具隔，圆柱状，基部膨大，褐色，50～70×3.5～5.5μm。产孢细胞单芽生式，合生，顶生，圆柱形，光滑，褐色至淡褐色，有限生长。分生孢子以破生式脱落。分生孢子全壁芽生式产生，单生，顶生，椭圆形至倒卵形，光滑，褐色至暗褐色，具 3 个假隔膜，隔膜处加厚色深，16.5～20.5×12～15μm，顶部钝圆，基部突出，宽 1～2.5μm，长 2.5～3.5μm。

植物枯枝，福建：武夷山，HSAUP H3131。

世界分布：巴西、中国、古巴。

讨论：Castañeda-Ruíz(1988)最初从古巴植物 *Byrsonima crassifolia* Kunth 落叶上报道该种。Leão-Ferreira 等(2008)从巴西植物 *Andira fraxinifolia* Benth.烂叶上发现该种。作者观察的分生孢子比原始描述(20～23μm)短，产孢细胞无层出，其他特征基本一致。

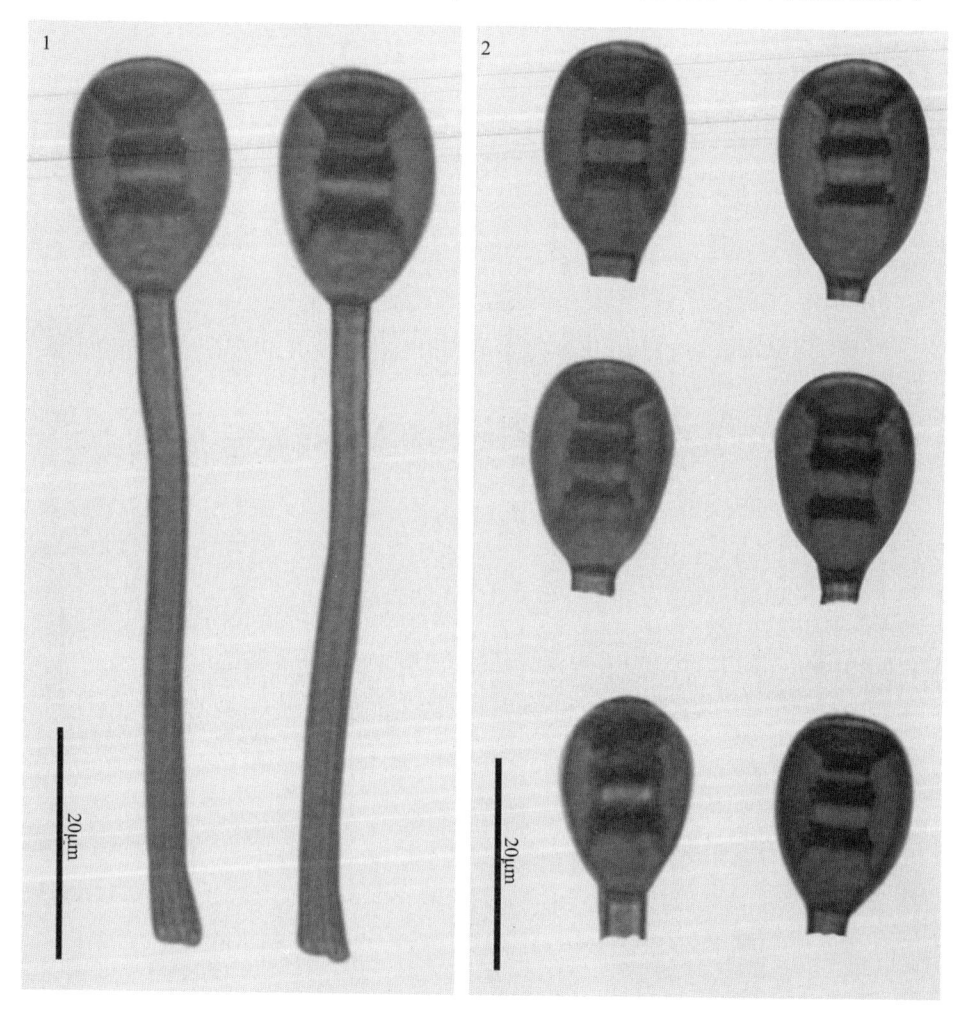

图180 直立内隔孢 *Endophragmiella rigidiuscula* R.F. Castañeda
1. 分生孢子梗和分生孢子；2. 分生孢子。(HSAUP H3131)

具喙内隔孢 图181

Endophragmiella rostrata P.M. Kirk, Mycotaxon 23: 325, 1985.

菌落疏展，暗褐色至黑色，毛发状。菌丝体大多埋生，少数表生，由分枝、具隔、淡褐色至褐色、光滑的菌丝组成。分生孢子梗粗大，单生或少数簇生，不分枝，直或弯曲，光滑，具隔，褐色，向顶颜色渐浅，长52～94.5μm，宽3～4.5μm，顶端具及顶层出延伸。产孢细胞单芽生式，合生，顶生，圆柱形，光滑，淡褐色，顶端平截。分生孢子以破生式脱落。分生孢子全壁芽生式产生，单生，顶生，干性，倒棍棒形，具喙，淡褐色至褐色，(3～)4个隔膜，长16.5～26.5μm(不含喙)，宽5～6.5μm，喙长达56μm，宽1～1.5μm，基部平截，宽1.5～2.5μm，基部突出，长1μm。

植物枯枝，广东：乳源(南岭)，HSAUP H8226；海南：临高，HSAUP H5499-2。

世界分布：中国、肯尼亚。

讨论：Kirk(1985)最初从肯尼亚腐烂木头上报道该种，其分生孢子形态与梭孢内隔孢 E. fusiformis W.P. Wu(Wu and Zhuang，2005)较为相似，但后者分生孢子较宽，7.5～9μm，隔膜较多，6～7个。作者观察的该菌分生孢子比原始描述(13～24 × 4～5μm)稍大一些，且多具4个隔膜，两者差别不明显，应视为同种。

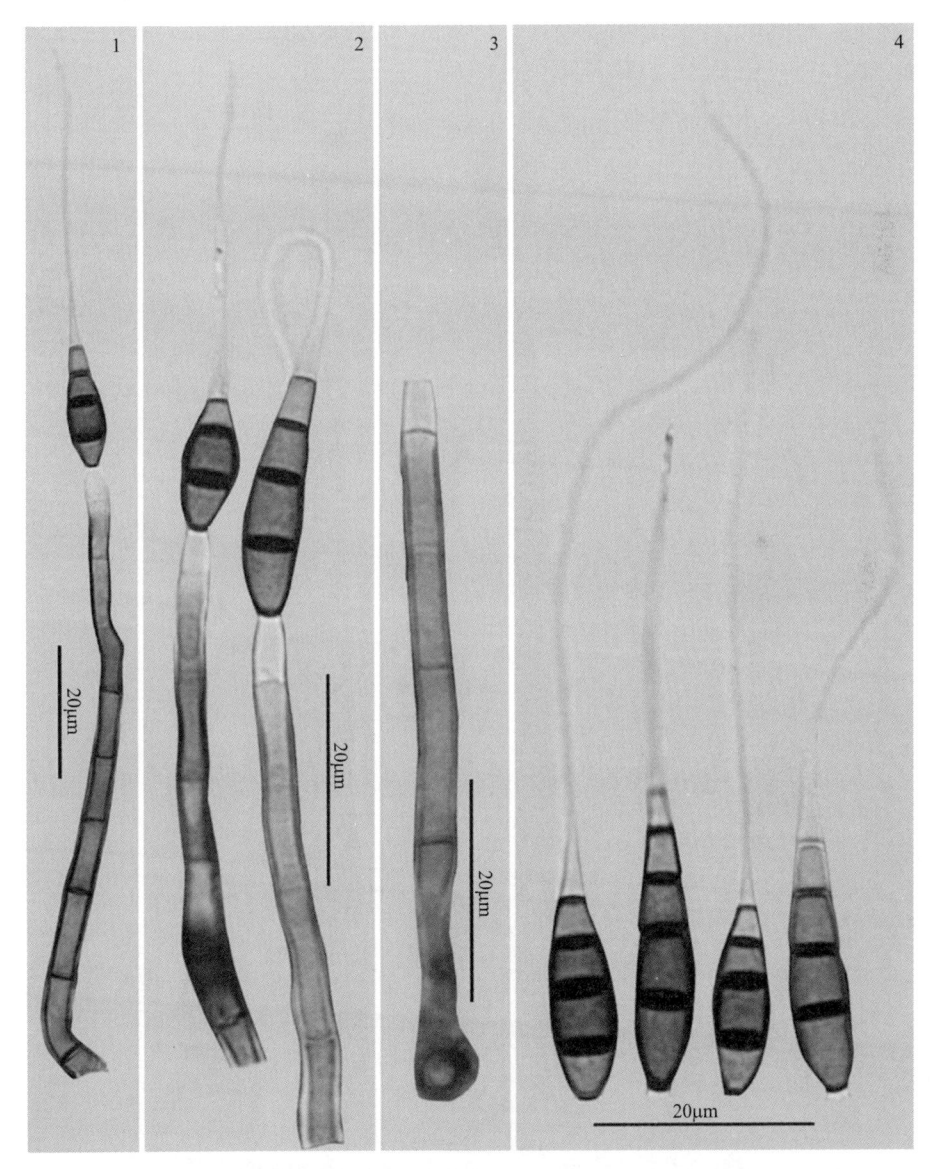

图181 具喙内隔孢 Endophragmiella rostrata P.M. Kirk

1、2. 分生孢子梗和分生孢子；3. 分生孢子梗；4. 分生孢子。(HSAUP H5499-2)

水松内隔孢 图 182

Endophragmiella taxi (M.B. Ellis) S. Hughes, New Zealand J. Bot. 17(2): 153, 1979.
Endophragmia taxi M.B. Ellis, Mycol. Pap. 82: 48, 1961.

菌落稀疏，暗褐色，毛发状。菌丝体部分表生，部分埋生，由分枝、具隔、淡褐色至褐色、平滑、宽 1～4μm 的菌丝组成。分生孢子梗粗大，自菌丝顶端和侧面产生，单生或 2～3 根簇生，不分枝，直或稍弯曲，圆柱形，平滑，4～9 个隔膜，具 1～5 个及顶层出延伸，淡褐色至褐色，85～195×5～7μm。产孢细胞单芽生式，合生，顶生，近圆柱形，顶部平截，光滑，浅褐色。分生孢子以破生式脱落。分生孢子全壁芽生式产生，单生，顶生，椭圆形或阔卵形，光滑，1 个隔膜，且隔膜处加厚色深，呈宽带，褐色至暗褐色，12～15×6.5～8.5μm，基部突出，宽 1.5～2.5μm。

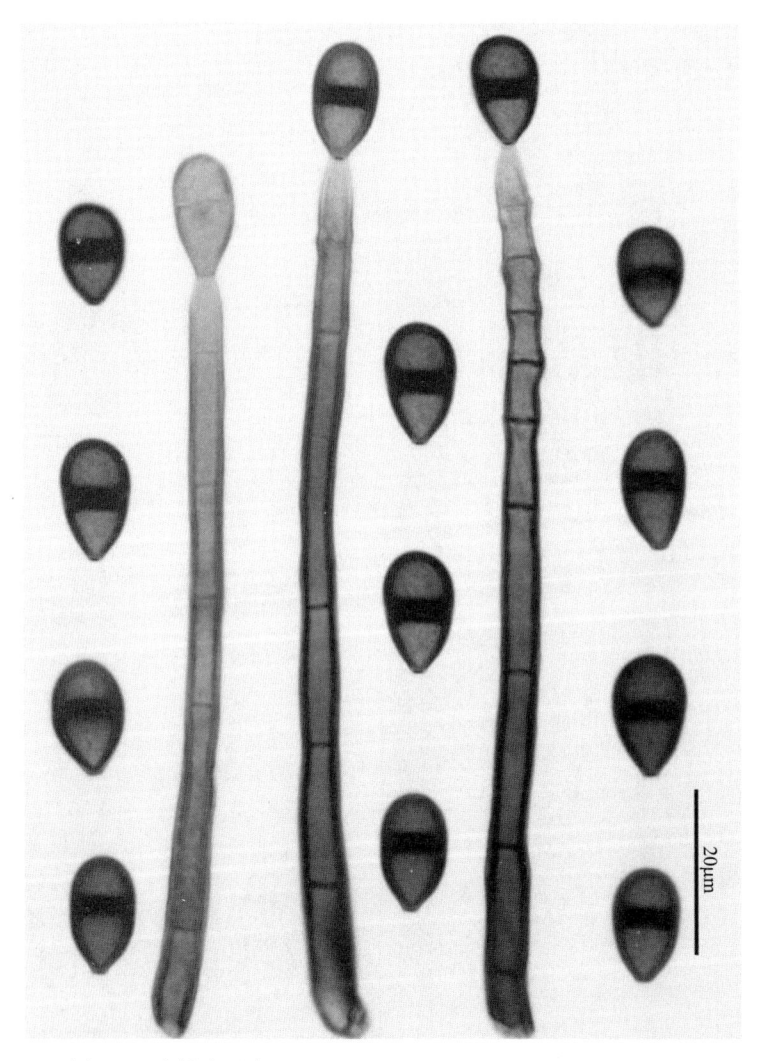

图 182 水松内隔孢 *Endophragmiella taxi* (M.B. Ellis) S. Hughes
分生孢子梗、产孢细胞和分生孢子。(HSAUP H8373)

植物枯枝，广东：乳源（南岭），HSAUP H8373。

世界分布：美国、中国。

讨论：Ellis(1961b)曾将该种误鉴定为 *Endophragmia taxi* M.B. Ellis。Hughes(1979) 将其定为 *Endophragmiella taxi* (M.B. Ellis) S. Hughes。作者观察的分生孢子比 Hughes(1979)的描述(7～10μm)略窄，其他特征无明显差别。

可可内隔孢　图 183

Endophragmiella theobromae M.B. Ellis, More Denatiaceous Hyphomycetes: 144, 1976.

菌落稀疏，暗褐色至黑色，毛状。菌丝体大多表生，少数埋生，由分枝、具隔、淡褐色、光滑、宽 2～3μm 的菌丝组成。分生孢子梗分化明显，单生或少数簇生，粗大，不分枝，直或稍弯曲，光滑，具隔，圆柱状，褐色，向顶颜色渐浅，长达 110μm，宽 7.5～8.5μm，基部偶膨大，具 1～4 个及顶层出延伸。产孢细胞单芽生式，合生，顶生，及顶层出，圆柱形，近顶端渐窄，顶端平截。分生孢子以破生式脱落。分生孢子全壁芽生式产生，单生，顶生，倒卵形至梨形，光滑，多具 2 个隔膜，暗褐色，基部细胞淡褐色，17.5～30 × 8.5～13μm，基部突出。

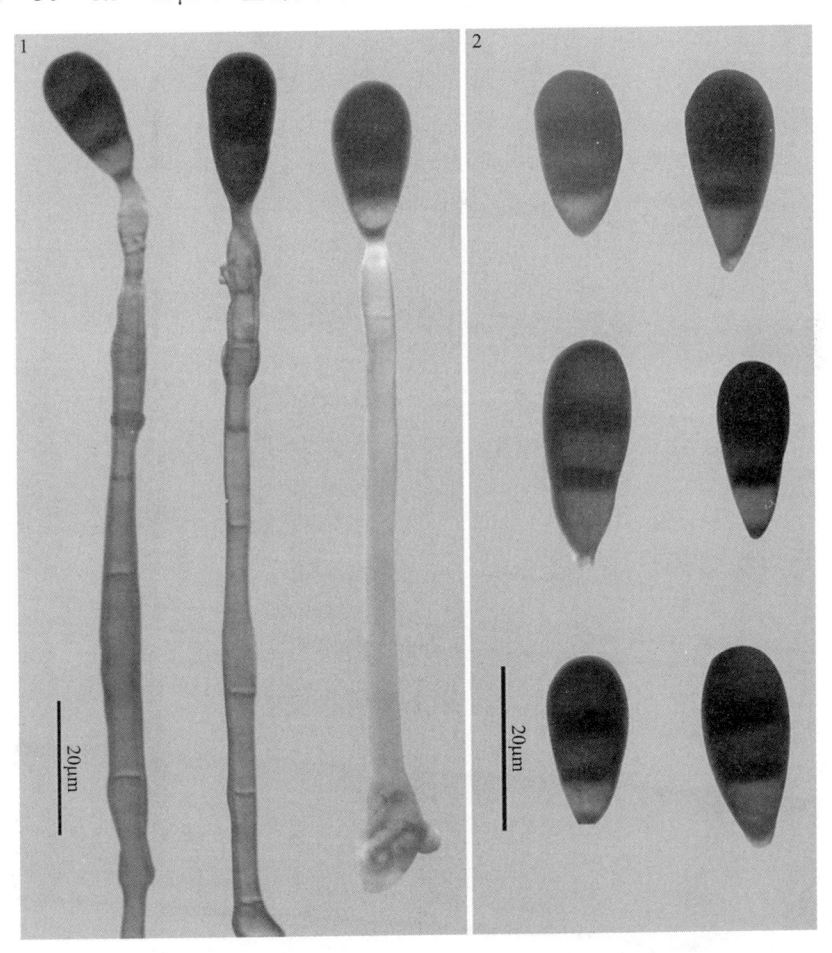

图 183　可可内隔孢 *Endophragmiella theobromae* M.B. Ellis
1. 分生孢子梗和分生孢子；2. 分生孢子。(HSAUP H3140)

植物枯枝，福建：武夷山，HSAUP H3140(=HMAS 146113)、HSAUP H3136。
世界分布：中国、新几内亚岛。

讨论：Ellis(1976)最初从新几内亚可可树 *Theobroma cacao* L.树皮上报道该种。Shaw(1984)再次从新几内亚报道该种。作者观察的分生孢子比原始描述(8～11μm)略宽，其他特征基本一致。

三隔内隔孢　图 184

Endophragmiella triseptata K.M. Tsui, Goh, K.D. Hyde & Hodgkiss, Crypt. Mycol. 22(2): 140, 2001.

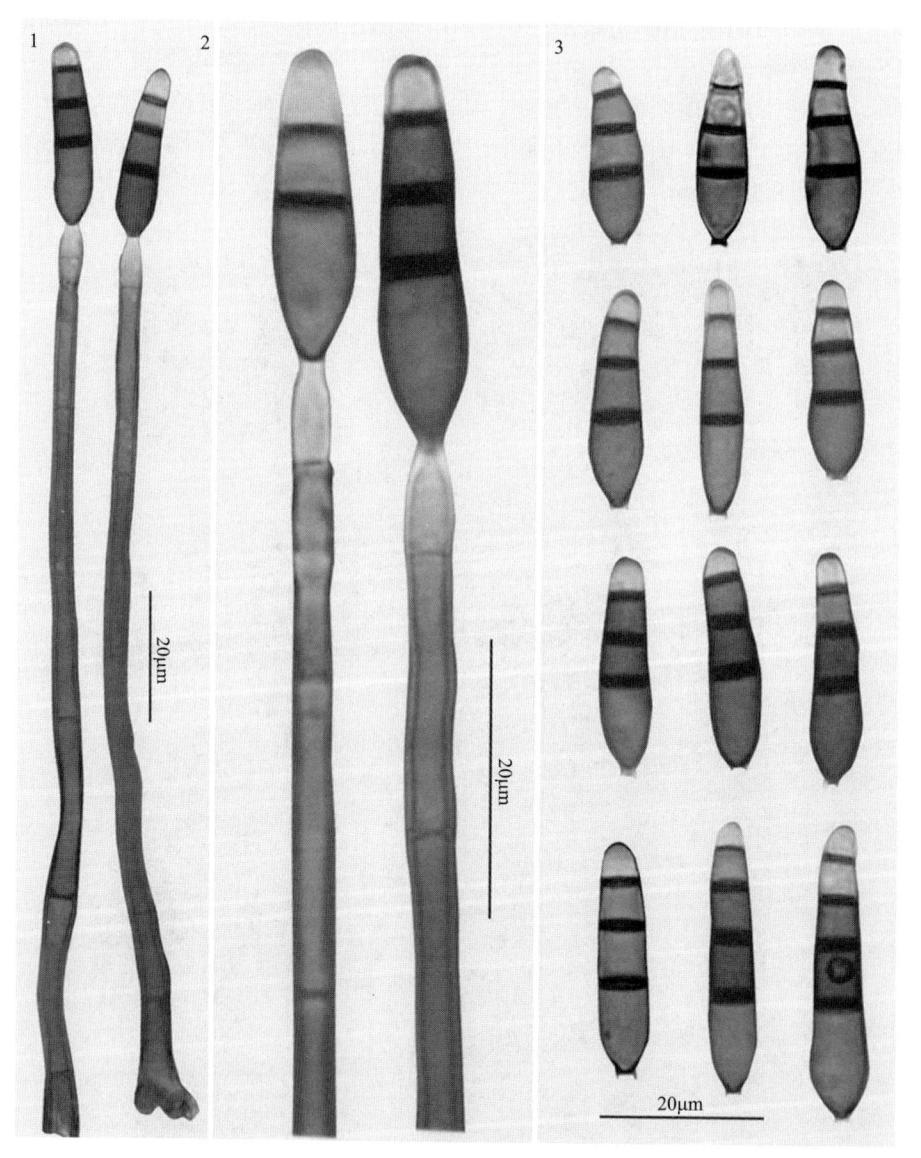

图 184　三隔内隔孢 *Endophragmiella triseptata* K.M. Tsui, Goh, K.D. Hyde & Hodgkiss
1、2. 分生孢子梗及分生孢子；3. 分生孢子。(HSAUP H5032)

菌落疏展，褐色至暗褐色，毛发状。菌丝体大多埋生，少数表生，由分枝、具隔、淡褐色至褐色、光滑的菌丝组成。分生孢子梗粗大，单生，不分枝，直或弯曲，具隔，光滑，褐色至暗褐色，93～140.5 × 3.5～4.5μm。产孢细胞单芽生式，合生，顶生，圆柱形，光滑，淡褐色，具及顶层出现象。分生孢子以破生式脱落。分生孢子全壁芽生式产生，单生，顶生，干性，近圆柱形、阔纺锤形至长方形，褐色，顶部细胞淡褐色或近无色，光滑，3(～4)个隔膜，20～34.5 × 4.5～6.5μm，顶部钝圆，基部平截，宽1.5～2μm，基部突出，长0.5～1μm。

植物枯枝，福建：武夷山，HSAUP H5032。

世界分布：中国。

讨论：该种最初由Tsui等(2001c)报道于香港沉水腐木上，其分生孢子形态与弯曲内隔孢 *E. curvata* (Corda) S. Hughes(Hughes，1979)和红刺革菌生内隔孢 *E. hymenochaeticola* S. Hughes(Hughes，1978i)较为相似，但 *E. curvata* 分生孢子(5.7～8.3μm)较宽，多具2个隔膜；*E. hymenochaeticola* 分生孢子(5.4～7.3μm)略宽，具1～6个隔膜，细胞各部色泽基本一致。作者观察的该菌形态与原始描述基本一致。

林氏霉属 Linkosia A. Hern. Gut. & B. Sutton
Mycol. Res. 101(2): 208, 1997.

属级特征：菌落疏展，褐色至黑色。菌丝体表生，由分枝、具隔、平滑、褐色至暗褐色的菌丝组成。分生孢子梗无。产孢细胞侧生或顶生于菌丝上，单芽生式，单生，较短，有限生长，安瓿形，褐色至暗褐色，顶端平截。分生孢子全壁芽生式产生，单生，顶生，纺锤形或倒棍棒形，直或稍弯曲，具假隔膜，基部平截，淡褐色至暗褐色，壁平滑。分生孢子以裂解式脱落。

模式种：棕榈林氏霉 *Linkosia coccothrinacis* (A. Hern. Gut. & J. Mena) A. Hern. Gut. & B. Sutton。

讨论：Hernández-Gutiérrez和Sutton(1997)将 *Sporidesmium coccothrinacis* A. Hern. Gut. & J. Mena 从葚孢属 *Sporidesmium* Link 中划出，并以此为模式种建立了林氏霉属 *Linkosia* A. Hern. Gut. & B. Sutton。该属为小属，到目前为止，仅发表7个种(Hernández-Gutiérrez and Sutton，1997；Castañeda-Ruíz *et al.*，2000；Wu and Zhuang，2005；Zhang *et al.*，2009d；Ma *et al.*，2011b)。除模式种 *L. coccothrinacis* 外，另6个种为：梭孢林氏霉 *L. fusiformis* W.P. Wu、桑林氏霉 *L. mori* K. Zhang & X.G. Zhang、多隔林氏霉 *L. multiseptum* W.P. Wu、倒棒孢林氏霉 *L. obclavata* W.P. Wu、波纳佩林氏霉 *L. ponapensis* (Matsush.) R.F. Castañeda, Saikawa & Gené 和木槿林氏霉 *L. hibisci* Jian Ma & X.G. Zhang。Wu 和 Zhuang(2005)和 Zhang 等(2009d)曾为该属编制分种检索表。分生孢子梗缺失，产孢细胞安瓿形及分生孢子具假隔膜为该属的典型特征，容易同 *Sporidesmium*、类葚孢属 *Sporidesmiella* P.M. Kirk、层出孢属 *Repetophragma* Subram.、爱氏霉属 *Ellisembia* Subram.和休氏霉属 *Stanjehughesia* Subram.等近似属区分开来。

Wu 和 Zhuang(2005)首次在中国报道该属3个分类单位。作者近年在我国报道该属真菌2个种，目前我国已报道4个种。作者对该属的研究是对《中国真菌志》第三十七卷的补充。

作者研究的中国林氏霉属 Linkosia 分种检索表

1. 分生孢子 160～210×7.5～9.5μm ··· 木槿林氏霉 L. hibisci
1. 分生孢子宽≥10μm ·· 2
   2. 分生孢子顶端钝尖，100～128×10～13.5μm ························· 梭孢林氏霉 L. fusiformis
   2. 分生孢子顶端具喙，122～177×12～16μm ······································ 桑林氏霉 L. mori

梭孢林氏霉 图 185

Linkosia fusiformis W.P. Wu, Fungal Divers. Res. Ser. 15: 183, 2005.

菌落疏展，褐色。菌丝体表生，由分枝、具隔、褐色至暗褐色、光滑的菌丝组成。分生孢子梗无。产孢细胞单芽生式，葫芦形至安瓿形，有限生长，褐色至暗褐色，光滑，9～16.5×4.5～5.5μm，顶部平截，宽 3～4μm。分生孢子以裂解式脱落。分生孢子全壁芽生式产生，单生，顶生，直或弯曲，倒棍棒形，淡褐色至褐色，光滑，16～23 个假隔膜，100～128×10～13.5μm，近顶部渐窄，宽 2～3.5μm，顶部细胞淡褐色，钝圆，基部细胞圆锥形，平截，宽 3.5～4μm。

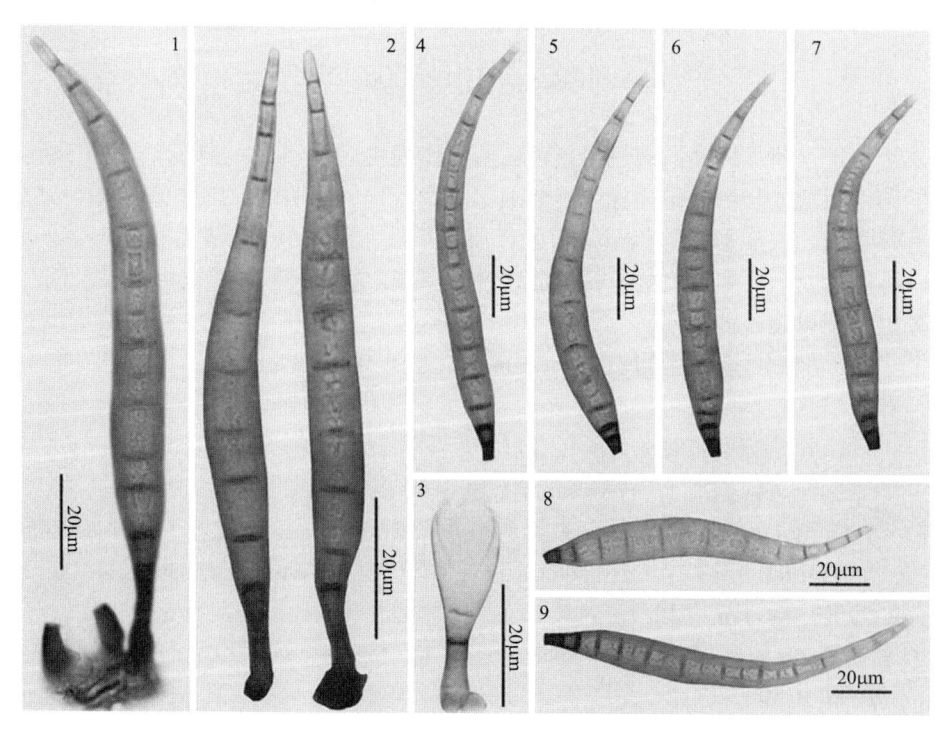

图 185 梭孢林氏霉 Linkosia fusiformis W.P. Wu

1、2. 产孢细胞和分生孢子；3. 产孢细胞和未成熟的分生孢子；4～9. 分生孢子。（HSAUP H5422-3）

植物枯枝，广东：肇庆(鼎湖山)，HSAUP H5422-3。

世界分布：中国。

讨论：Wu 和 Zhuang(2005)在我国广西报道该种，其分生孢子顶端有时具黏性附属物。作者采自广东的该菌分生孢子顶端未见黏性附属物，大小与原始描述(100～160×

13～15μm)略有差别，其他特征基本一致。

木槿林氏霉 图 186

Linkosia hibisci Jian Ma & X.G. Zhang, Mycoyaxon 117: 249, 2011.

菌落疏展，褐色。菌丝体表生，由分枝、具隔、褐色至暗褐色、光滑、宽 1.5～3μm 的菌丝组成。分生孢子梗无。产孢细胞单芽生式，葫芦形至安瓿形，有限生长，褐色至暗褐色，光滑，9～22 × 4～5μm，顶部平截，宽 4～4.5μm。分生孢子以裂解式脱落。分生孢子全壁芽生式产生，单生，顶生，直或弯曲，倒棍棒形或倒棍棒具喙形，暗褐色至褐色，光滑，16～21 个假隔膜，160～210 × 7.5～9.5μm，近顶部渐窄，宽 1.5～2.5μm，顶部细胞淡褐色，钝圆，基部细胞平截，宽 2～4.5μm。

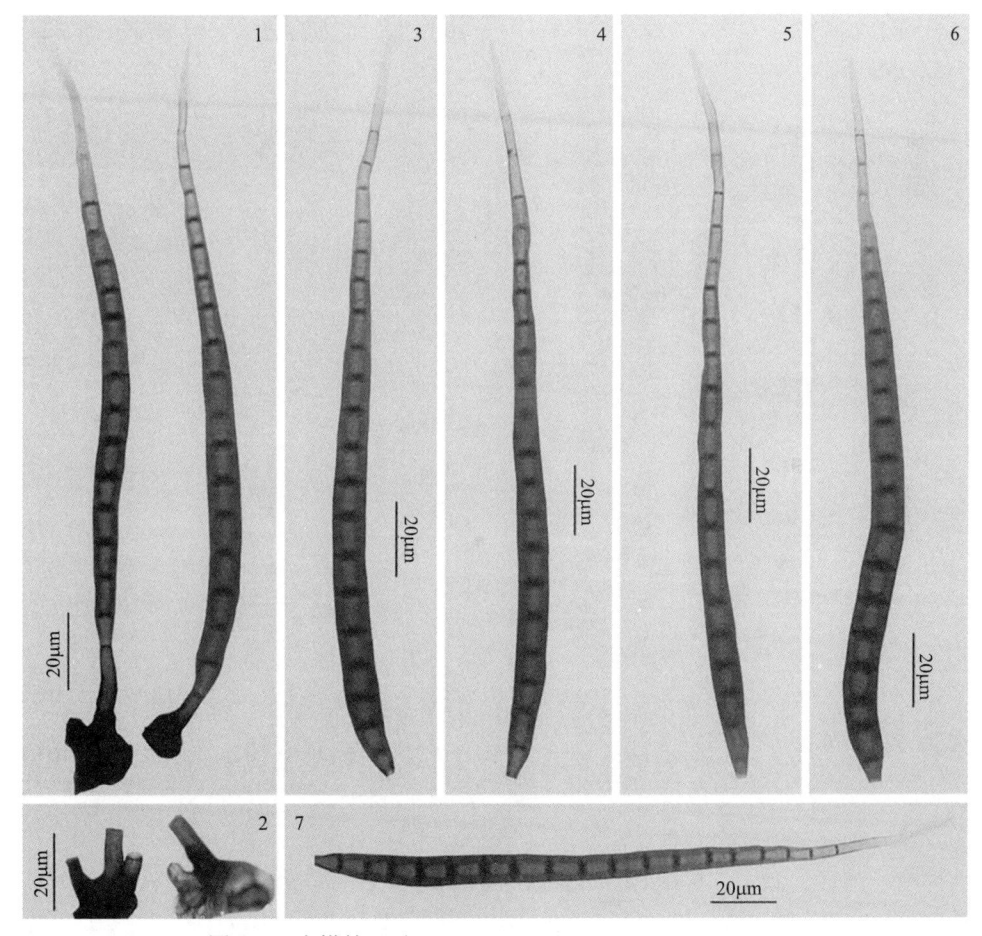

图 186 木槿林氏霉 *Linkosia hibisci* Jian Ma & X.G. Zhang
1. 产孢细胞和分生孢子；2. 产孢细胞；3～7. 分生孢子。（HSAUP H5199-1）

植物枯枝，福建：武夷山，HSAUP H5083、HSAUP H5080-1。

木芙蓉 *Hibiscus mutabilis* L.凋落枯枝，海南：昌江（霸王岭），HSAUP H5199-1（=HMAS 146142）、HSAUP H5170；

世界分布：中国。

讨论：该种分生孢子形态与倒棒孢林氏霉 *L. obclavata* W.P. Wu（Wu and Zhuang,

2005)和桑林氏霉 L. mori K. Zhang & X.G. Zhang(Zhang et al., 2009d)有些相似，但后两者分生孢子短而宽，分别为 122～177 × 12～16μm 和 110～125 × 9～12μm。另外，L. obclavata 分生孢子隔膜较少，12～14 个；L. mori 分生孢子色泽较浅。

桑林氏霉 图 187

Linkosia mori K. Zhang & X.G. Zhang, Mycotaxon 108: 123, 2009.

菌落疏展，褐色。菌丝体表生，由分枝、具隔、平滑、褐色至暗褐色、宽 2～3.5μm 的菌丝组成。分生孢子梗无。产孢细胞单芽生式，单生，葫芦形或安瓿形，褐色至暗褐色，光滑，13～17 × 7～9μm，顶部平截，宽 4～5μm。分生孢子以裂解式脱落。分生孢子全壁芽生式产生，单生，直立或稍弯曲，倒棍棒状或倒棍棒具喙形，15～21 个假隔膜，淡褐色至褐色，光滑，122～177 × 12～16μm；顶部细胞色淡，基部细胞平截，宽 3.5～5.5μm。

图 187 桑林氏霉 Linkosia mori K. Zhang & X.G. Zhang
1. 自然基质上的菌落；2、3. 产孢细胞；4、5. 产孢细胞和分生孢子；6～8. 分生孢子。（HSAUP VII₀ ZK 0321-2）

桑 Morus alba L.凋落枯枝，广西：十万大山，HSAUP VII₀ ZK 0321-2(=HMAS 189369)。

世界分布：中国。

讨论：该种近似于倒棒孢林氏霉 L. obclavata W.P. Wu 和梭孢林氏霉 L. fusiformis W.P. Wu(Wu and Zhuang, 2005)，但 L. obclavata 分生孢子较小，110～125 × 9～12μm，隔膜较少，12～14 个；L. fusiformis 分生孢子顶端无喙，具一黏性附属物，隔膜间具黑带。

卢曼霉属 Lomaantha Subram.

J. Indian Bot. Soc. 33: 31, 1954.

属级特征：菌落疏展，褐色至暗黑褐色。菌丝体部分表生，部分埋生，由淡褐色至褐色、具隔、分枝、平滑的菌丝组成。分生孢子梗粗大，单生或簇生，不分枝，具隔，褐色至暗红褐色，平滑或具疣突，有限生长或偶具1个圆柱形或葫芦形及顶层出。产孢细胞单芽生式，合生，顶生，褐色，圆柱形，平滑或具疣突。分生孢子以裂解式从产孢细胞脱落。分生孢子全壁芽生式产生，单生，顶生，倒棍棒状，具假隔膜，淡褐色至褐色，壁光滑，具喙，基部平截，顶部具1根至多根分枝的附属丝。

模式种：棕榈卢曼霉 Lomaantha pooga Subram.。

讨论：该属为一小属，迄今仅包括3个种。除模式种棕榈卢曼霉 L. pooga Subram. 外，另2种为：檀香卢曼霉 L. santali Udayal. & Satyanar.(Reddy et al., 1978)和芦苇卢曼霉 L. phragmitis Jian Ma & X.G. Zhang(Ma et al., 2011f)。Ma 等(2011f)为该属3个种作了分类检索表，修订了该属特征：产孢细胞偶具1个及顶层出，壁具疣突。Subramanian(1954)指出棕榈卢曼霉 L. pooga 与 Urosporium Fingerh.(Fingerhuth, 1836)、Ceratophorum Sacc.(Saccardo, 1880)、长棒孢属 Camposporium Harkn.(Harkness, 1884)和刚毛孢属 Pleiochaeta (Sacc.) S. Hughes(Hughes, 1951)等丝孢菌属的模式种相似，均产生具附属丝的多隔孢子，但该属与 Ceratophorum 和 Urosporium 的区别是其分生孢子梗不分枝，分生孢子具分枝的附属丝；与 Camposporium 和 Pleiochaeta 的区别是其产孢细胞单芽生式，分生孢子具分枝的附属丝。Reddy 等(1978)、Wu 和 Zhuang(2005)指出该属与葚孢属 Sporidesmium Link(Link, 1809)和爱氏霉属 Ellisembia Subram.(Subramanian, 1992)内一些分生孢子顶端具附属丝的种相似，但后两者的附属丝不分枝。Ma 等(2011f)研究发现该属与毛内隔孢属 Chaetendophragmia Matsush.(Matsushima, 1971)的产孢方式一致，且分生孢子均具附属丝，但后者产孢细胞延伸方式及附属丝着生位点不同于该属。

Wu 和 Zhuang(2005)首次从我国广西报道该属真菌，棕榈卢曼霉 L. pooga。作者近年从我国海南报道该属新种1个，至此，该属我国已报道2个种。作者对该属的研究是对《中国真菌志》第三十七卷的补充。

芦苇卢曼霉　图 188

Lomaantha phragmitis Jian Ma & X.G. Zhang, Mycologia 103(2): 407, 2011.

菌落疏展，褐色至暗褐色。菌丝体部分表生，部分埋生，由分枝、具隔、淡褐色至褐色、光滑、宽 1.5～3.5μm 的菌丝组成。分生孢子梗分化明显，粗大，单生或少数簇生，直或弯曲，不分枝，具疣突，褐色至暗褐色，长 90～185μm，基部宽 9.5～11μm，中部宽 7.5～9.5μm，顶部宽 7～9μm，具 3～6 个隔膜。产孢细胞单芽生式，合生，顶生，葫芦形，具 0～1 个葫芦形或圆柱形及顶层出，褐色至暗褐色，具疣突，长 27～35μm，基部宽 7～9μm，顶部宽 3.5～5μm。分生孢子以裂解式脱落。分生孢子全壁芽生式产生，单生，顶生，干性，倒棍棒形，具 11～13 个假隔膜，光滑，褐色，顶部细胞淡褐色，65～90×15～18.5μm，基部平截，宽 3～5μm，顶端宽 2～3.5μm，顶部延伸形成一无色至近无色、无隔、纤丝状的附属丝，且附属丝基部又形成1根至多根侧生、分枝的附属丝，附属丝长达 120μm，宽 1～2μm。

芦苇 *Phragmites communis* Trin.枯死茎秆，海南：昌江（霸王岭），HSAUP H5196(=HMAS 144865)。

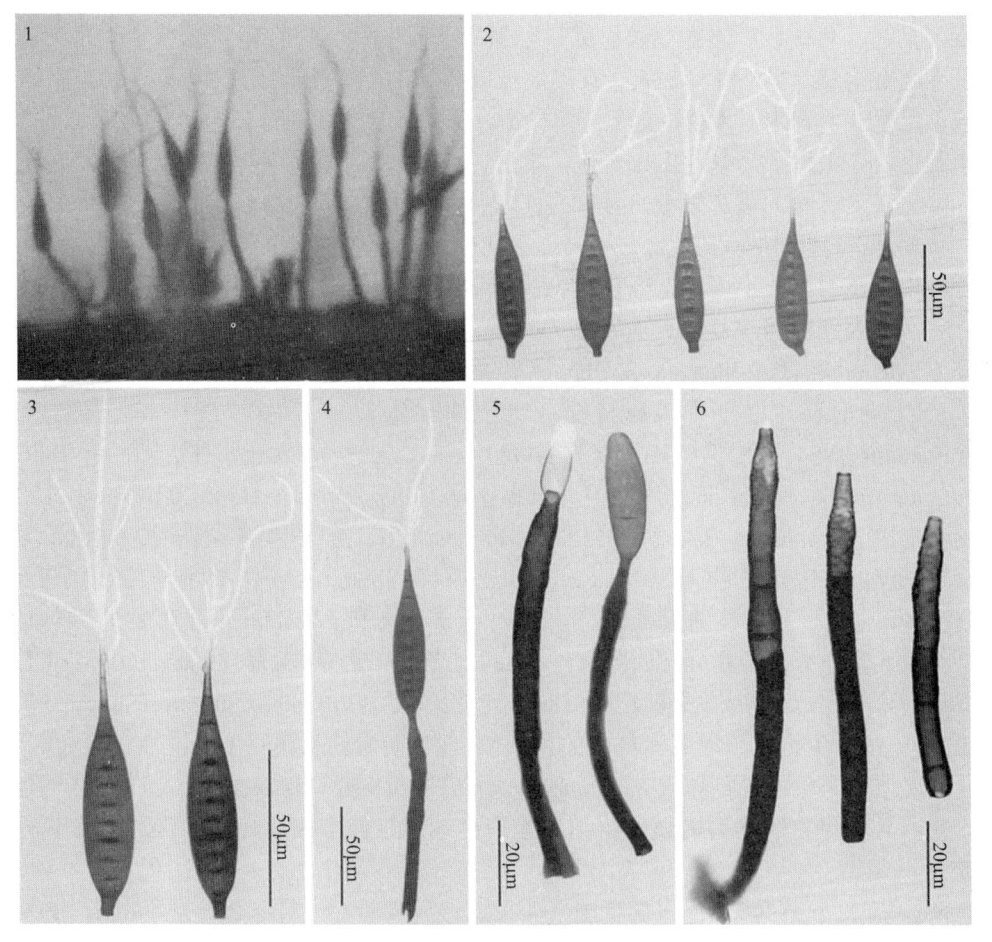

图188　芦苇卢曼霉 Lomaantha phragmitis Jian Ma & X.G. Zhang
1. 自然基质上的菌落；2、3. 分生孢子；4、5. 分生孢子梗和分生孢子；6. 分生孢子梗。（HSAUP H5196）

世界分布：中国。

讨论：Subramanian（1954）最初从印度槟榔 Areca catechu L.枯死树干上发现棕榈卢曼霉 L. pooga Subram.。Reddy 等（1978）从印度檀香 Santalum album L.茎秆上报道该属第 2 个种，檀香卢曼霉 L. santali Udayal. & Satyanar.。Wu 和 Zhuang（2005）从我国发现 L. pooga。该种近似于 L. pooga 和 L. santali，但其产孢细胞具 1 个圆柱形及顶层出，具疣突，分生孢子顶端附属丝较长，而后两者产孢细胞有限生长，光滑，分生孢子附属丝较短。另外，L. pooga 的分生孢子长而窄，75～132 × 10～16μm，隔膜最多达 20 个；L. santali 分生孢子基部较宽，6～9μm，具 3～5 个隔膜。

新葚孢属 Neosporidesmium Mercado & J. Mena

Acta Bot. Cub. 59: 2, 1988.

属级特征：菌落疏展，褐色至黑色。菌丝体表生或埋生。孢梗束单生或簇生，分散，直立或稍弯曲，不分枝，圆柱形，褐色至暗黑褐色，基部较宽，顶部与侧面均可产生分生孢子。分生孢子梗直立，光滑，具隔，不分枝，棒状或圆柱形，褐色至暗黑褐色，平行排列，紧密聚集成孢梗束，顶部分散且与孢梗束几乎垂直。产孢细胞单芽生式，合生，顶生，有限生长或具及顶层出，安瓿形、圆柱形或桶形，褐色至暗褐色，光滑。分生孢子以裂解式脱落。分生孢子全壁芽生式产生，单生、顶生，倒棍棒状、纺锤形或圆柱形，淡褐色至褐色，光滑，具隔，基部平截，顶端钝圆或具喙。

模式种：束梗新葚孢 *Neosporidesmium maestrense* Mercado & J. Mena。

讨论：Mercado-Sierra 和 Mena-Portales (1988) 以束梗新葚孢 *Neosporidesmium maestrense* Mercado & J. Mena 为模式种建立新葚孢属 *Neosporidesmium* Mercado & J. Mena。该属迄今已报道8个种：除模式种外，另7个种为小孢新葚孢 *N. microsporum* W.P. Wu、中国新葚孢 *N. sinensis* W.P. Wu、五月茶新葚孢 *N. antidesmatis* Jian Ma & X.G. Zhang、桐新葚孢 *N. malloti* Jian Ma & X.G. Zhang、黄叶树新葚孢 *N. xanthophylli* Jian Ma & X.G. Zhang、含笑新葚孢 *N. micheliae* Y.D. Zhang & X.G. Zhang 和越南新葚孢 *N. vietnamense* Melnik & U. Braun (Wu and Zhuang, 2005; Ma *et al.*, 2011e; Zhang *et al.*, 2011a; Melnik and Braun, 2013)，其中 *N. micheliae* 和 *N. vietnamense* 的分生孢子具真隔膜。Melnik 和 Braun (2013) 称分生孢子真/假隔膜虽可作为一些属间的分类标准，如葚孢属 *Sporidesmium* Link 和爱氏霉属 *Ellisembia* Subram.，但仅依据此特征将 *N. micheliae* 和 *N. vietnamense* 划出建立新属分类意义不大，故仍将其放入 *Neosporidesmium*。

Neosporidesmium 与束柄霉属 *Podosporium* Schwein. (Schweinitz, 1832)、*Arthrosporium* Sacc. (Saccardo, 1880)、*Annellophragmia* Subram. (Subramanian, 1963)、束葚孢属 *Morrisiella* Saikia & A.K. Sarbhoy (Saikia and Sarbhoy, 1985) 和环葚孢属 *Novozymia* W.P. Wu (Wu and Zhuang, 2005) 等具孢梗束的丝孢菌十分相似，但 *Arthrosporium* 与 *Annellophragmia* 产孢方式为多芽生式，*Podosporium* 产孢方式为单孔生式，均不同于 *Neosporidesmium* 单芽生式的产孢机制。*Morrisiella* 与 *Novozymia* 以单芽生式产孢，但 *Morrisiella* 安瓿形的产孢细胞有限生长，顶生或间生于分生孢子梗上，*Novozymia* 产孢细胞环痕层出，明显不同于 *Neosporidesmium*。另外，*Neosporidesmium* 的产孢方式和分生孢子形态特征也近似于爱氏霉属 *Ellisembia* Subram. (Subramanian, 1992)，但 *Neosporidesmium* 产生分化明显的孢梗束，而 *Ellisembia* 的分生孢子梗则单生或少数簇生。

截至目前，该属已报道8个种，均发现于枯枝、腐木及树皮上，且这些种的分类主要依据：分生孢子形状、大小、隔膜类型及数目、喙的有无及产孢细胞是否层出延伸。吴文平 (2009) 编研的《中国真菌志》第三十七卷记载该属中国已知种2个，作者近年从我国枯枝上发现该属新种4个，至此我国已报道6个种。作者对该属的研究是对《中国真菌志》第三十七卷的补充。

作者研究的中国新葚孢属 *Neosporidesmium* 分种检索表

1. 分生孢子具7~8个真隔膜，40~60×8.5~11μm ·················· 含笑新葚孢 *N. micheliae*
1. 分生孢子具假隔膜 ··· 2
   2. 产孢细胞具0~1个桶形或葫芦形及顶层出，分生孢子具11~15个假隔膜，48~75×7.5~9μm
   ··· 五月茶新葚孢 *N. antidesmatis*
   2. 产孢细胞无层出，分生孢子具10个以下假隔膜 ·· 3

3. 分生孢子顶端具喙，33.5～51.5×12～14μm ·· 黄叶树新葚孢 *N. xanthophylli*
3. 分生孢子顶端无喙，22.5～33.5×7～9μm ·· 桐新葚孢 *N. malloti*

五月茶新葚孢 图 189

Neosporidesmium antidesmatis Jian Ma & X.G. Zhang, Mycol. Progress 10: 160, 2011.

图 189 五月茶新葚孢 *Neosporidesmium antidesmatis* Jian Ma & X.G. Zhang
1. 自然基质上的菌落；2、3. 孢梗束、分生孢子梗和分生孢子；4、5. 分生孢子。(HSAUP H5241)

菌落疏展，暗褐色，毛发状。菌丝体部分表生，部分埋生。孢梗束单生，直立，暗褐色至黑色，圆柱状，高达950μm，基部宽30～50μm。分生孢子梗粗大，束生，不分枝、具隔、光滑、褐色至暗褐色，长达950μm，宽3～5μm，顶部自孢梗束侧面或顶端分离。产孢细胞单芽生式，合生，顶生，光滑，桶形或葫芦状，褐色至暗褐色，具0～1个桶形或葫芦形及顶层出，11～15×3～4.5μm。分生孢子以裂解式脱落。分生孢子全壁芽生式产生，单生，顶生，干性，倒棍棒形，11～15个假隔膜，平滑，褐色，顶部细胞淡褐色，48～75×7.5～9μm，基部平截，宽2～3.5μm，顶部渐细成近无色，无隔，平滑，纤丝状的附属丝，长 26～66.5μm，宽 0.5～1.5μm。

方叶五月茶 *Antidesma ghaesembilla* Gaertn.凋落枯枝，海南：昌江（霸王岭），HSAUP H5241（=HMAS 196887）。

世界分布：中国。

讨论：该种分生孢子形态与中国新葚孢 *N. sinensis* W.P. Wu（Wu and Zhuang，2005）十分相似，但后者分生孢子较大，120～150×12～15μm，隔膜较少，10～11 个，且产孢细胞较宽，7～9μm。

桐新葚孢 图 190

Neosporidesmium malloti Jian Ma & X.G. Zhang, Mycol. Progress 10: 158, 2011.

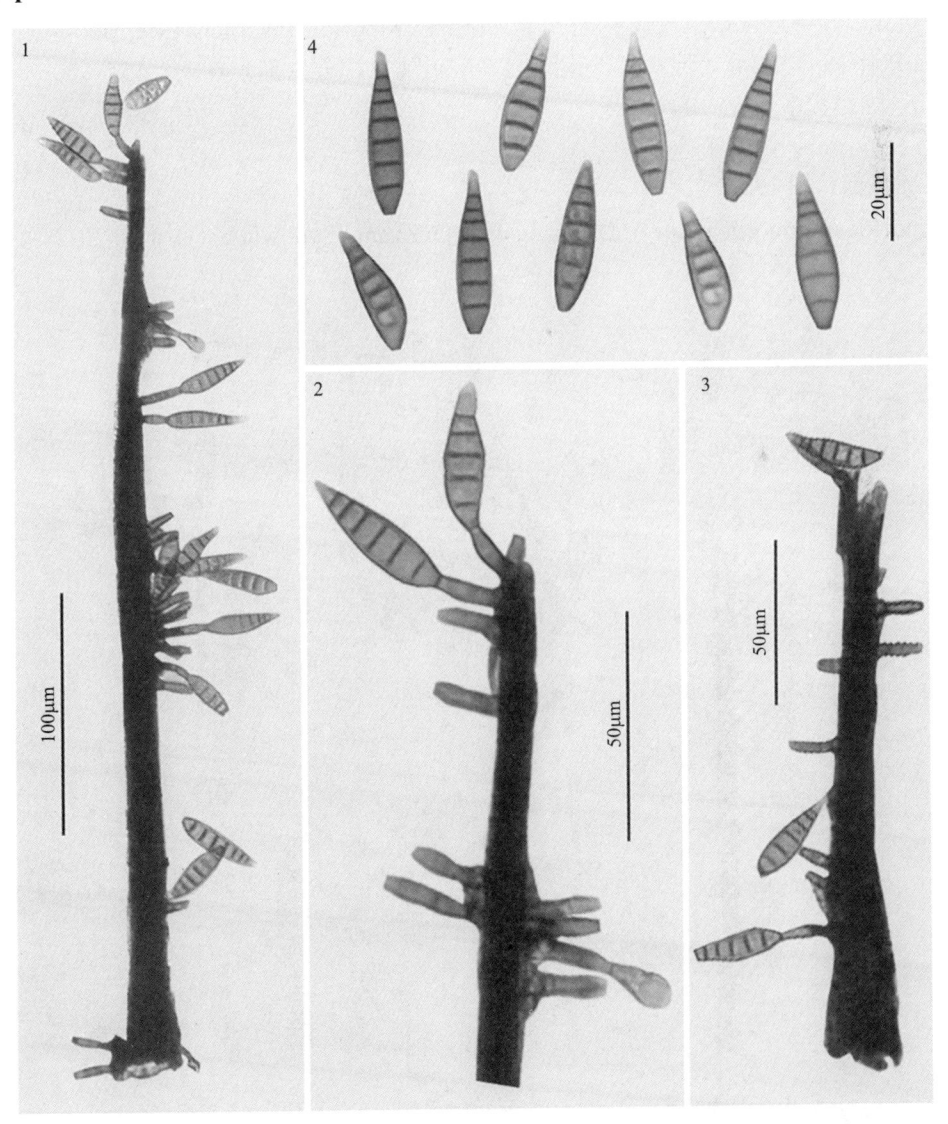

图 190 桐新葚孢 *Neosporidesmium malloti* Jian Ma & X.G. Zhang
1～3. 孢梗束、分生孢子梗和分生孢子；4. 分生孢子。（HSAUP VII₀ KAI 0493）

菌落疏展，稀疏，暗褐色。菌丝体部分表生，部分埋生。孢梗束单生，直立，暗褐色至黑色，圆柱形，近顶部渐窄，高达380μm，基部宽20～30μm。分生孢子梗粗大，束生，不分枝、具隔、光滑、褐色至暗褐色，长达380μm，宽2.5～4μm，顶部自孢梗束侧面或顶端分离。产孢细胞单芽生式，合生，顶生，有限生长，光滑，桶形或葫芦形，褐色至暗褐色，7.5～12 × 2.5～3.5μm。分生孢子以裂解式脱落。分生孢子全壁芽生式产生，单生，顶生，干性，倒棍棒形，壁平滑，6～7个假隔膜，褐色，顶部细胞淡褐色，22.5～33.5 × 7～9μm，顶部渐细至2～3μm，基部平截，宽2～3μm。

粗毛野桐 *Mallotus hookerianus* Müll.Arg.凋落枯枝，海南：乐东（尖峰岭），HSAUP VII₀ ₖₐᵢ 0493（=HMAS 196885）。

世界分布：中国。

讨论：该种近似于束梗新萼孢 *N. maestrense* Mercado & J. Mena（Mercado-Sierra and Mena-Portales，1988），但后者产孢细胞具层出现象，分生孢子较大，55～100 × 15～19μm，隔膜较多，8～12个。

含笑新萼孢 图191

Neosporidesmium micheliae Y.D. Zhang & X.G. Zhang, Sydowia 63(1): 128, 2011.

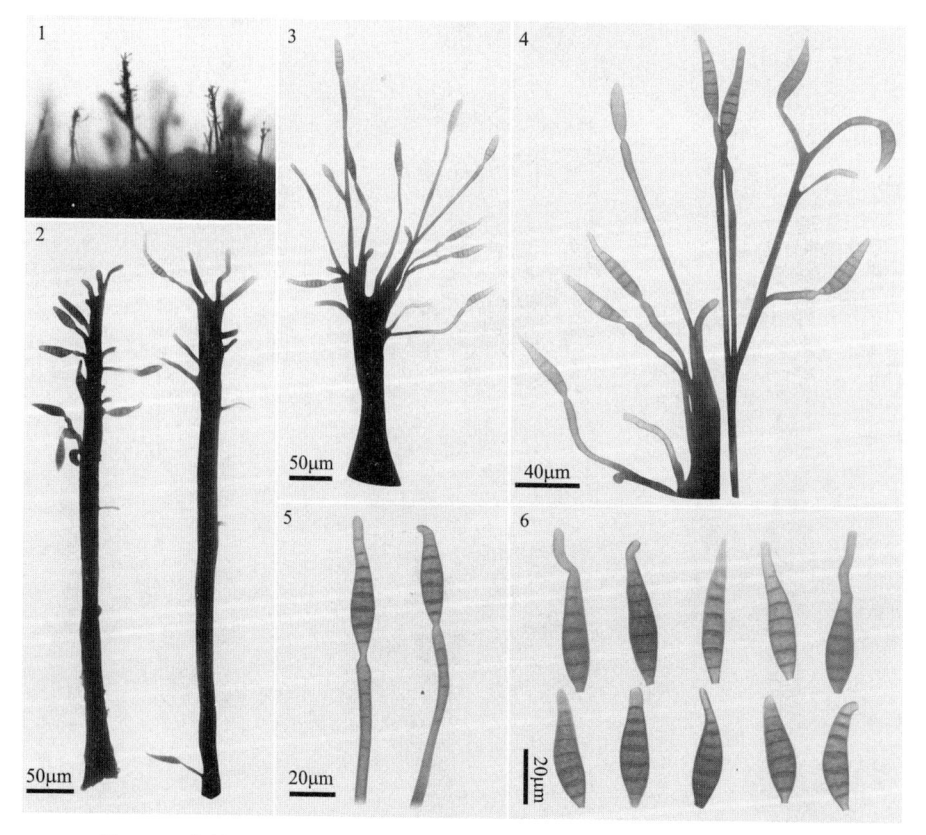

图191 含笑新萼孢 *Neosporidesmium micheliae* Y.D. Zhang & X.G. Zhang
1. 自然基质上的菌落；2、3. 孢梗束、分生孢子梗和分生孢子；4、5. 分生孢子梗和分生孢子；6. 分生孢子。(HSAUP H3352)

菌落疏展，暗褐色，毛发状。菌丝体部分表生，部分埋生。孢梗束单生，直立，暗褐色至黑色，圆柱状，近顶端散生，高达 530μm，基部宽 20～30μm。分生孢子梗粗大，束生，不分枝、具隔、光滑、褐色至暗褐色，长达 530μm，宽 4.5～6.5μm，顶部自孢梗束侧面或顶端分离。产孢细胞单芽生式，合生，顶生，有限生长，光滑，楔形或葫芦形，褐色至暗褐色，7.5～11 × 3～5.5μm。分生孢子以裂解式脱落。分生孢子全壁芽生式产生，单生，顶生，干性，倒棍棒形，7～8 个真隔膜，平滑，褐色，顶部细胞淡褐色，40～60 × 8.5～11μm，近顶端渐窄，宽 2～3μm，基部平截，宽 3～4.5μm。

深山含笑 *Michelia maudiae* Dunn 凋落枯枝，海南：昌江（霸王岭），HSAUP H3352（=HMAS 146135）。

世界分布：中国。

图 192　黄叶树新葚孢 *Neosporidesmium xanthophylli* Jian Ma & X.G. Zhang
1. 自然基质上的菌落；2、3. 孢梗束、分生孢子梗和分生孢子；4. 分生孢子。（HSAUP H5239-2）

讨论：该属中，仅该种和越南新葚孢 *N. vietnamense* Melnik & U. Braun（Melnik and Braun, 2013）的分生孢子具真隔膜，但后者分生孢子较大，(75～)80～96(～110) × 11～13.5μm，隔膜较多，9～12 个，顶端具喙。

黄叶树新葚孢 图 192

Neosporidesmium xanthophylli Jian Ma & X.G. Zhang, Mycol. Progress 10: 159, 2011.

菌落疏展，暗褐色，毛发状。菌丝体表生。孢梗束单生，直立，暗褐色至黑色，圆柱状，高达 1000μm，基部宽 40～55μm。分生孢子梗粗大，束生，不分枝、具隔、光滑、褐色至暗褐色，长达 1000μm，宽 4.5～6μm，顶部自孢梗束侧面或顶端分离。产孢细胞单芽生式，合生，顶生，有限生长，光滑，桶形或葫芦形，褐色至暗褐色，14～17 × 4～5.5μm。分生孢子以裂解式脱落。分生孢子全壁芽生式产生，单生，顶生，干性，倒棍棒形，平滑，6～10 个假隔膜，褐色，顶部细胞淡褐色，33.5～51.5 × 12～14μm，基部平截，宽 3～4.5μm，顶部渐细形成无色至近无色的喙，11～19 × 2～3μm。

海南黄叶树 *Xanthophyllum hainanense* Hu 凋落枯枝，海南：昌江（霸王岭），HSAUP H5239-2（=HMAS 196886）、HSAUP H5198-2。

世界分布：中国。

讨论：该种分生孢子形态与束梗新葚孢 *N. maestrense* Mercado & J. Mena (Mercado-Sierra and Mena-Portales, 1988) 有些相似，但该种分生孢子顶端具一无色至近无色、圆柱形的喙，而后者产孢细胞具层出现象，分生孢子较大，55～100 × 15～19μm，隔膜较多，8～12 个。

类葚孢属 Sporidesmiella P.M. Kirk

Trans. Br. Mycol. Soc. 79(3): 479, 1982.

属级特征：菌落平展，稀疏，褐色至黑色。菌丝体表生或埋生，由分枝、具隔、平滑、淡褐色至褐色的菌丝组成。刚毛少见。分生孢子梗粗大，单生或少数簇生，不分枝，直或弯曲，具隔，褐色至暗褐色，光滑。产孢细胞合生，顶生，主要为内壁芽生层出式 (ann.)，极少为全壁芽生合轴式。分生孢子全壁芽生式产生，单生，顶生，干性，圆柱形、倒棍棒形、卵形或楔形，基部平截，具假隔膜，淡褐色或褐色，壁光滑或具疣突。分生孢子以裂解式脱落。

模式种：棒孢类葚孢 *Sporidesmiella claviformis* P.M. Kirk。

讨论：Sutton 和 Hodges(1978)、Hughes(1979)指出葚孢属 *Sporidesmium* Link 分类混乱，Hughes(1979)建议将葚孢属中那些分生孢子呈楔形至倒卵形、具少数隔膜的种作为一个类群移出。基于 Hughes(1979) 的观点，Kirk(1982c) 以棒孢类葚孢 *Sporidesmiella claviformis* P.M. Kirk 为模式种建立类葚孢属 *Sporidesmiella* P.M. Kirk，当时包括 2 个新种、3 个新组合和 2 个变种。Kirk(1983c)发现小孢类葚孢 *S. parva* (M.B. Ellis) P.M. Kirk 有刚毛，遂将其补充为该属的属级特征。随后该属又报道 26 个分类单位（Zhang *et al.*, 1983；Matsushima, 1985；Holubová-Jechová, 1987a；Castañeda-Ruíz, 1988；Castañeda-Ruíz and Kendrick, 1990b, 1991；Subramanian, 1992；Kuthubutheen and Nawawi, 1993；McKemy and Wang, 1996；Castañeda-Ruíz *et al.*, 1998；Yanna *et al.*, 2001；Wu and Zhuang, 2005；Braun and Heuchert, 2010；Ma *et al.*, 2012f, 2015a；Santa Izabel *et al.*, 2013）。Castañeda-Ruíz 等(1998)概括了该属各个种的重要形态特征。Yanna 等(2001)绘制了该属种的分生孢子形态图，并编制了分类检索表。Wu 和 Zhuang(2005)

描述了该属5个新种。Braun和Heuchert（2010）指出大量物种的描述扩大了该属的属级概念，易造成分类混乱。例如，毛孢类葚孢 *S. ciliaspora* W.P. Wu 分生孢子具分枝的附属丝、楔形类葚孢 *S. cuneiformis* (B. Sutton) P.M. Kirk 分生孢子具真假隔膜、维格纳尔类葚孢 *S. vignalensis* W.B. Kendr. & R.F. Castañeda 分生孢子则具真隔膜。另外，疣孢类葚孢 *S. aspera* Kuthub. & Nawawi、类短蠕孢类葚孢 *S. brachysporioides* T.Y. Zhang & W.B. Kendr.、浅色类葚孢新西兰变种 *S. hyalosperma* var. *novae-zelandiae* (S. Hughes) P.M. Kirk、窄孢类葚孢 *S. pachyanthicola* W.B. Kendr. & R.F. Castañeda 及小孢类葚孢膝梗变种 *S. parva* var. *palauensis* Matsush. 产孢细胞为多芽生式合轴式延伸。作者近年研究发现类葚孢属内产孢细胞为多芽生合轴式的种类应划出作为一独立类群，但因未能观察这些种的原始标本，故未对该属概念进行修订，仍采用Kirk（1982c）的分类观点，但作者在研究中将分生孢子为真隔膜的 *S. vignalensis* 从该属排除，而分生孢子上部具(4～)5个假隔膜，底部具2个真隔膜的 *S. cuneiformis* 则仍留在该属中。截至目前，该属承认32个种。吴文平（2009）记载该属我国有11个种。作者对该属的研究是对《中国真菌志》第三十七卷的补充。

该属形态特征与 *Sporidesmium*、顶生孢属 *Acrogenospora* M.B. Ellis（Ellis，1971a）、小枝孢属 *Brachysporiella* Bat.（Batista，1952）、内隔孢属 *Endophragmiella* B. Sutton（Sutton，1973a）、层出孢属 *Repetophragma* Subram. 和爱氏霉属 *Ellisembia* Subram.（Subramanian，1992）等十分相似，但 *Sporidesmium* 和 *Ellisembia* 产孢细胞为有限生长或具不规则及顶层出延伸；*Brachysporiella* 和 *Repetophragma* 分生孢子具真隔膜；*Acrogenospora* 分生孢子无隔膜；*Endophragmiella* 分生孢子以破生式脱落。

作者研究的中国类葚孢属 *Sporidesmiella* 分种检索表

1. 分生孢子棍棒形或楔形 ··· 2
1. 分生孢子倒棍棒形或纺锤形 ··· 3
   2. 分生孢子 15～20×6～6.5μm，具4个隔膜，顶端呈乳头状突起 ······ 南岭类葚孢 *S. nanlingensis*
   2. 分生孢子 23～28×7～10μm，具4～7个隔膜，顶端钝圆 ························ 蔷薇类葚孢 *S. rosae*
3. 分生孢子 19～23×6.5～7.5μm，具5个隔膜 ······································ 霸王岭类葚孢 *S. bawanglingense*
3. 分生孢子长≥57μm，具9个以上隔膜 ·· 4
   4. 分生孢子 100～160×13～17μm，具19～29个隔膜 ······················ 猴耳环类葚孢 *S. archidendri*
   4. 分生孢子 57～110×7.5～10μm，具9～15个隔膜 ··························· 润楠类葚孢 *S. machili*

猴耳环类葚孢 图193

Sporidesmiella archidendri Jian Ma & X.G. Zhang, Mycoscience, 53: 191, 2012.

菌落平展，稀疏，褐色至暗褐色，毛发状。菌丝体部分表生，部分埋生，由分枝、具隔、淡褐色至褐色、光滑、宽2～4μm的菌丝组成。分生孢子梗粗大，单生，圆柱形，不分枝，直或弯曲，具隔，光滑，暗褐色至褐色，66～116×5～6.5μm。产孢细胞合生，顶生，圆柱形，褐色至淡褐色，多达5个（有时更多）及顶环痕式层出延伸。分生孢子以裂解式脱落。分生孢子全壁芽生式产生，顶生，单生，干性，倒棍棒形，褐色，光滑，19～29个假隔膜，100～160×13～17μm，顶部钝圆，基部平截，宽4～5.5μm。

猴耳环 *Archidendron clypearia* (Jack) I.C.Nielsen 凋落枯枝，广东：从化，HSAUP

H5357（=HMAS 146140）。

世界分布：中国。

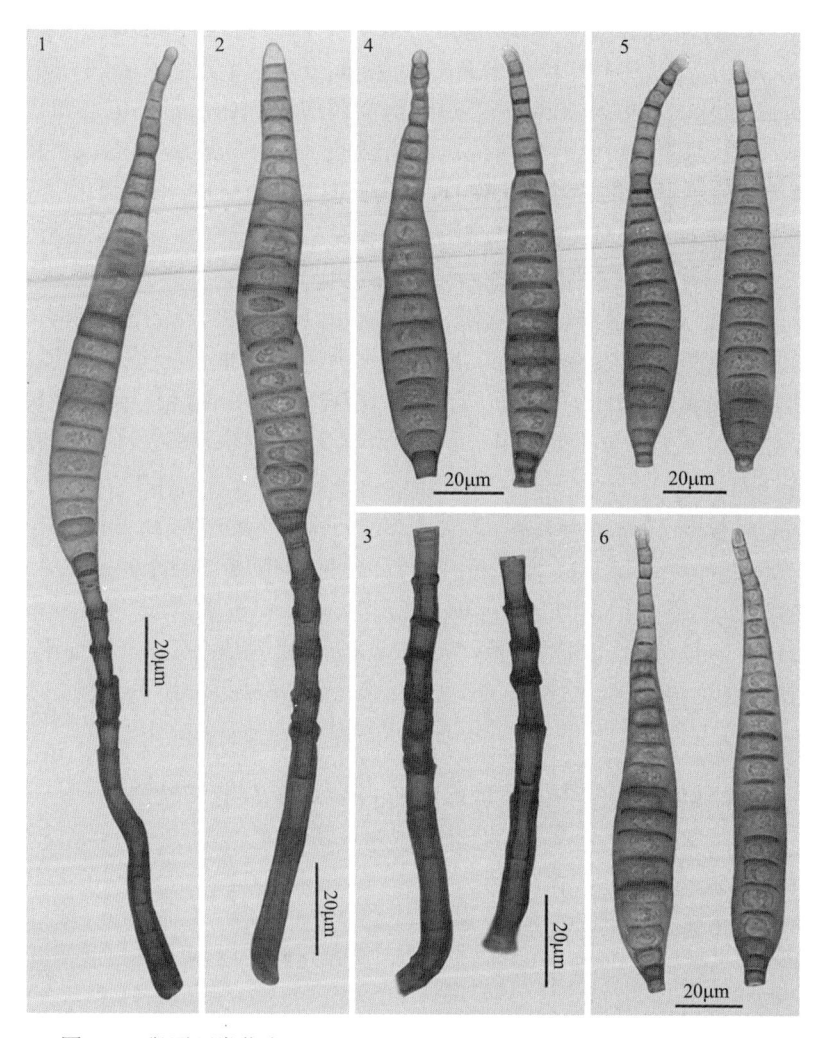

图193　猴耳环类葚孢 Sporidesmiella archidendri Jian Ma & X.G. Zhang
1、2. 分生孢子梗和分生孢子；3. 分生孢子梗；4～6. 分生孢子。（HSAUP H 5357）

讨论：该种分生孢子形态与润楠类葚孢 S. machili Jian Ma & X.G. Zhang（Ma et al., 2012f）、梭孢类葚孢 S. fusiformis W.P. Wu（Wu and Zhuang，2005）、糙孢类葚孢 S. verruculosa W.P. Wu（Wu and Zhuang，2005）和假隔类葚孢 S. pseudoseptata (M.B. Ellis) Subram.（Subramanian，1992）较为相似，但 S. machili、S. fusiformis 和 S. pseudoseptata 分生孢子较小，分别为23～28 × 7.5～10μm、64～80 × 12～13μm和36～56 × 7～8μm，隔膜较少，分别为4～7个、14～17个和5～8个；S. verruculosa 分生孢子短而略宽，85～95 × 15～21μm，隔膜较少，17～18个，胞壁粗糙。

霸王岭类葚孢　图194

Sporidesmiella bawanglingense Jian Ma & X.G. Zhang, Nova Hedwigia, 101: 134, 2015.

菌落疏展，褐色，毛发状。菌丝体部分表生，部分埋生，由分枝、具隔、淡褐色至褐色、光滑的菌丝组成。分生孢子梗粗大，圆柱形，单生，不分枝，直或弯曲，具隔，光滑，暗褐色至褐色，80～160×3～4.5μm，多达6个或更多及顶环痕式层出延伸。产孢细胞合生，顶生，圆柱形，褐色至淡褐色。分生孢子以裂解式脱落。分生孢子全壁芽生式产生，顶生，单生，干性，倒棍棒形至纺锤形，褐色至淡褐色，光滑，5个假隔膜，19～23×6.5～7.5μm，近顶端渐窄，宽1.5～3μm，基部平截，宽2.5～3μm。

植物枯枝，海南：昌江（霸王岭），HSAUP H8176（=HMAS 243452）。

世界分布：中国。

讨论：该种近似于假隔类葚孢 *S. pseudoseptata* (M.B. Ellis) Subram.（Subramanian，1992）、毛孢类葚孢 *S. ciliaspora* W.P. Wu、梭孢类葚孢 *S. fusiformis* W.P. Wu、糙孢类葚孢 *S. verruculosa* W.P. Wu（Wu and Zhuang，2005）、猴耳环类葚孢 *S. archidendri* Jian Ma & X.G. Zhang 和润楠类葚孢 *S. machili* Jian Ma & X.G. Zhang（Ma *et al.*，2012f），均产生倒棍棒形的分生孢子，但 *S. ciliaspora*（45～55×8～9μm，9～12个）、*S. fusiformis*（64～80×12～13μm，14～17个）、*S. verruculosa*（85～95×15～21μm，17～18个）、*S. archidendri*（100～160×13～17μm，19～29个）和 *S. machili*（57～110×7.5～10μm，9～15个）分生孢子较大，隔膜较多；*S. pseudoseptata* 分生孢子较长，36～56μm，隔膜较多，6～8个。另外，*S. ciliaspora* 分生孢子顶端具分枝的附属丝，*S. verruculosa* 分生孢子胞壁粗糙。

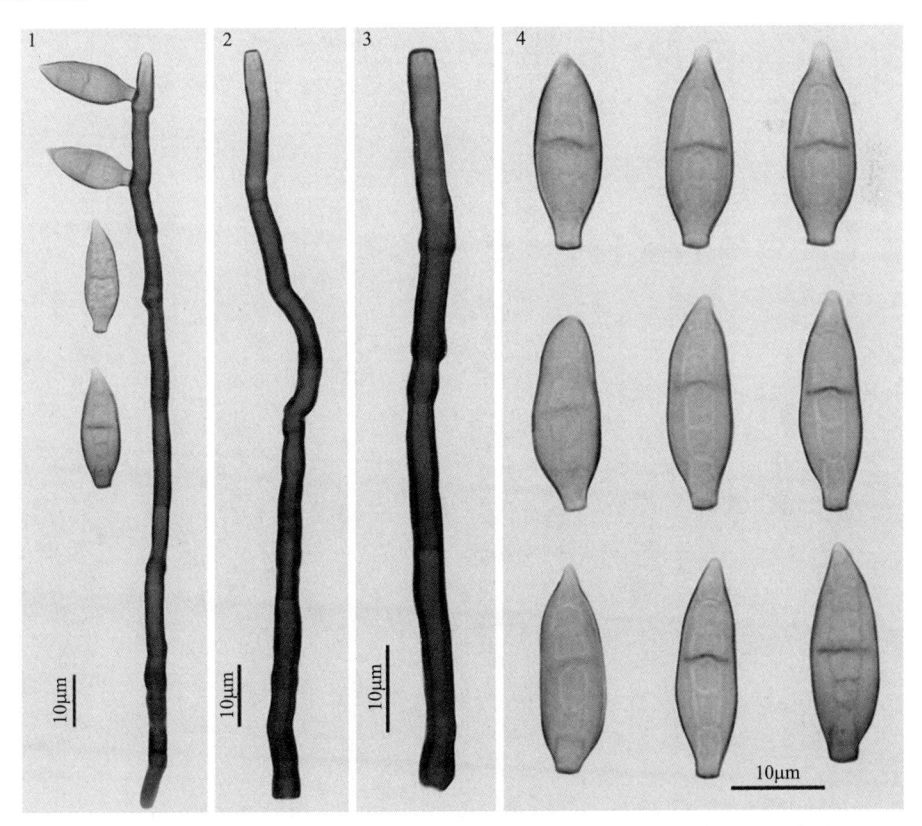

图 194 霸王岭类葚孢 *Sporidesmiella bawanglingense* Jian Ma & X.G. Zhang
1. 分生孢子梗和分生孢子；2、3. 分生孢子梗；4. 分生孢子。（HSAUP H8176）

润楠类葼孢 图 195

Sporidesmiella machili Jian Ma & X.G. Zhang, Mycoscience, 53: 191, 2012.

菌落平展，稀疏，褐色至暗褐色，毛发状。菌丝体部分表生，部分埋生，由分枝、具隔、淡褐色至褐色、光滑、宽 1.5～3.5μm 的菌丝组成。分生孢子梗粗大，单生，圆柱形，不分枝，直或弯曲，具隔，光滑，暗褐色至褐色，77～135×3.5～6μm。产孢细胞合生，顶生，圆柱形，褐色至淡褐色，多达 16 个（有时更多）及顶环痕式层出延伸。分生孢子以裂解式脱落。分生孢子全壁芽生式产生，顶生，单生，干性，倒棍棒形，褐色至淡褐色，光滑，9～15 个假隔膜，57～110×7.5～10μm，顶部钝圆，基部平截，宽 3~4.5μm。

黄绒润楠 *Machilus grijsii* Hance 凋落枯枝，福建：武夷山，HSAUP H5006（=HMAS 146139）。

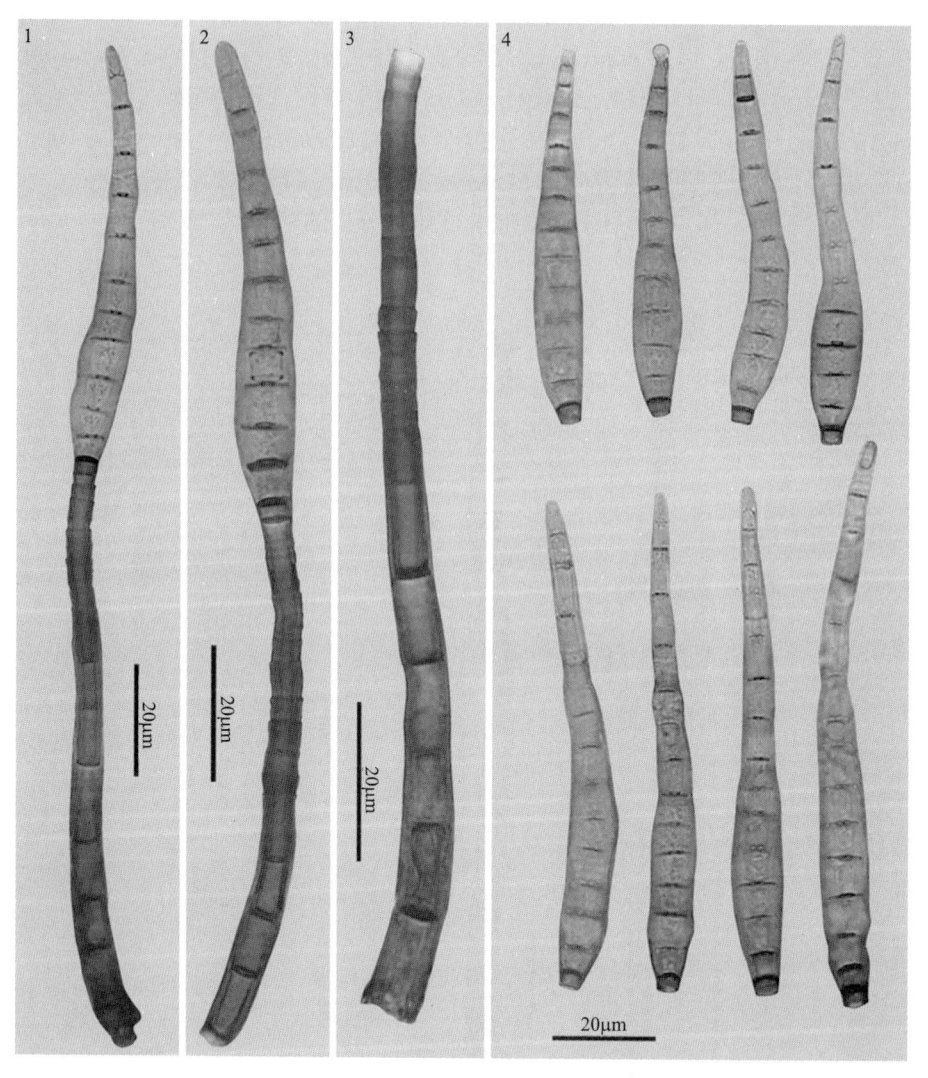

图 195 润楠类葼孢 *Sporidesmiella machili* Jian Ma & X.G. Zhang
1、2. 分生孢子梗和分生孢子；3. 分生孢子梗；4. 分生孢子。（HSAUP H5006）

世界分布：中国。

讨论：该种分生孢子形态与假隔类葚孢 *S. pseudoseptata* (M.B. Ellis) Subram. (Subramanian, 1992)、梭孢类葚孢 *S. fusiformis* W.P. Wu 和糙孢类葚孢 *S. verruculosa* W.P. Wu (Wu and Zhuang, 2005) 十分相似，但 *S. fusiformis* 和 *S. verruculosa* 分生孢子短而宽，分别为 64～80 × 12～13μm 和 85～95 × 15～21μm，隔膜较多，分别为 14～17 个和 17～18 个，且 *S. verruculosa* 分生孢子胞壁粗糙；*S. pseudoseptata* 分生孢子通常为倒棍棒形，较小，36～56 × 7～8μm，隔膜较少，5～8 个。

南岭类葚孢　图 196

Sporidesmiella nanlingensis Jian Ma & X.G. Zhang, Nova Hedwigia, 101: 132, 2015.

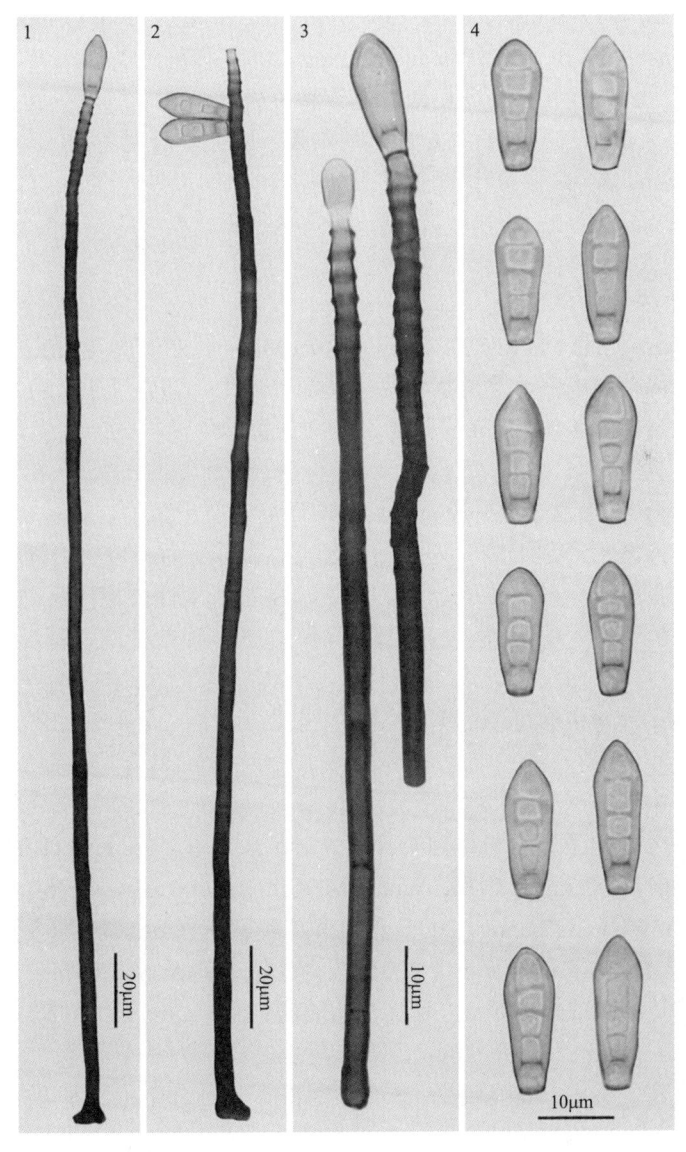

图 196　南岭类葚孢 *Sporidesmiella nanlingensis* Jian Ma & X.G. Zhang
1～3. 分生孢子梗和分生孢子；4. 分生孢子。（HSAUP H8377）

菌落平展，褐色至暗褐色，毛发状。菌丝体部分表生，部分埋生，由分枝、具隔、淡褐色至褐色、光滑的菌丝组成。分生孢子梗粗大，圆柱形，单生，不分枝，直或弯曲，具隔，光滑，暗褐色至褐色，长达 320μm，宽 3～4.5μm。产孢细胞合生，顶生，圆柱形，褐色至淡褐色，多达 24 个(有时更多)及顶环痕式层出延伸。分生孢子以裂解式脱落。分生孢子全壁芽生式产生，顶生，单生，干性，棒棍形至楔形，顶部细胞圆锥形，末端呈乳头状突起，褐色至淡褐色，光滑，4 个假隔膜，15～20 × 6～6.5μm，基部平截，宽 2～3μm。

植物枯枝，广东：乳源(南岭)，HSAUP H8377(=HMAS 243451)。

世界分布：中国。

讨论：该种分生孢子形态与棒孢类葚孢 *S. claviformis* P.M. Kirk(Kirk，1982c)、拟奥兰类葚孢 *S. oraniopsis* Yanna，W.H. Ho，McKenzie & K.D. Hyde(Yanna et al.，2001)、中国类葚孢 *S. sinensis* W.P. Wu (Wu and Zhuang，2005)和蔷薇类葚孢 *S. rosae* Jian Ma & X.G. Zhang(Ma et al.，2012f)十分相似，但该种分生孢子顶端呈乳头状突起。另外，*S. oraniopsis* 和 *S. sinensis* 分生孢子主要具 3 个隔膜，较大，分别为 28～40 × 8～10μm 和 24～26 × 7.5～9μm；*S. rosae* 分生孢子多具 5～6 个隔膜，较大，23～28 × 7～10μm；*S. claviformis* 分生孢子多具 2 个隔膜，较宽，6.5～8.5μm。

蔷薇类葚孢 图 197

Sporidesmiella rosae Jian Ma & X.G. Zhang, Mycoscience, 53: 188, 2012.

菌落平展，稀疏，褐色，毛发状。菌丝体部分表生，部分埋生，由分枝、具隔、淡褐色至褐色、光滑、宽 1.5～3μm 的菌丝组成。分生孢子梗粗大，单生，圆柱形，不分枝，直或弯曲，具隔，具疣突，暗褐色至褐色，长达 280μm，宽 4～6.5μm。产孢细胞合生，顶生，圆柱形，褐色至淡褐色，多具及顶环痕式层出延伸，多达 6 个(有时更多)，有时及顶层出延伸之后产孢细胞变为合轴式延伸，后再变为及顶层出延伸。分生孢子以裂解式脱落。分生孢子全壁芽生式产生，顶生，单生，干性，棒棍状，褐色至淡褐色，光滑，(4～)5～6(～7)个假隔膜，23～28 × 7～10μm，顶部钝圆，基部平截，宽 2.5～3.5μm。

月季花 *Rosa chinensis* Jacq.凋落枯枝，四川：峨眉山，HSAUP H5296(=HMAS 146138)。

世界分布：中国。

讨论：该种分生孢子形态与棒孢类葚孢 *S. claviformis* P.M. Kirk(Kirk，1982c)、毛状类葚孢 *S. setosa* McKemy & C.J.K. Wang(McKemy and Wang，1996)、中国类葚孢 *S. sinensis* W.P. Wu(Wu and Zhuang，2005)和拟奥兰类葚孢 *S. oraniopsis* Yanna，W.H. Ho，McKenzie & K.D. Hyde(Yanna et al.，2001)较为相似，但 *S. claviformis* 分生孢子较短，14～20μm，基部较窄，14～20μm，具 2 个假隔膜；*S. oraniopsis* 和 *S. setosa* 分生孢子较长，分别为 28～40μm 和 30～38μm，隔膜较少，分别为 3 个和 4～5 个；*S. sinensis* 分生孢子基部较宽，4μm，隔膜较少，3 个。另外，该种分生孢子基部痕加厚色深，不同于近似种。

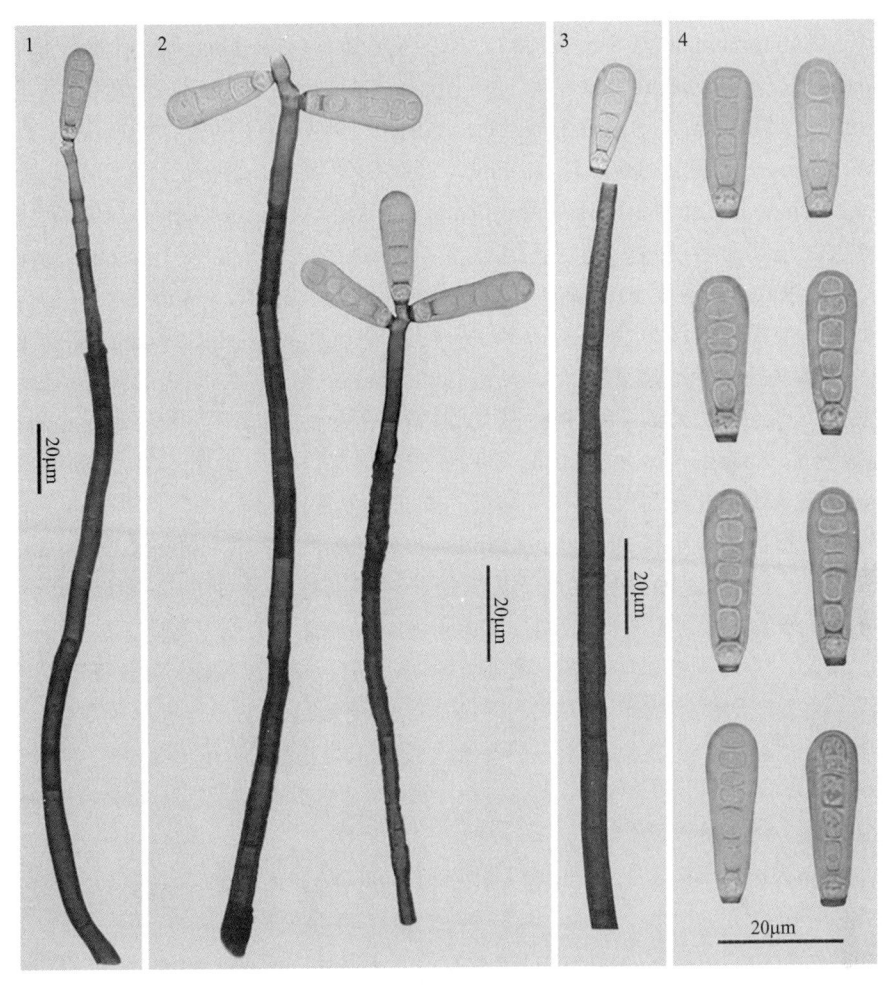

图 197 蔷薇类葚孢 *Sporidesmiella rosae* Jian Ma & X.G. Zhang

1、2. 分生孢子梗和分生孢子，且分生孢子梗顶端产孢细胞具有顶层出延伸，有时合轴式延伸；3. 分生孢子梗和分生孢子；4. 分生孢子。（HSAUP H5296）

拟葚孢属 Sporidesmiopsis Subram. & Bhat
Kavaka 15(1~2): 71, 1987.

属级特征：菌落稀疏，褐色至黑色，发状。菌丝体大多埋生，少数表生，由分枝、具隔、平滑、淡褐色至褐色的菌丝组成。分生孢子梗分化明显，粗大，单生或少数簇生，直或弯曲，有限生长，圆柱形，具隔，平滑，褐色至暗褐色，顶端分枝，分枝顶部有限生长或偶具不规则形层出。产孢细胞单芽生式，合生，顶生于分生孢子梗及其分枝顶端，圆柱形，褐色，平滑，顶端平截。分生孢子以裂解式脱落。分生孢子全壁芽生式产生，单生，顶生，干性，光滑，倒棍棒形或纺锤形，淡褐色至褐色，具真隔膜，顶端钝圆，基部平截。

模式种：丹尼斯拟葚孢 *Sporidesmiopsis dennisii* (J.L. Crane & Dumont) Bhat, W.B. Kendr. & Nag Raj = *S. malabarica* Subram. & Bhat。

讨论：Subramanian 和 Bhat(1987)从印度姜黄属 *Curcuma* sp.植物叶柄上发现 *Sporidesmiopsis malabarica* Subram. & Bhat，并以此为模式种建立拟葚孢属 *Sporidesmiopsis* Subram. & Bhat。Bhat 和 Kendrick(1993)自印度植物枯枝上报道了果阿拟葚孢 *S. goanensis* Bhat & W.B. Kendr.，同时认为 *S. malabarica* 与 *Brachysporiella dennisii* J.L. Crane & Dumont(Crane and Dumont 1978；Mercado-Sierra，1984)为同种，遂依据《国际植物命名法规》定为新组合 *S. dennisii* (J.L. Crane & Dumont) Bhat, W.B. Kendr. & Nag Raj，并视 *S. malabarica* 和 *B. dennisii* 为其异名。Wongsawas 等(2008)自中国沉水腐木上报道浙江拟葚孢 *S. zhejiangensis* Wongsawas, H.K. Wang, K.D. Hyde & F.C. Lin，但该种分生孢子具假隔膜，且被 Santa Izabel 等(2013)归入 *Ellisembiopsis* T.S. Santa Izabel & Gusmão。Xia 等(2014b)从我国植物枯枝上报道广西拟葚孢 *S. guangxiensis* J.W. Xia & X.G. Zhang。Wu 和 Zhuang(2005)在我国首次报道该属真菌 *S. goanensis*，而作者近年对该属的研究是对《中国真菌志》第三十七卷的补充。

该属形态特征与拟小枝孢属 *Brachysporiopsis* Yanna, W.H. Ho & K.D. Hyde(Yanna et al.，2004)十分相似，两者分生孢子梗分枝，产孢细胞为单芽生式，但该属分生孢子梗分枝分散，产生于梗顶部多个细胞，且可再生分枝，而后者分生孢子梗的顶端球形膨大具轮状分枝。另外，该属与拟树状霉属 *Paradendryphiopsis* M.B. Ellis(Ellis, 1976)也极为相似，两者产孢细胞为单芽生式，但该属产孢梗偶具层出，分生孢子单生，倒棍棒形或纺锤形，而后者产孢梗无层出，分生孢子链生，椭圆形。

丹尼斯拟葚孢 图 198

Sporidesmiopsis dennisii (J.L. Crane & Dumont) Bhat, W.B. Kendr. & Nag Raj, Mycotaxon 49: 71, 1993.

Brachysporiella dennisii J.L. Crane & Dumont, Can. J. Bot. 56(20): 2613, 1978.

Sporidesmiopsis malabarica Subram. & Bhat, Kavaka 15(1-2): 71, 1987.

菌落稀疏，褐色，毛发状。菌丝体表生或埋生，由分枝、具隔、平滑、淡褐色至褐色的菌丝组成。分生孢子梗分化明显，粗大，单生，直或弯曲，光滑，具隔，圆柱形，暗褐色,近顶端分枝,分枝顶部有限生长或偶具少数不规则层出,250～620 × 13～18μm；分枝短，暗褐色，圆柱形，光滑，具隔。产孢细胞单芽生式，合生，顶生于分生孢子梗或其分枝，圆柱形，暗褐色，平滑，顶部平截。分生孢子以裂解式脱落。分生孢子全壁芽生式产生，单生，顶生，干性，倒棍棒形，直或弯曲，暗褐色，近顶端渐变为褐色至近无色，平滑，具 10～17 个真隔膜，78～122 × 12～18μm，基部平截，宽 3～4.5μm，顶部有时具喙。

植物枯枝，广东：始兴(车八岭)，HSAUP H5403。

黄连木 *Pistacia chinensis* Bunge 凋落枯枝，云南：景洪(西双版纳)，HSAUP H2114(=HMAS 243415)。

世界分布：中国、印度、委内瑞拉。

讨论：Crane 和 Dumont(1978)最初将该菌命名为 *Brachysporiella dennisii* J.L. Crane & Dumont。Subramanian 和 Bhat(1987)在印度发现该菌，但将其鉴定为 *S. malabarica* Subram. & Bhat。Bhat 和 Kendrick(1993)研究发现 *S. malabarica* 与 *B. dennisii* 为同种，

遂将其定为 S. dennisii (J.L. Crane & Dumont) Bhat，W.B. Kendr. & Nag Raj。该种分生孢子形态与果阿拟葚孢 S. goanensis Bhat & W.B. Kendr.(Bhat and Kendrick，1993)有些相似，但后者分生孢子较小，20～30×5～7μm，隔膜较少，3～4 个。作者观察的分生孢子比 Subramanian 和 Bhat(1987)的描述(82～130 × 16～20μm)略小，其他特征基本一致。

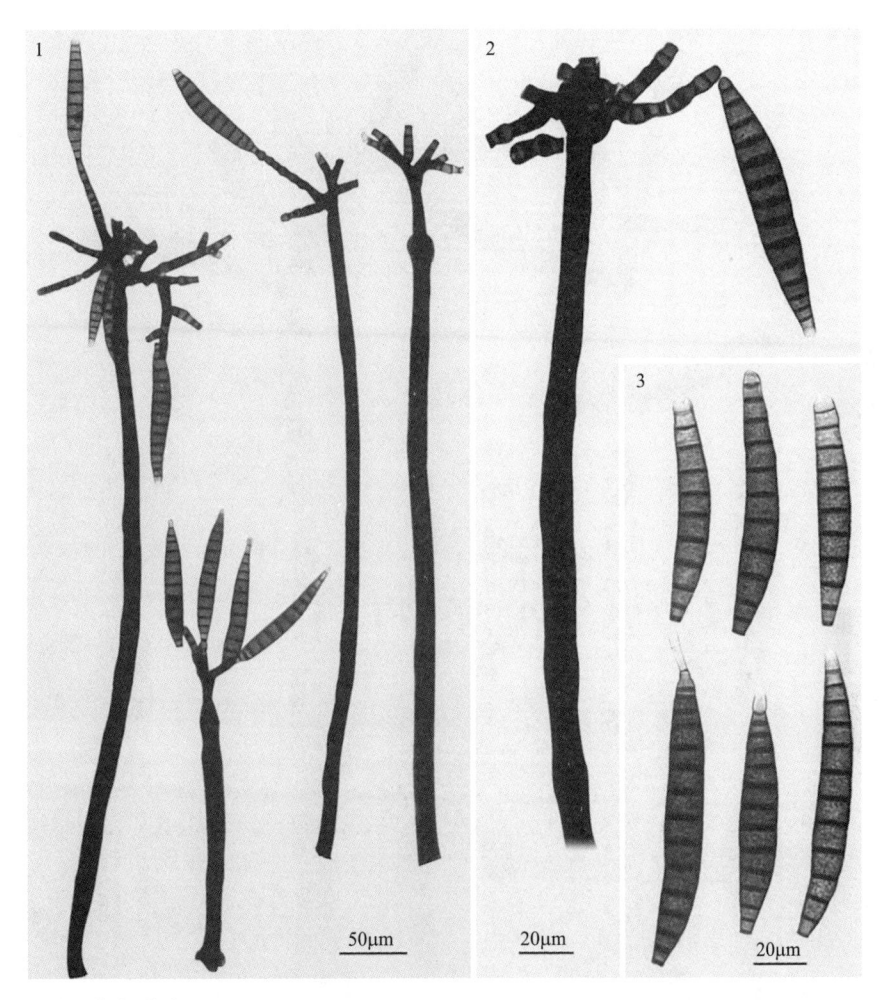

图 198　丹尼斯拟葚孢 Sporidesmiopsis dennisii (J.L. Crane & Dumont) Bhat, W.B. Kendr. & Nag Raj
1、2. 分生孢子梗、产孢细胞和分生孢子；3. 分生孢子。(HSAUP H2114)

广西拟葚孢　图 199

Sporidesmiopsis guangxiensis J.W. Xia & X.G. Zhang, Nova Hedwigia 98(1～2): 104, 2014.

菌落疏展，暗褐色，毛发状。菌丝体部分表生，部分埋生，由分枝、具隔、光滑、褐色的菌丝组成。分生孢子梗分化明显，粗大，单生，直或弯曲，褐色，光滑，圆柱形，多达 16 个隔膜，200～300 × 5.5～10μm，分枝在隔膜下方，分枝褐色，1～2 个隔膜，10～25 × 2.5～5μm。产孢细胞单芽生式，合生，顶生于分生孢子梗或其分枝顶端，窄瓶形，顶部平截，3.5～7.5 × 2.5～5μm。分生孢子以裂解式脱落。分生孢子单生，顶生，干性，倒棍棒形至纺锤形，稍弯曲，基部平截，顶部圆滑，淡褐色至褐色，顶部细胞近无色至无色，32.5～40×6～7.5μm，具5～6个真隔膜。

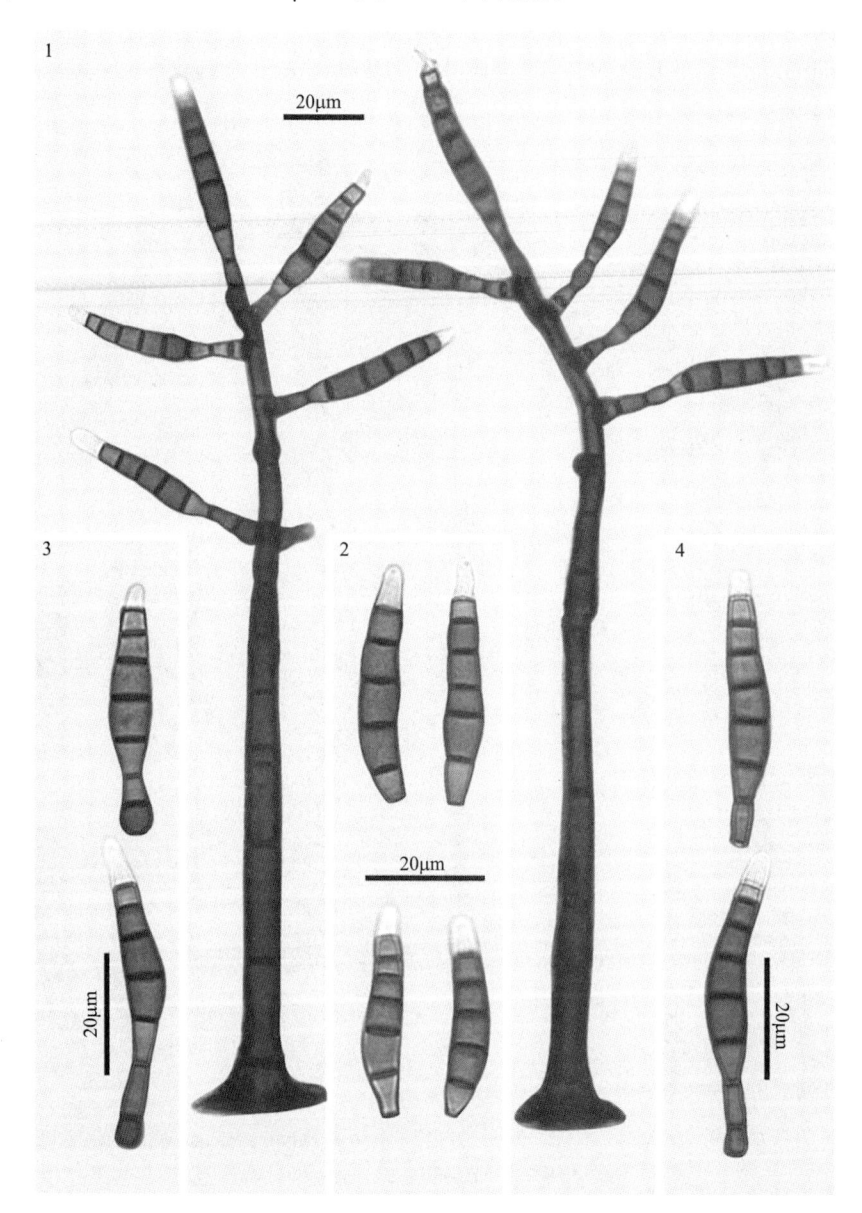

图199 广西拟葚孢 *Sporidesmiopsis guangxiensis* J.W. Xia & X.G. Zhang
1. 分生孢子梗和分生孢子；2. 分生孢子；3、4. 产孢细胞和分生孢子。（HSAUP H6346）

植物枯枝，广西：金秀（大瑶山），HSAUP H6346（=HMAS 243430）。

世界分布：中国。

讨论：该种分生孢子形态与果阿拟葚孢 *Sporidesmiopsis goanensis* Bhat & W.B. Kendr.(Bhat & Kendrick，1993)十分相似，但该种分生孢子淡褐色至褐色，顶部细胞近无色至无色，而后者分生孢子较小，20～30×5～7μm，隔膜较少，3～4个。

葚孢属 Sporidesmium Link

Mag. Ges. Naturf. Freunde Berlin 3: 41, 1809;

Ellis, Mycol. Pap. 70: 16, 1958;

Ellis, Dematiaceous Hyphomycetes: 116, 1971;

Subramanian, Proc. Indian Natn. Sci. Acad. B. 58: 182, 1992;

Wu & Zhuang, Fungal Divers. Res. Ser. 15: 11, 2005.

属级特征：菌落平展，褐色，毛发状，常不明显。菌丝体表生或埋生，由淡褐色至褐色、分枝、具隔、平滑的菌丝组成。分生孢子梗粗大，单生或少数簇生，不分枝或分枝，圆柱形，直或稍弯曲，光滑，具隔，淡褐色至暗褐色，有限生长或具桶形、安瓿形或圆柱形及顶层出现象。产孢细胞单芽生式，合生，顶生，圆柱形、安瓿形或桶形，淡褐色至暗褐色，顶端平截。分生孢子以裂解式脱落。分生孢子全壁芽生式产生，单生，顶生，干性，圆柱形、倒棍棒形、纺锤形、梨形或椭圆形，有时具喙，光滑或具疣突，具真隔膜，淡褐色至暗褐色，顶部钝圆或具附属物，基部平截。

模式种：葚孢 *Sporidesmium atrum* Link。

讨论：Link 于 1809 年以葚孢 *Sporidesmium atrum* Link 为模式种建立葚孢属 *Sporidesmium* Link，当时描述该种为"分生孢子具 3～5 个横隔膜，单生于短小的分生孢子梗末端"，其模式标本已丢失。Ellis(1958)记载 Persoon 标本馆(位于荷兰)中存放着一份由 Ehrenberg 鉴定为 "*S. fusiforme* Nees & Essen.—*S. atrum* Link var. *teste* Link." 的标本材料。Ellis(1958)重新观察该份标本，发现其与 *S. fusiforme* Nees & T. Nees 的模式标本不符，遂将其鉴定为 *S. ehrenbergii* M.B. Ellis，并认为该种与 *S. atrum* 为同种。Hughes(1979)指出，鉴于 *S. atrum* 的模式标本已丢失，可将 *S. ehrenbergii* 用作 *Sporidesmium* 的后选模式种。

该属早期概念不清，分类研究曾一度相当混乱。据 Ellis(1958)记载，Nees 和 Nees 于 1818 年报道 2 个种，*S. fusiforme* Nees & T. Nees 和 *S. vagum* Nees & T. Nees，但 Link(1825)均视其为 *S. atrum* 的异名。Corda(1829)认为 *S. atrum* 和 *S. fusiforme* 是不同种，*S. vagum* 应为 *S. fusiforme* 的异名，但 1840 年 Corda 又认为 *S. vagum* 和 *S. fusiforme* 是不同种。Saccardo(1886)曾误将 *S. vagum* 归入刀孢属 *Clasterosporium* Schwein.，后 Ellis(1958)予以订正。此外，Corda(1829)报道该属 4 个分类单位：*S. caulincola* Corda、*S. ciliatum* Corda、*S. macrospermum* Corda 和 *S. angustatum* (Pers.) Corda，其分生孢子均具横隔膜。Fries(1832)出版专著 *Systema Mycologicum* 记录该属有 6 个分类单位，其中 *S. atrum*、*S. fusiforme*、*S. caulincola*、*S. ciliatum* 和 *S. pulvinatum* (Schwein.) Fr. 5 个种的分生孢子具横隔膜，而 *S. cellulosum* Fr. 的分生孢子具纵隔膜。Klotzsch(1832)报道了 *S. cellulosum* 的一份干制标本，但 Corda(1840)则将其鉴定为 *Steganosporium cellulosum* Corda。Fries(1849)定义 *Sporidesmium* 为"分生孢子簇生，直立，近棍棒形，具横隔膜，柄短小或无"，并将 *Sporidesmium cellulosum* 归入 *Stilbospora* Pers.。Saccardo(1873)简要记录了 *Sporidesmium cellulosum*，后于 1881 年对其补充绘图，但 Saccardo(1884)认为该菌与 Klotzsch(1832)报道的 *S. cellulosum* 不同，遂将后者定名为 *Steganosporium cellulosum*,并于1886年将前者以 *Sporidesmium cellulosum* 名称进行报道,但 Ellis(1958)认为该菌更接近于梨孢霉属 *Coniosporium* Link。Saccardo(1880)认为 *Sporidesmium* 属于砖格孢子类群,进而错误定义了该属概念:"分生孢子长卵圆形,常较大,具砖格状隔膜",并将该属许多种(含模式种)误归入刀孢属 *Clasterosporium* 中。该属概念的模糊不清使 *Sporidesmium* 的分类长期处于混乱状态,在其历史演化过程中与近50个属的暗色丝孢菌存在分类混乱问题。

Ellis(1958)详细阐述了 *Sporidesmium* 分类混乱的演化历史,将 *Podoconis* Boedijn 鉴定为 *Sporidesmium* 的异名属,并重新界定了 *Sporidesmium* 的属级概念,承认50个分类单位。随后,Hughes(1958)详细核实了 *Sporidesmium* 属内 S. atrum 等13个种的分类地位,提出 S. brachypus(Ellis & Everh.) S. Hughes 等9个新组合,移除 S. abruptum 等41个种。Moore(1958, 1959)也指出 *Sporidesmium* 分类问题,先后将 S. celtidis Syd.等10余种归入 *Steganosporium* Corda、*Berkleasmium* Zobel 和 *Piricauda* Bubák,并提出1个新组合:*Sporidesmium caricinum* (Schwein.) R.T. Moore。Ellis(1959)再次对 *Sporidesmium* 进行系统研究,将 S. abruptum Berk. & Broome、S. fasciculare Corda 和 S. spilomeum Berk. & Broome 归入 *Bactrodesmium* Cooke;将 S. amydalearum Pass.、S. sticticum Berk. & M.A. Curtis 和 S. glomerulosum Sacc.归入 *Stigmina* Sacc.;同时报道2个新种:*Sporidesmium cajani* M.B. Ellis 和 S. eucalypti M.B. Ellis & D.E. Shaw,且于1971年和1976年先后出版两本专著,概括汇总该属72个种,并附以分生孢子形态图。

Sutton 和 Hodges(1978)、Hughes(1979)指出,*Sporidesmium* 仍存在分类混乱问题,且认为一些突出的、稳定的形态特征对属内一些种做进一步划分是必要的,Hughes(1979)建议将那些分生孢子楔形至倒卵形,具少数隔膜的种作为一独立、稳定的类群从 *Sporidesmium* 划出。鉴于此,Kirk(1982c)将 *Sporidesmium* 内分生孢子单生、具假隔膜、以裂解式从单芽生式、环痕式层出或合轴式(极少)延伸的产孢细胞脱落的一些种重新归类,并建立新属类葚孢属 *Sporidesmiella* P.M. Kirk。Subramanian(1992)依据分生孢子梗有无、分生孢子梗延伸类型及分生孢子隔膜类型(真/假隔膜)等特征对 *Sporidesmium* 内的一些种进行系统研究,简化该属的概念"产孢梗有限生长或具不规则及顶层出,分生孢子单生,具真隔膜",并从其分化出 *Ellisembia* Subram.、*Stanjehughesia* Subram.、*Repetophragma* Subram.、*Penzigomyces* Subram.、*Acarocybellina* Subram.、*Gangliophora* Subram. 和 *Hemicorynesporella* Subram. 7个属,同时将一些种归入 *Sporidesmiella*、*Polydesmus* Mont.和 *Janetia* M.B. Ellis 中。

Subramanian(1992)的新分类观点简化了 *Sporidesmium* 的分类特征,虽有一些学者持不同意见(Matsushima, 1996; Réblová, 1999; Réblová and Winka, 2001),但该分类观点已被《菌物辞典》第九、第十版接受(Kirk et al., 2001, 2008),且被大多学者采纳。其中 McKenzie(1995)于 *Sporidesmium*、*Ellisembia*、*Stanjehughesia*、*Repetophragma* 和 *Penzigomyces* 属下报道了30个分类单位。Hernández-Gutiérrez 和 Sutton(1997)则以 *Sporidesmium coccothrinacis* A. Hern. Gut. & J. Mena 为模式种建立新属 *Linkosia* A. Hern. Gut. & B. Sutton,包括了 *Sporidesmium* 属内分生孢子梗缺失、产孢细胞安瓿形、分生孢子具假隔膜的一些种。另外,Hernández-Gutiérrez 和 Sutton(1997)建立了 *Polydesmus* 的异名属 *Imimyces* A. Hern. Gut. & B. Sutton。Shoemaker 和 Hambleton(2001)对其予以

修订，并建立新属 *Imicles* Shoemaker & Hambl.，包括原 *Imimyces* 模式种以外的另 6 个种。Wu 和 Zhuang（2005）指出，*Sporidesmium* 与 *Penzigomyces*、*Ellisembia* 与 *Imicles* 的属级分类特征十分相近，难以准确界定，为简化鉴定标准，遂将 *Penzigomyces* 和 *Imicles* 分别归入 *Sporidesmium* 和 *Ellisembia* 中。Shenoy 等（2006）采用分子系统学方法对 *Sporidesmium* 及其相关属进行了研究，认为 *Sporidesmium* 及其相关属是多源的，为 Subramanian（1992）的新分类系统提供了佐证。至此，*Sporidesmium* 的分类地位得到澄清。

Sporidesmium 广布全球，且主要腐生于植物枯枝、落叶及竹子上，仅少数种作为病原菌寄生于植物叶片或共生于地衣上。戴芳澜（1979）记载"*S. polymorphum* Corda"，但作者未能观察该菌标本。郭英兰（1989）于湖北生植物叶片上报道 *S. aceris* Y.L. Guo，但该种分生孢子梗具环痕式层出延伸，分生孢子具真隔膜，按照 Subramanian（1992）的新分类观点，该菌应归入 *Repetophragma* Subram.。吴文平（2009）报道我国 *Sporodesmium* 有 38 个种，并包括 *S. aceris*。作者对该属的研究是对《中国真菌志》第三十七卷的补充。

作者研究的中国葚孢属 *Sporidesmium* 分种检索表

1. 分生孢子近纺锤形或纺锤形至圆柱形，长≤45μm ··· 2
1. 分生孢子倒棍棒形，长≥48μm ·· 3
    2. 分生孢子纺锤形至圆柱形，具 3～5 个隔膜，26.5～45 × 6.5～8μm ······ 粪生葚孢 *S. coprophilum*
    2. 分生孢子近纺锤形，具 5～8 个隔膜，25～37.5 × 7.5～10μm ·············· 联合葚孢 *S. socium*
3. 分生孢子顶端无喙，具黏性附属物 ·· 五月茶葚孢 *S. antidesmatis*
3. 分生孢子顶端具喙，无黏性附属物 ··· 4
    4. 分生孢子暗褐色，顶部细胞淡褐色至近无色 ·························· 尖顶孢葚孢 *S. acutisporum*
    4. 分生孢子各细胞色泽基本一致 ·· 5
5. 分生孢子胞壁粗糙，宽 20～24μm ··· 枫香葚孢 *S. liquidambaris*
5. 分生孢子胞壁平滑，宽≤16.5μm. ·· 6
    6. 分生孢子宽 12～16.5μm ······························· 崖角藤葚孢 *S. rhaphidophorae*
    6. 分生孢子宽 5～7.5μm 或 5.5～7.5μm ··· 7
7. 分生孢子具 5～7 个隔膜，70～160 × 5～7.5μm ······················· 润楠葚孢 *S. machili*
7. 分生孢子具 8～16 个隔膜，68～150 × 5.5～7.5μm ················· 冈村隆史葚孢 *S. takashii*

尖顶孢葚孢　图 200

Sporidesmium acutisporum M.B. Ellis, Mycol. Pap. 70: 51, 1958.

菌落稀疏，褐色至黑褐色，发状。菌丝体部分表生，部分埋生，由分枝、具隔、光滑、淡褐色至褐色、宽 1.5～2.5μm 的菌丝组成。分生孢子梗单生或少数簇生，自菌丝顶端或侧面长出，不分枝，直或稍弯曲，圆柱形，具隔，平滑，褐色，75～145 × 4～6μm，顶部膨大，宽 5～8μm。产孢细胞单芽生式，合生，顶生，圆柱形，顶部平截，褐色，平滑，多达 3 个及顶层出。分生孢子以裂解式脱离。分生孢子全壁芽生式产生，单生，顶生，干性，倒棍棒形，具喙，具 2～3 个真隔膜，48～75 × 8～10.5μm，基部 3 个细胞暗褐色，顶部细胞淡褐色至近无色，顶部渐窄，宽 0.5～1μm，基部平截，宽 2～3μm。

植物枯枝，广东：从化，HSAUP H7059；云南：景洪（西双版纳），HSAUP H8659。

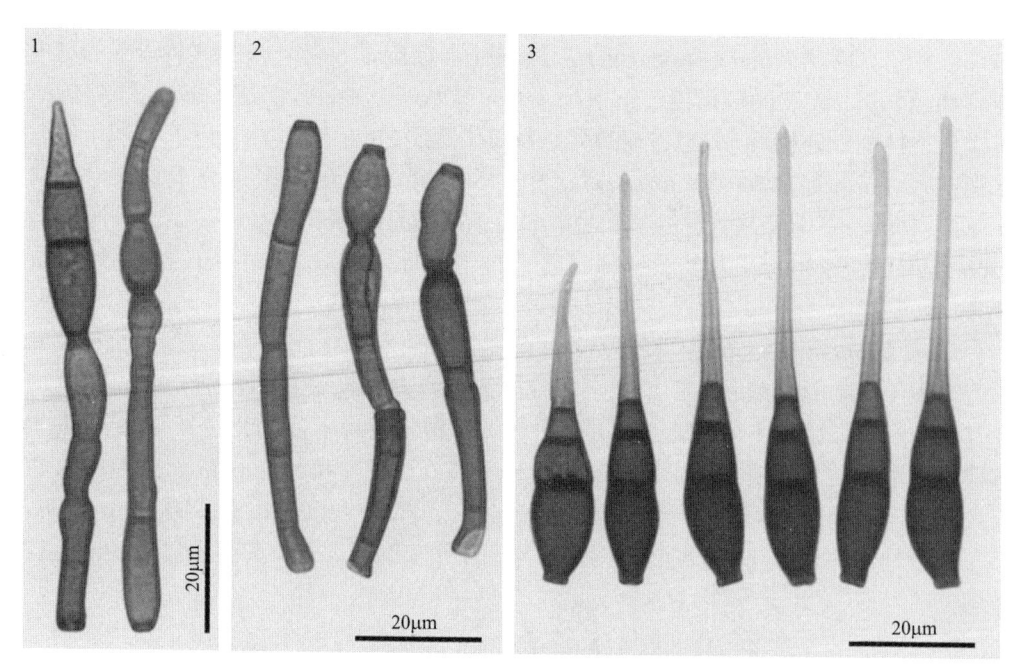

图 200 尖顶孢葚孢 *Sporidesmium acutisporum* M.B. Ellis
1. 分生孢子梗和分生孢子；2. 分生孢子梗；3. 分生孢子。（HSAUP H7059）

世界分布：中国、古巴、塞拉利昂。

讨论：该种最初由 Ellis（1958）采自塞拉利昂 *Bombax buonopozense* P.Beauv.枯枝上，其分生孢子形态与双色葚孢 *S. bicolor* (S. Hughes) M.B. Ellis（Ellis，1958）和尖孢葚孢 *S. macrurum* (Sacc.) M.B. Ellis（Ellis，1958）十分相似，但 *S. bicolor* 分生孢子较宽，11～12μm，基部2个细胞色泽较深；*S. macrurum* 分生孢子短而宽，40～45×9～11μm，顶端略宽，1～2μm，基部细胞胞壁粗糙。作者观察的该菌分生孢子比原始描述（42～64×7.5～10μm）略大，其他特征基本一致。

五月茶葚孢 图 201

Sporidesmium antidesmatis Jian Ma & X.G. Zhang, Mycotaxon 119: 19, 2012.

菌落疏展，褐色至暗褐色，毛发状。菌丝体部分表生，部分埋生，由分枝、具隔、淡褐色、光滑、宽1～2.5μm 的菌丝组成。分生孢子梗粗大，单生或少数簇生，不分枝，直或弯曲，圆柱状，暗褐色至黑色，光滑，具隔，17～70×6～7.5μm。产孢细胞单芽生式，合生，顶生，有限生长，圆柱形，褐色，光滑，4.5～7.5×5～6μm。分生孢子以裂解式脱落。分生孢子全壁芽生式产生，单生，顶生，直或弯曲，倒棍棒形，光滑，褐色，8～11个真隔膜，108～150×9～11μm，近顶端渐窄，宽3～4μm，基部平截，宽4.5～6μm，顶端具一球状黏性附属物，直径12～24μm。

方叶五月茶 *Antidesma ghaesembilla* Gaertn.凋落枯枝，海南：昌江（霸王岭），HSAUP H5254（=HMAS 146157）；

植物枯枝，云南：景洪（西双版纳），HSAUP H5650。

世界分布：中国。

讨论：该种分生孢子形态与易碎葚孢 *S. fragilissimum* (Berk. & M.A. Curtis) M.B.

Ellis(Ellis, 1958)和泽兰葚孢 *S. eupatoriicola* M.B. Ellis(Ellis, 1958)较为相似, 但该种分生孢子顶端具一球状黏性附属物, 而 *S. fragilissimum* 分生孢子较小, 32~92×8~9μm, 胞壁粗糙; *S. eupatoriicola* 分生孢子顶部较宽, 4~6μm, 隔膜较多, 14~31个。

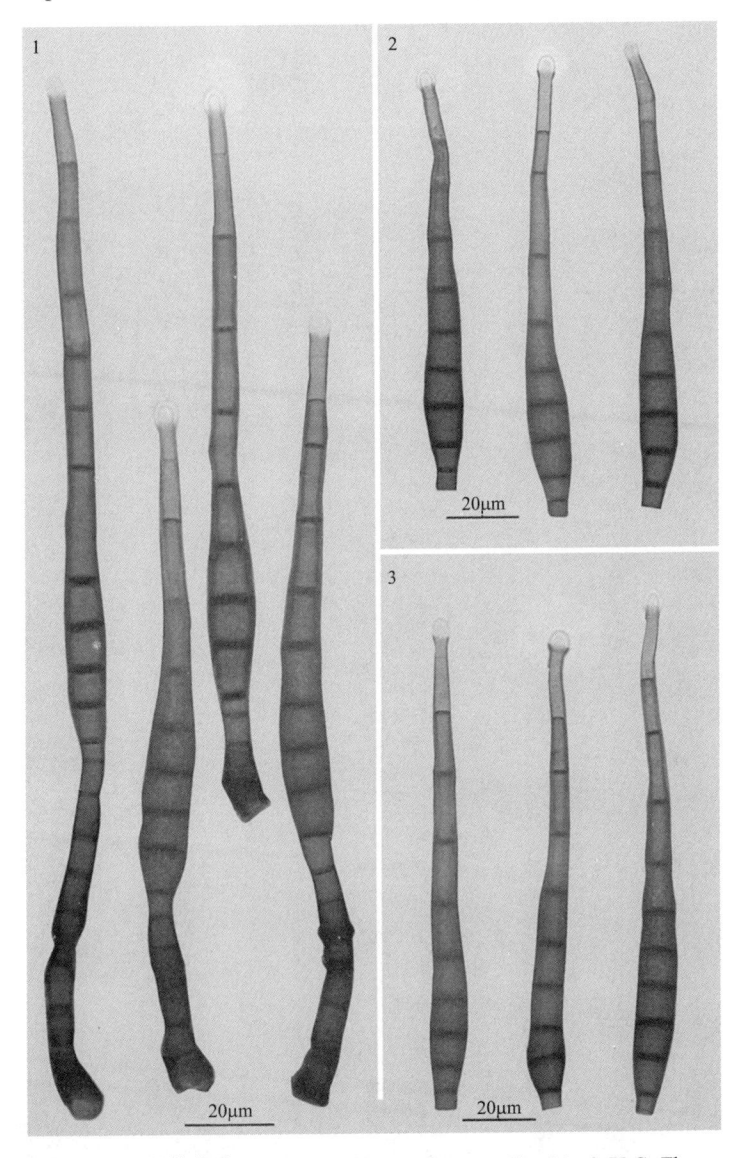

图201 五月茶葚孢 *Sporidesmium antidesmatis* Jian Ma & X.G. Zhang
1. 分生孢子梗和分生孢子; 2、3. 分生孢子。(HSAUP H5254)

粪生葚孢 图202

Sporidesmium coprophilum Matsush., Icon. Microfung. Matsush. Lect. (Kobe): 137, 1975.

菌落稀疏, 褐色至黑色, 毛发状。菌丝体部分表生, 部分埋生, 由分枝、具隔、淡褐色、光滑、宽 2~3μm 的菌丝组成。分生孢子梗自菌丝顶端或侧面生, 单生或少数簇生, 不分枝, 直或弯曲, 圆柱状, 褐色至暗黑色, 光滑, 具隔, 向顶颜色渐浅, 98~132×3.5~5.5μm。产孢细胞单芽生式, 合生, 顶生, 有限生长, 圆柱形, 褐色至淡褐色,光滑，顶端平截。分生孢子以裂解式脱落。分生孢子全壁芽生式产生，单生，顶生，干性，纺锤形至圆柱形，光滑，褐色，两端细胞颜色极浅，浅褐色至近无色，具3～5个真隔膜，26.5～45×6.5～8μm，顶端钝圆，基部平截，宽0.5～1.5μm。

植物枯枝，广东：从化，HSAUP H5336、HSAUP H5465；湖南：张家界，HSAUP H5302。

世界分布：中国、日本。

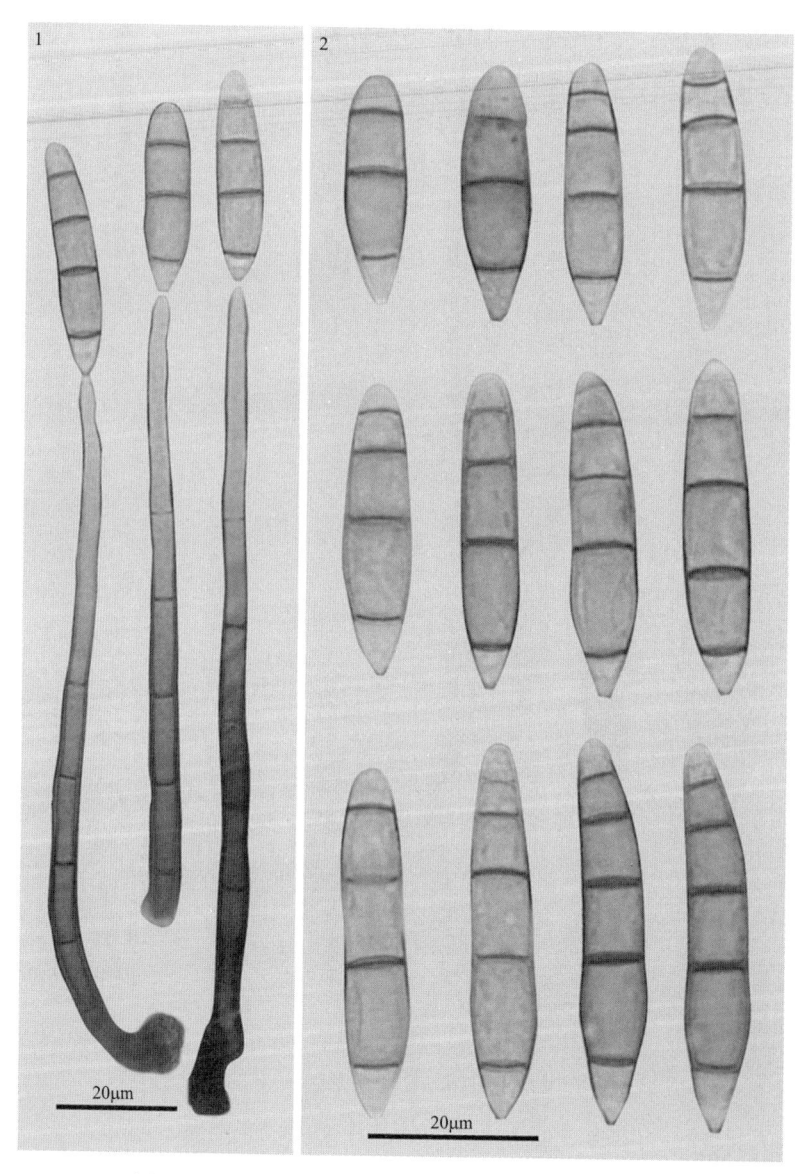

图202 粪生葚孢 *Sporidesmium coprophilum* Matsush.
1. 分生孢子梗及分生孢子；2. 分生孢子。(HSAUP H5336)

讨论：Matsushima(1975)最初从日本野兔粪便上分离到该菌。Matsushima(1980, 1993)又从中国台湾和秘鲁植物枯枝上报道该菌。该种分生孢子形态与安森州葚孢 *S. aunstrupii* W.P. Wu(Wu and Zhuang, 2005)极为相似，但后者分生孢子较宽，8～10μm，

1~1.5μm，顶部渐窄形成一淡褐色至近无色、无隔、光滑的喙，喙长达125μm，宽0.5~1.5μm。

华润楠 *Machilus chinensis* Hemsl.凋落枯枝，广东：始兴（车八岭），HSAUP H5407（=HMAS 146158）。

世界分布：中国。

讨论：该种分生孢子形态与 *S. circinophorum* Matsush.（Matsushima，1975）、冈村隆史葚孢 *S. takashii* Subram.（Subramanian，1992）、长喙葚孢 *S. longirostratum* M.B. Ellis和热带葚孢 *S. tropicale* M.B. Ellis（Ellis，1958）较为相似，但 *S. circinophorum* 和 *S. tropicale* 分生孢子较大，分别为120~220 × 10~12μm和80~250 × 12~15μm，隔膜较多，分别为8~14个和7~19个；*S. longirostratum* 分生孢子短而略宽，42~72 × 6~9μm，隔膜较少，3~5个；*S. takashii* 分生孢子胞壁粗糙，隔膜略多，5~10个。另外，该种分生孢子的喙纤丝状，淡褐色至近无色，无隔膜，明显不同于其他种。

崖角藤葚孢　图205

Sporidesmium rhaphidophorae K. Zhang & X.G. Zhang, Mycotaxon 104: 167, 2008.

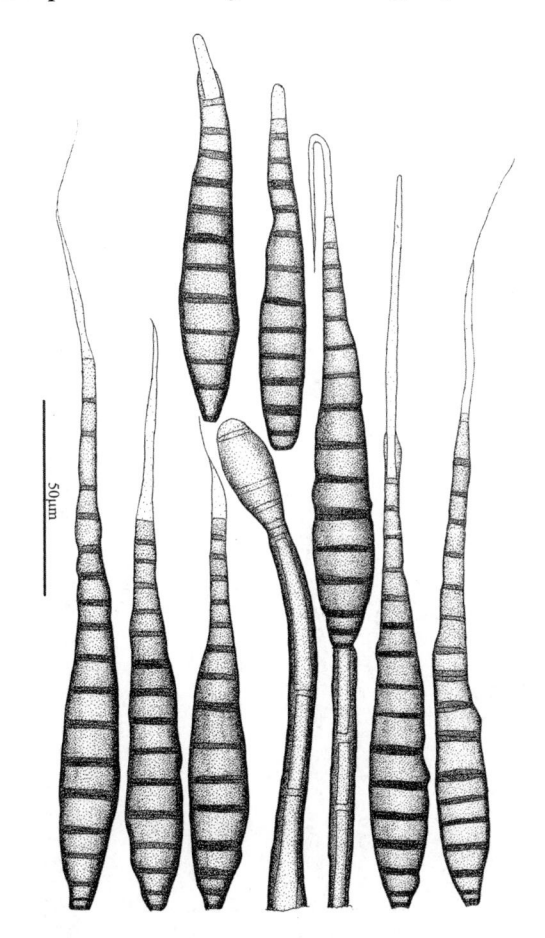

图205　崖角藤葚孢 *Sporidesmium rhaphidophorae* K. Zhang & X.G. Zhang
分生孢子梗和分生孢子。（HSAUP VII₀ ZK 0311-2）

菌落稀疏，黑褐色。菌丝体部分表生，部分埋生，由分枝、具隔、近无色至淡褐色、平滑、宽 1.5~3μm 的菌丝组成。分生孢子梗自菌丝顶端或侧面生，粗大，单生或少数簇生，不分枝，直或稍弯曲，淡褐色至褐色，光滑，2~4 个隔膜，55~98 × 5.5~7μm。产孢细胞单芽生式，合生，顶生，圆柱形，平滑，淡褐色至褐色，顶端平截。分生孢子单生，顶生，干性，倒棍棒形，直或稍弯曲，14~17 个真隔膜，褐色至橄榄褐色，顶部细胞颜色较浅，淡褐色至近无色，光滑，93~200 × 12~16.5μm，顶部渐窄，宽 2~3μm，顶端渐窄形成一纤丝状的附属丝，近无色至无色，基部平截，宽 4~5.5μm。

植物枯枝，广东：从化，HSAUP H5339，始兴（车八岭），HSAUP H5399，肇庆（鼎湖山），HSAUP H5450；海南：昌江（霸王岭），HSAUP H5176、HSAUPH8052。

下延崖角藤 *Rhaphidophora decursiva* (Roxb.) Schott 凋落枯枝，海南：琼中，HSAUP VII$_{0\,ZK}$ 0311-2（=HMAS 193065）。

世界分布：中国。

讨论：该种分生孢子形态与鞭形葚孢 *S. flagelliforme* Matsush.（Matsushima，1975）较为相似，但后者分生孢子较小，90~130 × 8~9μm，隔膜较少，11~14 个，彼此较易区分。

联合葚孢　图 206

Sporidesmium socium M.B. Ellis, Mycol. Pap. 70: 42, 1958.

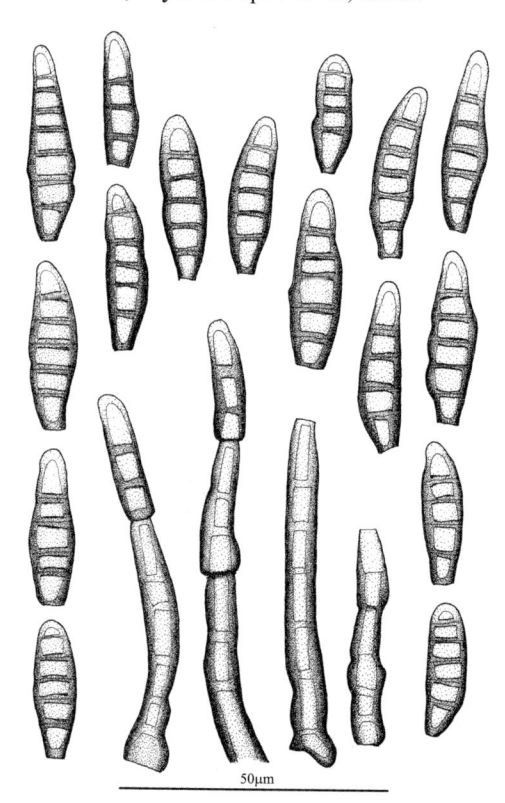

图 206　联合葚孢 *Sporidesmium socium* M.B. Ellis
分生孢子梗和分生孢子。（HSAUP V$_{0\,MJ}$ 0394）

菌落疏展，黑色，毛发状。菌丝体部分表生，部分埋生，由分枝、具隔、淡褐色、平滑、宽2～3μm的菌丝组成。分生孢子梗粗大，自菌丝端部或侧面产生，单生或少数簇生，不分枝，直或弯曲，暗褐色，光滑，具隔，45～105×5～7.5μm。产孢细胞单芽生式，合生，顶生，圆柱形，褐色，光滑，具0～3个及顶层出延伸。分生孢子以裂解式脱落。分生孢子全壁芽生式产生，单生，顶生，直或稍弯曲，近纺锤形，光滑，褐色至暗褐色，顶部细胞近无色至淡褐色，5～8个真隔膜，25～37.5×7.5～10μm，近顶端渐窄，宽4.5～6μm，基部平截，宽3～4.5μm。

润楠属 *Machilus* sp. 凋落枯枝，四川：峨眉山，HSAUP V$_{0\,MJ}$0394。

世界分布：美国、加拿大、中国、英国、日本、特立尼达拉岛。

讨论：该种分生孢子形态与表生葚孢 *S. cambrense* M.B. Ellis（Ellis，1958）十分相似，但该种分生孢子仅顶部细胞近无色至淡褐色，而后者分生孢子端部细胞均为近无色至淡褐色，且分生孢子较大，40～60×12～15μm，基部较宽，8～9.5μm。

冈村隆史葚孢 图 207

Sporidesmium takashii Subram., Proc. Indian Natn. Sci. Acad. B 58: 183, 1992.

菌落疏展，褐色，毛发状。菌丝体部分表生，部分埋生，由分枝、具隔、淡褐色、光滑、宽1～3μm的菌丝组成。分生孢子梗粗大，单生或少数簇生，不分枝，直或弯曲，圆柱状，褐色，光滑，具隔，13～60×3～5.5μm。产孢细胞单芽生式，合生，顶生，有限生长，圆柱形，褐色，光滑，10～16×3～4μm。分生孢子以裂解式脱落。分生孢子全壁芽生式产生，单生，顶生，直或弯曲，倒棍棒形，具喙，光滑，褐色至淡褐色，8～13(～16)个真隔膜，68～150×5.5～7.5μm，顶部渐窄，宽1.5～2.2μm，基部平截，宽2.5～4μm。

植物枯枝，福建：武夷山，HSAUP H5037-1；海南：万宁，HSAUP H5212(=HMAS 146159)。

世界分布：中国、日本。

讨论：Matsushima（1975）最初将该菌归入 *Sporidesmium*，但未确定具体种名。Subramanian（1992）依据 Matsushima（1975）的描述将其命名为 *S. takashii* Subram.。该种分生孢子形态与 *S. circinophorum* Matsush.(Matsushima，1975) 和热带葚孢 *S. tropicale* M.B. Ellis（Ellis，1958）较为相似，但 *S. circinophorum* 分生孢子较大，120～220×10～12μm，顶部较宽，2.5～3.5μm，细胞色泽不均一；*S. tropicale* 分生孢子较大，80～250×12～15μm，顶部较宽，2～4μm，胞壁粗糙。作者观察的该菌分生孢子隔膜数比原始描述（5～10个）略多，其他特征基本一致。

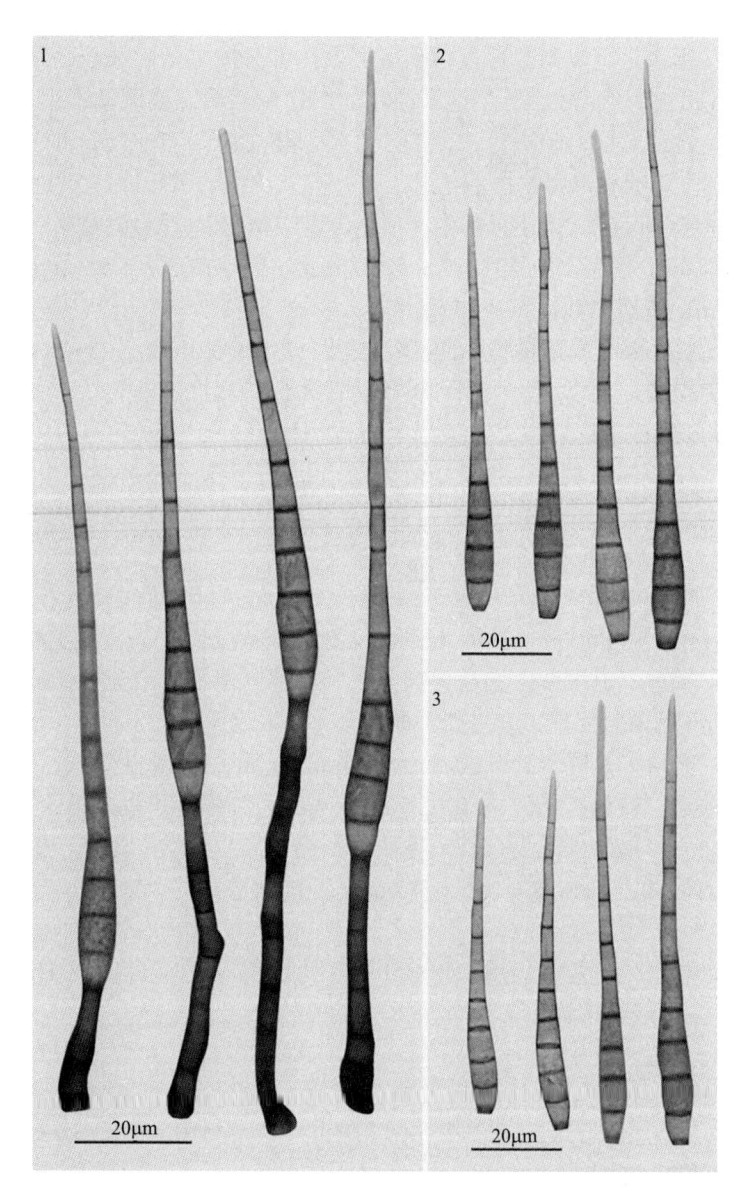

图 207 冈村隆史葚孢 *Sporidesmium takashii* Subram.
1. 分生孢子梗和分生孢子；2、3. 分生孢子。（HSAUP H5212）

参 考 文 献

陈杰, 董爱荣, 吕国忠, 等. 2004. 小兴安岭凉水自然保护区白桦林土壤真菌. 东北林业大学学报, 32(6): 108-110

戴芳澜. 1979. 中国真菌总汇. 北京: 科学出版社, 1-1527

郭英兰. 1984. 棒抱菌属四个新种. 真菌学报, 3(3): 161-169

郭英兰. 1989. 神农架地区的叶生丝孢菌. 341-385. 神农架真菌与地衣. 北京: 世界图书出版公司: 1-514

郭英兰, 刘锡琎. 2003. 中国真菌志: 菌绒孢属 钉孢属 色链隔孢属. 北京: 科学出版社, 20: 1-189

刘云龙, 何永宏, 谢超, 等. 2005. 云南大围山自然保护区的丝孢菌(III). 云南农业大学学报, 20(1): 23-26

戚佩坤, 姜子德. 1994. 药用植物上几个尾孢类真菌的新种及新组合. 华南农业大学学报, 15(3): 14-21

吴海燕, 辛惠普. 2002. 水稻小球菌核菌无性世代分生孢子双曲孢菌(*Nakataea sigmoidea*)的发现及产孢条件研究. 中国水稻科学, 16(4): 381-384

吴文平. 2009. 中国真菌志: 茎孢属及其相关属. 北京: 科学出版社, 37: 1-273

张天宇. 2003. 中国真菌志: 链格孢属. 北京: 科学出版社, 16: 1-283

张天宇. 2009. 中国真菌志: 砖格分生孢子真菌 26 属链格孢除外. 北京: 科学出版社, 31: 1-215

张天宇. 2010. 中国真菌志: 蠕形分生孢子真菌. 北京: 科学出版社, 30: 1-271

张修国. 2012. 无性丝孢真菌分类研究. 北京: 科学出版社: 467

张中义. 2006. 中国真菌志: 葡萄孢属 柱隔孢属. 北京: 科学出版社, 26: 1-277

赵国柱, 张天宇. 2003. 腐生砖格丝孢菌的一些有趣种. 山东农业大学学报(自然科学版), 34 (3): 437-440

Arambarri A, Cabello M, Mengascini A. 1987. New hyphomycetes from Santiago River (Buenos Aires Province, Argentina). Mycotaxon, 29: 29-35

Arnaud G. 1954. Mycologie concrete: gennera II (suite et fin). Bull Soc Mycol France, 69: 265-306

Arnold GRW, Castañeda-Ruíz RF. 1987. Neue Hyphomyzeten-Arten aus Kuba II. *Verticillium antillanum*, *Nakataea curvularioides* und *Cladobotryum cubitense*. Reprium nov. Spec. Regni veg, 98: 411-417

Baker WA, Morgan-Jones G. 2003. Notes on hyphomycetes XCI. *Pseudoacrodictys*, a novel genus for seven taxa formerly placed in *Acrodictys*. Mycotaxon, 85: 371-391

Baker WA, Partridge EC, Morgan-Jones G. 2001. Notes on hyphomycetes. LXXXIV. *Pseudotrichoconis* and *Rhexodenticula*, two new monotypic genera with rhexolytically disarticulating conidial separating cells. Mycotaxon, 79: 361-373

Baker WA, Partridge EC, Morgan-Jones G. 2002a. Notes on hyphomycetes LXXXV. *Junewangia*, a genus in which to classify four *Acrodictys* species and a new taxon. Mycotaxon, 81: 293-319

Baker WA, Partridge EC, Morgan-Jones G. 2002b. Notes on hyphomycetes LXXXVII. *Rhexoacrodictys*, a new segregate genus to accommodate four species previously classified in *Acrodictys*. Mycotaxon, 82: 95-113

Barbosa FR, Marques MFO, Gusmão LFP, *et al.* 2007. Conidial fungi from the semi-arid Caatinga biome of Brazil. New species *Deightoniella rugosa* & *Diplocladiella cornitumida* with new records for the neotropics. Mycotaxon, 102: 39-50

Barr ME. 1977. *Magnaporthe*, *Telimenella*, and *Hyponectria* (Physosporellaceae). Mycologia, 69: 952-966

Barron GL. 1968. The genera of hyphomycetes from soil. Baltimore: Williams and Wilkins Co.: 364

Batista AC. 1952. Dois novos gêneros de fungos imperfeitos. Bolm Secr Agric Ind Com Est Pernambuco, 19: 106-111

Batista AC, Vital AF. 1957. Novas diagnoses de fungos dematiaceae. Anais Soc Biol Pernambuco, 15(2): 373-397

Berkeley MJ. 1869. On a collection of fungi from Cuba Part II. J Linn Soc (Bot), 10: 341-392

Bhat DJ, Kendrick B. 1993. Twenty-five new conidial fungi from the Western Ghats and the Andaman Islands (India). Mycotaxon, 49: 19-90

Bhat DJ, Sutton BC. 1985a. Some phialidic hyphomycetes from Ethiopia. Trans Br Mycol Soc, 84(4): 723-730

Bhat DJ, Sutton BC. 1985b. New and interesting hyphomycetes from Ethiopia. Trans Br Mycol Soc, 85: 107-122

Bhat DJ. 1985. Two new hyphomycetes from Ethiopia. Proc Indian Acad Sci (Plant Sci), 94: 269-272

Borowska A. 1975. New species of *Bactrodesmium*, *Corynespora*, *Septonema* and *Taeniolella*. Acta Mycol Warszawa, 11: 59-65

Borowska A. 1977. *Garnaudia elegans* gen. et sp. nov., and *Endophragmiella tenera* sp. nov., new dematiaceous hyphomycetes. Acta Mycol Warszawa, 13: 169-174

Brackel W von, Markovskaja S. 2009. A new lichenicolous species of *Endophragmiella* from Bavaria/Germany. Nova Hedwigia, 88: 513-519

Braun U, Heuchert B. 2010. *Sporidesmiella lichenophila* sp. nov. –a new lichenicolous hyphomycete. Herzogia, 23: 69-74

Braun U, Hosagoudar VB, Abraham TK. 1996. *Diplococcium atrovelutinum* sp. nov. from India. New Botanist. 23: 1-4

Bussaban B, Lumyong S, Lumyong P, *et al.* 2005. Molecular and morphological characterization of *Pyricularia* and allied genera. Mycologia, 97(5): 1002-1011

Cai L, Hyde KD. 2007. Anamorphic fungi from freshwater habitats in China: *Dictyosporium tetrasporum* and *Exserticlava yunnanensis* spp. nov., and two new records for *Pseudofuscophialis lignicola* and *Pseudobotrytis terrestris*. Mycoscience, 48(5): 290-296

Cai L, McKenzie EHC, Hyde KD. 2004. New species of *Cordana* and *Spadicoides* from decaying bamboo culms in China. Sydowia, 56(2): 222-228

Carmichael JW, Kendrick WB, Conner IL, *et al.* 1980. Genera of hyphomycetes. Edmonton: Univ of Alberta Press: 386

Castañeda-Ruíz RF, Arnold GRW. 1985. Deuteromycotina de Cuba. I. Hyphomycetes. Rev Jard Bot Nac (La Habana, Cuba), 6(1): 47-67

Castañeda-Ruíz RF, Calduch M, Garcia D, *et al.* 2001a. A new species of *Pleurotheciopsis* from leaf litter. Mycotaxon, 77: 1-5

Castañeda-Ruíz RF, Heredia-Abarca G, Reyes M, *et al.* 2001b. A revision of the genus *Pseudospiropes* and some new taxa. Cryptog Mycol, 22(1): 3-18

Castañeda-Ruíz RF, Decock C, Saikawa M, *et al.* 2000. *Polyschema obclaviformis* sp.nov., and some new records of hyphomycetes from Cuba. Cryptog Mycol, 21: 215-220

Castañeda-Ruíz RF, Granados MM, Mardones M, *et al.* 2012. A microfungus from Costa Rica: *Ticosynnema* gen. nov. Mycotaxon, 122: 255-259

Castañeda-Ruíz RF, Guarro J, Cano J. 1995a. Notes on conidial fungi. I. A new species of *Corynespora*.

Mycologia, 87(2): 271-272

Castañeda-Ruíz RF, Guarro J, Cano J. 1995b. Notes on conidial fungi. II. A new species of *Endophragmiella*. Mycotaxon, 54: 403-406

Castañeda-Ruíz RF, Guarro J, Cano J. 1996a. Notes on conidial fungi. X. A new species of *Ceratosporella* and some new combinations. Mycotaxon, 60: 275-281

Castañeda-Ruíz RF, Saikawa W, Hennebert GL. 1996b. Some new conidial fungi from Cuba. Mycotaxon, 59: 453-460

Castañeda-Ruíz RF, Guarro J, Cano J. 1997a. Notes on conidial fungi. XII. New or interesting hyphomycetes from Cuba. Mycotaxon, 63: 169-181

Castañeda-Ruíz RF, Kendrick B, Guarro J. 1997b. Notes on conidial fungi. XIV. New hyphomycetes from Cuba. Mycotaxon, 65: 93-106

Castañeda-Ruíz RF, Guarro J, Velásquez-Noa S, *et al.* 2003. A new species of *Minimelanolocus* and some hyphomycete records from rain forests in Brazil. Mycotaxon, 85: 231-239

Castañeda-Ruíz RF, Heredia G, Arias RM, *et al.* 2011. A new species and re-disposed taxa in *Repetophragma*. Mycosphere, 2(3): 273-289

Castañeda-Ruíz RF, Heredia GP, Arias RM, *et al.* 2004. Two new hyphomycetes from rainforests of México, and *Briansuttonia*, a new genus to accommodate *Corynespora alternarioides*. Mycotaxon, 89: 297-305

Castañeda-Ruíz RF, Iturriaga T, Guarro J. 1999a. A new species of *Cordana* from Venezuela. Mycotaxon, 73: 1-8

Castañeda-Ruíz RF, Saikawa M, Guarro J. 1999b. A new species of *Heteroconium* from a tropical rainforest. Mycotaxon, 71: 295-300

Castañeda-Ruíz RF, Iturriaga T, Heredia-Abarca G, *et al.* 2008. Notes on *Heteroconium* and a new species from Venezuela. Mycotaxon, 105: 175-184

Castañeda-Ruíz RF, Iturriaga T. 1999. A new species of *Pleurotheciopsis* from a rainforest in Venezuela. Mycotaxon, 70: 63-68

Castañeda-Ruíz RF, Kendrick B, Guarro J, *et al.* 1998. New species of *Endophragmiella* and *Sporidesmiella* from Cuba. Mycol Res, 102: 548-552

Castañeda-Ruíz RF, Kendrick B. 1990a. Conidial fungi from Cuba: I. Univ Waterloo Biol Ser, 32: 1-53

Castañeda-Ruíz RF, Kendrick B. 1990b. Conidial fungi from Cuba: II. Univ Waterloo Biol Ser, 33: 1-61

Castañeda-Ruíz RF, Kendrick B. 1991. Ninety-nine conidial fungi from Cuba and three from Canada. Univ Waterloo Biol Ser, 35: 1-132

Castañeda-Ruíz RF, Minter DW, Rodríguez Hernández M. 2002. *Kylindria obesispora*. I.M.I. Descr. Fungi Bact, 1485: 1-2

Castañeda-Ruíz RF, Heredia-Abarca G, Arias RM, *et al.* 2010a. *Elotespora*, an enigmatic anamorphic fungus from Tabasco, Mexico. Mycotaxon, 111: 197-203

Castañeda-Ruíz RF, Heredia-Abarca G, Arias RM, *et al.* 2010b. *Anaselenosporella sylvatica* gen. & sp. nov. and *Pseudoacrodictys aquatica* sp. nov., two new anamorphic fungi from Mexico. Mycotaxon, 112: 65-74

Castañeda-Ruíz RF, Minter DW, Stadler M, *et al.* 2010. Two new anamorphic fungi from Cuba: *Endophragmiella profusa* sp. nov. and *Repetoblastiella olivacea* gen. & sp. nov. Mycotaxon, 113: 415-422

Castañeda-Ruíz RF, Silvera-Simón C, Gené J, *et al.* 2010. A new species of *Corynesporopsis* from Portugal. Mycotaxon, 114: 407-415

Castañeda-Ruíz RF. 1984. Nuevos taxones de Deuteromycotina: *Arnoldiella robusta* gen. et sp. nov.;

Roigiella lignicola gen. et sp. nov.; *Sporidesmium pseudolmediae* sp. nov.; y *Thozetella havanensis* sp. nov. Rev Jard Bot Nac, 5: 57-87

Castañeda-Ruíz RF. 1985. Deuteromycotina de Cuba. Hyphomycetes III. Inst. Invest. Fund. Agric. Tropical "Alejandro de Humboldt", Habana, Cuba 42 pp

Castañeda-Ruíz RF. 1987. Fungi Cubenses II. Inst. Invest. Fund. Agric. Tropical "Alejandro de Humboldt", Habana, Cuba 22 pp

Castañeda-Ruíz RF. 1988. Fungi Cubense III. Inst. Invest. Fund. Agric. Tropical "Alejandro de Humboldt", Habana, Cuba 27 pp

Castañeda-Ruíz RF. 1996. New species of *Haplotrichum* and *Solicorynespora* from Cuba. Mycotaxon, 59: 449-452

Cattaneo A. 1877. Sulla *Sclerotium oryzae*, nuovo parassità vegetale, che ha devastato nel corrente anno molto risaje di Lombardia e del Novarese. Arch Lab Bot Critt Univ Pavia, 2-3: 75

Cazau MC, Arambarri AM, Cabello MN. 1993. New hyphomycetes from Santiago River. VI. (Buenos Aires Province, Argentina). Mycotaxon, 46: 235-240

Cheewangkoon R, Groenewald JZ, Summerell BA, *et al.* 2009. *Myrtaceae*, a cache of fungal biodiversity. Persoonia, 23: 55-85

Chen JL, Tzean SS, Lin WS. 2008. *Endophragmiella multiramosa* a new dematiaceous anamorphic ascomycete from Taiwan. Sydowia, 60(2): 197-204

Chen WQ. 1997. A new record genus for China—*Acrodictys*. Mycosystema, 16: 318-319

Chowdhry PN. 1980. A new species of *Heteroconium* from India. Indian Phytopath, 33: 361-362

Cole GT, Samson RA. 1979. Patterns of development in conidial fungi. London: Pitman Publishing Limited

Cooke MC. 1896. New melon disease. Gardeners' Chronicle, 3 (20): 271-272

Corda ACJ. 1829. Sturm's Deutschlands Flora, Heft 7

Corda ACJ. 1837. Icones fungorum hucusque cognitorum. Pragae, 1: 1-32

Corda ACJ. 1840. Icones Fungorum hucusque Cognitorum. Pragae, 4: 1-63

Costantin JN. 1888. Matériaux pour l'histoire des champignons: Les Mucédinées simples. Histoire, classification, culture et role des champignons inférieur dans les maladies des végétaux et des animaux.

Crane JL, Dumont KP. 1978. Two new hyphomycetes from Venezuela. Can J Bot, 56(20): 2613-2616

Crane JL, Schoknecht JD. 1981. Revision of *Torula* species. *Pseudaegerita corticalis*, *Taeniolina deightonii*, and *Xylohypha bowdichiae*. Mycologia, 73(1): 78-87

Crane JL, Schoknecht JD. 1982. Hyphomycetes from freshwater swamps and hammocks. Can J Bot, 60(4): 369-378

Crous PW, Braun U, Schubert K, *et al.* 2007a. Delimiting *Cladosporium* from morphologically similar genera. Stud Mycol, 58: 33-56

Crous PW, Schubert K, Braun U, *et al.* 2007b. Opportunistic, human-pathogenic species in the *Herpotrichiellaceae* are phenotypically similar to saprobic or phytopathogenic species in the *Venturiaceae*. Stud Mycol, 58: 185-217

Crous PW, Seifert KA, Castañeda-Ruíz RF. 1996. Microfungi associated with *Podocarpus* leaf litter in South Africa. S Afr J Bot, 62: 89-98

Crous PW, Wingfield MJ, Guarro J, *et al.* 2013. Fungal Planet description sheets: 154-213. Persoonia 31: 188-296

Crous PW, Wingfield MJ, Kendrick WB. 1995. Foliicolous dematiaceous hyphomycetes from Syzygium cordatum. Can J Bot, 73(2): 224-234

Cruz ACR, Gusmão LFP, Leão-Ferreira SM, *et al.* 2007. Conidial fungi from the semi-arid Caatinga biome of Brazil. *Diplococcium verruculosum* sp. nov. and *Lobatopedis longistriatum* sp. nov. Mycotaxon, 102: 33-38

Davydkina TA, Mel'nik VA. 1989. Two new hyphomycetes from the genera *Cordana* and *Pyriculariopsis*. Mikol Fitopatol, 23(2): 110-113

de Hoog GS, van Oorschot CAN, Hijwegen T. 1983. Taxonomy of the *Dactylaria* complex. II. *Dissoconium* gen. nov. and *Cordana* Preuss. Stud Mycol, 86: 197-206

de Hoog GS, von Arx JA. 1974 ["1973"]. Revision of *Scolecobasidium* and *Pleurophragmium*. Kavaka, 1: 55-60

de Hoog GS. 1973. A new species of *Cordana* (dematiaceae, hyphomycetes). Acta Bot Neerl, 22: 209-212

Delgado-Rodríguez G, Heredia-Abarca G, Arias-Mota RM, *et al.* 2006. Contribution to the study of anamorphic fungi from Mexico. New records for the state of Veracruz. Bol Soc Micol Madrid, 30: 235-242

Delgado-Rodríguez G, Mena-Portales J, Calduch M, *et al.* 2002. Hyphomycetes (hongos mitospóricos) del área protegida Mil Cumbres, Cuba Occidental. Cryptog Mycol, 23: 277-293

Delgado-Rodríguez G, Mercado-Sierra A, Mena-Portales J, *et al.* 2007. *Hemicorynespora clavata*, a new hyphomycete (anamorphic fungi) from Cuba. Cryptog Mycol, 28: 65-69

DiCosmo F, Berch SM, Kendrick B. 1983. *Cylindrotrichum, Chaetopsis,* and two new genera of hyphomycetes, *Kylindria* and *Xenokylindria*. Mycologia, 75(6): 949-973

Domsch KH, Games W, Anderson T. 1980. Compendium of soil fungi. Vol 1. New York: Academic Press: 859

Dubey R, Pandey AK. 2012. A new generic and species record for India. J Mycol Plant Pathol, 42(2): 251-253

Dulymamode R, Kirk PM, Peerally A. 1999. Fungi from Mauritius: three new hyphomycete species on endemic plants. Mycotaxon, 73: 313-324

Dunn MT. 1982. A new species of *Endophragmiella* from sclerotia of *Sclerotinia minor*. Mycotaxon, 16: 152-156

Ellis MB, Ellis JP. 1985. Microfungi on Land Plants. London: Biddles Ltd, Guildford and Kings Lynn: 818

Ellis MB. 1957. Some species of *Corynespora*. Mycol Pap, 65: 1-15

Ellis MB. 1958. *Clasterosporium* and some allied dematiaceae-phragmosporae. I. Mycol Pap, 70: 1-89

Ellis MB. 1959. *Clasterosporium* and some allied dematiaceae phragmosporae. II. Mycol Pap, 72: 1-75

Ellis MB. 1960. Dematiaceous hyphomycetes. I. Mycol Pap, 76: 1-36

Ellis MB. 1961a. Dematiaceous hyphomycetes. II. Mycol Pap, 79: 1-23

Ellis MB. 1961b. Dematiaceous hyphomycetes. III. Mycol Pap, 82: 1-55

Ellis MB. 1963a. Dematiaceous hyphomycetes. IV. Mycol Pap, 87: 1-42

Ellis MB. 1963b. Dematiaceous hyphomycetes. V. Mycol Pap, 93: 1-33

Ellis MB. 1966. Dematiaceous hyphomycetes. VII. *Curvularia, Brachysporium*, etc. Mycol Pap, 106: 1-57

Ellis MB. 1971a. Dematiaceous hyphomycetes. Commonwealth Mycological Institute, Kew, Surrey, UK. 608 pp

Ellis MB. 1971b. Dematiaceous hyphomycetes. X. Mycol Pap, 125: 1-30

Ellis MB. 1972. Dematiaceous hyphomycetes. XI. Mycol Pap, 131: 1-25

Ellis MB. 1976. More dematiaceous hyphomycetes. Commonwealth Mycological Institute, Kew, Surrey, UK. 507 pp

Farr ML. 1980. A new species *Cryptophiale* from Amazonas. Mycotaxon, 11(1): 177-181

Fingerhuth CA. 1836. Mykologische Beiträge. Linnaea, 10: 230-232

Fries EM. 1832. Systema Mycologicum, 3(2): i-ii, 261-524

Fries EM. 1849. Summa Vegetabilium Scandinaviae. Sectio posterior: 259-572

Fröhlich J, Hyde KD, Guest DI. 1997. Fungi associated with leaf spots of palms in north Queensland, Australia. Mycol Res, 101(6): 721-732

Gams W, Holubová-Jechová V. 1976. *Chloridium* and some other dematiaceous hyphomycetes growing on decaying wood. Stud Mycol, 13: 1-99

Gams W, Seifert KA, Morgan-Jones G. 2009. New and validated hyphomycete taxa to resolve nomenclatural and taxonomic issues. Mycotaxon, 110: 89-108

Gillman JC. 1957. A manual of Soil Fungi, 2nd ed. Ames: Iowa State College Press

Goh TK, Hyde KD, Tsui KM. 1998a. The hyphomycete genus *Acrogenospora*, with two new species and two new combinations. Mycol Res, 102(11): 1309-1315

Goh TK, Hyde KD, Umali TE. 1998b. Two new species of *Diplococcium* from the tropics. Mycologia, 90: 514-517

Goh TK, Tsui KM, Hyde KD. 1998c. *Elegantimyces sporidesmiopsis* gen. et sp. nov. on submerged wood from Hong Kong. Mycol Res, 102: 239-242

Goh TK, Hyde KD. 1996a. *Cryptophiale multiseptata* sp. nov. from submerged wood in Australia, and keys to the genus. Mycol Res, 100: 999-1004

Goh TK, Hyde KD. 1996b. *Spadicoides cordanoides* sp. nov., a new dematiaceous hyphomycete from submerged wood in Australia, with a taxonomic review of the genus. Mycologia, 88: 1022-1031

Goh TK, Hyde KD. 1998a. A synopsis of and a key to *Diplococcium* species, based on the literature, with a description of a new species. Fungal Divers, 1: 65-83

Goh TK, Hyde KD. 1998b. *Spadicoides palmicola* sp. nov. on *Licuala* sp. from Brunei, and a note on *S. heterocolorata* comb. nov. Can J Bot, 76(10): 1698-1702

Goh TK, Hyde KD. 1999. Fungi on submerged wood and bamboo in the Plover Cove Reservoir, Hong Kong. Fungal Divers, 3: 57-85

Goos RD. 1971. *Listeromyces insignis* refound. Mycologia, 63: 213-218

Grove WB. 1885. New or noteworthy fungi. II. Journal of Botany, British and Foreign, 23: 155-168

Güssow HT. 1906. Uber eine neue Krankheit an Gurken in England (*Corynespora mazei*, Güssow gen. et sp. nov.). Z Pflkrankh, 16: 10-13

Hara K. 1939. Diseases of the rice plant [Ine no byŏgai] Ed. 2: 185

Harkness HW. 1884. New species of California fungi. Bull California Acad Sci, 1: 29-47

Hawksworth DL, Kirk PM, Sutton BC, *et al.* 1995. Ainsworth & Bisby's dictionary of the fungi. 8th ed. Wallingford: CAB International: 616

Hawksworth DL. 1979. The lichenicolous hyphomycetes. Bull Br Mus Nat Hist (Bot), 6(3): 183-300

Hawksworth DL. 1991. The fungal dimension of biodiversity: magnitude, significance, and conservation. Mycol Res, 95: 641-655

Heredia-Abarca G, Arias RM, Castañeda-Ruíz RF, *et al.* 2014. New species of *Lobatopedis* and *Minimelanolocus* (anamorphic fungi) from a Mexican cloud forest. Nova Hedwigia, 98(1-2): 31-40

Heredia-Abarca G, Arias RM, Reyes M. 2000. Contribucion al conocimiento de los hongos hyphomycete de Mexico. Acta Bot Mex, 51: 39-51

Heredia-Abarca G, Mena-Portales J, Mercado-Sierra A. 1997. Tropical saprophytic hyphomycetes. New record of dematiaceous species for Mexico. Revista Mex Micol, 13: 41-51

Hernández-Gutiérrez A, Sutton BC. 1997. *Imimyces* and *Linkosia*, two new genera segregated from *Sporidesmium* sensu lato, and redescription of *Polydesmus*. Mycol Res, 101: 201-209

Hernández-Restrepo M, Castañeda-Ruíz RF, Gené J, *et al.* 2012a. Microfungi from Portugal: *Minimelanolocus manifestus* sp. nov. and *Vermiculariopsiella pediculata* comb. nov. Mycotaxon, 122: 135-143

Hernández-Restrepo M, Castañeda-Ruíz RF, Gené J, *et al.* 2014. Two new species of *Solicorynespora* from Spain. Mycol Progress, 13(1): 157-164

Hernández-Restrepo M, Silvera-Simón C, Mena-Portales J, *et al.* 2012b. Three new species and a new record of *Diplococcium* from plant debris in Spain. Mycol Progress, 11: 191-199

Heuchert B, Braun U. 2006. On some dematiaceous lichenicolous hyphomycetes. Herzogia, 19: 11-21

Ho WH, Yanna, Hyde KD. 2002. Two new species of *Spadicoides* from Brunei and Hong Kong. Mycologia, 94(2): 302-306

Höhnel F von. 1924. Studien über hyphomyzeten. Zentbl Bakt ParasitKde, Abt. 2, 60: 1-26

Holubová-Jechová V, Mercado-Sierra A. 1986. Studies on hyphomycetes from Cuba IV. Dematiaceous hyphomycetes from the Province Pinar del Rio. Česká Mykol, 40(3): 142-164

Holubová-Jechová V. 1978. Lignicolous hyphomycetes from Czechoslovakia 5. *Septonema*, *Hormiactella* and *Lylea*. Folia Geobot Phytotax, 13(4): 421-442

Holubová-Jechová V. 1982. Lignicolous hyphomycetes from Czechoslovakia 6. *Spadicoides* and *Diplococcium*. Folia Geobot Phytotax, 17: 295-327

Holubová-Jechová V. 1986. Lignicolous hyphomycetes from Czechoslovakia. 8. *Endophragmiella* and *Phragmocephala*. Folia Geobot Phytotax, 21(2): 173-198

Holubová-Jechová V. 1987a. Studies on hyphomycetes from Cuba. V. Six new species of dematiaceous hyphyomycetes from Havana Province. Cěská Mykol, 41: 29-36

Holubová-Jechová V. 1987b. Studies on hyphomycetes from Cuba VI. New and rare species with tretic and phialidic conidiogenous cells. Ceská Mykol, 41(2): 107-114

Holubová-Jechová V. 1990. Problems in the taxonomy of the dematiaceous hyphomycetes. Stud Mykol, 32: 41-48

Hsieh WH, Goh TK. 1990. *Cercospora* and similar fungi from Taiwan. Taipei: Maw Chang Book Company

Hu DM, Cai L, Chen H, *et al.* 2010. Four new freshwater fungi associated with submerged wood from Southwest Asia. Sydowia, 62(2): 191-203

Hughes SJ. 1951. Studies on Micro-fungi. III. *Mastigosporium*, *Camposporium*, and *Ceratosporium*. Mycol Pap, 36: 1-43

Hughes SJ. 1953a. Fungi from the Gold Coast. II. Mycol Pap, 50: 1-104

Hughes SJ. 1953b. Conidiophores, conidia and classification. Can J Bot, 31: 577-659

Hughes SJ. 1955. Microfungi. I. *Cordana*, *Brachysporium*, *Phramocephala*. Can J Bot, 33(3): 259-268

Hughes SJ. 1958. Revisiones hyphomycetum aliquot cum appendice de nominibus rejiciendis. Can J Bot, 36(6): 727-836

Hughes SJ. 1973. *Spadicoides klotzschii*. Fungi Can, 8: 1-2

Hughes SJ. 1978a. *Endophragmiella angustispora*. Fungi Can, 123: 1-2

Hughes SJ. 1978b. *Endophragmiella bisbyi*. Fungi Can, 124: 1-2

Hughes SJ. 1978c. *Endophragmiella biseptata*. Fungi Can, 125: 1-2

Hughes SJ. 1978d. *Endophragmiella collapse*. Fungi Can, 126: 1-2

Hughes SJ. 1978e. *Endophragmiella globulosa*. Fungi Can, 127: 1-2

Hughes SJ. 1978f. *Endophragmiella ontariensis*. Fungi Can, 128: 1-2

Hughes SJ. 1978g. *Endophragmiella subolivacea*. Fungi Can, 129: 1-2

Hughes SJ. 1978h. *Endophragmiella verticillata*. Fungi Can, 130: 1-2

Hughes SJ. 1978i. New Zealand Fungi. 25. Miscellaneous species. New Zealand J Bot, 16: 311-370

Hughes SJ. 1979. Relocation of species of *Endophragmia* auct. with notes on relevant generic names. New Zealand J Bot, 17: 139-188

Hughes SJ. 1980. New Zealand Fungi 27. New species of *Guedea*, *Hadrosporium*, and *Helminthosporium*. New Zealand J Bot, 18: 65-72

Hughes SJ. 1983. *Cordana inaequalis*. Fungi Can, 246: 1-2

Hughes SJ. 2003. *Capnofrasera dendryphioides*, a new genus and species of sooty moulds. New Zealand J Bot, 41(1): 139-146

Hughes SJ. 2007. *Heteroconium* and *Pirozynskiella* n. gen., with comments on conidium transseptation. Mycologia, 99: 628-638

Huseyin E, Selcuk F, Bulbul AS. 2011. New records of microfungal genera from Mt. Strandzha in Bulgaria (south-eastern Europe). II. Mycol Balcan, 8: 157-160

Hyde KD, Goh TK, Steinke TD. 1998. Fungi on submerged wood in the Palmiet River, Durban, South Africa. S Afr J Bot, 64: 151-162

Iturriaga T, Korf RP. 1990. A monograph of the discomycete genus *Strossmayeria* (*Leotiaceae*), with comments on its anamorph, *Pseudospiropes* (Dematiaceae). Mycotaxon, 36 (2): 383-454

Katsuki S. 1950. Notes on some new or noteworthy fungi in Kyushu. I. Kyushu Agric Res, 7, November

Kawamura E. 1931. On the causal fungus of ringspot of cowpea (*Cercospora vignicola* sp. nov.). Fungi I: 14-20

Kirk PM, Cannon PF, David JC, *et al.* 2001. Ainsworth & Bisby's dictionary of the fungi. 9th ed. Wallingford: CAB International: 655

Kirk PM, Cannon PF, Minter DW, *et al.* 2008. Ainsworth & Bisby's dictionary of the fungi. 10th ed. Wallingford: CAB International: 771

Kirk PM, Spooner BM. 1984. An account of the fungi of Arran, Gigha and Kintyre. Kew Bulletin, 38 (4): 503-597

Kirk PM. 1981a. New or interesting microfungi. I. Dematiaceous hyphomycetes from Devon. Trans Br Mycol Soc,76 (1): 71-87

Kirk PM. 1981b. New or interesting microfungi II. Dematiaceous hyphomycetes from Esher Common, Surrey. Trans Br Mycol Soc, 77(2): 279-297

Kirk PM. 1981c. New or interesting microfungi III. A preliminary account of microfungi colonizing *Laurus nobilis* leaf litter. Trans Br Mycol Soc, 77(3): 457-473

Kirk PM. 1982a. New or interesting microfungi. IV. Dematiaceous hyphomycetes from Devon. Trans Br Mycol Soc, 78 (1): 55-74

Kirk PM. 1982b. New or interesting microfungi. V. Microfungi colonizing *Laurus nobilis* leaf litter. Trans Br Mycol Soc, 78 (2): 293-303

Kirk PM. 1982c. New or interesting microfungi. VI. *Sporidesmiella* gen. nov. (hyphomycetes). Trans Br Mycol Soc, 79: 479-489

Kirk PM. 1982d. Mycorrhizal fungi associated with *Bouteloua* and *Agropyron* in Wyoming sagebrush-grasslands. Mycologia, 74 (6): 872-876

Kirk PM. 1983a. New or interesting microfungi IX. Dematiaceous hyphomycetes from Esher Common. Trans Br Mycol Soc, 80(3): 449-467

Kirk PM. 1983b. New or interesting microfungi VIII. *Corynesporopsis indica* sp. nov. Mycotaxon, 17: 405-408

Kirk PM. 1983c. New or interesting microfungi X. Hyphomycetes on *Laurus nobilis* leaf litter. Mycotaxon,

18: 259-298

Kirk PM. 1985. New or interesting microfungi. XIV. Dematiaceous hyphomycetes from Mt Kenya. Mycotaxon, 23: 305-352

Kirk PM. 1986. New or interesting microfungi XV. Miscellaneous hyphomycetes from the British Isles. Trans Brit Mycol Soc, 86: 409-428

Kirschner R, Chen CJ. 2004. Two new species of the staurosporous hyphomycetous genera *Ceratosporium* and *Diplocladiella* from Taiwan. Mycologia, 96(4): 917-924

Klotzsch JF. 1832. Mycologische Berichtigungen. Linnaea, 7: 193-204

Kobayashi T. 2007. Index of fungi inhabiting woody plants in Japan. Host, Distribution and Literature. Tokyo: Zenkoku-Noson-Kyoiku-Kyokai: 1227

Krause RA, Webster RK. 1972. The morphology, taxonomy, and sexuality of the rice stem rot fungus, *Magnaporthe salvinii* (*Leptosphaeria salvinii*). Mycologia, 64: 103-114

Kumar S, Singh A, Singh R, *et al.* 2013. *Corynespora bombacina* causing foliar disease on Bombax ceiba from Sonebhadra forest of Uttar Pradesh, India. Can J Plant Protection, 1(2): 76-77

Kumar S, Singh R, Gond D, *et al.* 2012a. Two new species of *Corynespora* from Uttar Pradesh, India. Mycosphere, 3(5): 864-869

Kumar S, Singh R, Saini DC, *et al.* 2012b. A new species of *Corynespora* from terai forest of Northeastern Uttar Pradesh, India. Mycosphere, 3(4): 410-412

Kuntze O. 1891. Revisio Generum Plantarum 2: 375-1011

Kuthubutheen AJ, Nawawi A. 1987. *Cryptophialoidea* gen. nov. on decaying leaves from Malaysia. Trans Brit Mycol Soc, 89(4): 581-583

Kuthubutheen AJ, Nawawi A. 1991. Two new species of *Spadicoides* from Malaysia. Mycol Res, 95: 163-168

Kuthubutheen AJ, Nawawi A. 1993. Three new and several interesting species of *Sporidesmiella* from submerged litter in Malaysia. Mycol Res, 97: 1305-1314

Kuthubutheen AJ, Nawawi A. 1994a. *Paracryptophiale kamaruddinii* gen. et sp. nov. from submerged litter in Malaysia. Mycol Res, 98(1): 125-126

Kuthubutheen AJ, Nawawi A. 1994b. *Cryptophialoidea fasciculata* sp. nov. and *C. manifesta* comb. nov. from Malaysia. Mycol Res, 98: 686-688

Kuthubutheen AJ, Sutton BC. 1985. *Cryptophiale* from Malaysia. Trans Brit Mycol Soc, 84: 303-306

Kuthubutheen AJ. 1987. Another new species of *Cryptophiale* from Malaysia. Trans Brit Mycol Soc, 89(2): 274-278

Leão-Ferreira SM, Pascholati Gusmão LF. 2010. Conidial fungi from the semi-arid Caatinga biome of Brazil. New species of *Endophragmiella*, *Spegazzina* and new records for Brazil, South America and Neotropica. Mycotaxon, 111: 1-10

Leão-Ferreira SM, Rodrigues da Cruz AC, Castañeda-Ruíz RF, *et al.* 2008. Conidial fungi from the semi-arid Caatinga biome of Brazil. *Brachysporiellina fecunda* sp. nov. and some new records for Neotropica. Mycotaxon, 104: 309-312

Lee OHK, Goh TK, Hyde KD. 1998. *Diplocladiella aquatica*, a new hyphomycete from Brunei. Fungal Divers, 1: 165-168

Li DW. 2010. *Spadicoides subsphaerica* sp. nov. from Connecticut. Mycotaxon, 111: 257-261

Li DW, Chen JY, Wang YX. 2010. Two new species of dematiaceous hyphomycetes from Hubei, China. Sydowia, 62(1): 171-179

Lindau G. 1910. Robenhorsts kryptogamen. Flora, 2 Auflage, 1 (Pilze) 9: 805-807

Link HF. 1809. Observationes in ordines plantarum naturales. Dissertatio I. Mag Ges Naturf Freunde Berlin, 3: 3-42

Link HF. 1816. Observationes in ordines plantarum naturales. 2. Mag Ges Naturf Freunde Berlin, 8: 25-45

Link HF. 1825. Linné Species Plantarum. Edn, 4, 5(2): 120

Liu ST. 1948. Seed borne disease of soybeans. Bot Bull Acad Sinica, 2: 69-80

Lu BS, Hyde KD, Ho WH, et al. 2000. Checklist of Hong Kong Fungi. Fungal Divers Res Ser, 5: 1-207

Lunghini D, Pinzari F. 1996. Studies on mediterranean hyphomycetes. I. *Pseudospiropes dumeti* sp. nov. Mycotaxon, 58: 343-347

Luo J, Zhang N. 2013. *Magnaporthiopsis*, a new genus in Magnaporthaceae (Ascomycota). Mycologia, 105: 1019-1029

Ma J, Ma LG, Zhang YD, et al. 2011a. *Pseudospiropes linderae* sp. nov. and notes on *Minimelanolocus* (both anamorphic *Strossmayeria*) new to China. Nova Hedwigia, 93(3-4): 465-473

Ma J, Ma LG, Zhang YD, et al. 2011b. Three new hyphomycetes from southern China. Mycotaxon, 117: 247-253

Ma J, Ma LG, Zhang YD, et al. 2012a. New species and records of *Endophragmiella* and *Heteroconium* from southern China. Cryptog Mycol, 33(2): 127-135

Ma J, Ma LG, Zhang YD, et al. 2012b. New species or record of *Corynesporopsis* and *Hemicorynespora* from southern China. Nova Hedwigia, 95(1-2): 233-241

Ma J, Ma LG, Zhang YD, et al. 2012c. New species and record of *Solicorynespora* from southern China. Mycotaxon, 119: 95-102

Ma J, Ma LG, Zhang YD, et al. 2012d. *Acrogenospora hainanensis* sp. nov. and new records of microfungi from southern China. Mycotaxon, 120: 59-66

Ma J, Ren SC, Ma LG, et al. 2010a. New records of *Corynesporopsis* from China. Mycotaxon, 114: 423-428

Ma J, Wang Y, Ma LG, et al. 2011. Three new species of *Neosporidesmium* from Hainan, China. Mycol Progress, 10: 157-162

Ma J, Wang Y, O'Neill NR, et al. 2011. A revision of the genus *Lomaantha*, with the description of a new species. Mycologia, 103(2): 407-410

Ma J, Xia JW, Castañeda-Ruíz RF, et al. 2014. *Nakataea setulosa* sp. nov. and *Uberispora formosa* sp. nov. from southern China. Mycol Progress, 13: 753-758

Ma J, Xia JW, Castañeda-Ruíz RF, et al. 2015. Two new species of *Sporidesmiella* from southern China. Nova hedwigia, 101: 131-137

Ma J, Zhang K, Zhang XG. 2008a. Two new *Ellisembia* species from Hainan, China. Mycotaxon, 104: 141-145

Ma J, Zhang K, Zhang XG. 2008b. Two new species of the genus *Minimelanolocus* in China. Mycotaxon, 104: 147-151

Ma J, Zhang XG, Castañeda-Ruíz RF. 2014. *Ceratosporium hainanense* and *Solicorynespora obovoidea* spp. nov., and a first record of *Bactrodesmiastrum obscurum* from southern China. Mycotaxon, 127: 135-143

Ma J, Zhang XG. 2007. Three new species of *Corynespora* from China. Mycotaxon, 99: 353-358

Ma J, Zhang YD, Ma LG, et al. 2010. Taxonomic studies of *Ellisembia* from Hainan, China. Mycotaxon, 114: 417-421

Ma J, Zhang YD, Ma LG, et al. 2011g. Two new *Minimelanolocus* species from southern China. Mycotaxon, 117: 131-135

Ma J, Zhang YD, Ma LG, et al. 2012e. Two new species of *Endophragmiella* from southern China.

Mycotaxon, 119: 103-107

Ma J, Zhang YD, Ma LG, et al. 2012f. Three new species of *Sporidesmiella* from southern China. Mycoscience, 53: 187-193

Ma J, Zhang YD, Ma LG, et al. 2012g. Three new species of *Solicorynespora* from Hainan, China. Mycol. Progress, 11: 639-645

Ma LG, Ma J, Zhang K, et al. 2010c. Notes on dematiaceous hyphomycetes from dead wood II. Three new records for China. Mycosystema, 29(6): 841-844

Ma LG, Ma J, Zhang YD, et al. 2010d. A new species of *Spadicoides* from Yunnan, China. Mycotaxon, 113: 255-258

Ma LG, Ma J, Zhang YD, et al. 2011c. Taxonomic studies of *Endophragmiella* from southern China. Mycotaxon, 117: 279-285

Ma LG, Ma J, Zhang YD, et al. 2011d. *Craspedodidymum* and *Corynespora* spp. nov. and a new anamorph recorded from southern China. Mycotaxon, 117: 351-358

Ma LG, Ma J, Zhang YD, et al. 2012h. New species and records of *Heteroconium* (anamorphic fungi) from southern China. Mycoscience, 53: 466-470

Ma LG, Ma J, Zhang YD, et al. 2012i. A new species of *Solicorynespora* and new records (anamorphic fungi) from China. Nova Hedwigia, 95: 443-449

Ma LG, Ma J, Zhang YD, et al. 2012j. A new species of *Corynesporella* and two first records from China. Mycotaxon, 119: 83-88

Ma LG, Ma J, Zhang YD, et al. 2012k. *Spadicoides camelliae* and *Diplococcium livistonae*, two new hyphomycetes on dead branches from Fujian Province, China. Mycoscience, 53: 25-30

Ma LG, Xia JW, Ma YR, et al. 2014c. Two new species of *Spadicoides* and *Gangliostilbe* from southern China. Mycol Progress, 13: 547-552

Ma YR, Xia JW, Gao JM, et al. 2015b. *Atrokylindriopsis*, a new genus of hyphomycetes from Hainan, China, with relationship to Chaetothyriales. Mycol Progress, 14: 77

Ma YR, Xia JW, Gao JM, et al. 2016a. *Anacacumisporium*, a new genus based on morphology and molecular analyses from hainan, China. Cryptog Mycol, 37: 45-59

Ma YR, Xia JW, Gao JM, et al. 2016b. *Dictyoceratosporella* gen. nov. with the description of two new species collected from Hainan, China. Sydowia, 68: 57-61

Magyar D, Shoemaker RA, Bobvos J, et al. 2011. *Pyrigemmula*, a novel hyphomycete genus on grapevine and tree bark from Hungary. Mycol Progress, 10: 307-314

Manoharachary C, Agarwal DK. 2003. A new species of *Endophragmiella* Sutton from India. J Mycopath Res, 41(1): 117-118

Markovskaja S. 2003. A new species of *Cordana* from Lithuania. Mycotaxon, 87: 179-185

Marques MFO, Da Cruz ACR, Barbosa FF, et al. 2008. *Cryptophiale* and *Cryptophialoidea* (conidial fungi) from Brazil and keys to the genera. Rev Bras Bot, 31(2): 339-344

Mason EW. 1937. Annotated account of Fungi received at the Imperial Mycological Institute, List II, Fasc. 3 gen. part. Mycol Pap, 4: 69-99

Matsushima K, Matsushima T. 1996. Fragmenta Mycologica II. Matsushima Mycological Memoirs, 9: 31-40

Matsushima T. 1971. Microfungi of the Solomon Islands and Papua-New Guinea. Published by the author, Kobe, Japan. 78 pp+217 plates

Matsushima T. 1975. Icones Microfungorum a Matsushima Lectorum. Osaka: Nippon Printing Publishing Co: 209 pp+415 plates

Matsushima T. 1980. Saprophytic Microfungi from Taiwan. Matsushima Mycological Memoirs 1. Published by the author, Kobe, Japan. 1-82

Matsushima T. 1981. Matsushima Mycological Memoirs 2. Published by the author, Kobe, Japan. 1-68

Matsushima T. 1983. Matsushima Mycological Memoirs 3. Published by the author, Kobe, Japan. 1-90

Matsushima T. 1985. Matsushima Mycological Memoirs 4. Published by the author, Kobe, Japan. 1-68

Matsushima T. 1987. Matsushima Mycological Memoirs 5. Published by the author, Kobe, Japan. 1-100

Matsushima T. 1989. Matsushima Mycological Memoirs 6. Published by the author, Kobe, Japan. 1-99

Matsushima T. 1993. Matsushima Mycological Memoirs 7. Published by the author, Kobe, Japan. 1-75

Matsushima T. 1995. Matsushima Mycological Memoirs 8. Published by the author, Kobe, Japan. 1-54

Matsushima T. 1996. Matsushima Mycological Memoirs 9. Published by the author, Kobe, Japan. 1-30

McKemy JM, Wang CJK. 1996. A new species of *Sporidesmiella* from New York. Mycologia, 88: 129-131

McKenzie EHC, Kuthubutheen AJ. 1993. Dematiaceous hyphomycetes on Freycinetia (Pandanaceae). 4. *Cryptophiale*. Mycotaxon, 47: 87-92

McKenzie EHC. 1982. New hyphomycetes on monocotyledons. New Zealand J Bot, 20: 245-252

McKenzie EHC. 1993a. New hyphomycete species from litter in the Chatham Islands, New Zealand. Mycotaxon, 46: 291-297

McKenzie EHC. 1993b. New species of *Cryptophiale* from New Zealand and New Caledonia. Mycotaxon, 49: 307-312

McKenzie EHC. 1995. Dematiaceous hyphomycetes on *Pandanaceae*. 5. *Sporidesmium* sensu lato. Mycotaxon, 56: 9-29

McKenzie EHC. 2010. Three new phragmosporous hyphomycetes on *Ripogonum* from an 'ecological island' in New Zealand. Mycotaxon, 111: 183-196

Meenu, Kharwar RN, Bhartiya HD. 1998. Some new forms of genus *Corynespora* from Kathmandu Valley of Nepal. Indian Phytopath, 51(2): 146-151

Melnik VA, Braun U. 2013. *Atractilina alinae* sp. nov. and *Neosporidesmium vietnamense* sp. nov. –two new synnematous hyphomycetes from Vietnam. Mycobiota, 3: 1-9

Mena-Portales J, Mercado-Sierra A. 1987. *Piricaudopsis* (hyphomycetes, Deuteromycotina), nuevo género esteroblástico de Cuba. Acta Bot Cub, 51: 1-5

Mena-Portales J, Mercado-Sierra A. 1988. Nuevos o raros hifomicetes de Cuba IV. Un nuevo género lignícola con conidiogénesis trética. Acta Bot Cub, 54: 1-6

Mercado-Sierra A, Heredia-Abarca G, Mena-Portales J. 1995. New species of dematiaceous hyphomycetes from Veracruz, Mexico. Mycotaxon, 55: 491-499

Mercado-Sierra A, Heredia-Abarca G, Mena-Portales J. 1997a. Tropical hyphomycetes of Mexico I. New species of *Hemicorynespora*, *Piricauda* and *Rhinocladium*. Mycotaxon, 63: 155-167

Mercado-Sierra A, Holubová-Jechová V, Mena-Portales J. 1997b. Hifomicetes Demaciáceos de Cuba Enteroblásticos. Italy, Turin, Museo Regionale di Scienze Naturali 388 pp

Mercado-Sierra A, Mena-Portales J. 1986. Hifomicetes de Topes de Collantes, Cuba I (Especies holoblásticas). Acta Bot Hung, 32(1-4): 189-205

Mercado-Sierra A, Mena-Portales J. 1988. Nuevos o raros hifomicetes de Cuba. Acta Bot Cub, 59: 1-6

Mercado-Sierra A. 1984. Hifomicetes Demaciáceos de Sierra del Rosario, Cuba. Cuba, La Habana; Editorial Académica 180 pp+117 plates

Montagne JPFC. 1849. Sixième centurie de plantes cellulaires exotiques nouvelles. Décade VIII-X. Annls Sci Nat, Bot, sér 3, 12: 285-320

Moore RT. 1958. Deuteromycetes I: The *Sporodesmium* complex. Mycologia, 50: 681-692

Moore RT. 1959. The genus *Berkleasmium*. Mycologia, 51: 734-739

Morgan-Jones G, Cole ALJ. 1964. Concerning *Endophragmia hyalosperma* (Corda) comb. nov. Trans Br Mycol Soc, 47(4): 489-495

Morgan-Jones G, Sinclair RC, Eicker A. 1983. Notes on hyphomycetes. XLIV. New and rare dematiaceous species from the Transvaal. Mycotaxon, 17: 301-316

Morgan-Jones G. 1974. Notes on hyphomycetes. VI. Concerning two species of *Dendryphiopsis*. Can J Bot, 52: 1990-1992

Morgan-Jones G. 1975. Notes on hyphomycetes VIII. *Lylea*, a new genus. Mycotaxon, 3: 129-132

Morgan-Jones G. 1976. Notes on hyphomycetes. XIV. The genus *Heteroconium*. Mycotaxon, 4: 498-503

Morgan-Jones G. 1977. Notes on Hyphomycetes. XVIII. *Chaetoblastophorum ingramii* gen. et sp. nov. and *Cylindrotrichum oblongisporum*. Mycotaxon, 5(2): 484-490

Morgan-Jones G. 1988a. Notes on hyphomycetes. LVII. *Corynespora biseptata*, reclassified in *Corynesporopsis*. Mycotaxon, 31(2): 511-515

Morgan-Jones G. 1988b. Notes on hyphomycetes LX. *Corynespora matuszakii*, an undescribed species with narrow, cylindrical, catenate conidia and highly-reduced conidial cell lumina. Mycotaxon, 33: 483-489

Morris EF. 1972. Costa Rican hyphomycetes. Mycologia, 64(4): 887-896

Mouchacca J. 1990. Champignons de Nouvelle-Caledonie I. Quelques dematiees interessantes de littere forestiere. Persoonia, 14: 151-160

Munjal RL, Gill HS. 1961. *Corynesporella*: a new genus of hyphomycetes. Indian Phytopath, 14: 6-9

Nakagiri A, Ito T. 1995. Some dematiaceous hyphomycetes on decomposing leaves of *Satakentia liukiuensis* from Ishigaki Island, Japan. Instituute for Fermentation, Osaka, Res Commun, 17: 75-98

Nawawi A. 1985. Some interesting hyphomycetes from water. Mycotaxon, 24: 217-226

Nawawi A. 1987. *Diplocladiella appendiculata* sp. nov. a new aero-aquatic hyphomycete. Mycotaxon, 28(2): 297-302

Nees CG, Nees TFL. 1818. Nova Acta Acad. Caesar Leopold-Carol. German Nat Cur, 9: 230-231

Olive LS, Bain DC, Lefebvre CL. 1945. A leaf spot of cowpea and soybean caused by an undescribed species of *Helminthsporium*. Phytoprotection, 35: 822-831

Panwar KS, Chouhan JS. 1977. A new *Heteroconium* from India. Curr Sci, 46: 786-787

Penzig AJO, Saccardo PA. 1901. Diagnoses fungorum novorum in insula Java collectorum. Ser. III. Malpighia, 15: 201-260

Petrak F. 1949. Neue hyphomyzeten-gattungen aus ekuador. Sydowia, 3: 259-266

Pirozynski KA. 1968. *Cryptophiale*, a new genus of hyphomycetes. Can J Bot, 46(9): 1123-1127

Pirozynski KA. 1972. Microfungi of Tanzania. I. Miscellaneous fungi on Oil Palm. II. New hyphomycetes. Mycol Pap, 129: 1-64

Ponnappa KM. 1975. *Parasympodiella* gen. nov. Trans Br Mycol Soc, 64(2): 344-345

Pratibha J, Raghukumar S, Bhat DJ. 2009. New species of *Digitoramispora* and *Spondylocladiopsis* from the forests of Western Ghats, India. Mycotaxon, 107: 383-390

Pratibha J, Raghukumar S, Bhat DJ. 2010. New species of *Dendryphiopsis* and *Stauriella* from Goa, India. Mycotaxon, 113: 297-313

Preuss CGT. 1851. Übersicht untersuchter Pilze, besonders aus der Umgegend von Hoyerswerda. Linnaea, 24: 99-153

Preuss CGT. 1852. Übersicht untersuchter Pilze, besonders aus der Umgegend von Hoyerswerda. Linnaea, 25: 723-742

Quaedvlieg W, Verkley GJM, Shin HD, *et al.* 2013. Sizing up *Septoria*. Stud Mycol, 75: 307-390

Rambelli A, Bartoli A. 1978. *Guedea*, a new genus of dematiaceous hyphomycetes. Trans Br Mycol Soc,

71(2): 340-342

Rambelli A, Onofri S. 1987. New species of *Kylindria* and *Xenokylindria* and notes on *Cylindrotrichum* (hyphomycetes). Trans Br Mycol Soc, 88(3): 393-397

Rambelli A, Venturella G, Ciccarone C. 2008. Dematiaceous hyphomycetes from Pantelleria mediterranean maquis litter. Fl Medit, 18: 441-467

Rao V, de Hoog GS. 1986. New or critical hyphomycetes from India. Stud Mycol, 28: 1-84

Rao VG, Reddy KA. 1981. Two new hyphomycetes. Indian J Bot, 4(1): 108-114

Réblová M, Winka K. 2001. Generic concepts and correlations in ascomycetes based on molecular and morphological data: *Lecythothecium duriligni* gen. et sp. nov. with a *Sporidesmium* anamorph, and *Ascolacicola austriaca* sp. nov. Mycologia, 93: 478-493

Réblová M. 1999. Studies in *Chaetosphaeria* sensu lato III. *Umbrinosphaeria* gen. nov and *Miyoshiella* with *Sporidesmium* anamorphs. Mycotaxon, 71: 13-43

Reddy PS, Ramana SV, Satyanarayana BAK. 1978. Two new hyphomycetes from Andhra Pradesh. Indian J Bot, 1: 147-149

Ren SC, Ma J, Zhang XG. 2011a. A new species and new records of *Endophragmiella* from China. Mycotaxon, 117: 123-130

Ren SC, Ma J, Zhang XG. 2011b. Two new species of *Exserticlava* and *Spiropes* on decaying wood from Guangdong, China. Mycotaxon, 118: 349-353

Ren SC, Ma J, Ma LG, et al. 2012a. *Sativumoides* and *Cladosporiopsis*, two new genera of hyphomycetes from China. Mycol Progress, 11: 443-448

Ren SC, Ma J, Zhang XG. 2012b. Two new *Ellisembia* species from Hainan and Yunnan, China. Mycotaxon, 122: 83-87

Révay Á. 1987. New or interesting hyphomycetes on forest litter from Hungary. Acta Bot Hung, 33(1-2): 67-73

Saccardo PA. 1873. Mycologiae venetae specimen. Atti Soc Veneto-Trent Sci Nat, 2: 53-264

Saccardo PA. 1877. Fungi Italici autographice delineati a Prof. P.A. Saccardo. Patavii 1877. Michelia, 1(1): 73-100

Saccardo PA. 1880. Conspectus generum fungorum Italiae inferiorum nempe ad Sphaeropsideas, Melanconieas et Hyphomyceteas pertinentium systemate sporologico dispositorum. Michelia, 2(6): 1-38

Saccardo PA. 1881. Fungi Italici Autographice Delineati. tabs 641-1120. Italy, Patavii

Saccardo PA. 1884. Sylloge Fungorum 3: 1-860

Saccardo PA. 1886. Sylloge Fungorum 4: 1-807

Saccardo PA. 1892. Sylloge Fungorum 10: 1-964

Saikia UN, Sarbhoy AK. 1985. *Morrisiella*, a new genus of synnematous hyphomycete. Mycologia, 77: 318-320

Santa Izabel TS, Cruz ACR, Gusmão LFP. 2013. Conidial fungi from the semi-arid Caatinga biome of Brazil. *Ellisembiopsis* gen. nov., new variety of *Sporidesmiella* and some notes of *Sporidesmium* complex. Mycosphere, 4(2): 156-163

Santos-Flores CJ, Betancourt-López C. 1997. Aquatic and water-borne hyphomycetes (Deuteromycotina) in Streams of Puerto Rico (Including Records from Other Neotropical Locations). Mayaguez, Puerto Rico: Caribbean Journal of Science, Special publication No. 2, 116 pp

Sarwar M, Parameswaran TA. 1981. Fungi associated with leaf spots of *Cymbopogon martini* Stapf. var. *motia*. Indian J Bot, 4: 227-228

Schweinitz LD. 1832. Synopsis fungorum in America boreali media degentium. Trans Amer Philos Soc, 4: 141-316

Seifert K, Morgan-Jones G, Gams W, et al. 2011. The genera of hyphomycetes. CBS-KNAW Fungal Biodiversity Centre, Utrecht, Netherlands. CBS Biodivers Ser, 9: 1-997

Seifert KA, Gams W. 2011. The genera of hyphomycetes - 2011 update. Persoonia, 27: 119-129

Seifert KA, Nickerson NL, Corlett M, et al. 2004. *Devriesia*, a new hyphomycete genus to accommodate heat-resistant, *Cladosporium*-like fungi. Can J Bot, 82: 914-926

Seman EO, Davydkina TA. 1983. De genere *Cordana* Preuss in URSS. Nov Sist Niz Rast, 20: 114-118

Shang ZQ, Zhang XG. 2007a. Taxonomic studies of *Pseudospiropes* from Yunnan, China. Mycotaxon, 100: 149-153

Shang ZQ, Zhang XG. 2007b. Two new species of *Corynespora* from Jiangsu, China. Mycotaxon, 100: 155-158

Sharma ND. 1985. Some new additions to mycoflora of India. J Indian Bot Soc, 64(2-3): 251-254

Shaw DE. 1984. Microorganisms in Papua New Guinea. Dept. Primary Ind., Res Bull, 33: 1-344

Shearer CA, Crane JL. 1979. Illinois fungi XI. *Nakataea serpens* sp. nov., an aero-aquatic hyphomycete. Trans Br Mycol Soc, 73: 370-372

Shenoy BD, Jeewon R, Hyde KD. 2007. Impact of DNA sequence-data on the taxonomy of anamorphic fungi. Fungal Divers, 26: 1-54

Shenoy BD, Jeewon R, Wang H, et al. 2010. Sequence data reveals phylogenetic affinities of fungal anamorphs *Bahusutrabeeja*, *Diplococcium*, *Natarajania*, *Paliphora*, *Polyschema*, *Rattania* and *Spadicoides*. Fungal Divers, 44: 161-169

Shenoy BD, Jeewon R, Wu WP, et al. 2006. Ribosomal and RPB2 DNA sequence analyses suggest that *Sporidesmium* and morphologically similar genera are polyphyletic. Mycol Res, 110: 916-928

Shirouzu T, Harada Y. 2008. Lignicolous dematiaceous hyphomycetes in Japan: five new records for Japanese mycoflora, and proposals of a new name, *Helminthosporium magnisporum*, and a new combination, *Solicorynespora foveolata*. Mycoscience, 49: 126-131

Shoemaker RA, Hambleton S. 2001. "*Helminthosporium*" asterinum, *Polydesmus elegans*, *Imimyces*, and allies. Can J Bot, 79: 592-599

Siboe GM, Kirk PM, Cannon PF. 1999. New dematiaceous hyphomycetes from Kenyan rare plants. Mycotaxon, 73: 283-302

Silvera-Simón C, Gené J, Guarro J, et al. 2010. A new species of *Paradendryphiopsis* from Portugal. Mycotaxon, 114: 473-479

Simmons EG, Roberts RG. 1993. *Alternaria* themes and variations (73). Mycotaxon, 48: 109-140

Simmons EG. 1992. *Alternaria* taxonomy: current status, viewpoint, challenge. *In*: Chelkowski J, Visconti A. *Alternaria* Biology, Plant Diseases and Metabolites. Amsterdam: Elsevier Science Publishers BV: 573

Sinclair RC, Boshoff S, Eicker A. 1997. *Sympodioplanus*, a new anamorph genus from South Africa. Mycotaxon, 64: 365-374

Sinclair RC, Eicker A, Bhat DJ. 1985. Branching in *Spadicoides*. Trans Br Mycol Soc, 85: 736-738

Singh A, Kumar S, Singh R, et al. 2012. A new species of *Corynespora* causing foliar disease on *Ficus religiosa* from forest of Sonebhadra, Uttar Pradesh, India. Mycosphere, 3(5): 890-892

Singh A, Kumar S, Singh R, et al. 2013. *Corynespora clerodendrigena* sp. nov. causing foliar disease on *Clerodendrum viscosum* from Sonebhadra forest of Uttar Pradesh, India. Plant Pathology & Quarantine, 3(1): 15-17

Singh R, Kamal. 2011. Two new species of *Corynespora* from northeastern Uttar Pradesh, India. Mycotaxon,

118: 123-129

Siqueira MV, Braun U, Souza-Motta CM. 2008. *Corynespora subcylindrica* sp. nov., a new hyphomycete species from Brazil and a discussion on the taxonomy of *corynespora*-like genera. Sydowia, 60: 113-122

Sivanesan A, Chang HS. 1997. *Chaetosphaeria ampulliformis* sp. nov. associated with a *Hemicorynespora* anamorph, and a key to *Hemicorynespora* species. Mycol Res, 101: 845-848

Soares DJ, Nechet KL, Barreto RW. 2005. *Cordana versicolor* sp. nov. (dematiaceous hyphomycete) causing leaf-spot on *Canna denudata* (*Cannaceae*) in Brazil, with observations on *Cordana musae*. Fungal Divers, 18: 147-155

Somrithipol S, Jones EBG. 2003a. *Digitoramispora lageniformis* sp. nov., a new graminicolous hyphomycete from Thailand. Nova Hedwigia, 77(3-4): 373-378

Somrithipol S, Jones EBG. 2003b. *Pseudoacrodictys dimorphospora* sp. nov., a new graminicolous hyphomycete from Thailand. Sydowia, 55: 365-371

Srivastava SK. 1983. A new species of *Cordana* Preuss. Indian J Bot, 6(1): 19-20

Subramanian CV, Bhat DJ. 1987. Hyphomycetes from South India I. Some new taxa. Kavaka, 15(1-2): 41-74

Subramanian CV, Sekar G. 1989. Three bitunicate ascomycetes and their tretic anamorphs. Kavaka, 15: 87-97

Subramanian CV, Srivastava V. 1994. Two new hyphomycetes from Kumaon Himalayas. Proc Indian Natn Sci. Acad B, 60: 167-171

Subramanian CV, Vittal BPR. 1973. Three new hyphomycetes from litter Can J Bot, 51(6): 1127-1132

Subramanian CV, Vittal BPR. 1974. Hyphomycetes on litter from India - I. Proc. Indian Natn Sci Acad, Part B Biol Sci, 80: 216-221

Subramanian CV. 1954. Three new hyphomycetes. J Indian Bot Soc, 33: 28-35

Subramanian CV. 1956. Hyphomycetes - II. J Indian Bot Soc, 35(4): 446-494

Subramanian CV. 1958. Hyphomycetes - VI. Two new genera, *Edmundmasonia* and *Iyengarina*. J Indian Bot Soc, 37(3): 401-407

Subramanian CV. 1963. On *Arthrobotryum coonoorense*. Proc Indian Acad Sci B, 58: 348-350

Subramanian CV. 1971. Hyphomycetes: An account of Indian species, except Cercosporae. Indian Council of Ag. Res., New Delhi, India. 930 pp

Subramanian CV. 1983. Studies on Ascomycetes. Trans Br Mycol Soc, 81: 313-332

Subramanian CV. 1992. A reassessment of *Sporidesmium* (hyphomycetes) and some related taxa. Proc Indian Natn Sci Acad B, 58(4): 179-190

Subramanian CV. 1995 [1992/1993]. *Agrabeeja kavakapriya* gen. et sp. nov. and additions to *Hemicorynespora*. Kavaka, 20/21: 1-9

Subramoniam CV, Rao VG. 1976. Fungi on garbage from Bombay. Acta Bot Indica, 4(1): 58-62

Sureshkumar G, Sharath Babu K, Kunwar IK, *et al.* 2005. Two new hyphomycetous fungal species from India. Mycotaxon, 92: 279-283

Sutton BC, Alcorn JL, Fisher PJ. 1982. A synanamorph of *Parasympodiella laxa*. Trans Br Mycol Soc, 79: 339-342

Sutton BC, Hodges Jr CS. 1976. Eucalyptus microfungi: some setose hyphomycetes with phialides from Malaysia. Nova Hedwigia, 27: 343-347

Sutton BC, Hodges Jr CS. 1978. Eucalyptus microfungi. *Chaetophragmiopsis* gen. nov. and other hyphomycetes. Nova Hedwigia, 29: 593-607

Sutton BC, Nawawi A, Kuthubutheen AJ. 1989. Additions to *Belemnospora* and *Cryptophiale* from Malaysia. Mycol Res, 92(3): 354-358

Sutton BC. 1969. Forest microfungi. II. Additions to *Acrodictys*. Can J Bot, 47: 853-858

Sutton BC. 1973a. Hyphomycetes from Manitoba and Saskatchewan, Canada. Mycol Pap, 132: 1-143

Sutton BC. 1973b. Some hyphomycetes with holoblastic sympodial conidiogenous cells. Trans Br Mycol Soc, 61(3): 417-429

Sutton BC. 1975. Two undescribed dematiaceous hyphomycetes. The Naturalist, Hull, 933: 69-72

Sutton BC. 1978. Three new hyphomycetes from Britain. Trans Br Mycol Soc, 71(1): 167-171

Sutton BC. 1980. *Cryptocoryneopsis umbraculiformis* gen. et sp. nov. from Australia. Trans Br Mycol Soc, 74(2): 393-398

Sutton BC. 1989. Notes on Deuteromycetes. II. Sydowia, 41: 330-343

Sutton BC. 1993. Mitosporic fungi from Malawi. Mycol Pap, 167: 1-93

Sydow H. 1923. Ein neuer Beitrag zur Kenntnis der Pilzflora der Philippinen-Inseln. Ann Mycol, 21(1-2): 93-106

Tai FL. 1936. Notes on Chinese fungi VII. Bull Chin Bot Soc, 2: 45-66

Taylor JE, Crous PW, Palm ME. 2001. Foliar and stem fungal pathogens of *Proteaceae* in Hawaii. Mycotaxon, 78: 449-490

Teng SC. 1939. A contribution to our knowledge of the higher fungi of China. Academia Sinica, 614

Togashi K, Onuma F. 1934. A list of parasitic fungi collected on Mt. Hayachine, Jwate Prefecture. Bull Imp Coll Agric For, Morioka, 17: 1-74

Tokumasu S. 1987. *Parasympodiella longispora* comb. nov., and its distribution in pine forests. Trans Mycol Soc Japan, 28:19-26

Tóth S. 1975. Some new microscopic fungi, III. Ann Hist Nat Mus Natl Hung, 67: 31-35

Tsui CKM, Goh TK, Hyde KD. 2001a. A revision of the genus *Exserticlava*, with a new species. Fungal Divers, 7: 135-143

Tsui CKM, Goh TK, Hyde KD, *et al.* 2001b. New species or records of *Cacumisporium*, *Helicosporium*, *Monotosporella* and *Bahusutrabeeja* on submerged wood in Hong Kong streams. Mycologia, 93: 389-397

Tsui CKM, Goh TK, Hyde KD, *et al.* 2001c. New records or species of *Dictyochaeta*, *Endophragmiella* and *Ramichloridium* from submerged wood in Hong Kong freshwater streams. Cryptog Mycol, 22(2): 139-145

Tubaki K. 1973. Descriptive catalogue of IFO fungus collection III. IFO Res Commun, 6: 83-94

Tubaki K. 1975. Descriptive catalogue of IFO fungus collection IV. IFO Res Commun, 7: 113-142

Tzean SS, Chen JL. 1989. A new species of *Endophragmiella* from Taiwan. Mycologia, 81: 800-805

Umali TE, Zhou D, Goh TK, *et al.* 1999. *Cryptophiale sphaerospora* sp. nov. occurring on *Janetia synnematosa*. Mycoscience, 40(2): 189-191

Unger F. 1833. Die Exantheme der pflanzen und einige mit diesen verwandte Krankheiten und Gewächse. Gerold, Wien 422 pp

Varghese KIM, Rao VG. 1980. An undescribed species of *Heteroconium* Petr. (hyphomycete) from South India. Curr Sci, 49(9): 359-360

Verma RK, Kamal. 1998. *Pseudospiropes ehretiae* sp. nov. from Uttar Pradesh. Indian Phytopath, 51(3): 304

Verma RK, Sharma N, Soni KK, *et al.* 2008. Forest fungi of central India. Lucknow: International Book Distributing Company

Vuillemin P. 1910. Les Conidiospores. Bull Soc Sci Naney III ,11: 129-172

Vuillemin P. 1911. Les Aleuriospores. Bull Soc Sci Naney III, 12: 151-175

Wang CJK, Sutton BC. 1982. New and rare lignicolous hyphomycetes. Mycologia, 74: 489-500

Wang CJK, Sutton BC. 1998. *Diplococcium hughesii* sp. nov. with a *Selenosporella* synanamorph. Can J Bot,

76(9): 1608-1613

Wang CJK. 1976. *Spadicoides* in New York. Mem NY Bot Gard, 28: 218-224

Wei CT. 1950. Notes on *Corynespora*. Mycol Pap, 34: 1-10

Whitton SR, McKenzie EHC, Hyde KD. 2001. Microfungi on the Pandanaceae: *Nakatopsis* gen. nov., a new hyphomycete genus from Malaysia. Fungal Divers, 8: 163-171

Whitton SR, McKenzie EHC, Hyde KD. 2012. Fungi associated with Pandanaceae. Fungal Divers Res Ser, 21: 1-457

Wong MKM, Goh TK, McKenzie EHC, et al. 2002. Fungi on grasses and sedges: *Paratetraploa exappendiculata* gen. et sp. nov., *Petrakia paracochinensis* sp. nov. and *Spadicoides versiseptatis* sp. nov. (dematiaceous hyphomycetes). Cryptog Mycol, 23: 195-203

Wongsawas M, Wang HK, Hyde KD, et al. 2008. New and rare lignicolous hyphomycetes from Zhejiang Province, P.R. China. J Zhejiang Univ. Science B, 9(10): 787-801

Wu WP, Zhuang WY. 2005. *Sporidesmium, Endophragmiella* and related genera from China. Fungal Divers Res Ser, 15: 1-351

Wu YM, Zhang TY. 2012. New species of *Humicola* and *Endophragmiella* from soil. Mycotaxon, 121: 147-151

Wulandari NF. 2006. Three new species of *Corynespora* from Indonesia. Mycotaxon, 97: 21-27

Xia JW, Ma LG, Castañeda-Ruíz RF, et al. 2014a. *Minimelanolocus bicolorata* sp. nov., *Paradendryphiopsis elegans* sp. nov. and *Corynesporella bannaense* sp. nov. from southern China. Mycoscience, 55: 299-307

Xia JW, Ma LG, Castañeda-Ruíz RF, et al. 2014b. A new species of *Sporodesmiopsis* and three new records of other dematiaceous hyphomycetes from Southern China. Nova Hedwigia, 98(1-2): 103-111

Xia JW, Ma LG, Ma J, et al. 2013b. Two new species of *Spadicoides* from southern China. Mycotaxon, 126: 55-60

Xia JW, Ma LG, Ma YR, et al. 2013a. *Corynesporopsis curvularioides* sp. nov. and new records of microfungi from southern China. Cryptog Mycol, 34 (3): 281-288

Xia JW, Ma YR, Gao JM, et al. 2016. *Sympodiosynnema*, a new genus of dematiaceous hyphomycetes from southern China. Mycotaxon, 131: 45-48

Yanna, Ho WH, Hyde KD, et al. 2001. *Sporidesmiella oraniopsis*, a new species of dematiaceous hyphomycete from North Queensland, Australia and synopsis of the genus. Fungal Divers, 8: 183-190

Yanna, Ho WH, McKenzie EHC, et al. 2004. New saprobic fungi on palm fronds, including *Brachysporiopsis* gen. nov. Cryptog Mycol, 25(2): 129-135

Yen JM, Lim G. 1980. Etude sur les champignons parasites du sud-est asiatique XXIX. - Les *Corynespora* de Malaisie. Cryptog Mycol, 1(1): 83-90

Zhang GM, Zhang XG. 2007. Two new species of *Corynespora* from Guangdong, China. Mycotaxon, 99: 347-352

Zhang K, Fu HB, Zhang XG. 2009a. Taxonomic studies of *Minimelanolocus* from Yunnan, China. Mycotaxon, 109: 95-101

Zhang K, Ma J, Wang Y, et al. 2009b. Three new species of *Piricaudiopsis* from southern China. Mycologia, 101(3): 417-422

Zhang K, Ma LG, Ma J, et al. 2014. *Xiuguozhangia*, a new genus of microfungi to accommodate five *Piricaudiopsis* species. Mycotaxon, 128: 131-135

Zhang K, Ma LG, Zhang XG. 2009c. New species and records of *Shrungabeeja* from southern China. Mycologia, 101(4): 573-578

Zhang K, Ma LG, Zhang XG. 2009d. A new hyphomycete species from Guangxi, China. Mycotaxon, 108: 123-125

Zhang TY, Kendrick B, Brubacher D. 1983. Annellidic (percurrent) and sympodial proliferation in congeneric hyphomycetes, and a new species of *Sporidesmiella*. Mycotaxon, 18: 243-257

Zhang XG, Ji M. 2005. Taxonomic studies of *Corynespora* from Yunnan, China. Mycotaxon, 92: 425-429

Zhang XG, Shi CK. 2005. Taxonomic studies of *Corynespora* from China. Mycotaxon, 92: 417-423

Zhang XG, Xu JJ. 2005. Taxonomic studies of *Corynespora* from Guangxi, China. Mycotaxon, 92: 431-436

Zhang YD, Ma J, Ma LG, *et al.* 2010a. Two new species of *Kylindria* from Fujian, China. Mycotaxon, 114: 367-371

Zhang YD, Ma J, Ma LG, *et al.* 2010b. A new species of *Minimelanolocus* from Fujian, China. Mycotaxon, 114: 373-376

Zhang YD, Ma J, Ma LG, *et al.* 2011a. New species of *Phaeodactylium* and *Neosporidesmium* from China. Sydowia, 63(1): 125-130

Zhang YD, Ma J, Ma LG, *et al.* 2012a. A new species of *Corynesporella* and two new records from southern China. Cryptog Mycol, 33(1): 99-104

Zhang YD, Ma J, Ma LG, *et al.* 2012b. *Parablastocatena tetracerae* gen. et sp. nov. and *Corynesporella licualae* sp. nov. from Hainan, China. Mycoscience, 53: 381-385

Zhang YD, Ma J, Ma LG, *et al.* 2012c. Two new species of *Taeniolina* from southern China. Mycol Progress, 11: 71-74

Zhang YD, Ma J, Wang Y, *et al.* 2011b. New species and record of *Pseudoacrodictys* from southern China. Mycol Progress, 10: 261-265

Zhao GZ, Cao AX, Zhang TY, *et al.* 2011. *Acrodictys* (hyphomycetes) and related genera from China. Mycol Progress, 10: 67-83

Zhou DQ, Goh TK, Hyde KD, *et al.* 1999. A new species of *Spadicoides* and other hyphomycetes on bamboo from Hong Kong. Fungal Divers, 3: 179-185

Zhou DQ, Hyde KD, Wu XL. 2001. New records of *Ellisembia*, *Penzigomyces*, *Sporidesmium* and *Repetophragma* species on bamboo from China. Acta Bot Yunnanica, 23(1): 45-51

Zhu H, Cai L, Zhang KQ, *et al.* 2005. A new species of *Acrogenospora* from submerged Bamboo in Yunnan, China. Mycotaxon, 92: 383-386

Zhuang WY. 2001. Higher Fungi of tropical China. Mycotaxon Ltd. Ithaca, New York 485 pp

Zhuang WY. 2005. Fungi of Northwestern China. Mycotaxon Ltd. Ithaca, New York 430 pp

Zimmermann A. 1902. Über einige an tropischen Kulturpflanzen beobachtete Pilze. II. Centbl Bakteriol Parasitenk, 8: 216-221

Zucconi L, Onofri S, Persiani AM. 1984. Hyphomycetes rari o interessanti della foresta tropicale. II. *Pyricularia fusispora* comb. nov., nuova combinazione per la specie *Nakataea fusispora*. Micol Ital, 2: 7-10

索 引

寄主或基质汉名索引

A

矮棕竹 50
桉树 69

B

八角樟 64
白花地胆草 59
白栎 35, 60
槟榔 274

C

箣竹属 59, 177
茶条木 228
常花秋海棠 174
沉水腐木 13, 14, 78, 93, 94, 100, 126, 128, 205, 206, 269, 288
赤桉 153
赤楠 17
垂叶榕 35, 160
刺柊 53
粗毛野桐 278
粗叶木 41, 183
长春花 62
长梗常春木 44
长豇豆 60
长叶木兰 136

D

大驳骨 59
单叶蔓荆 62
滇南木姜子 61

钝叶新木姜子 114
多瓣核果茶 47

E

二色波罗蜜 227

F

番龙眼 77
番木瓜 59
番茄 59
方叶五月茶 277, 294
肥皂荚 38
分叉露兜树 80
粪便 1, 296
枫香树 73, 257, 297
腐烂茎秆 23, 206

G

橄榄 60
高山榕 34
观光木 120
桂竹 19, 23, 206

H

海南暗罗 111
海南杜鹃花 51
海南红楣 107
海南黄叶树 280
海南栀子 255
海檀木属 170
黑柃 212

红梗楠　238
猴耳环　281
厚壳桂　178
花榇　229
花椒属　208
华润楠　185, 299
黄丹木姜子　43
黄瓜　23, 59
黄槐　29
黄兰　44, 170
黄连木　66, 241, 288
黄皮　250
黄皮树　115
黄绒润楠　159, 258, 284
黄桐　134
黄樟　112
火桐　32

J

鸡毛松　242
鸡血藤属　61
尖萼乌口树　246
姜黄属　288
豇豆　23, 59
金竹　49

K

可可树　268

L

腊肠树　113
来檬　30
老鼠簕　59
李属　242
栎属　166
菱叶钓樟　41
龙眼　105
芦苇　110, 162, 273
露兜树属　237

绿花崖豆藤　124

M

马尾松　205
芒　138
芒果　142
毛茉栾藤　61
密脉木　45
苗竹仔　80
牡竹属　59
木芙蓉　271
木荷　118, 212
木荷属　245

N

楠藤　168
内门竹属　216
女贞　60

O

欧洲白蜡树　20
欧洲云杉　20

P

萍婆属　71
蒲葵　14, 89, 170
普通菊蒿　55

Q

秦岭白蜡树　231
青篱竹属　109
青皮竹　194, 198
琼楠　27, 117

R

榕属　180
乳香黄连木　142
润楠属　301

S

三叶蜜茱萸　176, 186, 234
桑　272
山茶　131, 198
山胡椒　167
山腊梅　132
山楝　196
梢瓜　59
深山含笑　279
石榴　158, 172, 218
双核冬青　234
水甜茅　126
斯里兰卡金莲木　235
穗花轴榈　65

T

台湾相思　53
檀香　274
甜瓜　23, 59

W

万山木莲　95
网脉叶酸藤果　121
乌桕属　243
五节芒　204
五列木　261

X

锡叶藤　148
下延崖角藤　219, 300
香椿　59
香叶树　136, 185
小叶石楠　240

斜叶榕　113
绣球属　60

Y

鸦胆子　162
洋紫荆　91
野鼠粪　81
异侧柃　33
银叶树　233
油棕　93
柚木　57
月季花　220, 286

Z

植物枯枝　5, 10, 12, 13, 16, 20, 21, 22, 27, 30, 33, 36, 38, 39, 41, 44, 45, 47, 49, 54, 57, 59, 60, 63, 66, 68, 69, 70, 71, 73, 74, 76, 77, 78, 80, 81, 82, 83, 84, 85, 86, 87, 90, 91, 93, 94, 95, 96, 98, 99, 101, 102, 103, 105, 108, 113, 114, 118, 120, 122, 125, 128, 129, 133, 135, 138, 139, 142, 145, 146, 148, 149, 150, 152, 153, 154, 156, 158, 159, 160, 162, 164, 166, 169, 170, 177, 180, 181, 184, 185, 188, 189, 191, 196, 198, 201, 202, 204, 208, 210, 213, 215, 216, 222, 223, 228, 237, 240, 243, 248, 253, 254, 259, 261, 262, 264, 265, 266, 268, 269, 270, 271, 283, 286, 288, 290, 293, 294, 296, 300, 301
竹叶蕉属　30
竹蔗　52
苎麻　59
紫檀属　141
棕树　71

真菌汉名索引

A

阿维拉异参孢　112
矮棕竹棒孢　25, 49
艾氏孢属　1, 93, 171, 173
爱丽斯内隔孢　261
爱丽斯柱形孢　121, 126
爱氏霉属　1, 3, 8, 224, 225, 269, 273, 275, 281
安森州葚孢　296
桉树小近轴霉　152, 153
暗色毛锥孢属　182
暗双孢　18, 19, 21, 22
暗双孢属　8, 18, 19, 94
澳大利亚栗色孢　194, 195

B

八丈岛假绒落菌　163, 164, 165, 167, 168, 170
霸王岭爱氏霉　225, 227
霸王岭类葚孢　281, 282, 283
霸王岭栗色孢　194, 198, 199
版纳小棒孢　63, 64
版纳异参孢　107, 109, 110
半棒孢　103, 106
半棒孢属　9, 25, 103, 177
棒孢　23, 26, 30, 59
棒孢类葚孢　280, 286
棒孢属　2, 3, 9, 23, 24, 25, 62, 67, 103, 171, 177, 181
棒梗孢　94, 95, 97, 98, 99
棒梗孢属　1, 8, 94, 95
薄鱼藤生棒孢　44, 54
贝氏内隔孢　251, 261
比那尔小棒孢　62, 63
秘鲁亚马逊双球霉　90
鞭顶棒孢　26, 35, 36, 42
鞭形葚孢　300

变隔双球霉　89
表生爱氏霉　229, 231
表生内隔孢　249, 262
表生葚孢　301
宾萨尔树状霉　81, 82
波纳佩林氏霉　269
波纳佩异参孢　107, 113, 116, 117, 120
波瓦利小棒孢　63, 65, 66
波罗蜜爱氏霉　225, 226, 243
不等隔拟棒孢　67, 71, 73
布拉姆利拟侧耳霉　155, 156, 158
布氏霉　207, 208
布氏霉属　8, 207, 208

C

糙孢顶生孢　9, 10, 12, 13, 14
糙孢类葚孢　282, 283, 285
层出孢属　269, 281
茶爱氏霉　229, 231, 234
茶条木爱氏霉　225, 228, 229, 239, 247
常春木棒孢　25, 43, 44
船湾淡水湖爱氏霉　230, 231
垂榕棒孢　26, 34
锤舌菌纲　89
刺毛双曲孢　143, 144, 145, 146
刺柊棒孢　25, 52, 56
丛梗孢属　88
丛生树状霉　81
粗叶木棒孢　25, 41
粗叶木异棒孢　178, 182, 189
簇生棒孢　53
长棒孢属　273
长春花棒孢　25, 62
长喙葚孢　299
长蠕孢属　2, 23, 24, 143, 163, 249

·325·

长小近轴霉　153, 155
长窄爱氏霉　225, 247
长直生爱氏霉　234, 248

D

带孢霉　210, 212
带孢霉属　7, 210
戴顿带孢霉　210, 213
戴顿假密格孢　159, 160, 162
丹尼斯假密格孢　159, 160, 162
丹尼斯拟葚孢　287, 288, 289
单隔暗双孢　19, 22
单隔棒梗孢　94, 95, 97, 98
单隔拟棒孢　67, 68, 69, 75
刀孢属　291, 292
倒棒孢林氏霉　269, 271, 272
倒棒孢异棒孢　187
倒棒形栗色孢　198, 199
倒棍棒半棒孢　103
倒棍棒小棒孢　63, 66, 67
倒棍棒形棒孢　24
倒棍棒形异棒孢　57, 59
倒卵形栗色孢　194, 199, 201, 204, 206
倒卵形异棒孢　178, 189
邓氏葚孢　297
顶孢棒孢　33
顶生孢　9, 10, 12
顶生孢属　8, 9, 10, 171, 173, 281
顶套霉属　18
冬青爱氏霉　225, 233
杜鹃花棒孢　25, 50
短柄爱氏霉　235, 238, 242, 247
短蠕孢属　18, 100
短小拟葚孢　288
多变棒孢　24
多变内隔孢　260
多变异棒孢　178, 190
多隔半棒孢　103
多隔棒孢　29

多隔林氏霉　269
多明戈霉属　171, 173, 249
多形拟树状霉　149

F

非对称拟侧耳霉　155
肥孢柱形孢　121, 124, 125
肥皂荚棒孢　26, 38, 41
分枝小棒孢　63
粪生葚孢　293, 295, 296
风车子棒孢　26, 28, 33, 36, 60
枫香内隔孢　250, 256, 257
枫香拟棒孢　67, 68, 72, 73
枫香葚孢　293, 297
蜂巢棒孢　24
蜂巢异棒孢　56, 57, 178, 180, 181
缝裂菌科　9
福建棒孢　26, 36, 37
附着假密格孢　159, 161
附着张氏霉　218
附枝小双枝孢　221, 223

G

杆状栗色孢　194, 196
橄榄色小黑孢　129, 138
冈村隆史葚孢　293, 299, 301, 302
刚毛孢属　273
高山顶生孢　9
高山榕棒孢　25, 33, 35
哥斯达黎加假绒落菌　163, 164
格孢腔菌科　89
格孢腔菌属　81
隔头孢属　249
公牛小双枝孢　221, 223
古氏霉　100, 101, 103
古氏霉属　8, 100
瓜达卡纳尔隐瓶梗孢　76, 77, 78, 80
观光木异参孢　107, 119
冠爱氏霉　224, 229, 231
冠孢属　173

灌丛小黑孢　129, 132, 142
广布内隔孢　256, 258
广西拟茎孢　288, 289, 290
棍棒半棒孢　104
果阿拟茎孢　289, 290
果阿树状霉　81

H

海南顶生孢　9, 10, 11, 13
海檀木假绒落菌　164, 168, 169
海棠角凸孢　173, 174, 176
含笑棒孢　25, 44, 45, 51
含笑新茎孢　275, 278
黑孢内隔孢　261
黑栗色孢　194, 205
黑头孢属　249
红刺革菌生内隔孢　269
红厚壳棒孢　24
红厚壳异棒孢　184, 185, 189
红楣异参孢　107, 108
猴耳环类茎孢　281, 282, 283
厚壳桂顶生孢　9
厚壳桂异棒孢　178, 179
厚皮树生棒孢　26, 39, 40
葫芦棒孢　43
葫芦指孢　84, 85, 86, 87
花梾爱氏霉　226, 228, 230, 231
环茎孢属　275
黄檗异参孢　107, 115, 116
黄连木爱氏霉　225, 240
黄皮内隔孢　250, 251
黄桐小黑孢　129, 133
黄叶树新茎孢　275, 276, 279, 280
火桐棒孢　25, 30, 31
霍德基斯栗色孢　194, 205

J

鸡血藤棒孢　26, 61
极孢属　95, 155
加拿大内隔孢　248

加纳茎孢　297
假隔类茎孢　282, 283, 285
假密格孢　158, 161
假密格孢属　7, 158, 159
假绒落菌　163, 165, 168
假绒落菌属　6, 8, 128, 162, 163
尖孢茎孢　294
尖顶孢茎孢　293, 294
尖顶内隔孢　253, 257
简单假绒落菌　163, 164, 165, 167, 170
简单小棒孢　63
胶黏爱氏霉　229, 231
蕉斑双球霉　89, 92
角假密格孢　161
角凸孢　173, 174, 176
角凸孢属　7, 171, 173
角胀小双枝孢　221
金莲木爱氏霉　226, 234, 236, 242
金竹棒孢　26, 48
近多变爱氏霉　226, 236, 237
近褐内隔孢　249
近拟侧耳霉属　106, 156
近芽串孢　147, 148
近芽串孢属　7, 147
近圆球顶生孢　9, 10, 14
酒红假绒落菌　164
菊蒿棒孢　26, 42, 55, 56
巨孢顶生孢　9, 10, 11
巨型棒孢　30, 34, 35, 48, 49, 54
巨座壳属　143
具喙内隔孢　250, 260, 261, 264, 265
具芒隐瓶梗孢　77, 80
决明棒孢　26, 28

K

卡罗爱氏霉　228, 245
凯塔柱形孢　121, 125
可可内隔孢　250, 267
克洛奇栗色孢　194, 199, 200, 201, 202, 204

肯德瑞克异棒孢　183
肯尼亚棒孢　24
肯尼亚棒梗孢　95，98
孔出旋孢　213，214
孔出旋孢属　8，213
阔暗双孢　20
阔孢内隔孢　257
阔孢小双枝孢　221，222
阔倒卵形栗色孢　199

L

拉美红拟棒孢　67，68
腊梅小黑孢　129，132
来檬生棒孢　25，29
类短蠕孢类葚孢　281
类粉衣棒孢　29，35
类葚孢属　1，2，8，269，280，281，292
类弯拟棒孢　68，69
离心柱形孢　121，123，124
梨孢霉属　292
梨孢属　143
李爱氏霉　226，242，243
李氏霉　127，128
李氏霉属　7，127
里昂爱氏霉　228，229，231，247
里奥拟棒孢　67，68
立陶宛暗双孢　19，20
荔枝生棒孢　24
栎生棒孢　24
栗色孢　193
栗色孢属　9，88，100，193，194
联合葚孢　293，300
链格孢属　4，221
两型孢假密格孢　158
林木拟侧耳霉　155
林木异棒孢　178，191，192
林氏霉属　7，224，269，270
枪带孢霉　210，211
龙池栗色孢　194，201，202

龙眼生半棒孢　105
卢曼霉属　8，272
芦苇卢曼霉　273，274
鲁塞尔小黑孢　129，141
卵孢顶生孢　9，10，13
卵形古氏霉　101，102
轮生内隔孢　253
罗汉松爱氏霉　226，241
绿假密格孢　161
氯霉属　95

M

蔓荆子棒孢　26，61
芒格陶塔伊爱氏霉　240，242
芒格陶塔伊异棒孢　185，188
芒生小黑孢　129，136，137，140
毛孢类葚孢　281，283
毛内隔孢属　249，273
毛样棒孢　43
毛枝孢属　88
毛状顶生孢　9
毛状类葚孢　286
毛状拟侧耳霉　155
美国栗色孢　196，197
美丽内隔孢　249，250，261，262
美丽拟梨尾格孢　216
美丽拟树状霉　150，151
美丽异参孢　107，111，116
密格孢属　158，159，171，173，209，210，249
密脉木棒孢　26，44，46
蜜茱萸爱氏霉　225，234，235
蜜茱萸角凸孢　173，175
蜜茱萸异棒孢　178，186，187
茉莉棒孢　36
茉栾藤棒孢　26，60
墨西哥内隔孢　251
牡竹双球霉　90
姆兰杰棒孢　24
姆兰杰异棒孢　178，185，187，188

木荷爱氏霉　225, 244, 245
木荷带孢霉　210, 212
木荷异参孢　107, 117, 118
木姜子棒孢　27, 42
木槿林氏霉　269, 270, 271
木兰小黑孢　129, 136, 137
木莲棒梗孢　95, 96
木生栗色孢　204
木生异参孢　120

N

南岭类葚孢　281, 285
南岭内隔孢　250, 258, 259
楠木爱氏霉　225, 228, 237, 238, 247
楠木棒孢　26, 27
楠藤假绒落菌　163, 167
内隔孢　248, 262
内隔孢属　1, 7, 93, 171, 248, 249, 250, 281
拟奥兰类葚孢　286
拟棒孢　67, 68, 74
拟棒孢属　9, 24, 25, 67, 68, 103, 177
拟侧耳霉　155
拟侧耳霉属　8, 155
拟核果茶棒孢　26, 46, 47
拟梨尾格孢属　171, 216
拟葚孢属　8, 14, 81, 287, 288
拟树状霉　149, 150
拟树状霉属　8, 148, 149, 249, 288
拟小枝孢　14, 15
拟小枝孢属　8, 14, 288
拟隐瓶梗孢属　77
拟枝孢　16, 17
拟枝孢属　8, 16
拟枝顶孢属　249
黏顶爱氏霉　229, 231
鸟形孢　215
鸟形孢属　9, 214
女贞棒孢　26, 46, 60
女贞异棒孢　178, 183, 185

P

偏心指孢　84, 85, 86
平座蕉孢壳　248, 255
蒲葵双球霉　89, 90
普尔尼双球霉　89, 90, 91

Q

栖木内隔孢　249
浅色类葚孢新西兰变种　281
蔷薇类葚孢　281, 286, 287
秦岭白蜡树爱氏霉　225, 230, 231
青篱竹异参孢　107, 108, 109, 113, 114, 119
青霉　4
球孢棒梗孢　94, 95, 100
球形孢隐瓶梗孢　77, 80

R

热带拟侧耳霉　155, 156
热带葚孢　299, 301
热带异参孢　111, 114
榕假密格孢　158, 159, 160, 161
榕异棒孢　178, 179, 180
榕异参孢　107, 112
蠕孢小棒孢　63, 65, 66
润楠类葚孢　281, 282, 283, 284
润楠内隔孢　250, 257, 258
润楠葚孢　293, 298
润楠异棒孢　178, 185, 186

S

萨顿内隔孢　261
萨拉斯棒孢　32
塞萨特内隔孢　253
赛肯达隐瓶梗孢　76
三隔棒梗孢　94, 95, 96, 97, 98
三隔内隔孢　250, 268
三角小双枝孢　221
三裂内隔孢　249
三枝孢属　171, 173

桑林氏霉　269, 270, 272
色串孢属　211
僧帽半棒孢　103, 106
僧帽隐瓶梗孢　78, 80
山茶栗色孢　194, 198, 200
山茶小黑孢　129, 130, 131
山胡椒假绒落菌　163, 166
山毛榉内隔孢　256, 258
蛇形双曲孢　143
射棒孢属　171, 173
深黑棒孢　24
深黑异棒孢　180, 191
葚孢　291
葚孢属　2, 3, 6, 8, 35, 93, 171, 224, 225, 249, 269, 273, 275, 280, 291, 293
石榴张氏霉　217
石楠爱氏霉　226, 239
似链格孢棒孢　24
匙孢霉属　24
手形孢属　171
疏松拟树状霉　150
束柄霉属　275
束梗格孢属　209
束梗密格孢　208, 209, 210
束梗密格孢属　7, 208, 209
束梗新葚孢　275, 278, 280
束葚孢属　275
树皮生内隔孢　250, 252
树脂内隔孢　250, 261, 263
树状霉　81, 82, 83
树状霉属　9, 62, 81
双胞属　16
双隔棒孢　24
双隔拟棒孢　67, 75
双隔树状霉　81, 83
双隔异棒孢　189
双球霉　88, 91
双球霉属　9, 88, 89
双曲孢　143, 144, 145, 146

双曲孢属　8, 142, 143, 144
双色葚孢　294
双色小黑孢　129, 130
水生假密格孢　158, 159, 160
水生小双枝孢　221, 223
水松内隔孢　250, 266
丝顶爱氏霉　235, 240, 242
斯密氏棒孢　25, 61
松岛崇葚孢　297
酸藤子柱形孢　121, 122
蒜孢　171, 172
蒜孢属　7, 171
梭孢类葚孢　282, 283, 285
梭孢林氏霉　269, 270, 272
梭孢内隔孢　260, 261, 265
梭孢双曲孢　143, 144, 146

T

檀香卢曼霉　273, 274
坦氏指孢　84, 85, 87, 88
藤黄棒孢　24
天料木棒孢　26, 39
甜菊假密格孢　158
桐新葚孢　275, 276, 277
椭孢爱氏霉　233
椭孢暗双孢　22
椭圆顶生孢　9, 10, 13

W

外孢霉属　24
弯孢栗色孢　204
弯孢双曲孢　143
弯曲内隔孢　250, 253, 254, 269
韦氏拟侧耳霉　155, 157
维格纳尔类葚孢　281
尾孢属　2, 24
乌桕爱氏霉　225, 242, 244
乌口树爱氏霉　225, 228, 239, 246
无孢霉属　88
五峰栗色孢　194, 206

五列木内隔孢　250, 260
五月茶葚孢　293, 294, 295
五月茶新葚孢　275, 276

X

西表隐瓶梗孢　77, 78, 79
西域棒孢　32
稀见双曲孢　143
锡瓦利克棒孢　26, 30, 34, 48, 49, 53, 55
喜花草棒孢　46
细弱内隔孢　249
纤丝爱氏霉　227, 243, 245
显性隐瓶梗孢　76
相思棒孢　26, 53, 54
香椿棒孢　25, 58
香蕉暗双孢　19, 20, 21
香叶小黑孢　129, 135
香叶异棒孢　178, 184, 188
小棒孢　62, 63
小棒孢属　9, 25, 62, 63, 81, 103, 177
小孢类葚孢　280
小孢类葚孢膝梗变种　281
小孢新葚孢　275
小带孢霉属　211
小黑孢　128, 133
小黑孢属　8, 128, 129
小近轴霉　152, 154
小近轴霉属　7, 151, 152, 155
小栗色孢　194, 206
小乔木树状霉　81, 82
小双枝孢　221, 222, 223
小双枝孢属　8, 171, 221
小疣核衣属　81
小枝孢属　14, 62, 281
楔形类葚孢　281
新木姜子异参孢　107, 113, 115
新葚孢属　7, 274, 275
新西兰顶生孢　9
新西兰古氏霉　101
新西兰内隔孢　253
休氏小黑孢　129, 134, 136

Y

崖豆藤柱形孢　121, 123, 124
崖角藤葚孢　293, 299
崖角藤张氏霉　217, 218
雅致孢　93, 94
雅致孢属　7, 93
伊比利亚拟棒孢　67
伊莎贝利卡拟棒孢　67, 68, 71, 72, 73
异棒孢　177, 184, 185, 191
异棒孢属　9, 24, 25, 103, 177, 178, 191
异孢小双枝孢　221
异参孢　106, 109, 119
异参孢属　8, 106, 107
异侧柃棒孢　26, 32
异常拟树状霉　149
异隔栗色孢　194, 203
异色栗色孢　198
易碎葚孢　294
银叶树爱氏霉　225, 232
隐瓶梗孢　76
隐瓶梗孢属　8, 76, 77
印度拟棒孢　67, 68, 70, 71, 73
印度异参孢　107, 113, 114, 117
印度张氏霉　218, 220
疣孢类葚孢　281
柚木棒孢　26, 50, 52, 53, 56, 57, 59
宇田川隐瓶梗孢　76, 77, 78, 79
圆柱内隔孢　248, 250, 253, 254, 255
越南新葚孢　275, 279
云南棒梗孢　95, 100
云南栗色孢　194, 204

Z

泽兰葚孢　295
窄孢类葚孢　281
窄小黑孢　129, 134, 135, 136
黏聚柱形孢　121

张氏霉　216, 217, 218, 219
张氏霉属　7, 216, 217
樟生小棒孢　63, 64, 65
浙江拟葚孢　288
枝孢属　16
枝链孢属　81, 88
栀子内隔孢　250, 255, 256
直立内隔孢　250, 263, 264
指孢　83, 84, 85
指孢属　7, 83, 84, 85
致密小角孢　159
中国类葚孢　281, 286
中国新葚孢　275, 277
轴榈小棒孢　63, 65, 66
竹生爱氏霉　228
竹生栗色孢　194, 197, 198
竹小黑孢　129, 134, 136

竹叶蕉棒孢　26, 30, 31
竹蔗棒孢　25, 50, 51, 53, 57, 59
柱孢双曲孢　143
柱隔孢属　16
柱形孢　120, 121, 122, 126
柱形孢属　8, 120, 121, 126
柱形拟棒孢　67, 68, 70, 76
砖格孢属　1, 171
锥形小黑孢　136
紫檀小黑孢　129, 140
棕榈假绒落菌　163, 170
棕榈栗色孢　198
棕榈林氏霉　269
棕榈卢曼霉　273, 274
座囊菌纲　89, 177

寄主学名索引

A

Acacia confusa 53
Acanthus ilicifolius 59
Andira fraxinifolia 264
Anneslea hainanensis 107
Antidesma ghaesembilla 277, 294
Aphanamixis polystachya 196
Archidendron clypearia 281
Areca catechu 274
Arthrostylidium 216
Artocarpus styracifolius 227
Arundinaria 109

B

Bambusa textilis 194, 198
Bambusa 59, 177, 194, 198
Bauhinia blakeana 91
Begonia semperflorens 174
Beilschmiedia intermedia 27, 117
Boehmeria nivea 59
Bombax buonopozense 294
Brucea javanica 162
Byrsonima crassifolia 264

C

Camellia japonica 131, 198
Canarium album 60
Carica papaya 59
Cassia fistula 113
Cassia surattensis 29
Catharanthus roseus 62
Chimonanthus nitens 132
Cinnamomum ilicioides 64
Cinnamomum porrectum 112
Citharexylum ilicifolium 106
Citrus aurantiifolia 30
Clausena lansium 250
Combretum zeyheri 60
Cryptocarya chinensis 178
Cucumis melo L. var. *conomon* 59
Cucumis melo 59
Cucumis sativus 59
Curcuma 288

D

Delavaya toxocarpa 228
Dendrocalamus 59
Dimocarpus longan 105
Donax 30

E

Elaeis guineensis 93
Elephantopus tomentosa 59
Embelia rudis 121
Endospermum chinense 134
Erythropsis colorata 32
Eucalyptus camaldulensis 153
Eurya inaequalis 33
Eurya macartneyi 212

F

Ficus altissima 34
Ficus benjamina 35, 160
Ficus gibbosa 113
Ficus 180
Fraxinus excelsior 20
Fraxinus ornus 229
Fraxinus paxiana 231

G

Gardenia hainanensis 255

Glyceria maxima 126
Gymnocladus chinensis 38

H

Heritiera littoralis 233
Hibiscus mutabilis 271
Homalium aylmeri 40
Hydrangea 60

I

Ilex dipyrena 234

J

Justicia ventricosa 59

L

Lannea afzelii 41
Lasianthus chinensis 41, 183
Licuala fordiana 65
Licuala ramsayi 171
Ligustrum lucidum 60
Lindera communis 136, 185
Lindera glauca 167
Lindera supracostata 41
Liquidambar formosana 73, 257, 297
Litsea elongata 43
Litsea garrettii 61
Livistona chinensis 14, 89, 170
Lycopersicum esculentum 59

M

Machilus 159, 185, 258, 284, 299, 301
Machilus chinensis 185, 299
Machilus grijsii 159, 258, 284
Magnolia paenetalauma 136
Mallotus hookerianus 278
Mangifera indica 142
Manglietia chingii 95
Melicope triphylla 176, 186, 234
Merremia hirta 61

Merrilliopanax listeri 44
Michelia champaca 44, 170
Michelia maudiae 279
Millettia championii 124
Millettia 61
Miscanthus floridulus 204
Miscanthus sinensis 138
Morus alba 272
Mussaenda erosa 168
Myrioneuron faberi 45

N

Neolitsea obtusifolia 114

O

Ochna jabotapita 235

P

Pandanus furcatus 80
Pandanus monticola 196
Pandanus 237
Parapyrenaria multisepala 47
Pentaphylax euryoides 261
Phellodendron chinense 115
Phoebe rufescens 238
Photinia parvifolia 240
Phragmites communis 110, 162, 273
Phyllostachys bambusoides 23, 206
Phyllostachys sulphurea 49
Picea abies 20
Pinus massoniana 205
Pistacia chinensis 66, 241, 288
Pistacia lentiscus 142
Podocarpus imbricatus 242
Polyalthia laui 111
Pometia pinnata 77
Prunus 242
Pterocarpus 141
Punica granatum 158, 172, 218

Q

Quercus 166
Quercus alba 35, 60

R

Rhaphidophora decursiva 219, 300
Rhapis humilis 50
Rhododendron hainanense 51
Rosa chinensis 220, 286

S

Saccharum sinense 52
Samanea saman 112
Santalum album 274
Sapium 243
Schima 245
Schima superba 118, 212
Schizostachyum dumetorum 80
Scolopia chinensis 53
Sterculia 71
Syzygium buxifolium 17

T

Tanacetum vulgare 55
Tarenna acutisepala 246
Tectona grandis 57
Tetracera asiatica 148
Theobroma cacao 268
Toona sinensis 59
Tsoongiodendron odorum 120

V

Vigna sesquipedalis 60
Vigna sinensis 59
Vitex rotundifolia 62

W

Weinmannia racemosa 10

X

Xanthophyllum hainanense 280
Ximenia 170

Z

Zanthoxylum 208

真菌学名索引

A

Acarocybellina 292
Acladium atrum 205
Acremoniula 249
Acrodictyopsis 84
Acrodictys appendiculata 158, 161
Acrodictys deightonii 162
Acrodictys dennisii 162
Acrodictys excentrica 84, 85
Acrodictys stilboidea 208, 210
Acrodictys 4, 84, 85, 158, 159, 171, 173, 209, 210, 249
Acrogenospora ellipsoidea 9, 10, 13
Acrogenospora gigantospora 9, 10, 11
Acrogenospora hainanensis 9, 10, 11, 13
Acrogenospora ovalis 9, 10, 13
Acrogenospora sphaerocephala 9, 10, 12
Acrogenospora subprolata 9, 10, 14
Acrogenospora verrucispora 9, 10, 12, 13, 14
Acrogenospora 8, 9, 10, 171, 173, 281
Acrothecium obovatum 206
Acrothecium 18
Actinocladium 171, 173
Alternaria 2, 4
Amphisphaeria incrustans 81
Amphisphaeria 81
Ampullifera 106
Anacacumisporium 2
Annellophragmia 275
Arachnophora excentrica 84, 85
Arthrobotrys foliicola 19
Arthrosporium 275
Astrosphaeriella livistonicola 177
Atrokylindriopsis 2

B

Bactrodesmium 292
Bahusakala 149, 211
Belemnospora 128

Berkleasmium 4, 292
Bispora 16, 106
Brachysporiella dennisii 288
Brachysporiella 14, 15, 62, 149, 281
Brachysporiella laxa 149
Brachysporiopsis 8, 14, 288
Brachysporiopsis chinensis 14, 15
Brachysporium 18, 19, 100
Briansuttonia 3, 24

C

Cacumisporium 95, 155
Camposporium 273
Capnofrasera 149
Catenularia atra 205
Ceratophorum 273
Ceratosporella compacta 159
Ceratosporella 213, 215
Cercospora melonis 23, 24, 59
Cercospora 2
Cercospora vignicola 23, 24, 59
Chaetendophragmia 249, 273
Chaetendophragmiopsis 249
Chaetendophragmiopsis pulchra 249, 261
Chaetopsis 120
Chalara 120
Cheiroidea 171
Chloridium 95
Cladophialophora 106
Cladosporiopsis ovata 16, 17
Cladosporiopsis 2, 8, 16
Cladosporium 16
Cladotrichum 88
Clasterosporium 291, 292
Clasterosporium vagum 247
Codinaea 120
Coniosporium 292
Cordana lithuanica 19, 20
Cordana musae 19, 20, 21

Cordana pauciseptata 18, 19, 21, 22
Cordana triseptata 18, 96, 97
Cordana uniseptata 19, 22
Cordana vasiformis 18, 98, 99
Cordana 8, 18, 19, 94
Corynespora alternarioides 3, 24
Corynespora beilschmiediae 26, 27
Corynespora calophylli 24, 177
Corynespora cassiae 26, 28
Corynespora cassiicola 2, 23, 24, 26, 30, 59, 67
Corynespora catharanthicola 25, 62
Corynespora citricola 25, 29
Corynespora combreti 26, 28, 33, 36, 60
Corynespora donacis 26, 30, 31
Corynespora erythropsidis 25, 30, 31
Corynespora euryae 26, 32
Corynespora flagellata 26, 35, 36, 42
Corynespora foveolata 24, 181, 182
Corynespora fujianensis 26, 36, 37
Corynespora gymnocladi 26, 38, 41
Corynespora homaliicola 26, 39
Corynespora lanneicola 26, 39, 40
Corynespora lasianthi 25, 41
Corynespora ligustri 26, 46, 60
Corynespora litseae 27, 42
Corynespora mazei 23, 24, 59
Corynespora melonis 23, 24
Corynespora merremiae 26, 60
Corynespora merrilliopanacis 25, 43, 44
Corynespora micheliae 25, 44, 45, 51
Corynespora millettiae 26, 61
Corynespora mulanjeensis 24, 187, 188
Corynespora myrioneuronis 26, 44, 46
Corynespora parapyrenariae 26, 46, 47
Corynespora phylloshureae 26, 48
Corynespora pseudolmediae 3, 24, 177, 190, 191
Corynespora quercicola 3, 24, 67
Corynespora rhododendri 26, 42, 50
Corynespora sacchari 26, 42, 50, 51, 53, 57, 59
Corynespora scolopiae 26, 42, 52, 56
Corynespora siwalika 26, 30, 34, 48, 49, 53, 55
Corynespora smithii 25, 61
Corynespora tanaceti 26, 42, 55, 56
Corynespora tectonae 26, 50, 52, 53, 56, 57, 59

Corynespora toonae 25, 58
Corynespora viticus 26, 61
Corynespora 2, 3, 6, 9, 23, 25, 35, 62, 67, 103, 147, 171, 177, 182
Corynesporella bannaense 63, 64
Corynesporella cinnamomi 63, 64, 65
Corynesporella helminthosporioides 63, 65, 66
Corynesporella licualae 63, 65, 66
Corynesporella obclavata 63, 66, 67
Corynesporella pinarensis 62, 63
Corynesporella simpliphora 63
Corynesporella urticae 62, 63
Corynesporella 2, 6, 9, 25, 62, 63, 81, 103, 177
Corynesporopsis curvularioides 68, 69
Corynesporopsis cylindrica 67, 68, 70, 76
Corynesporopsis indica 18, 67, 68, 70, 71, 73
Corynesporopsis isabelicae 67, 68, 71, 72, 73
Corynesporopsis liquidambaris 67, 68, 72, 73
Corynesporopsis quercicola 67, 68, 74
Corynesporopsis uniseptata 67, 68, 69, 75
Corynesporopsis 2, 3, 9, 24, 67, 68, 69, 103, 177
Cryptocoryneopsis 84
Cryptophiale aristata 77, 80
Cryptophiale fruticetum 76, 77
Cryptophiale guadalcanalensis 76, 77, 78, 80
Cryptophiale iriomoteanum 77, 78, 79
Cryptophiale kakombensis 76, 78
Cryptophiale manifesta 76
Cryptophiale sphaerospora 77, 80
Cryptophiale udagawae 76, 77, 78, 79
Cryptophiale 8, 76, 77
Cryptophialoidea 76, 77
Cylindrosympodium 152
Cylindrotrichum album 120
Cylindrotrichum ellisii 120, 126
Cylindrotrichum triseptatum 120, 126
Cylindrotrichum 120

D

Dactylaria 143
Dendryphion atrum 81, 82
Dendryphion 81, 88
Dendryphiopsis arbuscula 81, 82
Dendryphiopsis atra 81, 82, 83

Dendryphiopsis   2, 6, 9, 62, 81, 149
Devriesia   16
Diatrype stigma   248, 255
Dictyoceratosporella   2
Dictyosporium   1, 171, 213
Digitoramispora caribensis   83, 84, 85
Digitoramispora excentrica   84, 85, 86
Digitoramispora lageniformis   84, 85, 86, 87
Digitoramispora tambdisurlensis   84, 85, 87, 88
Digitoramispora   7, 83, 84, 85
Diplocladiella alta   221, 222
Diplocladiella scalaroides   221, 222, 223
Diplocladiella   8, 171, 215, 221
Diplococcium indivisum   205
Diplococcium livistonae   89, 90
Diplococcium pulneyense   89, 90, 91
Diplococcium spicatum   88, 91
Diplococcium stoveri   89, 92, 93
Diplococcium   2, 9, 88, 89, 193
Domingoella   171, 173, 249
Dothideomycetes   89, 177

E

Elegantimyces sporidesmiopsis   93, 94
Elegantimyces   7, 93
Ellisembia artocarpi   225, 226, 243, 244
Ellisembia bawanglingensis   225, 227
Ellisembia coronata   224, 229, 230, 231, 232
Ellisembia delavayae   225, 228, 229, 239, 247
Ellisembia filia   235, 240, 242
Ellisembia heritierae   225, 232
Ellisembia ilicis   225, 233
Ellisembia melicopes   225, 234, 235
Ellisembia ochnae   226, 234, 236, 242
Ellisembia paravaginata   226, 236, 237
Ellisembia phoebes   225, 228, 237, 238, 247
Ellisembia photiniae   226, 239
Ellisembia pistaciae   225, 240
Ellisembia podocarpi   226, 241
Ellisembia pruni   226, 242, 243
Ellisembia sapii   225, 242, 244
Ellisembia schimae   225, 244, 245
Ellisembia tarennae   225, 228, 239, 246
Ellisembia vaga   225, 247

Ellisembia   1, 2, 3, 6, 8, 147, 224, 225, 269, 273, 275, 281, 292, 293
Ellisembiopsis   288
Elotespora   2
Endophragmia boewei   249
Endophragmia laxa   149
Endophragmia taxi   266, 267
Endophragmia   249
Endophragmiella clausenae   250, 251
Endophragmiella corticola   250, 252
Endophragmiella curvata   250, 253, 254, 269
Endophragmiella eboracensis   248, 250, 253, 254, 255
Endophragmiella gardeniae   250, 255, 256
Endophragmiella liquidambaris   250, 256, 257
Endophragmiella machili   250, 257, 258
Endophragmiella nanlingensis   250, 258, 259
Endophragmiella pallescens   248, 262
Endophragmiella pentaphylacis   250, 260
Endophragmiella pulchra   249, 250, 261, 262
Endophragmiella resinae   250, 261, 263
Endophragmiella rigidiuscula   250, 263, 264
Endophragmiella rostrata   250, 260, 261, 264, 265
Endophragmiella taxi   250, 266, 267
Endophragmiella theobromae   250, 267
Endophragmiella triseptata   250, 268
Endophragmiella   1, 7, 93, 171, 248, 249, 250, 281
Endophragmiopsis pirozynskii   18
Endophragmiopsis   18
Exosporium   24
Exserticlava globosa   94, 95, 100
Exserticlava manglietiae   95, 96
Exserticlava triseptata   94, 95, 96, 97, 98
Exserticlava uniseptata   94, 95, 96, 97, 98
Exserticlava vasiformis   94, 95, 97, 98, 99
Exserticlava yunnanensis   95, 96, 100
Exserticlava   1, 8, 18, 94, 95

F

Farlowiella carmichaeliana   9

G

Gangliophora 292
Gangliostilbe 209
Granmamyces bissei 215, 216
Granmamyces 215, 216
Guedea ovata 102
Guedea sacra 100
Guedea 8, 100

H

Halysium sphaerocephalum 12
Haplaria ellisii 205
Heliscus 120
Helminthosphaeria 89
Helminthosporium arbuscula 82
Helminthosporium cantonense 181
Helminthosporium cassiicola 24, 59
Helminthosporium curvatum 253
Helminthosporium densum 224
Helminthosporium foveolatum 181
Helminthosporium nodosum 168
Helminthosporium obclavatum 53
Helminthosporium papayae 24, 59
Helminthosporium rousselianum 141, 142
Helminthosporium sigmoideum 143, 146, 147
Helminthosporium simplex 170
Helminthosporium siwalikum 53
Helminthosporium smithii 61
Helminthosporium vignae 23, 24, 59
Helminthosporium 2, 6, 23, 24, 128, 143, 163, 249
Hemicorynespora clavata 104
Hemicorynespora deightonii 103, 106
Hemicorynespora dimocarpi 105
Hemicorynespora 2, 9, 25, 103, 177, 193
Hemicorynesporella 292
Herpotrichiellaceae 106
Heteroconium annesleae 107, 108
Heteroconium arundicum 107, 108, 109, 113, 114, 119
Heteroconium bannaense 107, 109, 110
Heteroconium chaetospira 106
Heteroconium citharexyli 106, 109, 119
Heteroconium decorosum 107, 111, 116
Heteroconium fici 107, 112
Heteroconium indicum 107, 113, 114, 117
Heteroconium neolitseae 107, 113, 115
Heteroconium phellodendri 107, 115, 116
Heteroconium ponapense 107, 113, 116, 117, 120
Heteroconium schimae 107, 117, 118
Heteroconium tsoongiodendronis 107, 119
Heteroconium 6, 8, 106, 107
Hirudinaria 215
Hughesinia 213, 215

I

Idriella 93
Imicles 224, 293
Imimyces 2, 224, 292, 293
Ityorhoptrum verruculosum 19
Iyengarina 1, 93, 171, 173, 215

J

Janetia synnematosa 77, 80
Janetia 292
Junewangia 158

K

Kostermansinda minima 210
Kostermansinda nanum 209
Kostermansinda 209
Kylindria ellisii 121, 126
Kylindria embeliae 121, 122
Kylindria excentrica 121, 123, 124
Kylindria millettiae 121, 123, 124
Kylindria obesispora 121, 124, 125
Kylindria triseptata 120, 121, 122, 126
Kylindria 8, 120, 121, 126, 208

L

Leotiomycetes 89
Leptosphaeria salvinii 146
Linkosia coccothrinacis 269
Linkosia fusiformis 269, 270, 272
Linkosia hibisci 269, 270, 271
Linkosia mori 269, 270, 272

Linkosia   2, 7, 224, 269, 270, 292
Listeromyces insignis   127, 128
Listeromyces   7, 127
Lomaantha phragmitis   273, 274
Lomaantha pooga   273, 274
Lomaantha   8, 272
Lylea tetracoila   106
Lylea   6, 16, 106, 147

M

Magnaporthe salvinii   146, 147
Magnaporthe   143, 146
Matsushimaea   211
Matsushimiella   128, 163
Melanocephala   249
Microthelia incrustans   81
Microthelia   81
Minimelanolocus bicolorata   129, 130
Minimelanolocus camelliae   129, 130, 131
Minimelanolocus chimonanthi   129, 132
Minimelanolocus dumeti   129, 132, 142
Minimelanolocus endospermi   129, 133
Minimelanolocus hughesii   129, 130, 134, 135, 136
Minimelanolocus linderae   129, 135, 136
Minimelanolocus magnoliae   129, 130, 136, 137
Minimelanolocus miscanthi   129, 137, 138, 140
Minimelanolocus navicularis   128, 133
Minimelanolocus olivaceus   129, 139
Minimelanolocus pterocarpi   129, 140
Minimelanolocus rousselianus   129, 141, 142
Minimelanolocus   8, 128, 129, 135, 138, 142, 163
Monodictys   4
Monosporella sphaerocephala   12
Monotospora sphaerocephala   12
Monotosporella sphaerocephala   12
Morrisiella   275
Mycoenterolobium   4
Mystrosporium   24

N

Nakataea fusispora   143, 144, 145, 146
Nakataea oryzae   143, 144, 145, 146, 147
Nakataea setulosa   143, 144, 145, 146
Nakataea sigmoidea   143, 146, 147
Nakataea   8, 142, 143, 144, 146
Nakatopsis   143
Nawawia   173
Neosporidesmium antidesmatis   276, 275
Neosporidesmium maestrense   275, 278, 280
Neosporidesmium malloti   275, 276, 277
Neosporidesmium micheliae   275, 278
Neosporidesmium xanthophylli   275, 276, 279, 280
Neosporidesmium   7, 147, 274, 275
Nigrolentilocus   128, 163
Novozymia   147, 275

O

Obeliospora   173
Ochrocladosporium   16
Otthia pulneyensis   89

P

Parablastocatena tetracerae   147, 148
Parablastocatena   2, 7, 147
Paracryptophiale   77
Paradendryphiopsis cambrensis   149, 150
Paradendryphiopsis elegans   149, 150, 151
Paradendryphiopsis   8, 148, 149, 249, 288
Paradischloridium   208
Parapleurotheciopsis   106, 156
Parasympodiella eucalypti   152, 153
Parasympodiella laxa   152, 154
Parasympodiella   7, 151, 152, 155
Penicillium   4
Penzigomyces flagellatus   35
Penzigomyces   35, 292, 293
Petrakia   173
Phaeoblastophora   106
Phaeotrichoconis foveolata   181
Phaeotrichoconis   182
Phragmocephala   249
Physalidiopsis   93
Piricauda   292
Piricaudiopsis elegans   216
Piricaudiopsis   171, 216
Pirozynskiella   106

Pleiochaeta   273
Pleospora   81
Pleosporaceae   89
Pleurophragmium costaricensis   164
Pleurophragmium rousselianum   141, 142
Pleurophragmium   3, 19
Pleurotheciopsis bramleyi   155, 156, 158
Pleurotheciopsis pussilla   155
Pleurotheciopsis websteri   155, 157
Pleurotheciopsis   8, 106, 155
Pleurothecium   155
Podoconis flagellata   35
Podoconis   35, 292
Podosporium   147, 275
Polydesmus elegans   224
Polydesmus   292
Preussiaster   18
Pseudoacrodictys appendiculata   159, 161
Pseudoacrodictys aquatica   158, 159, 160
Pseudoacrodictys deightonii   159, 160, 162
Pseudoacrodictys dennisii   159, 160, 162
Pseudoacrodictys eickeri   158, 161
Pseudoacrodictys   7, 158, 159
Pseudospiropes costaricensis   163, 164
Pseudospiropes dumeti   142
Pseudospiropes hachijoensis   163, 164, 165, 167, 168, 170
Pseudospiropes hughesii   134, 135
Pseudospiropes linderae   163, 166
Pseudospiropes miscanthi   137, 138
Pseudospiropes mussaendae   163, 167
Pseudospiropes nodosus   128, 163, 165, 168
Pseudospiropes rousselianus   141, 142
Pseudospiropes simplex   163, 164, 165, 167, 170
Pseudospiropes ximeniae   164, 168, 169
Pseudospiropes   6, 8, 128, 162, 163, 169
Pseudotetraploa   213
Psilonia atra   205
Pyricularia fusispora   143, 144
Pyricularia   143
Pyriculariopsis   19
Pyrigemmula   2

R

Rachicladosporium   16
Racodium   88
Ramularia   16
Repetophragma   2, 3, 269, 281, 292, 293
Rhexoacrodictys   158
Rhexodenticula   143
Rhizocladosporium   16

S

Sarcopodium   120
Sativumoides punicae   171, 172
Sativumoides   2, 7, 171
Sclerotium oryzae   143, 146, 147
Scolicotrichum musae   20, 21
Selenosporella   86, 89, 250, 253, 255, 256, 257, 258
Septonema   106
Shrungabeeja begoniae   173, 174, 176
Shrungabeeja melicopes   173, 175
Shrungabeeja vadirajensis   173, 174, 176
Shrungabeeja   7, 171, 173, 177
Solicorynespora cryptocaryae   178, 179
Solicorynespora fici   178, 179, 180
Solicorynespora foveolata   52, 56, 57, 178, 180, 181, 182
Solicorynespora lasianthi   178, 182, 189, 190
Solicorynespora ligustri   178, 183, 185
Solicorynespora linderae   178, 184, 188
Solicorynespora machili   178, 185, 186
Solicorynespora melicopes   178, 186, 187
Solicorynespora mulanjeensis   178, 179, 185, 187, 188
Solicorynespora obclavata   57, 59, 187
Solicorynespora obovoidea   178, 189
Solicorynespora pseudolmediae   178, 179, 190
Solicorynespora sylvatica   178, 191, 192
Solicorynespora zapatensis   177, 184, 185, 191
Solicorynespora   2, 3, 6, 9, 24, 103, 147, 177, 178, 191
Spadicoides atra   193, 194, 205
Spadicoides australiensis   194, 195
Spadicoides bacilliformis   194, 196

Spadicoides bambusicola　194, 197, 198
Spadicoides bawanglingensis　194, 198, 199
Spadicoides bina　193
Spadicoides camelliae　194, 198, 199, 200
Spadicoides hodgkissii　194, 205
Spadicoides klotzschii　194, 199, 200, 201, 202, 204
Spadicoides longchiensis　194, 201, 202
Spadicoides minuta　194, 206
Spadicoides obovata　193, 194, 199, 200, 201, 204, 206
Spadicoides stoveri　82, 92, 93, 193
Spadicoides versiseptatis　194, 203
Spadicoides wufengensis　194, 206
Spadicoides yunnanensis　194, 204
Spadicoides　2, 9, 88, 89, 100, 193, 194
Speira ugandensis　213
Spondylocladium obovatum　206
Sporidesmiella archidendri　281, 282, 283
Sporidesmiella bawanglingense　281, 282, 283
Sporidesmiella claviformis　280, 286
Sporidesmiella machili　281, 282, 283, 284
Sporidesmiella nanlingensis　281, 285
Sporidesmiella rosae　281, 286, 287
Sporidesmiella　1, 2, 8, 269, 280, 281, 292
Sporidesmina　2, 147
Sporidesmiopsis dennisii　287, 288, 289
Sporidesmiopsis goanensis　288, 289, 290
Sporidesmiopsis guangxiensis　288, 289, 290
Sporidesmiopsis malabarica　287, 288
Sporidesmiopsis　8, 14, 81, 147, 149, 287, 288
Sporidesmium acutisporum　293, 294
Sporidesmium antidesmatis　293, 294, 295
Sporidesmium atrum　291, 292
Sporidesmium cajani　292
Sporidesmium caricinum　292
Sporidesmium cellulosum　291, 292
Sporidesmium coccothrinacis　269, 292
Sporidesmium coprophilum　293, 295, 296
Sporidesmium cordaceum　253
Sporidesmium delavayae　228
Sporidesmium flagellatum　35
Sporidesmium ilicis　233
Sporidesmium liquidambaris　293, 297

Sporidesmium machili　293, 298
Sporidesmium melicopes　234
Sporidesmium ochnae　234
Sporidesmium phoebes　237
Sporidesmium pruni　242
Sporidesmium pseudolmediae　190, 191
Sporidesmium rhaphidophorae　293, 299
Sporidesmium socium　293, 300
Sporidesmium takashii　293, 299, 301, 302
Sporidesmium tarennae　246
Sporidesmium vagum　247, 291
Sporidesmium　2, 3, 6, 8, 35, 93, 171, 224, 225, 249, 269, 273, 275, 280, 281, 291, 292, 293, 301
Stanjehughesia　2, 269, 292
Steganosporium cellulosum　291
Stephanoma　173
Stephembruneria elegans　207, 208
Stephembruneria　8, 207, 208
Sterigmatobotrys　62
Stigmina　292
Stilbospora　291
Stylaspergillus　152, 153
Subulispora africana　152
Subulispora　152
Sympodiella laxa　152, 154, 155
Sympodiella　152
Sympodiosynnema　2
Synnemacrodictys stilboidea　208, 209, 210
Synnemacrodictys　7, 208, 209

T

Taeniolella　106, 211
Taeniolina centaurii　210, 212
Taeniolina euryae　210, 211
Taeniolina schimae　210, 212
Taeniolina　7, 210
Tetraploa　213
Ticosynnema　2
Torula centaurii　210
Torula　211
Toxicocladosporium　16
Tretospeira ugandensis　213, 214
Tretospeira　8, 213, 215

Trichosporium populneum 205
Trimmatostroma 211
Triposporium 171, 173

U

Uncigera 120
Urosporium 273

V

Vakrabeeja fusispora 143, 144, 145
Vakrabeeja 143
Venturiaceae 106
Virgaria indivisa 205

W

Weufia tewoldei 215
Weufia 9, 214, 215

X

Xenoheteroconium 106
Xenokylindria 120, 208
Xiuguozhangia punicae 217
Xiuguozhangia rhaphidophorae 216, 217, 218
Xiuguozhangia rosae 216, 217, 218, 219
Xiuguozhangia 7, 216, 217
Xylohypha 106

(Q-4291.01)
ISBN 978-7-03-059114-2

定价：198.00 元